国家“十二五”规划重点图书

中国地质调查局
青藏高原1：25万区域地质调查成果系列

# 中华人民共和国
# 区域地质调查报告

## 比例尺 1：250 000

## 布若错幅
## (I45C004002)

**项目名称：** 西藏1：25万查多岗日幅、布若错幅区域地质调查
**项目编号：** 200313000012
**项目负责：** 陆济璞
**技术负责：** 陆济璞　陆　刚

**报告编写：** 陆济璞　陆　刚　许　华　唐专红
张　能　李　乾　李玉坤　黄位鸿
**编写单位：** 广西壮族自治区区域地质调查研究院
**单位负责：** 谭建政(院长)
李　江(院总工程师)

中国地质大学出版社
ZHONGGUO DIZHI DAXUE CHUBANSHE

**内容提要**

本报告是青藏高原南部空白区基础地质调查与研究的成果之一。共分 7 章，全面论述了图区区域地质调查研究取得的成果。内容主要包括工作的目的任务、工作进展和取得的成果；多重地层划分对比研究、岩相古地理和沉积演化历史；岩浆岩、变质岩时空分布规律及其岩石学、矿物学、岩石地球化学特征和形成的大地构造背景，岩浆作用、变质作用的演化规律；地质构造单元划分及其构造形迹的基本特征，构造变形序列及地质构造演化历史。还简单介绍了图区矿产资源、生态环境地质、旅游地质基本特征。报告着重论述了在地层古生物、岩相古地理、蛇绿岩、低温高压变质带、构造(蛇绿)混杂岩等调查研究取得的重要成果，突出图区区域地质调查研究的新成果。报告内容丰富，资料翔实，对地质调查、研究、生产、教学和国民经济建设具有参考和实用价值。

**图书在版编目(CIP)数据**

中华人民共和国区域地质调查报告·布若错幅(I45C002002)：比例尺 1：250 000/陆济璞，陆刚，许华等著.—武汉：中国地质大学出版社，2013.1

ISBN 978-7-5625-2496-0

Ⅰ.①中…
Ⅱ.①陆…②陆…③许…
Ⅲ.①区域地质-地质调查-调查报告-中国②湖泊-地质调查-调查报告-西藏
Ⅳ.①P562

中国版本图书馆 CIP 数据核字(2010)第 109462 号

**中华人民共和国区域地质调查报告**
布若错幅(I45C002002) 比例尺 1：250 000 陆济璞 陆刚 许华 **等著**

责任编辑：周 华 刘桂涛 责任校对：张咏梅

出版发行：中国地质大学出版社(武汉市洪山区鲁磨路 388 号) 邮编：430074
电 话：(027)67883511 传真：(027)67883580 E-mail：cbb @ cug. edu. cn
经 销：全国新华书店 http：//www. cugp. cn

开本：880 毫米×1230 毫米 1/16 字数：539 千字 印张：17 附图：1
版次：2013 年 1 月第 1 版 印次：2013 年 1 月第 1 次印刷
印刷：武汉中远印务有限公司 印数：1—1 500 册

ISBN 978-7-5625-2496-0 定价：480.00 元

# 前 言

青藏高原包括西藏自治区、青海省及新疆维吾尔自治区南部、甘肃省南部、四川省西部和云南省西北部，面积达260万$km^2$，是我国藏民族聚居地区，平均海拔4 500m以上，被誉为地球第三极。青藏高原是全球最年轻、最高的高原，记录着地球演化最新历史，是研究岩石圈形成演化过程和动力学的理想区域，是“打开地球动力学大门的金钥匙”。

青藏高原蕴藏着丰富的矿产资源，是我国重要的资源后备基地。青藏高原是地球表面的一道天然屏障，影响着中国乃至全球的气候变化。青藏高原也是我国主要江河和一些重要国际河流的发源地，孕育着中华民族的繁生和发展。开展青藏高原地质调查与研究，对于推动地球科学研究、保障我国资源战略储备、促进边疆经济发展、维护民族团结、巩固国防建设具有非常重要的现实意义和深远的历史意义。

1999年国家启动了“新一轮国土资源大调查”专项，按照温家宝总理“新一轮国土资源大调查要围绕填补和更新一批基础地质图件”的指示精神。中国地质调查局组织开展了青藏高原空白区1∶25万区域地质调查攻坚战，历时6年多，投入3亿多，调集25个来自全国省（自治区）地质调查院、研究所、大专院校等单位组成的精干区域地质调查队伍，每年近千名地质工作者，奋战在世界屋脊，徒步遍及雪域高原，完成了全部空白区158万$km^2$共112个图幅的区域地质调查工作，实现了我国陆域中比例尺区域地质调查的全面覆盖，在中国地质工作历史上树立了新的丰碑。

西藏1∶25万布若错幅(I45C002002)区域地质调查，由广西壮族自治区地质调查院承担，工作区位于藏北羌塘高原腹地。目的是通过对调查区进行全面的区域地质调查，查明岩石、地质构造和蚀变矿化特征，并通过对沉积建造、变质变形、岩浆作用的综合分析，反演区域地质演化史，建立构造模式。

布若错幅(I45C002002)区域地质调查工作时间为2003—2005年，累计完成地质填图面积为15 450$km^2$，实测剖面83.51km。地质路线2 200km，采集分析各类样品1 022件，全面完成了设计工作量。主要成果有：①合理划分图区地层单位，在侏罗系中采获较丰富的双壳类、腕足类、珊瑚、菊石、海绵等多门类古生物化石，在图区北部小尖梁一带碳酸盐岩岩片中获取中晚二叠世珊瑚化石。②将原划分为唢呐湖组上部的一套淡水相碳酸盐岩建立为双泉河组，该组与下伏地层角度不整合接触。③在白龙冰河Ⅰ级河流阶地更新统冲积层中获得砂土层14C同位素年龄15 600±540a。④在藏色岗日、布若岗日一带发现大型超浅成花岗斑岩体，获得花岗斑岩全岩K－Ar法同位素年龄94.8Ma。在红阳山、双泉湖一带分别获得白榴石响岩和石英粗安岩全岩K－Ar法年龄为31.5Ma、39.3Ma。⑤在图区北部发现变质超镁铁质、镁铁质岩片（块），在丛岭坡一带变质基性火山岩中发现蓝闪片岩；查明大横山一带具有构造蛇绿混杂岩性质，为确定北甜水河陆块与巴颜喀拉山陆块的界线提供了重要依据。

2006年4月，中国地质调查局组织专家对项目进行最终成果验收，评审认为，成果报告资料齐全，工作量达到（或超过）设计规定，技术手段、方法、测试样品质量符合有关规范、规定。该项目成果内容丰富，资料翔实，系统全面真实地反映了区调地质成果，在地层、火山岩、变质岩、构造、矿产资源和环境等方面取得重要进展。一致建议该项目报告通过评审。

报告质量评定为良好级。

参加报告编写的人员主要有陆济璞、陆刚、许华、唐专红、张能、李乾、李玉坤、黄位鸿，由陆济璞编纂定稿。地质图由陆济璞、陆刚编制，李玉坤、刘融涛负责数字化成图，地质图数据建设由周娟华完成，资料归档及汇交由唐娟红完成。

先后参加项目工作的还有周秋娥、杨丽贞、刘咏梅、唐朝霞、卫小彦、陆桂忠、刘亚南、邓春树、洪东、唐山、黄庆发、张国盛、钟明军、唐立宁、秦国天、陈永、赵明。项目实施过程中，得到许多单位和领导的大力协助、支持，尤其要感谢的是：中国地质调查局、成都地质矿产研究所、吉林大学地球科学院、拉萨工作总站、广西地质矿产勘查开发局；得到了潘桂棠、李才、于介江、王大可、王立全、刘鸿飞、王全海、王义昭、李江、王汉荣、古文泉、殷保安、颜北海等多方指导和帮助。地质报告编辑由陆济璞、唐专红完成，地质图和报告插图计算机清绘由唐娟红、荣红、李玉坤、吴年冬、罗攀峰等同志完成，在此表示诚挚的谢意。

为了充分发挥青藏高原1∶25万区域地质调查成果的作用，全面向社会提供使用，中国地质调查局组织开展了青藏高原1∶25万地质图的公开出版工作，由中国地质调查局成都地调中心与项目完成单位共同组织实施。出版编辑工作得到了国家测绘局孔金辉、翟义青及陈克强、王保良等一批专家的指导和帮助，在此表示诚挚的谢意。

鉴于本次区调成果出版工作时间紧、参加单位较多、项目组织协调任务重以及工作经验和水平所限，成果出版中可能存在不足与疏漏之处，敬请读者批评指正。

“青藏高原1∶25万区调成果总结”项目组<br>2010年9月

# 目 录

第一章 绪 言 …… (1)
第一节 交通位置及自然经济地理概况 …… (1)
第二节 任务要求 …… (2)
第三节 以往地质调查工作及研究程度 …… (3)
第四节 项目工作任务完成情况 …… (5)
第二章 地层及沉积岩 …… (8)
第一节 概 述 …… (8)
第二节 二叠纪地层 …… (13)
第三节 三叠纪地层 …… (15)
第四节 侏罗纪地层 …… (30)
第五节 古近纪—新近纪地层 …… (122)
第六节 第四纪地层 …… (143)
第七节 构造混杂岩 …… (146)
第三章 岩浆岩 …… (154)
第一节 基性—超基性岩 …… (156)
第二节 中酸性侵入岩 …… (166)
第三节 火山岩 …… (173)
第四章 变质岩 …… (185)
第一节 大横山构造蛇绿岩带的区域变质岩特征 …… (185)
第二节 羌北甜水河陆块的区域变质岩特征 …… (203)
第三节 接触变质岩类型及分布 …… (206)
第四节 动力变质岩类型及分布 …… (206)
第五节 变质事件序列简述 …… (208)
第五章 地质构造及构造发展史 …… (210)
第一节 区域构造背景及图区构造单元划分 …… (210)
第二节 大横山—湾岛湖构造蛇绿混杂岩带构造变形特征 …… (213)
第三节 羌北甜水河陆块构造变形特征 …… (219)
第四节 大熊湖—照沙山褶断带构造变形特征 …… (226)
第五节 主要边界断裂和深大断裂特征 …… (227)
第六节 新构造运动特征 …… (231)
第七节 构造发展史 …… (232)
第六章 经济地质与资源 …… (240)
第一节 矿产资源概况 …… (240)
第二节 环境地质概况 …… (241)
第三节 旅游地质 …… (244)

第七章 结 论 …… (246)
第一节 取得的主要地质矿产成果…… (246)
第二节 存在的主要问题…… (248)
第三节 今后工作建议…… (248)
参考文献 …… (249)
图版及图版说明 …… (251)
附:1∶25 万布若错幅(I45C002002)地质图及说明书

# 第一章　绪　言

## 第一节　交通位置及自然经济地理概况

图区位于青藏高原腹地西藏西北部羌塘高原中北部(图 1－1),地理坐标:东经 85°30′～87°00′,北纬 34°00′～35°00′。行政区划西部属那曲地区尼玛县管辖。海拔高,严重缺氧,气候寒冷、恶劣,植被缺乏,交通困难,人迹罕至,是名副其实的无人居住区域,素有“生命禁区”之称。

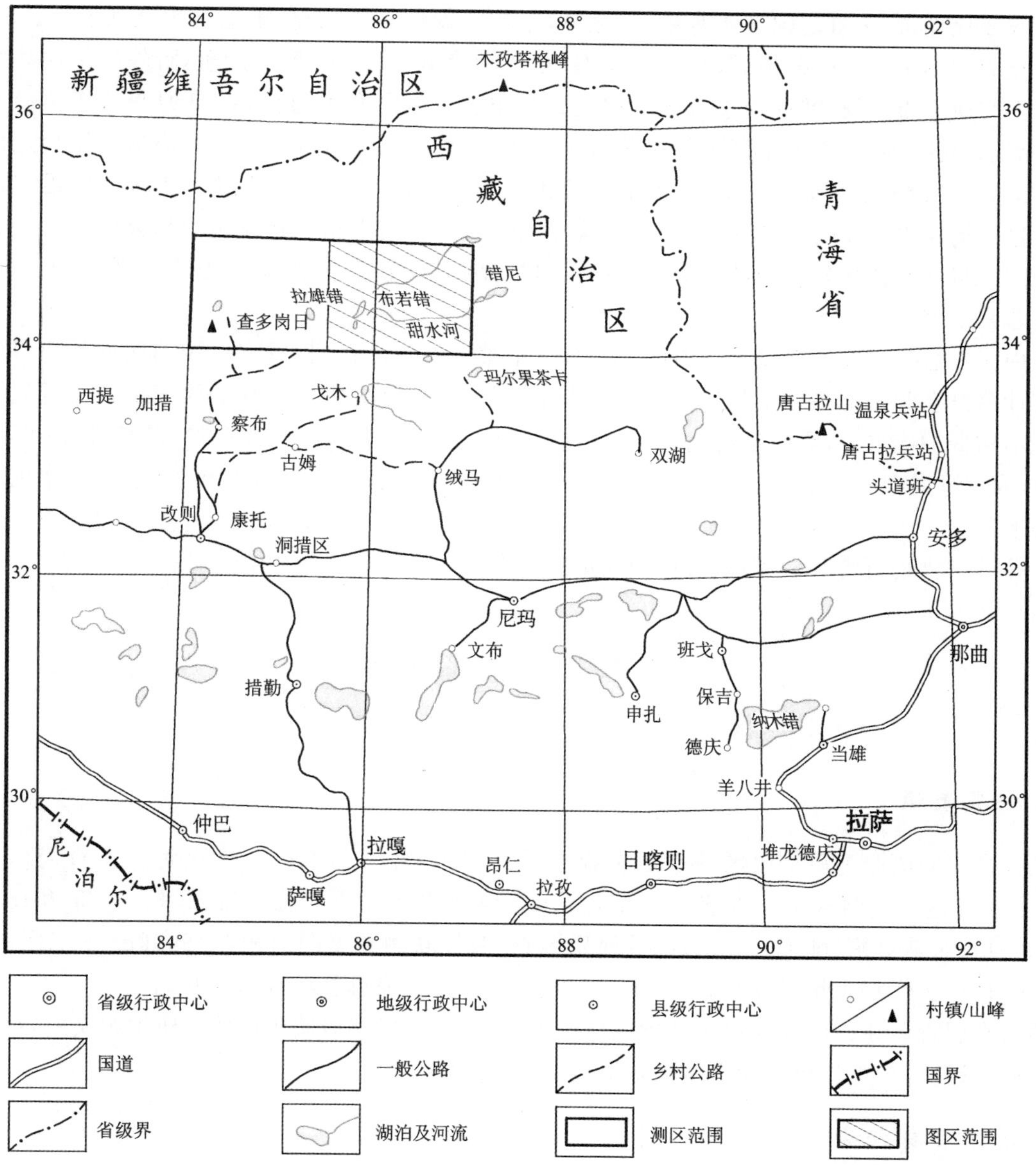


图 1－1　西藏西北部羌塘高原中北部交通位置图

图区属于高山与盆地相间分布的高原低山丘陵地貌景观，山脉总体呈近东西向或北西西向展布。中部属高山区，海拔5 200～6 508m，地形切割深，相对高差一般在600m以上，最高达1 400m。自东至西分布海拔6 100m以上的山峰有云龙山、藏色岗日、布若岗日等终年积雪的山峰，山峰相连形成一条呈近东西展布高耸陡峻的山脉，犹如一条巨龙横卧图区中部，将图区分为南北两个部分。其中，藏色岗日北峰海拔6 508m，是图区的最高山峰。图区南部和北部属高原低山丘陵地貌，高原盆地串串相连，海拔4 800～5 600m，地形切割不深，相对高差一般为200～400m。

图区内属季节性内流水系，发育树枝状、羽状水系。以藏色岗日、布若岗日、云龙山终年积雪的高山区为中心，形成向外辐射的放射状水系，主要河流有甜水河、白龙冰河、玉龙河、双泉河、石水河等。这些河流是野外地质调查的主要障碍之一。山脉间及丘陵洼地有星罗棋布大小不一的湖泊。较大湖泊有布若错、青蛙湖、大熊湖、雪源湖、双泉湖、沙嘴湖、金泉湖等。湖泊为盐湖和碱湖。河水亦多具有咸、苦涩之味。野外生活饮用水主要取自于冰雪融化汇集成的河水。

图区属高原亚寒带半干旱季风气候和高原寒带气候，具干燥、寒冷、低压、多风、日照时间长、蒸发量大于降水量和严重缺氧等特点。年平均气温0℃以下。年降雨量约150mm。每年9月至翌年4月为冰冻期，5～6月为风季，6月下旬至9月为雨季，全年无霜期为0天。5～8月可开展野外地质调查工作。据2004年野外观测统计，5～6月夜间气温一般为-5～-20℃，最低达-28℃，白天一般为-5～18℃，最高达24℃。气候变化无常，一日之内亦兼有夏、冬之分，常有突发性狂风大作，雷电雨雪交加发生。5、6月份，越野车可充分利用于开展野外地质调查，7～8月，由于地表解冻、降雨，陷车严重，野外工作效率极低。

图区内交通困难，通行状况受季节影响控制。旱季加力越野车可通行，4～5月份大车可沿戈木日—菊花山—甜水河便道勉强进入图区中部白龙冰河一带，雨季则无法通行。图区南部边缘距最近的尼玛县城约400km，到达改则县城约450km。由于通行条件困难，极少有人、车辆进入图区。可沿着改则—玉扎—戈木错—菊花山简易公路进入图区，亦可从尼玛—绒马—戈木错—菊花山简易公路进入图区。改则县县城是图区野外工作比较理想的物资补给地。但是，由于路途遥远，路况差，野外工作物资的补给、紧急救援工作非常艰难。

图区内无人居住。图区多属半荒漠区、荒漠区，植被不发育。在河流两岸、湖泊四周和山谷洼地湿地带以紫花针茅群系为主的高原草甸和一些矮细灌木丛较发育，常为野生动物的聚集区。图区属于国家级羌塘野生动物保护区之一，野生动物比较丰富，主要有藏羚羊、黄羊、岩羊、大头羊、野驴、野牦牛、熊、旱獭、野兔、狼以及一些鸟类；尤以群居的藏羚羊、黄羊、野牦牛、野驴居多，主要分布于青蛙湖、甜水河、红阳山、野牛滩等地。

图区矿产主要是石膏和盐类，未有探明储量的矿床。

## 第二节　任务要求

### 一、任务来源

为了提高青藏高原地质空白区基础地质调查研究，2003年3月20日，中国地质调查局以基(2003)002-10号文下达地质调查工作内容任务书，委托广西地质调查研究院开展西藏1∶25万查多岗日幅(I45C002001)、布若错幅(I45C002002)区域地质调查，两幅联测总填图面积30 900km$^2$。工作内容编码：200313000012。工作起止年限：2003年1月—2005年12月。项目总经费520万元。

该项目隶属青藏高原南部空白区基础地质调查与研究，由成都地质矿产研究所组织实施，承担单位为广西地质调查研究院，工作单位为广西区域地质调查研究院。

### 二、总体目标任务

任务书明确测区工作的总体任务是：按照《中国地质调查局1∶25万区域地质调查技术要求(暂行)》(DD2001～02)、《青藏高原艰险地区1∶25万区域地质调查技术要求(暂行)》及其他有关规范、指南，参照造山带填图新方法，应用遥感等新技术手段，以区域构造调查与研究为先导，合理划分测区的地质单元，不同构造-地层单位采用不同的填图方法进行全面的区域地质调查。最终通过对沉积建造、变质变形、岩浆作用的综合分析，反演区域地质演化史，建立构造模式。

本着图幅带专题的原则，在区域地质调查的基础上，进一步加强含油气性的特殊岩类、地表油气标志和盖层条件的调查，研究中新生代沉积盆地的性质与演化及其与油气的成生联系；进行新生代岩浆活动、新构造活动和第四纪地质的调查研究，对测区新生代具有代表性的各种沉积类型的时空分布、古地理、古气候和古生态环境进行调查研究，探讨青藏高原环境变化趋势和隆升过程及其成藏条件的影响；采用有效的技术方法和方法组合，注意对生态环境、旅游资源、矿产资源和灾害地质的调查研究。

## 第三节 以往地质调查工作及研究程度

受恶劣的自然环境条件的制约，人迹罕至，图区是我国地质调查研究最薄弱的地区之一。图区地质调查始于20世纪70年代(图1-2)。1972年西藏地质局第四普查大队在图区东南宿营地-布若错一带进行1∶40万路线地质调查，开创了图区范围的地质调查历史，对图区的地质构造特征有了初步认识。

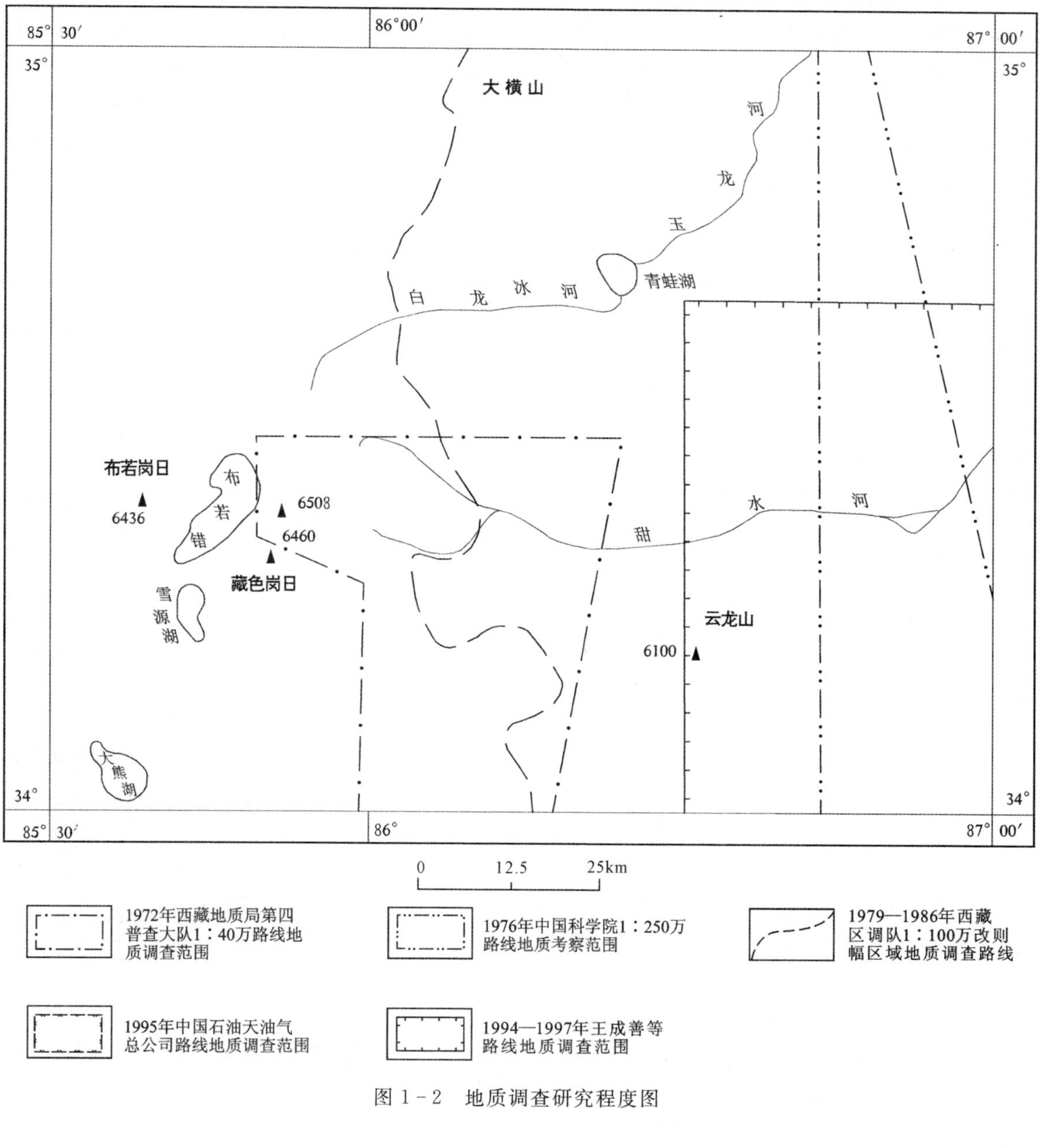


图1-2 地质调查研究程度图

1976 年中国科学院青藏高原综合考察队藏北分队 1∶250 万路线地质考察涉及图区东北部的一个小面积。这次考察，为建立羌塘地区和图区的地层序列和地质构造格架奠定了良好的基础。

1979—1986 年西藏地矿局区域地质调查大队开展 1∶100 万改则幅区域地质调查，在图区中部从大横山-宿营地自北到南穿越了 1 条路线进行地质调查，测制了白龙冰河南岸路线剖面，建立了上侏罗统白龙冰河组，对大横山构造混杂岩带的构造属性有了初步认识。这次区域地质调查工作，虽然在图区内仅穿越了 1 条路线调查，但是综合邻区工作成果，初步建立了图区地层系统和地质构造格架，为后来的地质科研工作及本次调查奠定了重要的基础。

1994—1997 年成都理工学院王成善等承担青藏油气勘探项目经理部的石油天然气地质调查项目在图区东部石水河-玉龙河一带进行油气地质调查和盆地评价研究，开展了路线地质调查和剖面测制工作，对研究区初步进行了多重地层划分对比研究，进行了中新生代盆地构造单元划分和盆地性质研究，对本区含油盆地进行初步分析及远景评价。

1995 年成都环境地质与资源开发研究所在测区东部石水河-甜水河-长梁山-红阳山一线进行石油天然气路线地质调查，对路线上中新生代岩石地层、层序地层进行划分研究，对本区中新生代盆地构造单元划分和盆地性质进行了初步研究，对含油盆地进行初步分析及远景评价。

1998—2000 年中国国土资源航空物探遥感中心熊盛青等开展青藏高原中西部航磁调查覆盖了图区，为本次地质调查研究提供了航磁基础资料。

2001—2002 年中国国土资源航空物探遥感中心于学政等进行西藏羌塘地区 1∶25 万区调前期遥感地质调查。初步建立本区地层、岩浆岩、构造解译标志，编制了图区遥感地质解译草图。

此外，吴瑞忠、梁定益、李日俊、王国芝、贾宝江等专家、学者在图区南部边缘或邻区开展过路线地质调查、专项地质调查研究，其成果大多以专著或论文形式公开发表（表 1－1），为初步建立图区地层系统和地质构造格架提供了宝贵的资料。

**表 1－1 测(图)区及邻区相关地质矿产调查及专题研究历史简表**

| 工作性质 | 调查或出版时间 | 项目或成果名称 | 作者单位或姓名 | 出版社或期刊 |
|---|---|---|---|---|
| 基础地质调查 | 1972 年 | 热那错—戈木日 1∶40 万路线地质调查报告 | 西藏地质局第四普查大队 | 未出版 |
| | 1976 年 | 藏北 1∶250 万路线地质考察 | 中国科学院青藏高原综合考察队藏北分队 | 未出版 |
| | 1979 年 | 西藏北部地层新资料 | 文世宜 | 《地层学杂志》 |
| | 1980 年 | 中国大地构造及其演化 | 任纪舜、姜春发、张正坤等 | 科学出版社 |
| | 1983 年 | 羌塘地区侏罗纪地层的若干问题 | 蒋忠惕 | 地质出版社 |
| | 1983 | 西藏阿里喀喇昆仑南部的冈瓦纳-特提斯相石炭、二叠系 | 梁定益、聂泽同等 | 《地球科学》 |
| | 1986 | 1∶100 万改则幅区域地质调查报告 | 西藏地质局区域地质调查大队 | 未公开出版 |
| | 1985 年 | 中国西藏石炭—二叠纪皱纹珊瑚的地理区系 | 范年影 | 地质出版社 |
| | 1986 年 | 藏北羌塘地区地层系统 | 吴瑞忠、胡承祖、王成善等 | 地质出版社 |
| | 1986 年 | 藏北双湖查桑地区中泥盆统的发现及地质意义 | 吴瑞忠 | 地质出版社 |
| | 1987 年 | 西藏北部查桑-茶布裂谷的发现及其地质意义 | 王成善、胡承祖、吴瑞忠等 | 《成都地质学院学报》 |
| | 1988 | 羌塘地区海相下侏罗统新知 | 刘世坤、吕荣敬 | 《地层学杂志》 |
| | 1990 年 | 青藏高原大地构造与形成演化 | 刘增乾、徐宪等 | 地质出版社 |
| | 1993 年 | 西藏自治区区域地质志 | 西藏自治区地质矿产局 | 地质出版社 |
| | 1994 年 | 中国区域地质概论 | 程裕淇等 | 地质出版社 |

续表 1-1

| 工作性质 | 调查或出版时间 | 项目或成果名称 | 作者单位或姓名 | 出版社或期刊 |
|---|---|---|---|---|
| 基础地质调查 | 1995 年 | 西藏龙木错-双湖古特斯缝合带研究 | 李才、程立人、胡克等 | 地质出版社 |
| | 1996 年 | 青藏高原主体地层综合分析与对比 | 罗建宁、何原相等 | 未公开出版 |
| | 1996 年 | 羌塘茶布-双湖地区基性超基性岩、火山岩研究 | 邓万明 | 《中国科学》 |
| | 1997 年 | 藏北阿木岗群，查桑群和鲁谷组放射虫的发现及有关问题讨论 | 李日俊、吴浩若、李红生等 | 《地质论评》 |
| | 1997 年 | 青藏高原及邻区冈瓦纳相地层地质学 | 尹集祥 | 地质出版社 |
| | 1997 年 | 西藏自治区岩石地层 | 西藏自治区地质矿产局 | 中国地质大学出版社 |
| | 1998 年 | 青藏高原北部新生代板内火山岩 | 邓万明 | 地质出版社 |
| | 2001 年 | 藏北羌塘盆地构造特征及演化 | 黄继钧 | 《中国区域地质》 |
| | 2001 年 | 羌塘盆地构造特征 | 黄继钧 | 《地质学报》 |
| | 2001 年 | 西藏双湖地区蓝片岩原岩 Sm-Nd 同位素定年 | 李才、李永铁、林源贤等 | 《中国地质》 |
| | 2001 年 | 西藏羌塘基底变质岩系的解体和时代厘定 | 王国芝、王成善 | 《中国科学》 |
| | 2002 年 | 藏北改则地区鱼鳞山组火山岩同位素年代学 | 李才、朱志勇、迟效国等 | 《地质通报》 |
| | 2002 年 | 青藏高原及邻区大地构造单元初步划分 | 潘桂棠、李兴振等 | 《地质通报》 |
| | 2003 年 | 羌塘基底质疑 | 李才 | 《地质论评》 |
| 矿产能源资源地质调查 | 1995 年 | 西藏地区羌塘盆地玛尔盖卡-朗木登石油天然气路线地质调查报告 | 成都环境地质与资源开发研究所 | 未公开出版 |
| | 2001 年 | 西藏羌塘盆地地质演化及油气远景评价 | 王成善、伊海生、李勇等 | 地质出版社 |
| | 2001 年 | 青藏高原大地构造特征及盆地演化 | 赵政章、李永铁、叶和飞、张昱文等 | 科学出版社 |
| | | 青藏高原地层 | 赵政章、李永铁、叶和飞、张昱文等 | 科学出版社 |
| | | 青藏高原中生界沉积相及油气储盖层特征 | 赵政章、李永铁、叶和飞、张昱文等 | 科学出版社 |
| | 2001 年 | 青藏高原羌塘盆地石油地质 | 赵政章、李永铁、叶和飞、张昱文等 | 科学出版社 |
| | 2002 年 | 藏北羌塘盆地最大规模沥青脉的发现 | 谭富文、王剑等 | 《地质通报》 |
| | 2002 年 | 藏北羌塘小盆湖-拉雄错砂金矿带地质特征 | 贾宝江、廖忠礼 | 《沉积与特提斯地质》 |
| | 2003 年 | 羌塘盆地石油地质条件与初步评价 | 罗建宁、谢渊等 | 《沉积与特提斯地质》 |
| 物化遥感调查 | 2001 年 | 青藏高原中西部航磁调查 | 熊盛青、周伏洪、姚正煦等 | 地质出版社 |
| | 2002 年 | 西藏羌塘地区 1∶25 万区调前期遥感地质调查报告 | 于学政等 | 未公开出版 |

## 第四节　项目工作任务完成情况

广西地质调查研究院于 2003 年 4 月 11 日将项目工作任务落实给广西区域地质调查研究院组织实施。5 月，项目组完成编写并提交测区初步设计书。受“非典”疫情影响，项目组直至 6 月中旬才赴野外踏勘工作。由于当时正值雨季，测区交通条件极差，野外工作非常艰苦。

2004 年 4—9 月全面开展野外地质调查，9 月完成测区野外地质调查工作。完成的主要实物工作量见表 1-2，剖面控制情况见表 1-3。2004 年 10 月转入野外资料整理，送样品分析测试，编写野外工作总结。2005 年 6 月 10—28 日，在拉萨通过中国地质调查局成都地质调查中心主持的野外资料验收，获良好级评语，野外资料综合评分 88 分。

**表 1-2　完成实物工作量一览表**

<table>
<tr><th colspan="2">项目</th><th>单位</th><th colspan="2">完成工作量</th><th>设计工作量</th><th>完成情况(%)</th><th>备注</th></tr>
<tr><td colspan="2">1∶25 万填图面积</td><td>$km^2$</td><td colspan="2">15 450</td><td>15 450</td><td>100</td><td></td></tr>
<tr><td colspan="2">地质调查路线</td><td>km</td><td colspan="2">2 200</td><td>2 000</td><td>110</td><td></td></tr>
<tr><td colspan="2">实测剖面(1∶500～1∶10 000)总长</td><td>km</td><td colspan="2">83.51</td><td>59</td><td>142</td><td></td></tr>
<tr><td colspan="2">1∶10 万遥感地质解译</td><td>$km^2$</td><td colspan="2">15 450</td><td>15 450</td><td>100</td><td></td></tr>
<tr><td colspan="2">标本、薄片</td><td>块</td><td colspan="2">538</td><td>440</td><td>122</td><td></td></tr>
<tr><td colspan="2">化石(鉴定)</td><td>件</td><td colspan="2">198</td><td>195</td><td>102</td><td></td></tr>
<tr><td colspan="2">微古</td><td>件</td><td colspan="2">45</td><td>57</td><td>79</td><td></td></tr>
<tr><td colspan="2">硅酸盐</td><td>件</td><td colspan="2">57</td><td>30</td><td>190</td><td></td></tr>
<tr><td colspan="2">稀土分析</td><td>件</td><td colspan="2">57</td><td>30</td><td>190</td><td></td></tr>
<tr><td colspan="2">微量元素定量分析</td><td>件</td><td colspan="2">57</td><td>30</td><td>190</td><td></td></tr>
<tr><td colspan="2">油气(生油、储油)分析</td><td>件</td><td colspan="2">57</td><td>44</td><td>130</td><td></td></tr>
<tr><td rowspan="2">同位素测年</td><td>全岩 K-Ar 法</td><td>件</td><td rowspan="2">5</td><td>4</td><td rowspan="2">11</td><td rowspan="2">45</td><td rowspan="2">据实际需要采样测试</td></tr>
<tr><td>$^{14}C$ 年龄</td><td>件</td><td>1</td></tr>
<tr><td colspan="2">人工重砂</td><td>件</td><td colspan="2">8</td><td>21</td><td>38</td><td>据实际需要采样</td></tr>
</table>

**表 1-3　图表实测地质剖面一览表**

| 序号 | 剖面名称 | 比例尺 | 剖面类型 | 控制地质体 |
|---|---|---|---|---|
| 1 | 丛岭坡大横山构造蛇绿混杂岩实测剖面 | 1∶5 000 | 构造地层综合 | $T_3r$、$T_3z$ |
| 2 | 石水河那底岗日组剖面 | 1∶2 000 | 地层 | $J_1n$ |
| 3 | 咸水河雀莫错组实测剖面 | 1∶2 000 | 地层 | $J_1q$ |
| 4 | 雷音沟布曲组实测剖面 | 1∶2 000 | 地层 | $J_2b$ |
| 5 | 友谊沟夏里组实测剖面 | 1∶2 000 | 地层 | $J_2x$ |
| 6 | 白龙冰河圆锥山夏里组、白龙冰河组实测剖面 | 1∶2 000 | 地层 | $J_2x$、$J_3b$ |
| 7 | 双泉湖夏里组、索瓦组、雪山组实测剖面 | 1∶2 000 | 地层 | $J_2x$、$J_3s$、$J_3x$ |
| 8 | 甜水河北岸红石沟白龙冰河组详细路线剖面 | 1∶10 000 | 地层 | $J_3b$ |
| 9 | 甜水河白龙冰河组礁剖面 | 1∶1 000 | 地层 | $J_3b$ |
| 10 | 尼玛县甜水河南小平梁康托组实测剖面 | 1∶2 000 | 地层 | $N_1k$ |
| 11 | 双泉湖鱼鳞山组、双泉河组实测剖面 | 1∶2 000 | 地层 | $E_3y$、$N_2sq$ |
| 12 | 红阳山鱼鳞山组详细路线剖面 | 1∶10 000 | 地层 | $E_3y$ |
| 13 | 甜水河第四系剖面 | 1∶10 000 | 地层 | $Qh^{pal}$、$Qp^{pal}$ |

2005 年 8 月转入报告编写。2006 年 3 月完成报告编写，广西地质调查研究院进行了报告初审。2006 年 4 月 21—26 日，本报告通过中国地质调查局成都地质调查中心在四川成都主持的评审验收，获良好级评语(87 分)。2006 年 5—9 月，项目组根据评审意见对本报告及地质图进行了认真修改，建设本图幅地质图数据库，完成原始资料归档和成果资料汇交工作。

本报告是集体劳动的成果，参加项目具体工作的人员达30人(表1-4)。项目组人员克服高原自然环境极其恶劣，工作、生活条件极其艰苦等困难，艰苦奋斗，顽强拼搏，齐心协力完成了项目工作任务，取得丰硕的地质矿产成果，为今后进一步开展地质矿产调查、科研工作提供翔实的基础地质资料。报告编写分工如下：第一章、第八章、第九章由陆济璞执笔，第二章由陆刚、唐专红、李乾、陆济璞执笔，第三章由许华执笔，第四章由唐专红执笔，第五章由张能执笔，第六章由黄位鸿执笔，第七章由陆济璞执笔。最终报告由陆济璞统稿。李玉坤完成遥感地质解译并编写了解译报告。地质图由陆济璞、陆刚编制，李玉坤、刘融涛数字化成图，地质图数据建设由周娟华完成，资料归档及汇交由唐娟红完成。报告及地质图出版编辑由陆济璞、唐专红、唐娟红、李玉坤等完成。

**表1-4 项目主要工作人员表**

| 时间 | 工作阶段 | 项目负责 | 副项目负责 | 填图组长及技术人员 | 司机及后勤保障 |
|---|---|---|---|---|---|
| 2003年4—12月 | 设计编写 | 陆济璞 | 许华 | 唐专红、李乾、李玉坤、黄位鸿、卫小彦、唐朝霞、周秋娥 | 陆桂忠、刘亚南、唐山、陈永、黄庆发 |
| 2004年1—9月 | 野外调查 | 陆济璞 | 陆刚<br>许华 | 唐专红、张能、李乾、李玉坤、黄位鸿、卫小彦、唐朝霞、周秋娥、唐剑军 | 陆桂忠、刘亚南、邓春树、洪东、唐山、黄庆发、张国盛、钟明军、唐立宁 |
| 2004年10月—2005年6月 | 野外资料整理及验收 | 陆济璞 | 陆刚<br>许华 | 唐专红、张能、李乾、李玉坤、黄位鸿、周秋娥 | |
| 2005年8月—2006年4月 | 报告编写 | 陆济璞 | 陆刚<br>许华 | 唐专红、张能、李乾、李玉坤、黄位鸿、刘融涛、杨丽贞、刘咏梅 | |

项目工作得到广西地质矿产勘查开发局、广西区域地质调查研究院和广西地质调查研究院的关怀和支持，特别是广西区域地质调查研究院对项目工作自始至终予以人力、物力等方面的大力支持，使项目工作得以顺利实施。项目野外工作结束收队前，广西地矿局李青副总工程师、广西区调院谭建政院长、广西地调院黄志强副院长、杨志强副院长和广西物探院邓尚茂院长等到拉萨检查、指导工作。广西区调院总工程师李江教授级高级工程师、李容森高级工程师、覃小锋高级工程师和广西地调院总工程师康云骥高级工程师、蒙有言高级工程师，以及区调专家及项目技术顾问王汉荣教授级高级工程师和古文泉、殷保安、颜北海3位高级工程师对项目工作质量进行检查。项目工作得到吉林大学李才教授、于介江博士和成都地质矿产研究所潘桂棠研究员，以及青藏高原地质专家王义昭教授级高级工程师的指导和帮助。周秋娥、杨丽贞、刘咏梅、张淑玲高级工程师完成岩石薄片鉴定；刘正裕、杨玉珍工程师完成人工重砂鉴定；硅酸盐、微量元素、稀土元素分量分析由湖北省地质实验研究所、中国科学院广州地球化学研究所实验室测试；古生物化石由中国科学院南京地质古生物研究所文世宣、孙东立、廖卫华、王玉净、潘华璋、沈炎彬、邓占球等研究员和贵州省地质研究所吴祥和研究员鉴定；电子探针微区分析由中国地质大学(北京)地学实验中心测试；$^{40}Ar-^{39}Ar$法同位素年龄由国土资源部同位素地质重点实验室测定，$^{14}C$同位素年龄由国土资源部桂林岩溶地质研究所测定；油气分析样由长江大学地质系实验室测试；化学样品由桂林地质矿产研究院测试。中国科学院广州地球化学研究所王强研究员帮助完成中新生代火山岩岩石地球化学分析测试。于介江博士为红脊山硬柱蓝闪片岩和猫耳山中级变质岩系部分岩石薄片进行(复查)鉴定，并提出宝贵的意见；中国地质调查局成都地质调查中心、拉萨野外工作站对项目工作予以支持和帮助。在此一并表示衷心的感谢。

由于野外工作环境恶劣，时间紧，工作量大，人手少，经费不足等，导致一些地质问题未能进行深入调查、研究，并受报告编者的水平所限，本报告中存在一些问题在所难免，敬请专家、同行批评指正。

# 第二章　地层及沉积岩

## 第一节　概　述

图区内出露的地层有二叠系、三叠系、侏罗系、古近系、新近系和第四系。其中,中生代地层出露良好,化石丰富,地层沉积序列发育较为齐全。

区内出露的主要地层是侏罗系,为海陆交互相碳酸盐岩-碎屑岩沉积,大面积分布。此外,零星分布有中二叠统碳酸盐岩,上三叠统为深水盆地相碎屑岩-火山岩-硅质岩组合与浅海台地相碳酸盐岩,古近系为一套下粗上细的紫红色碎屑岩和碱性火山岩,新近系由一个下粗上细的紫红色粗碎屑岩→细碎屑岩夹淡水灰岩和膏盐岩的沉积旋回构成,第四系以河湖相沉积为主。

测区位于藏滇(中间)板块与华南板块结合部位(程裕祺等,1994)(图 2 - 1),《西藏自治区区域地质志》(1993)划分的羌塘-昌都地层区内。根据区内地层发育情况、组合特征与展布规律,结合区域性构造演化关系,可将图区划分为 4 个地层小区:照沙山-大熊湖小区、五龙川-布若错小区、白龙冰河小区、湾岛湖-大横山小区(图 2 - 2);依据区内地层的岩石组合、沉积环境、古生物面貌及变化情况,在前人的划分方案基础上,参照全国地层多重划分对比研究相关项目岩石地层清理的划分方案及各组的标准定义,将图区地层划分为 17 个组(含岩组)31 个岩石地层填图单位(表 2 - 1)。

中国西南区的大地构造-地层分区存在多种方案,各成系统,地层区的分界位置也不尽相同。基于本项目工作取得的认识,与《西南区区域地层》(1999)的论述基本相同,本报告采用其划分方案(图 2 - 1)。图区地层区划的分界,大部分以区域性断裂构造划分,基本上与大地构造分区和区域地层组合的延伸相吻合。

总而言之,按照全国统一地层区划,测区涉及华南地层大区与滇藏地层大区两个地层大区。图区西南的红脊山-大熊湖构造带是龙木错-双湖缝合带的西延,北部边缘的湾岛湖-大横山构造带是拜惹布错-金沙江缝合带的西延。以它们及其间的甜水河断裂为界,划分位于图区西南部至北东部的照沙山-大熊湖小区、布若错小区、白龙冰河小区,及北缘的湾岛湖-大横山小区,前三者构成图区的主体,出露地层以侏罗系为主,按其特征归属羌北-昌都-思茅地层区,其中布若错小区为本次工作新厘定的一个地层小区,白龙冰河小区为赤布张错地层小区的西缘部分;北缘的湾岛湖-横山小区则为西金乌兰-金砂江地区分区若拉岗日地层小区的西延部分。

对于红脊山构造带、湾岛湖-大横山构造带内出露的地层,由于构造变形作用的强烈改造,不同岩性组合的地层(体)往往被构造面分割,不见顶底,宏观上具有构造混杂岩的特征。本报告划分出照沙山-大熊湖小区、湾岛湖-大横山小区 3 个地层小区。其中湾岛湖小区按构造混杂岩方法填图。照沙山-大熊湖小区与西邻查多岗日幅红脊山地层小区合称红脊山-大熊湖地层区,由于构造混杂作用,其中地层既有羌南也有羌北地层区的成分。需要指出,据岩性及其组合特征,湾岛湖小区归属若拉岗日地层小区,照沙山-大熊湖小区应属羌北地层区。

图区上述的地层单位各有 1～5 条地层剖面控制(表 2 - 2),其中对缺少实测剖面控制的地层单位以详细路线剖面进行了补充控制,对前人在图区测制的剖面也进行了修编或资料综合整理利用。

以下以纪分节,按剖面介绍、岩石地层、古生物群与地层时代、层序地层、地层划分与对比、沉积相及沉积环境分析等几个单元,从老到新分别叙述于后。

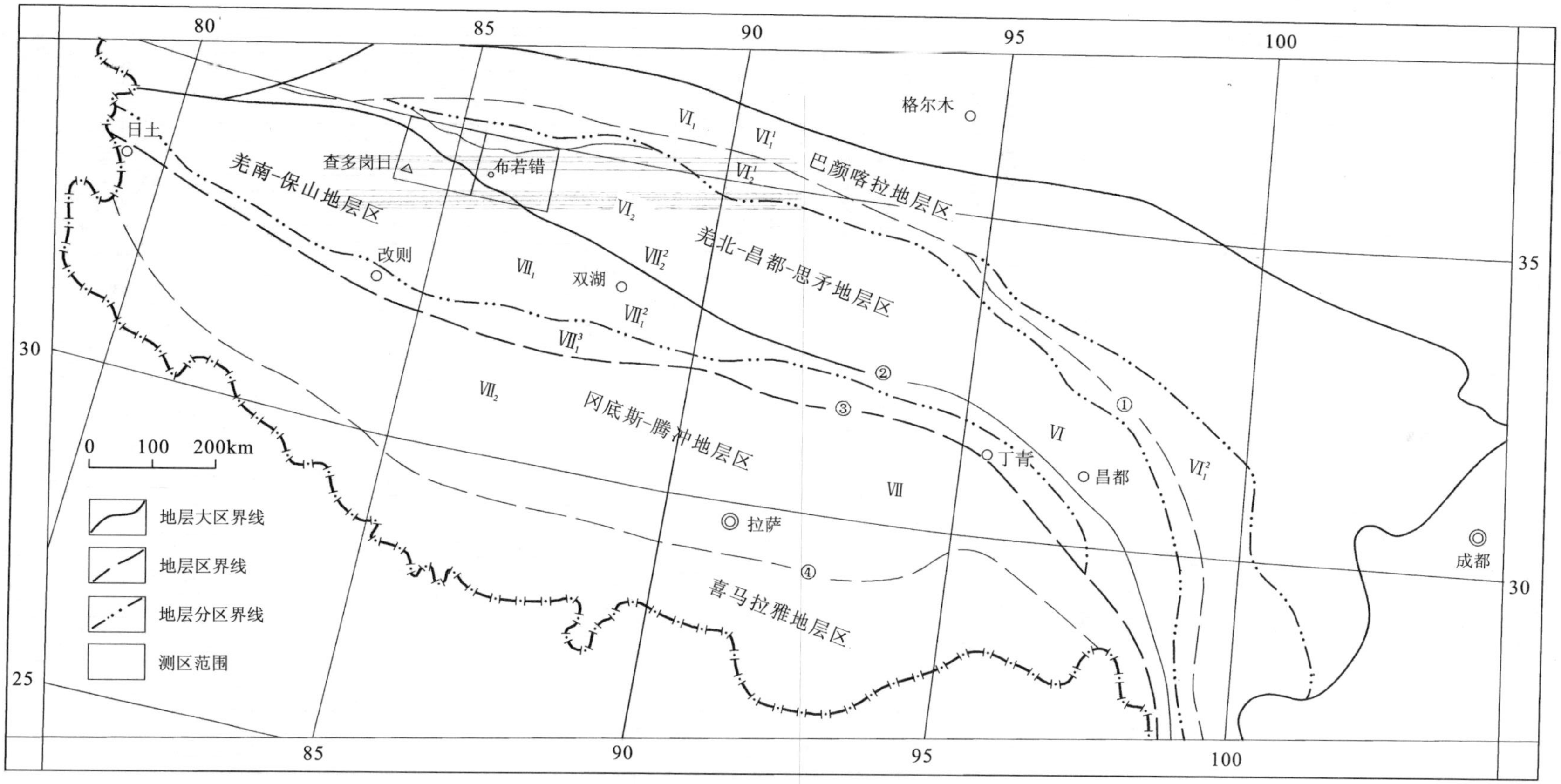


图 2-1 测区在中国西南区地层区划上的位置图

［根据全国地层多重划分对比研究《西南区区域地层》(1999)之地层区划图修改］

Ⅵ:华南地层大区;$Ⅵ_1$-巴颜喀拉地层;$Ⅵ_2$-羌北-昌都-思矛地层区;$Ⅵ_2^1$-西金乌兰-金沙江地层分区;$Ⅵ_2^2$-唐古拉分区-昌都地层分区;

$Ⅶ_1$:藏滇地层大区;$Ⅶ_1$-羌南-保山地层区(过渡区);$Ⅶ_1^2$-双湖地层分区;$Ⅶ_1^3$-木嘎岗日地层分区;$Ⅶ_2$-冈底斯-腾冲地层区;

①金沙江-哀牢山断裂;②龙木错-澜沧江断裂;③班公错-怒江断裂;④雅鲁藏布江断裂

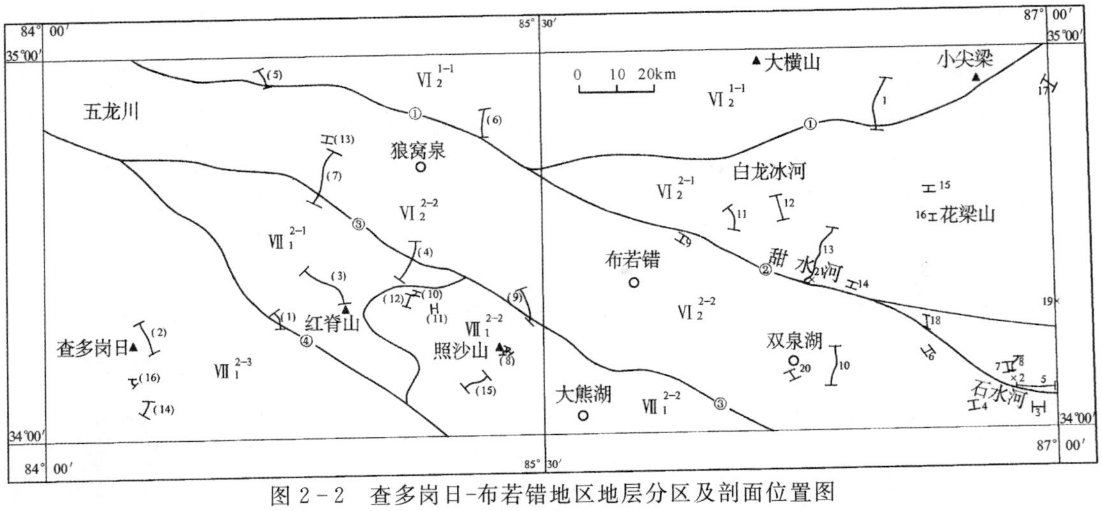


图 2-2　查多岗日-布若错地区地层分区及剖面位置图

（左为 1∶25 万查多岗日幅；右为 1∶25 万布若错幅）

（1）金沙江构造带地层区西金乌兰-金沙江地层分区：Ⅵ$_2^{1-1}$．湾岛湖-大横山地层小区（若拉岗日地层小区）。

（2）羌北-昌都-思矛地层区唐古拉-昌都地层分区：Ⅵ$_2^{2-1}$．白龙冰河小区（赤布张错地层小区）；Ⅵ$_2^{2-2}$．五龙川-布若错地层小区。

（3）红脊山-大熊湖地层区：Ⅶ$_1^{2-2}$．照沙山-大熊湖地层小区；Ⅶ$_1^{2-1}$．红脊山地层小区。

（4）羌南-保山地层区双湖地层分区：Ⅶ$_1^{2-3}$．查多岗日地层小区。①湾岛湖-小尖梁断裂；②甜水河断裂；③图北湖-七泉山断裂（红脊山构造带北东部边界断裂）；④猫耳山断裂（红脊山构造带南西部边界断裂）

**表2-1　地层序列划分表**

| 年代地层 | | | 羌北陆块（照沙山）大熊湖小区 | 羌北陆块（狼窝泉）布若错小区 | 羌北陆块（唐古拉-昌都分区）白龙冰河小区 | 金沙江构造带（金沙江地层分区）弯岛湖-大横山小区 | | |
|---|---|---|---|---|---|---|---|---|
| 新生界 | 第四系 | 全新统 | 冲洪积（Qh$^{apl}$）、洪积（Qh$^{pl}$）、冲积（Qh$^{al}$）、湖积（Qh$^{fl}$）、冰积（Qh$^{gl}$） | | | | | |
| | | 更新统 | 冲洪积（Qh$^{apl}$）、洪积（Qh$^{pl}$） | | | | | |
| | 新近系 | 上新统 | 双泉河组*（$N_2sq$） | | | | | |
| | | 中新统 | 唢纳湖组（$N_1s$） | | | | | |
| | | | 康托组（$N_1k$） | | | | | |
| | 古近系 | 渐新统 | 鱼鳞山组（$E_3y$） | | | | | |
| | | 始新统 | 牛堡组（$E_{1-2}n$） | | | | | |
| | | 古新统 | | | | | | |
| 中生界 | 侏罗系 | 上统 | 雪山组（$J_2x$） | | 白龙冰河组 四段（$J_3b^4$） | | | |
| | | | 索瓦组 上段（$J_3s^2$） | | 白龙冰河组 三段（$J_3b^3$） | | | |
| | | | | | 白龙冰河组 二段（$J_3b^2$） | | | |
| | | | 索瓦组 下段（$J_3s^1$） | | 白龙冰河组 一段（$J_3b^1$） | | | |
| | | 中统 | 夏里组（$J_2x$） | | | | | |
| | | | 布曲组（$J_2b$） | | | | | |
| | | 下统 | 雀莫错组（$J_1q$） | | | | | |
| | | | 那底岗日组（$J_1n$） | | | 大横山构造蛇绿混杂岩 | 变质基底 | 构造岩片(块) |
| | 三叠系 | 上统 | 菊花山组（$T_2j$） | 图中湖组*（$T_{2-3}t$） | 藏夏河组（$T_3z$） | | 若拉岗日岩组 | 火山弧岩片(Va) |
| | | | | | | | | 玄武岩岩片(β) |
| | | 中统 | | | | | 硅泥质岩岩片(Sa) 二岔沟组 | 蛇绿岩岩片：变玄武岩(β)、变辉绿岩(βμ)、变辉长岩(ν)、变辉橄岩/变橄榄岩(σ) |
| 古生界 | 二叠系 | 中统 | | | | | 碳酸盐岩岩片(灰岩组)（$P_2Ca$） | |

注：*为本次工作新建地层单元。

**表 2-2 实测、利用剖面资料一览表**

| 序号 | 剖面名称 | 起点坐标 E | 起点坐标 N | 终点坐标 E | 终点坐标 N | 时代 | 控制地层单位 | 分层 室内 | 分层 野外 | 剖面长度(m) | 剖面厚度(m) | 质量评述 完整性 | 质量评述 露头情况 | 质量评述 工作性质 | 修编利用剖面测制者(时间)或资料来源 | 备注 |
|---|---|---|---|---|---|---|---|---|---|---|---|---|---|---|---|---|
| 1 | 丛林坡大横山蛇绿构造混杂岩剖面 | 86°31′7.1″ | 34°47′5.3″ | 86°30′13″ | 34°55′08″ | $P_2$ $T_3$ | 大横山构造混杂岩、藏夏河组 | 32 | 46 | 15 425 | 6 009 | 无顶、底 | 一般 | 实测 | (实测其中的二岔沟组 $T_2e$、玄武岩岩片 Va、蛇绿岩岩片 Op、碳酸盐岩岩片 Ca) | |
| 2 | 甜水河上三叠统菊花山组剖面 | 86°51′19.4″ | 34°35′8.1″ | 86°52′00″ | 34°06′47″ | $T_3$ | 菊花山组 | 29 | | 914.5 | 668.6 | 无底 | 一般 | 综合资料 | 贾宝江等(1995) | 原 $T_3$ 肖茶卡组(群) |
| 3 | 石水河下侏罗统那底岗日组剖面 | 86°56′54.2″ | 34°02′55.2″ | 86°55′56″ | 34°03′03.2″ | $J_1$ | 那底岗日组 | 28 | | 1 840 | 758 | 有底 | 较差 | 实测 | | 火山岩剖面 |
| | | 86°56′54.2″ | 34°02′55.1″ | 86°55′46.2″ | 34°02′56.8″ | | | 17 | | 965.6 | 655 | 无顶 | | 综合修编 | 贾宝江等(1995) | |
| 4 | 咸水河下侏罗统雀莫错组剖面 | 86°45′05.1″ | 34°02′39″ | 86°45′55″ | 34°00′50.5″ | $J_1$ | 雀莫错组 | 21 | 40 | 1 573 | 977 | 无顶、底 | 极好 | 实测 | | |
| | | 86°45′14.7″ | 34°02′54.2″ | 86°45′35.9″ | 34°02′22″ | | | 43 | | 925 | 817 | | | 综合修编 | 贾宝江等(1995) | 原为 $J_2$ |
| 5 | 石水河地区下侏罗统雀莫错组剖面 | 87°47′09″ | 34°04′58″ | 86°47′48″ | 34°06′30″ | $J_1$ | 雀莫错组 | | | 3 436 | 1 953.4 | | | 综合资料 | 王成善等(2001) | 原为 $J_2$ |
| 6 | 分水岭地区中侏罗统布曲组剖面 | 86°37′20″ | 34°12′00″ | 86°37′38″ | 34°12′13″ | $J_2$ | 布曲组 | | | 730.5 | 411.5 | | 较好 | 综合资料 | 王成善等(2001) | |
| 7 | 雷音沟中侏罗统布曲组剖面 | 86°51′13.1″ | 34°09′07.4″ | 86°51′17.3″ | 34°09′51.1″ | $J_2$ | 布曲组 | 53 | 54 | 1 400 | 892 | 无顶、底 | 良好 | 实测 | | 顶为断层 |
| 8 | 野牛沟中—上侏罗统布曲组-索瓦组剖面 | 86°51′11.6″ | 34°09′8.1″ | 86°51′27.3″ | 34°11′11.4″ | $J_2$ $J_3$ | 布曲组 夏里组 索瓦组 | 98 | | 2 849 | 1 965 | 无顶、底 | 良好→较差 | 综合修编 | 贾宝江等(1995) | |
| 9 | 友谊沟中侏罗统夏里组剖面 | 85°56′57.5″ | 34°30′09″ | 85°56′31.6″ | 34°29′29.2″ | $J_2$ | 夏里组 | 16 | 20 | 1 545 | 378 | 有顶、底 | 良好 | 实测 | | |
| 10 | 双泉湖长梁山中—上侏罗统夏里组—雪山组剖面 | 86°21′29″ | 34°13′18.2″ | 86°19′17.3″ | 34°07′34.3″ | $J_2$ $J_3$ | 夏里组 索瓦组 雪山组 | 145 | 253 | 14 989 | 4 253 | 有底 无顶 | 较好 | 实测 | | |
| 11 | 圆锥山上侏罗统白龙冰河组剖面 | 86°03′25.4″ | 34°32′41.3″ | 86°02′45.8″ | 34°35′43.3″ | $J_2$ $J_3$ | 夏里组 白龙冰河组 | 40 | 48 | 6 800 | 3 315 | 有底 无顶 | 较差 | 实测 | | 包括 $J_3b^3-J_3b^1$ |

续表 2-2

| 序号 | 剖面名称 | 起点坐标 E | 起点坐标 N | 终点坐标 E | 终点坐标 N | 时代 | 控制地层单位 | 分层 室内 | 分层 野外 | 剖面长度(m) | 剖面厚度(m) | 质量评述 完整性 | 质量评述 露头情况 | 质量评述 工作性质 | 修编利用剖面测制者(时间)或资料来源 | 备注 |
|---|---|---|---|---|---|---|---|---|---|---|---|---|---|---|---|---|
| 12 | 白龙冰河南岸上侏罗统白龙冰河组路线剖面 | 86°12′, 34°36′ | | | | $J_3$ | 白龙冰河组 | 6 | 5 | | 2 800 | 有底无顶 | 较差 | 综合修编 | 西藏区调队(1986),$J_3b$ 建组、成型剖面 | 细分 $J_3b^1$～$J_3b^3$ |
| 13 | 甜水河北岸红石沟上侏罗统白龙冰河组详细路线剖面 | 86°15′46.1″ | 34°24′10.2″ | 86°21′38″ | 34°31′20″ | $J_3$ | 白龙冰河组 | 14 | 25 | 20 247 | 2 872 | 无顶底；褶皱断裂较多 | 较差 | 实测 | | 细分 $J_3b^3$、$J_3b^4$ |
| 14 | 甜水河北石峰山上侏罗统白龙冰河组剖面 | 86°24′19.4″ | 34°22′39″ | | | $J_3$ | 白龙冰河组 | 19 | 19 | 578 | 403 | 无顶底 | 良好 | 实测 | | $J_3b^4$ 礁灰岩段 |
| 15 | 独星湖上侏罗统白龙冰河组剖面 | 86°40′00″ | 34°35′43″ | 86°39′58″ | 34°35′23″ | $J_3$ | 白龙冰河组 | | | 819 | 465.4 | | | 综合资料 | 王成善等(2001) | 原索瓦组 |
| 16 | 花梁山-石心湖中上侏罗统剖面 | 86°42′26″ | 34°29′20″ | 86°43′00″ | 34°28′13″ | $J_2$?<br>$J_3$ | 夏里组<br>白龙冰河组 | | | 2115.8 | 1373.1 | | | 综合资料 | 王成善等(2001) | 原夏里组 |
| 17 | 红阳山古近系始—渐新统鱼鳞山组剖面 | 86°57′35″ | 34°55′47.5″ | 87°00′53.3″ | 34°52′26.5″ | $E_{2-3}$ | 鱼鳞山组 | 27 | 30 | 11 500 | 3 398 | 有顶无底 | 一般 | 实测 | | 火山岩剖面 |
| 18 | 甜水河小平梁新近系中新统康托组剖面 | 86°37′18″ | 34°16′05″ | 86°37′06″ | 34°17′12.5″ | $N_1$ | 康托组 | 12 | 16 | 2 200 | 394 | 无顶底 | 一般 | 实测 | | |
| 19 | 蚂蝗山新近系中新统康托组剖面 | 87°00′02″ | 34°17′41″ | 87°00′07″ | 34°17′22″ | $N_1$ | 康托组 | | | 528 | 348.4 | | | 综合修编 | 王成善等(2001) | |
| 20 | 双泉河古近系始-渐新统鱼鳞山组及新近系上新统双泉河组剖面 | 86°13′53.9″ | 34°08′18.6″ | 86°12′56.1″ | 34°09′05.7″ | $E_{2-3}$<br>$N_2$ | 鱼鳞山组<br>双泉河组 | 11 | 21 | 2 513 | 816 | 无顶底 | 一般 | 实测 | | 新建双泉河组的建组剖面 |
| 21 | 甜水河第四系剖面 | 86°16′43″ | 34°23′01.2″ | 86°15′16″ | 34°22′12″ | Q | 洪冲积层 | 4 | | 2 900 | 7 | 有底 | | 实测 | | |
| (8) | 照沙山上三叠统菊花山组剖面 | 85°23′20.9″ | 34°13′23″ | 85°23′01.1″ | 34°12′34″ | $T_3$ | 菊花山组 | 28 | 46 | 2 606 | 728 | 无顶底 | 较好 | 实测（西邻参考剖面） | | 原 $T_3$ 肖茶卡组 |
| 参考剖面 | 照沙山上三叠统菊花山组剖面 | 85°23′21″ | 34°12′54″ | 85°23′51″ | 34°12′23″ | $T_3$ | 菊花山组 | 24 | | 1 351 | 988.3 | 无顶底 | 较好 | 综合（西邻参考剖面） | 王成善等(2001) | 原 $T_3$ 肖茶卡组 |
| 参考剖面 | 菊花山上三叠统菊花山组剖面 | 86°09′24″ | 33°52′10″ | 86°09′30″ | 35°52′40″ | $T_3$ | 菊花山组 | | | 649 | 499.9 | | | 南邻建组剖面,综合参考对比 | 王成善等(2001) | 原 $T_3$ 肖茶卡组 |
| 参考剖面 | 菊花山下侏罗统那底岗日组剖面 | 86°09′23″ | 33°52′22″ | 86°09′30″ | 33°51′56″ | $J_1$ | 那底岗日组 | | | 843.9 | 573.4 | | | 南邻建组剖面,综合参考对比 | 王成善等(2001) | 原建组剖面 |
| 参考剖面 | 长梁龙上侏罗统白龙冰河组剖面 | 87°8.14′ | 34°24.02′ | 87°7.92′ | 34°22.03′ | $J_3$ | 白龙冰河组 | 40 | 48 | 3 881 | 1 825.7 | | | 东邻剖面,综合参考对比 | 王成善等(2001) | 原索瓦组 |

# 第二节　二叠纪地层

该地层仅出露中二叠统，分布于图区北部石榴湖之北蜈蚣岭-小尖梁一带，为一套碳酸盐岩，呈构造岩片分布于大横山构造蛇绿混杂岩带中（表 2 - 3），总面积约 119km²，占图区面积的 0.8%。

## 一、剖面介绍

西藏尼玛县丛岭坡中二叠统灰岩组实测剖面

剖面位于石榴湖西约 10km 丛岭坡—蜈蚣岭，地理坐标：起点东经 86°31′′7.1″、北纬 34°47′05.3″，终点东经 86°31′20.5″、北纬 34°54′16.6″。现将剖面介绍如下（图 2 - 3）：

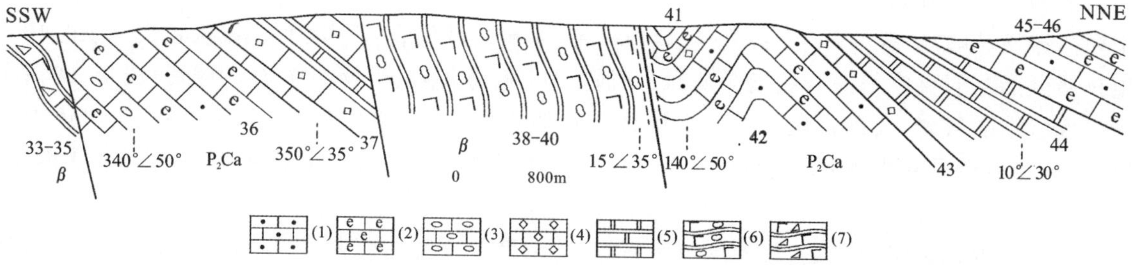


图 2 - 3　尼玛县丛岭坡中二叠统灰岩组实测剖面图

(1)砂屑灰岩；(2)生物屑灰岩；(3)砾屑灰岩；(4)结晶灰岩；(5)大理岩；(6)杏仁状玄武岩；(7)碎裂玄武岩

46. 第四纪堆积物掩盖　49.81m

**灰岩组（$P_2Ca$）　>1 037m**

45. 浅灰、灰白色中层夹厚层、薄层含生物屑灰岩夹砂屑灰岩、生物屑灰岩　642.46m
44. 浅灰白、浅肉红色大理岩　300.04m
43. 浅灰、灰白夹浅肉红色厚层块状结晶灰岩，大理岩化灰岩夹中层状生物屑灰岩、含生物屑灰岩　67.51m
42. 灰、浅灰色夹浅灰白色中层状含生物屑灰岩夹中—薄层状微晶灰岩、砂屑灰岩　27.26m
41. 灰、浅灰色夹深灰色中—薄层状含生物屑微晶灰岩夹砾屑灰岩、生物屑灰岩　45.34m

══════ 断　层 ══════

**玄武岩岩片**

40. 灰绿色变质杏仁状玄武岩　281.76m
39. 第四纪堆积物掩盖　140.88m
38. 灰绿色变质气孔、杏仁状玄武岩　972.73m

══════ 断　层 ══════

**灰岩组（$P_2Ca$）　>1 453m**

37. 灰白、浅灰白色结晶灰岩夹深灰色中—薄层结晶灰岩，局部夹大理岩化灰岩　632.08m
36. 灰—深灰色中—薄层夹厚层状含生物屑微晶灰岩、砂屑灰岩夹生物屑灰岩、砾屑灰岩，局部夹少量中层状大理岩化灰岩　821.19m

══════ 断　层 ══════

**玄武岩岩片**

35. 灰绿色块状玄武岩　19.75m

断　层

**灰岩组**

34. 灰、深灰色中—薄层状微晶灰岩　9.88m

断　层

**玄武岩岩片**

33. 灰绿色碎裂变质玄武岩　115.29m

## 二、岩石地层单位特征

中二叠统灰岩组($P_2Ca$)

灰岩组为本报告暂用的一个非正式岩石地层单位，是指呈构造岩片产出的一套由浅灰—灰白色厚层块状结晶灰岩、灰—深灰色中—薄层状含生物屑灰岩、砂屑灰岩、微晶灰岩夹生物碎屑灰岩等组成地层体。含较丰富的腕足类、珊瑚、双壳类等化石碎片。

主要分布于丛岭坡-蜈蚣岭、小尖梁-隘口山一带，主要岩性组合：下部为灰、浅灰色夹深灰色中—薄层状含生物屑微晶灰岩夹中—薄层状微晶灰岩、砂屑灰岩、砾屑灰岩、生物屑灰岩，中部为浅灰、灰白夹浅肉红色厚层块状结晶灰岩，大理岩化灰岩夹中层状生物屑灰岩、含生物屑灰岩，上部浅灰、灰白色中层夹厚层、薄层含生物屑微晶灰岩夹砂屑灰岩、生物屑灰岩。含珊瑚 *Waagenophyllum lui* Wu 及较多腕足类、双壳类、海百合茎等化石碎片。

由于第四纪堆积物覆盖严重，灰岩组露头不好，连续性差。总体而言，岩性变化不大，主要由浅灰—灰白色厚层块状结晶灰岩、灰—深灰色中—薄层状含生物屑灰岩、砂屑灰岩夹生物碎屑灰岩等组成。含较丰富的腕足类、珊瑚、双壳类等化石，但化石保存很差，多呈碎片存在，并且已发生变质重结晶，难以鉴定，仅于小尖梁南获珊瑚 *Waagenophyllum lui* Wu 化石。岩片与藏夏河组、玄武岩岩片、硅泥质岩岩片之间呈断层接触，二者之间往往发育断层角砾岩，多表现为压扭性断层性质。

在丛岭坡-蜈蚣岭一带出露 2 个岩块，顽山岩块下部为灰—深灰色中—薄层夹厚层状含生物屑微晶灰岩、砂屑灰岩夹生物屑灰岩、砾屑灰岩，局部夹少量中层状大理岩化灰岩，上部为灰白、浅灰白色结晶灰岩夹深灰色中—薄层结晶微晶灰岩，局部夹大理岩化灰岩。岩块南、北两侧与玄武岩岩片均呈断层接触，二者之间发育构造角砾岩，参考厚度大于 1 453m。蜈蚣岭岩块下部为灰、浅灰色夹深灰色中—薄层状含生物屑微晶灰岩夹中—薄层状微晶灰岩、砂屑灰岩、砾屑灰岩、生物屑灰岩，中部为浅灰、灰白夹浅肉红色厚层块状结晶灰岩，大理岩化灰岩夹中层状生物屑灰岩、含生物屑灰岩，上部浅灰、灰白色中层夹厚层、薄层含生物屑微晶灰岩夹砂屑灰岩、生物屑灰岩。岩石中产海百合茎等化石；岩块南侧与玄武岩岩片呈断层接触，二者之间发育断层角砾岩，北侧被第四系覆盖，参考厚度大于 1 083m。

往东至群岩山带，下部为浅灰—灰色中—厚层状结晶灰岩夹生物屑灰岩，上产灰白色、浅灰色结晶灰岩夹少量生物屑灰岩。含较丰富的珊瑚、海百合茎、腕足类、双壳类等化石碎片，可见 3 条宽 10～30m 的辉绿岩岩脉侵入。

再往东至小尖梁一带主要为灰、深灰色结晶灰岩、微晶灰岩夹生物屑灰岩，产双壳类、珊瑚等化石，在小尖梁南产珊瑚 *Waagenophyllum lui* Wu 化石。与南侧藏夏河组接触关系未见及，推测为断层接触。

## 三、古生物及地层年代

灰岩组中产双壳类、珊瑚、腕足类、海百合茎等化石，多保存不佳，呈碎片状，且有不同程度的变质重结晶，化石难以鉴定。获得珊瑚鉴定结果为 *Waagenophyllum lui* Wu，时代为中—晚二叠世。结合岩性组合特征及区域地层对比，将灰岩组的时代划为中二叠世比较合适。

## 四、地层划分与对比

图区暂用的灰岩组，为一套碳酸盐岩台地缓坡亚相沉积的地层。其以浅灰、灰白色、深灰色厚层块状结晶灰岩、灰—深灰色中—薄层状含生物屑灰岩、砂屑灰岩、微晶灰岩夹生物碎屑灰岩之岩石组合，以产较多的珊瑚、腕足类、双壳类、海百合茎等古生物化石为特征，在图外南部雪源河一带亦有出露(1：25 万玛依岗日幅，李才等命名为雪源河组)；其形成时期大致相当的莽错组，可能为同期异相的产物，与羌南的图北湖组(为联测 1：25 万查多岗日幅新建的岩石地层单位)上部灰岩大致相当。

### 五、岩相古地理

#### （一）沉积相类型及其特征

根据沉积物类型、岩性组合、沉积结构构造及生物化石等特征，图区的中二叠纪沉积属碳酸盐岩台地缓坡亚相。主要岩性为灰、浅灰色夹深灰色中—薄层状含生物屑微晶灰岩、厚层块状结晶灰岩，大理岩化灰岩夹中—薄层状微晶灰岩、砂屑灰岩、砾屑灰岩、生物屑灰岩。岩石中产珊瑚 *Waagenophyllum lui* Wu 及较多的腕足类、双壳类、海百合茎等化石碎片。岩石发育水平层理，反映水动力条件普遍较弱的沉积背景，为碳酸盐岩台地缓坡亚相的沉积产物。

#### （二）岩相古地理环境分析

沉积相分析表明，中二叠世大横山地区处于浅海碳酸盐岩台地边缘，气候较温和、地壳相对稳定，以钙质沉积为主，珊瑚、腕足类、双壳类、海百合茎等生物发育，形成了碳酸盐岩台地缓坡亚相的灰岩组。综合岩性组合、生物特征，说明灰岩组与羌北地区相应一样同属华南地层区的碳酸盐岩台地相沉积产物。

## 第三节　三叠纪地层

区内的三叠纪地层零星见于南西、南东及北部边缘，面积约 970km²，占图区面积的 6.3%。其发育有 4 种沉积类型，从南至北划分出菊花山组、图中河组、藏夏河组、若拉岗日岩组 4 个岩石地层单位，对应代表照沙山-大熊湖地层小区、五龙川-布若错地层小区、白龙冰河地层小区、湾岛湖—大横山小区的晚三叠世岩石地层单位。区内三叠纪地层划分沿革见表 2-3。

表2-3　二叠纪、三叠纪地层划分沿革表

| 地层系统＼划分者 | 吴瑞忠(1985) | 1：100万改则幅报告(1986) | 西藏岩石地层(1997) | 西藏地质志(1993) | 青藏石油勘探项目经理部(1995)、贾宝江等(1995) | 石油天然气总公司罗建宁等(1996) | 西南区区域地层(1999) | 赵政璋等(2001)、王剑等(2004) | 本报告 |
|---|---|---|---|---|---|---|---|---|---|
| 中侏罗统、下侏罗统 | 雁石坪群 / ? | | | 那底岗日组；? | 曲色组；? | 雁石坪群；? | 下侏罗统 | 那底岗日组 | 那底岗日组 |
| 上三叠统 | 菊花山组 | 肖茶卡群；若拉岗日群 | 肖茶卡群；若拉岗日群 | 肖茶卡群；若拉岗日群 | 肖茶卡群；若拉岗日群 | 肖茶卡组(群)；若拉岗日群 | 日干配错群 | 肖茶卡组；若拉岗日群 | 菊花山组；图中湖组；藏夏河组；若拉岗日岩组 |
| 中三叠统 | 康南组 | ? | 硬水泉组；? | (缺失)；? | 康南组；? | (缺失)；? | 康南组；? | | (?) |
| 下三叠统 | 硬水泉组 康鲁组 | ? | 硬水泉组；? | (缺失)；? | 康鲁组；? | (缺失)；? | 康鲁组；? | | (?) |
| 二叠系、石炭系 | | | *吉塘群；? | 古生界；? | | 前泥盆系戈木日群；? | 构造混杂岩C—P岩片 | | 中二叠统灰岩组 |

图例：关系不清（点线）；假整合（虚线）；不整合（波状线）；断层接触（双线）；? 地层未出露或出露不清

注：*表示西藏《岩石地层》岩石地层单位序列表中下三叠统硬水泉组下伏地层为前震旦系吉塘群。

## 一、剖面介绍

图区内涉及三叠纪地层的剖面有3条，其中丛岭坡剖面涉及北部大横山地层小区出露的若拉岗日岩组，云雀湖路线剖面控制北东零星出露的藏夏河组，甜水河剖面控制东南部零星出露的菊花山组。此外，出露于图区南西部之菊花山组，由西邻之照沙山剖面控制（西邻联测1∶25万查多岗日幅）；西邻的湾岛湖剖面则是测区若拉岗日岩组的主干剖面；零星出露于图区西缘的图中湖组，可参考西邻的图中湖剖面、拉雄错剖面。以下对相关的剖面分别进行介绍。

### 1. 西藏尼玛县照沙山上三叠统菊花山组($T_3j$)实测剖面

剖面位于西邻联测图幅（1∶25万查多岗日幅）的照沙山，距图幅西南约10km。本次工作在照沙山西侧进行了实测（起点坐标E85°23′20.9″、N34°13′23.0″，终点坐标E85°23′01.1″、N34°12′34.0″，斜长2 606m，厚728m），现将该剖面介绍如下（图2-4）：

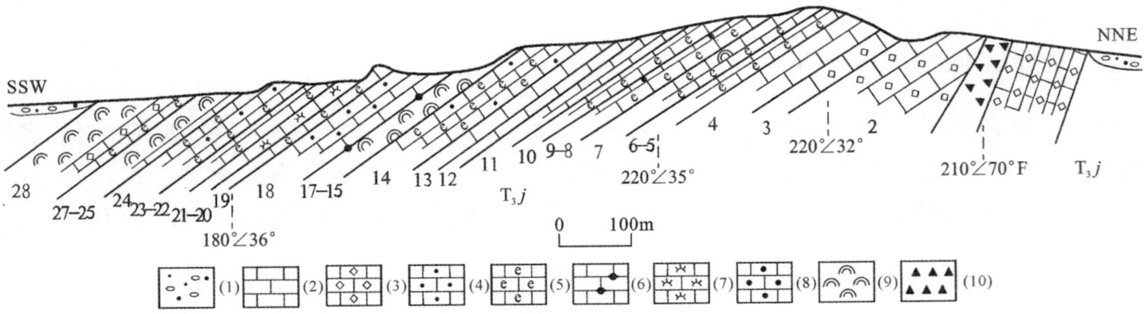


图2-4　尼玛县照沙山(西)上三叠统菊花山组实测剖面图

(1)第四系砂砾层；(2)微晶灰岩、含颗粒微晶灰岩；(3)结晶灰岩；(4)砂屑灰岩；(5)生物屑灰岩；(6)含硅质团块灰岩；(7)藻屑灰岩；(8)颗粒灰岩；(9)礁灰岩；(10)断层构造角砾岩

**上三叠统　菊花山组($T_3j$)**　　**>728m**

（第四系覆盖，未见顶）

28.（45）—（46）灰、浅灰色厚层状含生物屑微晶灰岩、生物屑灰岩→浅灰、灰白色厚层块状结晶灰岩、（结晶）珊瑚-海绵-藻礁灰岩：藻粘结岩、藻粘结海绵灰岩偶夹珊瑚骨架灰岩。下部含生物屑微晶灰岩含菊石等生物，往东相变为结晶灰岩及（结晶）礁灰岩　85m

珊瑚类化石：*Cerioheterastraea cerioidea* Cuif

*Toechastrasa*? sp.

*Margarosmilia zieteni* (Klipstein)

27.（43）—（44）深灰、浅灰色厚层块状海绵生物屑灰岩夹生物屑砂屑灰岩→浅灰、灰白色厚层块状礁灰岩：藻粘结岩、藻粘结海绵灰岩、结晶灰岩　21m

26.（42）浅灰白、灰白色厚层块状生物屑微晶灰岩、结晶灰岩、结晶海绵礁灰岩。该层往西变薄　13m

25.（41）灰、灰黑色中层状亮晶生物屑砂屑灰岩夹砾屑灰岩　7m

24.（40）灰、灰黑色中—厚层生物屑微晶灰岩、生物屑砂屑微晶灰岩，下部夹少量海绵生物屑灰岩，上部夹含泥含生物屑微晶灰岩　47m

23.（39）浮土。根据冰胀丘中的岩屑推测下伏灰黑、灰色含泥含生物屑微晶灰岩　9m

22.（38）灰、深灰色含海绵藻屑灰岩　18m

21.（37）浅灰白、灰色砂屑灰岩、含海绵藻屑灰岩　22m

20.（34）—（36）灰、深灰色微晶含海绵藻屑灰岩，底部为浮土掩盖　16m

19.（32）—（33）灰夹深灰色中厚层状介屑生物屑灰岩、介屑海绵生物屑灰岩　18m

18.（30）—（31）灰色中厚层状含硅质团块含生物屑含砂屑微晶灰岩、含生物屑砂屑微晶灰岩。硅质岩呈不规则团块状，含量1%～5%，分布不均匀　57m

17.（29）浅灰白、灰白色厚层块状海绵—藻礁灰岩、结晶礁灰岩、含生物屑砂屑微晶—结晶灰岩，下部夹厚层状砂屑生物屑灰岩、生物屑灰岩　16m

腕足类化石：*Amphicjina intermedia* Bittner

16. (28)灰夹浅灰白、灰白色厚层状砂屑生物屑灰岩夹含生物屑砂屑微晶—结晶灰岩、(结晶)海绵灰岩 6m

15. (27)浅灰白、灰白色厚层块状海绵礁灰岩、结晶灰岩、含生物屑砂屑微晶灰岩。岩石重结晶强烈,交代不均匀,局部含极丰富的海绵和少量藻、珊瑚 12m

14. (26)浅灰、灰白夹灰色厚层状砂屑生物屑灰岩、生物屑灰岩夹含生物屑微—细晶灰岩,总体往上变细 55m

13. (24)—(25)灰、灰绿色薄、中层状含泥微晶灰岩、含泥生物屑微晶灰岩→灰、深灰色中、厚层状(微亮晶)含砂含生物屑砂屑灰岩→灰、深灰色中、厚层状含砂屑(藻海绵)生物屑灰岩
腕足类化石:*Paralaballa zangbeiensis* Sun 23m

12. (22)—(23)上、下为灰色中厚层状(含海绵骨屑)含砂屑生物屑微晶灰岩,中部为浅灰、灰色中厚层状含砂屑生物屑灰岩→砂屑灰岩组合,顶为厚1.3m的灰、紫红色中层状硅化铁染(含海绵骨屑)含砂屑生物屑微晶灰岩。为一个自下而上由粗→细→粗、厚→薄的沉积旋回。具溶孔构造,往上增多 17m

11. (21)灰、浅灰色中厚层状生物屑砂屑灰岩→砂屑灰岩 30m

10. (18)—(20)灰、浅灰色中厚层状亮晶含生物屑鲕粒砂屑灰岩、颗粒灰岩夹(海绵骨屑)藻粘结生物屑灰岩,顶夹含溶孔砂屑灰岩、藻微晶灰岩 30m

9. (17)浅灰、浅灰白色中、厚层状亮微晶含生物屑砂屑灰岩、含砂屑生物屑微晶灰岩 4m

8. (16)灰色厚层块状(海绵骨屑)生物屑灰岩、(含海绵)砂屑生物屑灰岩 26m

7. (13)—(15)灰色中夹薄夹厚层状亮微晶的生物屑灰岩、生物屑砂屑灰岩、砂屑灰岩,顶部为灰色中、厚层状生物屑灰岩夹砂屑灰岩夹海绵层孔虫盖覆灰岩或生物微晶灰岩,往上生物屑灰岩增多 33m

6. (11)—(12)灰、深灰色中—薄层状含生物屑微晶灰岩 6m

5. (10)顶部为灰色微晶生物屑灰岩夹微晶灰岩,上部灰、浅灰色厚层状结晶灰岩、藻粘结海绵(结晶)灰岩、含颗粒微晶灰岩夹海绵藻粘结灰岩,下部灰夹浅灰、深灰色中、厚层状含生物屑砂屑灰岩、生物屑灰岩。为一个自下而上由细→粗、以生物屑灰岩为盖层的礁旋回 23m

4. (7)—(9)浅灰、灰白色厚层块状结晶灰岩、微晶灰岩、颗粒微晶灰岩。岩石重结晶强烈,局部不均匀分布交代残余的藻、海绵、水螅化石 50m

3. (6)浅灰色厚层块状结晶灰岩、微晶灰岩、海绵微晶灰岩。岩石重结晶强烈,局部不均匀分布交代残余的藻、海绵化石 32m

2. (4)—(5)浅灰白、灰白色带浅肉红厚层块状结晶灰岩、海绵微晶灰岩。岩石重结晶强烈,局部不均匀分布交代残余的藻、海绵、水螅化石(最高含量大于30%) >70m

断 层

**2. 西藏尼玛县甜水河上三叠统菊花山组($T_3j$)剖面**

剖面位于甜水河北,总厚度668.6m。为成都环境地质与资源开发研究所测制(贾宝江等,1995),地层划分根据本报告方案修改(图2-5)。

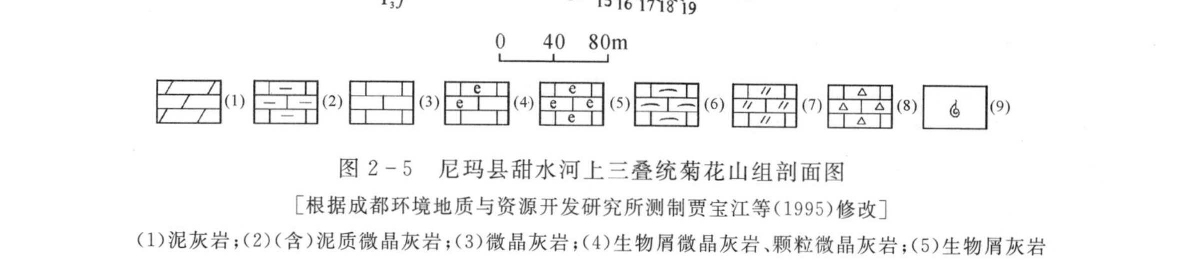


图2-5 尼玛县甜水河上三叠统菊花山组剖面图
[根据成都环境地质与资源开发研究所测制贾宝江等(1995)修改]
(1)泥灰岩;(2)(含)泥质微晶灰岩;(3)微晶灰岩;(4)生物屑微晶灰岩、颗粒微晶灰岩;(5)生物屑灰岩
(6)介屑灰岩;(7)云质灰岩;(8)角砾灰岩;(9)化石采集点

上覆地层下侏罗统那底岗日组($J_1n$)：火山岩

---------- 平行不整合 ----------

**上三叠统　菊花山组($T_3j$)**　**668.6m**

29. 灰、深灰色厚层状泥晶灰岩夹灰黑色介壳生物屑灰岩，灰岩晶洞中见碳质沥青　28.80m
28. 灰、浅灰色薄层状泥质灰岩。见保存不佳的双壳类及腕足类化石。露头差　122.93m
27. 灰、深灰色薄—中层状含生物屑泥晶灰岩。含较多双壳类及腕足类化石碎片　3.24m
26. 灰、浅灰色薄层状泥灰岩。含双壳类及腕足类化石　21.20m
25. 灰、深灰色薄层状泥晶灰岩夹黑色生物屑灰岩　4.69m

　双壳类化石：*Chlamys* (*Praechlamys*) *dingriensis* J. Chen

24. 灰、浅灰色薄层状泥质灰岩。发育小型沙纹层理　4.06m

　双壳类化石：*Indopecten glabra minor* Zhang
　孢粉化石：*Leiotriletes*
　　*Piceaepollenites*
　　*Classopollis*
　　*Classopollis annulatus*
　　*C. classoides*
　　*C. parvus*
　藻类化石：*Leiospnaeridi*
　　*Granodiscus*

23. 灰、深灰色薄层状生物屑泥晶灰岩　37.75m

　双壳类化石：*Chlamys* (*Praechlamys*) *dingriensis*

22. 灰、深灰色薄、中层状泥晶灰岩　37.75m
21. 灰、浅灰色薄层状泥质灰岩夹灰、深灰色薄层状泥晶灰岩　79.68m
20. 灰、深灰色薄层状泥晶灰岩夹灰色泥灰岩。发育小型沙纹层理　92.21m

　孢粉化石：*Leiotriletes*
　　*Piceites*
　　*Piceaepollenites*
　　*Classopollis annulatus*
　　*C. classoides*
　　*C. parvus*
　　*C. iristriatus*
　　*C. monostriatus*
　藻类化石：*Cymatiosphaera*
　　*Cymatiosphaera parvascus*
　　*Pterosermella*
　　*P. microptera*
　　*Acanthaulax*

19. 灰、浅灰色薄—中层状泥晶灰岩　7.71m
18. 杂色中层状角砾状灰岩　3.37m
17. 灰、浅灰色薄—中层状含生物屑泥晶灰岩　2.86m
16. 灰、浅灰色薄层状泥质灰岩　12.70m

　双壳类化石：*Indopecten glabra minor* Zhang
　　*Chlamys* (*Praechlamys*) *dingriensis* J. Chen

15. 灰紫、紫褐色中—薄层状亮晶生物屑灰岩　6.54m

　双壳类化石：*Chlamys* cf. *biformatus* Bittner

14. 灰色薄层状泥灰岩　2.23m

　双壳类化石：*Indopecten glabra minor* Zhang
　　*Chlamys* (*Praechlamys*) *dingriensis* J. Chen

13. 灰、浅灰色薄层状泥晶白云质灰岩　7.86m

12. 灰、浅灰色薄层状泥晶灰岩夹紫红色亮晶生物屑灰岩　24.64m

双壳类化石：*Chlamys* (*Praechlamys*) *dingriensis* J. Chen

11. 灰、深灰色薄层状泥晶灰岩与黄绿色薄层状泥灰岩互层　10.33m

双壳类化石：*Posidonia* sp.

*Chlamys* (*Praechlamys*) *dingriensis* J. Chen

10. 紫灰、灰紫色薄—中层状亮晶介壳生物屑灰岩　3.23m

双壳类化石：*Chlamys* (*Praechlamys*) *dingriensis* J. Chen

*Chlamys* cf. *biformatus* Bittner

9. 灰、深灰色薄层状泥质灰岩　38.30m

双壳类化石：*Chlamys* (*Praechlamys*) *dingriensis* J. Chen

*Chlamys* cf. *biformatus* Bittner

孢粉化石：*Leiotriletes*

*Copites*

*Perinopollanites*

*Piceaepollenites*

*Abietinaaepollenites*

*Classopollis*

*Classopollis annulatus*

*C. classoides*

*C. parvus*

*C. iristriatus*

藻类化石：*Cymatiosphaera*

*Leiospnaeridi*

*Acanthaulax*

8. 灰、浅灰色薄层状泥晶白云质灰岩　13.05m

7. 灰、深灰色薄—中层状泥质灰岩。含双壳类、腕足类碎片，见晶洞式、裂隙式软沥青、碳质沥青　8.21m

孢粉化石：*Piceaepollenites*

*Classopollis*

*Classopollis annulatus*

*C. parvus*

*C. iristriatus*

藻类化石：*Leiospnaeridi*

6. 灰、深灰色薄、中层状泥晶灰岩。见大量晶洞式、裂隙式、缝合线式软沥青、碳质沥青　5.03m

双壳类化石：*Indopecten glabra minor* Zhang

5. 灰、浅灰色薄层状亮晶含生物屑灰岩　4.87m

双壳类化石：*Chlamys* sp.

4. 灰、深灰色薄—中层状泥晶灰岩。含保存完好的双壳类、腕足类化石　11.90m

3. 灰、浅灰色中层状白云质灰岩　15.66m

双壳类化石：*Chlamys* sp.

*Indopecten* sp.

2. 灰色薄层状白云质泥晶灰岩。含保存完好的双壳类、腕足类化石　9.24m

1. 灰、浅灰色薄层状泥晶灰岩。含保存完好的双壳类、腕足类化石　>37.23m

（未见底）

### 3. 西藏尼玛县云雀湖上三叠统藏夏河组($T_3z$)路线剖面

位于西藏尼玛县云雀湖东约 1.5km，为图区控制藏夏河组的剖面（图 2-6）。

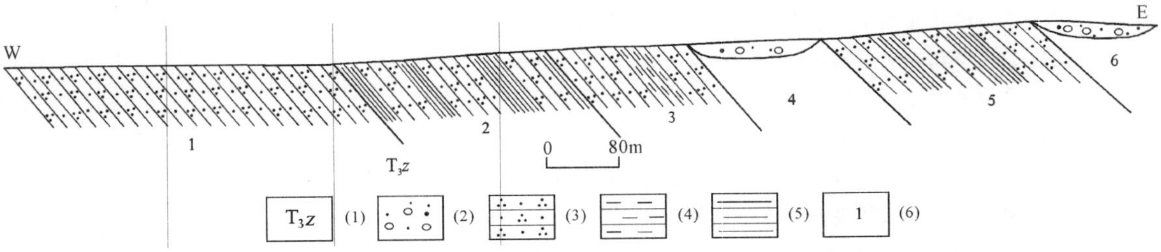


图 2-6 西藏尼玛县云雀湖上三叠统藏夏河组($T_3z$)路线剖面图

(1)藏夏河组;(2)浮土;(3)石英砂岩;(4)页岩;(5)泥岩;(6)分层号

| | |
|---|---|
| **上三叠统　藏夏河组($T_3z$)** | **>973m** |
| 5. 浅灰绿色中—细粒石英砂岩与深灰色页岩互层,两者之比为 3∶1～4∶1 | 219.7m |
| 4. 浮土 | 157.0m |
| 3. 灰黄色中—厚层状细粒石英砂岩夹少许浅灰绿色泥岩 | 157.6m |
| 2. 浅灰绿色中—细粒石英砂岩与深灰色薄层页岩互层,两者之比为 3∶1～5∶1 | 219.3m |
| 1. 浅灰绿色劈理化薄—中层状石英砂岩,局部具鲍马序列 abc 段 | 219.4m |

(未见底)

### 4. 西藏尼玛县湾岛湖上三叠统若拉岗日岩组($T_3r$)实测剖面

剖面位于西邻联测 1∶25 万查多岗日幅北部湾岛湖北西约 12km,剖面起点坐标 E84°39′58″、N34°55′46″,终点坐标 E84°39′45″、N34°57′30″,斜长 4 550m,控制厚度 1 178m。为测区控制若拉岗日岩组的主干剖面。为上三叠统若拉岗日岩组的控制剖面,无顶无底(图 2-7)。

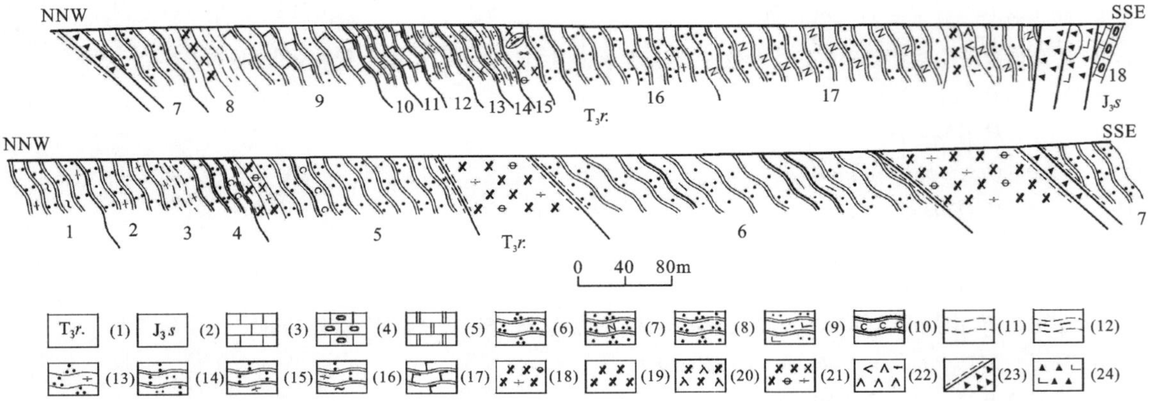


图 2-7 尼玛县湾岛湖上三叠统若拉岗日岩组实测剖面图

(1)若拉岗日岩组;(2)索瓦组;(3)微晶灰岩;(4)藻鲕灰岩;(5)白云岩;(6)石英岩;(7)轻变质长石石英砂岩;(8)变质石英砂岩;(9)变质钙质粉砂岩;(10)碳质板岩;(11)千枚岩;(12)黑云千枚岩;(13)透闪石化石英千枚岩;(14)凝灰质粉砂岩;(15)透闪石化凝灰岩;(16)绿泥石化透闪石化基性凝灰岩;(17)变质玄武岩;(18)斜黝帘石化透闪石化辉绿岩;(19)绿帘石化辉长岩;(20)阳起石化绿帘石化辉长岩;(21)辉长辉绿岩;(22)角闪辉石蛇纹橄榄岩;(23)脆-韧性断层/断层角砾岩;(24)钙质角砾岩

**上覆地层:上侏罗统　索瓦组($J_3s$)**

18. 灰、深灰色中层状藻鲕灰岩夹微晶灰岩

════════ 韧—脆性断层 ════════

| | |
|---|---|
| **上三叠统　若拉岗日岩组($T_3r.$)** | **>1 178m** |
| 17. 灰、深灰色轻变质含长石石英砂岩夹少许石英岩。其中上部有橄榄岩脉及辉绿玢岩侵入 | 252m |
| 16. 灰绿色劈理化凝灰岩夹透闪石化石英片岩 | 118m |

| | |
|---|---|
| 15. 灰、浅灰白、浅绿色薄层石英岩，局部具水平纹层 | 13m |
| 14. 灰、浅灰白、浅绿色薄层轻变质硅质岩夹少许泥岩，局部具水平纹层 | 10m |
| 13. 灰白色局部为棕黄色薄层轻变质钙质粉砂岩 | 16m |
| 12. 灰、灰绿色劈理化轻变质凝灰岩夹少许薄层硅质岩 | 28m |
| 11. 灰绿色变质玄武岩 | 21m |
| 10. 灰绿色劈理化变质凝灰岩夹浅灰白色薄层大理岩 | 27m |
| 9. 灰绿色劈理化变质玄武岩夹薄层状变质钙质粉砂岩 | 97m |
| 8. 灰、浅灰色千枚岩。其中有绿帘石化透闪石化辉长辉绿岩侵入 | 47m |
| 7. 灰、浅灰色劈理化轻变质石英砂岩。其中有斜黝帘石化透闪石化辉绿岩脉侵入 | 57m |
| ═══════ 韧—脆性断层 ═══════ | |
| 6. 灰、深灰色、浅灰色劈理化变质石英砂岩夹泥质粉砂质板岩 | 207m |
| ═══════ 韧—脆性断层 ═══════ | |
| 5. 灰、深灰色劈理化变质中—粗粒石英砂岩夹少许碳质板岩。底部有绿帘石化透闪石化辉长辉绿岩、辉绿岩脉侵入 | 114m |
| 4. 灰、深灰色劈理化变质石英砂岩夹碳质板岩或互层 | 21m |
| 3. 灰绿色劈理化透闪石化凝灰岩夹含黑云片岩，局部夹硅质岩 | 54m |
| 2. 灰绿色中层夹薄层状变质凝灰岩、凝灰质粉砂岩薄层状粉砂岩 | 28m |
| 1. 灰绿色劈理化绿泥石化透闪石化基性凝灰岩 | 68m |

（未见底）

### 5. 西藏尼玛县图北湖中—上三叠统图中湖组($T_{2-3}t$)实测剖面

该剖面位于西邻联测 1∶25 万查多岗日幅中部之北东约 6km 的图北湖剖面之北测段，是中—上三叠统图中湖组之控制剖面，因构造变形作用改造，未见顶、底(图 2-8)。剖面起点坐标 E84°48′48″、N34°36′58″。

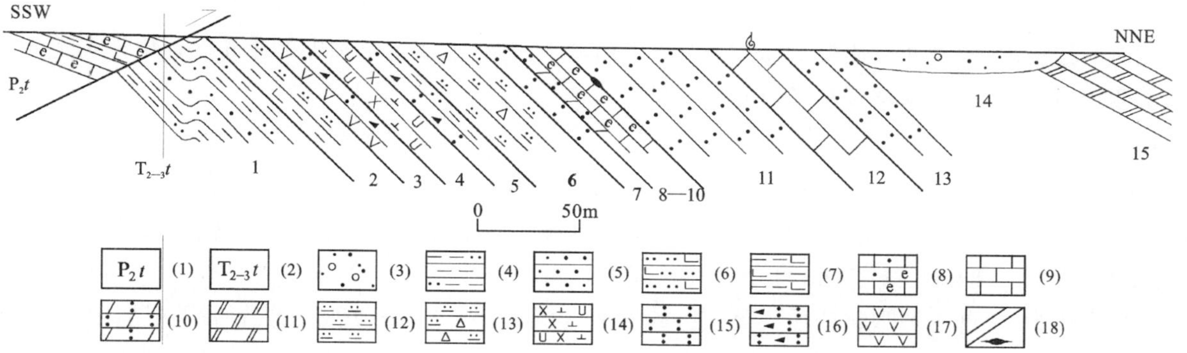


图 2-8　尼玛县图北湖中—上三叠统图中湖组实测剖面图

(1)图北湖组；(2)图中湖组；(3)浮土；(4)粉砂质泥岩；(5)细—粉砂岩；(6)钙质粉砂岩；(7)钙质泥岩；(8)砂屑生物屑灰岩；(9)微晶灰岩；(10)凝灰质泥灰岩；(11)白云岩；(12)硅质岩；(13)角砾状硅质岩；(14)中基性熔岩；(15)凝灰岩；(16)基性岩屑凝灰岩；(17)安山岩；(18)实测断层/硅质结核或条带

| | |
|---|---|
| **中—上三叠统　图中湖组($T_{2-3}t$)** | **>458.3m** |
| （未到顶） | |
| 15. 灰、深灰色细晶白云岩 | 13.2m |
| 14. 浮土 | 80.0m |
| 13. 灰黄色劈理化硅化凝灰岩 | 13.2m |
| 12. 灰、深灰色中—薄层状微晶灰岩、含生物屑微晶灰岩 | 24.2m |

腕足类化石：*Excavatorhynchia* sp.

*Amphiclina* sp.

*Costochoncha* cf. *lintiformis*

*Rhaetinopsis* cf. *zadoensis*

R. sp.

? *Dierisma simplexa*

*Timorhynchia sulcata*

珊瑚化石：*Axosmilia* sp.

*Stylosmilia* sp.

11. 灰绿色、风化后为灰黄色劈理化硅化凝灰岩　85.3m

10. 灰—深灰色含凝灰质含生物屑微晶灰岩夹硅质团块状或条带状砂屑生物屑灰岩　10.4m

9. 灰、深灰色中—薄层状砂屑生物屑灰岩、含砂屑灰岩　6.0m

8. 灰、深灰色劈理化含凝灰质泥灰岩夹中层状（含砾）砂屑生物屑灰岩，局部夹钙质砾岩、基性凝灰岩、砾屑灰岩　10.4m

7. 灰绿色劈理化安山质岩屑凝灰岩　16.4m

6. 灰、浅灰色薄层硅质岩夹角砾状硅质岩　52.0m

5. 灰绿色劈理化基性岩屑凝灰岩夹粉砂质泥岩　27.5m

4. 灰绿色，风化色浅紫红色劈理化杏仁状中基性熔岩　29.1m

3. 灰绿色劈理化安山质岩屑凝灰岩夹碎裂安山岩　32.1m

2. 灰、深灰色钙质泥岩，局部夹中层状硅质岩、硅质泥岩。路线上相应层位产放射虫化石　37.3m

放射虫化石：*Triassocampe* sp.

*Tritortis* sp.

1. 灰、深灰色劈理化粉砂质泥岩夹粉—细砂岩　21.2m

════════ 断层 ════════

## 二、岩石地层

根据岩石组合特征，图区三叠纪地层可划分为四个组级岩石地层单位，即碳酸盐岩型的菊花山组、深水碎屑岩-火山岩-硅质岩型的图中湖组、深水复理石碎屑岩型的藏夏河组、若拉岗日岩组，它们受北西向、近东西向的红脊山-大熊湖构造带、湾岛湖-大横山构造带控制，形成各自独立的分布区。由于构造破坏和第四系掩盖，各组迄今未发现相互之间的沉积接触关系。

### 1. 图中湖组

该组为本次工作新建的一个组级岩石地层单位，指含中—晚三叠世放射虫化石的一套轻变质碎屑岩夹硅质岩、火山岩、灰岩的地层。命名地点位于西邻联测 1∶25 万查多岗日幅中部图北湖之北东约 6km（坐标 E84°51′39″～84°51′43″、N34°44′19″～34°44′44″）。

岩性主要为：下部为劈理化变质石英（杂）砂岩夹（含砾）板岩、含砾杂砂岩、长石石英岩屑杂砂岩、少量基性火山岩，往上灰色、灰绿色中基性熔岩、安山岩、含砾基性岩屑凝灰岩、安山质岩屑凝灰岩夹放射虫硅质岩、硅质泥岩、粉砂质泥岩、灰泥岩，局部夹大理岩透镜体，上部出露厚约 26m 的灰—深灰色中—薄层状含凝灰质含生物屑微晶灰岩夹砂屑灰岩、砂屑生物屑灰岩、硅质团块或条带状灰岩、角砾状灰岩。未见底、顶。其上被中二叠统图北湖组逆冲推覆覆盖。出露厚度 458～1 707m。硅质岩中产放射虫化石，灰岩中产腕足类、珊瑚化石。时代为中—晚三叠世。

图区图中湖组出露面积很少，仅出露于布若岗日西侧一带，面积约 4km$^2$。岩性主要为浅灰绿色、灰黄色劈理化石英砂岩夹少量板岩、基性火山岩，岩石中发育劈理，石英砂岩中发育平行层理。

### 2. 若拉岗日岩组

该组为源于若拉岗日群的一个组级构造岩石地层单位。原若拉岗日群实质上是一个混杂有不同时代地层块体的构造混杂岩。本次工作，根据由断层或（脆）韧性变形带所围限的岩性组合、建造特征、变形变质特征、接触关系将之“解体”，划分出蛇绿岩岩片、玄武岩岩片、硅泥质岩片、碳酸盐岩岩片等构造岩片，建立了大横山构造蛇绿混杂岩。若拉岗日岩组是指构造蛇绿混杂岩之变质基质的一套岩性组合。

若拉岗日岩组分布于丛岭坡、大横山、大口子山、长条山-长蛇岭、金眼湖、小黑梁等地，出露面积约 650km$^2$，占图区面积的 4.3%。岩性主要是劈理化变质长石石英砂岩、透闪石化凝灰岩、石英杂砂岩夹含砾砂岩、少量板岩、千枚岩、变质玄武岩、蓝闪片岩、石英片岩、变质硅质岩，局部夹变质钙质粉砂岩、含碳质板岩、大理岩等组成。岩石组合具类复理石韵律特征，发育平行层理、斜层理、水平层理、局部见重荷模等构造。未见古生物化石。地层遭受了强烈的变形作用改造，总体无序，但弱变形域内保存有序地层的特点。顶、底不清，厚度大于 1 178m。沉积时代暂定为晚三叠世。

丛岭坡一带，主要为灰绿色、灰白色劈理化轻变质不等粒石英砂岩、劈理化含砾不等粒石英杂砂岩夹透闪石化凝灰岩、基性火山岩。

大横山、大口子山等一带浮土掩盖严重，主要出露劈理化浅灰绿色、灰黄色劈理化石英杂砂岩夹含砾石英砂岩、砾岩。岩石劈理强烈，具平行层理。

长条山-四熊沟一带主要出露劈理化浅灰绿色、灰色劈理化石英砂岩、粉砂岩夹板岩、含砾石英砂岩、玄武岩。岩石劈理强烈，具平行层理、水平层理及斜层理。

长蛇岭一带主要出露劈理化浅灰绿色、深灰色劈理化石英砂岩、石英杂砂岩夹含砾石英砂岩、板岩、千枚岩、硅质岩、玄武岩及基性岩脉等组成。岩石劈理强烈，具平行层理、水平层理及斜层理。

**3. 藏夏河组**

该组为成都地质矿产研究所朱同兴等(2005)命名的一个岩石地层单位，命名地位于藏夏河。指分布于藏夏河-雪源湖一带的一套晚三叠世沉积的砂泥质复理石地层，岩性主要为灰色、灰绿色泥页岩与黄灰色、灰色中层状中细粒砂岩不等厚互层，化石稀少，未见顶、底。

图区内该组零星分布于云雀湖、石榴湖等地，总出露面积约 50km$^2$，占图区面积的 0.3%。云雀湖一带为一套劈理化浅灰绿色、灰黄色中—细粒石英砂岩夹泥岩、页岩或互层。岩石劈理发育，可见平行层理，局部发育 abc 序列的鲍马层序。岩石中未见化石。未见顶、底，厚度大于 973m。

石榴湖西一带，浮土掩盖严重，主要出露一套劈理化浅灰绿色、灰黄色中—细粒石英砂岩、含砾砂岩。

**4. 菊花山组**

菊花山组为恢复使用吴瑞中等(1986)命名的一个组级地层单位。建组剖面位于图区南邻的菊花山，代表中央隆起带北部以碳酸盐岩为主的菊花山型晚三叠世沉积。后来的工作者多将其定名或划归肖茶卡群或肖茶卡组。本次工作通过调查研究，结合南邻的 1∶25 万玛依岗日幅、江爱达日幅区调工作目前对肖茶卡群(组)的分解方案，恢复使用菊花山组一名。

菊花山组仅分布于图区西南部的大熊湖、七泉山、黑龙山一带，零星见于东南部的石水河、甜水河一带。该组除在石水河南岸(推测)不整合于下侏罗统那底岗日组火山岩系之下外，大多由于断裂的分割、破坏与大面积的覆盖，而未见顶、底。

区内该组为浅海台地-缓坡相沉积的一套碳酸盐岩，控制厚度 669～999m。

在图区西南部(照沙山—大熊湖地层小区)，该组上、下部以灰—灰白色厚层块状灰岩、生物礁灰岩为主，夹少量灰、深灰色中厚层状颗粒灰岩、(含)粒屑微晶灰岩；中部为薄—中厚层状颗粒灰岩与微晶灰岩—(含)粒屑微晶灰岩组合的一套碳酸盐岩组合，夹少量泥灰岩、泥质灰岩、含泥微晶灰岩及灰—灰白色厚层块状灰岩、生物礁灰岩。厚度 742～999m。

在图区东南部(五龙川—布若错地层小区)，为灰、深灰色中、厚层夹薄层状微晶灰岩、含生物屑微晶灰岩夹生物屑灰岩、鲕粒生物屑灰岩、鲕粒灰岩、砂屑灰岩；或由灰—深灰色夹灰紫色、紫褐色的薄—中层状泥质灰岩、微晶灰岩夹白云质灰岩、含生物屑微晶灰岩及少量生物屑灰岩、介壳灰岩、角砾状灰岩组成。厚度大于 669m。

浅色厚层块状灰岩包括结晶灰岩、粉晶灰岩、微晶灰岩、颗粒微晶灰岩、生物屑微晶灰岩、海绵生物屑灰岩。生物礁灰岩主要由藻粘结岩、藻粘结海绵灰岩(图版 2－1)、海绵灰岩及少许生物骨架灰岩(图版 2－2)、珊瑚骨架岩、海绵骨架岩、藻微晶灰岩等构成。

颗粒灰岩以生物屑灰岩为主，另有介屑灰岩、藻屑灰岩、砂屑灰岩海绵生物屑灰岩、含砂屑生物屑灰岩、砂屑灰岩、含溶孔砂屑灰岩、生物屑砂屑灰岩、含生物屑砂屑灰岩、粒屑灰岩，及少量鲕粒灰岩、砂屑鲕粒灰岩、含生物屑鲕粒砂屑灰岩、含砂含生物屑砂屑灰岩等。部分岩石富含海绵，部分岩石富含介屑，部分岩石富藻屑、砂屑，少许部分岩石中含较丰富的鲕粒。

(含)粒屑微晶灰岩包括生物屑微晶灰岩、含生物屑微晶灰岩、含泥含生物屑微晶灰岩、生物屑砂屑微晶灰岩、含砂屑生物屑微晶灰岩、含生物屑砂屑微晶灰岩等。

其部分岩石中具小型沙纹层理及溶孔、生物钻孔、生物搅动、定向排列构造,局部水平层理发育。

该组含较丰富的双壳类及腕足类、腹足类、介形虫、有孔虫、棘皮类、珊瑚、海绵、水螅、层孔虫、孢粉和藻类,为多门类组合。局部岩层中珊瑚、海绵、水螅、层孔虫和藻类极其丰富,建造形成生物礁(图版 2-1、图版 2-2)。产珊瑚 *Paradistichophyllm sp.*, *Promargarosmilia markamensis*, *Margarosmilia zogangensi*(图版 2-3)。据前人资料,甜水河北岸,菊花山组中产丰富的双壳类、腕足类和孢粉、藻类化石(详见甜水河剖面),其中的双壳类有 *Chlamys*(*Praechlamys*)*dingriensis* ,*C.* cf. *biformatus*,*C.* sp. ,*Iodopeclen ylabra minor*,*Indopecten* sp. ,*I. glabra minor*, *Astarte* sp. ,*Camptonectes* sp. ,*Palaeocardita* sp. ,*Pinna* sp. ,*Plagiostoma* sp. ,*Posidonia* sp.等。形成于晚三叠世诺利期。

如上所述,图区东南部的菊花山组与西南部具有明显的变化(图 2-9),但两个小区各区内其岩性组合与厚度变化不大。图区西南部该组未测剖面,由西邻(联测)图幅之照沙山剖面控制;在东南部石水河剖面涉及该组,尚有前人测制的甜水河剖面加以控制。

## 三、古生物群与地层年代

### (一) 古生物群

图区中晚三叠世生物群极为繁盛,主要有腕足类、双壳类、珊瑚、海绵、藻类,以及腹足类、介形虫、有孔虫、棘皮类、水螅、层孔虫等,门类、属种和个体数都十分丰富,分布广泛。现就突出门类的生物群面貌、生物地层概述如下。

**1. 珊瑚**

图区上三叠统中的珊瑚产于菊花山组中,化石十分丰富,生物群较为特征,已鉴定的属种有 *Margarosmilia zogangensi*, *Promargarosmilia markamensis*, *Paradistichophyllm* sp. 。由于区域内菊花山组以产珠剑珊瑚类为特征,本次区调工作结合西邻联测的 1∶25 万查多岗日幅报告,称为 *Margarosmilia zieten* - *Volzeia chagyabensis* 组合。

**2. 双壳类**

据前人资料,图区东部的上三叠统菊花山组中产丰富的双壳类化石,计有 *Chlamys* (*Praechlamys*) *dingriensis* ,*C.* cf. *biformatus*,*C.* sp. ,*Iodopeclen ylabra minor*, *Indopecten* sp. ,*I. glabra minor*, *Astarte* sp. ,*Camptonectes* sp. ,*Palaeocardita* sp. ,*Pinna* sp. ,*Plagiostoma* sp. ,*Posidonia* sp.等。*Chlamys*,*Iodopeclen*,*Palaeocardita* 为昌都区的双壳类 *Monotis salinaria*－*Indopecten sarraticostus* - *Burmesia lirata* - *Costatoria napengensis* 组合(或 *Indopecten* - *Burmesia* - *Myophoria napengensis* 组合)中的常见分子(罗建宁等,1996;饶荣标,1987)。

### (二) 地层时代

由于构造改造等因素,图区出露的三叠纪地层均不见顶、底,目前采获的化石也不系统,只能根据各组所产的化石组合对地层时代、年代地层作概要的分析。

**1. 地层时代**

(1) 图中湖组

根据西邻的 1∶25 万查多岗日幅该组产中三叠世放射虫 *Sepsagon robustum* Lahm,*Triassocampe* sp. ,*T.* cf. *coronatap* Bragin, *T.* cf. *levigata* Bragin,*Pararuesticyrtium* cf. *trattoense* Kogur et Mostler,*Hindeosphaera spinulosa*。而其上的灰岩中产腕足类 *Excavatorhynchia* sp. ,*Amphiclina* sp. ,*Costochoncha* cf. *lintiformis*,*Rhaetinopsis* cf. *zadoensis*,*R.* sp. ,? *Dierisma simplexa*,*Timorhynchia sulcata*(图 2-10);珊瑚 *Axosmilia* sp. ,*Stylosmilia* sp.(1∶100 万改则幅报告,1986),时代为晚三叠世诺利期。据此将图中湖的时代定为中—晚三叠世。

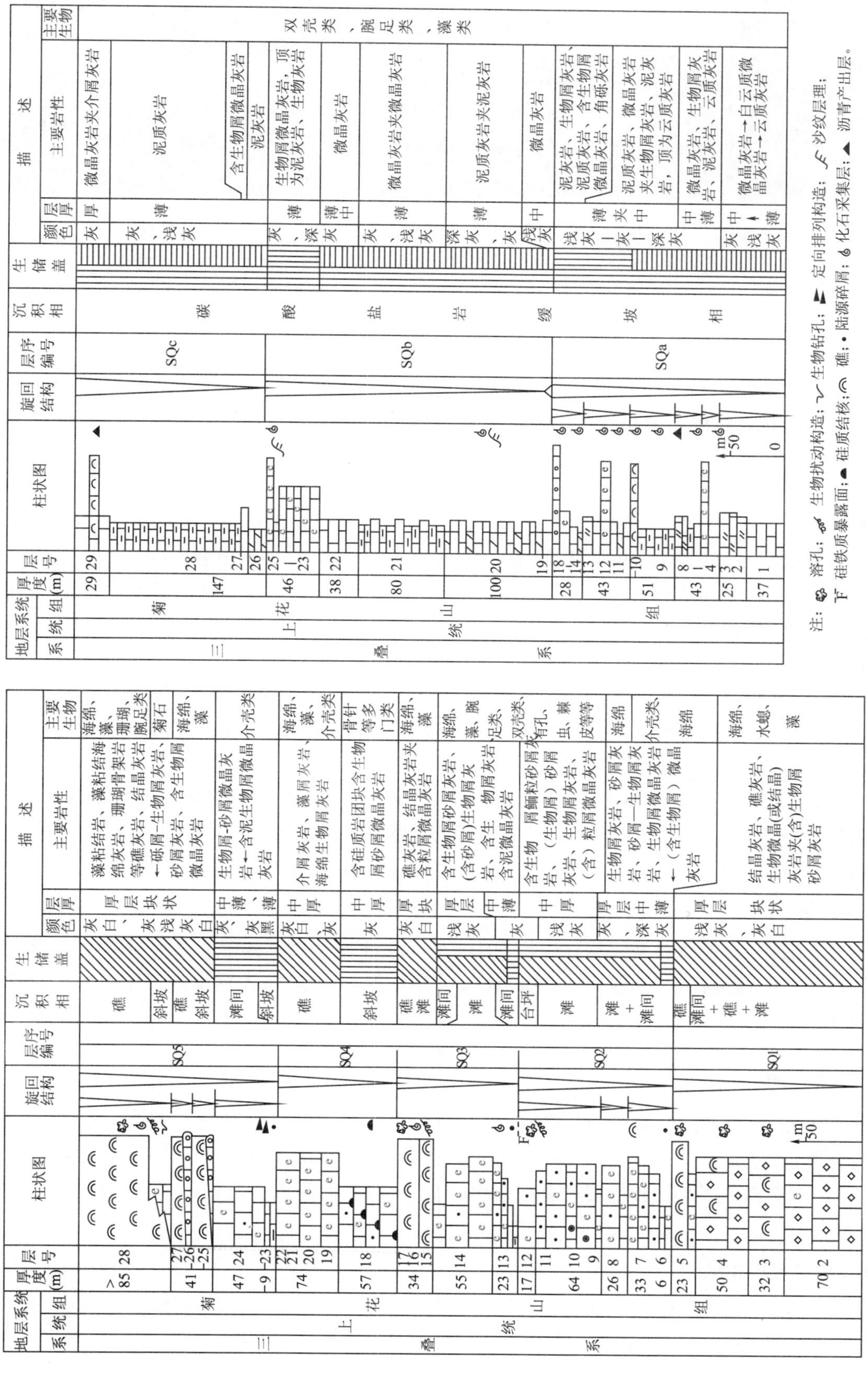

注：溶孔；生物扰动构造；生物钻孔；定向排列构造；沙纹层理；硅铁质暴露面；硅质结核；礁；陆源碎屑；化石采集层；沥青产出层。

图 2－9 布若错地区照沙山剖面（左）甜水河剖面（右）上三叠统菊花山组综合层序柱状对比图

图 2-10　图中湖北东约 6km 硅质岩的放射虫化石(据 1∶25 万查多岗日幅)

23. *Sepsagon robustum* Lahm 23×180;24—25. *Triassocampe* cf. *coronata* Bragin,×180;

26—27. *Triassocampe* cf. *levigata* Bragin,×180;28. *Triassocampe* sp. ,×180;

29—30. *Pararuesticyrtium* cf. *trattoense* Kogur et Mostler,×180

(2) 若拉岗日岩组

图区的若拉岗日岩组内未采获化石。依据大横山以北图外该组砂岩中所产的双壳类 *Halobia yandongensis*;珊瑚 *Thecosmilia* cf. *clathrita*;植物 *Neocalamites* sp. 等及牙形石,判断其形成时代为晚三叠世诺利期。

(3) 藏夏河组

在图区仅零星出露,未采获化石。图区东邻的藏夏河附近该组中产植物 *Equisetites* cf. *takahashi* 等;双壳类 *Halobia plicosadeng* , *H. superbescens* 等化石(王剑等,2004;朱同兴等,2005),据之判断其形成时代为晚三叠世诺利期。

(4) 菊花山组

该组所含双壳类 *Chlamys*(*Praechlamys*)*dingriensis*,*C.* cf. *biformatus*,*Indopecten* sp. ,*Plagiostoma* sp. , *Astarte* sp. 等;珊瑚 *Margarosmilia zogangensi* , *Promargarosmilia markamensis* , *Paradistichophyllm* sp. 为晚三叠世中晚期的常见分子。所含双壳类为上三叠统诺利阶的 *Indopecten* - *Burmesia* - *Myophoria napengensis* 组合中的常见分子;珊瑚 *Margarosmilia* 等在区域上仅出现于上三叠统,在中特提斯区中分布广泛。此外,与测区东南相邻的菊花山地区,该组中尚产诺利阶的牙形石带化石 *Epigondolella bidentata* 。综上因素,确定图区菊花山组的形成时代为晚三叠世诺利期。

**2. 年代地层**

综上所述,图区三叠纪年代地层序列中出现中三叠统拉丁阶—上三叠统卡尼阶和诺利阶,包含了图中湖组、若拉岗日岩组、藏夏河组、菊花山组,它们代表了羌北甜水河地区、大横山地区中三叠世晚期—晚三叠世中期沉积。

## 四、层序地层

图区上三叠统大部分未见顶、底,区域上其与上覆侏罗系、下伏古生代地层为不整合接触,显示为一个构造层序(相当于二级层序)。由于受到地层年代研究精度的限制,区内很难对上三叠统进行详细的时空划分对比,以下仅选择主要剖面作简要的垂向层序分析,以图区内的海平面变化,为区域地层层序研究和对比提供资料。

**1. 碳酸盐岩台地相区**

综合西邻图幅的照沙山东、西两条剖面,该相区菊花山组可划分出 6 个层序(SQ1～SQ6)、2 个层序组(图 2-9,参阅 1∶25 万查多岗日幅区调报告)。

根据调查,图区该相区之菊花山组亦反映了照沙山剖面的层序特征,由多一个中等级别的相旋回构成层序,组合构成两个层序组。层序由向上变粗变厚的不完整旋回组合而成,划分为海侵体系域和高水位体系域,缺乏低水位体系域。由于各层序难分主次,加以时限不明,它们究竟是三级层序还是四级层序尚不好确定。

层序组合构成的层序组大致与三级层序或三级层序组相对应，其高水位期形成了本区最具规模的生物礁体。

**2. 碳酸盐岩缓坡相区**

以甜水河剖面为代表（根据前人资料），该相区菊花山组可划分出 3 个层序（SQa、SQb、SQc）（图 2-9），自下而上厚度分别为大于 217m、264m、大于 176m。

3 个层序的总体结构与碳酸盐岩台地相区菊花山组之层序结构类似，均为向上变浅的不对称沉积旋回。层序界面为海泛面和相转换面，界面之上突然变深。

层序 SQa 仅出露上部，由 6～7 个向上变粗（变厚）的不完整小旋回（副层序）组成，白云质灰岩主要出现在这些小旋回的顶部，反映为向上变浅旋回组，构成高水位体系域。

层序 SQb 主要由加积结构的薄层灰、深灰色泥质灰岩微晶灰岩夹灰色泥灰岩组成，底部往上泥质增加，反映为不甚明显的海侵特征；上部向上变厚变粗，顶部以生物屑微晶灰岩、生物屑灰岩为主，向上变浅特征明显，构成高水位体系域。

层序 SQc 与 SQb 相似，顶部出露不全。

上述层序发育特征，表明图区中晚三叠世海平面的变化与频率，与区域构造运动关系密切。上三叠统上部总体上表现为一个海退结构，为晚三叠世构造层序的上部，是三叠纪末期印支运动抬升致使羌北海域缩小变浅的表现。

## 五、地层划分对比

从前述资料可知，图区的三叠纪的 4 个组级单位，除图中湖组下部可能为中三叠世晚期—晚三叠世早期沉积外，其他均为晚三叠世诺利期的沉积，形成时间上可进行对比。因此，图中湖组上部、若拉岗日岩组、藏夏河组、菊花山组可能为同期异相的产物，代表区内不同的沉积相不同的沉积类型。其中若拉岗日岩组由若拉岗日群分解而来，菊花山组为恢复使用的一个岩石地层单位。

若拉岗日群由西藏区调队（1986）创名于若拉岗日西北红泥河东沟，原意主要指分布于改则北羊湖-若拉岗日一带，浅变质的一套砂板岩复理石建造的晚三叠世地层 1993 年《西藏地质志》引用若拉岗日群一名，代表若拉岗日地区上三叠统。现指分布于改则县北羊湖-若拉岗日一带的一套复理石沉积，岩性为细砂岩、粉砂岩、页岩、砾岩、灰岩之韵律沉积，并夹有硅质岩、基性火山岩及二叠纪灰岩块体。其化石稀少，厚度巨大，未见顶、底。

图区位于“若拉岗日群”分布带的西部。本次工作证实区内的“若拉岗日群”实为一套构造蛇绿混杂岩。本报告之若拉岗日岩组是指构造蛇绿混杂岩基质，其岩性特征可与原若拉岗日群定义的主体岩性相大同小异，可以对比。本次工作将其中被断层分割、围限并混杂叠置的蛇绿岩岩片、玄武岩岩片、硅泥质岩片、碳酸盐岩岩片等构造岩片划分出来作为非史密斯填图单位进行填图，并在地质图中表示出来。

图中湖组是从前人划分为的上石炭统—下二叠统浅变质岩系解体出来的。本次工作在西邻联测图幅图北湖之北东约 6km 的硅质岩中发现了中（—晚）三叠世放射虫化石，表明羌北甜水河地区存在中—晚三叠世深水盆地相沉积。图中湖组与大横山地区的若拉岗日岩组、白龙冰河地区的藏夏河组总体岩性组合特征有所相似，均为盆地相复理石沉积。但图中湖组与若拉岗日岩组中所夹的火山岩特征略有差异，前者表现为岛弧型火山岩的特征，后者则以洋岛火山岩的为主；另外，联测图幅中图中湖组上部出现了相对较浅的碳酸盐沉积，而若拉岗日岩组主要表现为深水槽盆相沉积，反映二者可能处于不同构造地层区所产生的沉积差异。

藏夏河组是成都地质矿产研究所朱同兴等（2005）命名的一个岩石地层单位，命名剖面位于图区以东的藏夏河，指晚三叠世形成的一套砂泥质复理石盆地相沉积。图区的藏夏河组与命名地的藏夏河组在岩性岩相特征上基本相同，可对比。其以不夹有火山岩及放射虫硅质岩夹层为主要特征与图中湖组相区别，但亦属深水盆地沉积的产物。

图区所划菊花山组的岩性岩相、生物及形成时代，可与南邻该组命名地菊花山地区的菊花山组开展完全对比，为“中央隆起带”北部以碳酸盐岩为主的菊花山型沉积。西藏区调队曾将图区上三叠统定名为肖茶卡群(1986,1：100 万改则幅区调),中国石油天然气总公司罗建宁等(1996 年)则称肖茶卡组。目前,在国土资源部组织的青藏高原大规模区域地质调查工作中肖茶卡组(或群)已被分解,图区的菊花山组相当于原三段结构的肖茶卡组(或群)中段(或二段)以碳酸盐岩为主的部分,与羌南的上三叠统日干配错群中部灰岩大致相当。

## 六、岩相古地理

### (一) 沉积相类型及其特征

图区中—晚三叠世地层岩性、岩相变化较大。特别是晚三叠世,据岩性组合、古生物特征分析,图区自北至南可分为深海盆地相、次深水—深水盆相、深水砂泥质复理石盆地相、碳酸盐缓斜坡相、碳酸盐台地 5 个沉积相区带,具有明显的分带性(图 2-11)。

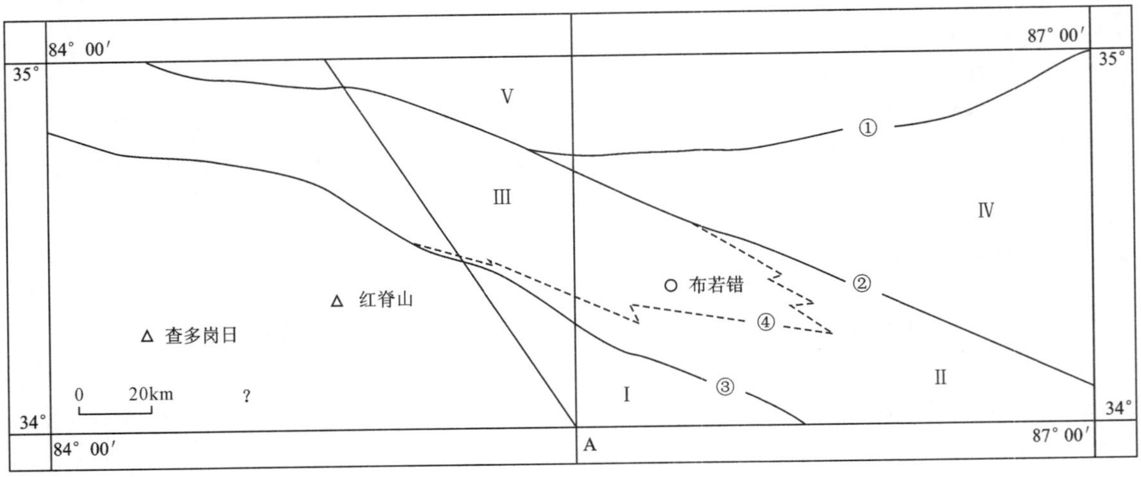


图 2-11　查多岗日-布若错地区晚三叠世相带划分图

[左为 1：25 万查多岗日幅;右为布若错幅]

Ⅰ—碳酸盐岩台地相(菊花山组分布区);Ⅱ—碳酸盐岩缓(斜)坡相(菊花山组分布区);

Ⅲ—次深水—深水盆地相(图中湖组分布区);Ⅳ—次深水砂泥质复理石盆地相(藏夏河组分布区);

Ⅴ—深海盆地相(若拉岗日岩组分布区);? 不明相区(推测三角洲相);

①大横山构造带湾岛湖-小尖梁断裂;②甜水河断裂;③红脊山构造带图北湖-七泉山断裂;④相变线

#### 1. 深海盆地相

岩石类型以灰—深灰色、灰绿色的砂泥质复理石夹岛弧、洋岛型火山岩及少量硅质岩、硅质泥岩、含碳质泥岩、大理岩,砂岩、泥岩中发育水平层理、平行层理、底模构造,具复理石沉积特征。据地球化学分析,中基性火山岩为洋岛和岛弧型火山岩(详见第三章第四节);若拉岗日岩组属该相沉积。

#### 2. 次深水-深水盆地相

图中湖组属该相沉积。图区内岩石类型为浅灰绿色、灰黄色石英砂岩夹少量板岩、基性火山岩。往西,在西邻图幅中为灰—浅灰、灰绿色中—薄层夹厚层状深水碎屑岩-火山岩-硅质岩组合,硅质岩、硅质泥岩中产放射虫,为盆地相并伴随以岛弧型火山岩沉积。

#### 3. 次深水砂泥质复理石盆地相

岩石类型为浅灰绿色、灰黄色层状深水砂泥质复理石碎屑岩-浊积岩系,发育鲍马层序。为宁静的半深海浊积盆地环境。上三叠统藏夏河组属该相沉积。

#### 4. 碳酸盐岩(缓)斜坡相

岩石类型主要为深色薄—中层状灰岩,岩性组合比较简单。具水平层理,局部见小型沙纹层理。生物为菊石、牙形石、骨针和腕足类、双壳类、珊瑚组合。

该相主要岩石类型为灰、深灰色中—薄层状泥质灰岩、含泥微晶灰岩、微晶灰岩、含生物屑微晶灰岩，及少许灰、深灰色薄、中层状白云质灰岩、泥灰岩、生物屑微晶灰岩、砂屑灰岩、砂屑生物屑灰岩、生物屑灰岩、介壳灰岩、角砾状灰岩。反映为低能、较深水陆棚缓坡沉积环境。图区东部、东南部的上三叠统菊花山组属该相沉积。

该相可以进一步分为深水缓(斜)坡亚相和浅水缓(斜)坡亚相。浅水缓(斜)坡亚相较深水缓(斜)坡亚相岩性组合复杂，出现较多的生物屑微晶灰岩、(生物屑、砂屑、鲕粒)颗粒灰岩，岩层为薄—厚层状，以腕足类、双壳类、珊瑚等浅水型生物为主。反映相对低能的台地边缘型浅水缓坡、缓斜坡环境。上三叠统菊花山组中的少部分属该相沉积。图区西南、东南部的上三叠统菊花山组中的夹少许该相沉积。

**5. 碳酸盐岩台地相**

由开阔台地—台地边缘相(带)及少许局限台地相(带)构成。开阔台地—台地边缘相又细分为浅滩、滩间、生物礁 3 个亚相，上三叠统菊花山组之主体为该相沉积。局限台地相由潮坪构成，仅在菊花山组中的少量沉积旋回之顶部有少许出现。

(1) 浅滩亚相

岩石类型主要为灰—灰白色薄—厚层块状的颗粒灰岩及部分颗粒微晶灰岩，按岩性成分可进一步细分为众多的岩石类型，划分为多种微相。按成因可归纳为生屑滩、砂屑滩、鲕粒滩、粒屑滩，剖面上常相互混杂成复颗粒滩。部分岩石中具生物钻孔、生物搅动及溶孔构造，介壳灰岩还具有定向排列构造。含极丰富的的腕足类、双壳类、珊瑚、有孔虫、海绵、棘皮类、腹足类、介形虫、藻类等化石，为广海相多门类生物组合。反映为正常盐度的清水中—高能环境。

浅滩亚相主要由以下的微相类型组成：生物屑灰岩、介屑灰岩、藻屑灰岩、砂屑灰岩、海绵屑灰岩、含砂屑生物屑灰岩、砂屑灰岩、生物屑砂屑灰岩、含生物屑砂屑灰岩、粒屑灰岩，及少量鲕粒灰岩、砂屑鲕粒灰岩、含生物屑鲕粒砂屑灰岩、含砂含生物屑砂屑灰岩等。

(2) 生物礁亚相

岩石类型主要为藻粘结灰岩、藻缠结灰岩、藻粘结生物灰岩、生物灰岩、生物骨架灰岩(图版 2-2)等。礁岩呈块状构造，不显层理，成分分布极不均匀，横向不均一性明显。造礁生物为海绵、水螅、层孔虫、珊瑚及藻类。造架生物丰富，含量占 15%～45%，直径 3mm 至十余厘米，以海绵为主(图版 2-1)。海绵、珊瑚局部聚集、原地生长造架形成生物灰岩、生物骨架岩。粘结生物主要为藻类，呈不均匀分布不规则的团、絮状，或丝状、纹层状，及大量的藻斑点、藻球粒，粘结、缠结生物及其他颗粒构成礁岩，含量一般大于 30%，局部可高达 75%。附礁生物丰富，为腕足类、双壳类、腹足类、珊瑚、有孔虫、苔藓虫、棘皮类、藻类等广海相多门类生物组合。岩中溶孔构造常见。

七泉山以东、雪源湖南珊瑚—海绵—藻礁发育，与西邻发育于照沙山一带的礁体相连，形成一定的规模，可能构成发育于台地边缘的台缘生物礁带。

(3) 滩间亚相

岩石类型主要为深灰—浅灰白色薄—厚层状的含颗粒微晶灰岩、微晶灰岩及少量部分颗粒微晶灰岩、颗粒灰岩，按岩性成分可进一步细分为众多的岩石类型，划分为多种微相，但总体以深色、中—薄层状、较细的灰岩为主。生物为腕足类、双壳类、棘皮类等广海相多门类生物组合，生物面貌与浅滩亚相相同，水平层理发育(图版 2-6)，局部见有生物钻孔、生物搅动及定向排列构造。反映为正常盐度的清水中低、低能环境。

滩间亚相主要的微相类型有：微晶灰岩、含泥微晶灰岩、含粒屑微晶灰岩、含生物屑微晶灰岩、生物屑微晶灰岩、含泥含生物屑微晶灰岩、生物屑砂屑微晶灰岩、含砂屑生物屑微晶灰岩、含生物屑砂屑微晶灰岩、介壳含泥生物屑微晶灰岩等。

(4) 潮坪

岩石类型为灰、紫红色中—薄层状含砂屑生物屑微晶灰岩、含溶孔砂屑灰岩、藻微晶灰岩、微晶生物屑灰岩，及褐黄、黄灰色薄层状泥质粉砂岩、石英砂岩。含较多的陆源物质，为混合坪沉积。反映了较局限的潮间环境。

### （二）岩相古地理环境分析

图区中—晚三叠世沉积分异明显，可以识别出5种沉积类型、5个沉积相带，相应划分了5个地层小区、4个岩石地层单位（碳酸盐岩台地相、碳酸盐岩缓坡相合称菊花山组），岩相分带性显著（图2-11）。该期区内的岩相古地理格局，受北西向、近东西向构造带控制。

图区北缘的湾岛湖-小尖梁断裂以北的大横山构造带内，为深海盆地相沉积区，形成砂泥质复理石-岛弧、洋岛型火山岩-硅质岩-大理岩组合的若拉岗日岩组。该套巨厚的、具有深海建造性质的沉积，局部出现有洋岛岛弧型基性火山喷发，反映出活动深海槽的沉积充填特征。

在湾岛湖-小尖梁断裂以南侧、甜水河断裂北东之间，为砂泥质复理石盆地相沉积区，形成次深水盆地砂泥质复理石沉积的藏夏河组，沉积厚度大于973m。其是晚三叠世若拉岗日冲断带以南发育的近东西走向的次深水盆地。

砂泥质复理石盆地相，逐渐变为弧后的深水盆相区，到西邻的图中湖一带沉积了含放射虫的深水碎屑岩-火山岩-硅质岩组合之图中湖组。

甜水河断裂南西、图北湖-七泉山断裂北东之间，晚三叠世为碳酸盐沉积区，形成一套深色中—薄层状以碳酸盐岩为主的菊花山组，沉积厚度大于669m。沉积环境为低能、较深水的碳酸盐岩缓坡。

图北湖-七泉山断裂之南西，为碳酸盐岩台地相沉积区，形成以碳酸盐岩为主的菊花山组，沉积厚度大于999m。该区晚三叠世主要为开阔台地—台地边缘相，在七泉山一线，该组颗粒灰岩极为丰富，具有边滩性质；沿线珊瑚—层孔虫—海绵—藻礁发育（受后期构造作用影响，大多数礁岩发生强烈的重结晶而不易识别），构成台缘生物礁滩相带。因此，晚三叠世该区为一北西向展布的浅水碳酸盐岩台地的台地边缘。

根据图区晚三叠世沉积与展布的情况，该期图区存在盆、台分异的古地理格局：北缘发育深水海槽，南缘为浅水碳酸盐岩台地，以湾岛湖-小尖梁断裂、甜水河断裂、图北湖-七泉山断裂为界，形成深水海槽-次深水海盆-碳酸盐岩缓坡-碳酸盐岩台地的组合样式。岩相古地理模式如图2-12所示。

结合区域资料综合分析，晚三叠世晚期羌北处于强烈的挤压作用状态，发生褶皱隆升，藏夏河组上部渐变为浅水型三角洲相沉积（朱同兴等，2005），深水槽盆地变浅、萎缩。最终，羌北甜水河陆块向北消减及碰撞作用下，造山成陆，海水退出，结束了该区中生代早期海盆的发展历史。

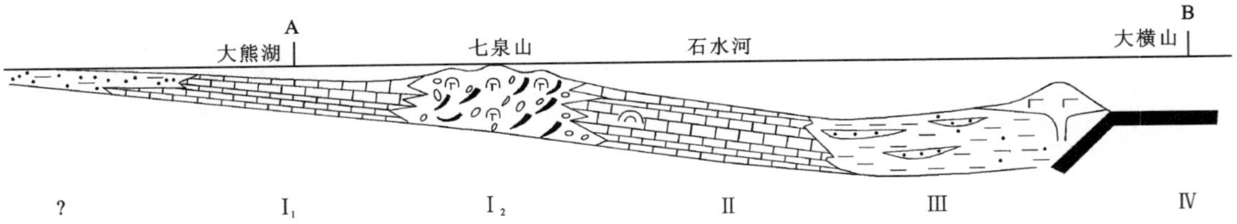


图2-12　布若错地区晚三叠世盆地岩相古地理示意图

Ⅰ—碳酸盐岩台地相（$Ⅰ_1$—局限台地，$Ⅰ_2$—开阔台地、台地边缘）；Ⅱ—碳酸盐岩斜坡、缓坡相；Ⅲ—次深水—深水盆地相；Ⅳ—深海盆地相；?（推测）三角洲相（A-B示意南-北向图幅范围）

## 第四节　侏罗纪地层

侏罗纪地层在图区大面积分布于中部、南部，分布广泛，发育比较完整，化石丰富，出露面积约5 375km²，占图区面积的35.2%。其中，晚侏罗世地层分布广泛，早、中侏罗世地层出露于南东部五龙川-布若错地层小区的布若错-石水河一带。区内侏罗纪地层属羌塘-昌都地层区羌北分区，划分沿革见表2-4。

### 一、剖面介绍

图区涉及侏罗纪地层的剖面有13条，此外东邻、南邻图幅边缘的唢呐湖中侏罗统布曲组剖面、长梁龙

**表 2-4 侏罗纪地层划分沿革表**

| 王文斌等(1975) | 吴瑞忠(1986) | 1∶100万改则幅报告(1986) | 白海生(1989) | 西藏岩石地层(1994) | 青藏石油勘探项目经理部(1995—1996) | 西南区区域地层(1999) | 王成善等(2001) | 赵政璋等(2001) | 成都资环所贾宝江等(1995) | 本报告 |
|---|---|---|---|---|---|---|---|---|---|---|
| 中统 雁石坪群 | 那底岗日群 | 上统 白龙冰河组 | 上统 扎窝茸组 | 雁石坪群 上灰岩组 | 白龙冰河组；雪山组 | $K_1$；白龙冰河组；上统 雪山组 | 索瓦组 | 雪山组 | 上统 雪山组 | 上统 雪山组；白龙冰河组 |
| | | 中统 雁石坪群 上灰岩组 | 索瓦组 | | 索瓦组 上段、下段 | 索瓦组 | | 索瓦组 | 索瓦组 | 索瓦组 上段、下段 |
| | 长梁山组 | 上砂岩组 | 中统 夏里组 | 上砂岩组 | 夏里组 | 中统 夏里组 | 夏里组 | 索瓦组 | 中统 夏里组 | 中统 夏里组 |
| | | 下灰岩组 | 布曲组 | 下灰岩组 | 布曲组 | 布曲组 | 布曲组 | 布曲组 | 布曲组 | 布曲组 |
| | 拉相错群 | 下砂岩组 | 沱沱河组；雀莫错组 | 下砂岩组 | 雀莫错组 | 雀莫错组 | 雀莫错组 | 雀莫错组 | 雀莫错组 | 下统 雀莫错组 |
| | | 下统 那底岗日群 | 下统 | 曲色组 | 那底岗日组 | 下统 那底岗日组 | 那底岗日组 | 那底岗日组 | 下统 曲色组 | 那底岗日组 |
| $T_3$ | $T_3$ | $T_3$ 肖茶卡群 | $T_3$ | $T_3$ | $T_3$ | $T_3$ 日干配错群 | 肖茶卡组 | | 肖茶卡群 | $T_{2-3}$ 图中湖组；菊花山 |

上侏罗统白龙冰河组剖面亦为参考剖面。其中,实测的石水河剖面—咸水河剖面—雷音沟剖面—双泉湖长梁山剖面相衔接,控制了布若错地层小区所出露的侏罗纪地层单位;而圆锥山剖面—红石沟路线剖面—石峰山南剖面相衔接,基本控制了白龙冰河地层小区所出露的侏罗纪地层单位。以下对这些主要剖面分别进行介绍。考虑到野牛沟剖面在羌塘西部侏罗纪地层划分具有的重要性,亦附录介绍于后。

**1. 甜水河石峰山南上侏罗统白龙冰河组上段实测剖面**

剖面位于尼玛县甜水河北岸、石峰山以南,起点坐标 E86°24′19.4″、N34°22′39″,斜长 578m,厚度大于 403m,基本控制了白龙冰河组四段上部的海绵礁岩段,未见顶、底(图 2-13)。

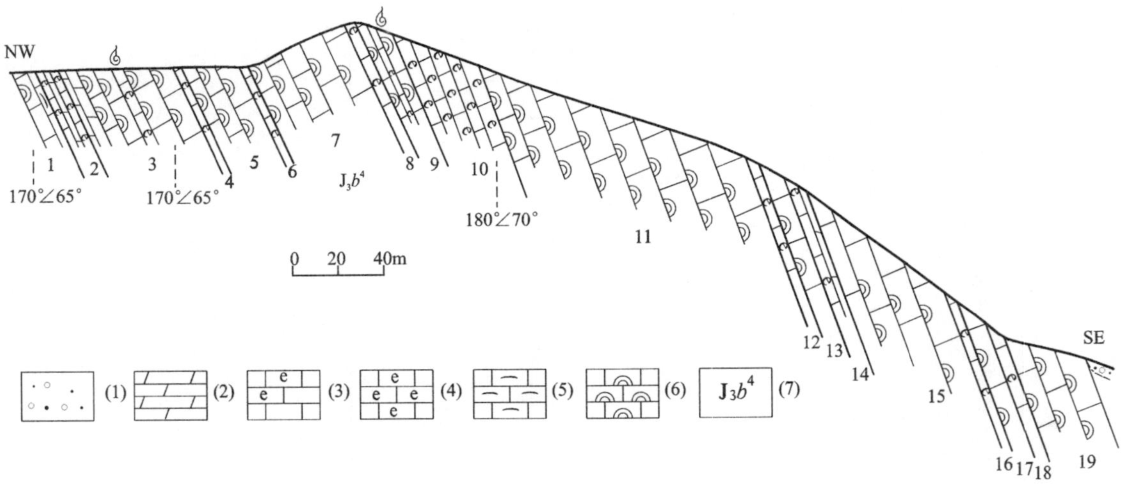


图 2-13　甜水河石峰山南上侏罗统白龙冰河组四段礁灰岩段实测剖面图

1. 浮土;2. 泥灰岩、微晶灰岩;3. 生物屑微晶灰岩;4. 生物屑灰岩;5. 介壳灰岩;6. 礁灰岩;7. 白龙冰河组四段

**上侏罗统　白龙冰河组**

**四段($J_3b^4$)礁灰岩段** **>403m**

(浮土覆盖,未到顶)

19. 浅灰、灰白色厚块状海绵-藻礁灰岩,局部夹生物屑灰岩、砂屑生物屑灰岩　34m
18. 深灰色中—薄层状生物屑微晶灰岩夹微晶灰岩、泥灰岩,往西尖灭　6m
17. 浅灰、灰白色厚块状海绵-藻礁灰岩,主要由藻粘结生物屑灰岩及砂屑生物屑灰岩与生物屑藻粘结灰岩、粘结岩构成　8m
16. 深灰色薄层状生物屑微晶灰岩,往西变薄尖灭　4m
15. 浅灰、灰白色厚块状海绵-藻礁灰岩,主要由藻粘结生物屑灰岩及砂屑生物屑灰岩与生物屑藻粘结灰岩、粘结岩构成　42m
14. 下部深灰色中-薄层状生物屑微晶灰岩夹少量生物屑砂屑灰岩,上部为深灰色薄层含生物屑微晶灰岩夹泥岩,往西变薄尖灭,往东变厚　7m
13. 浅灰、灰白色厚块状海绵-藻礁灰岩,主要由藻粘结生物屑灰岩及砂屑生物屑灰岩与生物屑藻粘结灰岩、粘结岩构成　8m
12. 深灰色薄层状生物屑灰岩、含微晶含砂屑生物屑灰岩,呈楔状,往西变薄　5m
11. 深、浅灰色厚块状海绵-藻礁灰岩,下部以藻粘结生物屑灰岩及砂屑生物屑灰岩为主,往上海绵、藻等造礁生物含量增加,顶部海绵减少、藻增加　97m
10. 灰色薄夹中层状含微晶含砂屑生物屑灰岩　31m
9. 浅灰、灰白色厚块状海绵-藻礁灰岩,中间夹 1.5m 深灰色薄层状含海绵的生物屑灰岩,顶为厚 50cm 的深灰色溶孔灰岩　13m

   珊瑚化石:*Cryptocoenia octosepta* (Etallon)
8. 深灰色薄层夹少许中层状微晶含砂屑生物屑灰岩、生物屑灰岩夹少量泥灰岩、微晶灰岩　5m
7. 浅灰、灰白色厚块状海绵-藻礁灰岩,局部夹凝块生物屑灰岩,顶为厚 40cm 的微晶含礁屑介壳灰岩　46m

6. 深灰色中—薄层状海绵屑生物屑微晶灰岩夹微晶灰岩　4m

5. 浅灰、灰白色厚块状海绵-藻礁灰岩，局部夹栉壳状生物屑灰岩。礁灰岩由海绵灰岩、海绵藻粘结岩、藻粘结海绵灰岩、藻粘结岩等，与藻粘结生物屑灰岩及砂屑生物屑灰岩组合构成，偶见珊瑚骨架岩、盖覆岩，下部以富含藻屑的藻粘结生物屑灰岩及砂屑生物屑灰岩为主　23m

4. 灰、深灰色中—薄层含海绵骨屑生物屑灰岩，部分生物屑灰岩中含有藻粘结生物屑灰岩、藻结岩斑块及藻粘结海绵灰岩斑块　3m

3. 两个礁旋回：灰—深灰色薄层泥灰岩、微晶灰岩，或灰—浅灰色薄夹中层含亮晶含砂屑生物屑灰岩及含藻凝块生物屑灰岩偶夹砂屑灰岩→浅灰—灰白色厚层块状海绵—藻礁灰岩　46m

套海扇化石：*Chlamys* sp.

珊瑚化石：*Stylosmilia michelini* Milne —Edwards et. Haime

*S. tanggulaensis* Liao et. Li

腕足类化石：? *Lacunosella truncata* Sun et. Zhang

2. 下部灰、深灰色中厚层生物屑微晶灰岩与薄层泥岩、泥灰岩、微晶灰岩组合，上部深灰色中厚层含亮晶含砂屑生物屑灰岩、含藻凝块生物屑灰岩，顶为厚 0.5m 的介壳灰岩　9m

1. 浅灰、浅红灰色厚层块状灰泥-藻礁-海绵灰岩(海绵藻粘结岩、微晶海绵灰岩、盖覆岩)，顶为厚 40cm 的微晶含礁屑介壳灰岩。此层呈丘状，夹深灰色薄层夹中层泥灰岩、微晶灰岩、生物屑灰岩之中　>10m

(未到底)

### 2. 甜水河北岸—红石沟上侏罗统白龙冰河组路线剖面

该路线剖面位于甜水河北岸-红石沟一线，起点坐标 E86°15′46.1″、N34°24′10.2″，终点坐标 E86°21′38″、N34°31′20″，剖面斜长 20 247m(图 2－14)。

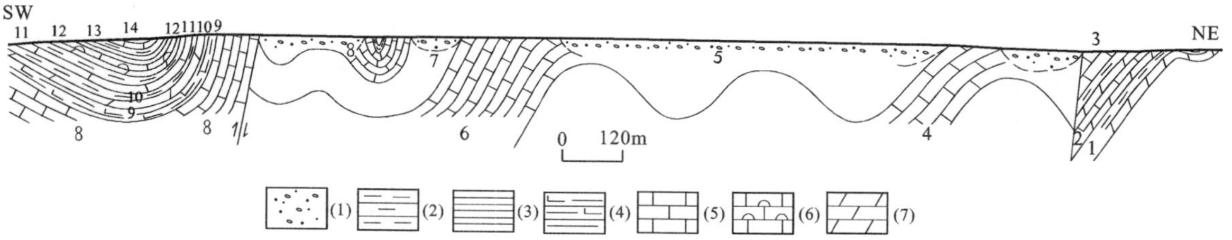


图 2－14　甜水河北岸-红石沟上侏罗统白龙冰河组路线剖面

(1)浮土；(2)泥岩；(3)页岩；(4)钙质泥岩；(5)微晶灰岩；(6)含生物屑灰岩；(7)泥灰岩

**上侏罗统　白龙冰河组**

**四段($J_3b^4$)**　**>763m**

(未到顶)

14. (5)深灰色中—薄层状微晶灰岩　65m

13. (6)及(4)灰、深灰色薄层、页状钙质泥岩、页岩夹深灰色中—薄层状泥灰岩、微晶灰岩、含细砂微晶生物屑灰岩、微晶介壳灰岩及纹层状含泥微晶灰岩　281m

12. (7)及(3)灰、深灰色中—薄层状钙质泥灰岩夹含生物屑钙质中细粒长石石英砂、含钙质细粒长石石英砂、泥岩、页岩　83m

11. (8)及(2)深灰色薄、中层状微晶灰岩、含生物屑砂屑微晶灰岩夹少量薄层状含粉砂白云质灰岩、泥灰岩　107m

10. (9)灰、深灰色薄层状泥岩、钙质泥岩、泥灰岩、含泥微晶灰岩夹少量中—薄层微晶灰岩。产丰富的菊石、腕足类化石　128m

9. (10)及(15)灰、深灰色页岩、钙质页岩夹薄层状泥灰岩　99m

腕足类化石：*Dorsoplicathtyris prolifera* Boullier

? *Aromasithyris balinensis* (Szajnocha)

———————— 整　合 ————————

三段($J_3b^3$)　　>2 096m

8.(11)及(16)深灰色薄—中层状微晶灰岩、含生物屑微晶灰岩　　379m

断　层

7.(17)浮土　　212m

6.(18)灰色、深灰色薄夹中层状微晶灰岩、含生物屑含砂屑微晶灰岩、鲕粒藻砂屑灰岩　　638m

5.(19)浮土　　取 56m

4.(20)灰色、深灰色中夹薄层状微晶灰岩　　84m

断　层

3.(23)灰色纹层—中层状泥灰岩夹钙质泥页岩、泥页岩　　537m

2.(24)灰色纹层—中层状泥灰岩、含泥微晶灰岩夹中—薄层状微晶灰岩　　113m

1.(25)灰色纹层—中层状泥灰岩、含泥微晶灰岩夹薄层状泥岩　　77m

(未到底)

### 3. 圆锥山上侏罗统白龙冰河组实测剖面

剖面位于白龙冰河南岸的圆锥山一线,起点坐标 E86°03′25.4″、N34°32′41.3″,终点坐标E86°02′45.8″、N34°35′43.4″,斜长 6 800m,厚度 3 375m,为测区控制上侏罗统白龙冰河组($J_3b$)的实测主干剖面,有底无顶(图 2-15)。

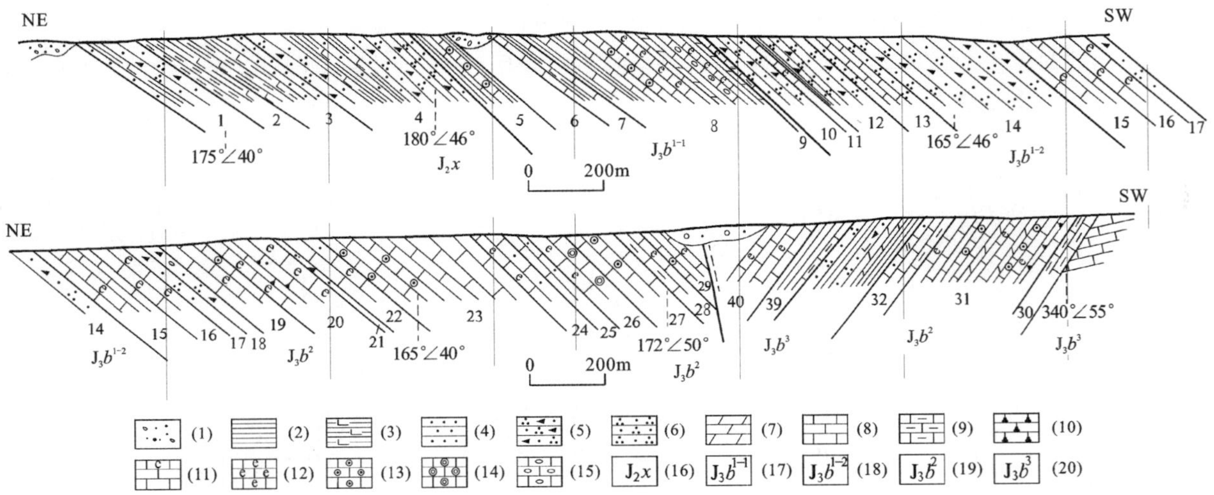


图 2-15　圆锥山上侏罗统白龙冰河组实测剖面图

(1)浮土;(2)页岩;(3)钙质页岩;(4)细砂岩;(5)岩屑石英砂岩;(6)石英砂岩;(7)泥灰岩;(8)微晶灰岩;(9)泥质微晶灰岩;(10)球粒灰岩;(11)生物屑砂屑灰岩;(12)生物屑灰岩;(13)鲕粒灰岩;(14)核形石微晶灰岩、核形石灰岩;(15)粒屑灰岩;(16)夏里组;(17)白龙冰河组一段下亚段;(18)白龙冰河组一段上亚段;(19)白龙冰河组二段;(20)白龙冰河组三段

上侏罗统　白龙冰河组($J_3b$)

三段($J_3b^3$)　　>245m

(未到顶)

40.(9)灰、深灰色中夹薄层状微晶灰岩、生物屑含砂灰岩夹少量深灰色页岩　　>66.3m

腕足类化石:*Burmirhynchia asiatica* Buckman

? *B. gutta* Buckman

双壳类化石:*Gryphaea* (*Bilobissa*) sp.

39.(8)灰、深灰色页岩夹中—薄层状泥灰岩、微晶灰岩、含生物屑微晶灰岩、生物屑(含砂)灰岩　　115.6m

38.(7)灰绿色中厚层状含钙中—细粒岩屑石英砂岩　　10.8m

37.(6)灰、深灰色页岩　　5.8m

36.(5)灰、深灰色中层状含生物屑细粒岩屑石英钙质砂岩　　11.9m

35.(4)下部灰、深灰色页岩与中—薄层状泥灰岩互层,上部灰、深灰色中层状云质灰岩。上部原

岩为微晶灰岩、含生物屑微晶灰岩夹生物屑灰岩、生物屑细砂质灰岩、鲕粒灰岩，岩石不均匀白云岩化 13.8m

34.(3)灰、深灰色中层状云质灰岩。原岩为微晶灰岩、含生物屑微晶灰岩夹(含鲕粒)生物屑灰岩、生物屑细砂质灰岩，岩石不均匀白云岩化 14.2m

33.(2)灰、深灰色页岩与中—薄层状泥灰岩互层 6.9m

———————— 整 合 ————————

**二段(灰岩段)($J_3b^2$)** **1 464m**

32.(3)′—(1)灰、深灰色中层状微晶灰岩、含生物屑微晶灰岩夹生物屑灰岩，岩石局部白云岩化。单层厚10～30cm。具压溶缝合线构造，产双壳类、海百合化石 122m

31.(5)′—(4)′灰、深灰色中—薄状微晶灰岩、含生物屑微晶灰岩夹生物屑灰岩，局部夹鲕粒灰岩、球粒灰岩 75.8m

30.(6)′灰、深灰色微晶灰岩、泥灰岩、泥页岩 39.6m

════════ 断 层 ════════

29.(11)灰、深灰色中层状微晶灰岩、含砂屑生物屑灰岩、鲕粒灰岩夹薄层泥灰岩 75.9m

28.(12)灰、深灰色中层状微晶灰岩、含泥质含生物屑微晶灰岩夹少量薄层状泥灰岩、页岩 80.3m

27.(13)灰、深灰色中层状微晶灰岩、生物屑灰岩夹(鲕粒、球粒)粒屑灰岩 126m

珊瑚化石：*Lochmaeosmilia* sp.

26.(14)灰、深灰色中层状含核形石微晶灰岩、微晶灰岩、生物屑灰岩夹粒屑灰岩，局部白云岩化 82.9m

双壳类化石：*Propeamussium* (*Propeamussium*) *pumilum* (Lamarck)

25.(15)灰、深灰色中层状含砂屑含生物屑微晶灰岩、生物屑灰岩夹含生物屑钙质(鲕粒)细粒石英砂岩及含钙细粒岩屑石英砂岩、(鲕粒、球粒)粒屑灰岩 32.5m

24.(16)灰、深灰色中层状微晶灰岩、含生物屑微晶灰岩、含生物屑钙质(鲕粒)细粒石英砂岩夹含钙细粒岩屑石英砂岩、(鲕粒、球粒)粒屑灰岩 60.8m

23.(17)灰、深灰色中层状微晶灰岩、含生物屑微晶灰岩夹生物屑灰岩、粒屑灰岩 266.3m

22.(18)灰、深灰色中层状微晶灰岩、含砂屑微晶灰岩夹含生物屑细粒砂质砂屑灰岩、钙质细粒石英砂岩、含钙中细粒岩屑石英砂岩及粒屑灰岩 73.1m

21.(19)灰绿色中厚层状含中粒细粒长石岩屑砂岩 6.1m

20.(20)灰、深灰色中层(局部夹薄层)状微晶灰岩、含生物屑微晶灰岩、生物屑砂屑球粒灰岩夹生物屑灰岩、粒屑灰岩 116.5m

19.(21)灰、深灰色中层(局部夹薄层)状含生物屑微晶灰岩、生物屑灰岩夹粒屑灰岩，中下部夹含生物屑细粒砂质砂屑灰岩、含钙细粒岩屑石英砂岩、钙质含生物屑(含砾)不等粒石英砂岩，局部夹含砾细粒砂屑石英砂岩、砾岩 85.6m

珊瑚化石：*Stylosmilia michelina* Milne - Edwards et. Haime

18.(22)灰绿色中、厚层状砾岩、含砾中粗粒岩屑石英砂岩、中—细粒岩屑石英砂岩 30.8m

17.(23)灰绿色中、厚层状中—细粒岩屑石英砂岩夹砾岩、含砾中粗粒岩屑石英砂岩 30.3m

16.(24)灰、深灰色中层状微晶灰岩、含生物屑微晶灰岩夹生物屑灰岩、粒屑灰岩 61.3m

15.(25)灰、深灰色中层夹薄层状微晶灰岩、含生物屑微晶灰岩夹含生物屑(含钙)细粒岩屑石英砂岩、中—细粒岩屑石英砂岩、粒屑灰岩，局部夹生物屑灰岩 98.6m

———————— 整 合 ————————

**一段上亚段($J_3b^{1-2}$)** **492m**

14. (26)灰绿色薄—厚层状中—细粒岩屑石英砂岩、含粉砂含中粒细粒岩屑石英砂岩、含砾中—粗粒岩屑石英砂岩夹砾岩、含白云石含粉砂质泥岩、含白云石含细砂泥质粉砂岩，夹深灰色页岩，局部夹泥灰岩透镜体 268.7m

13.(27)灰色中—薄层状白云质含中粒细粒石英砂岩、白云质中细粒石英砂岩夹深灰色中—薄层状微晶灰岩、含生物屑微晶灰岩。灰岩不均匀含白云岩团块 47m

12.(28)灰绿色中、厚层状砾岩、含砾中—粗粒岩屑石英砂岩、中—细粒岩屑石英砂岩组合，局部夹少量深灰色页岩 85.6m

11.(29)灰、深灰色中层状砂屑砾屑生物屑含云灰岩，底为1.5m厚的深灰色页岩 12.7m

双壳类化石：*Propeamussium* (*Propeamussium*) *pumilum* (Lamarck)

*Plagiostoma* sp.

*P. channoni* (Cox)

10.(30)灰绿色薄—厚层状中—细粒岩屑石英砂岩、中层状含砾中—粗粒岩屑石英砂岩、中—厚层状层(岩屑石英砂质)砾岩，局部夹深灰色页岩　78m

——————— 整　合 ———————

**一段下亚段($J_3b^{1-1}$)**　**516m**

9.(31)灰、深灰色中层疙瘩状含生物屑泥质灰岩、生物屑泥质灰岩，底部为1.5m厚的灰、深灰色页岩　11.0m

8.(32)灰、深灰色薄、中层状微晶灰岩夹(鲕粒、球粒)粒屑灰岩、生物屑灰岩，中部夹灰黄色薄层状含铁泥质粉砂岩、局部夹砾屑灰岩与页岩，顶部为页岩夹泥灰岩夹少量微晶灰岩。页岩往上增多　340.0m

7.(33)灰、深灰色中夹薄层状微晶灰岩、生物屑含云微晶灰岩与(钙质)页岩组合　32.0m

腕足类化石：*Praelacunosella renngarteni* (Ovtscharenko)

6.(37)浮土　64.0m

5.(36)灰绿色钙质页岩、页岩夹中—薄层状微晶灰岩、(鲕粒、球粒)粒屑灰岩，局部夹生物屑、介壳灰岩、鲕粒灰岩　69.0m

腕足类化石：*Rutorhynchia jioshanensis* Sun

*R. biplicata* Sun

*R. elongata* Sun

——————— 整　合 ———————

**中侏罗统　夏里组($J_2x$)**　**>658m**

4.(39) 下部灰绿色中、厚层状含云细—中粒石英砂岩夹粉砂岩，上部灰绿色薄、中层状细粒岩屑石英砂岩与深灰色钙质页岩—页岩夹粉砂岩条带互层，顶为厚3～5m的浅灰黄、浅灰白色厚层(岩屑石英砂质)砾岩至细粒石英岩屑砂岩　373.8m

3.(38)深灰色钙质页岩—页岩、薄层泥岩与灰绿色含云细—中粒石英砂岩　164.5m

2.(41)深灰色钙质页岩—页岩、薄层泥岩夹薄层细粒岩屑石英砂岩　61.7m

1.(42)灰绿色中、厚层夹薄层状细粒岩屑石英砂岩与中—薄层状粉砂岩及深灰色钙质页岩—页岩、薄层泥岩组成的米级旋回组合　>58.3m

(未到底)

#### 4. 白龙冰河南岸上侏罗统白龙冰河组路线剖面

剖面位于白龙冰河南岸，为西藏区调队1986年开展1∶100万改则幅区域地质调查时测制的一条路线剖面(坐标E86°12′、N34°36′，厚度2 080m)。其为羌塘盆地上侏罗统白龙冰河组($J_3b$)的建组剖面，有底无顶。以下根据1∶100万改则幅区调报告，按本项目修订的划分方案介绍如下(图2-16)。

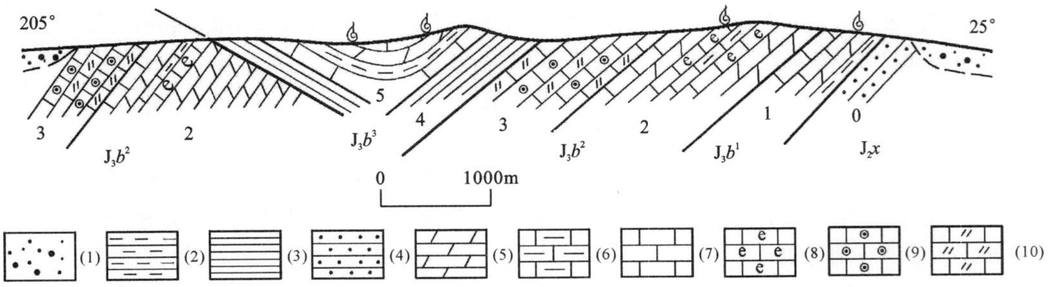


图2-16　白龙冰河南岸上侏罗统白龙冰河组剖面图

(引自1∶100万改则幅区调报告)

(1)浮土；(2)泥岩；(3)页岩；(4)砂岩；(5)泥灰岩；(6)泥质灰岩；(7)灰岩；(8)生物屑灰岩；(9)鲕粒灰岩、颗粒灰岩微晶灰岩；(10)云质灰岩

**上侏罗统　白龙冰河组($J_3b$)**　**厚度>2 580m**

三段($J_3b^3$)　>680m

（未到顶）

5. 灰色厚层状灰岩、黄灰色中层状泥灰岩与中层状浅灰、灰绿色中层状泥岩、钙质泥岩，夹浅灰色薄层状粉砂岩　380m

菊石类化石：*Virgatosphinctes* sp.
*V.* cf. *subfrequens*
*V.* cf. *frequens*
? *Spiticeras* sp.
*Aulacoshinctes* sp.
? *Paraboliceras* sp.
*Prcpeispinctes* sp.
*Pcrispincten* sp.
*Subplanites* sp.

4. 浅灰、灰绿色泥质页岩，产饼状钙质结核　300m

———— 整　合 ————

**二段($J_3b^2$)**　**1 400m**

3. 浅灰色块状白云质灰岩夹鲕粒灰岩　670m

2. 灰、黄灰色中厚层状泥灰岩、厚层状生物屑灰岩、泥质灰岩不等厚互层　730m

菊石类化石：*Perisphinctidas*
*Progeronia* sp.
*Alligaticeras* sp.

———— 整　合 ————

**一段($J_3b^1$)**　**500m**

1. 黄灰色中厚层状泥灰岩、泥岩、灰岩不等厚互层，夹薄层状生物屑灰岩、黄白色细砂岩及少量灰绿色泥质页岩　约 500m

双壳类化石：*Liostrea birmanica* Reed
腕足类化石：*Holcothyris tanggulaica* Ching
*Avonothyris gigantea* Ching

———— 整　合 ————

**中侏罗统　夏里组($J_2x$)**　**>280m**

黄灰、黄白色细砂岩及少量灰绿色泥页岩（未到底）　约 280m

［说明：夏里组为原剖面第 1 层之下部，(1)层为原剖面第 1 层之上部，原剖面第 1 层划分为雁石坪群上灰岩段($J_2ys^4$)，相当于后来的上侏罗统索瓦组］

### 5. 双泉湖长梁山中—上侏罗统夏里组—雪山组实测剖面

剖面位于双泉湖以东约 10km、长梁山西—南，起点坐标 E86°21′29″、N34°13′18.2″，终点坐标 E86°19′17.3″、N34°07′34.3″，斜长 14 989m，厚 4 253m。为图区控制中—上侏罗统夏里组($J_2x$)→索瓦组下段($J_3s^1$)→索瓦组上段($J_3s^2$)→雪山组($J_3x$)的实测主干剖面，有底无顶(图 2-17)。

**上侏罗统　雪山组($J_3x$)**　**1 092m**

（未见顶）

145. (253) 灰、黄褐色厚层状亮晶含生物砂屑鲕粒灰岩　>8.5m

144. (252) 浮土　22.5m

143. (251) 浅灰绿—绿灰色薄板—页片状细砂岩夹砂质云质灰岩。细砂岩有钙质细砂岩、钙质细粒岩屑石英砂岩、云质钙质细砂岩、含粉砂云质细砂岩、含粉砂云质钙质细砂岩　7.3m

142. (250) 灰、灰黄色薄层状介壳岩：介壳生物屑含钙细粒岩屑石英砂岩及细砂质介屑灰岩　12.4m

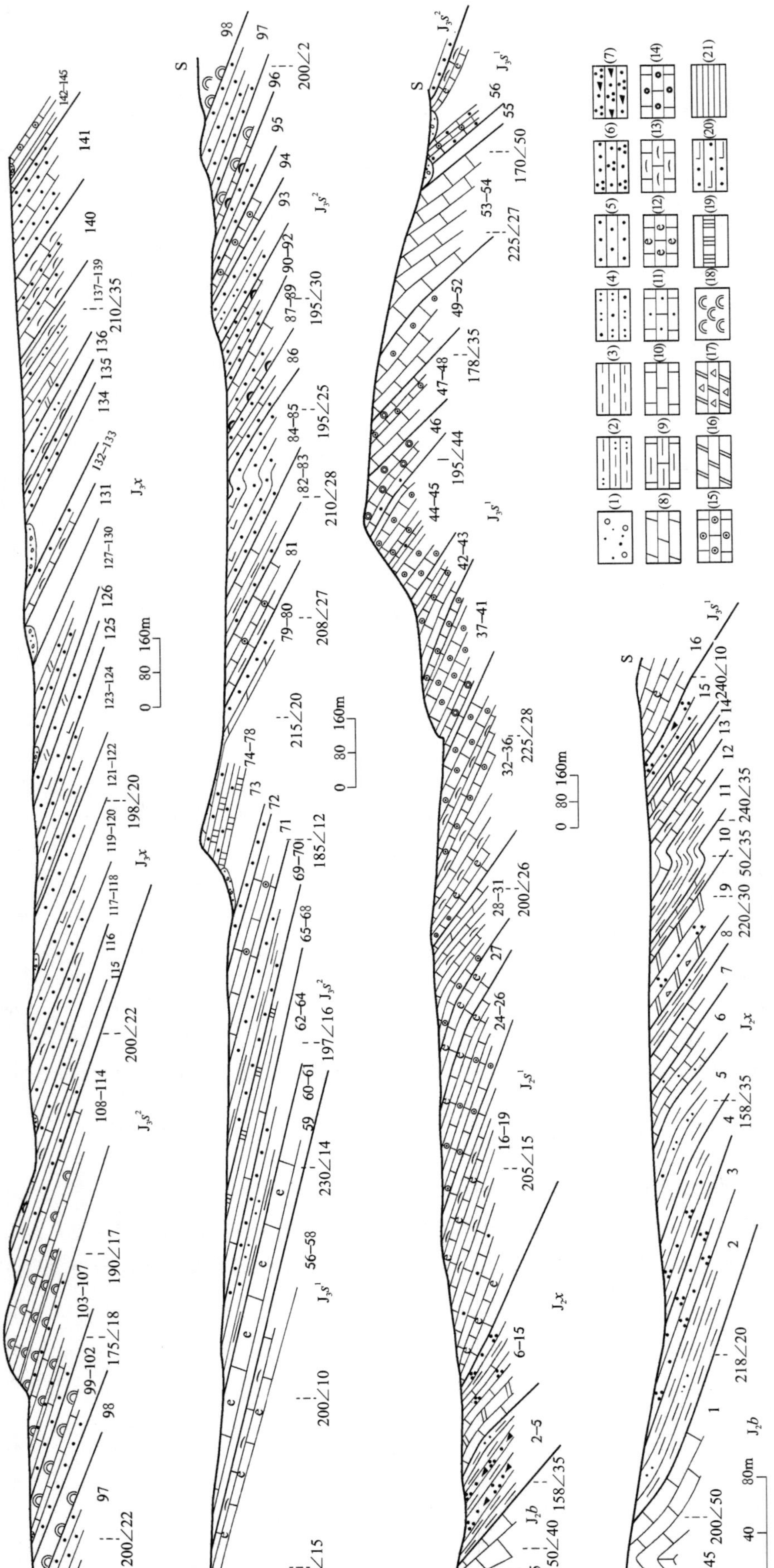

图2-17　双泉湖长梁山中—上侏罗统夏日组—雪山组实测剖面图

(1)浮土；(2)粉砂质泥岩；(3)泥岩；(4)细砂质粉砂岩、细粉砂岩；(5)细砂岩、砂岩；(6)石英细砂岩；(7)岩屑石英砂岩；(8)泥灰岩；(9)泥质微晶灰岩；(10)微晶灰岩；(11)砂屑灰岩；(12)生物屑灰岩；(13)介壳灰岩；(14)核形石灰岩；(15)鲕粒灰岩；(16)白云岩；(17)角砾状白云岩；(18)生物礁灰岩；(19)石膏；(20)钙质砂岩；(21)页岩

141.(249) 浅灰绿—绿灰色薄板—页片状细砂岩夹含粉砂细砂质云质灰岩。下部以薄板状—大型交错层系组为主,上部以小型交错层系组为主　120.8m

140.(248) 灰—浅绿灰、灰黄—黄褐薄层中层状介壳岩(同 142 层)夹少许灰绿色薄层状钙质细砂岩。含少量植物碎片、炭砾　114.8m

双壳类化石:*Anisocardia* (*Antiquicyprina*) *trapezoidalis* Wen

*A. triangularis* (Bean)

*Protocardia* (Protocardia) *linkaensis* Wen

*P.* (*Protocardia*) *qinghaiensis*

*P.* sp.

*Placunopsis* sp.

螺化石:*Ampullina* cf. *canaliculata* Morr et. Lyc

A. sp.

*Naricopsina* cf. *jingguensis* Pan

139.(247) 灰绿—绿灰色薄板-页片状细砂岩夹含粉砂细砂质云质灰岩　9.4m

138.(246) 灰黄—黄褐薄层状介壳岩(同 142 层)　18.8m

137.(245) 浅灰绿—绿灰色薄板-页片状细砂岩(同 143 层)夹砂质云质灰岩　99.6m

136.(241)—(244) 灰黄—黄褐、黄绿—浅灰绿色(少许墨绿色)薄、中层状介壳岩(:介壳生物屑含钙细粒岩屑石英砂岩及细砂质介屑灰岩)夹薄层状钙质细砂岩→厚—薄层状小型交错层系组钙质细砂岩—钙质细粉砂岩—钙质细粉砂岩的 3 个旋回　51.9m

双壳类化石:*Pteria plana* (Morris et lyett)

*Miyagipecten laevis* (Wen)

135.(240) 灰绿色薄层状小型交错层系组钙质细砂岩夹少许中型交错层系组钙质细粒岩屑石英砂岩、云质细粒屑细砂岩　34.3m

134.(239) 浮土　67.6m

133.(238) 灰绿色薄层状小型交错层系组钙质细砂岩夹少许中型交错层系组钙质细粒岩屑石英砂岩、云质细粒屑细砂岩　20.1m

132.(237) 灰绿色薄层状钙质岩屑石英砂岩、云质细粒屑细砂岩与褐黄色薄、中层状介壳砂岩、介壳生物屑含钙质细粒岩屑石英砂岩及细砂质介屑灰岩　16.1m

131.(236) 浮土　56.1m

130.(235) 灰绿—绿灰色薄层状小型交错层系组钙质细砂岩夹薄板状—大型交错层系组的细粒长石石英砂岩、钙质细粒岩屑石英砂岩、云质细粒屑细砂岩　10.5m

129.(234) 浮土　17.5m

128.(233) 灰绿色薄板状—大型交错层系组细砂岩:细粒长石石英砂岩、钙质细粒岩屑石英砂岩、云质细粒屑细砂岩　39.5m

127.(232) 浮土　19.0m

126.(231) 灰绿色薄层状细砂岩,由薄板状—大型交错层系组细粒长石石英砂岩及钙质细粒岩屑石英砂岩与云质细粒屑细砂岩,夹小型交错层系组钙质细砂岩组成。古流向(交错层)30°、341°、346°;波痕走向 342°、358°　26.1m

125.(230) 浅灰绿—绿灰色薄层状细砂岩,以小型交错层系组钙质细砂岩为主,以薄板状—大型交错层系组细粒长石石英砂岩及钙质细粒岩屑石英砂岩为次　31.0m

124.(226)—(229) 3 个褐黄、灰绿色—绿灰色薄、中层状介壳岩(介壳生物屑含钙质细砂岩及细砂质介屑灰岩)段→薄板状—大型交错层系组细粒长石石英砂岩及钙质细粒岩屑石英砂岩夹小型交错层系组钙质细砂岩为次的旋回　52.6m

123.(225) 浮土　6.5m

122.(224) 浅灰绿—浅绿灰色薄、中层状细砂岩,由薄板状—大型交错层系组细粒长石石英砂岩及钙质细粒岩屑石英砂岩、小型交错层系组钙质细砂岩组成　29.6m

121.(223) 浮土　24.2m

120.(222) 浅灰绿—浅绿灰色薄、中层小型交错层系组钙质细砂岩夹薄板状—大型交错层系组细粒长石石英砂岩、钙质细粒岩屑石英砂岩　12.1m

119.(220)—(221) 浅灰绿—浅绿灰色薄、中层状细砂岩，由薄板状—大型交错层系组细粒长石石英砂岩、钙质细粒岩屑石英砂岩夹小型交错层系组钙质细砂岩组成的米级旋回组合构成。古流向(交错层)90°；剥离线理走向 204° 51.6m

双壳类化石：*Protocardia* (*Protocardia*) *qinghaiensis* Wen

118.(218)—(219) 灰黄—黄褐、浅灰绿色薄、中层状介壳生物屑含钙质细粒长石石英砂岩及细砂质含砂屑介屑灰岩夹薄层状细砂岩。古流向(交错层)51°、170°、190° 39.9m

双壳类化石：*Miyagipecten laevis* (Wen)

*Pseudolimea duplicata* (J. Sowerby)

*Chlamys* sp.

*Camptonectes* (*Camptonectes*) *clathratas* (Roemer)

*Lopha zadoensis* Wen

117.(217) 浮土 19.0m

116.(213)—(216) 灰绿—绿灰色薄层状细粒长石石英砂岩与钙质细砂岩、灰黄—黄褐色薄中层状介壳生物屑含钙质细粒长石石英砂岩及细砂质介屑灰岩，往上介壳减少，中—上部为细砂岩。下部产双壳类 21.0m

双壳类化石：*Radulopecten* sp.

*Anisocardia* sp.

*Protocardia* (*Protocardia*) sp.

*Pseudolimea* sp.

*Neocrassina* (*Pressastarte*) sp.

115.(210)—(212) 灰绿—绿灰色薄层状细砂岩，由薄板状—大型交错层系组细粒长石石英砂岩与小型交错层系组钙质细砂岩组成的米级旋回组合构成。古流向(交错层)40°、68°、273°、328°；剥离线理走向 120° 31.4m

———————— 推测整合 ————————

**上侏罗统　索瓦组**

**上段($J_3s^2$)** **1 313m**

114.(209) 灰—褐黄色微晶砂屑生物屑灰岩 8.9m

腕足类化石：*Gusarella nucleola* Jin

Sun et. Ye

*G. gusarensis* (Moisseiev)

*Monticlarella striocincta* (Roenmer)

113.(207)—(208) 由灰带黄褐、浅灰—浅灰白色的薄—厚层块状灰泥-苔藓虫-藻-海绵—珊瑚礁灰岩夹含微晶腹足生物屑灰岩，顶为少量含海绵含藻介壳生物屑灰岩 30.6m

珊瑚化石：*Stylosmilia* cf. *crassitheca*

*Pseudocoenia*? sp.

112.(206) 浮土 10.6m

111.(205) 黄灰色中层状含微晶亮晶(含)鲕粒生物屑灰岩、介屑生物屑灰岩、海绵生物屑灰岩 10.9m

110.(204) 底部灰绿色薄层状(钙质)细粒长石石英砂岩，中—上部灰、深灰色灰泥-藻-海绵礁灰岩，顶部为少许介屑灰岩 17.5m

双壳类化石：*Chlamys*? sp.

109.(203) 含藻砂屑介屑灰岩→含海绵腹足生物屑灰岩 15.0m

108.(202) 浮土。推测下伏细粒长石石英砂岩、含粉砂细粒长石石英砂岩 18.4m

107.(201) 灰—黄褐色中层状藻砂屑灰岩、含微晶藻砂屑生物屑灰岩 20.3m

106.(200) 灰—灰黄带浅灰白色的中厚层状(泥质)微晶灰岩→块状灰泥-藻-珊瑚-海绵礁灰岩→少许介壳藻海绵生物屑灰岩，构成一个礁旋回 13.4m

105.(199) 浮土。推测下伏细粒长石石英砂岩、含粉砂细粒长石石英砂岩 7.6m

104.(198) 灰黄—灰色中层状含藻砂屑介壳生物屑灰岩，往西相变为灰黄、灰色中厚层介壳生物屑灰岩→块状灰泥-藻-海绵礁灰岩 16.7m

103.(197) 灰绿色薄层状钙质细粒岩屑石英杂砂岩、钙质细粒长石石英砂岩、细粒长石石英砂

岩。由薄板状层系组与小型交错层系组组合构成 13.7m

102.(196) 下部灰黄、灰、深灰色中夹薄层状微晶含藻砂屑介壳生物屑灰岩→中上部灰黄、灰、深灰带浅灰、浅灰白色厚层块状海绵礁灰岩，顶部为介屑灰岩 10.6m

双壳类化石：*Radulopecten* sp.

*Camptonectes* (*Camptonectes*) sp.

*Pseudolimea* sp.

101.(195) 灰绿色薄层状钙质细粒岩屑石英杂砂岩、钙质细粒长石石英砂岩、细粒长石石英砂岩，由薄板状层系组与小型交错层系组组成的基本层序组合构成。古流向(交错层)72°、85° 12.1m

100.(194) 浮土，往西为浅灰—灰夹灰黄色中层状生物屑灰岩、含生物屑核形石砂屑灰岩夹少许生物屑海绵灰岩 12.5m

双壳类化石：*Inoperna sowerbyana*(d' Orbigny)

*Camptonectes* (*Camptonectes*?) sp.

*Gervilla* sp.

99.(192)—(193) 灰绿色薄夹中层状钙质细粒岩屑石英杂砂岩、细粒长石石英砂岩，由薄板状细砂岩层系组与小型交错层系组组成的基本层序组合构成；顶为浮土 18.2m

98.(191) 两段灰、灰黄、浅灰白色中—块状介屑灰岩→灰泥-藻-海绵礁灰岩，夹一段灰绿色钙质细粒岩屑石英杂砂岩、细粒长石石英砂岩。中部砂岩古流向(交错层)37°、288° 38.3m

双壳类化石：*Radulopecten fibrosus* ( J. Sowerby)

*Anisocardia* (*Antiquicyprina*) *minima* (J. Sowerby)

*A. triangularis* (Bean)

*Protocardia* (*Protocardia*) *linkaensis*

*P.* (*Protocardia*) *qinghaiensis* Wen

*Placunopsis* cf. *socialis* Morris et lycett

*Plearomua alduini* (Brongniart)

*Pinna* sp.

*Platymoidea* sp.

*Inoperna sowerbyana*

97.(190) 灰绿色薄夹中层状交错层细粒长石石英砂岩，中下、中上部夹少许含粉砂细粒长石石英砂岩 81.6m

96.(187)—(189) 下部为介壳岩：生物屑含钙细砂岩、细砂质介屑灰岩，中部为灰带浅灰白、灰黄色中—薄—厚层状介屑灰岩与珊瑚—海绵礁灰岩，上部为浮土 28.2m

双壳类化石：*Chlamys* sp.

95.(185)—(186) 灰绿色薄夹中层状细粒长石石英砂岩，中部夹少许含粉砂细粒长石石英砂岩。古流向(交错层)87°、268°；波痕走向 164°、169°、205°、231°、251° 22.5m

94.(183)—(184) 灰—深灰、黄灰色薄纹层—中层状含砂鲕粒灰岩夹砂屑灰岩、微晶灰岩、含泥质微晶灰岩。发育由下往上由纹层灰岩→块状层理的基本层序，进积型的小旋回。一些基本层序、小旋回的底层间夹泥质、钙泥质，少量其中夹少许砂屑灰岩、微晶灰岩、含泥质微晶灰岩。小旋回组合总体往上变厚、变粗 21.7m

93.(182) 灰绿色薄—中层状细粒长石石英砂岩夹微层状含钙粉砂岩 62.3m

92.(181) 灰—褐灰、褐黄—黄褐色中层状介壳岩(生物屑含钙细砂岩、细砂质介屑灰岩)夹亮晶生物屑鲕粒灰岩 11.9m

91.(180) 灰绿色薄、中层状细粒长石石英砂岩夹微层状含钙粉砂岩 39.3m

90.(179) 浮土 13.4m

89.(177)—(178) 灰、深灰色薄、中层状微晶灰岩、(含)泥质微晶灰岩 30.4m

88.(176) 灰绿色薄、中层状(含钙)细粒长石石英砂岩夹微层状含钙粉砂岩 2.8m

87.(175) 灰—褐灰、灰黄色中层状介壳岩：生物屑含钙细砂岩、细砂质介屑灰岩→灰—灰黑色中—薄层状微晶灰岩、含泥质微晶灰岩 8.5m

86.(170)—(174) 三段灰绿色薄、中层状交错层含钙细粒长石石英砂岩、细粒长石石英砂岩夹微层状含钙粉砂岩，夹两段灰黑、灰色微晶灰岩、含泥质微晶灰岩夹紫红—灰紫色薄层状—块状

层钙质含粉砂细砂岩与钙质含泥粉砂岩 54.6m

85.(167)—(169) 灰绿色薄层状含钙细粒长石石英砂岩、紫红—灰紫色薄层状钙质含粉砂质细砂岩与钙质含泥粉砂岩夹灰黄色薄层状细粒长石石英砂岩组合 82.5m

84.(164)—(166) 灰绿色薄层状细粒长石石英砂岩，上部之底为灰绿色薄层状含粉砂细粒长石石英砂岩，中部为浮土 18.6m

83.(160)—(163) 灰、深灰色薄夹中层状泥岩—泥质微晶灰岩→含泥质微晶灰岩—微晶灰岩→砂屑灰岩→生物屑灰岩组成的米级旋回组合，组成进积型副层序组 36.4m

82.(158)—(159) 下部灰绿色薄层板状含钙细粒长石石英砂岩，上部灰紫—紫红色及少量灰绿色薄层状钙质含粉砂细砂岩 14.2m

81.(154)—(157) 灰、深灰色薄、中层状含泥质微晶灰岩、微晶灰岩，夹少量鲕粒灰岩、砂屑灰岩、泥质灰岩、钙质泥岩、藻微晶灰岩、生物屑灰岩、生物屑含钙细粒长石石英砂岩。由下往上由细→微晶灰岩→砂屑灰岩→生物屑灰岩等颗粒灰岩组成的米级旋回组合构成 60.8m

双壳类化石：*Radulopecten tipperi* Cox

*R.* cf. *baimaensis* Wen

*Myopholas multicostata* (Agassiz)

*Platymyoidea* sp.

80.(153) 灰绿色薄板—中层状细粒长石石英砂岩。古流向(交错层)265°、302° 36.6m

79.(152) 灰、灰绿色薄层状泥灰岩、含生物泥灰岩、含钙细粒长石石英砂岩 6.6m

78.(150)—(151) 杂色薄层状含钙细粒长石石英砂岩、石膏层，顶、底含钙细砂岩 8.5m

77.(148)—(149) 灰绿色薄层状交错层含钙细粒长石石英砂岩→灰紫红—紫红色薄层状细粒长石石英杂砂岩、粉砂质细粒长石石英杂砂岩及少量介屑砂岩 3.3m

76.(146)—(147) 灰白、白夹少量灰、浅褐红—(浅)肉红色石膏层 5.7m

75.(141)—(145) 杂色薄层状钙质细粒长石石英砂岩、含钙细粒长石石英砂岩、细粒长石石英杂砂岩组成的 3 个小旋回，顶为石膏层 14.7m

双壳类化石：*Radulopecten fibrosus* ( J. Sowerby)

74.(133)—(140) 杂色薄层状钙质细粒长石石英砂岩、含钙细粒长石石英砂岩与石膏组合，顶、底为厚 1.3m 左右石膏层 16.3m

73.(131)—(132) 浮土 52.3m

72.(129)—(130) 灰黄色薄纹层状细粒长石石英砂岩，底为褐黄色中—薄层状介壳生物屑含钙细砂岩、细砂质介屑灰岩 25.0m

双壳类化石：*Gryphaea* ( *Africogryphaea*) sp.

71.(125)—(128) 灰—灰黑色薄夹中层状含粉砂微晶灰岩、微晶灰岩夹少量砂屑灰岩、鲕粒灰岩、介屑灰岩，组合构成往上变厚、夹层增多的 3 个小旋回 57.4m

双壳类化石：*Radulopecten tipperi* Cox

70.(123)—(124) 灰绿色厚层状泥岩→灰绿色薄层状含钙细粒长石石英砂岩→紫红及褐黄色薄层状钙质细粒长石石英砂岩→(夹)灰色中—薄层状含白云质微晶灰岩的多个小旋回组合，中下部夹厚 2m 的石膏层 56. 0m

69.(121)～(122) 下部灰黄带黄绿色中夹薄层状介壳岩(介壳生物屑含钙细砂岩、细砂质介屑灰岩、微晶介屑灰岩)夹细砂岩，上部灰绿色薄层状含钙细粒长石石英砂岩→灰黄色薄层板状钙质细粒长石石英砂岩→(夹)褐黄色中夹薄层状介壳岩组成的小旋回组合 13.5m

双壳类化石：*Anisocardia triangularis* (Bean)

*Protocardia* sp.

68.(118)—(120) 上、下部灰绿色厚层状泥岩→灰绿色薄层状含钙细粒长石石英砂岩→紫红及褐黄色薄层状钙质细粒长石石英砂岩→(夹)灰色中—薄层状含白云质微晶灰岩及偶夹石膏层的小旋回组合；中上部灰绿—黄绿色薄层状钙质细粒长石石英(杂)砂岩 43.0m

67.(117) 灰—灰绿色中层状白云质粉砂岩 0.7m

66.(116) 灰绿色厚层状(含钙质)泥岩→紫红色薄层状交错层钙质细粒长石石英杂砂岩 2.4m

65.(115) 灰、深灰色中—薄层状含白云质微晶灰岩夹砂屑灰岩 3.0m

64.(113)—(114) 灰绿色薄层状(含)粉砂质细粒长石岩屑砂岩、含云细粒粒屑含粉砂细砂岩夹钙质细粒长石石英杂砂岩、细粒岩屑长石砂岩。以小型交错层系组细砂岩为主。古流向(交错层)29°、50°、234°;波痕走向 87°、167°、173°、193°、243°　48.9m

63.(112)(浅)紫红带灰绿色钙质细粒长石石英杂砂岩。古流向(交错层)258°　4.8m

62.(109)—(111) 灰—褐灰、黄绿—灰绿色厚夹少许薄层状泥岩、含钙质泥岩　16.2m

61.(108) 灰绿色薄层状钙泥质介壳灰岩夹少量含生物屑钙质泥岩、泥灰岩　2.3m

双壳类化石:*Corbula* sp.

60.(104)—(107) 黄灰、浅灰—灰黑色薄夹中层状生物灰岩(介壳生物屑灰岩、介壳灰岩、腹足灰岩)、微细晶砂屑生物屑灰岩与(含鲕)弱白云石化含生物砂屑微晶灰岩,下部夹弱白云石化含细粒石英粉屑灰岩,中部夹白云石含泥含生物屑微晶灰岩、生物屑泥质灰岩及少许泥灰岩,上部夹交错层粉砂质细粒长石岩屑砂岩、亮晶鲕粒灰岩、砂屑鲕粒灰岩。上、下部以生物灰岩为主,中部以(含鲕)弱白云石化含生物砂屑微晶灰岩主。腹足体中偶含干沥青　13.0m

双壳类化石:*Modiolus trigonus* J. chen

*M. imbricatus* J. Sowerby

*M.* sp.

*Camptonectes* (*Camptonectes*) *yanshipingensis* Wen

*Liostrea birmanica* (Reed)

*Lopha* cf. *rastllaris* (münster)

*Cuspidaria*? *minleana* Guo

*Pteria plana* (Morris et Lycett)

*Protocardia*? sp.

*Anisocardia* (*Antiquicyprina*)? sp.

螺化石:*Ampullina* cf. *canaliculata* Morr et Lyc

59.(103) 灰色薄层状小型夹少许中、大型交错层(含)粉砂质细粒长石岩屑砂岩,上部夹薄板状—大型交错层系细粒岩屑长石砂岩。古流向(交错层)98°　17.3m

—————— 整　合 ——————

**下段($J_3s^1$)**　**1 595m**

58.(102) 灰、灰黑色薄、中层状介壳生物屑灰岩与砂屑生物屑灰岩夹泥灰岩　13.2m

57.(101) 灰、黄灰色薄层状亮晶砂屑生物屑灰岩夹泥灰岩　8.3m

56.(97)—(100) 上部深灰色中夹薄层状介壳灰岩;中部浮土;下部底为深灰、灰色薄、中层状砂屑灰岩夹介壳灰岩,偶夹薄层状泥灰岩、鲕粒灰岩、生物屑灰岩　9.6m

珊瑚化石:*Stylosmilia tingriensis* Liao et Xia

双壳类化石:*Modiolus imbricatus* J. Sowerby

*Anisocardia* (*Antiquicyprina*)? sp.

*Lopha* sp.

*Ostreacea* gen. et. sp. Indet

55.(96) 浮土　25.6m

54.(95) 浅灰、灰色薄中层状粉—细晶砂屑生物屑灰岩夹微晶介壳生物屑灰岩,顶部偶夹含亮晶生物屑砂屑灰岩、白云石化砂屑灰岩　17.4m

53.(91)—(94) 上、下部深灰色薄、中层状微晶灰岩夹少量含生物屑微晶灰岩、生物屑(砂屑)微晶灰岩,中部深灰色薄、中层状生物屑微晶灰岩夹微晶灰岩,顶部为深灰色薄板状微晶灰岩　39.1m

52.(90) 灰黄、灰色中—薄层状含亮晶砂屑生物屑灰岩夹少量鲕粒灰岩、微晶灰岩　4.0m

51.(87)—(89) 浅灰黄、灰、深灰色中—薄层状微晶灰岩,下部夹少量生物屑微晶灰岩,上部为灰、深灰色中—薄层状生物屑砂屑微晶灰岩夹微晶灰岩　31.9m

50.(86) 深灰色中层状含生物砂屑微晶灰岩夹薄层状鲕粒灰岩、微晶灰岩　13.4m

49.(82)—(85) 灰黄、灰、深灰色中—薄层状微晶灰岩、含生物屑微晶灰岩,中部还出现生物屑微晶灰岩　52.3m

海扇类化石:*Camptonectes*? sp.

48.(79)—(81) 上、下部深灰色中层状核形石微晶灰岩、含生物屑微晶灰岩夹少量砂屑微晶灰岩、含砂屑核形石微晶灰岩,中下部为 5.5 m 的灰、灰黄色薄层状砂屑鲕粒灰岩夹含亮晶粒屑

灰岩　57.0m

47.(78) 深灰色中夹薄层状微晶灰岩　52.5m

46.(76)—(77) 深灰色中—薄层状含生物屑含核形石砂屑灰岩夹含生物屑含核形石微晶灰岩，底部为灰色薄中层状砂屑生物屑灰岩　83.7m

海扇类化石：*Pectinacea* sp.

45.(73)—(75) 上、下部深灰色中—薄层状微晶灰岩，中部为深灰色中层状含生物屑含砂屑核形石微晶灰岩，下部夹鲕粒灰岩、介屑砂屑灰岩　75.0m

44.(71)—(72) 灰、深灰色薄层→中厚层状鲕粒灰岩、含生物屑核形石鲕粒灰岩夹弱白云化鲕粒生物屑灰岩　145.0m

43.(69)—(70) 深灰色薄层状微晶灰岩→灰—灰黄色薄—中薄层状含生物屑砂屑微晶灰岩夹含核形石含砂屑微晶灰岩　42.4m

42.(67)—(68) 灰黄、灰、深灰色中—薄层状含生物屑(含)砂屑微晶灰岩，下部夹含生物屑砂屑微晶灰岩，上部夹微晶粒屑灰岩　44.9m

41.(65)—(66) 灰、深灰色薄层状含生物屑团块微晶灰岩→含生物屑微晶灰岩　31.1m

40.(64) 深灰色中夹薄层状鲕粒灰岩夹含微晶含鲕粒生物屑灰岩　47.7m

39.(63) 灰黄、灰色薄层状含生屑鲕粒微晶灰岩、含生屑团块微晶灰岩及泥灰岩　24.5m

38.(61)—(62) 灰、浅黄灰色中—薄层状含微晶含鲕粒生物屑灰岩、亮晶鲕粒灰岩，下部以亮晶鲕粒灰岩为主，上部以含微晶含鲕粒生物屑灰岩为主　36.2m

37.(60) 深灰色中—薄层状微晶灰岩夹含核形石含生物屑微晶灰岩　47.2m

36.(57)—(59) 灰黄、灰、深灰色中—薄层状亮晶生物屑鲕粒灰岩、亮晶鲕粒灰岩夹生物屑灰岩、介壳灰岩，下部还夹微晶灰岩　98.0m

双壳类化石：*Rudulopecten scarburgensis* (Young et Bird)

*Camptonectes* (*Camptochlamys*) *yanshipingensis* Wen

35.(55)—(56) 中下部为深灰色薄板状微晶灰岩，上部为灰黄、灰色薄层微晶介壳灰岩、亮晶生物屑鲕粒灰岩夹深灰色薄层微晶灰岩　17.3m

34.(53)—(54) 灰黄、灰色中—薄层介壳灰岩→亮晶生物屑鲕粒灰岩，夹微晶灰岩　24.9m

33.(52) 深灰色薄板状微晶灰岩夹中层状介壳灰岩、少量生物屑灰岩　56.6m

32.(51) 灰、灰黄色薄中层状亮晶鲕粒灰岩、砂屑介屑鲕粒灰岩、生物屑灰岩夹薄层状微晶灰岩，夹少量薄层状褐黄色细粒含生物屑钙质岩屑石英砂岩　34.3m

31.(50) 灰黄、深灰色薄层、叶片状微晶灰岩与泥灰岩　15.6m

30.(47)—(49) 灰、深灰色薄层—薄板状微晶灰岩夹中层状微晶灰岩、中—薄层状灰黄色介壳灰岩　36.0m

29.(45)—(46) 深灰色薄板状微晶灰岩→灰黄色薄层状含粉砂微晶灰岩　52.5m

28.(40)—(44) 灰、深灰色薄板状微晶灰岩夹中—薄层状生物屑微晶灰岩、生物屑灰岩、介壳灰岩、介屑砂屑鲕粒灰岩、鲕粒灰岩　42.1m

27.(38)—(39) 深灰色薄板状微晶灰岩，顶部为中层状微晶灰岩夹生物屑微晶灰岩　41.3m

26.(37) 灰色薄层状生物屑微晶灰岩夹豆粒鲕粒灰岩　7.8m

25.(36) 灰、灰黄色薄层状微晶灰岩夹生物屑微晶灰岩　19.4m

24.(35) 灰色薄层状生物屑微晶砾屑灰岩夹生物屑微晶灰岩，偶夹介壳灰岩　12.2m

23.(34) 灰色薄层状微晶灰岩夹中层状含砾屑含细砂生物屑微晶灰岩　17.6m

22.(33) 灰褐色中—薄层状含砾屑含细砂生物屑微晶灰岩夹含亮晶微晶鲕粒灰岩　21.4m

21.(31)—(32) 深灰色中—薄层状微晶灰岩夹少量生物屑灰岩　15.2m

20.(30) 深灰色中—薄层状含生物微晶鲕粒灰岩夹介壳灰岩　8.1m

19.(27)—(29) 深灰色中—薄层状粉屑微晶灰岩、微晶灰岩夹生物屑灰岩，偶夹含鲕粒生物屑微晶灰岩、鲕粒灰岩，底为一层鲕粒灰岩，局部以颗粒灰岩为主　57.1m

18.(25)—(26) 灰、深灰色中—薄层状微晶灰岩，底部为一层生物屑灰岩，下部夹含粉砂生物屑微晶灰岩，上部夹含鲕粒生物屑微晶灰岩、中层介壳灰岩　55.3m

17.(23)—(24) 灰、深灰色中—薄层状微晶灰岩　20.1m

16.(20)—(22) 灰、深灰色薄板状→薄层状微晶灰岩夹含生物屑细砂质微晶灰岩夹少量薄层状生物屑灰岩、介壳灰岩　40.6m

——————— 整　合 ———————

**中侏罗统　夏里组 ($J_2x$)** 　　**237m**

15.(19) 浅紫红色、灰色中—细粒岩屑石英砂岩、细砂岩与灰色页岩　18.4m

14.(18) 灰、灰黄色薄层状含粉砂粉晶白云岩夹少量生物屑灰岩，偶夹黄色中层状细—粉晶白云岩　6.3m

13.(16)—(17) 底部为灰褐色页岩夹少量中—薄层介壳灰岩，中上部为深灰色中—薄层状微晶灰岩夹介壳灰岩　9.5m

12.(14)—(15) 中下部为深灰色薄层微晶灰岩，下部偶夹中层亮晶砂屑灰岩，上部夹微晶含砂屑生物屑灰岩、亮晶介壳灰岩　14.6m

11.(13)灰、深灰色叶片状钙质泥岩　16.5m

9—10.(9)—(12) 灰、灰黄色中—薄层状粉晶白云岩夹少量白云质细粒岩屑石英砂岩、白云石化微晶灰岩、细晶白云岩　34.5m

8.(8) 紫红色泥岩、粉砂质泥岩　11.5m

7.(7) 深灰色中层含生物砂屑微晶灰岩夹薄层微晶灰岩　15.8m

6.(6) 灰、灰黄色薄层状白云石化含生物屑砂屑微晶灰岩　15.3m

5.(5) 紫红色中—薄层状泥岩夹含钙中细粒石英砂岩、含泥细—粉砂岩　26.7m

4.(4) 灰、灰黑色薄层状泥岩夹少量中—薄层含钙细粒石英砂岩　22.9m

3.(3) 灰、灰褐色中—薄层含钙细粒石英砂岩　14.7m

2.(2) 灰色薄层状泥岩夹粉砂质泥岩，含少量钙质结核　29.9m

——————— 整　合 ———————

**下伏地层：中侏罗统　布曲组 ($J_2b$)**

1.(1) 深灰色中夹薄层状微晶灰岩、含生物砂屑微晶灰岩　>17.2m

### 6. 友谊沟中侏罗统夏里组实测剖面

剖面位于图区中部友谊沟西南侧，起点坐标 E85°56′57.5″、N34°30′09″，终点坐标 E85°56′31.6″，N34°29′29.2″，剖面长 1 545m，厚度 349m。为图区控制中侏罗统夏里组($J_2x$)的实测主干剖面，露头较好且连续，分组标志明显，与上覆索瓦组及下伏布曲组均为整合接触(图 2－18)。

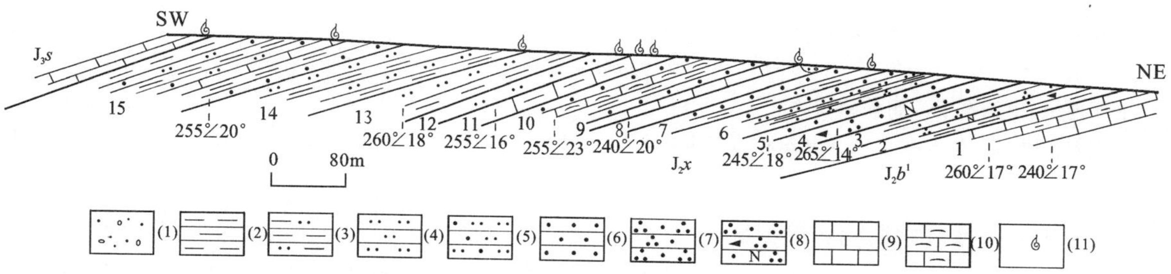


图 2－18　友谊沟中侏罗统夏里组实测剖面图

(1)浮土；(2)泥岩；(3)粉砂质泥岩；(4)粉砂岩；(5)细-粉砂岩；(6)细砂岩；(7)石英砂岩；(8)长石岩屑石英砂岩；(9)微晶灰岩；(10)介壳灰岩；(11)化石采样点

**上覆地层：上侏罗统　索瓦组 ($J_3s$)**

16. 深灰色中厚层夹薄层微晶灰岩夹含生物屑灰岩　>18m

双壳类化石：*Radulopecten tipperi* Lycett

*Protocardia*(*Protocardia*)*strcklandi*(Morris et. Lycett)

——————— 整　合 ———————

**上侏罗统　夏里组 ($J_2x$)** 　　**349m**

15. 下部为灰绿色夹紫红色中—薄层状泥岩与细—粉砂岩互层夹介壳灰岩(5∶5∶1)，上部为灰绿色中—薄层状泥岩夹细砂岩及泥质灰岩(5∶1∶1)。水平层理、斜层理。产腕足类及双壳类 *Radulopecten tipperi* Lycett　74.7m

14. 灰绿色中—薄层状粉砂岩与泥岩互层，夹细粒岩屑砂岩、介壳灰岩。水平层理、交错层理。产

丰富的腕足类、双壳类化石　43.1m

13. 灰绿色夹紫红色中—薄层状粉砂岩与泥岩互层(1∶1),局部夹生物屑泥灰岩。总体向上泥岩减少、粉砂岩增多。腕足类和双壳类丰富,产 *Protocardia*(*protocardia*) *linkaensis* We,*Modiolus* sp.,*Protocardia*(*Protocardia*) *qabdoensis* Wen　26.7m

12. 灰绿色夹紫红色中—薄层状粉砂岩与泥岩互层夹细砂岩(4∶2∶1)。往上泥质增多、砂岩减少

双壳类化石:Protocardia (Protocardia) strcklandi (Morris et Lycett)　17.3m

11. 灰色中、厚层状泥质灰岩夹泥岩[(4～6)∶1]　17.3m

双壳类化石:*Myopholas multicostatas*(Agassiz)

*Anisocardia*(*Antiguicyprina*)*Loweana*(Morris et Lycett)

10. 灰黄、浅灰黄色薄、中层状细砂岩夹泥岩、介壳灰岩。发育平行层理、斜层理,水平虫迹。产腕足类和双壳类化石　36.7m

9. 深灰色、灰色中、厚层泥灰岩与粉砂质泥岩互层,局部夹微晶腕足灰岩。产腕足类和双壳类化石双壳类化石:*Camptonectes*(*Camptochlamys*) *yanshipingensis* Wen　10.8m

8. 浮土　13.5m

7. 灰绿色、灰黄色中—薄层状粉砂质泥岩夹细砂岩(5∶3),局部见砂质灰岩。水平层理、平行层理、斜层理发育　17.3m

双壳类化石:*Protocardia* (*Protocardia*) *strcklandi*(Morris et Lycett)

*Radulopectn tipperi* Lycett

6. 下部为灰黄色中、厚层状石英砂岩,中、上部为浅灰绿色中—薄层状粉砂岩夹泥岩与细砂岩互层。局部具平行层理、斜面层理。往上泥岩减少、砂岩增多　26.1m

5. 灰黄、浅灰绿色中厚层状细砂岩夹泥岩、石英砂岩(5∶2∶1)。具水平层理、平行层理、斜层理　11.5m

4. 灰黄、浅灰绿色薄、中层状细粒长石岩屑石英砂岩夹少量泥岩(10∶1)。具水平层理、平行层理和斜层理　16.2m

3. 底部为厚约3m的灰黄、灰色中、厚层石英砂岩夹含生物屑含砂屑钙质砂岩,中上部为细粒岩屑长石石英砂岩夹泥岩、含云微晶灰岩及细粒石英砂质含生物屑砂屑灰岩,偶夹含砾砂岩。具水平层理、平行层理、斜层理　16.2m

2. 底部为厚约5m的灰绿、灰色薄板状粉砂质泥岩、泥岩,往上为灰绿色、灰黄色、灰色薄、中层状细粒岩屑长石石英砂岩与含球粒含石英砂质云质灰岩不等厚互层夹少量泥岩。总体往上泥岩减少,砂岩增多。具水平层理、平行层理、斜层理　21.5m

——————— 整　合 ———————

**下伏地层:中侏罗统　布曲组($J_2b$)**

1. 深灰色微晶灰岩与纹层状含藻球粒微晶灰质云岩互层　>11m

### 7. 雷音沟中侏罗统布曲组实测剖面

剖面位于雷音沟,起点坐标E86°51′13.1″、N34°09′07.4″,终点坐标E86°51′17.3″、N34°09′51.1″,剖面长1 400m,厚度大于892m。为图区控制中侏罗统布曲组($J_2b$)的实测主干剖面,露头连续且化石丰富,下未见底,上与夏里组为断层接触(图2-19)。

本剖面沿成都环境地质与资源开发研究所(贾宝江等)1995年测制的野牛沟中—上侏罗统剖面(起点坐标E86°51′11.6″、N34°09′8.1″,终点坐标E86°51′27.1″、N34°11′11.4″,长2 849m,厚度2 001m)的布曲组测段测制。

**夏里组($J_2x$):紫红色砂岩、含砾砂岩**

═══════ 断　层 ═══════

**中侏罗统　布曲组($J_2b$)　>892m**

53. 深灰色中—厚层状微晶灰岩　>13m

52. 灰色中—薄层状泥灰岩　87m

51. 灰色厚块状夹少量中层状核形石灰岩。同49层　7m

50. 灰色中—薄层状泥灰岩。偶见双壳类化石碎片　104m

49. 灰、深灰色中厚层状核形石灰岩。圆、次圆状核形石大小1～2.5 cm,含量大于60%　9m

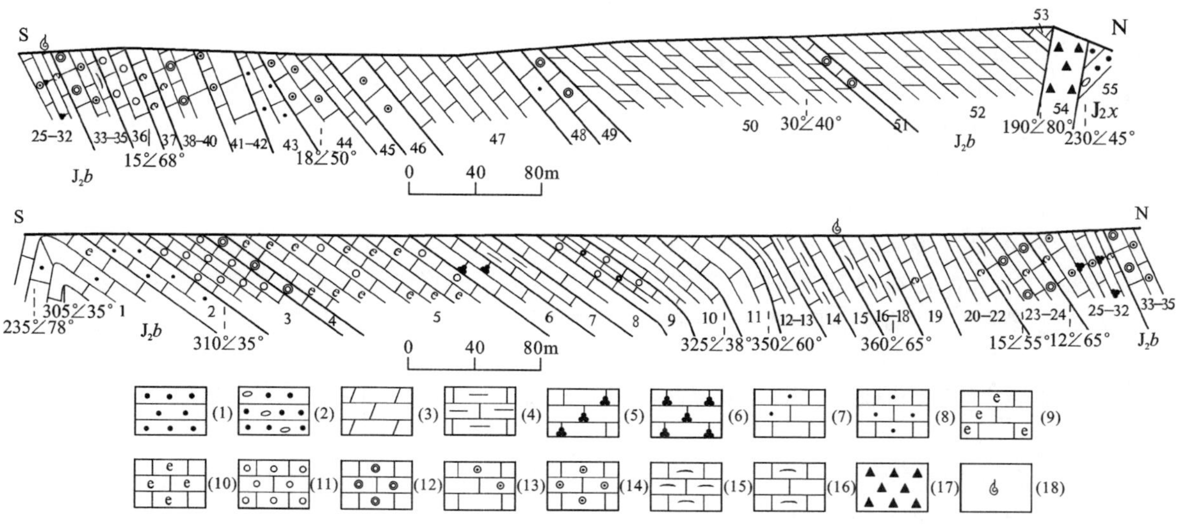


图 2-19 雷音沟中侏罗统布曲组剖面图

(1)粗砂岩；(2)含砾粗砂岩；(3)泥灰岩；(4)泥质灰岩；(5)含球粒微晶灰岩；(6)微晶球粒灰岩；(7)砂屑微晶灰岩；(8)砂屑灰岩；(9)生物屑微晶灰岩；(10)生物屑灰岩；(11)砾屑灰岩；(12)核形石灰岩；(13)鲕粒微晶灰岩；(14)鲕粒灰岩；(15)介壳灰岩；(16)介壳微晶灰岩；(17)断层角砾岩；(18)化石采样位置

48. 灰色中厚层状含砂屑泥晶灰岩。砂屑小于20%，分布不均匀，呈斑点状、斑块状 12m

47. 深灰色中—薄层状微晶灰岩。偶见海百合茎、双壳类、腕足类化石碎片 64m

46. 浅灰、灰色厚层状含生物屑含砂屑亮晶鲕粒灰岩。鲕粒含量大于60% 17m

45. 深灰色中—薄层状微晶灰岩。偶见双壳类化石。发育方解石脉、晶洞。于裂缝中见有干沥青和软沥青 14m

44. 浅灰、灰色厚块状含生物屑含砂屑亮晶鲕粒灰岩。鲕粒大小0.3～2mm，含量38%～75%，圆度好、分选较好，多为3～5圈。有苔藓虫、海百合、腕足类化石 16m

43. 灰色中层状含亮晶含砾屑砂屑灰岩。含砾屑10%、砂屑49%、生物屑8%～10%。产珊瑚、双壳类化石 14m

42. 灰色厚层块状泥晶灰岩。产双壳类、海百合茎、小个体珊瑚化石。发育网状方解石细脉及晶洞，于裂缝中见有干沥青和软沥青 15m

41. 灰、灰色中厚层状含亮晶生物屑鲕粒灰岩。产海绵、海百合、红藻、腕足类、双壳类化石 7m

40. 深灰色厚层状含生物屑泥晶灰岩。具少量方解石细脉及晶洞，于晶洞、裂缝中见有干沥青和软沥青。产双壳类、腕足类化石 13m

39. 灰、深灰色中厚层状核形石灰岩。核形石呈圆、次圆状，大小0.5～2mm，含量大于55%。核心多为生物屑、内碎屑，圈层发育 7m

38. 深灰色厚块状含珊瑚含生物屑砂屑微晶灰岩，偶夹核形石灰岩。常见小个体珊瑚，偶见双壳类化石 8m

37. 灰、灰黄色中—薄层状生物屑灰岩夹泥灰岩（4∶1）。生物屑以腕足类、双壳类为主，海百合茎、珊瑚为次，含量50%～65% 10m

36. 深灰色中—薄层状鲕粒微晶砾屑灰岩。含砾屑35%、砂屑8%、鲕粒21%、生物屑8%，粒屑大小0.3～1.5cm为主 19m

35. 灰、灰黄色中—薄层状介壳灰岩夹泥灰岩（3∶1）。介壳灰岩主要由双壳类、次为腕足类碎片组成，含量大于50%，显粒序层理 7m

34. 浅灰色厚层块状泥晶球粒鲕粒灰岩夹亮晶鲕粒灰岩。鲕粒呈圆、次圆状，一般3～5圈，含量大于50%。球粒呈斑点状，含量25%～30% 7m

33. 浅灰色厚块状核形石微晶灰岩。核形石特征同28层。含腕足类、双壳类化石碎片 8m

32. 灰色厚块状含珊瑚含砂屑生物屑微晶灰岩。常见少许小个体珊瑚。发育方解石细脉，有干沥青沿裂缝充填 4m

珊瑚化石：*Thecosmilia* sp.

31. 浅灰、灰色厚层块状含生物屑球粒灰岩夹少量鲕粒灰岩 6m
30. 浅灰色中层状鲕粒泥晶灰岩。鲕粒大小小于1mm，粒度较均匀，含量25%～40% 5m
29. 浅灰色厚层微晶球粒灰岩夹少量含生物屑砂屑微晶灰岩[(3～4)：1] 5m
腕足类化石：*Rhynchonelloid ella* sp.
28. 浅灰、灰色厚块状鲕粒灰岩，偶夹含砂屑含生物屑微晶核形石灰岩 5m
27. 浅灰、灰色中厚层含核形石生物屑鲕粒灰岩。含鲕粒35%、核形石18%、生物屑28%。产海绵、瓣鳃、腕足类、双壳类、海百合茎等化石 6m
26. 灰色中厚层状含生物屑含亮晶团块鲕粒灰岩。产海绵、海百合、腹足类、腕足类、双壳类化石 5m
25. 灰色中、厚层状含生物微晶灰岩偶夹含砾屑亮晶生物屑灰岩。产苔藓虫、腕足类、海百合茎、腹足类、瓣鳃类、双壳类化石 7m
24. 灰、深灰色中厚层状含砂屑含核形石微晶灰岩、核形石灰岩夹薄层状含生物屑灰岩[1∶(4～5)] 25m
腕足类化石：*Holcofhyris* sp.
双壳类化石：*Chlamys*(*Rodulopecten*)*tipperi* Cox
23. 灰、灰黄色中—薄层状介壳灰岩夹少量粒屑灰岩(5：1)。生物屑含量大于50%，含大个体双壳类化石，保存完好 5m
双壳类化石：*Chlamys* sp.
22. 下部为灰色中—薄层状含生物微晶灰岩与薄层泥灰岩互层(1：1)，上部为灰、深灰色中—薄层状含生物碎屑微晶灰岩。产腕足类、双壳类化石，保存不佳 9m
21. 深灰色中—薄层状微晶灰岩。发育小型沙纹层理、平行层理，产双壳类化石 5m
20. 灰、灰黄色薄层状含生物碎屑微晶灰岩夹少量中层状深灰色微晶灰岩(5：1)。偶见双壳类、腕足类化石碎片 13m
19. 深灰色中—薄层状微晶灰岩夹含生物屑微晶灰岩[(4～5)：1]。产腕足类、双壳类及苔藓虫、棘屑等化石，保存不好 22m
18. 灰、灰黄色中—薄层状介壳灰岩。具正粒序层理、反粒序层理 7m
双壳类化石：*Modiolus* sp.
*Bakevellia* sp.
*Chlamys* (*Radulopecten*)sp.
17. 深灰色中—薄层状微晶灰岩 3m
16. 灰、灰黄色中—薄层状含介壳灰岩夹介壳灰岩，局部夹含细砂微晶灰岩 14m
双壳类化石：*Camptonectes*(*camptochlamys*)*rosimon*(*dorbigny*)
15. 深灰色中—薄层状微晶灰岩 15m
14. 灰黄、灰色薄层状微晶灰岩 16m
13. 深灰色中厚层状微晶灰岩。方解石晶洞、裂隙发育。产双壳类、海百合茎化石 10m
12. 灰黄、灰色薄层状微晶灰岩。产介壳类和腕足类化石，保存不佳 8m
11. 深灰色中厚层状微晶灰岩 27m
10. 黄色薄层状微晶灰岩。偶见腕足类、双壳类碎片化石。总体往上岩石单层变厚 25m
9. 深灰色中层状含砂屑含生物屑亮晶砾屑灰岩夹含砂屑含生物屑微晶核形石灰岩。前者含砾屑40%、砂屑19%、生物屑13%～15%。后者含砂屑8%～10%、生物屑23%～31%、核形石30%～35%。产腕足类、瓣鳃类、海百合、海胆化石 16m
8. 深灰色中厚层状微晶灰岩。方解石脉及晶洞发育，干沥青、软沥青沿压性裂隙充填。偶见双壳类化石 16m
7. 黄色薄层状含生物碎屑泥质微晶灰岩。生物屑10%～15%、泥质25%～30%。产双壳类、珊瑚、海百合等。保存不好 13m
6. 深灰色中层状含细砂含球粒微晶灰岩。单层12～30cm。方解石脉、晶洞发育。产双壳类及腕足类化石，产 *Holcothyris tang gulaica* ching Sun et. Ye 16m
5. 灰色中—薄层状含生物屑微晶灰岩夹含生物屑含砂屑亮晶砾屑灰岩。产腕足类、双壳类化石，保存较好 65m
4. 灰黑色中—薄层状含生物屑核形石灰岩。核形石含量大于50% 3m

腕足类化石：*Holcothyris golmud ensis* ching Sun et. Ye

3. 灰黑色薄层状含细砂含生物屑微晶砾屑灰岩。偶见虫迹。产双壳类化石　29m

2. 灰黑色中—薄层状泥晶砂屑灰岩夹生物屑微晶灰岩，局部夹薄层含生物屑含砂屑微晶灰岩。方解石脉及裂隙、晶洞发育，见干沥青和软沥青。产腕足类、双壳类化石　17m

1. 灰黑色中、厚层状砂屑微晶灰岩夹含砂屑含生物屑微晶灰岩。方解石脉及裂隙、晶洞发育，见干沥青和软沥青。产腕足类、双壳类化石　>12m

（未见底）

**8. 咸水河下侏罗统雀莫错组剖面**

剖面位于喷呐湖北的咸水河谷中。由成都环境地质与资源开发研究所（贾宝江等）于1995年测制（起点坐标E86°45′14.7″、N34°02′54.2″，终点坐标E86°45′35.9″、N34°02′22″，长1 351m，厚度817m）。

本项目对该剖面进行了重测，起点坐标E86°45′05.1″、N34°02′39″，终点坐标E86°45′55″、N34°00′50.5″，斜长1 573m，厚度977m。为图区控制下侏罗统雀莫错组的实测剖面，未见顶底。现以贾宝江等原测剖面资料为基础，综合本项目重测资料介绍于下（图2－20）。

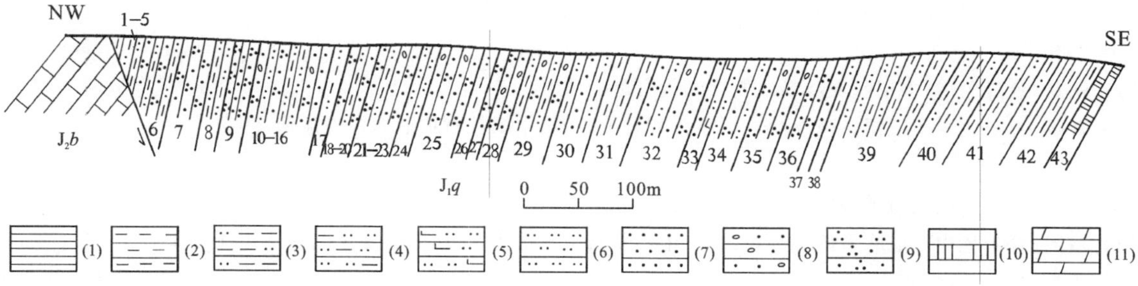


图2－20　咸水河下侏罗统雀莫错组剖面图

（1）页岩；（2）泥岩；（3）粉砂质泥岩；（4）泥质粉砂岩；（5）钙质粉砂岩；（6）粉砂岩；（7）细砂岩；（8）含砾、砾质砂岩；（9）石英砂岩；（10）石膏；（11）泥（质）灰岩

**下侏罗统　雀莫错组（$J_1q$）　817～977m**

（未到顶，断层接触）

43. 灰白、灰黑色极薄、薄层状石膏与碳质页岩夹少许紫红、灰色薄层状粉砂质泥岩、泥岩　>12.92～22.5m

42. 灰黑色极薄层状碳质页岩与灰绿、黄绿色薄层状粉砂质泥岩、泥岩　34.52～37.5m

40—41. 下部夹灰绿色的紫红、灰紫、暗紫色厚层块状→薄夹中层状粉砂质泥岩夹泥质粉砂岩及少量粉砂岩，含钙质结核　61.81～90m

39. 紫红、灰紫、灰色薄层状细砂岩夹泥质粉砂岩、粉砂质泥岩、泥岩　81.64～55.7m

38—37. 黄绿、灰绿色极薄层状细砂岩、粉砂岩、泥质粉砂岩、粉砂质泥岩组合，中部夹灰黑色细砂岩，底为约2.9 m厚的中层状钙质细砂岩夹极薄状粉砂质泥岩。古流向319°　14.44～4.9m

36—35. 灰紫色中厚层含砾粗砂岩、中粗细粒石英砂岩，下部夹薄层状含砾粗砂岩。古流向298°、340°　63.36～54.3m

34～33. 由（下至上）灰紫、紫红色的厚层块状（砂质）砾岩或含砾砂岩→中厚层状中细粒石英砂岩→中厚层状细砂岩→薄层状泥质粉砂岩与钙质粉砂岩及细砂岩的小旋回组合构成（6个半旋回）。古流向332°～353°　45.71～54.4m

32. 灰紫、紫红色薄—中层状中细粒石英砂岩、细砂岩夹薄—中层状泥质粉砂岩，中部偶夹中厚层状含砾粗砂岩、细砾岩。古流向323°～326°　33.4～48.62m

31. 灰紫、紫红色薄层状粉砂质泥岩、泥岩，岩中含钙质结核　43.30m

30. 灰紫、紫红色薄层状泥质粉砂岩、粉砂质泥岩夹紫红色薄层状泥岩及灰绿、青灰色细砂岩。泥质粉砂岩、粉砂质泥岩中含钙质结核。古流向15°　35.74m

29. 灰紫、紫灰色中厚层状含泥砾中细粒石英砂岩夹薄层状泥质粉砂岩、粉砂质泥岩、泥

岩。古流向 337° 43.77m

28.灰紫、紫灰色中厚层状含泥砾中细粒石英砂岩。古流向 338° 19.23m

27.灰绿、青灰色中厚层状中粗粒石英砂岩。古流向 327° 6.85m

26.灰紫、紫灰色薄层状泥质粉砂岩夹细砂岩透镜体。泥质粉砂岩中含钙质结核。古流向 340° 9.32m

25.灰绿、青灰色中厚层状含砾粗砂岩夹薄、中层状中细粒石英砂岩。含砾粗砂岩古流向 325°,中细粒石英砂岩古流向 286° 38.91m

24.灰紫、青灰色薄、中层状细砂岩 14.83m

23.灰绿、青灰色厚层块状含泥砾中粗粒石英砂岩。具大型交错层理,底部具底冲刷构造,古流向 286° 9.80m

22.灰绿、青灰色中层状含砾粗砂岩夹薄层状泥质粉砂岩。泥质粉砂岩中含钙质结核,产炭化植物碎片。含砾粗砂岩古流向 289° 5.34m

21.灰绿、青灰色中厚层状细—中粒石英砂岩夹极薄层状泥质粉砂岩。石英砂岩砂含钙质结核,古流向 332° 16.03m

20.灰绿、青灰色中厚层中细粒石英砂岩、中粗粒石英砂岩夹含砾中粗粒石英砂岩。古流向 317° 6.17～9.2m

19.灰紫、紫红色薄层状泥质粉砂岩夹中—薄层细粒石英砂岩透镜体。岩中含钙质结核 5.77～14.7m

18.灰紫、紫灰、紫红色中厚层状(中)细粒石英砂岩,上部为含砾中细粒石英砂岩。古流向 308° 5.55～9.2m

17.灰紫、紫红色薄、中层状泥质粉砂岩夹细砂岩透镜体 13.38～18.1m

16.灰绿、青灰色中厚层偶夹薄层状含砾中粗粒石英砂岩、中细粒石英砂岩。古流向 260°、301° 6.12～48.1m

15.紫红色薄、中层状粉细砂岩夹泥质粉砂岩(或互层)。古流向 301° 10.45～19.3m

14.灰绿、青灰色中厚层状含砾不等粒砂岩、中细粒石英砂岩互层夹三小段紫红色薄层泥质粉砂岩。古流向 315° 9.99～18.1m

13.灰紫、紫灰、紫红色薄层状泥质粉砂岩与粉砂泥质岩互层 12.4～7.3m

12.灰绿、青灰色中层状含砾不等粒砂岩、中细粒砂岩紫红色薄层状泥质粉砂岩、浅黄绿色泥岩,岩中含钙质结核。古流向 325° 9.73～9.4m

11.紫灰、紫灰、紫红色薄层状泥质粉砂岩、钙质粉砂岩,岩中含钙质结核。古流向 312°。层面产植物碎片化石 7.25～8m

9—10.灰绿、青灰色(上部灰紫色)中厚、薄层状含砾不等粒砂岩与(中)细砂岩互层,或含砾不等粒砂岩夹(中)细砂岩,构成韵律旋回。上、下厚,中部薄。古流向 328°、298°。产植物碎片化石 25.12～18.6m

8.紫灰、紫灰、紫红色中—薄层状粉砂质泥岩夹泥质粉砂岩、细砂岩,泥质岩中具钙质结核、细砂质团块 11.26～14.6m

7.灰绿、青灰色中、厚层状含砾不等粒砂岩(含砾中粗粒石英砂岩、中粗粒石英砂岩、含砾不等粒长石石英砂岩、不等粒长石石英砂岩、含砾不等粒岩屑石英砂岩、不等粒岩屑石英砂岩)夹少量紫红色薄层泥质粉砂岩透镜体。古流向 330° 36.13～23.6m

6.灰紫、紫灰、紫红色夹灰绿色薄—厚层状泥质粉砂岩夹薄层细砂岩、厚层状泥岩。泥岩、泥质粉砂岩中具少许钙质结核 15.73～18.6m

5.(浅)灰绿色中厚层状含钙质细—中粒岩屑石英砂岩 6.13～5.6m

4.灰紫、紫灰、紫红色厚层状细粒质细粉晶灰岩、泥质粉砂岩夹薄层状细粒石英砂岩,泥质粉砂岩中含少许钙质结核 5.12～5.6m

3.灰紫、紫灰色中—厚层块状含砾中细粒石英砂岩与中细粒石英砂岩夹薄层状泥质粉砂岩与钙质粉砂岩,中细粒砂岩与粉砂岩交互构成韵律性旋回 11.99～10.2m

2.灰紫、紫灰、紫红色薄层状泥质粉砂岩夹粉砂质泥岩、细砂岩。由 3 个细砂岩→泥质粉砂岩与粉砂质泥岩的小旋回构成。具钙质结核 10.1～10m

1.灰紫、紫灰、紫红色薄、中层状含钙质粉砂细粒岩屑石英砂岩夹少量中—细粒岩屑石英砂岩、钙质细砂岩。古流向 335° 2.36～41m

(未到底,断层接触)

### 8. 石水河下侏罗统那底岗日组剖面

剖面位于石水河(小甜水河)南岸。由成都环境地质与资源开发研究所(贾宝江等)于 1995 年测制(起点坐标 E86°56′54.2″、N34°02′55.1″,终点坐标 E86°55′46.2″、N34°02′56.8″,厚度 655m)。

本项目对该剖面进行了重测,起点坐标 E86°56′54.2″、N34°02′55.2″,终点坐标 E86°55′56.0″,N34°03′03.2″,斜长 1 804m,厚度 758m。为图区控制下侏罗统那底岗日组的实测剖面,有底无顶。现将重测资料介绍于下(图 2-21)。

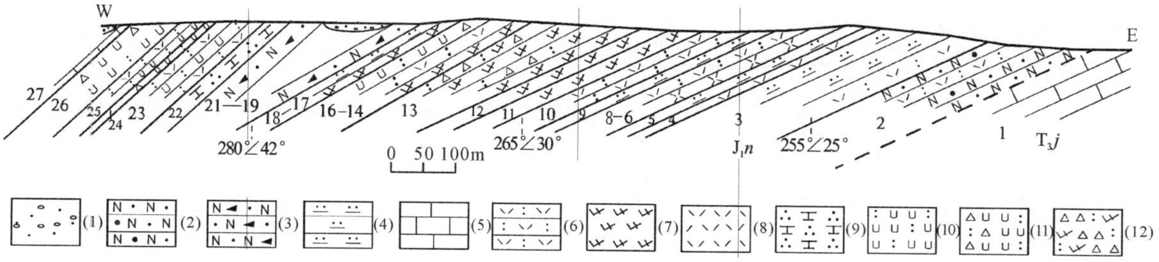


图 2-21 石水河下侏罗统那底岗日组剖面图

(1)浮土;(2)不等粒长石砂岩;(3)长石岩屑砂岩;(4)硅质岩;(5)微晶灰岩;(6)凝灰岩;(7)英安岩;(8)流纹岩;(9)石英粗面岩;(10)凝灰质角砾熔岩;(11)凝灰质熔岩、熔岩;(12)英安质凝灰角砾岩

**下侏罗统 那底岗日组($J_1n$)** **大于 734m**

(未见顶)

27. 灰—灰褐色薄层状细粒岩屑长石砂岩、微晶灰岩。具水平层理,产腕足类、双壳类、有孔虫、介形虫化石 >10m
26. 灰白色凝灰角砾熔岩 49m
25. 灰绿色薄层状凝灰熔岩与凝灰岩不等厚互层 26m
24. 灰白色凝灰角砾熔岩 11m
23. 灰绿色薄层状凝灰熔岩与凝灰岩不等厚互层 50m
22. 浅灰—灰白色杏仁状钠质石英粗面岩 27m
21. 灰—灰褐色薄、中层状钙质细中粒长石岩屑砂岩 18m
20. 浮土 41m
19. 灰黄色薄、中层状中—细粒长石岩屑砂岩。具平行层理 21m
18. 灰绿色薄层状凝灰质硅质岩 11m
17. 灰绿色英安岩 15m
16. 灰、灰白色凝灰质角砾熔岩。岩屑成分以熔岩为主,主要是流纹岩、石英钠长斑岩、粗面岩等 27m
15. 灰白、浅灰绿色薄、中层状凝灰岩 16m
14. 灰、灰白色英安岩 13m
13. 灰白色风化蚀变英安岩与灰绿色英安质凝灰角砾岩不等厚互层 80m
12. 灰绿色中层状英安岩 20m
11. 浅灰、灰白色英安岩夹灰绿色英安岩 23m
10. 灰绿色碳酸盐化粘土化凝灰岩夹浅灰、灰白色英安岩 31m
9. 灰黄、灰绿色薄层状含生物屑硅质岩。微粒石英间不均匀分布有骨针、放射虫,产 *Archaeoepongoprunum* sp.,*Archaeodictyomitra* sp.,*Pseudocrucella* sp. 等 15m
8. 灰绿色蚀变玻屑岩屑凝灰岩 14m
7. 灰绿色绢云母化凝灰岩 15m
6. 灰白、灰褐色硅化杏仁状流纹岩 8m
5. 绿色薄层状硅质岩 15m
4. 灰褐、褐黄色中—薄层状流纹岩。以薄层状为主 12m
3. 下部为灰绿色硅化凝灰岩;上部为灰绿色薄层状硅质岩。硅质岩具水平纹理 89m

2. 褐黄色薄层状不等粒长石砂岩，顶部偶夹薄层状硅化凝灰岩。具小型交错层理、底冲刷构造。古流向 328°　　77m

——————— 推测平行不整合 ———————

**下伏地层：上三叠统　菊花山组**　　($T_3j$)

1. 深灰色薄、中层状含生物屑微晶灰岩夹泥晶鲕粒灰岩、鲕粒生物屑灰岩

珊瑚化石：*Paradistichophyllm* sp.　　>24m

附 1：野牛沟中—上侏罗统布曲组—索瓦组剖面

剖面位于石水河北的野牛沟-小溪沟一带，剖面起点坐标 E86°51′11.6″、N34°09′8.1″，终点坐标 E86°51′27.1″、N34°11′11.4″，剖面长 2 849m，厚度 1 965m，未见顶。

其为 20 世纪 90 年代中国石油天然气总公司青藏油气勘探项目经理部开展石油地质调查，由成都环境地质与资源开发研究所（贾宝江等）测制，控制中—上侏罗统布曲组→夏里组→索瓦组的一条地层剖面（图 2－22），为前人划分羌塘盆地西部侏罗纪地层的一条主要剖面。

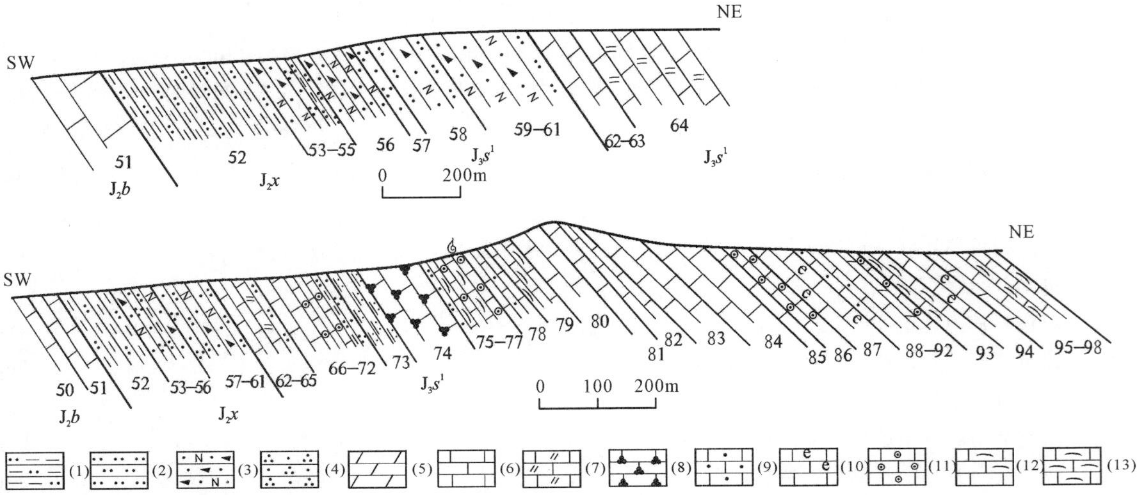


图 2－22　野牛沟中—上侏罗统布曲组—夏里组—索瓦组剖面图（引自贾宝江等 1995 报告）

(1)粉砂质泥岩；(2)粉砂岩；(3)长石石英砂岩；(4)石英砂岩；(5)泥灰岩；(6)泥晶灰岩；(7)云质灰岩；(8)球粒灰岩；(9)砂屑灰岩；(10)(含)生物屑微晶灰岩；(11)鲕粒灰岩；(12)含介壳微晶灰岩；(13)介壳灰岩

**上侏罗统　索瓦组**

**下段($J_3s^1$)**　　**厚度>884 m**

（未见顶）

98. 深灰色中—薄层状含介壳生物屑泥晶灰岩。含保存良好的腕足类、双壳类化石　　>75m

97. 深灰色中层状泥晶灰岩夹黑色炭化介壳生物屑灰岩　　5.18m

96. 灰色中层状泥晶灰岩夹中—薄介壳生物屑灰岩。发育底冲刷、压溶缝合线构造　　11.06m

双壳类化石：*Liostrea birmanica* (Reed)

*Anisocardia* ? sp.

腕足类化石：*Burmirhynchia luchungensis* Reed

*Holcothyris pinguis var luchungesis* Reed

95. 灰色中层状泥灰岩。含保存良好的腕足类、双壳类化石　　19.10m

94. 深灰色中厚层状含生物泥晶灰岩，含碳质。具压溶缝合线构造。含双壳类化石　　39.79m

93. 灰色薄、中层状介壳生物屑灰岩。具定向排列构造。富含双壳类及腕足类化石　　47.15m

92. 黄褐色中层状含生物屑粉砂质鲕粒灰岩。具平行层理、小型交错层理。富含双壳类化石　　2.36m

91. 灰色中—薄层状泥灰岩。含保存完好、顺层排列的双壳类化石　　5.98m

90. 深灰色中—薄层状介壳生物屑泥晶灰岩。含大量保存较差的双壳类、腕足类化石　　16.70m

89. 灰色中厚层状含砂屑泥晶灰岩。具粒序层理。含少许双壳类碎片 10.69m
88. 灰色中层状砂屑灰岩。具小型交错层理 9.61m
87. 灰色中厚层状含生物屑泥晶灰岩。含保存完整的腕足类、双壳类化石 40.15m
86. 灰黑色中—薄层状含生物屑鲕粒灰岩。生物以双壳类为主、腕足类为次 45.04m
85. 灰白色厚层块状细晶灰岩。发育鸟眼构造 12.59m
84. 灰色中厚层状泥晶灰岩。具鸟眼构造 76.42m
83. 灰黑色中层状泥晶灰岩。偶见保存完好的双壳类化石 39.98m
82. 灰白色中层状泥晶灰岩、微晶灰岩 24.63m
81. 灰色中厚层状粒屑泥晶灰岩 23.90m
80. 灰色中厚层状泥质泥灰岩 34.91m
79. 紫红色中—薄层状含介壳生物屑泥晶灰岩。生物以双壳类为主、腕足类为次，保存完好、顺层排列 41.98m
78. 灰色中厚层状泥晶灰岩、灰—浅灰色含生物屑砂屑灰岩 31.28m
77. 灰色中厚层状泥晶鲕粒灰岩与中层状含砂屑介壳生物屑灰岩互层。具平行层理、冲洗交错层理、底冲刷构造，古海岸走向 10°～190° 41.87m

腕足类化石：*Burmirhynchia luchungensis* Reed

*Burmirhynchia qunguipliacata* Ching

Sun et. Yc

双壳类化石：*Enlolium denissum* (philiips)

*Falcimylilus jurensis* (Roemer)

76. 浅灰、灰色薄层状泥晶鲕粒灰岩与介壳生物屑灰岩互层。具平行层理。生物以破碎的双壳类为主、腕足类为次 29.61m
75. 暗紫色中层状岩屑长石细—粉砂岩。发育平行层理、粒序层理 5.23m
74. 深灰色厚层块状泥质球粒灰岩。微裂隙中见干沥青和碳质沥青 60.78m
73. 灰绿色中层状硅质岩 64.47m
72. 紫红色中层状中细粒石英砂岩，单层底为 3～5cm 厚的含砾石英粗砂岩。发育平行层理、粒序层理、沙纹层理、底冲刷构造 10.07m
71. 灰色薄层状粉砂质泥岩夹黑色极薄层状碳质泥岩。具平行层理、沙纹层理 12.11m
70. 灰色中—薄层状亮晶鲕粒灰岩夹灰黑色薄层泥晶灰岩。具平行层理、沙纹层理 7.68m
69. 浅灰色中厚层状亮晶细—微晶灰岩。晶洞极为发育 12.05m
68. 深灰色薄层状亮晶鲕粒灰岩夹极薄层状生物屑泥晶灰岩。部分裂隙中见干沥青。生物以双壳类为主、腕足类为次 10.90m
67. 灰白色中厚层状泥晶灰岩。孔隙中发育晶洞型干沥青和碳质沥青 25.29m
66. 深灰色极薄层状生物屑泥晶灰岩。生物以双壳类为主、腕足类为次 20.05m
65. 杂色薄层状钙质泥岩、薄层状钙质粉砂岩。具平行层理、沙纹层理 3.12m
64. 深灰色中厚层状含白云质泥质泥晶灰岩、微晶灰岩 33.31m
63. 灰白色中厚层状细—微晶灰岩 4.57m
62. 浅灰色中层状微晶灰岩 4.17m

——————— 整　合 ———————

**中侏罗统　夏里组 ($J_2x$)　　厚 222.3m**

61. 紫红色薄层状粉砂岩。具平行层理、沙纹层理 12.82m
60. 紫褐色中层状次岩屑长石中—细粒砂岩。发育平行层理 27.31m
59. 灰褐色中层状次岩屑长石细粒砂岩夹褐色薄层状粉砂岩。发育平行层理、小型交错层理、冲洗交错层理，古流向 340° 7.40m
58. 紫褐色极薄层状粉砂岩与青灰色薄层状次岩屑长石细砂岩互层。发育平行层理 36.89m
57. 青灰色薄层状石英细砂岩。发育平行层理、沙纹层理、冲洗及板状交错层理 6.28m
56. 紫褐色中—薄层状次岩屑长石细砂岩。发育平行层理、板状交错层理 29.49m
55. 灰褐色极薄层粉砂质泥岩夹紫褐色薄层状粉砂岩。发育平行层理、沙纹层理、小型重荷模 4.64m
54. 紫褐色薄层状细粒石英砂岩。发育平行层理、小型交错层理 3.96m

53.灰色薄层粉砂质次岩屑长石细砂岩。具平行层理、双向交错层理,古流向 315° 15.62m

52.灰绿色极薄层状粉砂质泥岩。具平行层理、沙纹层理 77.89m

———————— 整　合 ————————

**布曲组($J_2b$)** **厚 918.3m**

51.灰色中厚层状微晶灰岩。见丰富的软沥青和碳质沥青,为裂隙型和晶洞型 39.99m

50.灰色中—薄层状泥灰岩 127.83m

49.灰色中厚层状核形石灰岩。核形石直径 1.5～2cm,含量 63%～68%。含双壳类、珊瑚 6.43m

48.灰色中厚层状含生物屑鲕粒灰岩。见丰富的干沥青、软沥青 31.56m

47.灰色中—薄层状泥晶—微晶灰岩。方解石裂隙中见干沥青 18.58m

46.浅灰色厚层块状生物屑颗粒灰岩 25.67m

45.灰色中—薄层状含生物屑泥晶灰岩。双壳类保存完好。节理、裂隙中见较丰富的干沥青 41.40m

44.灰色厚层块状泥晶灰岩。方解石细脉中偶见斑点状干沥青 28.23m

43.浅灰色中厚层状鲕粒微晶灰岩 8.26m

42.灰色厚层块状含珊瑚泥晶灰岩。方解石裂隙和晶洞中见丰富的干沥青、软沥青 19.97m

41.深灰色中—薄层状含内碎屑泥灰岩 17.11m

40.灰色中厚层状泥晶球粒灰岩。于微裂缝中见干沥青、碳质沥青 3.18m

39.浅灰色厚层块状泥晶球粒鲕粒灰岩 12.72m

38.浅灰色厚层块状核形石泥晶灰岩 7.78m

37.灰色厚层块状含珊瑚泥晶灰岩。于微裂缝中见干沥青 7.52m

36.浅灰色厚层块状含生物屑球粒灰岩和鲕粒灰岩。见干沥青沿裂缝充填 9.31m

35.浅灰色中层状鲕粒微晶灰岩 6.86m

34.浅灰色厚层块状泥晶球粒灰岩 8.06m

　腕足类化石:*Rhynchonelloidella* sp.

33.浅灰色厚层块状鲕粒灰岩。于方解石裂缝中见干沥青 5.75m

32.浅灰色中厚层状含生物屑球粒灰岩 6.44m

31.灰色中厚层状鲕粒灰岩 9.31m

30.灰色中厚层状含生物屑泥晶灰岩 6.04m

29.灰色中厚层状核形石灰岩夹薄层状含生物屑灰岩 11.06m

　腕足类化石:*Holcothyris* sp.

　双壳类化石:*Chlamys* (*Rodulopecten*) *tipperi* cox

28.灰色中—薄层状介壳灰岩。产保存完好的双壳类和海百合茎 5.52m

　双壳类化石:*Chlamys* sp.

27.浅灰色中—薄层状含生物屑微晶灰岩。产保存完好的珊瑚、双壳类化石 6.54m

26.灰色中—薄层状泥晶灰岩与薄层泥灰岩互层。具小型沙纹层理、平行层理 6.69m

25.深灰色中—薄层状泥晶灰岩 12.08m

24.深灰色极薄层状泥灰岩夹生物屑灰岩互层。泥灰岩具小型沙纹层理、水平层理 10.74m

　腕足类化石:Holcothyris sp.

23.深灰色中—薄层状含生物屑泥晶灰岩 10.86m

22.灰色薄层状介壳灰岩。灰色中厚层状核形石灰岩夹薄层状含生物屑灰岩 2.04m

　腕足类化石:*Holcothyris* sp.

　双壳类化石:*Chlamys* (*Rodulopecten*) *tipperi* cox

　产双壳类化石:*Modiolus* sp.

　　*Bakevellia* sp.

　　*Chlamys* (*Rodulopecten*) sp.

21.浅灰色中—薄层状泥灰岩。具小型沙纹层理、水平层理 44.44m

20.深灰色中—薄层状泥质泥晶灰岩。具小型沙纹层理、水平层理 15.41m

19.灰色中—薄层状含内碎屑泥晶灰岩 13.54m

18.深灰色中厚层状泥晶灰岩夹灰色薄层状含生物屑泥晶灰岩。裂隙中偶见干沥青 19.71m

17.深灰色薄层状泥灰岩。具小型沙纹层理 7.14m

16.深灰色中厚层状泥晶灰岩夹灰色薄层状含生物屑泥灰岩　26.53m

15.深灰色中厚层状泥晶灰岩。具小型沙纹层理、水平层理　2.67m

14.深灰色中层状粒屑泥晶灰岩夹灰色薄层状含生物屑泥晶灰岩。裂隙中见极丰富的干沥青和软沥青　24.10m

13.深灰色中厚层状泥晶灰岩。见干沥青、软沥青沿压性裂隙充填　5.71m

12.浅灰色中—薄层状生物屑泥晶灰岩　10.85m

腕足类化石：*Holcothyris tanggulaica* Ching Sun et. Ye

*H. golmudensis* Ching Sun et. Ye

11.深灰色中厚层状泥晶—微晶砂屑灰岩。晶洞、裂隙极发育，见干、软沥青充填　27.22m

10.深灰色中—薄层状含生物屑泥晶灰岩　4.47m

9.深灰色中厚层状泥晶灰岩。方解石脉及晶洞发育，干、软沥青裂隙广为充填　16.69m

8.黄色薄层状含生物屑泥质泥晶灰岩　10.17m

7.深灰色中层状泥晶灰岩。发育方解石脉及晶洞，见干沥青、软沥青充填　12.80m

腕足类化石：*Holcothyris tanggulaica* Ching Sun et. Ye

6.灰色中—薄层状含生物屑泥晶灰岩　30.27m

5.灰黑色中—薄层状含生物屑核形石灰岩　4.29m

腕足类化石：*Holcothyris golmudensis* ching Sun et. Ye

4.灰黑色薄层状泥晶粒屑灰岩。见虫迹化石　32.46m

3.灰黑色中—薄层状泥晶砂屑灰岩。晶洞及裂缝发育，见干沥青、软沥青　30.33m

2.灰黑色厚层状砂屑泥晶灰岩。方解石脉和裂缝、晶洞发育，见干沥青、软沥青　7.29m

（未见底）

附 2：双泉湖—长岩山索瓦组路线剖面

引自 1∶100 万改则幅报告(P71)。控制地层单位原定为雁石坪群上灰岩组($J_2ys^4$)，依此对应为本报告的索瓦组，按岩性分为下段、上段两部分(图 2－23)。

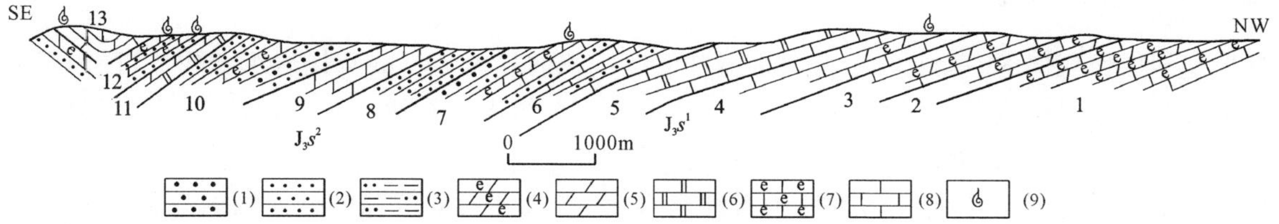


图 2－23　双泉湖—长岩山索瓦组路线剖面图

(1)砂岩；(2)细砂岩；(3)粉砂质泥岩；(4)生物屑泥灰岩；(5)泥灰岩；(6)白云质灰岩；(7)生物屑灰岩；(8)灰岩；(9)化石采集地

**侏罗统　索瓦组($J_3s$)[原雁石坪群上灰岩组，$J_2ys^4$]**

**上段($J_3s^2$)　>2 830m**

（未见顶）

13.灰色中—薄层状泥灰岩与厚层灰岩互层，夹薄层生物屑泥灰岩及中层状泥质粉砂岩　250m

双壳类化石：*Modiolus* cf. *lonsdalei* (Morris et Lycett)

*Anisocardia* (*Anitiquicyprina*) *trapezoidalis* Wen

12.灰色、绿色厚层状细粒石英砂岩、粉砂岩夹薄层生物屑泥灰岩　400m

双壳类化石：*Astarte* sp.

*A.* cf. *elegans* (Sowerby)

*Entolium disciforme* (Schiibler)

*Chlamys* (*Radulopecten*) *tipperi* Cox

*Protocardia stricklandi* (Morris et Lycett)

*Lopha* cf. *tifoensis* Cox

*Camptonectes* (*Camptonectes*) *yanshipingensis* Wen

11. 深灰色厚层状白云质灰岩夹灰色薄层生物屑泥灰岩夹黄色薄层细砂岩、粉砂岩　　80m

双壳类化石：*Entolium disciforme* (Schiiber)

*Astarte* sp.

10. 灰色翠绿色、淡紫红色中层状细砂岩、粉砂岩，夹生物屑泥灰岩　　800m

9. 绿色、淡紫红色中层状泥岩夹灰色泥灰岩　　300m

8. 黄褐、黄绿色中—薄层状细砂岩　　300m

7. 灰、黄褐色薄层状细砂岩与灰色泥质岩不等厚互层，夹灰色生物屑泥灰岩、黄灰色中层状含钙质结核的粉砂质泥岩　　>350m

双壳类化石：*Entolium disciforme* (Schiiber)

6. 灰、深灰色厚层状灰岩与中—薄层泥灰岩互层，夹黄褐色薄层状细粒石英砂岩　　350m

——————— 整　合 ———————

**下段($J_3s^1$)**　　**>1 470m**

5. 灰、深灰色厚层状灰岩、白云质灰岩。产双壳类化石碎片　　>200m

4. 灰、深灰色中厚层状灰岩夹薄层状含生物屑泥灰岩　　>150m

双壳类化石：*Ceratomya* cf. *concertrice* (Sowerby)

*Gryphaea* cf. *emiensis* Reed

*Chlamys* (*Radulopecten*) *vagans* (Sowerby)

*Modiolus imbricatus* (Sowerby)

*Liostrea birmanica* Reed

腕足类化石：*Burmirhynchia* sp.

3. 灰色厚层状灰岩夹薄层状含生物屑泥灰岩。产双壳类化石碎片　　250m

2. 灰色中厚层状泥灰岩夹薄层状含生物屑泥灰岩。产双壳类化石碎片　　120m

1. 灰色中厚层状灰岩夹薄层状生物屑灰岩、含生物屑泥灰岩　　750m

(未见底)

## 二、岩石地层单位特征

侏罗纪地层由底部的一套火山岩与其上海陆交互沉积的碎屑岩—碳酸盐岩组合构成，区内以稳定型浅海相沉积为主。根据岩石组合及古生物特征，划分为7个组级岩石地层单位，由下至上为那底岗日组、雀莫错组、布曲组、夏里组、索瓦组、雪山组和白龙冰河组。

该序列源于青海雁石坪地区创建的雁石坪岩系(1957)、雁石坪群(1970)。中国石油天然气总公司(1995)、西藏地矿局(1997)等，将原雁石坪群“三砂夹两灰”自上而下分解的5个组延用到羌北西部[尤其是中石油青藏油气勘探项目由成地所贾宝江等(1995)在图区测制的石水河—咸水河—野牛沟侏罗系剖面为其代表]，它们与西藏区调队创建的那底岗日群、白龙冰河组(1986)，构成本报告所叙侏罗纪岩石地层序列的基础。

### 1. 那底岗日组

该组为图区侏罗纪地层最底部的一个组级单位，出露较为局限，仅零星分布于图区东南角的石水河及西南部的藏色岗日以南的局部地区。

石水河地区

该地区为一套薄层—块状火山岩、火山碎屑岩夹碎屑岩、硅质岩、灰岩组合，岩石组合比较复杂(图2-24)。厚度大于734m。该组平行不整合于上三叠统菊花山组之上，底以碎屑岩的出现与下伏地层的灰岩相区分，顶以火山碎屑岩结束为标志，与上覆侏罗统雀莫错组砂砾岩相区分。

火山岩—火山碎屑岩：下部为灰绿色流纹质熔结凝灰岩、流纹质熔岩、流纹岩、凝灰岩、英安岩组合；中部为灰绿、灰白色英安质、凝灰质角砾熔岩、角砾岩，及英安岩与凝灰熔岩、凝灰岩、流纹岩、(流纹质)凝灰岩组合；上部为灰绿色安山岩，及凝灰质角砾熔岩与流纹质熔结凝灰岩、凝灰熔岩、凝灰岩组合，偶夹灰绿色流纹岩、(钠质)石英粗面岩。局部偶见深灰色块状玄武岩。层状构造发育,部分岩石中具气孔、杏仁构造及流纹构造,少量岩层中具水平层理。

前人资料中下部出现石英角斑岩(贾宝江等,1995),本次工作也发现部分火山岩富钠趋势明显。此外,中部尚夹有暗紫红色中酸性岩屑晶屑凝灰岩、熔结凝灰岩和灰色、灰绿色安山质凝灰岩、安山熔岩(王剑等,2004)。

沉积岩:灰、灰褐、褐黄色薄、中层状细粒岩屑长石砂岩、细粒长石砂岩、中—细粒长石岩屑砂岩、钙质细中粒长石岩屑砂岩、不等粒砂岩,及灰黄、灰绿色薄层状凝灰质硅质岩、含生物屑硅质岩,顶部出现少许微晶灰岩,单层一般厚 5～20cm。砂岩具水平层理、平行层理、交错层理、正粒序层理、底冲刷构造;硅质岩具水平层理(图版 2-4),含少许骨针、放射虫化石;微晶灰岩含少许腕足类、双壳类、有孔虫、介形虫化石。产放射虫 *Archaeoepongoprunum* sp.,*Archaeodictyomitra* sp.,*Pseudocrucella* sp. 等。

上述两类沉积交互出现,呈旋回性产出。该组之底为一段细粒岩屑长石砂岩、细粒长石砂岩、不等粒砂岩,往上以火山岩—火山碎屑岩为主。所夹沉积岩段厚 13～80 m 不等。

藏色岗日地区

零星出露于藏色岗日以南,由于断层分割及岩浆岩侵入,与下伏地层的关系、厚度不详。据区域地质资料为角度不整合接触。

该地区为灰绿色、紫红色的中、厚层状凝灰岩、角砾凝灰岩、弱熔结凝灰岩、凝灰熔岩、凝灰角砾熔岩、碎斑熔岩及英安岩,局部夹沉凝灰岩。部分岩石中具杏仁构造、流纹构造、层状构造,单层厚 15～40cm。

该组主体属火山喷溢相和水下火山喷发碎屑岩相沉积,部分属三角洲相、滨浅海相、盆地相沉积,横向变化不大,区内由石水河剖面控制(图 2-21、图 2-24)。形成于早侏罗世。

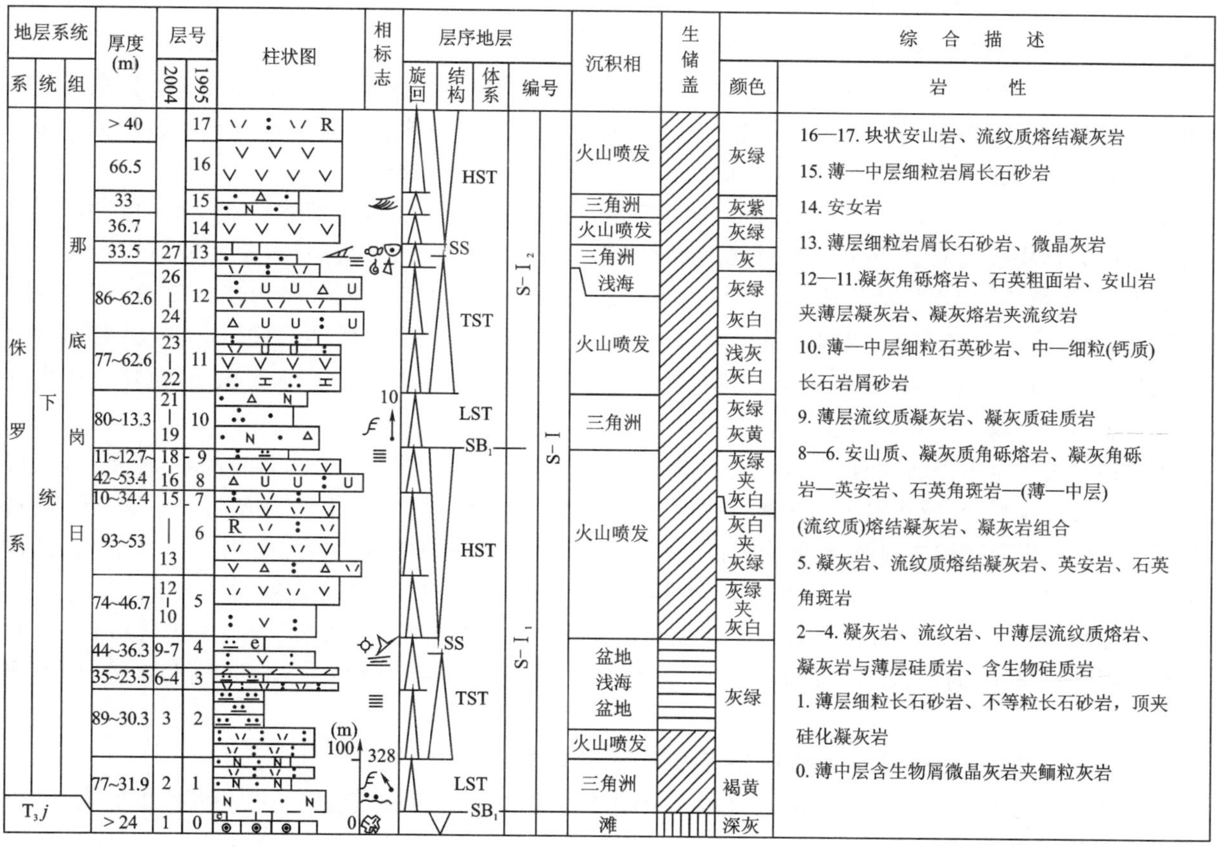


图 2-24　石水河剖面下侏罗统那底岗日组综合层序柱状图

[剖面资料根据贾宝江等(1995)及本项目(2004)实测剖面资料综合]

## 2. 雀莫错组

该组分布于图区东南角的石、咸水河一带,及西南部的藏色岗日之东,南至雪源湖以西一线,即分布于布若错地层小区内。其底以一套的砂砾岩整合于那底岗日组火山岩之上(图2-25),顶以砂岩的结束为标志与上覆布曲组灰岩相区分。

为一套粗碎屑岩—灰岩—细碎屑岩组成的三段式地层。厚度大于977m。

(1) 下部粗碎屑岩段

为多旋回碎屑岩沉积组合构成(图2-26),底部为砾岩、含砾砂岩,上部出现灰白、灰黑色极薄、薄层状石膏与碳质页岩,具有下粗上细的沉积序列。厚度大于977m。

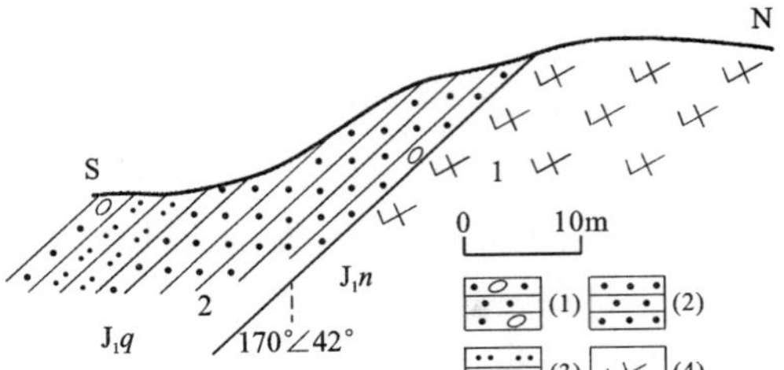


图2-25　那底岗日组与雀莫错组(浅紫红色酸性角砾凝灰岩)接触关系图(藏色岗日南NO.5142)
(1)含砾砂岩;(2)砂岩;(3)粉砂岩;(4)英安岩

碎屑岩以紫灰—紫红色、灰绿—青灰色及少许灰色的薄—厚层块状含砾砂岩、不等粒砂岩、中—细粒砂岩、细砂岩为主,夹中—薄层状(少量厚层状)粉砂岩、钙质粉砂岩、泥质粉砂岩、粉砂质泥岩、泥岩,偶夹细砾岩、砂质砾岩、细粒质细粉晶灰岩及灰黑色细砂岩。粉砂岩—粉砂质泥岩及部分细砂岩中含少许钙质结核。

该段的底部还出现砾岩、砂质砾岩、砾质砂岩、含砾粗砂岩等(图版2-5、图版2-6、图版2-7、图版2-8)。砾岩、含砾砂岩中的砾石成分复杂,以脉石英和变质砂岩为主。底部砾岩、含砾砂岩中含与下伏那底岗日组岩性相同的英安岩等火山岩质砾石,次棱角—次圆状,直径2~6cm,无分选性,最高含量可达8%。

主要岩性为含砾不等粒砂岩、含砾不等粒长石石英砂岩、含砾不等粒岩屑石英砂岩、含砾粗砂岩、含砾中粗粒石英砂岩、含砾中细粒石英砂岩、不等粒长石石英砂岩、不等粒岩屑石英砂岩、中粗粒石英砂岩、中粒砂岩、含钙质细—中粒岩屑石英砂岩、细—中粒石英砂岩、中—细粒岩屑石英砂岩、中细粒石英砂岩、含钙质粉砂细粒岩屑石英砂岩、钙质细砂岩等。

以上岩性组合构成一系列向上变薄变细的米级旋回(或副层序)(图版2-7、图版2-9、图版2-10),再由它们组合构成多级旋回。完整的米级旋回为由厚层块状的砾级或含砾级碎屑岩向上逐渐递变到薄层泥质粉砂岩与钙质粉砂岩夹细砂岩组合,但大多数米级旋回发育不完整。

交错层理、水平层理(图版2-10)、正或逆粒序层理(图版2-6)、浪成与流水波痕及底冲刷构造发育,相对较粗的岩性中还具有透镜状层理、蚀底构造(图2-27)、底模构造、平行层理,相对较细的岩性中还具有纹层理、泄水构造、生物扰动构造、干裂构造,砾岩及含砾砂岩中还具定向排列构造。交错层理多样,有沙纹层理、小—大型交错层理、双向交错层理、冲洗交错层理、楔形交错层理、大型板状交错层理(图版2-6)、槽状交错层理,沙纹层理、小型交错层理主要发育于相对较细的岩性中。产水平虫迹、植物碎片化石。

(2) 上部灰岩段—细碎屑岩段

藏色岗日之东至雪源湖以南、以西,由灰、深灰、灰黑色薄层及少量中、厚层状微晶灰岩、泥灰岩、生物屑灰岩夹薄—纹层状泥岩、粉砂质泥岩➙紫红、灰、灰绿色薄层状粉砂岩、细砂岩、中粒砂岩夹泥岩、灰岩构成。以灰岩与细碎屑岩交互构成韵律、旋回为特征,该灰岩段下部以深灰色碳酸盐岩为主,上部以细碎屑岩为主。具水平层理、韵律层理。含双壳类、腕足类、藻类等化石。厚度不详(西延至相邻图幅厚度大于210m)。

图区东南部为厚约300 m的紫红、灰、灰黑色薄层泥岩、粉砂质泥岩、微晶灰岩、泥灰岩组合,其上部夹有两段厚10~30m的灰、灰黑、紫红、(灰)白色页岩及少许石膏层(图版2-11)。石膏呈砂糖状、纤维状和片状。

该组属扇三角洲—三角洲—滨浅海相沉积,形成于早侏罗世。

雀莫错组在图区内岩性组合变化不大,但东南部其沉积厚度大、沉积旋回发育,往西厚度则明显减小、上部以碳酸盐岩为主、未发现石膏夹层。就西南部而言,亦有往北(藏色岗日)厚度变薄、下部碎屑岩变薄减少之势。区内下部粗碎屑岩段由咸水河剖面控制(图2-20、图2-26);上部灰岩段—细碎屑岩段未测有剖面,但其西延即为西邻联测图幅的独雪山剖面,可参考(详见1∶25万查多岗日幅区调报告)。

**3. 布曲组**

主要分布于图区南、中部的雪源湖-长岩山-小甜水河一带,另外还零星出露在中部百汇河、友谊沟和花瓣湖等地。该组底以砂岩消失或大套灰岩出现为标志与下伏的雀莫错组分界,顶以大套灰岩的结束或

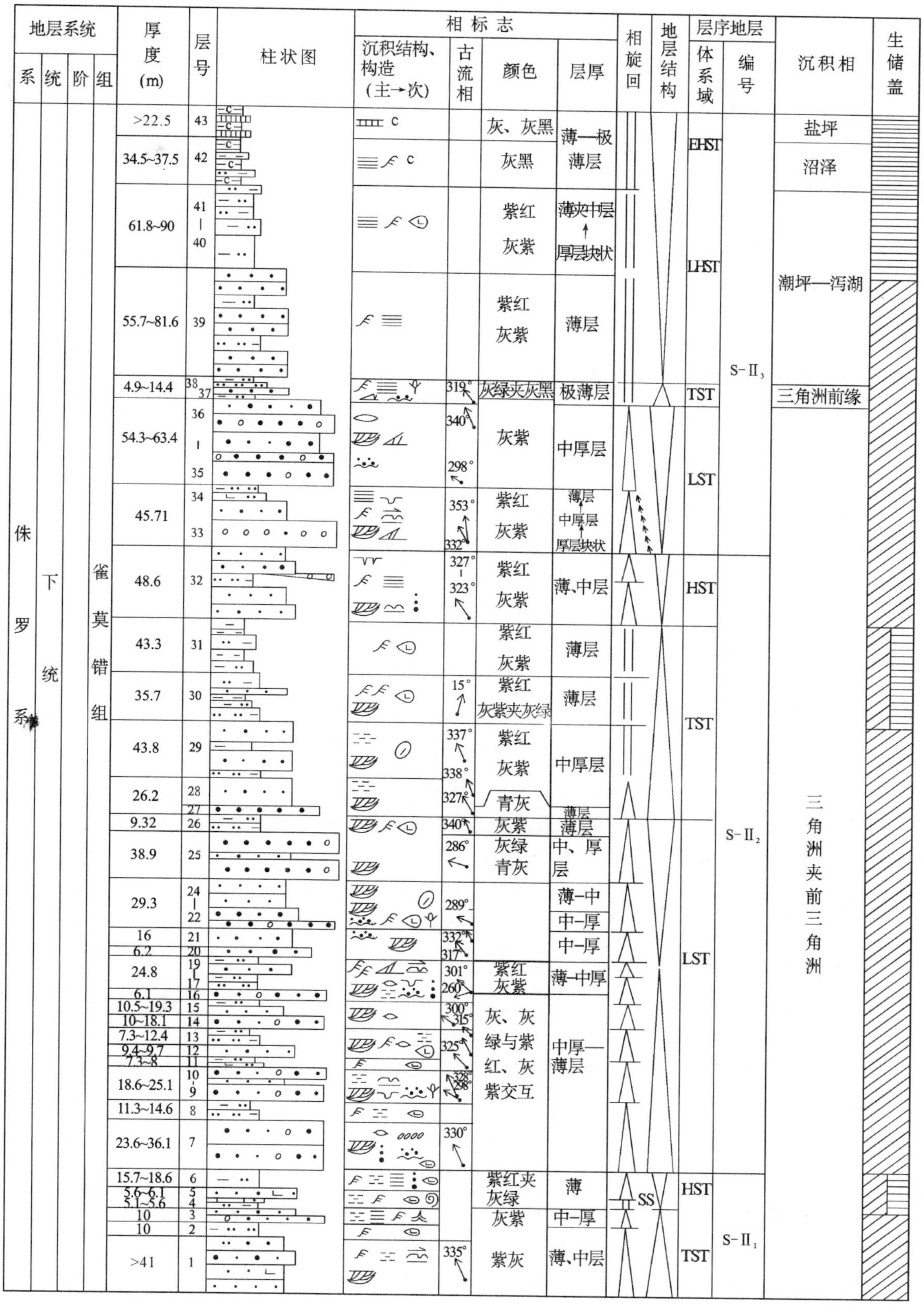


图 2-26　咸水河剖面雀莫错组综合层序柱状图

[剖面资料根据贾宝江等(1995)及本项目(2004)实测剖面资料综合,岩性参阅剖面介绍之描述]

大套砂、泥岩的出现与上覆的夏里组相区分。其为一套夹少量泥质岩、云质灰岩或白云岩、局部地段夹有膏盐岩的碳酸盐岩组合，与上覆、下伏地层整合接触(图 2-28)。厚度大于 892m。

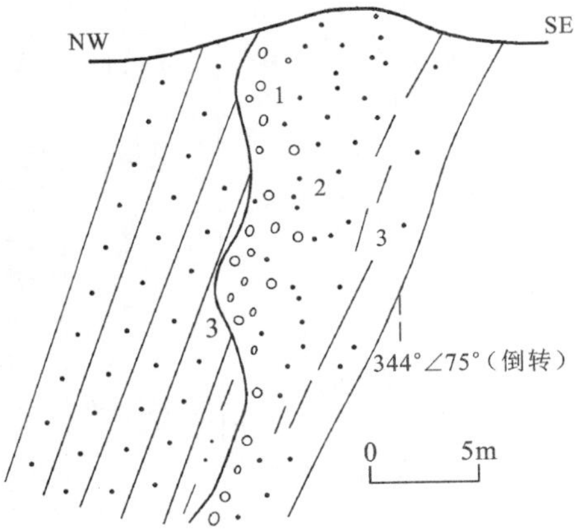


图 2-27　雀莫错组砾岩→含砾砂岩→砂岩构成的米级旋回底界面之蚀底构造特征(咸水河剖面)
1.砾岩;2.含砾砂岩;3.砂岩

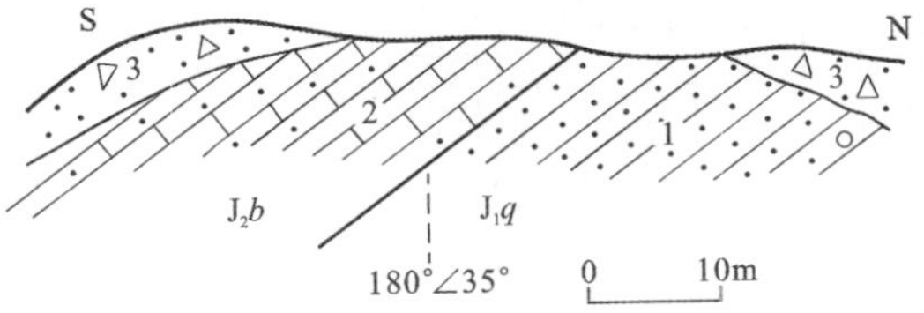


图 2-28　布曲组与雀莫错组整合接触关系图
(藏色岗日南 NO.5143)
1.雀莫错组砂岩;2.布曲组灰岩;3.第四系坡积物

下部为深灰—黑色泥岩、页岩、泥灰岩与泥质灰岩、微晶灰岩、生物屑微晶灰岩、生物屑灰岩、介壳灰岩不等厚互层，偶夹颗粒灰岩。总体以较细的低能沉积碳酸盐岩、含较多的深色薄层泥、页岩为特征。

中—上部为深灰—浅灰色泥灰岩、微晶灰岩、生物屑微晶灰岩、生物屑灰岩、含球粒微晶灰岩、球粒灰岩、砂屑灰岩、鲕粒灰岩、含核形石微晶灰岩、核形石灰岩(图版 2-12)及介壳灰岩组合，夹少许夹泥灰岩、泥岩、页岩，偶夹砾屑灰岩、白云岩化灰岩、白云质灰岩和石膏等。总体上富含生物屑、沉积颗粒较粗，以颗粒灰岩为主。

鲕粒灰岩、砂屑灰岩、微晶灰岩中见交错层理、平行层理，发育压溶缝合线；粒屑灰岩具粒序层理。其中，由下往上变厚、变粗或向上变浅的基本层序极为发育，也极为明显，其中的主要类型有：①(含生物屑)砂屑微晶灰岩→含细砂含生物屑微晶砾屑灰岩→含生物碎屑核形石灰岩；②含生物碎屑微晶灰岩→含生物屑含砂屑亮晶砾屑灰岩→含细砂含球粒微晶灰岩；③泥质微晶灰岩→微晶灰岩→含砂屑含生物屑亮晶砾屑灰岩→含砂屑生物屑微晶核形石灰岩；④微晶灰岩→介壳灰岩；⑤微晶灰岩→含生物碎屑微晶灰岩→介壳灰岩→粒屑灰岩→含核形石微晶灰岩→核形石灰岩；⑥含生物屑微晶灰岩→含生物屑亮晶团块鲕粒灰岩→含核形石生物屑鲕粒灰岩→鲕粒灰岩；⑦微晶灰岩→微晶球粒灰岩；⑧含砂屑生物屑微晶灰岩→核形石微晶灰岩→泥晶球粒鲕粒灰岩夹亮晶鲕粒灰岩；⑨泥灰岩→介壳灰岩→鲕粒微晶砾屑灰岩；⑩泥灰岩→生物屑灰岩→含生物屑微晶灰岩→核形石灰岩；⑪微晶灰岩→含砾屑砂屑灰岩→含生物屑含砂屑亮晶鲕粒灰岩；⑫微晶灰岩→含砂屑微晶灰岩→核形石灰岩。

生物化石丰富，为多门类组合，主要有腕足类、双壳类、珊瑚等。产腕足类 *Holcothyris golmud ensis*，*H. tanggulaica*，*H.* sp.，*Rhynchonelloidella* sp.；双壳类 *Chlamys*(*Rodulopecten*)*tipperi*，*Camptonectes*(*Camptochlamys*) *rosimon*(*dorbigny*)，*Modiolus* sp.，*Bakevellia* sp.，*Chlamys*(*Radulopecten*) sp.，*Chlamys* sp. 和珊瑚 *Thecosmilia* sp.。

另外，在填图路线上采有双壳类 *Pseudotrapezium cordiforme*，*Modiolus glaucus*，*Myopholas* sp.，*Miyagipecten laevis*，*Gryphaea*(*Bilobissa*) *bilobata*，*Protocardia lingulata*，*Placunopsis* cf. *socialis*，*Camptonectes*(*Camptochlamys*)*rosimon*，*Ceratomyopsis striata*，*Radulopecten* sp.，*R.* cf. *baimaensis*，*R.* cf. *wagans*；腕足类 *Tubithyris whatleyensis*，*Burmirhynchia asiatica*；珊瑚 *Stylosmilia michelini* 等。

该组主要为缓坡相—开阔台地相沉积，局部夹局限台地相沉积，以雷音沟(野牛沟)剖面为代表(图 2-19)。形成于中侏罗世早中期。

区内其总体特征一致，变化主要表现为颗粒灰岩或微晶灰岩所占比例的不稳定，或多或少，横向上有明显的变化(图 2-29)。此外，局部组中出现少许极不稳定的白云岩化，在中部的百汇河、友谊沟及花瓣湖出现

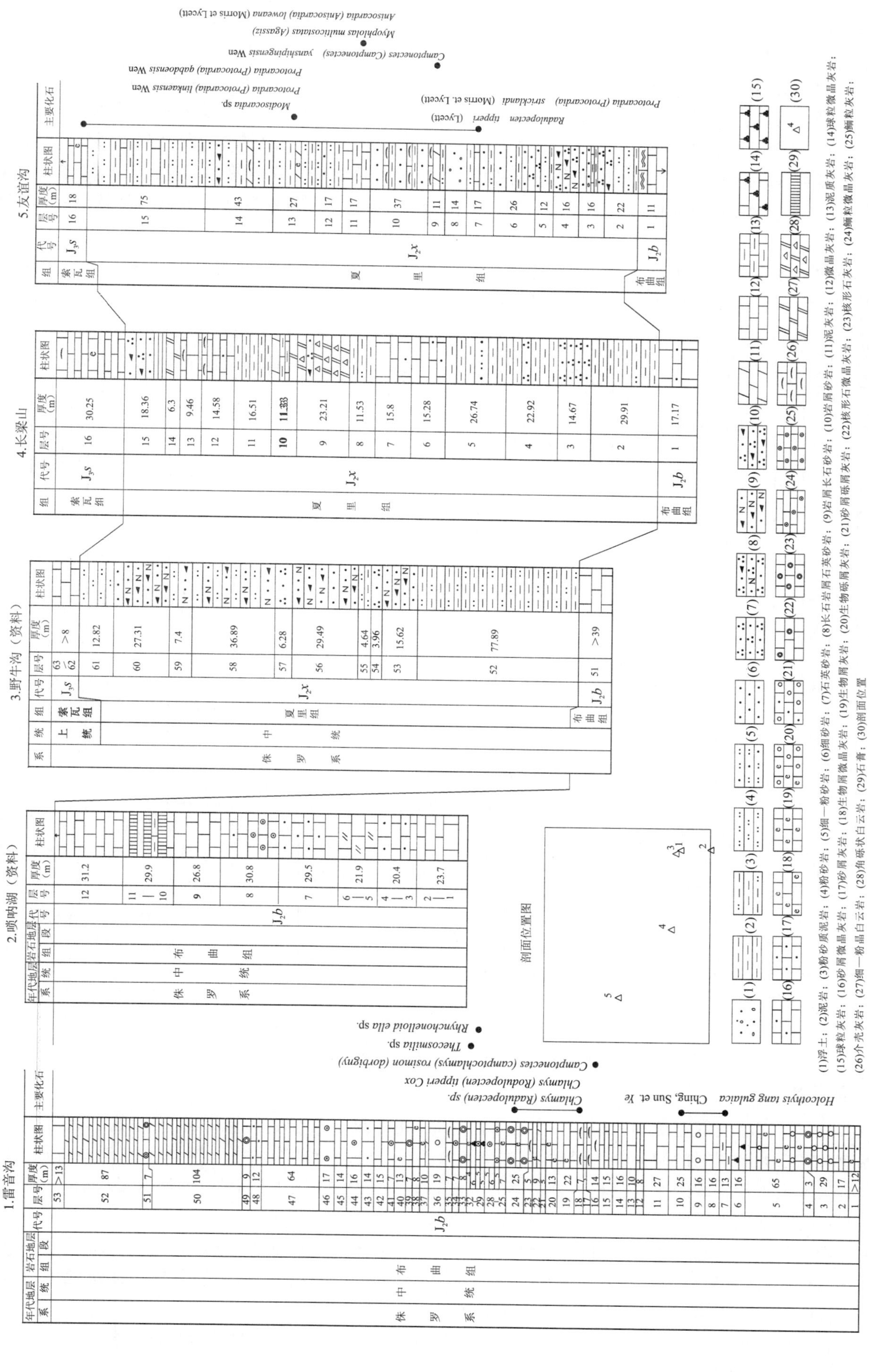


图 2-29 布曲组、夏里组柱状对比图

纹层状含藻球粒微晶灰质云岩，产双壳类 *Protocardia strcklandi*，*Radulopecten tipperi*；西南的拉雄错一带夹微—粉晶云质灰岩、粉晶砂屑介形云质灰岩。在南部雪源湖-双泉湖一带，布曲组分布较广，与上、下地层整合接触，产腕足类 *Burmirhynchia asiatica*，*Tubithyris whatleyensis*；双壳类 *Placunopsis* cf. *socialis*。

野牛沟往北西，至分水岭一带该组中出现膏岩，为灰—深灰色介壳灰岩、生物屑灰岩、泥晶灰岩、泥灰岩、泥岩夹膏岩组合，其中膏岩累计厚度 21.9m（分水岭剖面，王成善，2001），出现深水泻湖相沉积。

往东至石水河-图外的唢呐湖一带，其主要为灰色、浅灰色薄—中层状泥灰岩、泥晶灰岩、泥晶生物屑砂屑灰岩、鲕粒泥晶灰岩、白云质泥晶灰岩、泥晶砂屑灰岩、亮晶砂屑鲕粒灰岩等岩石组合，局部夹白色、灰白色石膏。产腕足类、双壳类化石。为开阔台地—局限台地相，以发育蒸发台地相沉积为特征（唢呐湖剖面，图 2－30）。

综上所述，图区的布曲组是一个夹于两套碎屑岩沉积之间，富含双壳类、腕足类化石，相对而言也是一个下细上粗的多级次、多旋回碳酸盐沉积组合（图 2－29）。

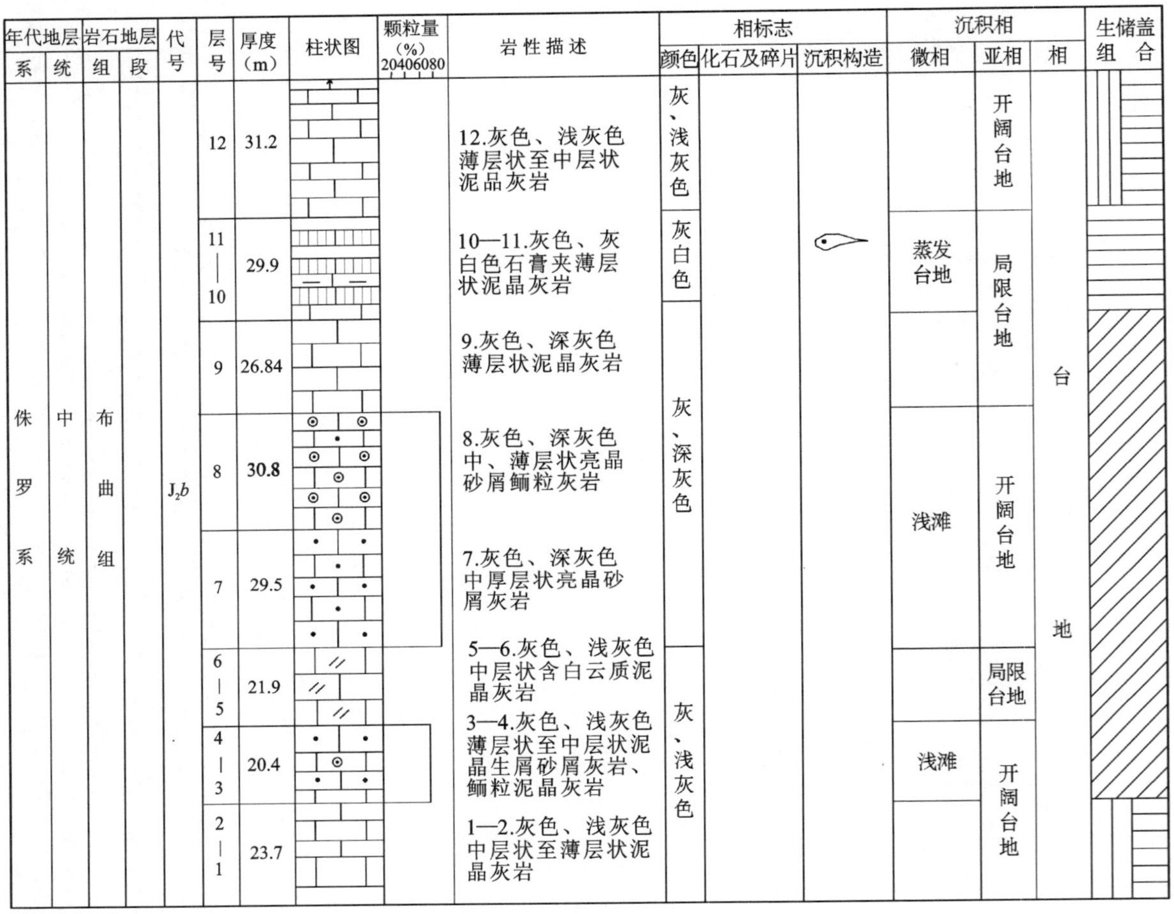


图 2－30　唢呐湖剖面中侏罗统布曲组沉积相柱状图

（引自赵政璋等《青藏高原中生界沉积相及油气储盖层特征》，2001）

**4. 夏里组**

该组分布于图区南部雪源湖-双泉湖-小甜水河一带，还零星出露于中部黑头山、友谊沟、圆锥山及花梁山等地。底以大套灰岩的结束或大套砂、泥岩的出现为标志与下伏的布曲组分界，顶以大套的碎屑岩结束或大套灰岩出现与上覆的索瓦组相区分。其为一套以碎屑岩为主，夹少量灰岩、云质灰岩或白云岩的岩石组合，与上覆、下伏地层均为整合接触。厚 222～658m 。

主要岩性为灰、灰绿、灰黄、紫红色等杂色中—薄层状碎屑岩，夹（或偶夹）灰岩和白云岩组成，局部夹砾岩、石膏层。本区夏里组以岩石颜色相对较深、钙质胶结物多为特征，顶、底常以紫红色或灰绿色、灰色粉砂岩、粉砂质泥岩、泥岩与上、下岩石地层单位分界。

碎屑岩主要岩性有岩屑长石细砂岩、岩屑长石石英砂岩、石英砂岩、含生物屑含砂屑钙质砂岩、白云质细粒岩屑石英砂岩、细砂岩、粉砂岩、粉砂质泥岩、泥岩，局部偶夹含砾砂岩、砾岩。所夹灰岩、白云岩主要岩性有含球粒含石英砂质云质灰岩、云质灰岩、(含)生物屑砂屑灰岩、生物屑灰岩、介壳灰岩、微晶灰岩、生物屑泥灰岩、泥质灰岩、含粉砂粉晶白云岩、角砾状粉晶白云岩等。

其碎屑岩中普遍发育沙纹层理、交错层理、平行层理(图版2-13)、正粒序层理、小型重荷模、冲刷充填构造。局部层面上见有植物碎片、虫迹(图版2-14)。常见的基本层序类型主要有:①泥岩→石英砂岩(钙质砂岩);②泥岩→微晶灰岩;③泥岩(或页岩)→细砂岩→石英砂岩;④泥岩→粉砂岩→细砂岩;⑤泥岩→粉砂岩→岩屑砂岩;⑥泥岩→粉砂质泥岩→角砾状白云岩;⑦泥岩→微晶灰岩→介壳灰岩;⑧页岩→介壳灰岩。

生物化石较少,仅在友谊沟一带所夹层中产较多的双壳类、腕足类化石。主要有双壳类 *Radulopectn tipperi*, *Protocardia strcklandi*, *P. linkaensis*, *P. qabdoensis*, *Camptonectes*(*Camptochlamys*) *yanshipingensis*, *Myopholas multicostatas*, *Anisocardia*(*Antiguicyprina*) *loweana*, *Modiolus* sp. 等。据资料,野牛沟一带本组中还产腕足类 *Dzhangirhnnchia kokdzharensis*—*Dorsoplicathyris pentagonalis* 组合。砂岩层面上可见植物碎片和虫迹,灰岩中产少量腕足类、双壳类 *Placunopsis* cf. *socialis*, *Astarte* sp.。

主要以滨浅海相沉积为主,形成于中侏罗世晚期。

图区该组岩性组合、岩相特征变化明显(图2-29),本次工作实测有圆锥山剖面(图2-15)、双泉湖长梁山剖面(图2-17)、友谊沟剖面(图2-18)3条剖面,前人测有野牛沟剖面(图2-22)、花梁山—石心湖剖面、白龙冰河剖面(图2-16)等剖面。

其中,北部白龙冰河一带,沉积厚度最大(大于658m),由灰绿、灰黄色中、厚层夹薄层状细粒石英岩屑砂岩或细粒岩屑石英砂岩与中—薄层状粉砂岩及深灰色(钙质)页岩、薄层泥岩组成的米级旋回组合构成,单个米级旋回厚0.8～1.5m。向上砂岩增加(图2-31),泥质岩减少,中、上部出现含云细—中粒石英砂岩、岩屑石英砂质砾岩。

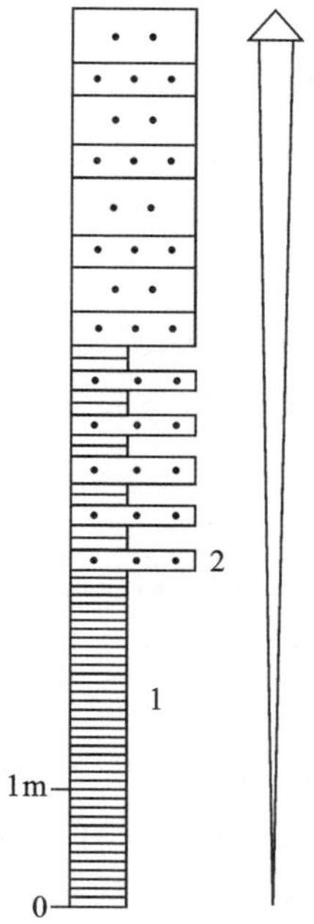

图2-31　夏里组向上砂岩增加变厚、泥质岩减少的进积型沉积旋回(圆锥山剖面)
1.页岩、泥岩;2.砂岩

在西部的友谊沟一带,该组总体颜色偏深、灰岩夹层明显增多,夹少量云质灰岩、生物屑砂屑灰岩,并产丰富的双壳类、腕足类等化石。沉积厚度大于300m。

在中、东部花梁山、石心湖一带,该组夹深灰色—灰黑色泥岩,中下部砂岩常见由含砾粗砂岩、中粒砂岩、细砂岩和泥岩组成正韵律,砂岩中发育平行层理、斜层理、交错层理、丘状交错层理、波状层理,常见虫管、植物茎干、炭屑。

往南在双泉湖一带,中、上部灰岩、白云岩类夹层明显增多。以长梁山剖面为典型。

在东南角的野牛沟-小溪沟一带,夏里组主要为紫红色、灰黑色、灰褐色、灰绿色中—薄层状粉砂岩、粉砂质泥岩、岩屑长屑砂岩、石英细砂岩组合,发育小型沙纹层理、平行层理和交错层理等,厚度222m。

纵观图区夏里组,由北向南、由东向西含砂率降低、厚度变小,在中部友谊沟-长梁山一带碎屑物质粒度变细、碳酸盐岩相对增多。在局部地区,有石膏、含膏泥岩与泥岩、灰岩共生的现象。

**5. 索瓦组**

该组分布在图区的南、南西部。其底以大套灰岩出现为标志,与以碎屑岩或以碎屑岩为主的下伏地层夏里组相区分,以灰岩的消失与上覆的雪山组碎屑岩分界,为整合于上覆、下伏地层之间的一套碳酸盐岩与碎屑岩组合。根据岩性组合特征,划分为上、下两段。

(1) 索瓦组下段

该段分布在图区中部甜水河以西、南西至南部的双泉湖两侧,及东南部的野牛沟一带。整合于夏里组之上、索瓦组上段之下,以大套灰岩的出现为标志与下伏地层砂岩相分割。

为一套中间粗、上下细的多旋回灰、深灰色中—薄层状碳酸盐岩沉积(图2-32、图2-33),以生物屑灰岩、鲕粒灰岩为主,微晶灰岩、泥晶灰岩、颗粒微晶灰岩、砂屑灰岩为次,底部夹少许砂岩、钙质粉砂岩及钙质、碳质、粉砂质的泥岩、泥岩,局部夹少量泥灰岩、砾状灰岩。厚度1 595m。

下部以薄层状微晶灰岩为主，部分以颗粒灰岩为主。为灰、深灰色(少许灰黄、灰褐色)的薄板、薄层状夹中层状微晶灰岩、粉屑微晶灰岩、生物屑微晶灰岩夹含生物屑细砂质微晶灰岩、含粉砂生物屑微晶灰岩、含鲕粒生物屑微晶灰岩、含砾屑含细砂生物屑微晶灰岩及少量生物屑灰岩、介壳灰岩、鲕粒灰岩、含生物屑微晶鲕粒灰岩、含亮晶微晶鲕粒灰岩、豆粒鲕粒灰岩、介屑砂屑鲕粒灰岩，偶夹生物屑微晶砾屑灰岩。其顶还夹含粉砂微晶灰岩、泥灰岩。

中部为灰黄、灰、深灰色中—薄层状鲕粒灰岩、生物屑灰岩夹少量微晶灰岩、颗粒微晶灰岩，其中偶夹薄层状褐黄色细粒含生物屑钙质岩屑石英砂岩及泥灰岩，其顶夹弱白云化鲕粒生物屑灰岩。鲕粒灰岩包括鲕粒灰岩、亮晶生物屑鲕粒灰岩、含生物屑核形石鲕粒灰岩、砂屑介屑鲕粒灰岩，生物屑灰岩包括生物屑灰岩、含微晶含鲕粒生物屑灰岩、介壳灰岩及微晶粒屑灰岩，由生物屑灰岩→鲕粒灰岩组成的基本层序发育。颗粒微晶灰岩包括含生物屑团块微晶灰岩、含生物屑微晶灰岩、含核形石含生物屑微晶灰岩、含生物屑(含)砂屑微晶灰岩、含核形石含砂屑微晶灰岩、含生屑鲕粒微晶灰岩。

上部为灰黄、灰、深灰色中—薄层状砂屑灰岩、生物屑灰岩与微晶灰岩、颗粒微晶灰岩组合。下以砂屑灰岩为主；中以微晶灰岩、颗粒微晶灰岩为主；上以生物屑灰岩为主；顶部还夹白云石化砂屑灰岩、泥灰岩。鲕粒灰岩为鲕粒灰岩、砂屑鲕粒灰岩，生物屑灰岩包括介壳灰岩、砂屑生物屑灰岩、生物屑灰岩，砂屑灰岩包括含生物屑含核形石砂屑灰岩、生物屑砂屑灰岩，夹含亮晶粒屑灰岩，颗粒微晶灰岩包括含生物屑微晶灰岩、生物屑微晶灰岩、生物屑砂屑微晶灰岩、含生物砂屑微晶灰岩、砂屑微晶灰岩、含砂屑核形石微晶灰岩、含生物屑含砂屑核形石微晶灰岩、核形石微晶灰岩。具水平层理、压溶缝合线构造，部分岩石具正粒序层理、交错层理(图版 2-15)、纹层构造、底部冲刷构造、定向排列构造、鸟眼构造。生物为双壳类、腕足类、腹足类、介形虫、苔藓虫、有孔虫、棘皮类、藻类组合，还含珊瑚、海绵、骨针，以富含双壳类及腕足类为特征。

中部产双壳类 *Rudulopecten scarburgensis*，*Camptonectes*? sp.，*C.* (*Camptochlamys*) *yanshipingensis*，*Enlolium denissum*，*Falcimylilus jurensis*，*Pectinacea* sp.；腕足类 *Burmirhynchia luchungensis*，*Burmirhynchia qunguipliacata*。顶部产双壳类 *Modiolus imbricatus*，*Anisocardia* (*Antiquicyprina*)? sp.，*Liostrea birmanica*，*Lopha* sp.；腕足类 *Burmirhynchia luchungensis*，*Holcothyris pinguis var luchungesis*；珊瑚 *Stylosmilia tingriensis*。

此外，根据 1∶100 万改则幅区调报告，图区的双泉湖-长岩山一带的索瓦组下段中(原雁石坪群上灰岩组下部)的双壳类还有 *Astarte subcardibermis*，*Ceratomya* cf. *concertrice*，*Camptonectes* (*C.*) *lens*，*Coniomya* cf. *sulcata*，*Chlamys* (*Radulopecten*) *vagans*，*Gryphaea* cf. *emiensis*，*Pseudolimea* cf. *dnplicata* 等；还产腕足类 *Burmirhynchia* sp.，*B. trilobata*，*B. thlobata*，"*Avonothyris*"cf. *distorta* 等。

该段为以开阔台地相沉积为主，形成于晚侏罗世早期。该段由双泉湖长梁山剖面(图 2-17)、野牛沟剖面(图 2-22)及 1∶100 万改则幅区调工作的双泉湖-长岩山索瓦组路线剖面控制(图 2-23)。

区内该段颗粒灰岩延伸不稳定，部分地区相变为以微晶灰岩、颗粒微晶灰岩为主，局部出现丰富的泥灰岩、含生物屑泥灰岩；细—粗组合的次级旋回更为发育；底部所夹的少许砂岩、粉砂岩、泥岩比例与厚度变化较大，在双泉湖-长梁山一带未出现碎屑岩夹层，顶部出现灰、深灰色厚层状灰岩、白云质灰岩。

相变以东南部的野牛沟剖面为代表(图 2-32)，岩层的单层厚度变厚，为中—薄层夹中厚层，局部出现块状层；底部出现含白云质泥质微晶灰岩(厚 33.3m)；下部夹有少许杂色薄层状泥岩、粉砂质泥岩、碳质泥岩、钙质粉砂岩紫红色中—薄层状含砾石英粗砂岩、中细粒石英砂岩，还夹一段厚 64.5m 灰绿色中层状硅质岩；中部出现厚层块状的泥质球粒灰岩、鸟眼微晶灰岩，偶夹暗紫色中层状岩屑长石细—粉砂岩，局部地段发育有厚7.5m、20m 的海绵珊瑚礁；上部少许生物屑鲕粒灰岩、含生物屑微晶灰岩中含有碳质。

(2) 索瓦组上段

该段分布在图区中南部双泉湖的两侧，及中部的甜水河南西岸。整合于索瓦组下段之上、雪山组之下，均以成段砂岩的出现、大套灰岩的结束为标志，与下伏、上覆地层相区分。

以下部夹膏盐、上部发育多层灰泥—藻—珊瑚—海绵礁、中—薄层为主的一套杂色碳酸盐岩与细碎屑岩组合，以灰岩段与砂岩段频繁交错沉积为特征(图 2-34)。

厚度 1 313～2 830m。由灰黄—褐色、黄绿—灰绿色、紫红—灰紫色、灰白—灰色、灰—灰黑色构成杂色，多色叠置构成旋回(图版 2-16)，此特征在下、中下部最为明显，往上减弱。

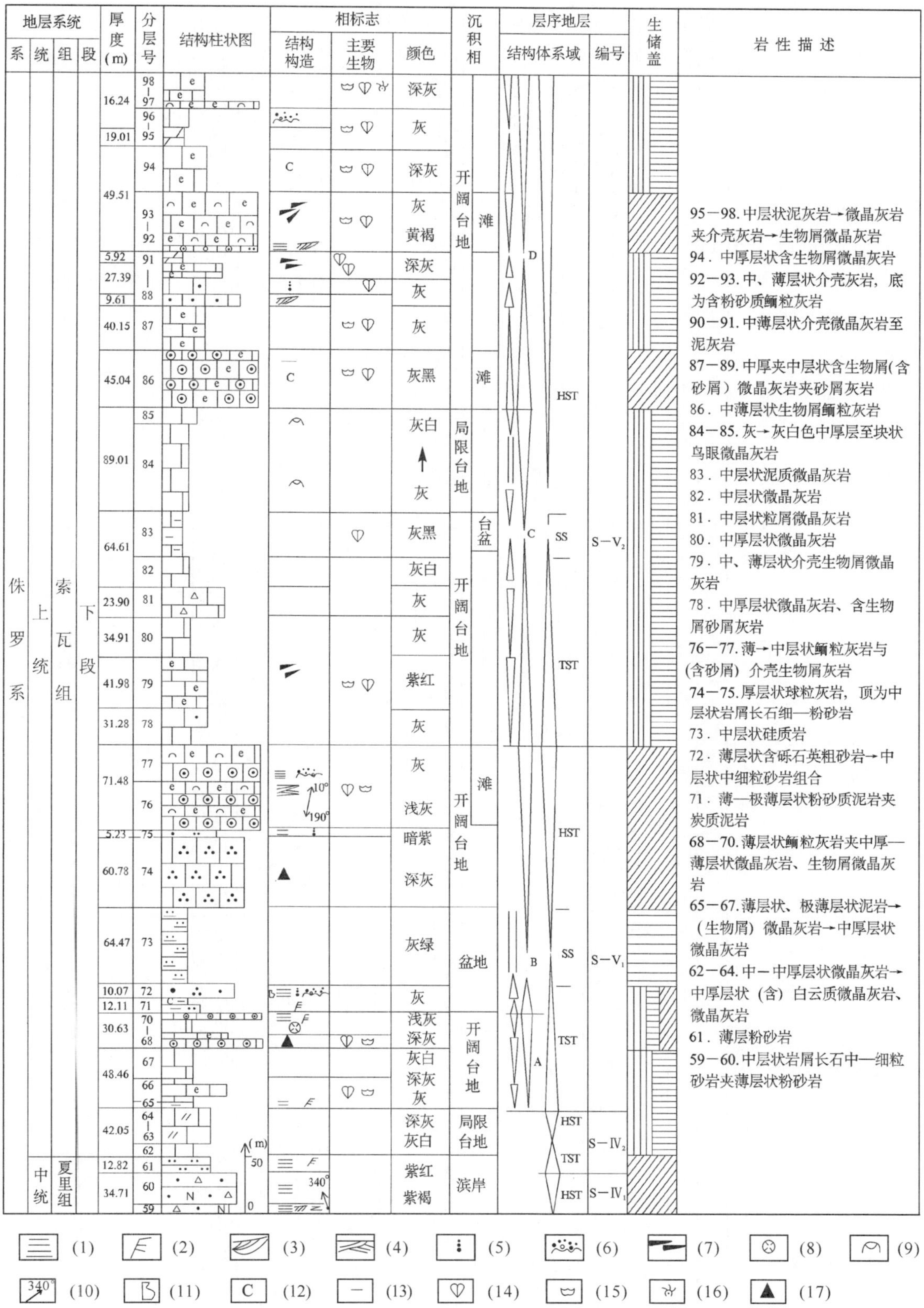


图 2-32 野牛沟剖面索瓦组下段综合层序柱状图

(1)平行层理；(2)小型沙纹层理；(3)交错层理；(4)板状交错层理；(5)粒序层理；(6)底冲刷构造；(7)定向排列构造；(8)溶孔；(9)鸟眼；(10)古流向；(11)鲍马层序；(12)含炭质；(13)含泥质；(14)双壳类；(15)腕足类；(16)棘皮类；(17)沥青产出点

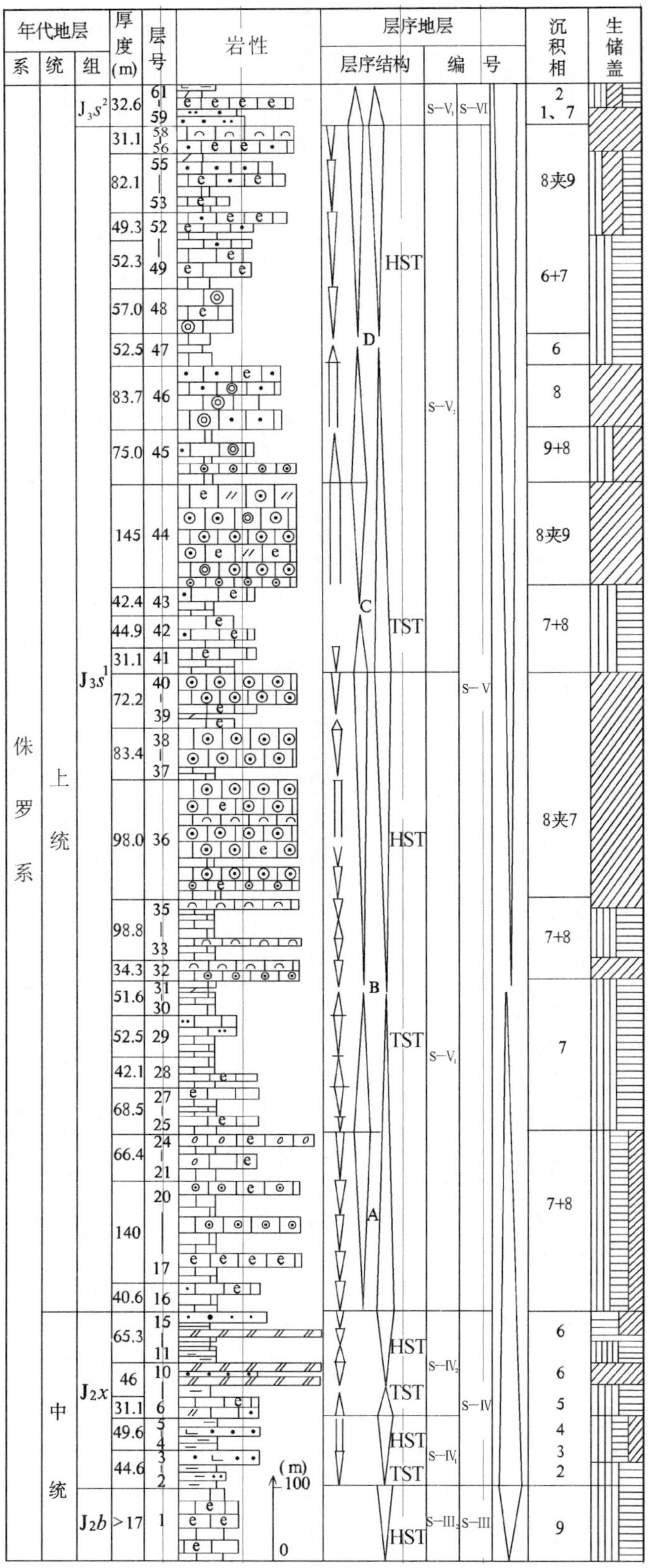


图 2-33　双泉湖长梁山剖面索瓦组下段综合层序柱状图

A 滨浅海相：1. 浪控一潮三角洲（沙滩）；2. 潮下\前滨；3. 沙坪；4. 潮间\混合坪；
5. 泻湖；6. 陆缘碎屑与碳酸盐岩混合坪＋局限台坪；
B 开阔台地：7. 滩；8. 滩间海、低能海（碳酸盐岩缓坡）；C 局限台地：
9. 碳酸盐岩泻湖、台坪（岩性参阅剖面描述）

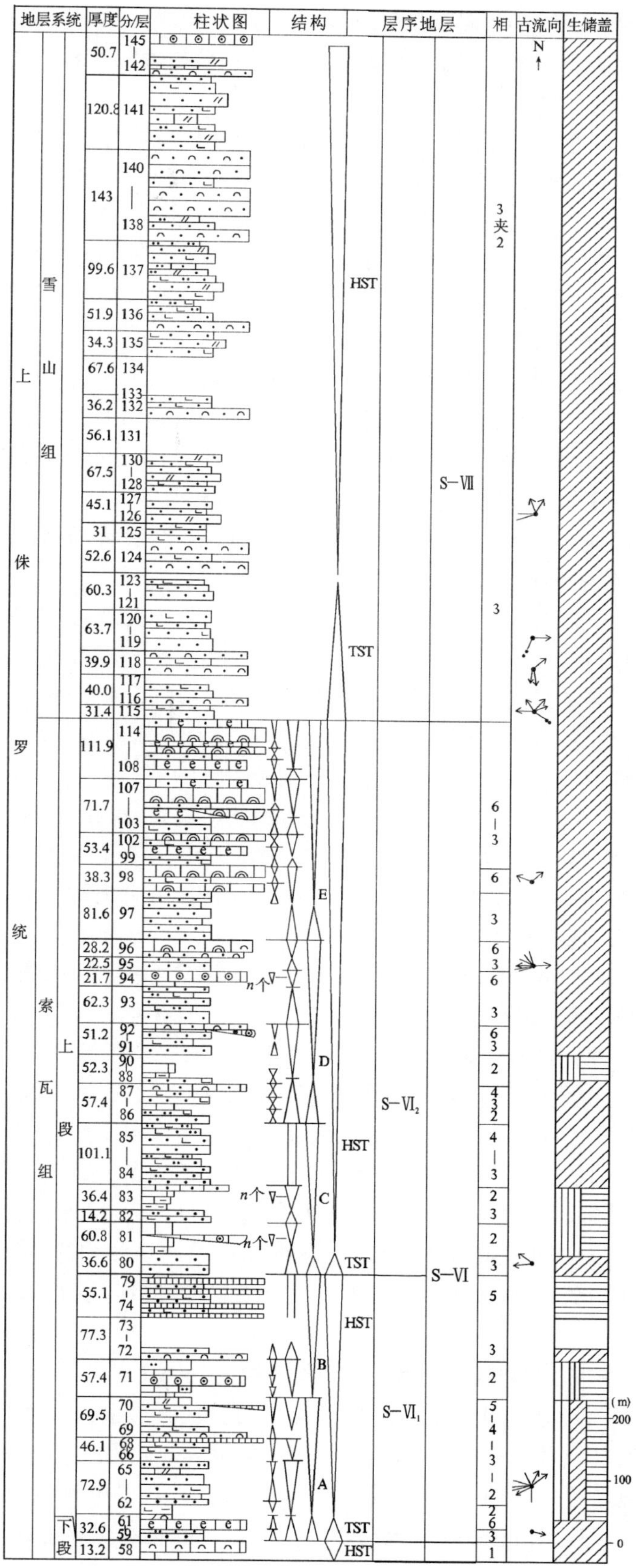

图 2-34　双泉湖长梁山剖面索瓦组上段
—雪山组综合层序柱状图
（岩性参阅剖面描述）
1.台地；2.潮下低能带（低能海\泻湖）；3.潮下高能带（砂滩、砂坝）；
4.礁滩；5.盐坪；6.礁滩；A-E.次级层序编号

下部为夹石膏层的杂色细砂岩、灰岩、泥岩组成的旋回组合构成(图版 2-16),顶出现较多的石膏层。中部以砂岩为主、灰岩为次的旋回组合,顶为生物屑鲕粒灰岩、含砂鲕粒灰岩。上部以灰岩为主、砂岩为次的旋回组合,往上灰岩所占比例增多,顶为灰岩。

灰岩呈黄灰、浅灰—灰黑色薄—厚层块状,以灰—深灰色中—薄层为主。岩石类型多样,有砂屑灰岩、鲕粒灰岩、生物屑灰岩、含颗粒微晶灰岩、微晶灰岩、白云质灰岩、泥灰岩、礁灰岩几大类。砂屑灰岩包括藻砂屑灰岩、砂屑灰岩、含生物屑核形石砂屑灰岩。生物屑灰岩包括(含)(藻)砂屑生物屑灰岩、(含)鲕粒生物屑灰岩、腹足灰岩、海绵灰岩、介屑灰岩、生物屑灰岩、(含藻砂屑)(介屑)生物屑灰岩等。鲕粒灰岩包括生物屑鲕粒灰岩、含砂鲕粒灰岩、砂屑鲕粒灰岩、鲕粒灰岩。(含颗粒)微晶灰岩包括微晶灰岩、含泥质微晶灰岩、泥质微晶灰岩、藻微晶灰岩、含粉砂微晶灰岩。生物屑泥灰岩、泥灰岩仅偶夹于下部。

礁灰岩出现在上部,为苔藓虫—藻—海绵—珊瑚礁灰岩组合及部分生物微晶灰岩、(含)泥质微晶灰岩、微晶灰岩(灰泥丘)。石膏、云质灰岩见于下部。石膏呈灰—灰白、白、褐红—肉红色,微—薄层状。云质灰岩包括(含鲕)弱白云石化含生物砂屑微晶灰岩、弱白云石化含细粒石英粉屑灰岩、白云石含泥含生物屑微晶灰岩、含白云质微晶灰岩,底部偶夹灰、灰绿色中层状白云质粉砂岩。

泥岩出现在下部,中部偶夹。灰—灰黑、黄绿—灰绿色薄、中、厚层状,包括含生物屑钙质泥岩、钙质泥岩、含钙质泥岩、泥岩及含钙质结核粉砂质泥岩等。

砂岩杂色、中—薄层状,以灰绿色为主、以细砂岩为主,夹少量介壳砂岩、少许粉砂岩、粉细砂岩。细砂岩包括(含)钙质细粒长石石英砂岩、细粒长石石英砂岩、(钙质)细粒岩屑石英砂岩和少量(含)钙质细粒长石石英杂砂岩、细粒长石石英杂砂岩、(含)粉砂质细粒长石石英砂岩、(含)粉砂质细粒长石石英杂砂岩、(钙质)细粒岩屑石英杂砂岩,底部则主要为(含)粉砂质细粒长石岩屑砂岩、含云细粒粒屑含粉砂细砂岩、细粒岩屑长石砂岩,夹少许钙质含粉砂细砂岩、含粉砂细砂岩。岩屑质砂岩、杂砂岩主要出现在下部。粉砂岩微、薄层状,包括(含)钙质粉砂岩、钙质含泥粉砂岩、泥质粉砂岩、粉砂岩、细粉砂岩。介壳砂岩为富含介壳生物屑的砂岩岩石,部分介壳含量极高则构成砂质介壳灰岩。“介壳岩”呈灰、灰黄、褐黄色,薄、中层状,包括介壳生物屑含钙细砂岩、细砂质介屑灰岩、介壳生物屑含钙质细粒长石石英砂岩、细砂质介屑灰岩、细砂质含砂屑介屑灰岩、钙泥质介壳灰岩等。

沉积结构构造极其丰富。砂岩具水平层理、平行层理(图版 2-17)、冲洗层理、交错层理(图版 2-18)、楔状层理、透镜状层理、波状层理(图版 2-17)、丘状层理、槽状层理(图版 2-17)、粒序层理、块状层理、剥离线理(图版 2-19)、波痕(图版 2-20)、定向排列构造、蚀底及底冲刷构造。其中交错层理极其发育、形态多样(图版 2-17、图版 2-18),有薄层状、板状、楔状、透镜状、丘状、槽状、波状、*s* 型、“人”字型、鱼骨状等多种。薄板状—大型交错层系组,与小型交错层系组常交互构旋回(图版 2-17)。偶见水平虫迹(图版 2-20、图版 2-21)、小型重荷模、泥裂构造。灰岩水平层理发育,部分还具平行层理、交错层理、透镜状层理、脉状层理、波状层理、丘状层理、槽状层理(图版 2-22)、包卷层理、粒序层理、块状层理、溶孔构造、窗格构造、示底构造、定向排列构造、压溶缝合线构造,部分具斑块状构造、障积结构、粘结结构、缠结结构、盖覆结构、骨架结构等。交错层理、波痕主要为浪成交错层理、波痕,也有水流交错层理、波痕,有的具风暴浪沉积特征(图版 2-22)。

索瓦组上段由砂岩段→灰岩段组成的一系列旋回组合构成,小旋回中往上变厚\变粗的基本层序发育。

该段生物化石丰富,主要有腕足类、双壳类、腹足类、有孔虫、介形虫、骨针、棘皮类及海绵、珊瑚、苔藓虫、藻类等,少许砂岩中见有较多的植物碎片化石,为多门类组合。砂岩中以介壳类为主;灰岩部分以腹足类为主,部分以双壳类、腕足类为主,部分以海绵为主。部分砂岩、灰岩中珊瑚、海绵、水螅、层孔虫和藻类极其丰富,建造形成生物礁(丘)(图版 2-23 至图版 2-34)。生物化石保存有碎屑状的,也有极其完整的;有零星出现的,也有高度富集的。

产双壳类 *Chlamys* sp., *Radulopecten fibrosus*, *R. tipperi*(图版 2-35), *R.* cf. *tipperi*, *R.* cf. *baimaensis*, *R.* sp., *Anisocardia* (*Antiquicyprina*) *minima*, *A.* sp., *A. triangularis*, *Modiolus trigonus*, *M. imbricatus*, *M.* sp., *Miyagipecten laevis*, *M.* cf. *laevis*, *Myopholas multicostata*, *M.* cf. *yunnanensis*, *Liostrea birmanica*, *Lopha* cf. *rastllaris*, *Protocardia linkaensis*, *P. lingulata*, *P. qinghaiensis*, *Pseudotrapezium cordiforme*, *Pseudolimea* sp., *Placunopsis* cf. *socialis*, *Platymoidea* sp., *Plearo-*

*mua alduini*, *Pinna* sp., *Pteria plana*, *Inoperna sowerbyana*, *Gryphaea* (*Africogryphaea*) sp., *Gervilla* sp., *Camptonectes* sp., *C. yanshipingensis*, *Corbula* sp., *Cuspidaria? minleana*；腹足类 *Ampullina* cf. *canaliculata*。顶部产腕足类 *Monticlarella striocincta*, *Gusarella nucleola*, *G. gusarensis*；珊瑚 *Schizosmilia* cf. *rollirri*（图版 2－31、图版 2－32），*Stylosmilia* cf. *crassitheca*（图版 2－33、图版 2－34），*Pseudocoenia?* sp.。

此外，根据 1：100 万改则幅区调报告，图区的双泉湖-长岩山一线的索瓦组下段中（原雁石坪群上灰岩组上部）还产双壳类 *Antiquicyprina* (*Antiquicyprina*) *trapezoidalis*, *Astarte* sp., *A.* cf. *elegans*, *Chlamys* (*Radulopecten*) *tipperi*, *Entolium disciforme*, *Lopha* cf. *tifoensis*, *Modiolus* cf. *lonsdalei*, *Protocardia stricklandi*。

该段为以滨浅海的三角洲、泻湖、浅滩、礁为主的海陆交互相沉积，形成于晚侏罗世早中期。

图区内该段变化不大，但该段中的砂岩层、颗粒灰岩层、礁岩层横向延伸不稳定，多呈透镜状产出，为典型的砂坝、滩坝、点礁组合（图版 2－23、图版 2－36）。由双泉湖长梁山剖面控制（图 2－17、图 2－34）及双泉湖-长岩山索瓦组路线剖面控制（图 2－23）。

**6. 雪山组**

该组为图区侏罗纪地层出露的最高层位之一，仅小面积分布于中南部双泉湖的东侧。整合于索瓦组上段之上，其底以大套砂岩的出现、灰岩的结束为标志与下伏地层相分（图 2－34）；上未见顶，或角度不整合于新近系康托组砾岩之下。

为一套褐黄、黄绿、绿灰色（少许灰、墨绿色）中—薄层状碎屑岩——由细砂岩与“介壳岩”组成的沉积旋回组合构成，上部夹少许细粉砂岩、粉砂岩及砂质、云质灰岩、生物砂屑鲕粒灰岩。厚度大于 1 092m。

细砂岩呈黄绿、浅灰绿、绿灰色，少许呈灰色；以薄层状为主，薄板—页片状、中层为次，夹中厚层状。岩性包括细砂岩、云质钙质细砂岩、钙质细砂岩、钙质细粒岩屑石英砂岩、钙质岩屑石英砂岩、细粒长石石英砂岩及部分云质细粒屑细砂岩，上部夹少许薄层—页片状灰绿、绿灰色及少许墨绿色、灰色含粉砂云质细砂岩、含粉砂云质钙质细砂岩、钙质细粉砂岩、粉砂岩。长石石英砂岩见于下部，岩屑石英砂岩见于中上部。

“介壳岩”为富含介壳生物屑的岩石（图版 2－37、图版 2－38），以介壳砂岩为主，及部分由于介壳含量极高构成的砂质介壳灰岩。灰、灰黄、褐黄色，薄、中层状。介壳砂岩又包括介壳生物屑含钙质细砂岩、介壳生物屑含钙细粒岩屑石英砂岩、介壳生物屑含钙质细粒长石石英砂岩，介壳灰岩包括细砂质介屑灰岩、细砂质含砂屑介屑灰岩。

灰岩包括细砂质云质灰岩、含粉砂细砂质云质灰岩，顶部偶夹灰、黄褐色厚层状亮晶含生物砂屑鲕粒灰岩。砂质、云质灰岩特征与细砂岩相似，仅云质、钙质含量相对较高。

下部岩石成分长石含量相对较高，上部则岩屑、云质含量相对较高。

沉积结构构造丰富，具水平层理、平行层理、冲洗层理、交错层理、楔状层理、透镜状层理、波状层理、丘状层理、槽状层理（图版 2－38）、包卷层理（图版 2－39）、粒序层理（图版 2－37）、块状层理、剥离线理、波痕（图版 2－40、图版 2－41）、定向排列构造（图版 2－37）、蚀底及底冲刷构造，偶见水平虫迹（图版 2－41）、雨痕、泡沫痕、小型底模构造（图版 2－42）。其中交错层理极其发育、形态多样（图版 2－38、图版 2－39、图版 2－43、图版 2－44、图版 2－45），有斜层状、透镜状、丘状、槽状、波状、S 型、“入”字型、鱼骨状、楔状、逆转（图版 2－45）等多种。薄板状-大型交错层系组（图版 2－45），与小型交错层系组常交互构成层序旋回（图版 2－43、图版 2－44）。交错层理、波痕主要为浪成交错层理、波痕，也有水流交错层理、波痕，有的具风暴浪沉积特征（图版 2－37、图版 2－38）。

产丰富的双壳类，及部分腕足类、腹足类化石，部分岩中含有海绵、棘皮类、藻类化石及少许植物碎片，偶含炭砾。产双壳类 *Anisocardia* (*Antiquicyprina*) *trapezoidalis*, *A. triangularis*, *A.* sp., *Camptonectes* (*Camptonectes*) *clathratas*, *Chlamys* sp., *Lopha zadoensis*, *Miyagipecten laevis*, *Neocrassina* (*Pressastarte*) sp., *Placunopsis* sp., *Protocardia linkaensis*, *P. qinghaiensis*, *Pseudolimea duplicata*, *Pteria plana*, *Radulopecten* sp.；腹足类 *Ampullina* cf. *canaliculata*, *A.* sp., *Naricopsina* cf. *jingguensis*。

该组属以砂坝、浅滩为主的滨浅海相沉积，形成于晚侏罗世晚期。

图区内该组砂坝特征明显，但延伸不稳定。在横向上，该组之底部与索瓦组上段的顶部为相变关系。区内该组由双泉湖长梁山剖面控制(图 2-17、图 2-34)。

**7. 白龙冰河组**

由西藏区调队(1986)创名于图区中部的白龙冰河南岸。本报告之白龙冰河组，与原建组所指基本相同、含义不变，但根据沉积旋回组合及晚侏罗世腕足类化石的产出，将其底界略为下调(从原剖面 1 层与 2 层分界，下调到 1 层中部)——以深色泥页岩层段为底，并进一步划分为 4 个段。该组分布于甜水河的北东，大面积出露，是以产较多的菊石(图版 2-46、图版 2-47)，包含多套较厚的深色泥页岩—泥灰岩为特征(图版 2-48、图版 2-49、图版 2-50)的多旋回组合地层(图 2-35)。下与夏里组整合接触，上未见顶。

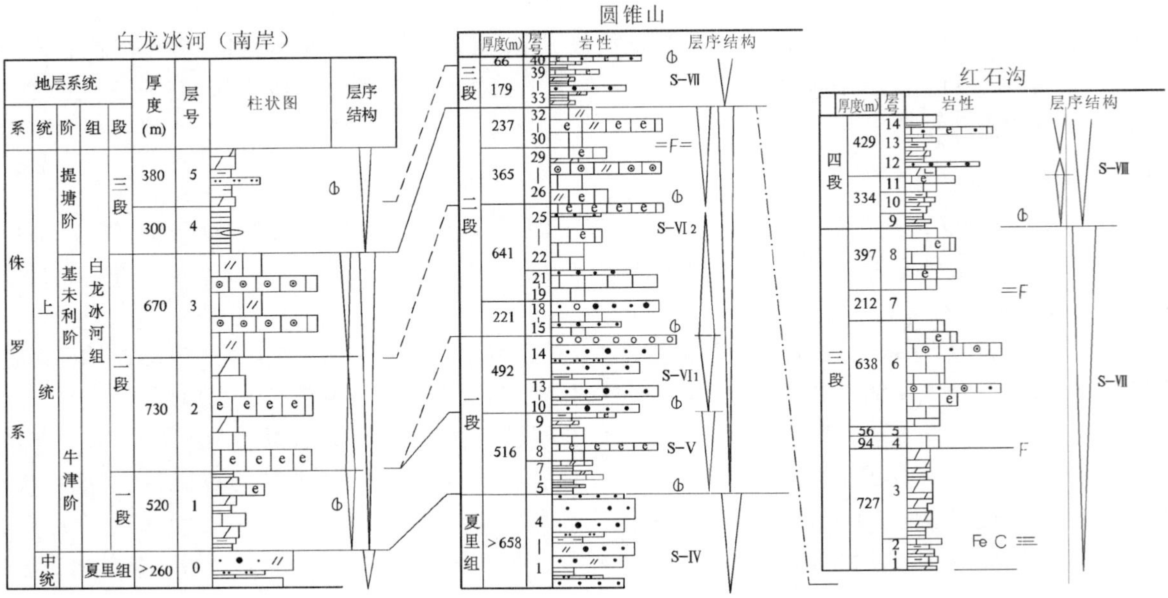


图 2-35　图区白龙冰河组综合层序柱状对比图(岩性参阅剖面描述)

(1) 一段

区域内白龙冰河组底部或厚或薄，均存在一段以深色泥页岩、泥灰岩为特征的岩性段——泥页岩段(图版 2-48，图 2-35)，1∶100 万改则幅区调报告划为雁石坪群上灰岩组，其后的研究者往往将其归入中侏罗统夏里组。

白龙冰河两岸，此泥页岩段之上还存在一段分布与厚度不稳定、以碎屑岩为主的地层——砂砾岩段。因其不同于白龙冰河组的岩性，前人多数将其归入中侏罗统夏里组。

本次调查表明，白龙冰河组由 3 个组合、结构特征基本一致的大沉积旋回组成。考虑到上述泥页岩段是其下旋回之底部构成，并且采获晚侏罗世的腕足类化石，因此将此泥页岩段与位于其上的砂砾岩段(与标准定义之夏里组不同)一并归入白龙冰河组，划分为该组的一个段。为了便于讨论、对比，本报告分上、下两个亚段(非填图单位)进行描述。

下亚段——泥页岩亚段

指白龙冰河组底部的灰岩—页岩岩性段。整合于夏里组之上，以页岩夹灰岩的出现、砂岩的结束为标志与下伏地层相区分。厚度 516m。

为灰绿、灰、深灰色的钙质泥页岩、页岩、泥岩，与薄—中厚层状泥灰岩、灰岩的组合。下部以泥、页岩为主，偶夹黄白色细砂岩；中上部泥岩、页岩夹少许灰黄色薄层状含铁泥质粉砂岩、砾屑灰岩，顶部为灰、深灰色中层疙瘩状含生物屑泥质灰岩、生物屑泥质灰岩。总体向上泥岩、页岩减少、灰岩增多、变厚变粗。灰岩以泥灰岩、含泥微晶灰岩、微晶灰岩为主，夹生物屑含云微晶灰岩、鲕粒-球粒灰岩、生物屑灰岩。

具平行层理、虫迹、生物搅动、压溶缝合线构造。发育有(钙质)页岩→微晶灰岩→生物屑含云微晶灰岩，及微晶灰岩→鲕粒-球粒灰岩→生物屑灰岩两种类型的米级旋回。

含双壳类、腕足类、腹足类、海百合化石，大多保存完整。产腕足类 *Rutorhynchia jioshanensis*，*R. biplicata*，*R. elongata*，*Praelacunosella renngarteni*，*Holcothyris tanggulaica*，*Avonothyris gigantea*；双壳类 *Liostrea birmanica*，*Lithophaga inclusa*。

该亚段为以水深较深的陆棚相、台盆相沉积为主，形成于晚侏罗世早期。图区内由圆锥山剖面控制(图 2-15)白龙冰河路线剖面控制(图 2-16)。

上亚段——砂砾岩亚段

指白龙冰河组下部砂、砾岩为主的岩性段。与上、下地层整合接触，以砂、砾岩的出现为标志与下伏地层相区分，以大套灰岩的出现为标志与上覆的白龙冰河组二段相区分。厚度 492m。

为灰黄、灰、灰绿色夹紫红、紫灰色的薄—厚层状含粉砂中粒细粒岩屑石英砂岩、中—细粒岩屑石英砂岩、含砾中—粗粒岩屑石英砂岩，夹砾岩、含白云石含细砂泥质粉砂岩、泥质粉砂岩、含白云石含粉砂质泥岩、粉砂质泥岩及少量深灰色页岩、泥灰岩透镜体。中下部还夹少许灰、深灰色中—薄层状白云质含中粒细粒石英砂岩、白云质中细粒石英砂岩、微晶灰岩、含生物屑微晶灰岩、砂屑砾屑生物屑含云灰岩。部分灰岩不均匀白云化、含白云岩团块。

发育页岩与粉砂质泥岩和泥质粉砂岩互层→薄层状细砂岩与含粉砂质泥岩和含泥质粉砂岩夹页岩→中厚层状中细粒砂岩夹少量中粗粒砂岩→含砾中粗粒砂岩及砾岩组成的小旋回，小旋回厚 5～12m。总体上往上变厚变粗，上部以粗粒碎屑岩为主。

具平行层理、正粒序层理、定向排列构造，局部偶见纹层理、交错层理、压溶缝合线构造。岩中含少量双壳类、腕足类、腹足类、珊瑚、海百合化石，产双壳类 *Plagiostoma* sp.，*P. channoni*，*Propeamussium pumilum*。

该亚段为以三角洲相沉积为主，形成于晚侏罗世早期。

该砂砾岩亚段分布不稳定，往北变厚，往南变薄、尖灭，变化较大。在白龙冰河以北的黑塔山-黑盾尖山一线，该亚段沉积厚度极大，明显大于白龙冰河南岸该段 492m 的厚度；而且出现大量的紫红色砾岩、含砾岩砂岩，并夹数段灰—深灰色中—薄层状生物屑灰岩—微晶灰岩，与灰绿色的薄—厚层状细砂岩及少许粉砂岩、泥岩，构成杂色的多旋回组合。白龙冰河南岸由圆锥山往东，该亚段逐渐变薄、一度尖灭(图 2-35)，至龙尾山以东又再次出现。延至石榴湖以南，岩石以浅灰绿为主；东延至图幅边缘的紊埂梁以东，则以灰、紫灰色为主，在灰岩夹层中还发育有珊瑚点礁。区内该亚段在白龙冰河南岸测有圆锥山剖面(图 2-15)。

(2) 二段

分布于甜水河以北、以东的广大地区。整合于一段的砂砾岩或泥页岩之上、三段泥页岩之下，以大套灰岩的出现或消失为标志与上覆、下伏地层相分。

该段为一套碳酸盐岩，下部夹少许碎屑岩，与下伏的一段组成一个砂泥岩→碳酸盐岩的沉积大旋回(图 2-35)。该段是原来建立白龙冰河组的主体。厚度 1 464m。

底部至中下部由灰岩夹碎屑岩构成。为黄灰、灰、深灰色中层状(底部夹薄层)微晶灰岩、含粒屑微晶灰岩夹颗粒灰岩，夹少许灰绿色薄—厚层状陆源碎屑岩；或中、厚层状泥灰岩、微晶灰岩、生物屑灰岩不等厚互层。其底部陆源碎屑岩夹层总体往上增多、夹层变厚，厚度 221m；中下部陆源碎屑岩夹层总体往上减少、变薄、变细，厚度 641m。

上部由灰岩、白云质灰岩构成，厚度 730～862m。为浅灰、灰、深灰色中层含泥质微晶灰岩、含粒屑微晶灰岩夹颗粒灰岩，部分岩石不均匀白云岩化，顶部夹少量薄层状微晶灰岩、泥灰岩和页岩。局部为中厚层至块状。

含粒屑微晶灰岩包括含生物屑微晶灰岩、含泥质含生物屑微晶灰岩、含核形石微晶灰岩，下部主要是含生物屑微晶灰岩。颗粒灰岩包括含砂屑生物屑灰岩、鲕粒灰岩、球粒灰岩、粒屑灰岩，上部出现较多的鲕粒灰岩、球粒灰岩。底部、下部陆源碎屑岩以中、细粒岩屑石英砂岩为主，夹少许含生物屑(含钙)细粒岩屑石英砂岩、含砾中粗粒岩屑石英砂岩、砾岩。中下部陆源碎屑岩以含生物屑、含钙、含生物屑钙质鲕粒的细粒岩屑石英砂岩及细粒石英砂岩为主，局部夹钙质含生物屑不等粒石英砂岩、含砾不等粒石英砂岩、含钙中细粒岩屑石英砂岩、含中粒细粒长石岩屑砂岩、含砾细粒砂屑石英砂岩、砾岩。

灰岩局部具平行层理、压溶缝合线构造，陆源碎屑岩具平行层理、正粒序层理。发育向上变浅的基本层序(图 2－36)。

灰岩中生物为菊石、双壳类、腕足类、海百合、苔藓虫、有孔虫、珊瑚、藻类组合,碎屑岩产双壳类、腕足类、海百合化石。底部产菊石 *Perisphinctidas*, *Progeronia* sp., *Alligaticeras* sp.;下部产珊瑚 *Stylosmilia michelina* 及腕足类 *Thurmannella acuticosta*;双壳类 *Gryphaea* (*Bilobissa*) *bilobata*, *Protocardia* (*Protocardia*) *lingulata*, *Miyagipecten laevis*, *Radulopecten* sp.;上部产珊瑚 *Lochmaeosmilia* sp. 及双壳类 *Propeamussium* (*Propeamussium*) *pumilum*。

该段为海陆交互-浅海碳酸盐岩台地相沉积,形成于晚侏罗世早中期。碎屑岩夹层主要见于图区西部,横向延伸不稳定(图 2－36);弯弯梁、石榴湖等局部地区发育有珊瑚点礁。由圆锥山剖面、白龙冰河路线剖面控制(图 2－15、图 2－16)。

(3) 三段

三段分布于图区中部的红石沟一带。为一个泥岩—泥灰岩→碳酸盐岩的沉积大旋回(图 2－35)。以一套泥页岩的出现为标志,整合二段灰岩之上(图 2－37)。厚度大于 2 096m。

底部、下部为深色的纹层—中层状泥页岩、泥灰岩,夹少量含泥微晶灰岩、微晶灰岩、颗粒灰岩、粉—细砂岩,底部还夹有少许灰绿色中、厚层状含钙中—细粒岩屑石英砂岩、含生物屑细粒岩屑石英钙质砂岩,下部偶夹浅灰色薄层状粉砂岩。底部以泥页岩为主,厚度 179～300m;下部以泥灰岩、含泥微晶灰岩为主,厚度大于 727m。

中—上部为灰、深灰色薄、中层状微晶灰岩、含生物屑微晶灰岩、含生物屑含砂屑微晶灰岩、鲕粒藻砂屑灰岩组合,以微晶灰岩、

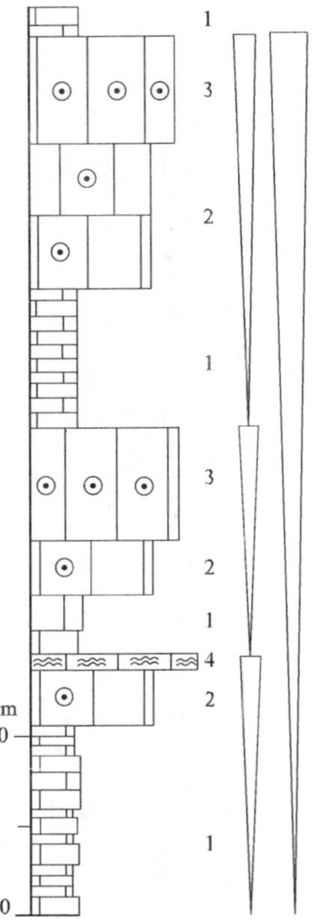


图 2－36　白龙冰河组二段中向上变粗、变浅的基本层序

1. 微晶灰岩;2. 含球粒-鲕粒灰岩;3. 球粒-鲕粒灰岩;4. 纹层灰岩

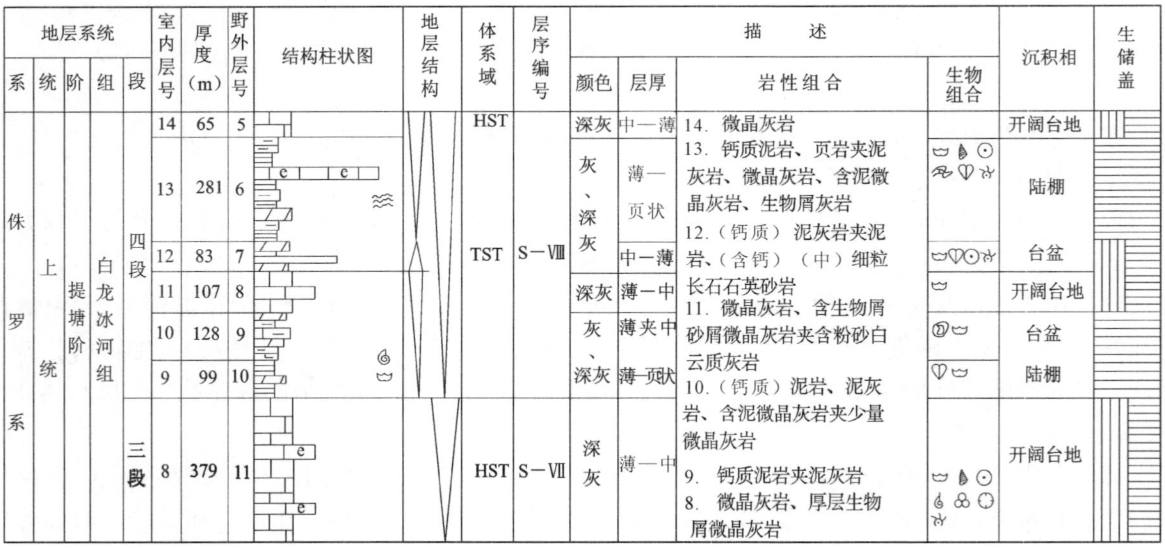


图 2－37　圆锥山剖面白龙冰河组三段顶至四段底部综合层序柱状对比图

含生物屑微晶灰岩为主,总体上含颗粒微晶灰岩、颗粒灰岩的含量往上增加。厚度大于 1 369m。

泥页岩呈灰绿、灰、深灰色,纹层—中层状,包括页岩、泥岩、钙质泥岩,岩中产饼状钙质结核。泥灰岩呈黄灰、灰、深灰色,纹层—中层状。灰岩包括灰、深灰色中—薄层状含泥微晶灰岩、微晶灰岩、含生物屑微晶灰岩,及少许生物屑含砂灰岩,底部还夹(含砂)生物屑灰岩、生物屑细砂质灰岩、鲕粒灰岩、云质灰岩。

该段水平层理发育,部分岩中含不规则斑块状及草莓状的黄铁矿。页岩—泥灰岩—微晶灰岩—含生

物屑微晶灰岩—(含砂)颗粒灰岩组合,发育向上变厚、变粗的基本层序,底部一些小旋回的顶部具有铁质混染或不均匀白云岩化的现象。

生物有双壳类、腕足类、腹足类、有孔虫、珊瑚、海百合等。下部产菊石 *Virgatosphinctes* sp.,*V.* cf. *subfrequens*,*V.* cf. *frequens*,? *Spiticeras* sp.,*Aulacoshinctes* sp.,*Anisocardia*? sp.,? *Paraboliceras* sp.,*Prcpeispinctes* sp.,*Pcrispincten* sp.,*Subplanites* sp.;腕足类 *Burmirhynchia asiatica*,? *B. gutta*;双壳类 *Gryphaea* (*Bilobis sa*) sp.。中部产腕足类? *Aromasithyris balinensis*,*Dorsoplicathtyris prolifera*。

该段为水深较深的陆棚相、台盆相→开阔台地相沉积,形成于晚侏罗世中晚期。图区内圆锥山剖面、白龙冰河路线剖面、甜水河北岸—红石沟路线剖面涉及该段(图 2-14、图 2-15、图 2-16)。需要说明的是:由于断层、褶皱发育,浮土、冰雪掩盖较强,未寻得连续剖面,大于 2 096m 的段厚度只能作为参考。

(4) 四段

四段为图区侏罗纪地层出露的最高层位,仅在中部的甜水河北岸有少量分布。为一个泥岩—泥灰岩→礁灰岩小旋回组(图版 2-49、图版 2-50)构成的沉积大旋回,以一套泥页岩的出现为标志,整合三段灰岩之上。厚度大于 1 166m。

下部为深色的纹层—中层状泥页岩、泥灰岩、钙质泥灰岩、含泥微晶灰岩,夹少量灰、深灰色中—薄层微晶灰岩、生物屑灰岩、细碎屑岩,偶夹含粉砂白云质灰岩。底以泥页岩为主。生物以菊石(图版 2-46)、腕足类为主,还含双壳类、腹足类、苔藓虫、介形虫、棘皮类。产菊石 *Virgatosphinctes* sp.;腕足类 *Dorsoplicathtyris prolifera*,? *Aromasithyris balinensis*。厚度大于 763m。

泥页岩呈灰、深灰色,页—薄层状,为页岩、泥岩、钙质泥岩。泥灰岩、钙质泥灰岩呈黄灰、灰、深灰色,纹层—中层状。灰岩(夹层)主要为微晶灰岩、含生物屑砂屑微晶灰岩、含细砂微晶生物屑灰岩、微晶介壳灰岩。细碎屑岩为深灰色薄层状含生物屑钙质中细粒长石石英砂、含钙质细粒长石石英砂。

上部为深灰色中—薄层状生物屑灰岩—微晶灰岩→浅灰—灰白色厚块状礁(丘)灰岩构成的礁旋回组合(图 2-38),以生物礁灰岩为主。部分礁旋回之底为(或夹)泥页岩、泥灰岩、含泥微晶灰岩。生物为多门类组合,有海绵、层孔虫、珊瑚、藻类、腕足类、双壳类、腹足类、介形虫、有孔虫、苔藓虫、锥壳类、棘皮类等,中—薄层灰岩中还含海绵骨针。产珊瑚 *Stylosmilia michelini*,*S. tanggulaensis*,*Cryptocoenia octosepta*(图版 2-51、图版 2-52);腕足类? *Lacunosella cracoviensis*,? *L. truncata* 和海扇 *Chlamys* sp.。厚度大于 403m。

生物礁丘由海绵、层孔虫、珊瑚(图版 2-51、图版 2-52)、藻类(图版 2-53、图版 2-54)建造形成,部分为灰泥丘(图版 2-49、图版 2-50)。礁灰岩有海绵灰岩、海绵藻粘结岩、藻粘结海绵灰岩、藻粘结生物屑灰岩、生物屑藻粘结灰岩、藻叠层石灰岩、藻粘结岩(图版 2-53)、珊瑚骨架岩、盖覆岩(图版 2-55),及部分泥质灰岩、微晶灰岩,局部夹生物屑灰岩、砂屑生物屑灰岩、凝块生物屑灰岩、溶孔灰岩、含藻凝块生物屑灰岩。块状层理,具生物砾砂屑结构、粘结结构、隐粘结结构、骨架结构、盖覆结构、生物结构、斑块构造、溶孔构造(图版 2-56)、栉壳状构造、示底构造(图版 2-57)。

礁旋回的底部为生物屑微晶灰岩、含生物屑微晶灰岩,或生物屑灰岩、含微晶含砂屑生物屑灰岩、生物屑砂屑灰岩,夹微晶灰岩、泥灰岩,偶夹泥岩。具水平层理。

该段为陆棚相、台盆相→开阔台地礁滩相沉积,形成于晚侏罗世晚期,上部有可能跨入早白垩世。由甜水河北岸—红石沟路线剖面控制下部(图 2-14),由甜水河石峰山南剖面控制上部(图 2-13)。

此外,根据贾宝江等(1995)、王成善等(2001)、王剑等(2004)资料:甜水河北-红石沟一带白龙冰河组三段—四段见 6 个化石层位,产双壳类 *Buchia blanfordiana*,*Pseudotrapezium* sp.,*Posulonia* sp.,*Oxytoma* sp.,*Modiolus* sp.,*Astarte* sp.,腕足类 *Septaliphoria* sp.,*S. compta*,*Burmirhynchia* sp.;菊石 *Virgatosphincles* sp.,*V. denseplicatus*,*V.* cf. *kutianus vhlig*;紊埂梁一带该组中具产珊瑚 *Thecosmilia* cf. *rutogensis*;独星湖剖面该组中具菊石 *Blanfordiceras cricki*。

## 三、古生物群与地层时代

### (一) 古生物群

图区侏罗纪生物繁盛,为多门类组合,包括双壳类、腕足类、腹足类、介形虫、有孔虫、苔藓虫、海绵、珊

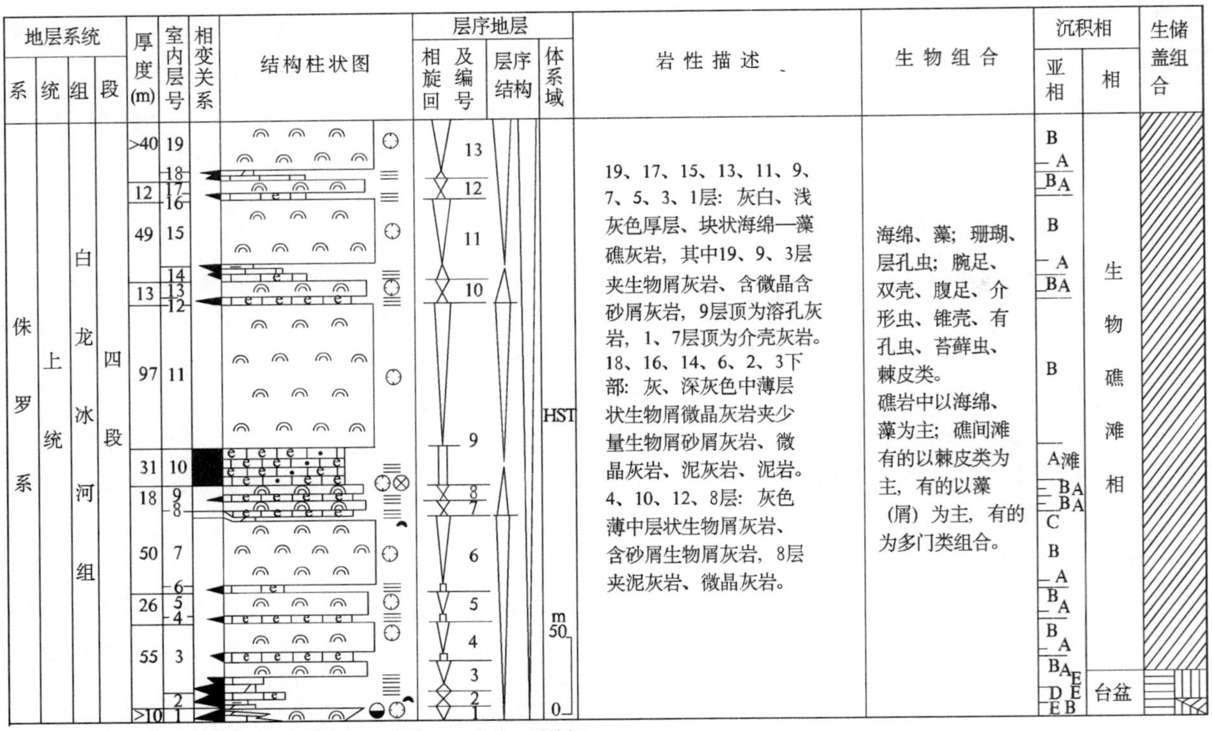

注：A—礁间；B—礁（核）；C—礁坪；D—礁翼；E—台盆—缓坡相。

图 2-38　白龙冰河组四段上部礁旋回组合综合层序柱状图

瑚、藻类、棘皮类等。地层中以富含介壳类为特征，尤其是双壳类，其次是腕足类，属种和个体数都十分丰富。局部地区有珊瑚、海绵、藻类生长形成的生物礁丘发育。

经测区本次工作及区域的一些研究（段其发等，2004），表明其中很多生物属种延续时间长，组合分子的纵向分布并不确定，有些优势种出现的层位与原来的不尽相同，而且不同组合、不同时代的分子常常共同出现在同一层位[有的研究者认为是化石“混积”现象（赵政璋等，2001）]，在确定地层时代方面有局限性，即使建立了生物组合也仅是地域性的优势种生物群，较难进行区域对比，失去原有的意义结合。以下就突出门类的生物群面貌、生物组合（群）叙述如下（表 2-5）。

**1. 放射虫**

放射虫仅产于东南角的石水河那底岗日组所夹的硅质岩中，经鉴定有 *Archaeoepongoprunum* sp.，*Archaeodictyomitra* sp.，*Pseudocrucella* sp. 等。

放射虫在羌北地区侏罗系中为首次发现，与骨针共生。此外，那底岗日组的灰岩夹层中还发现含腕足类、双壳类、有孔虫、介形虫化石。这是藏北该组为数不多的化石产出点，对地层时代、沉积环境和盆地演化的研究具有重要意义，在今后的工作中应予以重视。

**2. 双壳类**

双壳类在侏罗纪极其繁盛，属种丰富，丰度高，分布广泛。其是图区侏罗系中最主要的生物化石，从那底岗日组上部到雪山组的顶部都有产出，总体面貌与青南藏区域上的侏罗纪双壳类一致。其中很多属种延续的时间较长，曾经建立的一些双壳类生物组合主要分子的纵向分布也并不确定，因而不宜建立生物组合（带），只能对生物群进行描述。以下本报告所划分的生物“组合”实质为生物群生物组合（表 2-5、表 2-6），特此说明。

（1）布曲组双壳类

该组双壳类化石丰富，其上部经鉴定的属种有 11 属 17 种：*Bakevellia* sp.，*Camptonectes*(*Camptochlamys*)*rosimon*，*Ceratomyopsis striata*，*Chlamys*(*Radulopecten*)*tipperi*，*C.* sp.，*Gryphaea*(*Bilobissa*)*bilobata*，*Miyagipecten laevis*，*Modiolus glaucus*，*M.* sp.，*Myopholas* sp.，*Placunopsis* cf. *socialis*，*Protocardia*(*Protocardia*)*lingulata*，*Pseudotrapezium cordiforme*，*Radulopecten* cf. *baimaensis*，*R.* cf.

**表 2-5 测区侏罗纪主要生物群一览表**

| 系 | 统 | 阶(期) | 岩石地层 | | 腕足类 | | 双壳类 | | 腹足类、珊瑚、菊石、放射虫 | |
|---|---|---|---|---|---|---|---|---|---|---|
| 侏罗系 | 上统 | 提塘阶(期) | 雪山组 | 白龙冰河组 | | *Rutorhynchia jioshanensis* - *Dorsoplicathtyris prolifera* 组合 | *Anisocardia* (*Antiquicyprina*) *trapezoidalis*, *A. triangularis*, *Lopha zadoensis*, *Miyagipecten laevis* 等 | | 腹足类 *Ampullina* cf. *canaliculata*, *A.* sp., *Naricopsina* cf. *jingguensis* | 珊瑚 *Stylosmilia michelini*, *S. tanggulaensis*, *Cryptocoenia octosepta* |
| | | 启莫里阶(期) | 索瓦组上段 | | *Monticlarella striocincta*, *M.* cf. *striocincta*, *Gusarella nucleola*, *G. gusarensis* * *Monticlarella* cf. *striocincta* | | *Radulopectn tipper* - *Protocardia* (*P.*) *strcklandi* - *Myopholas multicostata* - *Radulopecten fibrosus* 组合 | *Radulopecten fibrosus* - *Protocardia* (*P.*) *qinghaiensis* 生物群 * *Protocardia qinghaiensis* * *Myopholas multicostata* | 珊瑚 *Schizosmilia* cf. *rollieri*, *Stylosmilia* cf. *crassitheca*, *Pseudocoenia*? sp., *Thecosmilia*? sp. 等 腹足类 *Ampullina* cf. *canaliculata* | 菊石 *Virgatosphinctes* - *Aulacoshinctes* 组合 珊瑚 *Stylosmilia michelina*, *Lochmaeosmilia* sp. |
| | | 牛津阶(期) | 索瓦组下段 | | * *Pentithyris vulgaris* * ? *Moeschia granulata*, | | | * *Myopholas multicostata* - *Radulopecten* cf. *vagans* - *Protocardia* (*P.*) *stricklandi* 生物群 | 珊瑚 *Stylosmilia tingriensis* * *Epistreptophyllum cylindratum* 腹足类 * *Nerinella fallax*, *Lewinskia varioplicata* | 菊石 *Progeronia* - *Alligaticeras* 组合 |
| | 中统 | 卡洛阶(期) | 夏里组 | | | | | *Myopholas multicostata* - *Radulopectn tipper* - *Protocardia* (*P.*) *strcklandi* 生物群 * *Placunopsis* cf. *socialis* 等 | | |
| | | 巴通阶(期) | 布曲组 | | *Tubithyris whatleyensis* *Burmirhynchia* - *Holcothyris* 组合 | | | *Chlamys* (*Rodulopecten*) *tipperi*, *Radulopecten* cf. *baimaensis*, *R.* cf. *vagans* 等 | 珊瑚 *Thecosmilia* sp. | |
| | | 巴柔阶(期) | | | | | * *Camptonectes* (*C.*) *auritus* - *Anisocardia caudata* 组合 | | | |
| | | 阿连阶(期) | | | | | | | | |
| | 下统 | | 雀莫错组 | | | | *Qiyangia* - *Pseudocardinia* 组合 | | | |
| | | | | | | | Camptonectes, *Entolioim* sp. 等 | | | |
| | | | | | | | | | | |
| | | | 那底岗日组 | | | | | | 放射虫 *Archaeoepongoprunum* sp., *Archaeodictyomitra* sp., *Pseudocrucella* sp. 等 | |

注:带 * 者资料源于 1:25 万查多岗日幅,其他资料源于 1:25 万布若错幅,夏里组—索瓦组下段—索瓦组上段的双壳类合称组合综合 1:25 万查多岗日幅与 1:25 万布若错幅资料划分。

**表 2-6　测区侏罗纪双壳类生物\生物组合及划分对比表**

| 系 | 统 | 阶(期) | 本报告 岩石地层 | 本报告 生物 或 生物组合 | | 雁石坪群正层型生物地层序列(《西南区区域地层》,1999) | | 冈底斯北-察隅-羌塘-昌都地区(罗建宁等,1996) | 王成善等(2001) | | 陈楚震等(2000) | |
|---|---|---|---|---|---|---|---|---|---|---|---|---|
| 侏罗系 | 上统 | 提塘阶(期) | 雪山组 | Anisocardia (Antiquicyprina) trapezoidalis, A. triangularis, Lopha zadoensis, Miyagipecten laevis 等 | | | | | 雪山组 | Camptonectes obscurus – Laevitrigonia gibbosa 组合 | 提塘期 | Buchia fischeriana 组合<br>Buchia cf. rugosa 组合<br>Buchia cf. mosquensis 组合 |
| | | | | | | 雪山组 | Peregrinoconcha yunnanensis, Yunnanconcha sp., Sinonaia sp. 等 | Peregrinoconcha yunnanensis – Lervillella aviculoides 组合, | | Lophagregrea – Peregrinocancha yunnanensis 组合 | 启莫里期 | Buchia tenuistriata 组合<br>Buchia cf. concentrica 组合 |
| | | 启莫里阶(期) | 索瓦组上段 | Radulopectn tipper – Protocardia (P.) strcklandi – Myopholas multicostata – Radulopecten fibrosus 组合 | Radulopecten fibrosus – Protocardia (P.) qinghaiensis 生物群(组合)<br>* Protocardia qinghaiensis<br>* Myopholas multicostata | 索瓦组 | Myopholas multicostata – Entolium corneolum 组合<br>Radulopecten fibrosus – Gervillia aviculoides 组合 | Radulopecten fibrosus – Gervillia aviculoides 组合<br>Entolium corneolum – Myopholas multicostata 组合 | 索瓦组 | Radulopecten fibrosus – Myopholas multicostata 组合 | 牛津期 | |
| | | 牛津阶(期) | 索瓦组下段 | | * Myopholas multicostata – Radulopecten cf. vagans – Protocardia (P.) stricklandi 生物群(组合) | | | | | | | |
| | 中统 | 卡洛阶(期) | 夏里组 | | Myopholas multicostata – Radulopectn tipper – Protocardia (P.) strcklandi 生物群(组合)<br>* Placunopsis cf. socialis 等 | 夏里组 | Anisocardia tenera – Modiola biparta 组合 | Anisocardia tenera – Pinna lanceotata 组合 | 夏里组 | Chlamys (Radulopecten) tipper, C. (R.) vagans 等 | 卡洛夫期 | Anisocardia tenera – Finna lanceolata 组合<br>Radulopecten vagans – Anisocardia beaumoni 组合 |
| | | 巴通阶(期) | 布曲组 | Chlamys (Rodulopecten) tipperi, Radulopecten cf. baimaensis, R. cf. vagans 等 | | 布曲组 | Camptonectes laminatus – Anisocardia beaumonti 组合 | Camptonectes laminatus – Anisocardia beaumonti – Radulopecten vagans 组合<br>Brachidontes – Gervillella avatas 组合 | 布曲组 | Chlamys-Liostrea – Camptonectes 组合 | 巴通期 | Eomiodon angulatus – Isognomon (M.) bathonicus 组合 |
| | | 巴柔阶(期) | | * Camptonectes (C.) auritus – Anisocardia caudata 组合 | | 雀莫错组 | Camptonectes – Psilunio – Lamprotula 组合<br>Camptonectes auritus – Pteroperna costaula 组合 | Psicunia chaoi – Cuneopsis sichuanensis – Protocardia hepingxingensis – Anlsocarrdia glbbosa 组合<br>Koboyashites hayamii – Protocardia truncata 组合<br>Camptonectes auritus – Modiolus anatinus 组合 | 雀莫错组 | Camptonectes | 巴柔期—阿连期 | Trigonia (T.) brevicosta – Camptonectes (C.) laminatus 组合 |
| | | 阿连阶(期) | | | | | | | | | | |
| | 下统 | | 雀莫错组 上部细碎屑岩段 | * Qiyangia – Pseudocardinia 组合 | | | | | | | 早侏罗世 | Parainocsramus – Teinonuculana 组合 |
| | | | 雀莫错组 上部灰岩段 | * Camptonectes, Entolioim sp. 等 | | | | | | | | |
| | | | 雀莫错组 下部粗碎屑岩段 | | | | | | | | | |

*vagans*，*R.* sp.。均为中侏罗世的常见属种。

其中，上部出现的 *Chlamys*(*Rodulopecten*)*tipperi* 以往常见于卡洛夫期夏里组中（王成善等，2001），在 1：25 万乌兰乌拉幅区调报告中作为 *Chlamys tipperi* – *Protocardia stricklandi* 组合带的带化石之一（中国地调局，2004）。*Radulopecten* cf. *baimaensis*，*R.* cf. *vagans* 是巴通期—卡洛夫期的中部双壳类 *Radulopecten vagans* – *Anisocardia beaumoni* 组合（陈楚震等，2000）的常见分子。

(2) 夏里组双壳类

发育程度普遍较低，但在图区西部的友谊沟剖面较为丰富，经鉴定的属种有 6 属 8 种。可以厘定为一个双壳类生物群：*Myopholas multicostata* – *Radulopectn tipper* – *Protocardia*（*P.*）*strcklandi* 生物群。

生物群分子有 *Anisocardia*（*Antiguicyprina*）*loweana*，*Camptonectes*（*Camptochlamys*）*yanshipingensis*，*Myopholas multicostata*，*Modiolus* sp.，*Protocardia*（*P.*）*strcklandi*，*P.*（*P.*）*linkaensis*，*P.*（*P.*）*qabdoensis*，*Radulopectn tipperi*。它们大多数是中侏罗世中、晚期的常见属种。但是，以往作为晚侏罗世牛津期至基未利期代表分子的 *Myopholas multicostata* 在此已开始出现。

其面貌与王成善等(2001)所述羌塘地区夏里组产 *Chlamy*(*Radulopecten*) *tipperi*，*C.*（*R.*）*vagans* 等的双壳类化石面貌类似。段其发等(2004)也认为青海南部的雀莫错地区夏里组以 *Radulopectn* 繁盛为特征。根据前人的研究，此类双壳类面貌的夏里组形成于中侏罗世卡洛夫期。

(3) 索瓦组下段双壳类

双壳类丰富，经鉴定的属种有 15 属 17 种（详见岩石地层一节之索瓦组下段）。它们是中侏罗世的常见属种，较为特征的为 *Chlamys*（*Radulopecten*）*vagans*，*Modiolus imbricatus*，*Rudulopecten scarburgensis*。其中 *Radulopecten vagans* 是巴通期—卡洛夫期中部一个双壳类组合的代表分子之一（陈楚震等，2000）。

西邻的 1：25 万查多岗日幅中该段双壳类属种更为丰富，以 *Anisocardia*，*Propeamussium*，*Radulopecten*，*Myopholas* 繁盛、属种丰富为特征，划分了一个双壳类生物群：*Myopholas multicostata* – *Radulopecten* cf. *vagans* – *Protocardia*（*P.*）*stricklandi* 生物群（结合本图幅资料 *Radulopecten* cf. *vagans* 可以 *Radulopecten vagans* 替代）。

(4) 索瓦组上段双壳类

双壳类极其丰富，其中经鉴定的属种有 23 属 43 种（详见岩石地层一节之索瓦组上段）。可以厘定一个双壳类生物群：*Radulopecten fibrosus* – *Protocardia*（*P.*）*qinghaiensis* 生物群。

该生物群以 *Anisocardia*，*Propeamussium*，*Radulopecten*，*Myopholas* 繁盛，与西邻 1：25 万查多岗日幅索瓦组下段 *Myopholas multicostata* – *Radulopecten* cf. *vagans* – *Protocardia*（*P.*）*stricklandi* 生物群比较，出现了一些新的属种，特别是 *Radulopecten fibrosus*，*P.*（*Protocardia*）*qinghaiensis*，*Miyagipecten*，*Gervilla* sp 等；其中也不乏下伏巴柔期—卡洛夫期地层的延续分子，如 *Myopholas multicostata*，*R. tipperi*，*Protocardia*（*Protocardia*）*linkaensis*，*Placunopsis* cf. *socialis*，*C.*（*Camptochlamys*）*yanshipingensis*，*Modiolus imbricatus*，*Anisocardia*（*Antiquicyprina*）? sp.，*Liostrea birmanica* 等。

以往大多数人认为该生物群分子是中侏罗世的常见属种，但其中最为重要的分子 *Radulopecten fibrosus* 为雁石坪群正层型生物地层序列索瓦组 *Radulopecten fibrosus* – *Gervillia aviculoides* 组合（《西南区区域地层》1999；罗建宁等，1996），王成善等(2001)认为是牛津期 *Myopholas multicostata* – *Radulopecten fibrosus* 组合的代表分子之一，而近期完成的 1：25 万赤布张错幅区调报告中则作为雪山组下部 *Radulopecten fibrosus* – *Gervillia oaientaliss* – *Placunopopsis duriuscula* 组合的代表分子之一。

结合图区索瓦组上、下段中已采获晚侏罗世的珊瑚、腕足类化石（下叙），判断本报告之 *Radulopecten fibrosus* – *Protocardia*（*P.*）*qinghaiensis* 生物群的形成时代，应为晚侏罗世早中期。

综合西邻联测图幅资料，夏里组至索瓦组上段只可粗分为一个双壳类组合，可称之为 *Radulopectn tipper* – *P rotocardia*（*P.*）*strcklandi* – *Myopholas multicostata* – *Radulopecten fibrosus* 组合。夏里组的 *Myopholas multicostata* – *Radulopectn tipper* – *Protocardia*（*P.*）*strcklandi* 生物群，与索瓦组下段的 *Myopholas multicostata* – *Radulopecten* cf. *vagans*（或 *R. vagans*）– *Protocardia*（P.）*stricklandi* 生物群大体相似，代表了测区中侏罗世卡洛夫期至晚侏罗世早期的双壳类面貌。索瓦组上、下段双壳类化石以

*Myopholas multicostata*，*Radulopecten fibrosus* 为代表，与赵政璋等(2001)之 *Myopholas multicostata* - *Radulopecten fibrosus* - *Gervillella aviculoides*，或王成善等(2001)之 *Radulopecten fibrosus* - *Myopholas multicostata* 组合大致相当，时代应为晚侏罗世牛津期—基末利期。

(5) 雪山组双壳类

雪山组双壳类丰富，其中经鉴定的属种有 11 属 16 种：*Anisocardia* sp.，*A.*（*Antiquicyprina*）*trapezoidalis*，*A. triangularis*，*Camptonectes*（*Camptonectes*）*clathratas*，*Chlamys* sp.，*Lopha zadoensis*，*Miyagipecten laevis*，*Neocrassina*（*Pressastarte*）sp.，*Placunopsis* sp.，*Protocardia*（*Protocardia*）*linkaensis*，*P.*（*Protocardia*）*qinghaiensis*，*P.*（*Protocardia*）sp.，*Pseudolimea* sp.，*P. duplicata*，*Pteria plana*，*Radulopecten* sp.。它们多为中侏罗世的常见属种，是下伏地层的上延分子。

(6)白龙冰河组双壳类

一段下部泥页岩亚段产 *Liostrea birmanica*，*Lithophaga inclusa*；二段底部产 *Gryphaea*（*Bilobissa*）*bilobata*，*Protocardia*（*Protocardia*）*lingulata*，*P.*（*Propeamussium*）*pumilum*，*Miyagipecten laevis*，*Radulopecten* sp.；三、四段产 *Gryphaea*（*Bilobissa*）sp.，*Chlamys* sp.。其中未采获特征分子，所产属种常见于中侏罗世，是下伏地层的上延分子。

**1. 腹足类**

腹足类是侏罗系中常见的生物化石，但区内仅在部分地层中鉴定了少量属种：索瓦组上段有 *Ampullina* cf. *canaliculata*，雪山组有 *Ampullina* cf. *canaliculata*，*A.* sp.，*Naricopsina* cf. *jingguensis*。均为中—晚侏罗世分子。

**2. 珊瑚**

产出不多，但其在区内为侏罗系中一门重要的生物，在局部还建造形成点礁。除布曲组中偶有珊瑚 *Thecosmilia* sp. 等产出外，主要出现在索瓦组、白龙冰河组中。后二者的珊瑚面貌相似，相当于陈楚震等(2000)综述的晚侏罗世珊瑚生物组合：*Stylosmilia michelina* - *Pseudocoenia hexaphyllia* 组合。

其中，索瓦组下段顶部产珊瑚 *Stylosmilia tingriensis*，索瓦组上段产珊瑚 *Schizosmilia* cf. *rollieri*（图版 2-31、图版 2-32），*Stylosmilia* cf. *crassitheca*（图版 2-33、图版 2-34），*Pseudocoenia*? sp.，*Thecosmilia*? sp.。它们大多为晚侏罗世珊瑚分子，是区内点礁的主要造礁生物，是测区确定索瓦组时代的重要依据。

白龙冰河组二段下部产珊瑚 *Stylosmilia michelina*，*Lochmaeosmilia* sp.；四段上部产珊瑚 *Stylosmilia michelini*，*S. tanggulaensis*，*Cryptocoenia octosepta*（图版 2-51、图版 2-52），是造礁生物。其中 *Stylosmilia michelina*，*S. tanggulaensis* 为晚侏罗世珊瑚分子，前者还是 *Stylosmilia michelina* - *Pseudocoenia hexaphyllia* 组合的代表分子，是测区确定白龙冰河时代的重要依据。

根据王成善等(2001)资料，图区东部的紊埂梁一带白龙冰河组中还产有早白垩世的珊瑚化石 *Thecosmilia* cf. *rutogensis*。

**3. 腕足类**

区内侏罗系产较丰富腕足类化石，但本次工作鉴定的种属不多。

(1) 布曲组腕足类

腕足类丰富，以 *Burmirhynchia* 及 *Holcothyris* 为代表，称为 *Burmirhynchia* - *Holcothyris* 组合。

产腕足类 *Holcothyris* sp.，*H. tanggulaic*，*H. golmudensis* 与 *Burmirhynchia* sp.，*Rhynchonelloidella* sp.。这一组合是新特提斯北岸东部广泛分布的早巴通期的腕足动物组合，是近岸浅海高能泥底的优势动物群，在羌塘-唐古拉地区布曲组下部均有见及。

(2) 索瓦组下段腕足类

产腕足类 *Burmirhynchia* sp.，*B. luchungensis*，*B. qunguipliacata*，*B. trilobata*，*B. thlobata*，*Holcothyris pinguis var luchungesis*，"*Avonothyris*"cf. *distorta* 等。以中侏罗统巴通阶的典型腕足类"*Burmirhynchia* - *Holcothyris*"动物群为特征。鉴于图区及西邻的 1∶25 万查多岗日幅所处地层序列位置相

同、岩性相同的索瓦组下段以有晚侏罗世的腕足类、腹足类、珊瑚分子产出，此腕足类动物群明显高于以往 *Burmirhynchia* - *Holcothyris* 组合巴通阶的层位。因此，此"组合"的化石或其产出层位归属有待进一步核实、研究。

(3) 索瓦组上段腕足类

产腕足类 *Monticlarella striocincta*，*M.* cf. *striocincta*，*Gusarella nucleola*，*G. gusarensis*，它们是晚侏罗世牛津期的分子。其中，*Monticlarella* 是陈楚震等(2000)在羌塘西部索瓦组下部划分的牛津期腕足类 *Rutorhynchia* - *Monticlarella* 组合的代表分子之一。

(4) 白龙冰河组腕足类

以 *Rutorhynchia jioshanensis* 及 *Dorsoplicathtyris prolifera* 为代表，可称为 *Rutorhynchia jioshanensis* - *Dorsoplicathtyris prolifera* 组合。其中，一段下部泥页岩亚段产腕足类 *Rutorhynchia jioshanensis*，*R. biplicata*，*R. elongata*，*Praelacunosella renngarteni*，*Holcothyris tanggulaica*，*Avonothyris gigantea*；二段底部产腕足类 *Thurmannella acuticosta*；三、四段产腕足类 *Dorsoplicathtyris prolifera*，? *Aromasithyris balinensis*，? *Lacunosella cracoviensis*，? *L. truncata*，*Septaliphoria* sp.，*S. compta*，*Burmirhynchia* sp.；*B. asiatica*，? *B. gutta*。

主要分子 *Rutorhynchia jioshanensis*，*R. biplicata*，*R. elongata*，*Thurmannella acuticosta*，*Dorsoplicathtyris prolifera*，常见于晚侏罗世牛津期—基未利期。其中 *Rutorhynchia jioshanensis* 为牛津期腕足类 *Rutorhynchia jioshanensis* - *Thurmanela rotunda* 组合(王成善等，2001)，或 *Rutorhynchia* - *Monticlarella* 组合(陈楚震等，2000)的代表分子之一。其中也不乏中侏罗世的腕足分子，如 *Praelacunosella renngarteni*，*Avonothyris gigantea* 等；与索瓦组的情况一样，其中也出现了中侏罗统巴通阶的典型腕足类 *Burmirhynchia* - *Holcothyris*。

**4. 菊石**

菊石仅见于白龙冰河组。该组几大旋回下部泥岩、泥灰岩、微晶灰岩中产丰富的浮游型菊石(图版 2-46、图版 2-47)和薄壳双壳类化石，是该组重要特征之一。以 *Virgatosphinctes* 属最为发育，*Perisphinctidas* 次之，具有以下两个组合。

(1) *Progeronia* - *Alligaticeras* 组合

该组合位于一段、二段底部。产菊石 *Perisphinctidas*，*Progeronia* sp.，*Alligaticeras* sp.。与腕足类 *Rutorhynchia jioshanensis*，*R. biplicata*，*R. elongata*，*Praelacunosella renngarteni* 基本处于同一层位。这是王成善等(2001)在羌塘盆地建立的晚侏罗世牛津期早期的菊石组合。*Perisphinctidas* 在各地一般视为牛津期—基未利期的标准分子。

(2) *Virgatosphinctes* - *Aulacoshinctes* 组合

该组合位于三段、四段下部。产菊石 *Virgatosphinctes* sp.，*V.* cf. *subfrequens*，*V. denseplicatus*，*V.* cf. *kutianus vhlig*，*V.* cf. *frequens*，*Aulacoshinctes* sp.，*Anisocardia*? sp.，? *Paraboliceras* sp.，*Prcpeispinctes* sp.，*Pcrispincten* sp.，? *Spiticeras* sp.，*Subplanites* sp.。这是王成善等(2001)在羌塘盆地建立的晚侏罗世提塘期中晚期的菊石组合，其中 *Virgatosphinctes* 极丰富。*Virgatosphinctes* 属在世界各地分布普遍，多见于提塘阶上部。

## (二) 地层时代与年代地层

由于构造改造的因素，图区侏罗纪地层多呈断块出露，剖面不连续，而且化石研究也不系统，只能根据各组所产的化石组合对地层时代、年代地层作概要的分析。

**1. 地层时代**

(1) 那底岗日组

图区该组虽然首次采获放射虫 *Archaeoepongoprunum* sp.，*Archaeodictyomitra* sp.，*Pseudocrucella* sp. 等，但未获确切时代依据。根据西邻的 1∶25 万查多岗日幅该组上覆的雀莫错组采获早侏罗世的双壳类祁阳蚌化石组合这一情况，判断其形成时代为早侏罗世。

区域上该组火山岩同位素测年(K－Ar、Rb－Sr)值为167～187Ma(赵政璋等,2001,王成善等,2001,王剑等,2004),其中咸水河Rb－Sr法测定的年龄值为174Ma。此外,与图区相邻区菊花山那底岗日组,青藏油气勘探项目经理部(1996)对进行的磁性地层研究表明,层1～17属菊花山正向极性超带,年龄值为197～209Ma,年代相当于赫塘期至辛涅缪尔期(赵政璋等,2001)。因此,区内该组形成时代属早侏罗世无疑。

(2) 雀莫错组

根据西邻的1∶25万查多岗日幅该组顶部首次发现的双壳类 *Qiyangia* - *Pseudocardinia* 组合,推断图区雀莫错组的形成时代为早侏罗世,但不能排除其上延至中侏罗世早期的可能性。

(3) 布曲组

根据所产腕足类 *Burmirhynchia* - *Holcothyris* 组合及丰富的中侏罗世双壳类化石,结合西邻图幅该组下部与中侏罗统底部双壳类组合相当的 *Camptonectes*(*C.*)*auritus* - *Anisocardia caudata* 组合——*Camptonectes*(*Camptonectes*)*auritus* 产出的最低层位在布曲组下部,距布曲组底界尚有相当一段距离(约188m);而腕足类 *Burmirhynchia* - *Holcothyris* 组合、*Tubithyris whatleyensis* 及其他中侏罗世常见的双壳类属种的产出层位在剖面序列中均比其要高,判断布曲组是一跨阶的岩石地层单位,其形成时代为中侏罗世早—中期(阿连期—巴柔期—巴通期)。考虑到东邻图幅其顶部已产常见于卡洛夫期的双壳类 *Chlamys*(*Rodulopecten*)*tipperi*,可能还上延到晚期。

(4) 夏里组

根据图区西部的友谊沟剖面划分的双壳类 *Myopholas multicostata* -*Radulopectn tipper* - *Protocardia*(*P.*)*strcklandi* 组合,结合区域资料,将夏里组的形成时代确定为中侏罗世晚期(卡洛夫期)。

(5) 索瓦组下段

根据顶部所产晚侏罗世珊瑚分子 *Stylosmilia tingriensis*,结合西邻图幅该段中采获较多晚侏罗世的腕足类、腹足类、珊瑚,及含以 *Myopholas multicostata* 为代表的双壳类 *Myopholas multicostata* - *Radulopecten* cf. *vagans* - *Protocardia* (*P.*) *stricklandi* 组合的情况,判断其形成时代为晚侏罗世早期(牛津期早期)。

(6)索瓦组上段

根据所产晚侏罗世腕足类分子 *Monticlarella striocincta*, *M.* cf. *striocincta*, *Gusarella nucleola*, *G. gusarensis*;珊瑚分子 *Schizosmilia* cf. *rollieri*, *Stylosmilia* cf. *crassitheca*, *Pseudocoenia*? sp., *Thecosmilia*? sp.,及以 *Radulopecten fibrosu* 为代表的双壳类 *Radulopecten fibrosus* - *Protocardia* (*P.*) *qinghaiensis* - *Placunopsis* cf. *socialis* 组合,判断其形成时代为晚侏罗世早—中期。

(7)雪山组

根据其为覆于索瓦组上段之上的一套地层,推断其形成时代为晚侏罗世晚期。结合区域资料考虑,不排除其顶部上延至早白垩世早期的可能性。

(8)白龙冰河组

该组下部所产牛津期早期的菊石 *Progeronia* - *Alligaticeras* 组合,上部(三、四段)所产提塘期中晚期的菊石 *Virgatosphinctes* - *Aulacoshinctes* 组合,并产晚侏罗世的腕足类分子 *Rutorhynchia jioshanensis*, *R. biplicata*, *R. elongata*, *Thurmannella acuticosta*, *Dorsoplicathtyris prolifera*, ? *Lacunosella truncata*, ? *L. cracoviensis*;珊瑚分子 *Stylosmilia michelina*, *S. tanggulaensis*,其形成时代归属晚侏罗世早—晚期无疑。综合资料所述所产珊瑚 *Thecosmilia* cf. *rutogensis*(王成善等,2001)、菊石 *Blanfordiceras cricki*(谭富文等,2004),考虑到该组沉积厚度巨大,不排除其顶部上延至早白垩世早期的可能性。

**2. 年代地层**

综上所述,图区侏罗系下、中、上统出露齐全。鉴于生物地层研究不够系统,而且很多生物属种延续时间长,出现不同门类、不同时代化石的“混生”现象,划分的年代地层界线并不确切,出现混乱与争议,以下仅作简单讨论。

(1) T/J 界线

图区三叠系与侏罗系的界线仅出现在图区东南部的石水河一带,以往的研究者均表述为平行不整合或超覆不整合。本次工作调查发现,石水河剖面上三叠统菊花山组与下侏罗统那底岗日组之间露头不佳,并不存在确切可靠的接触关系；填图表明，该界面与下伏地层走向线局部存在较大角度相交的现象。考虑到西邻图幅拉雄错一带，侏罗系之底界为一明显的角度不整合面，推测本图区的三叠系与侏罗系可能也是角度不整合关系，不存在连续沉积。

（2）$J_1/J_2$ 界线及下侏罗统

图区与西邻图幅的雀莫错组是相连的整体，由于在西邻的独雪山雀莫错组中新发现了早侏罗世的淡水双壳类 *Qiyangia－Pseudocardinia* 组合，考虑到前人曾在图区以西北的拜惹布错、唐古拉山口以南陆续发现雁石坪群底部含有属早侏罗世的菊石、珊瑚、植物及双壳类化石（西藏区调队，1987；郝子文等，1999），说明羌北确实存在早侏罗世沉积地层。

以此为依据，推断图区存在海陆交互相沉积的早侏罗世地层，下侏罗统与中侏罗统为连续沉积。结合西邻图幅资料，推断图区下侏罗统与中侏罗统（即土阿辛阶与阿连阶）的分界，与雀莫错组和布曲组的界线可能大致相同，图区的下侏罗包括那底岗日组、雀莫错组（参阅 1∶25 万查多岗日幅区调报告）。

（3）$J_2/J_3$ 界线及中侏罗统

综合图区与西邻联测的 1∶25 万查多岗日幅资料，如前面所述：夏里组虽然已有双壳类 *Myopholas multicostata* 产出，但其与其下地层中出现的古生物化石分子均是中侏罗世的常见属种；晚侏罗世的珊瑚、腕足类、腹足类分子陆续出现于索瓦组下段，但均未下延至夏里组。

因此（主要以珊瑚、腕足类、腹足类化石为依据基础），推断测区中侏罗统与上侏罗统（即卡洛夫阶与牛津阶）的分界，与夏里组和索瓦组的界线大致相同，测区的中侏罗统包括布曲组、夏里组。

（4）上侏罗统

综合图区与西邻联测的 1∶25 万查多岗日幅资料，索瓦组、白龙冰河组所产的珊瑚、腕足类、腹足类化石均为上侏罗统面貌，其中不乏 *Stylosmilia tingriensis*，*Monticlarella striocincta*，*Rutorhynchia jioshanensis* 等代表分子，尤其是白龙冰河组下部所产牛津阶菊石 *Progeronia*，上部（三、四段）所产提塘阶菊石 *Virgatosphinctes*。此外，索瓦组下段的双壳类组合中的代表分子 *Myopholas multicostata*，索瓦组上段的双壳类组合的代表分子 *Radulopecten fibrosus*，也是通常作为上侏罗统牛津阶的特征化石。因此，图区上侏罗统包括白龙冰河组、索瓦组下段—索瓦组上段—雪山组。

（5）J/K 界线讨论

根据王成善等（2001）、谭富文（2004）等研究，依据珊瑚、有孔虫（*Orbitolina*）、菊石（*Berriasella* sp.）、孢粉化石及 ESR 测年（137Ma——原定夏里组，现置于白龙冰河组），认为羌塘西部地区白龙冰河组、索瓦组、雪山组顶部时代跨至早白垩世。

其中包括图区东部紊埂梁白龙冰河组中产珊瑚 *Thecosmilia* cf. *rutogensis*（王成善等，2001），独星湖剖面产菊石 *Blanfordiceras cricki*（谭富文，2004），具有早白垩世贝利阿斯期的色彩。图区上侏罗统厚度巨大，尤其是白龙冰河组；以浅色厚层块状灰岩为主的白龙冰河组四段的上部，明显有异于下伏地层，还有相当厚的部分尚未有剖面控制。

鉴于上述情况，图区的白龙冰河组、雪山组的顶部确有可能为下白垩统，白龙冰河组四段中可能存在侏罗系与白垩系的分界。

时代跨至早白垩世。因此，图区的雪山组（顶部）也有可能包括了下白垩统之底。

## 四、层序地层

图区侏罗系出露虽然较全，但由于构造破坏，未能找到连续的剖面，以下主要以剖面资料为依据对各组段地层分别作垂向层序划分和分析，图区内的海平面变化特征。

### （一）层序地层的划分及基本特征

#### 1. 层序的划分

层序地层学主要研究地层旋回性的沉积记录及其与海平面变化的关系。一个层序是一次海平面升降周期形成、有成因联系、相对整合的沉积体，上下以不整合或与之相当的整合面为界。盆地内不同幅度的相对海平面变化，形成不同规模的沉积旋回、不同级别的层序。目前层序划分的方案很多，对层序级别的划分也不尽相同，但大多数研究者将三级层序或与之相当的层序的时间周期确定为1～10Ma。随着层序研究的深入，尤其是高频旋回/高频层序研究的开展，层序划分的精度越来越高，有越分越细、周期趋短之势。

侏罗纪羌塘盆地在晚三叠世晚期形成的统一基底之上发展起来，其盆地性质、构造背景和形成机制等方面，与建立层序地层理论的被动大陆边缘盆地有许多不同，因而在层序结构、界面和控制因素等方面有其复杂性和独特性。

本报告参考李勇(1994)的方案进行层序地层划分。其划分的构造层序以不整合面为界，具有特定的垂向模式和横向沉积体系配置，是一个成盆期的产物，相当于二级层序；层序是构造层序内以不整合面、相转化面、海泛面为界的充填地层，是一个成盆期内不同发育阶段的产物，相当于三级层序。考虑到图区地层研究的精度，以及前人在中生代羌塘盆地进行的相关的层序划分(贾宝江等，1995；王成善等、赵政璋等，2001；王剑等，2004)——所划分的层序时间跨度大多界于三级与二级之间、常为跨阶的层序，本报告称之为层序组——指构造层序内有相关联的三级层序组合，并以之进行层序地层划分，在此基础上再尽可能的进一步细分出三级层序。对特征、级别或对比欠明确的沉积旋回，或工作精度不足的地层段，仅划分到三级层序组，或划分无特定级别意义的次级层序。通过总结各级层序组合特征图区内的海平面变化，为区域地层层序研究和进行盆地范围乃至与全球海平面变化的对比提供资料。

区内侏罗系厚度巨大，是图区分布最为广泛的一套地层，垂向表现为一个以角度不整合面为界的巨型沉积旋回，顶部被古近系、新近系不整合覆盖。根据其内的不整合面、相转换面、海侵面，伴以砂砾岩为代表的粗碎屑楔体和以石膏层为代表的蒸发岩沉积事件标志，以及地层结构、沉积序列划分层序。以区内基本剖面为基础，综合区域上的横向变化资料，我们将图区侏罗纪地层划分为2个构造层序8个层序组10余个三级层序(图2-39)。

**2. 基本特征**

(1) 层序界面特征

基本层序或米级旋回是层序的基本构成单元，它们以突变的海泛面为界，是有成因关联的一组相对整合、渐变的层或层组。图区侏罗系发育的基本层序/米级旋回多种多样，但从岩相的角度分析，它们大多是各种相旋回，其中绝大多数为向上变浅的进积型层序/旋回，主要表现为向上变厚变粗(由相对深水、低能向相对浅水、高能演变)，少部分表现为向上变薄变细(由潮下高能带向潮上以至暴露环境演变)；而退积型基本层序或米级旋回仅在局部层段有少量发育。少部分层厚、粒度、颜色等均变化不大的层段，由韵律层构成，基本层序或米级旋回不甚明显，则呈现加积结构。

图区侏罗系中的基本层序或米级旋回，以碳酸盐陆棚或碳酸盐与陆源碎屑混积陆棚的向上变浅相层序最为发育，其次是陆源碎屑沉积体系的潮坪、滨岸和三角洲(包括扇三角洲)相层序。后者有进积型结构相序，也有退积型结构的相序，其中雀莫错组中以退积型的为主，夏里组和白龙冰河组一段上部则多为进积型。碳酸盐陆棚相层序又以富泥质层序和颗粒质层序为主，底部还常出现泥、页岩等细碎屑岩。此外，局部层段有少许礁型层序、蒸发岩层序发育。

这些基本层序或米级旋回大多发育不完全，尤其是标准相层序的顶部甚至上部单元通常不发育或未能保存下来。一些典型的基本层序或米级旋回，在岩石地层一节附有一些插图(图2-31、图2-36、图2-38)、照片(图版2-7、图版2-9、图版2-10、图版2-16、图版2-17、图版2-43、图版2-44)或描述，此处不在细述。

(2) 体系域特征

图区侏罗系的三级层序大多由海侵体系域和高水位体系域两部分组成，仅侏罗系底部的个别层序划分了低水位体系域。三级以下的次级层序通常也可分为海侵体系域、高水位体系域两部分。

这些体系域由基本层序或米级旋回组合构成。基本层序或米级旋回组合构成副层序/小旋回，副层序/小旋回组合构成副层序组/小旋回组，副层序组/小旋回组组合则构成体系域。低级的层序/旋回叠置构成高一级层序/旋回的地层结构，多级层序/多级旋回组合构成了图区侏罗系的层序地层体系。多级旋回组合特征，可参阅岩石地层一节各组中所附的层序柱状图(图2-24、图2-26、图2-29、图2-32、图2-33、图2-34、图2-35、图2-37)。

低水位体系域在剖面上，由低级层序/旋回构成的进积地层序列，或整体向上变浅的沉积序列构成，体

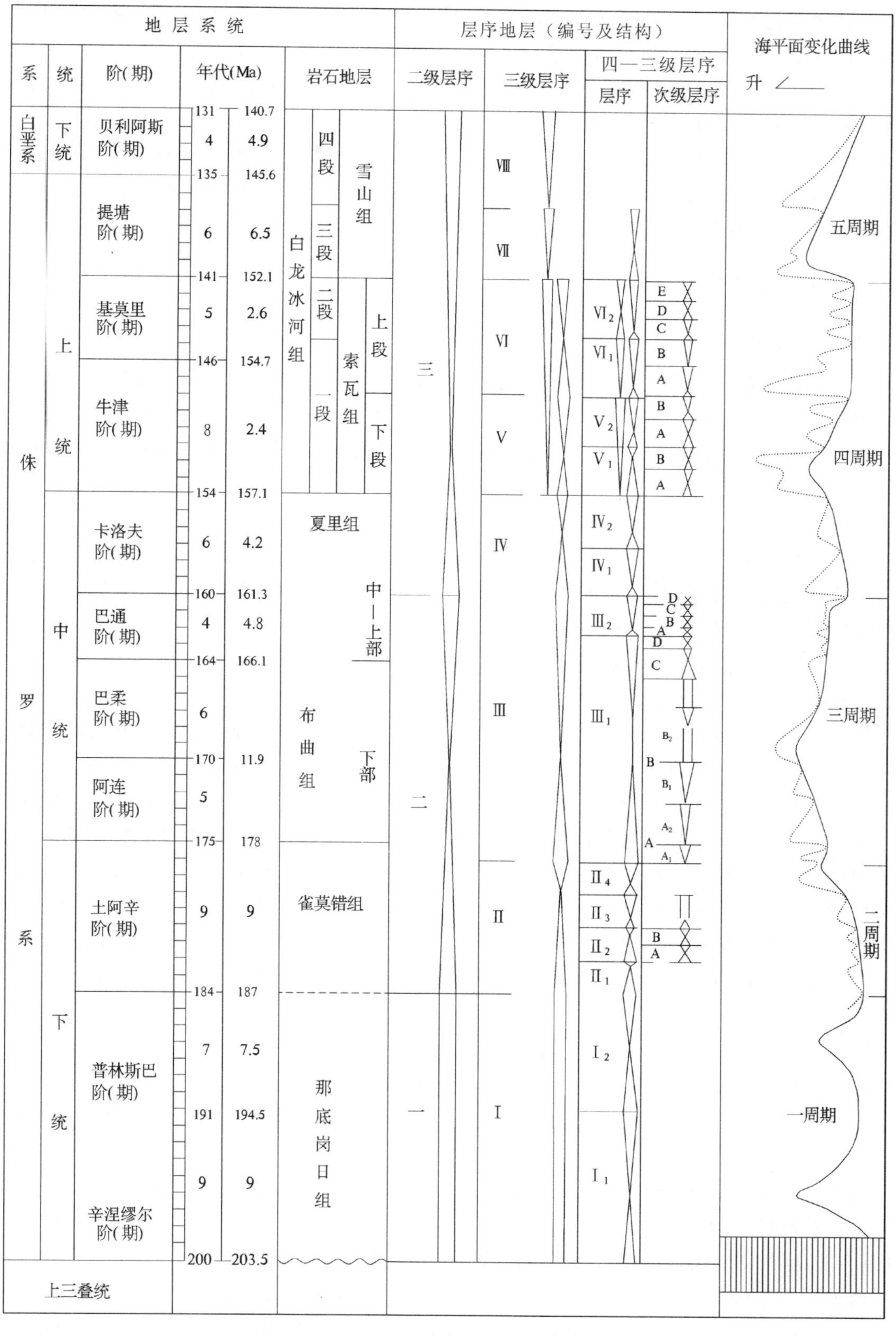


图 2-39 布若错—查多岗日地区侏罗纪层序地层划分图

注：图中地层年代左侧数据来源于《中国地层指南及中国地层指南说明书》(2000)之国际地层表，右侧数据来源于 Haq 等(1987)

现了沉积域向盆方向的迁移。本报告划分的低水位体系域由河流或河控三角洲、扇三角洲体系构成，为河流回春或陆缘相带的沉积产物。

海侵体系域在剖面上，由向上变深或多个低级层序/旋回叠置组合成的整体向上变深的沉积序列，即退积地层序列构成，具有沉积相向陆方向迁移的特征。

高水位体系域在剖面上，早期常为加积的地层结构；晚期则由向上变浅或多个低级层序/旋回叠置组合成的整体向上变浅的沉积序列，即进积地层序列构成，具有沉积相向盆方向迁移的特征。

局部地段少部分层序中出现少量加积结构的硅质岩或深色泥页岩层段，是形成于距离物源区远、沉积速率低的沉积，为最大海泛期沉积，可划为凝缩段。

相关联的三级层序组合构成层序组，层序组组合则构成二级层序。二级层序可分出低水期沉积、海侵期沉积和高水位期沉积3部分，由三级层序组合的总体地层结构划分：低水期为近陆源沉积，海侵期为海盆扩展期沉积，高水位为海盆充填期沉积。

## （二）层序地层单位特征

### 1. 层序组一（S—Ⅰ）

该层序位于侏罗系最底部，由下统的那底岗日组构成，与贾宝江等（1995）所划分的层序 $SQ_5$、王剑等（2004）所划分的层序Ⅲ相当，等同于王成善等（2001）所划分的早侏罗世构造层序。该层序组由多个沉积—火山喷发旋回组成。这些旋回特征反映了海平面的升降变化，据之可识别地层结构，并分解出两个层序。

（1）层序1（S—$Ⅰ_1$）

该层序位于那底岗日组下部，是位于侏罗系最底部的一个层序。层序底界面即前述（年代地层）那底岗日组与下伏上三叠统菊花山组间的不整合面，是一个间断时间较长的沉积间断面，为Ⅰ型界面——其是三级层序的底界，同时也是构造层序的底界。

该层序为一个由三角洲相陆源碎屑岩→火山岩构成的沉积旋回。以石水河剖面为代表，其中至少可识别出6个火山喷发旋回，划分3个体系域（图2-24）：

那底岗日组底部超覆于下三叠统之上的三角洲相细砂岩、不等粒砂岩（1层），构成低水位体系域（据王剑等，2004）。海侵体系域由该组下部的凝灰岩、流纹岩与硅质岩、含生物硅质岩组成（2～4层），为水下火山岩喷发→海相沉积的副层序组合构成，向上沉积物变细——火山岩减少、硅质岩增多，为海水加深、火山活动减弱的表现。层序中部出现含骨针、放射虫的盆地相沉积硅质岩，为最大海泛期沉积。其上的高水位体系域由该组中下部的火山喷溢相（凝灰角砾岩或→）英安岩或石英角斑岩→熔结凝灰岩→凝灰岩、凝灰质角砾熔岩→凝灰岩组合的3个火山喷发旋回组成（5～9层）。

实际上那底岗日组底部的三角洲相沉积，进积结构并不明显，根据本次工作的观察其岩性组合表现为向上变细的海侵陆源碎屑岩沉积体系，因而可能也是海侵体系域的一部分——层序1（S—$J_1$）有可能并未发育低水位体系域。

（2）层序2（S—$Ⅰ_2$）

该层序位于那底岗日组上部，与层序一（S—$Ⅰ_1$）一样为一个由三角洲相陆源碎屑岩→火山岩构成的沉积旋回。层序底界面为岩性岩相转换面。石水河剖面其中发育多个火山喷发旋回，划分3个体系域（图2-24）：

低水位体系域由滨岸三角洲相石英细砂岩、中—细粒钙质岩屑长石砂岩构成（10层）；海侵体系域由夹细粒岩屑长石砂岩、微晶灰岩的凝灰角砾熔岩、凝灰熔岩、凝灰岩等组成，沉积岩夹层见于该体系域上部，尤其是含腕足类、双壳类、有孔虫、介形虫的浅海相微晶灰岩的出现（13层），反映了海侵的特征；高水位体系域由夹三角洲相砂岩的安山岩、流纹质熔结凝灰岩→凝灰岩等叠置构成。

层序2底部三角洲相沉积的结构与层序1类似，也可能只是海侵体系域的一部分，其也可能未发育低水位体系域。

### 2. 层序组二（S—Ⅱ）

该层序是由雀莫错组下部粗碎屑岩段至上部灰岩段构成的一个层序组，与王成善等（2001）所划分的中侏罗世—早白垩世构造层序（下同）的层序Ⅰ大致相当，与贾宝江等（1995）所划分的层序 $SQ_6$ 的低水位体系域、王剑等（2004）所划分的层序Ⅳ的低水位体系域相当。根据地层结构与岩性岩相变化，可识别出四个层序。

(1) 层序 1(S—$Ⅱ_1$)

该层序位于雀莫错组下部粗碎屑岩段的下部，为下侏罗统火山岩系之上的第一个层序。层序底界面即雀莫错组与下伏那底岗日组间有一明显的陆表侵蚀面(王剑等，2004)，扇三角洲、三角洲相的砂、砾岩不整合于火山岩之上，界面之上出现下覆地层的火山岩、灰岩砾石，为河道侵蚀型不整合面。因此，这是一个间断时间较长的不整合面，为Ⅰ型界面。

由扇三角洲相→三角洲相夹前三角洲相沉积的一套碎屑岩构成，显示向上变细的垂向结构，为一个不对称旋回。咸水河剖面仅控制了其上部，层序厚度不详，划分 3 个体系域：

下部为以粗碎屑岩为特征的扇三角洲相沉积，发育向上变细的河道充填型层序(图版 2-7、图版 2-9、图版 2-10)，为陆缘相带沉积，构成低水位体系域；上部为三角洲相平原亚相夹前三角洲相沉积的砂岩夹泥质粉砂岩，发育向上变细的正旋回层序(副层序)，组成下粗上细的沉积序列，构成退积型海侵体系域；近顶部夹有一层浅海相的厚层状细粉晶灰岩(第 4 层)，为最大海泛期沉积。往上，层序顶部为由分流间湾沉积的紫红色含钙质砂岩、泥质粉砂岩、泥岩构成的高水位体系域，厚仅 20 余米(图 2-26)。

(2) 层序 2(S—$Ⅱ_2$)

该层序位于雀莫错组下部粗碎屑岩段的中部，层序底界面为一河道底冲刷面，是一个岩性岩相转换面。由多旋回的河控三角洲相平原亚相夹前三角洲相沉积的碎屑岩构成，显示向上变细→(顶部)变粗的垂向结构，为一个总体向上变细的不对称旋回。咸水河剖面该层序厚约 451m(7～32 层)，可识别出 2 个次级层序(图 2-26)，划分为 3 个体系域。

下次级层序由分流河道的一系列向上变薄变细之正旋回层序(副层序)组合构成，副层序组合显示该次级层序分为下部退积结构(7～19 层)和上部进积结构(20～27 层)的两部分，其中部代表氧化带特征的紫红色沉积消失，上部全部代之以青灰、灰绿色沉积，反映了海侵的特征。该次级层序以粗碎屑岩为特征，为近陆边缘的沉积，构成层序 2 的低水位体系域。

上次级层序的下部为分流河道沉积(28～29 层)，中部为天然堤至分流间湾沉积(30～31 层)，构成向上由变薄变细(砂质→粉砂质→泥质、中厚层→薄层)的退积结构地层序列，构成海侵体系域。上部为厚约 49m 分流河道与天然堤沉积(32 层)，向上由变厚变粗、进积结构，出现干裂构造，反映向上变浅的特征，构成高水位体系域。

(3) 层序 3(S—$Ⅱ_3$)

该层序位于雀莫错组下部粗碎屑岩段的上部，层序底界面也是一河道底冲刷面。由三角洲相→潮坪相沉积的一套碎屑岩构成，显示向上变细的垂向结构，为一个不对称旋回。咸水河剖面该层序厚度大于 323m(33～43 层)，划分 3 个体系域(图 2-26)。

下部仍然由分流河道之正旋回(副层序)组合构成(33～36 层)，副层序组合显示向上变厚变粗、进积地层结构，构成低水位体系域；往上，为厚十余米的三角洲前缘沉积[黄绿、灰绿、灰夹灰黑色中层→极薄层状细砂岩、粉砂岩、泥质粉砂岩、粉砂质泥岩(37～38 层)]，席状砂体与临滨相已不易区分，反映了快速海侵的特征，构成海侵体系域；中上部演变为泻湖—潮坪相细碎屑岩沉积(39～41 层)，并最终演变为沼泽、蒸发盐坪亚相沉积，顶部出现碳质页岩、石膏沉积(42～43 层)，垂向上为一向上变浅的地层序列，构成高水位体系域。

(4) 层序 4(S—$Ⅱ_4$)

该层序由雀莫错组上部富灰岩段或灰岩段构成，咸水河剖面未控制该层序。根据填图资料，在咸水河以北该层序由泻湖—潮坪相→蒸发盐坪相沉积构成。其特征与层序 5 的上部相似，垂向上是一向上变浅的地层序列，为一个不对称旋回。层序下部为紫红、灰、灰黑色的薄层泥岩、粉砂质泥岩夹微晶灰岩、泥灰岩(透镜体)组合，覆于层序 3(S—$Ⅱ_3$)顶部的盐坪之上，海相沉积的碳酸盐岩往上增多，代表海进序列；上部为潮坪—蒸发盐坪小旋回组合，顶部出现厚近 30m 的页岩夹石膏层段，反映向上变浅，代表海退序列。

由于没有剖面控制，此层序的规模不详，尚不能判定其是与层序 3(S—$Ⅱ_3$)级别相当的一个层序，还只是层序 3(S—$Ⅱ_3$)上部的一个次级层序。

**3. 层序组三(S—Ⅲ)**

该层序是雀莫错组上部细碎屑岩段至布曲组构成的一个层序组，由多级、多旋回组成(图 2-40)，可分为两个层序多个次级层序。与王成善等(2001)所划分的层序Ⅱ大致相当，与贾宝江等(1995)所划分的层序 SQ6、王剑等(2004)所划分的层序Ⅳ的海侵体系域—高水位体系域相当。

(1) 层序 1(S—$Ⅲ_1$)

该层序包括雀莫错组顶部与布曲组下部，顶、底界均为海侵面。自下而上可识别出 4 个次级层序(图 2-40)，它们组合成一个沉积大旋回，划分为海侵体系域、高水位体系域两部分。海侵体系域：由一个半次级层序组合构成。根据填图资料，其底部由雀莫错组顶部的泥质岩至布曲组底部的灰岩构成，由泻湖—潮坪相沉积的细碎屑岩向碳酸盐岩台地相的泥灰岩→灰岩演变，往上灰岩增多，构成海侵/退积结构的地层序列。布曲组底部向上颗粒灰岩增加(野牛沟剖面 2～5 层)，向浅滩相沉积演变，构成第一个次级层序的上部。再往上以低能环境沉积的微晶灰岩、含粒屑微晶灰岩为主，往上颗粒灰岩减少、微晶灰岩增多，具海侵/退积结构，产腕足类 *Holcothyris golmudensis*、*Holcothyris tanggulaica* 等。

高水位体系域：由多个次级层序构成，下部以台地相潮下、低能环境沉积的微晶灰岩、颗粒微晶灰岩夹泥灰岩为主，上部以高能滩相沉积的颗粒灰岩为主，局部夹有局限台地相沉积，出现白云岩化、白云岩，具有向上变厚、变粗、变浅的特征。副层序、次级层序组合总体显示为进积地层结构的地层序列。

层序 1(S—$Ⅲ_1$)从岩石地层组合的角度看，只表现为一个沉积大旋回；但根据测区化石确定的地层形成的时代看其时限较长，应为一个次级层序组，其中的某些次级层序实质为三级层序。

(2) 层序 2(S—$Ⅲ_2$)

该层序位于中侏罗统布曲组上部，顶、底界均为海侵面。可识别出 2 个不对称的次级层序(图 2-40)，在野牛沟剖面(41～51 层)它们分别厚 197～181m、168～221m(也可细分为 4 个次级层序)。

下次级层序总体显示下细上粗的垂向结构，构成一个不对称的沉积旋回。其下部以低能环境沉积的微晶灰岩、含粒屑微晶灰岩为主，其上部以高能滩相沉积的颗粒灰岩为主，具有向上变厚、变粗的特征。上次级层序由下部低能环境碳酸盐沉积，和上部的泻湖相沉积构成。低能环境的碳酸盐沉积构成海侵体系域，高能滩相沉积或夹石膏层为特征的泻湖相沉积构成高水位体系域。

**4. 层序组四(S—Ⅳ)**

该层序是由夏里组构成、局部包括索瓦组底部、主要以碎屑岩构成的一个层序组，可分为 2 个层序(图 2-41、图 2-42)。与王成善等或赵政璋等(2001)所划分的层序Ⅲ或层序 $SQ_{11}$ 相当，与贾宝江等(1995)所划分的层序 $SQ_7$、王剑等(2004)划分的层序Ⅴ的低水位体系域大致相当。

(1) 层序 1(S—$Ⅳ_1$)

由中侏罗统夏里组或夏里组下部构成，底界为海侵面、相转换面，可以识别出海侵体系域和高水位体系域两部分(图 2-41、图 2-42)。厚度 81.1～205.4m。

海侵体系域：在东部的野牛沟剖面(52 层)，由潮下低能带沉积的粉砂质泥岩、泥岩构成，加积结构，厚 77.8m。在中部的长梁山剖面(2 层)，由远滨沉积的灰色薄层状泥岩夹粉砂质泥岩组成，厚 29.9m。在西部的友谊沟剖面(2—3 层)，为一套潮坪—泻湖相沉积灰绿—灰色薄—中层状泥岩、粉砂质泥岩、细砂岩与含球粒含石英砂质云质灰岩、含云微晶灰岩及细粒石英砂质含生物屑砂屑灰岩，碳酸盐岩夹层往上增多，厚 21.5m。它们为海平面快速上升期的产物，层序之底以远滨或潮下沉积的粉砂质泥岩、泥岩，直接覆于下伏层序的局限台地相微晶灰岩或纹层状含藻球粒微晶灰岩、云质灰岩之上，形成明显的相转换面，反映快速淹没的海侵特征。

高水位体系域：在东部的野牛沟剖面(53—60 层)，由滨岸相碎屑沉积构成，垂向由下向上粒度增粗、砂岩层增厚，厚 127.6m。在中部的长梁山剖面(2—5 层)，为滨岸相沉积，由灰褐色中—薄层状细粒石英砂岩→灰黑色至紫红色泥岩夹中细粒石英砂岩及中粗粒长石石英砂岩构成，砂岩往上变粗，上部岩石呈紫红色，具氧化带特征，厚 64.3m。在西部的友谊沟剖面(4—6 层)，为一套潮坪相沉积灰黄、浅灰绿色薄—中厚层状细砂岩夹少量粉砂岩、泥岩，总体往上有泥岩减少、砂岩单层变厚之势，其上部出现中—厚层状的石英砂岩，厚 59.6m。它们均显示为向上变粗(变厚)、向上变浅的沉积序列。

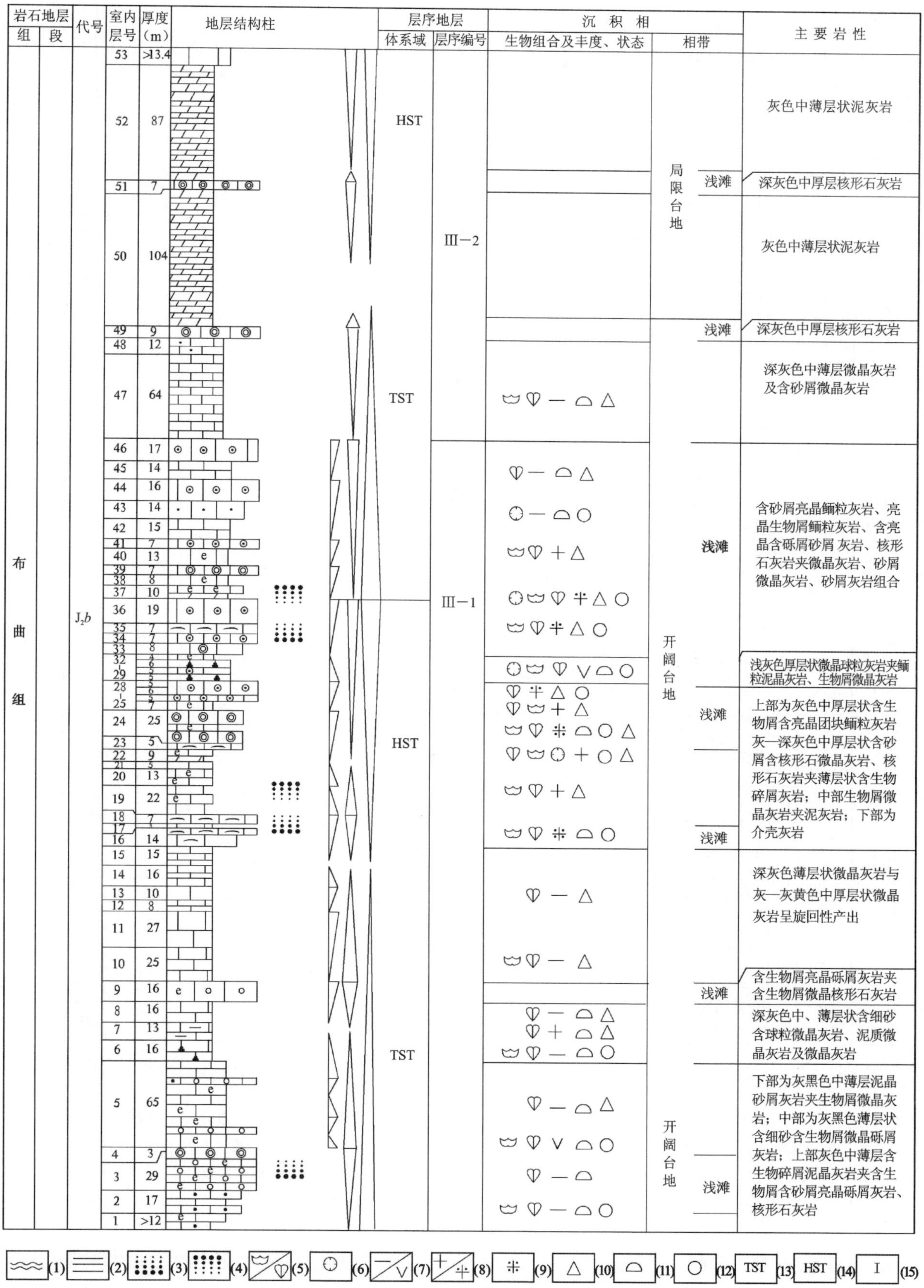


图 2－40　雷音沟剖面中侏罗统布曲组台地相沉积特征及层序划分图

(1)水平纹理；(2)水平层理；(3)正粒序层理；(4)反粒序层理；(5)腕足类、双壳类；(6)珊瑚；(7)生物含量＜5％、5％～10％；(8)生物含量 10％～25％、25％～50％；(9)生物含量＞50％；(10)碎屑状；(11)破碎状；(12)完整；(13)海侵域；(14)高位域；(15)层序编号

(2) 层序 2(S—Ⅳ$_2$)

由夏里组上部构成(局部包括索瓦组底部)的一个层序,底界为海侵面。该层序以碎屑岩与碳酸盐岩混积为特征,尤其是出现较多的白云岩、含云质灰岩,与上、下层序明显有别,其厚度虽小,但结构清晰,起着承上启下的作用,因而单独划分了一个层序(否则沉积夏里组的卡洛夫期只形成一个三级层序,周期也显得偏长)。可以识别出海侵体系域和高水位体系域两部分(图 2-41、图 2-42),厚度 54.9～257.4m。

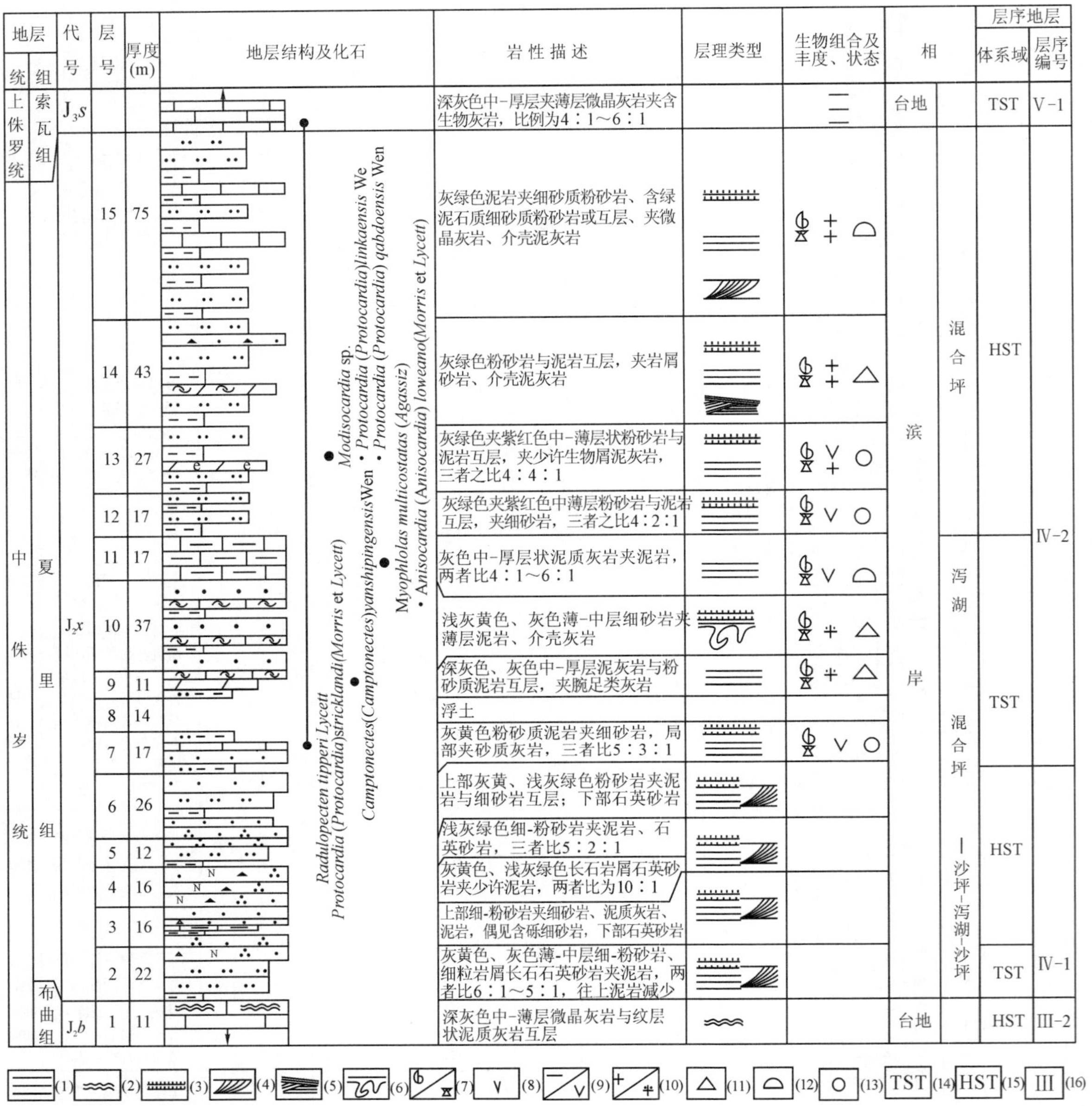


图 2-41　友谊沟剖面中侏罗统夏里组潮坪-泻湖相沉积特征及层序地层划分综合柱状图

(1)水平层理;(2)水平纹层;(3)平行层理;(4)斜层理;(5)交错层理;(6)水平虫迹;(7)腕足类/双壳类;(8)螺;(9)生物丰度<5%、5%～10%;(10)生物丰度 10%～25%、25%～50%;(11)碎屑状;(12)破碎状;(13)完整;(14)海侵体系域;(15)高水位体系域;(16)层序编号

海侵体系域:在西部的友谊沟剖面(7—11 层),仍为潮坪-泻湖相沉积,由混合坪向泻湖演化,总体往上砂泥岩减少、灰岩增多,形成明显的海侵/退积结构,厚 95.6m。在中部的长梁山剖面(6—8 层),海源的碳酸盐岩覆于陆源的碎屑岩之上,往上变细,构成海侵序列,厚 42.6m。在东部的野牛沟剖面。

高水位体系域:在西部的友谊沟剖面(12—15 层),由混合坪构成,由泥岩→粉砂岩→细砂岩的基本层序组成,总体上向上泥岩减少、砂岩增多,为进积型结构地层序列,厚 161.8m。在中部的长梁山剖面(9—15 层),由局限台地相—蒸发台地相为主的沉积构成,总体上以碳酸盐岩为主,往上砂岩、泥质岩明显减

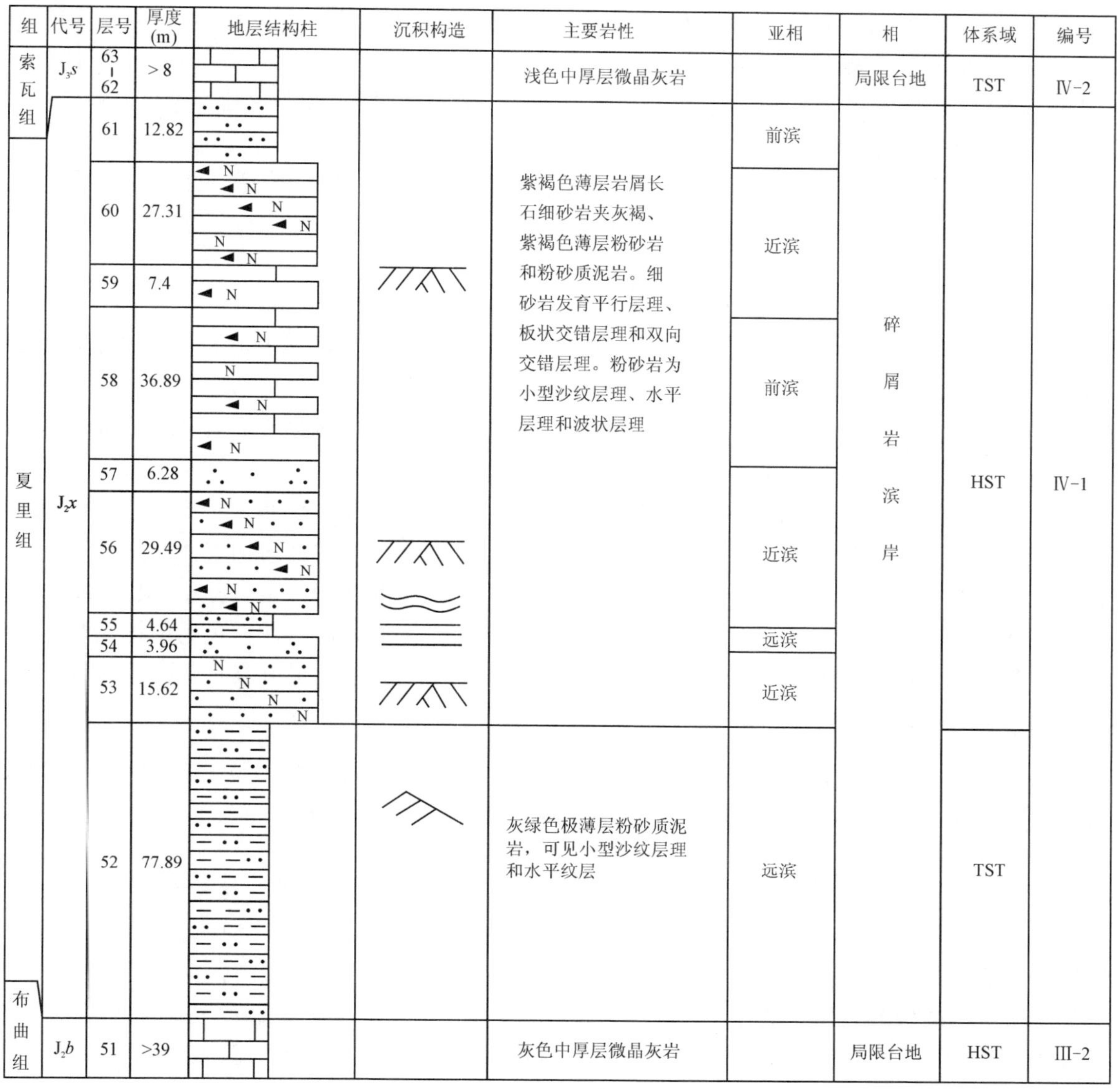


图 2-42 野牛沟剖面中侏罗统夏里组滨岸亚相沉积序列及层序划分

少，白云岩、角砾状白云岩有明显增多的趋势，其顶、底部出现紫红色砂岩与泥页岩，水平纹理、泥裂构造发育，厚 99.8m。在东部的野牛沟剖面(63—64 层)，由索瓦组底部的灰白色中厚层状细微晶灰岩→深灰色中厚层状含白云质泥质泥晶灰岩，构成由开阔台地向局限台地演化的海退序列，厚 37.9m。

**5. 层序组五(S—Ⅴ)**

该层序组位于上侏罗统下部，由索瓦组下段构成，其底界面为海侵面、相转换面。与王成善等(2001)所划分的层序Ⅳ相当，与赵政璋等(2001)所划分的层序 $SQ_{12}$、王剑等(2004)所划分的层序Ⅴ的海侵体系域—高水位体系域相当。与中侏罗统布曲组的层序 S—Ⅲ一样，该层序组也是由多级、多旋回组成，它们的岩性组合、结构变化也大同小异。其中，可识别出 4 个次级层序(图 2-33、图 2-34)。层序组最大厚度 1 595m。

(1) 层序 1(S—$Ⅴ_1$)

该层序由索瓦组下段下—中部构成，是由两个次级层序组成的一个下细上粗的碳酸盐沉积大旋回(图 2-33、图 2-34)。

该层序下部(野牛沟剖面 65—71 层、长梁山剖面 16—31 层)由一个半次级层序组成，主要是开阔台地相的低能海相夹浅滩相沉积，岩性以灰—深灰色的薄—厚层状的含颗粒微晶灰岩、微晶灰岩为主。底部→下部总体上具向上变细、变深的垂向结构，构成其海侵体系域。在野牛沟剖面向变深的垂向结构最为明显，其由开阔台地相向上演变为陆棚边缘盆地相，顶部出现厚 64.5m 的灰绿色硅质岩，为最大海泛期沉积，构成凝缩段（73 层）；对应到双泉湖长梁山剖面，海侵体系域顶部为厚约 16m 的薄层、叶片状微晶灰岩、泥灰岩（31 层）。海侵体系域厚 165.7～462.3m。

层序中、上部（野牛沟剖面 74—77 层、长梁山剖面 32—40 层）主要是开阔台地相的浅滩相夹低能海相碳酸盐沉积，构成高水位体系域。

次级层序大多数为向上变浅的沉积旋回，下部主要以低能海相沉积的灰—深灰色薄—厚层状的含颗粒微晶灰岩、微晶灰岩为主，构成次级层序之海侵体系域；上部以滩相沉积的颗粒灰岩为主，构成次级层序之高水位体系域。

（2）层序 2（S—$V_2$）

该层序由索瓦组下段上部构成，是由两个次级层序组成的一个往上由粗变细再变粗的碳酸盐沉积大旋回（图 2-33、图 2-34）。

该层序下部（野牛沟剖面 78—83 层、长梁山剖面 41—43 层）主要是开阔台地相的低能海相夹浅滩相沉积，总体上具向上变细、变深的垂向结构，构成其海侵体系域。

该层序上部是由一个半次级层序组成（野牛沟剖面 84—98 层、长梁山剖面 44—58 层），由开阔台地相的浅滩相碳酸盐沉积与局限台地、泻湖相沉积组合构成。次级层序大多数为向上变浅的沉积旋回，下部主要以低能海相沉积的灰—深灰色薄—厚层状的含颗粒微晶灰岩、微晶灰岩为主，构成次级层序之海侵体系域；上部以滩相沉积的颗粒灰岩为主，顶部出现白云岩化、白云质灰岩，或灰、灰白色鸟眼微晶灰岩、微晶灰岩、泥灰岩，表现出由开阔台地向局限台地演化、向上变浅/进积的特征，构成其高水位体系域。

**6. 层序组六（S—Ⅵ）**

该层序组是由上侏罗统索瓦组上段构成的一个层序组，是一个陆源碎屑与碳酸盐混积形成的大型沉积旋回，厚度 1 313m。可识别出 5 个次级层序，划分了 2 个层序（图 2-34）。

（1）层序 1（S—$Ⅵ_1$）

该层序位于索瓦组上段的下部。底界为海侵面、相转换面，陆源碎屑沉积直接覆盖于下伏的碳酸盐沉积之上。在双泉湖长梁山剖面，该层序厚 410.9m（59—79 层），由 2 个次级层序构成。

该层序底部由浪控—潮控三角洲相与开阔浅海台地相，及泻湖与潮坪相组成的副层序叠置而成。底部为加积至弱退积结构的浪控—潮控三角洲相陆源碎屑岩，向上演变为碳酸盐岩→泥岩、泥灰岩，构成海侵体系域（59—61 层）。厚 32.6m。其顶为厚 2.3m 的灰绿色薄层状生物钙质泥岩、生物泥灰岩（61 层），含极丰富、保存很好的双壳类等生物化石，为其最大海泛期沉积。

中至上部由潮下泥质或低能海碳酸盐沉积至潮坪相沉积的副层序组叠置而成，副层序组顶部出现灰、深灰色中—薄层状含白云质微晶灰岩或石膏层，往上潮坪相沉积增厚并且夹有膏盐层，至第二个次级层序（即层序）的顶部出现了厚 55.1m 的含膏盐层段，形成向上变浅/进积结构的地层序列，构成高水位体系域（62—79 层）。厚度 378.3m。

在图区中北部该层序对应位于白龙冰河组一段上部，主要由三角洲相沉积的陆源碎屑岩夹少许灰岩构成。圆锥山剖面其厚度为 492m（10—14 层）。底界面为相转换面、海侵面，陆源碎屑沉积直接覆盖于下伏的台盆相碳酸盐沉积之上。下部夹灰、深灰色中层状砂屑砾屑生物屑含云灰岩，中部夹深灰色中—薄层状微晶灰岩、含生物屑微晶灰岩、泥灰岩，总体显示为变深的海侵地层序列，构成厚 223.3m 的海侵体系域（10—13 层）。上部由向上变厚变粗的三角洲相层序（副层序）组合成进积型地层序列，构成厚 268.7m 的高水位体系域（14 层）。

（2）层序 2（S—$Ⅵ_2$）

该层序位于索瓦组上段的中—上部，底界面为海侵面。在双泉湖长梁山剖面，该层序厚度约 902m（59—79 层），由 3 个次级层序构成。次级层序的下部以陆源碎屑沙坝沙滩相为主，为海侵期沉积；上部以泻湖与潮坪相或碳酸盐礁滩相为主，为高位期沉积。

层序底部亦为浪控—潮控三角洲相沉积的碎屑岩，厚度 36.6m，构成海侵体系域。往上由多个浪控—潮控三角洲陆源碎屑沙坝沙滩→潮坪，或至开阔浅海碳酸盐沉积组合构成的副层序组/小旋回组叠置组合，构成高水位体系域。

碳酸盐沉积自下而上，由低能沉积向高能的滩相、礁相发展，向上变浅/进积型的结构非常明显；最厚的(60.8m)低能沉积碳酸盐岩层段出现在层序的近底部，即第一个次级层序的上部(81层)，往上礁滩相层段增加、增厚，层序的顶部形成一个生物礁旋回组合岩段；次级层序的厚度下薄上厚，叠置构成进积结构的地层序列，反映了高水位期沉积的特征。

在图区中北部该层序对应位于白龙冰河组二段，主要由台地相碳酸盐岩夹少许三角洲—浅海相沉积的陆源碎屑岩构成(图2-35)。圆锥山剖面厚1 464m(15—32层)，底界面为海侵面，台地相碳酸盐沉积直接覆盖于下伏的三角洲相陆源碎屑沉积之上。该层序可辨3个次级层序。下次级层序厚221m(15—18层)，其下部夹陆源碎屑岩，中部为开阔台地相沉积的纯灰岩，上部为向上变粗、进积结构的三角洲相陆源碎屑岩，显示了退积→加积→进积的地层结构。中次级层序厚640.9m(19—25层)，其下部所夹陆源碎屑岩往上减少、变薄、变细，中上部演变为开阔台地相沉积的纯灰岩，顶部又夹陆源碎屑岩，也显示退积→加积→进积的地层结构。上次级层序厚约602.5m(26—32层)，下部、上部均出现白云岩化(30层、32层)，中部夹较多灰、深灰色微晶灰岩、泥灰岩，还出现泥页岩(30层)，构成局限→开阔→局限的地层结构。次级层序组合，下至中部以陆源碎屑岩往上减少、变薄、变细为特征，构成海侵地层序列；上部以出现白云岩化为特征，由开阔台地向局限台地演化，构成该层序组的高水位体系域。

**7. 层序组七(S—Ⅶ)**

(1) 图区南部

该层序组是一个主要以陆源碎屑沉积构成的大型旋回，主要由浪控—潮控三角洲相及风暴沉积构成，具有总体向上变细的垂向结构，厚度1 092m(图2-34)。

其底部以海滩、沙坝相的高能沉积为主，岩性主要是长石石英砂岩，构成海侵体系域。中至上部岩性以岩屑石英砂岩为主，出现云质砂岩、砂质云质灰岩、含粉砂细砂岩、细粉砂岩，白云质、钙质、粉砂质往上有增加，出现相对低能的潮坪相沉积，有向局限环境(泻湖、潮坪)演化之势，构成高水位体系域。

在王成善等(2001)、赵政璋等(2001)的层序研究中，雪山组都被划分为一个层序(Ⅴ、SQ13)。图区该组厚1 092m，是一个规模较大的沉积旋回，考虑前人的层序划分与本报告的层序之级别对应关系，因而本报告将其划分为一个层序组。

(2) 图区中北部

该层序组对应位于白龙冰河组三段。底界的海泛面以深灰色薄层泥灰岩和泥岩大面积分布为特征，直接覆于二段顶部进积结构的局限台地相沉积之上，表现为快速海侵事件，构成淹没不整合。层序为一个深水陆棚→台盆→浅水开阔台地的沉积序列，垂向构成一个向上变浅、进积结构的大型沉积旋回(图2-35)，厚度大于2 096m。由于剖面不连续，对其中的次级层序未作研究。

层序组底部的陆棚、台盆相的泥灰岩和泥页岩段厚度大于727m，是又一段沉积速率较低、形成于盆地中距离物源区较远地区的特征沉积。

层序组的总体组合、结构面貌与白龙冰河组一段→二段(层序组六→层序组五)的总体面貌基本一致，区别表现在：下部陆源碎屑岩未形成岩段、未显示如S—$Ⅵ_1$的一个单独层序；上部均由开阔台地相碳酸盐岩构成，未出现局限台地相沉积。

**8. 层序组八(S—Ⅷ)**

其发育在图区中部的白龙冰河组四段。底界的海泛面以深灰色薄层泥灰岩和泥岩大面积分布为特征，直接覆于二段顶部进积结构的局限台地相沉积之上，也表现为快速海侵事件，构成淹没不整合。层序为一个深水陆棚→浅水开阔台地的沉积序列，自下往上由深色薄层泥页岩段向泥灰岩、灰岩、礁灰岩演变，垂向构成一个向上变浅、进积结构的大型沉积旋回(图2-35)，厚度大于1 166m。其间有多个次级层序发育，但由于剖面不连续，未作进一步研究。

层序组底部以陆棚、台盆相泥灰岩和泥页为主的岩段厚度大于763m，是再次出现的沉积速率较低、距物源区较远的又一段特征沉积。上部的礁滩相旋回组合岩段厚度大于403m。

层序组的总体组合、结构面貌与白龙冰河组一段→二段(层序组五→层序组六)，或三段(层序组七)的总体面貌基本一致，区别表现在：下部陆源碎屑岩未形成岩段、未显示如S—$Ⅵ_1$的一个单独层序；上部均由礁滩相旋回组合构成，未出现局限台地相沉积。

### （三）层序小结

根据上述资料，现对图区层序地层在层序组合、层序界面、层序内部结构等方面及具有的特征作如下小结。

#### 1. 层序组合

侏罗系是由频繁的短周期韵律层序组成的复合旋回，是一个由多级层序/多级旋回组合构成、顶底由角度不整合面限制的巨型沉积旋回，可作为一个一级层序看待。其以构造不整合面为界，划分了两个构造层序，第一个是火山—沉积建造层序，第二个是成盆期的产物。旋回性产出的多级层序/多级旋回，是侏罗纪羌北盆地不同阶段充填的产物，反映了不同级别的海平面变化，它们组合显示图区侏罗纪海平面经历了5次较长周期的升降：

第一个变化周期可能发生在早侏罗世中期，由第一个构造层序（即层序组一）显示，可识别出2个层序。

第二个变化周期发生在早侏罗世晚期，由层序组二显示，以退积结构为主体的4个层序组合，总体构成向上变细的海侵陆源碎屑岩→碳酸盐岩沉积序列，往上层序中的高水位体系域的比例逐渐增加。周期年限约9Ma，共识别出4个层序。

第三个变化周期发生在早侏罗世末期至中侏罗世巴通期，由层序组三显示，其底（即S—$Ⅲ_1$底部）雀莫错组顶部细碎屑岩段相当于低位沉积，往上总体上又构成一个陆源碎屑岩→碳酸盐岩的沉积序列，巴通中晚期又逐渐下降。周期年限约15Ma，共识别出6—8个次级层序。

第四个变化周期发生在中侏罗世晚期至晚侏罗世中期，由层序组四至六显示卡洛夫早期发育的层序S—$Ⅳ_1$（夏里组下部）相当于其低位沉积或海侵初期沉积，往上也为一个陆源碎屑岩→碳酸盐岩的沉积序列，变化周期由滨岸碎屑岩→局限台地（夏里组上部）→开阔台地至盆地（索瓦组下段中下部、白龙冰河组一段下部）→开阔台地→局限台地（白龙冰河组二段顶部）或混积陆棚（索瓦组上段）的演化序列显示。周期年限约19Ma，共识别出6个层序。

第五个变化周期发生在晚侏罗世中晚期至早白垩世早期，由层序组七至八显示，在图区中北部提塘期海平面快速上升，层序组七底部出现产菊石 *Virgatosphinctes* 的陆棚相沉积（白龙冰河组三段底部），而南部为三角洲相碎屑岩（雪山组），出现南北不一致的现象；随后图区中北部再次下降，由开阔台地低能沉积向礁滩相（白龙冰河组四段上部）演化，南部也有向潮坪、泻湖相演化的趋势，沉积组合总体反映出海平面下降变浅的特征。周期年限约10Ma。

据研究（Haq等，1987），侏罗纪—早白垩世，全球海平面也发生了5次较长周期的升降（图2-43）。早侏罗世早期的第一个变化周期，由层序组一S—Ⅰ与之对应，只是区内在盆地拉张环境下形成一个火山—沉积构造层序，控制因素明显是区域内的拉张构造活动。早侏罗世晚期（土阿辛期）发生的第二个变化周期，由雀莫错组发育的层序组二（S—Ⅱ）与之对应，区内表现为持续裂陷下沉，海侵期沉积的规模远远大于海平面下降期沉积；土阿辛中期全球海平面上升到该周期的高位，区内出现一套碳酸盐岩沉积，体现这一变化。中侏罗世的第三个变化周期，由层序组三与之对应，在巴柔末期—巴通早期达到高位（S—$Ⅲ_1$第二个次级层序上部，即布曲组下部），也与全球海平面变化吻合；但区内该周期似乎始于早侏罗世末期，而巴通晚期演化出现了局限台地相，显示海平面已再次下降，中侏罗世晚期已进入下一周期。晚侏罗世牛津早期，图区出现快速海侵，随后海平面又逐渐下降，至基未利期中北部演化为局限台地、南部演化为混积陆棚，这与全球海平面第四个变化周期于基未利期达到高位不同。而提塘初期，在图区以中北部产菊石 *Virgatosphinctes* 的陆棚相沉积（白龙冰河组三段底部）为代表的海平面快速上升淹没事件，其后逐渐下降，与全球海平面

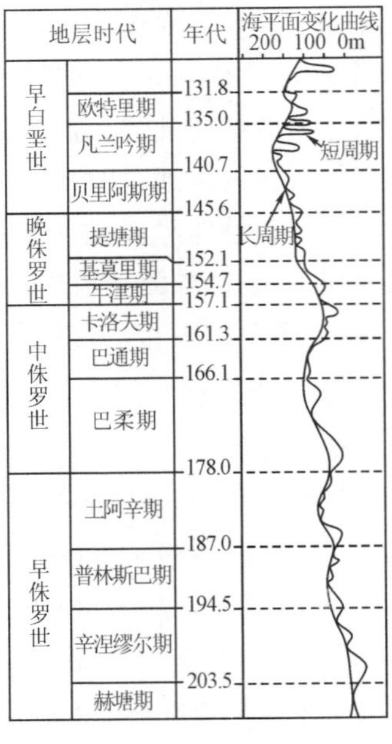


图2-43　中生代全球海平面变化曲线图（局部）
（据Haq等，1987）

第五个变化周期于提塘期逐渐上升至早白垩世凡兰吟期达到高位也大不相同，说明晚侏罗世区域内发生了较大的区域构造事件，造成区内与全球的海平面变化极不一致的现象。

**2. 层序内部结构与界面**

1)层序主要表现为向上变粗或向上变细的不完整旋回，以不完全对称型、不对称型的层序为主，对称、近对称型很少出现。以退积结构地层序列为主体的不对称层序主要发育在下侏罗统雀莫错组，是盆地扩展期在总体海侵背景下形成的层序。以进积结构地层序列为主体的不对称层序是区内层序的主要类型，即以海退沉积物为主的层序，形成于盆地成盆期总体充填的背景。这一类型层序的大量发育，尤其是淹没不整合面的发育，并生成巨厚的沉积，一方面说明其间盆地不断坳陷下沉，不断形成新的容纳空间，盆地长时间处于充填背景；另一方面说明层序的界面和结构，与以海泛面、海侵面为代表的突然变深事件、快速海侵事件密切相关。

由此可见，区域内海平面升降的控制因素与区域构造活动有着密切的关系。

2)侏罗系内缺乏暴露面、不整合面，构造层序内部的层序界面主要表现为海侵面(海泛面)、相转换面和地层结构转换面。

层序内部由海侵体系域和高位体系域构成，缺乏低水位体系域。需要指出的是，前述侏罗系下部一些层序中低水位体系域，主要是依据近陆缘的沉积特征，参照前人的划分而划分的，根据本次工作的观察，它们的进积结构并不明显，有的岩性组合表现为向上变细的海侵陆源碎屑岩沉积，因而是否真的构成低水位体系域还是一个值得研究讨论的问题，极有可能它们只是海侵体系域的一部分。

3)图区中北部地区与南部地区的层序结构、海平面变化有差异，显示同沉积构造(如甜水河断裂)活动对层序具有控制作用。由于中北部地区下至中侏罗统中部未出露，此认识仅根据两区可对比的上侏罗统判断：中北部的白龙冰河地区，多旋回的海平面突然变深淹没事件表现显著；而南部的双泉湖地区，此方面不但表现较弱，而且随着陆源碎屑沉积不断增加，并向盆方向推进，总体表现为持续的海平面下降。

**2. 层序与岩性岩相的关系**

1)陆源碎屑与碳酸盐混积层序中，陆源碎屑岩主要发育在不同级别层序的下部，构成海侵体系域、海侵沉积，其控制因素主要与海侵期沉积区接近物源区、陆源沉积物供给率高有关；碳酸盐岩则主要发育在不同级别层序的上部，构成高水位体系域、高水位期沉积，其与高水位时期沉积区远离物源区、陆源沉积物供给率低，出现清水环境，从而利于碳酸盐沉积建造有关。较大规模的碳酸盐滩主要出现在高水位晚期的沉积中，并能形成很大的沉积厚度，这是此时碳酸盐的生成率能跟上海平面的变化，碳酸盐快速生成、堆积的缘故。

2)以含放射虫硅质岩、硅质岩或含营浮游的菊石化石之泥页岩、泥质灰岩为代表的少量深水、次深水盆地相沉积，仅在少量层序最大海泛期发育，有的构成凝缩段，有的还构成淹没不整合。它们大面积的分布于浅水、甚至陆上(那底岗日组)的总体沉积环境中，表明区内曾出现进退迅速、大幅度升降的海平面变化，沉积区应与广海相连且地形平缓。

低能沉积的泥页岩和灰岩除发育在最大海泛期至高位早期外，还有的发育于高位末期。后者为泻湖或潮上沉积，出现受限、氧化或蒸发等特征，有时与白云岩、云质灰岩、石膏伴生。

3)白云岩、云质灰岩与石膏层的产出位置具有规律：产出于不同级别层序/旋回的顶部，主要出现在三级及以上层序高位体系域的上部、顶部；常出现在海泛面和相转换面之下；常夹于潮间至潮上带沉积的石灰岩、细碎屑岩之间，局部白云岩、云质灰岩与石膏层相伴生，为蒸发事件的产物。

4)生物礁发育在不同级别层序/旋回的上部，造礁旋回组出现在三级层序的上部。在层序结构上，礁旋回往往表现为往上变厚、生物造礁特征更为明显、礁体规模更大、礁旋回下部的低能沉积变薄减少，均为往上变浅的特征，表明区内发现的生物礁为高水位期生长发育的进积型生物礁。控制礁的发育与上述控制碳酸盐滩的因素相同。

由此可见，图区侏罗系层序地层特征具有其独特性，显示了羌塘盆地侏罗纪的海平面变化与全球海平面变化既有相似性又有很大的不同性，说明其演化过程受到全球海平面变化与区域构造作用等多重因素的复合影响。

总之，区内侏罗系是一个以角度不整合面或平行不整合面为界的巨层序，底部的火山沉积构造层序形成于盆地发育初期的拉张裂陷阶段，相当于巨层序的低位期沉积；其上以砂砾岩为代表的雀莫错组海侵陆源碎屑沉积体系，为其海侵期沉积的代表；顶部以索瓦组上段→雪山组逐步累进的陆源碎屑沉积体系，则为高位晚期海退沉积的反映，显示了盆地逐步隆升成陆的过程；中部以雀莫错组顶部（细碎屑岩段）、夏里组、白龙冰河组一段上部为代表的碎屑楔体及淹没不整合面，和以白云岩、石膏层为代表的蒸发岩，是盆地沉陷充填期中较大的海平面升降事件的沉积标志。

## 五、地层划分与对比

从前述资料可知，图区的侏罗纪的地层序列源于青海石油普查大队1957—1959年提出在青海雁石坪地区创建、代表唐古拉区的中上侏罗统的雁石坪岩系、雁石坪群，及西藏区调队创建的那底岗日群、白龙冰河组。目前，雁石坪群“三砂夹两灰”后来被对应分解为雀莫错组、布曲组、夏里组、索瓦组、雪山组；在藏北白龙冰河组是与索瓦组、雪山组同期异相的一个岩石地层单位，那底岗日组是位于雀莫错组之下的一个单位。图区所划分的这一地层序列，与原定义、现今定义对比具有共性，又有差异（图2-44）。

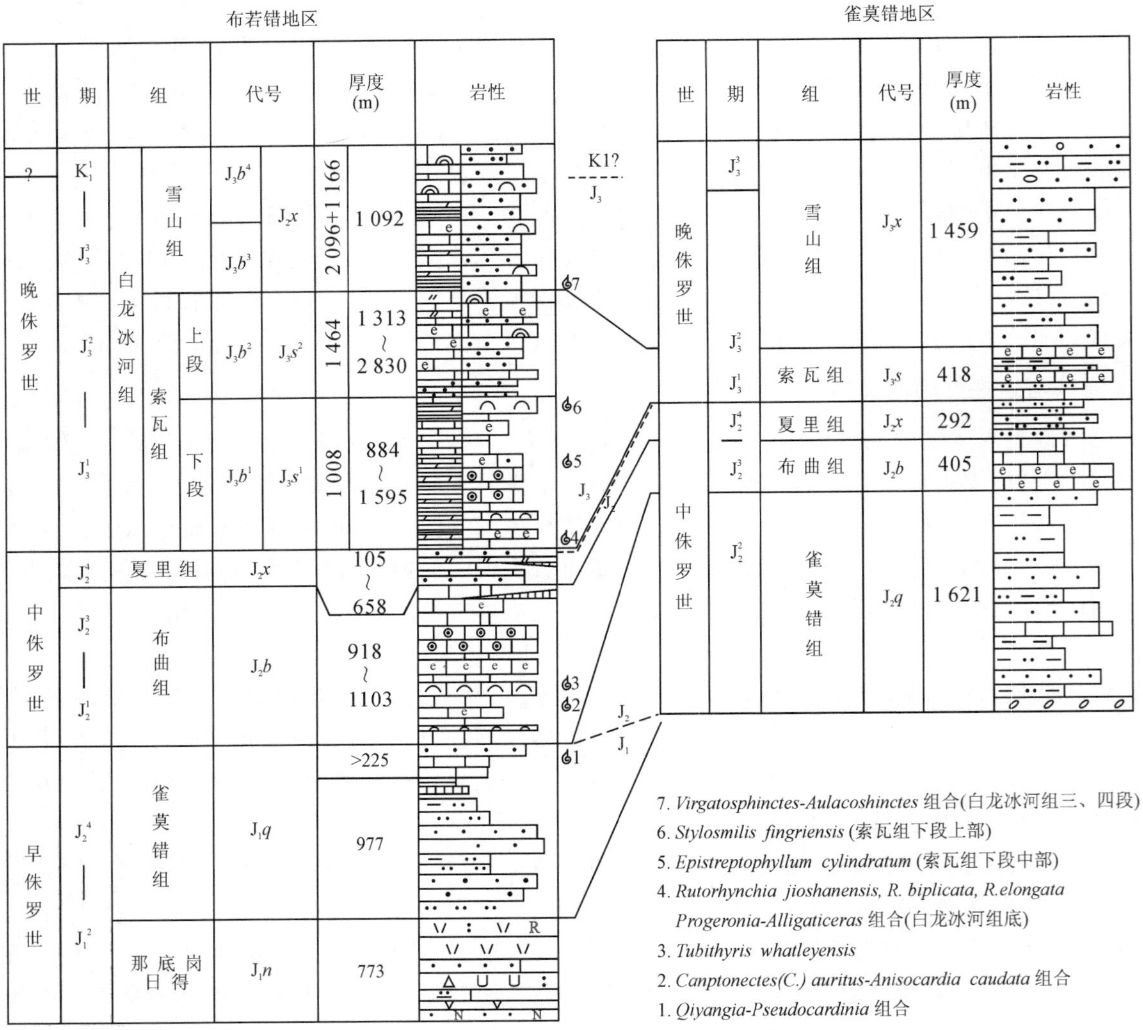

图2-44　图区侏罗纪地层与羌塘东部雀莫错地区侏罗纪地层对比图

**1. 那底岗日组**

源于西藏区调队（1986）、吴瑞忠等（1985）建立于尼玛县那底岗日雪山北坡的那底岗日群，原含义仅指出露于拉相错、拉雄错、江爱达日一带的中酸性火山岩、火山碎屑岩夹砂砾岩的一套地层。西藏地质志（1993）称为那底岗日组。《西藏岩石地层》组（1994）将其并于雁石坪群下部，时代置于早侏罗纪至中侏罗纪早期。《西南区区域地层》（1999）建议恢复使用“那底岗日组”一名，定义指出露于藏北地区拉相错、拉雄错、江爱达日一带的中酸性火山岩、火山碎屑岩夹砂砾岩的一套地层(厚 1 670m),为横向上可与雀莫错组对比、底界存在穿时、层位低于雀莫错组的雁石坪群底部第一个组级单位。

图区那底岗日组与该组现行定义的岩性组合与时代一致,可以进行对比。与建组剖面对比大同小异,但岩性有所变化,表现为在图区该组出现较多的灰绿色火山岩、下部还出现玄武岩,而未出现褐灰、灰紫色或紫红色的砾岩、砂砾岩,此外水下火山碎屑流的沉积特征不明显。

青藏油气勘探项目经理部(1996)对菊花山西那底岗日组下部进行了磁性地层学研究,结果显示菊花山正向极性超带,年龄值为 197～209Ma,年代相当于早侏罗世赫塘期至西涅缪尔期;而图区的那底岗日组伏于产早侏罗世双壳类化石的雀莫错组之下。以此而论,该组的形成时代相同——为早侏罗世中期。

形成时代上该组可与羌南盆地产菊石的砂、泥岩夹灰岩构成的,深水沉积之曲色组下部相对比。

现有资料表明羌北雁石坪地区未出现早侏罗世沉积,由此可见那底岗日组只分布在图区—那底岗日及其东延的带状区域内。

**2. 雀莫错组**

源于青海雁石坪地区雁石坪群"三砂夹两灰"之下砂岩组,由青海区调综合地质大队创名于盆地东部的雀莫错剖面(1987),为一套下粗上细的多旋回碎屑岩沉积组合。《中国岩石地层辞典》(2000)定义指不整合于结扎群及老地层之上,整合于布曲组之下,以紫色、灰紫色及灰色为主的复成分砾岩、含砾砂岩、杂色砂岩、粉砂岩,夹少量灰岩、铁质砂岩。《西南区区域地层》(1999)定义指出其总体为厚数百至 3 000m 的一下粗上细的多韵律沉积层序。

图区雀莫错组也即原来划分的雁石坪群下砂岩组或与之相当,在地层柱上位于早侏罗世火山岩系之上海(陆交互)相沉积的侏罗系底部,总体的岩性组合、岩相特征与该组现行定义一致,但其上部为海陆交互相沉积的碳酸盐岩-陆源碎屑岩组合,出现了较多的碳酸盐岩。上部以有明显的陆源碎屑岩,与雁石坪群总的岩石组合相同,而被归入雀莫错组。

本次工作首次在图区西邻联测图幅该组顶部发现了淡水双壳类 *Qiyangia* - *Pseudocardinia* 组合,该组又不整合于那底岗日组或上三叠统菊花山组之上,表明图区内雀莫错组形成时代为早侏罗世晚期,与标准雀莫错组定义的中侏罗世巴柔期至巴通早期之形成时间不同。

由于在测区西邻的拜惹布错一带,曾发现早侏罗世辛涅缪尔期的珊瑚、菊石化石,近年来在东部的唐古拉山口以南也陆续发现雁石坪群底部含有属早侏罗世的植物及双壳类化石,说明羌塘地区确有早侏罗世沉积的地层发育。故而我们认为雀莫错组具有穿时的现象,在图区这一岩石地层单位的时代下延到早侏罗世晚期。

**3. 布曲组**

由白海生(1989)创建命名,相当于原雁石坪群的下灰岩组。原义指整合于雀莫错组与夏里组之间比较单纯的一套中厚层状碳酸盐岩建造的地层体,主要由泥晶灰岩、生物碎屑灰岩、鲕粒灰岩、亮晶砂屑灰岩夹少许粉砂岩组成,厚度 674m,以产丰富双壳类和腕足类为特征。时代为中侏罗巴通期。《西南区区域地层》(1999)指不整合于雀莫错组或那底岗日组之上、底界不等时的一套灰色泥质及粉砂质碳酸盐岩(厚 115～1 754m,典型 674m)。

图区布曲组即原来划分的雁石坪群下灰岩组,与该组现行定义的岩性组合与岩相特征可以进行对比,与建组剖面对比大同小异。但是,图区布曲组直接覆于产双壳类 *Qiyangia* - *Pseudocardinia* 组合的早侏罗世地层之上,该组下部产双壳类 *Camptonectes*(*Camptonectes*)*auritus*,其为雁石坪群雀莫错组下部正层型生物地层序列底部 *Camptonectes auritus* - *Pteropern costaula* 组合的代表分子之一,图区的布曲组之形成时代中侏罗世早—中期(阿连期—巴柔期—巴通期),与标准定义比较形成时代明显早,其下部与标准剖面中雀莫错组的形成时代相当;往上图区该组的中上部与标准定义的布曲组生物组合、时代一致。因此,布曲组底界也存在穿时现象,在图区这一岩石地层单位的形成时代已下延到中侏罗世早期。图区的布曲组下部与东部雁石坪地区的雀莫错组实为同期异相沉积。

**4. 夏里组**

由青海区调综合地质大队(1987)创建于格尔木市唐古拉乡、雀莫错东夏里山雁石坪剖面(1∶20 万赤布张错等幅区调报告），相当于早期定义的雁石坪群中砂岩组。《青海岩石地层》(1997)、《中国岩石地层辞典》(2000)定义指整合于布曲组之上、索瓦组之下的一套杂色细碎屑岩夹少量灰岩和石膏组合。以灰绿、紫红色等杂色相间的碎屑岩韵律层为突出特征，厚度 646m，形成时代定为中、晚侏罗世卡洛夫阶-早牛津阶。

图区夏里组即原来划分的雁石坪群中砂岩组或与之相当，总体的岩性组合、岩相特征、生物组合与形成时代与该组的现行定义一致，具有很好的可对比性。目前，图区部分地区该组上部出现了较多的白云岩、云质灰岩。

**5. 索瓦组**

由青海区调综合地质大队(1987)1∶20 万赤布张错等幅区调报告建立，相当于早期定义的雁石坪群上灰岩组，指以灰岩与砂岩频繁交错沉积为特征的一套深灰色灰岩、细碎屑岩韵律层系（厚度 389～633m）。《中国岩石地层辞典》(2000)定义指整合于夏里组之上、雪山组之下的一套深灰色碳酸盐岩与灰绿色、深灰色细碎屑岩互层组合。20 世纪 90 年代，中石油青藏项目调查期间延用于羌塘盆地中、西部，并划分为上、下段两个填图单元。王剑等(2004)将索瓦组下段限定为以碳酸盐岩为主夹碎屑岩（晚侏罗世牛津期沉积）的一套地层，索瓦组上段限定为下段大套灰岩之上的一套浅海相细碎屑岩、碳酸盐岩组合。

图区的索瓦组即原来划分的雁石坪群上灰岩组。

(1) 索瓦组下段

图区现在的索瓦组下段的总体的岩性岩相组合特征，基本可与后期划分的索瓦组下段相对比。但在区内该段为较纯的一套碳酸盐岩，不夹或仅在部分地区的底部、顶部夹有少许碎屑岩，并且在图区东南部的野牛沟一带出现了厚 64.5m 的灰绿色硅质岩，局部地区见有礁灰岩。该段在测区内产采获丰富的 *Burmirhynchia*、*Holcothyris* 所代表的中侏罗统巴通阶的典型腕足类和大量的从中侏罗世开始出现的双壳类化石，因而在前人工作中对其认识和划分出现较大的分歧。1∶100 万改则幅(1986)区调工作将其划分为雁石坪群上灰岩组下部；中石油青藏油气勘探项目由成地所贾宝江等(1995)，按照“三砂夹两灰”的地层序列位置将其划分为“索瓦组”，但认为其形成时代为中侏罗世晚—中晚期，形成时代与雁石坪地区的标准索瓦组不同；有的资料则划分为布曲组。

贾宝江等(1995)在测区测制的石水河、咸水河、野牛沟等一系列侏罗系剖面，是测区侏罗纪地层划分基础的。由于本次工作在这段地层中采获了晚侏罗世的 *Pentithyris vulgris*，? *Moeschia granulata*；*Epistreptophyllum cylindratum*；*Nerinella fallax*，*Lewinskia varioplicata* 等腕足类、珊瑚、腹足类化石，及 *Myopholas multicostata* 为代表的双壳类化石，故而将其形成时代确定为晚侏罗世早期。因此，图区所划分的索瓦组下段在形成时代上也可与现在标准的索瓦组或索瓦组下段相对比。

(2) 索瓦组上段

图区现在索瓦组上段总体岩性岩相组合特征，与标准的索瓦组基本相同，也可与后期划分的索瓦组上段对比，但该段在图区局部地区见有礁灰岩；生物组合面貌也与索瓦组的生物组合面貌相似。测区据其所产生物化石，结合上下地层时代，将该段的形成时代确定为晚侏罗世早—中期，表明其在形成时代上也与现在标准的索瓦组或索瓦组下段形成时代相当。

**6. 雪山组**

由地质部石油局综合研究队(1966)首先提出，由蒋忠惕(1983)正式公布的一个组级地层单位，相当于青海雁石坪地区雁石坪群“三砂夹两灰”之上砂岩组。《中国岩石地层辞典》(2000)定义指整合于索瓦组之上的一套紫色、灰白、灰绿色碎屑岩、含砾砂岩、砾岩夹少量灰岩。厚 493～1 249m，以温泉剖面为代表，以产“奇异蛤动物群”为特色。

图区的雪山组即原来划分的雁石坪群上砂岩组。总体的岩性岩相组合特征、生物面貌与形成时代与该组的现行定义基本一致，有可对比性。但该段在图区未出现砾岩、含砾砂岩等的粒度较粗的碎屑岩，而且不少岩石成分中含较多的白云石。此外，图区该组生物面貌以中侏罗世开始出现的双壳类为特征，未发现奇异蛤等雪山组的代表化石。

**7. 白龙冰河组**

由西藏区调队(1986)创名于东邻图幅图区中部的白龙冰河南岸，指藏北西部雁石坪群顶部的灰岩、泥灰岩、白云质灰岩互层，上部过渡为深水页岩夹薄层粉砂岩，底部有500m的灰岩夹薄层砂页岩，含大量菊石和双壳类化石。与雁石坪群上砂岩组相当。

《西藏岩石地层》(1994)将其并于雁石坪群上部，王成善等(2001)将其并于索瓦组。《西南区区域地层》(1999)建议恢复使用“白龙冰组”一名，指相当于青海南部的索瓦组和雪山组的相变层位的一套以浅水台地相碳酸盐岩为主、夹深水泥页岩夹薄层灰岩沉积。

本报告之白龙冰河组，与原建组所指基本相同，但根据沉积旋回组合及晚侏罗世腕足类化石的产出，将其底界略为下调(从原剖面1层与2层分界，下调到1层中部)——以深色泥页岩层段为底，并进一步划分为4个段。

区内的白龙冰河组，1∶100万改则幅(1986)区调认为其整合于雁石坪群上灰岩组(即后来的索瓦组)之上；贾宝江等(1995)则将之划为雪山组，整合于“中统”的“索瓦组”之上；王成善等(2001)认为其与典型的索瓦组大同小异，而并入索瓦组。虽然不同的研究者对此套地层的划分不同，但几乎所有的研究者均认识到其与雁石坪地区的上侏罗统间存在明显的差异，具有其独特性。近年的一些研究(如王剑等，2004)大多将之单独划分为一个岩石地层单位，认为白龙冰河组与索瓦组、雪山组是晚侏罗世—早白垩早期的同期异相沉积(谭富文等，2004)，在测区以东的双湖一带，白龙冰河组变为灰岩夹多层石膏层及粉砂岩、页岩互层，即是其与索瓦组和雪山组的相变部位(《西南区区域地层》，1999)。

近年来的一些研究，对白龙冰河组的定义作了很大的修定。2004年，谭富文等将原建组剖面的下部灰岩段，即白龙冰河组原义所指的主体划归索瓦组，仅将原建组剖面上部的深色泥页岩段称为白龙冰河组。这样白龙冰河组就是整合于索瓦组之上、形成于晚侏罗世晚期之后的一个岩石地层单位。

通过本次工作，我们发现白龙冰河地区在原定义的白龙冰河组灰岩之下，原划归雁石坪群上灰岩组，后来大多划为中侏罗统夏里组、厚500m左右的一段深色泥页岩—泥灰岩层段，已经有晚侏罗世牛津期的腕足类 *Rutorhynchia jioshanensis*，*R. biplicata*，*R. elongata* 等和菊石产出。这段岩性正是大家共识的白龙冰河组之特征岩性，且生物面貌与时代均符合该组的建组定义，因而本报告将该组的下限作了调整。

同时，本次工作调查发现在原建组剖面上部泥页岩段之上，仍有大套灰岩、泥页岩发育，根据岩性组合特征及构造分析认为并非原剖面控制的岩性段的重复。如前所述，该区这套地层实质是由3个深色泥页岩段→灰岩段的大型沉积旋回组合构成，以包含多套较厚的深色泥页岩—泥灰岩、产较多 *Perisphinctidas*、*Virgatosphinctes* 等菊石为特征。

因此，本报告将白龙冰河组的所指向上、向下扩展，以远陆的深水陆棚泥质-浅海碳酸盐沉积组合为特征，与近陆的浅水碳酸盐-滨岸陆源碎沉积组合的索瓦组相区别。考虑到该组巨大的沉积厚度，及前人采获的一些珊瑚、菊石化石，其形成时代可能从晚侏罗世延至早白垩世早期。

**8. 测内划分对比及与雁石坪地区侏罗纪地层序列对比存在的问题**

测区侏罗系的填图单位一直遵循、沿用羌塘盆地东部雁石坪地区的侏罗系地层划分方案。这套地层为海陆交互相沉积的碳酸盐岩-陆源碎屑岩组合，与雁石坪群总的岩石组合的总体面貌大体相似。

羌北沉积盆地面积广阔，盆内沉积必然存在较大的变化。从测区已有的资料出发，不难发现简单套用东部雁石坪地区的侏罗纪岩石地层单位并不可取。近年来，经国土资源部组织的青藏高原大规模区域地质调查工作及其他一些研究工作，很多研究者都意识到了这个问题。目前，“羌北上侏罗统各岩石地层单位是盆内同期异相沉积”的观点，已逐步为大家所接受。

从图2-43可以看出，测区与东部的侏罗纪地层之间，存在明显不同。测区除在此套地层序列的底部多出一段下侏罗统火山岩即那底岗日组，顶部出现与索瓦组同期异相的白龙冰河组外，下部的雀莫错组—布曲组与东部标准序列的雀莫错组—布曲组，在形成时限上也明显不同，表现出明显的穿时特征——羌北盆地侏罗纪沉积下部的岩石地层填图单位，由西往东形成的时代逐渐变新(图2-45)。表明侏罗纪羌北盆地北西部之海侵早于东部，海侵始于早侏罗世。

以上论述都是在相信化石鉴定的准确性和承认不同门类化石划分的时代基本等时的基础上进行的。由于断层的分隔，区内划分的白龙冰河组之底究竟是与索瓦组下段之底等时，还是与索瓦组上段之底等时，还是一个值得进一步讨论的问题。

如果现行划分的索瓦组下段中采获的晚侏罗世早期的以 *Epistreptophyllum cylindratum* 为代表的

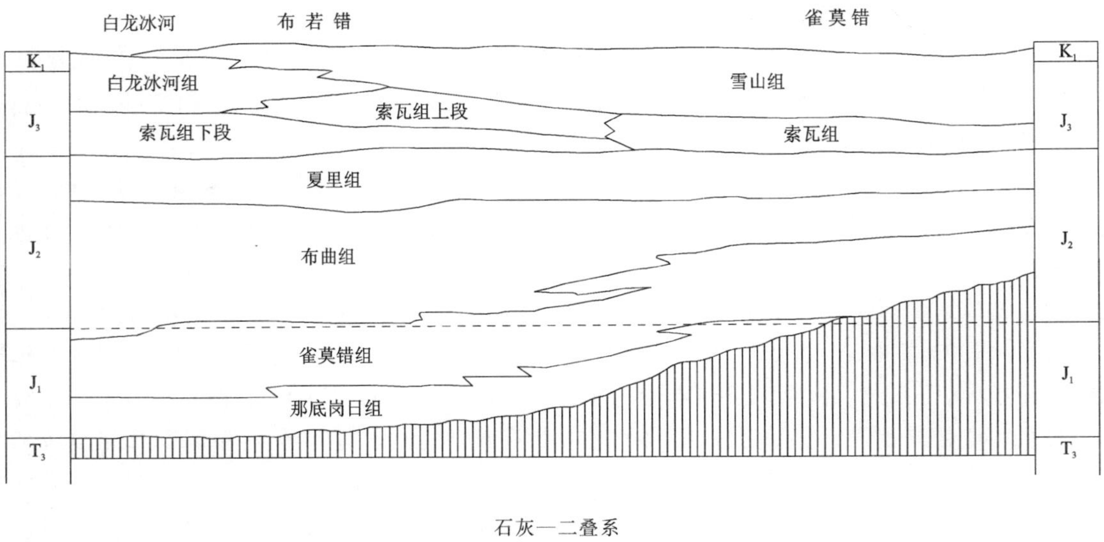


图 2-45　图区侏罗纪地层与羌塘东部雀莫错地区侏罗纪地层横向关系示意图

珊瑚、腹足类等化石，它们在生物演化的过程中的始现位置，实质就比白龙冰河组底部以 *Progeronia*，*Rutorhynchia jioshanensis* 为代表的菊石、腕足类等的始现位置要低很多，那么该套地层序列上部的划分与对比又将是另一种面貌：即似贾宝江等(1995)所划，为白龙冰河组覆于索瓦组下段之上；而本报告所划之"索瓦组下段"，相对东部的雁石坪地区侏罗纪地层序列而言，是夏里组与索瓦组之间"多"出来的一段地层——以具中、晚侏罗世化石"混生"(或"混积")现象、以一套较纯的碳酸盐岩组合为特征，与以灰岩和砂岩频繁交错沉积为特征的标准索瓦组相区分；夏里组则与雀莫错组一样，也是一个由西往东形成的时代变新、穿时明显的岩石地层单位。如果确是如此，那么中、上侏罗统(世)的分界位置就也需重新考虑。

## 六、沉积相类型与特征

羌塘侏罗纪盆地是晚三叠世晚期形成统一的羌塘基底之上发展起来的一个板内盆地，图区侏罗纪总体处于以滨浅海陆棚为主的海陆过渡环境，其间发育了复杂多样的沉积相类型，按岩石性质和沉积特征，可划分为火山碎屑岩沉积体系、陆源碎屑岩沉积体系、碳酸盐岩沉积体系、蒸发盐岩沉积体系、硅质岩沉积体系。以下主要依据刘宝珺等(1985)、王良忱等(1995)对沉积相的综述分类，参考羌塘地区沉积相已有的多家划分方案，划分为 12 个相和多个亚相(表 2-7)。其中，所含的少许蒸发盐岩、硅质岩，包含于滨浅海陆源碎屑沉积体、碳酸盐沉积体系之中，不再另外分述，而特征成因的生物礁丘另列描述。

### (一)火山碎屑岩沉积体系

该体系发育于早侏罗世沉积的那底岗日组，可划分为火山喷溢相和水下火山碎屑喷发碎屑流相两种类型，有滨浅海-三角洲相(图 2-24)伴生。

#### 1. 火山喷溢相

可分为火山喷发亚相和火山溢流亚相，由凝灰角砾熔岩-英安岩或安山岩-熔岩-熔结凝灰岩或流纹岩-凝灰岩等为主的岩相组合构成，局部尚有紫红、暗紫红色中酸性岩屑晶屑凝灰岩、熔结凝灰岩等。一个完整的火山旋回由火山角砾岩—凝灰岩构成。据前人资料细分陆上喷发、水下喷发两个相系列。石水河一带的流纹岩为铝过饱和类型，富钠趋势明显，反映远离陆缘的趋势。

#### 2. 水下火山喷发碎屑岩相

由灰、灰绿色火山角砾岩-凝灰岩-沉凝灰岩-凝灰质砂岩或凝灰质硅质岩—含生物硅质岩的岩相组合类型构成，具正粒序层理、水平层理。由火山岩向沉积岩过渡。

## (二)陆源碎屑岩沉积体系

侏罗纪羌北陆表海盆总体为海陆过渡—滨浅海陆棚环境,陆源碎屑沉积为图区的主要沉积类型,又可以细分为海侵陆源碎屑岩沉积体系和滨浅海陆源碎屑岩沉积体系2种类型。海陆过渡相(组)划分为扇三角洲相、三角洲相两种相类型,滨浅海相(组)划分为三角洲相、滨岸相、潮坪相、泻湖相、浅海相5种相类型。

### 1. 扇三角洲相

扇三角洲相见于雀莫错组下部。为冲积扇、河流直接入海的产物,以扇三角洲平原碎屑流为主,夹河道、扇三角洲前缘的紫红色、灰绿色薄—厚层块状砾岩、砂质砾岩、砾质砂岩及部分含砾砂岩、砂岩等构成,以复成分砾岩为特征的粗碎屑沉积物为主。砾质岩分选差、磨圆较差,砾石成分复杂,主要是变质岩、砂岩、脉石英、火山岩等,岩中常含有大的漂砾(图版2-5),杂基-颗粒支撑组构,成分和成熟度较低,反映边缘相带砾岩的特征。底蚀构造及大型交错层理(图版2-6)发育。具有向上变细的河道充填型层序(图版2-7)。

### 2. 河控三角洲相

主要发育于雀莫错组中下部、白龙冰河组一段上部、白龙冰河组二段下部,那底岗日组中也有少量发育。又划分为三角洲平原亚相、三角洲前缘亚相、前三角洲亚相3个亚相,以前两者为主,常见分支河道、河口砂坝(表2-7、表2-8、图2-46)、分流间湾等微相。其中,具有向上逐渐变细的河道充填型层序、退积型三角洲层序,以石水河雀莫错组剖面为代表(图2-25、图2-46;图版2-9);也发育有向上逐渐变粗的砂坝型层序、进积型三角洲层序,以圆锥山白龙冰河组剖面为代表(图2-31、图2-35)。由紫红色、灰绿色薄—厚层块状砂质砾岩、含砾砂岩、(粗至细粒)砂岩、不等粒砂岩夹粉砂岩、泥岩构成,雀莫错组细粉砂岩—泥岩中含钙质结核。分支河道砂体沉积粒度较粗、单层一般较厚,大型交错层理、粒序层理(图版2-10),透镜状砂体底冲刷明显(图版2-27,图版2-9),还具底模构造、楔形交错层理、槽状交错层理、板状交错层理。砾质岩中的砾石也是复成分的,次棱角—次圆状,但以砂泥质岩为主,一般具有一定的分选性、磨圆较好(图版2-8),部分具有定向排列构造;有的含灰岩质砾石,也有以灰岩质砾石为主的钙质砾岩,反映了近物源的特征。产植物碎片、介形虫等化石。具有向上变细的粒度旋回,具有大陆环境河道相似的水动力特点和沉积作用(图2-46、图2-47)。

三角洲前缘亚相主要由砂岩和粉砂岩组成;平原分流间湾、前三角洲亚相沉积以泥质岩为主,还见有微晶灰岩、细砂质细粉晶灰岩、生物屑灰岩等灰岩。各种大、小型的交错层理及沙纹层理、平行层理发育,具浪成波痕、流水波痕、生物扰动构造,局部见干裂构造、植物碎片,部分产腕足类、双壳类等化石,反映了能量多变的特征。

### 3. 浪控、潮控三角洲相

主要发育于索瓦组上段、雪山组,夏里组、白龙冰河组中也有少量。通常没有明显的三角洲式沉积序列,但存在很厚的砂体,分选性磨圆度较好、杂基少,而沉积的碎屑成分中含较丰富的长石、岩屑,具有近源的特征,显示附近存在着河口并提供物源。砂体呈薄板—中层状,沉积构造极其发育,如小型浪成交错层理、流水交错层理、爬升层理、板状层理、冲洗层理、大型楔状层理、透镜状层理、波状层理、丘状层理、槽状层理、粒序层理、块状层理、剥离线理、波痕、定向排列构造、冲刷侵蚀面及水平虫迹、小型重荷模等(图版2-17～图版2-21;图版2-37～图版2-45)。砂体的特征和沉积构造显示砂岩经过波浪和潮汐作用的改造,相当一部分岩石中含钙明显,具有砂坝-海滩体系的沉积特征(图版2-36)。含有正常的海相化石,偶含植物化石碎片。

**表 2-7　侏罗纪地层沉积相分类表**

| 沉积体系与环境 | | 相 | | 亚相 | | 分布地层 |
|---|---|---|---|---|---|---|
| 火山碎屑岩沉积体系 | | 火山喷溢相(陆上火山喷发碎屑岩相) | | | | 那底岗日组 |
| 火山碎屑岩沉积体系 | | 水下火山碎屑沉积相 | | | | 那底岗日组 |
| 陆源碎屑岩沉积体系 | 海陆过渡环境 | 扇三角洲相 | | 扇三角洲平原、扇三角洲前缘、前扇三角洲 | | 雀莫错组(底部) |
| 陆源碎屑岩沉积体系 | 海陆过渡环境 | 三角洲相 | 河控三角洲 | 三角洲平原 | 分支河道、分流间湾、河口砂坝、远砂坝、席状砂等 | 那底岗日组、雀莫错组中下部、索瓦组上段、白龙冰河组一段上部、白龙冰河组二段下部 |
| | | | | 三角洲前缘 | | |
| | | | | 前三角洲 | | |
| 陆源碎屑岩沉积体系 | 海陆过渡环境 | 三角洲相 | 浪控、潮控三角洲 | | 潮坪、潮汐水道、潮汐砂坝、远砂坝等 | 索瓦组上段、雪山组、夏里组、白龙冰河组 |
| 陆源碎屑岩沉积体系 | 海陆过渡环境 | 滨海相 | 潮坪 | 潮上带 | 泥坪、沼泽、盐坪、潮沟 | 雀莫错组上部、夏里组、索瓦组上段 |
| | | | | 潮间带 | 混合坪、潮沟 | |
| | | | | 潮下带 | 浅滩、沙坪、潮道 | |
| 陆源碎屑岩沉积体系 | 碎屑岩海相环境 | 滨海相 | 泻湖 | 泻湖本体、潮道、冲溢扇、涨潮三角洲 | | |
| 陆源碎屑岩沉积体系 | 碎屑岩海相环境 | 滨海相 | 滨岸 | 后滨 | | 夏里组，偶见于雀莫错组、白龙冰河组 |
| | | | | 近滨 | | |
| | | | | 前滨 | | |
| 陆源碎屑岩沉积体系 | 碎屑岩海相环境 | 浅海相 | | 远滨砂 | 砂垄、砂波、砂脊、砂毯、砂席 | 夏里组、索瓦组、白龙冰河组 |
| | | | | 陆架泥 | | |
| 碳酸盐岩沉积体系 | 碳酸盐岩海相环境 | 台地相 | | 蒸发台地 | 膏盐坪、泥云坪、混合坪、潮沟 | 雀莫错组、布曲组、夏里组、索瓦组 |
| | | | | 局限台地 | 潮坪、点滩、潮道 | 雀莫错组上部、夏里组、布曲组、索瓦组 |
| | | | | | 泻湖：浅水泻湖 | |
| | | | | | 泻湖：深水泻湖 | 布曲组上部 |
| | | | | 开阔台地 | 浅滩、点滩、滩间、低能海(台地缓坡) | 索瓦组、白龙冰河组：那底岗日组、雀莫错组、布曲组、雪山组 |
| | | | | | 生物礁、丘 | 索瓦组、白龙冰河组：布曲组 |
| 碳酸盐岩沉积体系 | 碳酸盐岩海相环境 | 盆地相 | 浅海盆地 | 台盆 | | 白龙冰河组、索瓦组下段、布曲组、雀莫错组 |
| | | | | 陆棚 | | 白龙冰河组、布曲组 |
| 碎屑岩—硅质岩沉积体系 | | 盆地相 | 次深海盆地 | 陆棚边缘盆地 | | 索瓦组下段、那底岗日组 |

**表 2-8　咸水河剖面雀莫错组碎屑岩粒度分析表**

| 样品编号 | Mz | $\sigma_1$ | $SK_1$ | $K_0$ | 沉积环境 |
|---|---|---|---|---|---|
| $XP_7$-$CH_5$ | 2.20 | 0.80 | 0.10 | 1.23 | 河口砂坝 |
| $XP_9$-$CH_7$ | 2.80 | 0.75 | 0.09 | 1.10 | 支流河道 |
| $XP_3$-$CH_3$ | 2.36 | 0.98 | 0.20 | 1.10 | 辫状河流 |
| $XP_5$-$CH_3$ | 2.60 | 0.73 | 0.06 | 1.02 | 河口砂坝 |
| $XP_{10}$-$CH_9$ | 3.00 | 0.75 | 0.53 | 1.10 | 支流河道 |
| $XP_{14}$-$CH_{10}$ | 2.60 | 0.73 | 0.13 | 1.02 | 河口砂坝 |
| $XP_{27}$-$CH_{18}$ | 1.70 | 0.50 | 0.03 | 1.16 | 支流河道 |
| $XP_{20}$-$CH_{14}$ | 2.80 | 0.95 | 0.14 | 1.19 | 支流河口砂坝 |

注：*引自《西藏地区羌塘盆地玛尔盖茶—角木日—朗木登石油天然气路线地质调查工程研究报告》，成都环境地质与资源开发研究所贾宝江等，1995。

(据《西藏地区羌塘盆地玛尔盖茶-角木日-朗木登石油天然气路线地质调查工程研究报告》修改，成都环境地质与资源开发研究所贾宝江等，1995)

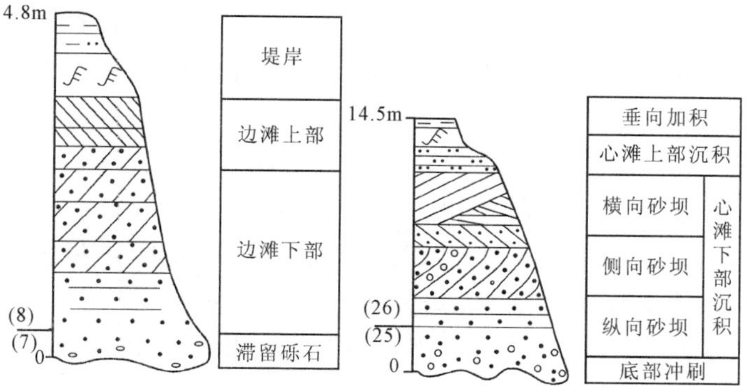


图 2-46　咸水河剖面雀莫错组进积型三角洲分支河道层序图
（雀莫错组 7—8 层，雀莫错组 25—26 层）

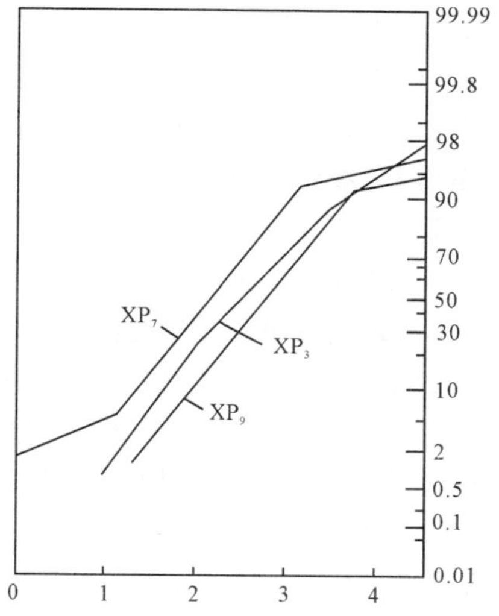


图 2-47　咸水河剖面雀莫错组粒度分布曲线图
（$XP_9$. 支流河道；$XP_3$. 辫状河；$XP_7$. 辫状河）

前三角洲亚相主要由滨外暗色泥岩、粉砂岩、砂岩和泥灰岩、微晶灰岩等灰岩构成，与浅海相无明显的差别，主要依靠剖面相序、相组合加以确定。三角洲前缘亚相主要由潮坪、潮汐水道、潮汐砂坝、远砂坝构成，其中发育向上变粗(海滩)(图版 2-17)和向上变细(潮道、潮汐砂坝)(图版 2-43、图版 2-44)的沉积层序。浪控、潮控三角洲相沉积是前陆隆起上发育的标志性沉积相类型。

**4. 潮坪相**

碎屑滨岸潮坪相主要发育于雀莫错组下部碎屑岩段的上部、雀莫错组上部细碎屑岩段及夏里组、索瓦组上段，常与碳酸盐岩潮坪、泻湖交替或组合出现。由紫红、灰紫、暗紫色及灰绿、灰—灰黑色的极薄—中层状细砂岩及粉砂岩、泥质粉砂岩、粉砂质泥岩、泥岩、页岩构成，局部夹少量石膏层，发育交错层理、平行层理(图版 2-13)、水平层理、韵律层理、波痕等。以发育沙纹层理、小型双向交错层理等潮汐成因的沉积结构构造为特征。按岩性与能量特征可细分出潮下带、潮间带、潮上带，或分为浅滩、潮道、沙坪、混合坪、泥坪、沼泽、盐坪及潮沟几个亚相。在剖面垂向上各亚相多次重复，表现为海平面动荡的特征。该相为相对低能的滨海陆源碎屑海滩环境，其主体以泥质沉积较多与滨岸相相区别，相组合通常与海陆过渡相、局限台地相、浅海相组合。

潮坪相岩性序列中出现较多的泥灰岩、微晶灰岩、云质灰岩、白云岩等碳酸盐相沉积时，则可能是被陆源碎屑充填的泻湖相或蒸发台地相沉积。

(1) 浅滩亚相、沙坪亚相

主要岩性以灰绿色及部分灰—灰黑色的细砂岩为主，小型、大型的交错层理发育，其波痕、交错层理有浪成的，也有潮汐成因的，如与“人”字型等双向交错层理、浪成交错层理等。反映为与临滨相相当，受潮汐与波浪共同作用的滨海潮下高能带砂滩、潮间沙坪环境。

沙坪亚相以潮汐控制为主，潮汐沉积特征极为发育。

潮下带向海与临滨过渡或融合，潮下浅滩相与临滨相无明显的差别，主要依靠剖面相序、相组合加以确定。

(2) 混合坪亚相

沉积物有细砂、粉砂和泥，局部夹介壳灰岩、微晶灰岩等灰岩，呈杂色的不等厚互层、韵律层状产出，小型波痕、潮汐成因的沙纹层理、小型交错层理、透镜状层理、水平层理发育，常发育潮汐层序。偶见灰、灰绿色中层状微、粉晶白云质粉砂岩，偶见泥裂构造。反映为悬浮载荷与床沙载荷交替出现、间歇暴露的潮间坪环境。

(3) 泥坪亚相

沉积物以泥质为主，及部分粉砂，岩石主要为紫红色与灰、灰绿色的薄层状泥岩、页岩与粉砂质泥岩，夹粉砂岩、钙质泥岩、灰泥岩等，具水平层理、韵律层理、泥裂构造。紫红色等氧化带特征明显，反映受潮汐作用的潮上带环境。

(4) 沼泽亚相

即泥沼亚相。见于石水河一带雀莫错组下碎屑岩段的上部(图 2-26)。主要由灰黑色炭质页岩构成,与灰绿、黄绿色薄、极薄层状粉砂质泥岩、泥岩交互形成韵律沉积。反映为温暖潮湿的潮上带—潮间带高潮坪环境。

(5) 蒸发盐坪亚相

见于石水河一带雀莫错组上部(图 2-26)、索瓦组上段下部(图 2-34),偶见于夏里组中。由石膏层与粉砂质泥岩、泥岩、炭质页岩交互沉积的韵律层构成(图版 2-11),或为石膏层与交错层理、波痕发育的杂色(紫红、褐黄、灰黄、灰绿、灰色)薄层状(含)钙质细砂岩、细砂岩、粉砂质细砂岩及少量泥灰岩、含生物泥灰岩、含白云质微晶灰岩构成。以发育层薄、横向变化大、尖灭再生快的石膏层为特征,为间歇性暴露的潮间—潮上带盐沼盐坪环境。

含膏层系厚 10～55m,夹多段石膏层段(厚 0.25～5.7m),发育在厚 2～10m、灰绿→紫红砂岩小旋回、或泥岩→砂岩→含白云质微晶灰岩小旋回的顶部、上部,或与粉砂质、泥质岩交互形成韵律。石膏单层厚 0.1～9cm,平行层理、纹层构造。石膏呈灰黑、灰、灰白、白、褐红、肉红色,纤维—纤柱状、晶粒状、细—粗砂糖状、聚片状。延伸宽度 200m 至数公里。

**5. 泻湖相**

发育于夏里组及雀莫错组上部、索瓦组。沉积物主要以悬浮泥和粉砂质沉积为主,由砂岩、粉砂岩、页岩和泥岩互层或交替组合构成,主要岩性为灰、灰绿色薄—厚层状泥岩、含钙质泥岩,具水平层理,层面平整。反映为受障壁的半封闭水域,浅水低能、波浪与潮汐作用微弱的环境,主要与潮坪沉积相伴生。部分与泥灰岩、微晶灰岩、云质灰岩等碳酸盐泻湖相沉积共同出现。

**6. 滨岸相**

为无障壁或障壁不明显、浪控型的滨海陆源碎屑海滩环境,其以相对高能的砂质沉积为主与潮坪相相区别。图区该相主要发育于夏里组,偶见于雀莫错组、白龙冰河组中。以野牛沟剖面夏里组为典型(图 2-42)。

通常与开阔台地相、浅海相组合,滨岸相砂岩的底部多与陆架泥相、陆棚相沉积过渡,形成向上推进、变粗、分选变好的层序。分为前滨、近滨、后滨 3 个亚相。

(1) 前滨亚相

沉积岩性以灰绿、灰褐、紫褐色中层夹薄状中、细粒石英砂岩、细砂岩为主,夹粉砂岩、粉砂质泥岩,具有特征的双向交错层理和低角度交错层理,以波浪的冲洗作用为特征。反映为地形较平坦的海滩,位于平均高潮线和平均低潮线之间的沉积环境。

(2) 近滨亚相

沉积岩性以灰绿、灰褐、紫褐、紫红色中—极薄状细粒砂岩、粉砂岩为主,碎屑颗粒分选好,磨圆好,发育板状交错层理、槽状交错层理、沙纹交错层理、水平层理及波痕。反映为海滩的水下波浪作用带地形较平坦的沉积环境,位于平均低潮线与浪基面之间的地带。

(3) 后滨亚相

沉积物以紫红色细砂岩、粉砂岩、粉砂质泥岩,缓倾斜的近平行层理发育,伴有小型交错层理。反映为位于海滩的上部、平均高潮线以上的沉积环境。

**7. 浅海相**

指滨外浅海陆源碎屑的沉积环境。图区该相不甚发育,多以碳酸盐岩台地相取代之,见于夏里组、索瓦组、白龙冰河组。可分为远滨砂亚相、陆架泥亚相。

(1) 远滨砂亚相

为陆棚浅海砂质沉积,包括滨外浅海的砂垄、砂波、砂脊、砂毯、砂席、风暴沉积。沉积物有粉砂质泥、泥质粉砂,也有细砂、中砂,砂体的形态通常为厚薄不等的席状,有的具波状层理、水平层理,有的为块状或粒序层构造,含有底栖生物。常与台地相碳酸盐沉积或陆棚泥页岩共生。

(2) 陆架泥亚相

陆架泥亚相为陆棚浅海泥质沉积，即潮下低能带沉积。主要为深灰—灰、灰绿色薄层泥岩、钙质泥岩、含粉砂质泥岩夹少许粉砂岩。含正常海化石，具水平层理。反映正常波基面以下、低能的沉积环境。

（三）碳酸盐岩沉积体系

图区每个岩石地层单位中或多或少都有碳酸盐岩出现，其中布曲组、索瓦组下段、白龙冰河组发育最好，其次是雀莫错组上部、索瓦组上段。可划分出蒸发台地相、局限台地相、开阔台地相、盆地相4个相带。

**1. 蒸发台地相**

即碳酸盐岩台地内干旱的潮上带。分为膏盐坪、泥云坪及潮沟沉积。发育于雀莫错组、布曲组、夏里组和索瓦组中，沉积厚度小，与泻湖相、潮坪相交替产出，或与陆源碎屑潮坪相共生——构成混合坪（见上述陆源碎屑沉积体系之潮坪相）。

泥云坪主要岩性为深灰、灰、灰黄色薄、中厚层状泥、微、粉晶白云岩及砂屑白云岩、含钙质白云岩、微—粉晶云质灰岩、粉晶砂屑介形云质灰岩及紫红色页片状薄层状泥岩、钙质泥岩等。膏盐坪特征的岩石类型为石膏层，与白云岩、灰岩及泥岩、粉砂岩、泥质粉砂岩等组合。它们的沉积构造有水平纹理、泥裂构造等。

膏盐坪出现在甜水河、白龙冰河夏里组中，为5～10m的石膏层、团块膏泥岩，与灰、红灰色泥岩、泥灰岩、微晶灰岩共生，为潮坪-泻湖组合，盐坪由泻湖间隙干化形成。石膏呈片状、纤维状，单层厚0.5～2m。

据图区分水岭及东南石水河相邻的唢呐湖的剖面，夏里组、布曲组中出现萨布哈：为白云岩、微晶灰岩与白色、灰白、黑色石膏共生沉积（图2-30），可见鸡笼铁丝构造，（泥云岩）泥灰岩纹层构造较发育、可见鸟眼构造和窗格构造。

**2. 局限台地相**

局限台地是碳酸盐岩台地内的泻湖、潮坪环境，台地内的受障壁的区域、海退过程中的残留海为其发育区域。主要亚相类型有潮坪、泻湖、点滩和潮道4种，其中潮坪、泻湖为局限台地本体沉积。常与开阔台地相相伴出现（图2-40）。

（1）潮坪亚相

少量发育于布曲组、索瓦组下段和上段中，有两类沉积。

一类主要岩性为灰—灰黑色、灰黄色薄、中厚层状白云岩、云质灰岩、含云质灰岩，夹中—薄层微晶灰岩、粉晶灰岩、泥灰岩、钙质泥岩等，或深灰—灰黑色中—薄层泥灰岩、钙质泥岩及泥晶灰岩、粉晶灰岩等。发育水平层理、条带状层理，具鸟眼构造、窗格构造，产双壳类化石。反映平均高潮面与平均低潮面之间，水位变化频繁，经常露出水面的碳酸盐沉积环境。

另一类主要岩性为灰白色纹层至厚层块状的鸟眼微晶灰岩、窗孔鸟眼微晶灰岩、纹层灰岩，窗孔构造、鸟眼构造、纹层构造发育，缺乏生物。

前者成层性较好，为潮间—潮上带的灰云坪、灰坪、泥灰坪，反映了干旱咸水的沉积环境；后者成层性较好，反映为潮湿正常海环境。

（2）浅水泻湖亚相

少量发育于雀莫错组上部、夏里组、布曲组、索瓦组下段中，有两类沉积。

一类主要岩性以灰白、灰、深灰色薄—厚层状微晶灰岩、泥质灰岩、泥灰岩为主（图2-40、图2-41），及颗粒微晶灰岩、含颗粒微晶灰岩与部分介壳泥灰岩、泥岩、含白云质灰岩、白云质灰岩、球粒灰岩、球粒微晶灰岩、核形石灰岩，具水平纹理，生物缺乏，仅见少量蓝藻、红藻等藻类化石。

另一类主要岩性为深灰—浅灰色中至厚层块状夹少量薄层状白云质灰岩、白云化鲕粒生物屑灰岩、白云化鲕粒灰岩，及部分鲕粒灰岩、颗粒灰岩、含粒屑微晶灰岩、微晶灰岩。

前者为泻湖本体沉积，主要沉积物是灰泥和灰砂，为潮下带低能沉积；后者是海退变浅使开阔台地沉积区部分露出水面形成的局限环境，在大气淡水和海水的混合作用带发生白云岩化。

（3）深水泻湖亚相

见于图区东南角分水岭一带的布曲组（王成善等，2001）。由纹层石膏、泥晶灰岩、黑色页岩和深灰色泥岩组成的韵律层，泥晶灰岩中含丰富的个体小、壳薄、类别单一、保存完整的双壳类化石，含原生黄铁矿颗粒。膏岩呈丘状，厚度大，石膏具糖粒状结构。在蒸发岩及其共生组合岩石中，无白云岩或白云岩化灰岩，也未见波痕和潮汐作用及潮上带的标志，生物化石和沉积构造显示其为低能静水环境产物，构成纹层状石膏、泥晶灰岩和黑色碳质页岩"三位一体"的蒸发岩系。形成于持续的蒸发环境。

(4) 点滩亚相、潮道亚相

沉积物为颗粒灰岩、含颗粒灰岩、细砂岩、粉砂岩，为局限台地内的点滩及潮道沉积。夹泻湖、潮坪沉积之中，是局限台地上相对较高能环境，以产出的周围主体环境与开阔台地滩相相区别。

**3. 开阔台地相**

发育于图区侏罗系各组中。该相为广阔的羌北克拉通内台地相的主要构成，水深介于数米至数十米的区域，碳酸盐主要沉积发生在正常盐度、循环良好、充氧的浅海陆棚环境。发育有台内浅滩、点滩、生物礁、滩间、台地缓坡(低能海)、风暴沉积等亚相类型(图 2-40)。

(1) 滩亚相

包括台内浅滩、点滩，横向呈透镜状、串珠状发育。沉积以颗粒含量高为特征，具交错层理、平行层理、粒序层理、底冲刷构造、定向排列构造等水流、波浪沉积形成的结构构造，生物为双壳类、腕足类、腹足类、介形虫、珊瑚、有孔虫、苔藓虫、海绵、珊瑚、藻类、棘皮类等广海相多门类生物组合。反映为正常盐度的清水中—高能环境沉积。

台内浅滩主要见于中侏罗统布曲组和上侏罗统索瓦组下段，表现为规模较大的滩体，沉积物以高能颗粒为主，岩性以碳酸盐颗粒灰岩为主；胶结物含量相对较低，以亮晶为主。点滩发育层位广泛，在平面上分布局限，沉积物以泥晶颗粒灰岩、颗粒泥晶灰岩为主，颗粒类型多样；胶结物相对含量较高，以泥晶、泥亮晶为主。具有平行层理、交错层理(图版 2-15)、包卷层理、波状层理、透镜状层理、脉状层理、纹层理、粒序层理、底冲刷构造、见定向排列构造。按成因类型有核形石滩(图版 2-12)、鲕滩、球粒滩、生屑滩、介壳滩、砂屑滩、砾屑滩和粒屑滩等多种，在剖面上多为几种类型的浅滩相互混杂成复颗粒滩。

①鲕粒滩

主要岩性有含生物屑含亮晶团块鲕粒灰岩、含亮晶含核形石生物屑鲕粒灰岩、含亮晶生物屑鲕粒灰岩、含生物屑含砂屑亮晶鲕粒灰岩和亮晶鲕粒灰岩等，呈厚层块状。鲕粒圈层较多，呈同心纹层、放射状，富含有机质。有的层段中鲕粒以陆源碎屑为核心。含有丰富的腕足类、双壳类、珊瑚等广海相生物，鲕粒间由亮晶方解石呈孔隙-基底式充填胶结。反映了正常盐度的清水高能环境。

②核形石滩

主要岩性有亮晶核形石灰岩和含砂屑(含)生物屑微晶核形石灰岩。核形石含量 35%～50%。核形石呈次圆—椭圆状，大小 0.4～2cm，分布不均匀，局部富集。核心为生物屑和砂屑。微晶及亮晶方解石胶结。

③生屑滩

岩性主要有生物屑灰岩、介屑灰岩、腹足灰岩、海绵灰岩、微晶含砂屑生物屑灰岩、含粉砂微晶生物屑灰岩、含砾屑亮晶生物屑灰岩和亮晶藻屑灰岩等。为浅灰色、灰色中厚层状产出，生物碎屑含量 50%～80%，主要有腕足类、介壳、瓣鳃、海胆、海绵、藻类、棘皮、介形类及苔藓虫、海绵等碎片。

④砂屑滩

岩性主要有砂屑灰岩、细粒石英质含生物屑砂屑灰岩、亮晶砂屑灰岩及含亮晶含砾屑砂屑灰岩等。岩性为灰色中厚层状。砂屑含量 50%～67%，粒径 0.1～0.5mm。呈次圆、次棱角状。微晶及亮晶胶结物。局部见亮晶方解石具两个世代。部分岩石中含有宽窄不一较平直的粉砂质微晶灰岩条带(纹层)平行相间分布。

⑤砾屑滩

岩性主要有灰色中、厚层状含生物屑微晶砾屑灰岩、含生物屑含砂屑亮晶砾屑灰岩等，局部砾状灰岩。砾屑含量 32%～60%、砂屑 8%～22%、生物屑 10%～20%。砂、砾屑为浑圆或不规则、次圆状，粒径大小在 0.6～11mm 不等，以大于 2mm 砾屑为主，生物碎屑边部常泥晶化。

⑥粒屑滩

由生物屑、球粒、鲕粒、核形石、砂屑、砾屑等成分多样、复杂的颗粒组成，岩性为粒屑灰岩。颗粒特征同上面各种类型滩所述。

（2）滩间亚相、低能海亚相（台地缓坡亚相）

滩间海及低能海（台地缓坡）为开阔台地本体沉积，为低能浅海环境。

它们广泛发育于图区侏罗系各组中。沉积物以浅灰白—灰黑色薄—厚层状的含颗粒微晶灰岩、微晶灰岩为主，及少部分颗粒微晶灰岩、微晶颗粒灰岩、泥灰岩、泥岩、页岩等，少量层段中夹粉砂质泥岩、粉—细砂岩、砂质灰岩。生物为腕足类、双壳类、棘皮类等广海相多门类生物组合，具纹层、水平层理构造。反映为开阔台地上正常盐度、水深相对略深、水能量较低—低能的沉积环境。

①滩间亚相

垂向上与点滩或台内浅滩相共生。生物、颗粒成分和特征与滩亚相相同，既有高能颗粒，又有低能环境下沉积的沉积特征，水平层理发育。以生物和颗粒的含量较少、沉积物以微晶灰泥为主的特征与滩相区别。

②低能海亚相（台地缓坡亚相）

低能海亚相，即浅水的开阔低能海。参考碳酸盐岩缓坡陆棚模式，本报告将开阔台地浅水区向相对深水的盆底盆地间过渡地段的开阔低能海环境区，称为台地缓坡亚相。本报告中该相意指开阔海台地型缓坡，而非广海深水盆地间的斜坡、缓坡。

其沉积特征介于滩间相与台盆相之间。沉积以灰—灰黑色薄层状微晶灰岩、泥质微晶灰岩为主，含有正常浅海生物碎屑，也有保存完整的腕足类、双壳类等化石，发育水平层理，水流波浪形成的沉积结构构造少见，部分具斑块状及草莓状黄铁矿。反映水动力条件普遍较弱的沉积背景，是比滩间亚相水深更深、更广阔的低能环境。有时夹有少许特征成因的风暴沉积、深水点滩沉积。

**4. 盆地相**

羌北盆地对于海盆中间较深水、深水的盆底区的沉积相，不同的研究者对其划分、称谓不尽相同，有的研究者称之为盆地相，有的研究者称之为陆棚或深水陆棚（或外陆棚），而一些研究者将之作为开阔台地相的一个亚相——台盆相。

本报告之盆地相指克拉通内的滨浅海盆中较深水的盆底相或较深水的陆棚相，为海盆内远滨的较深水或深水的沉积类型，以浅海盆地相为主。见于那底岗日组、布曲组、索瓦组、白龙冰河组。其为静海盆地，以微晶灰岩、泥灰岩与泥岩、页岩的薄互层为典型特征，成层性极好，发育水平层理、纹层理，具生物搅动构造、水平虫迹、斑块状及草莓状黄铁矿，含有正常浅海生物，大多保存完整，可见浮游型菊石化石（图版2－45、图版2－46）、薄壳双壳类。反映了沉积速率低，属深水、较深水、贫氧的环境。

浅海盆地相沉积物主要来自以悬浮状态搬运的泥质物，但受风暴浪影响，夹有粉、细砂或介壳、生物屑、粒屑质的风暴沉积或规模较小的浊流沉积。

可分为台盆、陆棚、陆棚边缘盆地3个亚相。台盆、陆棚广阔，代表氧化界面之上、盐度正常、地形开阔较深的浅海沉积区，水深位于正常浪基面以下，但风暴浪可影响到海底。陆棚亚相与台盆亚相伴生，二者相似，不太好区分，本报告把以低能碳酸盐沉积为主的划为台盆亚相，悬浮泥质沉积为主的划为陆棚亚相。

（1）台盆亚相

台盆亚相是该相是最为发育的一个亚相，见于白龙冰河组、索瓦组下段、布曲组、雀莫错组上部。主要岩性为灰、深灰、灰黑色薄纹层状—中厚层状泥质灰岩、泥质微晶灰岩、含泥质微晶灰岩、微晶灰岩、疙瘩状含生物屑泥质灰岩、生物屑泥质灰岩，夹页岩、泥岩、泥灰岩、含生物屑微晶灰岩。以沉积物中静水低能的泥质含量更高、沉积的水动力条件极弱，与开阔台地相低能海亚相（台地缓坡亚相）相区分。

（2）陆棚亚相

该亚相见于白龙冰河组、索瓦组下段、布曲组、雀莫错组上部，最具代表性的为白龙冰河组各个段下部的深灰色薄层泥页岩层段。与关示聪等（1980）模式的浅海陆棚相相当，与陆源碎屑岩体系的陆架泥相有所类同，以暗色薄、纹层泥质岩为主。

岩性主要由灰、深灰、灰绿色纹层—中层状页岩、泥岩、钙质泥岩、泥灰岩夹泥灰岩、泥质灰岩、微晶灰岩（图版2－48），在东邻图幅的白龙冰河组中可见保存完好的浮游型薄壳双壳类、菊石化石。主要特征是成层明显、单调的泥页岩、泥灰岩或灰岩韵律沉积，缺乏流水构造。

(3) 陆棚边缘盆地亚相

该亚相见于东南部野牛沟一带的索瓦组下段中，偶见于那底岗日组中。主要岩性为灰绿色中层状硅质岩、含生物屑硅质岩，及部分灰—黑色薄层状粉砂质泥岩、炭质泥岩、含炭质泥岩、含炭质灰岩、灰绿色含砾石英砂岩和中细粒石英砂岩等碎屑岩(图 2-32)。以薄层为主，岩性一般单调，具水平纹层及韵律层理。含生物屑硅质岩含少许骨针、放射虫化石。反映属相对比较深、贫氧、欠补偿的次深海沉积，为水体循环性差、较为闭塞、还原的静海环境。所夹部分碎屑岩具平行层理、粒序层理、沙纹层理、底冲刷构造，发育鲍马层序，属浊流沉积。

**5. 生物礁丘相**

其产于索瓦组、白龙冰河组(表 2-9)，还零星出现于布曲组(前人资料)，为一系列点礁、斑礁及丘体。发育于开阔台地相滩或缓坡、陆棚边缘，及在滨海相陆源碎屑砂坝之上。

**表 2-9　图区主要生物礁简表**

<table>
<tr><th>序号</th><th>产地</th><th>经纬度</th><th>层位</th><th>主要建造物<br>造礁生物</th><th colspan="2">厚度<br>(m)</th><th>礁体<br>类型</th><th>其他</th><th>资料来源</th></tr>
<tr><td rowspan="2">1</td><td rowspan="2">野牛沟</td><td>E86°51′12″，<br>N34°11′12″</td><td rowspan="2">索瓦组下段</td><td rowspan="2">珊瑚、海绵</td><td colspan="2">27.49</td><td>点礁</td><td rowspan="2">分布广、稳定<br>(原层位为布曲组)</td><td>王剑等<br>(2004)</td></tr>
<tr><td>E86°51′11.6″，<br>N34°11′11.4″</td><td colspan="2">7.52</td><td></td><td>成都地矿所<br>(1995)</td></tr>
<tr><td>2</td><td>弯弯梁</td><td>E86°51′30″，<br>N34°34′00″</td><td>白龙冰河组<br>二段</td><td>群体珊瑚</td><td colspan="2">5</td><td>点礁</td><td>(原层位为布曲组)</td><td>成都理工大学<br>(1995)</td></tr>
<tr><td>3</td><td>紊埂梁<br>(石榴湖)</td><td>E86°57′41″，<br>N34°42′19″</td><td>白龙冰河组</td><td>群体珊瑚</td><td colspan="2">5</td><td>点礁</td><td>(原层位为布曲组)</td><td>成都理工大学<br>(1995)</td></tr>
<tr><td>4</td><td>石榴湖</td><td>E86°35′58″，<br>N34°44′28″</td><td>白龙冰河组<br>二段</td><td>刺毛珊瑚</td><td colspan="2">15</td><td>点礁</td><td>(原层位为索瓦组)</td><td>成都理工大学<br>(1996)</td></tr>
<tr><td>5</td><td>石峰山<br>(剖面)</td><td>E86°24′19.4″，<br>N34°22′39″</td><td>白龙冰河组<br>四段上部</td><td>珊瑚、海绵、<br>藻、灰泥</td><td rowspan="2">含礁岩系</td><td>>403</td><td>点礁、<br>丘带</td><td>礁丘多旋回组合<br>(至少 12 个旋回)<br>分布广、带延伸远</td><td>本报告</td></tr>
<tr><td>6</td><td>双泉湖<br>长梁山<br>(剖面)</td><td>E86°20′13.9″，<br>N34°09′07.7″；<br>E86°20′18.2″，<br>N34°08′38″</td><td>索瓦组上段<br>顶部</td><td>珊瑚、海绵、<br>藻、苔藓虫、灰泥</td><td>385</td><td>点礁、<br>丘带</td><td>礁丘多旋回组合<br>(8～10 个旋回)<br>分布广、带延伸远</td><td>本报告</td></tr>
</table>

由海绵、珊瑚、藻类等建造形成，部分为灰泥丘，大多呈串珠状、链状顺层分布，少部分呈似层状、孤立的圆丘状。单个礁、丘体一般规模小，厚度数米至近百米，延伸 10～180m。礁、丘体纵横组合可形成较大规模的多旋回(图 2-34、图 2-38)生物礁丘带。礁旋回厚度 8～127.6m，可细分为礁基、礁间、礁核、礁坪、礁顶和礁翼(图 2-38、图 2-48)。

(1) 礁核、丘

礁核、丘厚 0.5～96.8m，一般占礁旋回厚度的 31%～99%。为中厚—厚层块状的黄灰、灰—灰白色的灰泥-苔藓虫-珊瑚-藻-海绵礁灰岩组合。岩石类型主要为海绵、珊瑚、藻、苔藓虫、层孔虫海绵等生物灰岩(图版 2-26、图版 2-29)、藻粘结岩(图版 2-53)、藻缠结岩，及部分骨架岩(图版 2-27、图版 2-28、图版 2-31～图版 2-34、图版 2-51、图版 2-52)、盖覆岩(图版 2-55)、藻微晶灰岩(图版 2-30)、生物微晶灰岩(隐粘结岩、障积岩、隐障积岩)等。礁岩呈块状构造，不显层理，具骨架结构、粘结结构、隐粘结结构、障积结构、隐障积结构、盖覆结构、生物结构、生物砾砂屑结构、块状构造、斑块构造(图版 2-30)、栉壳状构造(图版 2-30)、溶孔构造(图版 2-56)、窗格构造、示底构造(图版 2-57)。成分、结构构造极不均匀，横向不均一性明显。

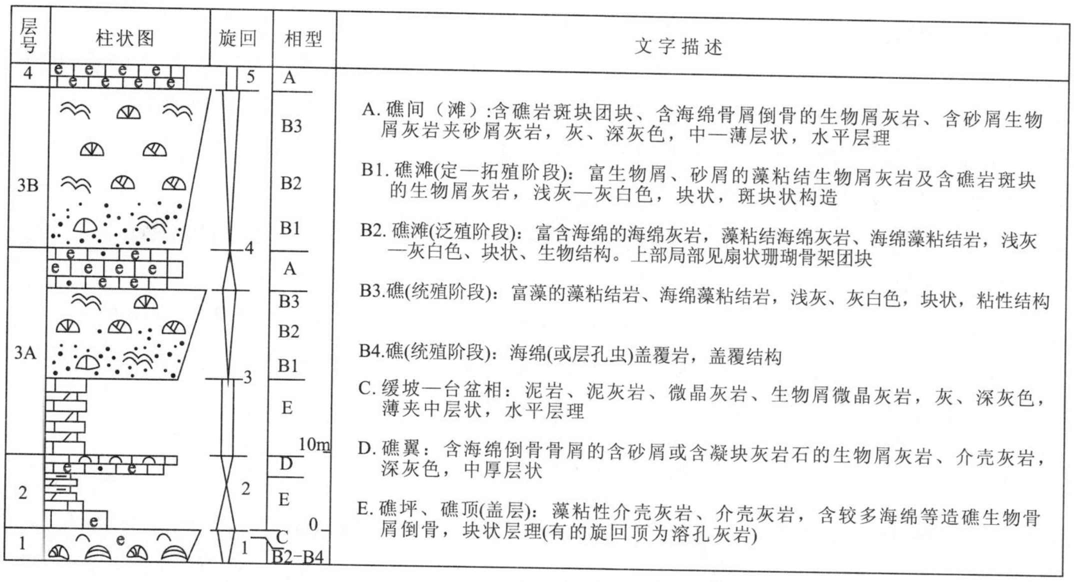

图 2-48 白龙冰河组四段上部礁相旋回及其造礁演化发育阶段结构特征图

造架生物多样，主要为海绵(图版 2-26、图版 2-29)、珊瑚(图版 2-27、图版 2-31、图版 2-34、图版 2-51、图版 2-52)及藻类(图版 2-30、图版 2-53、图版 2-54)，还有少量水螅、层孔虫、苔藓虫(图版 2-28)。造架生物呈圆、圆柱、圆锥、半球、条状、枝状、块状及板状、层状、条带状，直径一般为 0.3～10cm，最长者大于 30cm，通常含量占 15%～50%，原地聚集生长造架部分可高达 85%。珊瑚有单体的、复体的，一般个体细小，直径 0.2～0.8cm。局部密集向上生长构成扇状的骨架岩块体，大小 10cm×20cm～80cm×50cm 为多，最大的直径大于 300cm，部分向上直立生长构成骨架结构、骨架岩，局部密集的珊瑚向上生长呈扇状体(图版 2-27)，构成大小 10cm×20cm～80cm×50cm 为多，最大的直径大于 300cm。

粘连生物主要是藻类，及少许的海绵、层孔虫等。藻类有直管藻、丛状线藻、管孔藻、球松藻、葛万藻、肾形藻、表附藻等蓝藻、绿藻、红藻，以蓝藻为主，呈斑点状、丝状、纹层状、丛状、页状、灌状、叠层状，或为藻球粒、藻斑点、藻砂屑、藻凝块，常不均匀聚集附着粘结生物体、生物屑，少部分形成生物骨架，含量 25%～75%。

附礁生物门类较多，有腕足类(图版 2-57)、双壳类、腹足类、介形虫、有孔虫、苔藓虫、锥壳类、棘皮类、藻类等，碎屑—完整的都有，直径多在 0.06～40mm 间，分布极为不均，含量最高可达 30%。造礁生物、附礁生物间的充填物以微晶灰泥为主。

灰泥丘(图版 2-49、图版 2-50)：由(含)泥质微晶灰岩、微晶灰岩及部分生物微晶灰岩(隐粘结岩、障积岩、隐障积岩)构成。其内造架生物极少、较少，有的可以识别出较多的隐藻。

(2) 礁基、礁间、礁翼

其厚 3～31m，占礁旋回厚度的 1%～35%。为黄灰、灰、深灰色中—薄层状生物屑微晶灰岩、含生物屑微晶灰岩、微晶灰岩、泥质微晶灰岩，或介壳生物屑砂屑灰岩、介屑生物屑灰岩夹微晶灰岩，或泥岩、泥灰岩、微晶灰岩等组合。水平层理发育。部分旋回礁基富含腹足类(图版 2-26)、双壳类。按与礁核、丘体关系的位置划分为礁基、礁间、礁翼，多数礁翼、丘体四周为相对较深的低能沉积(图版 2-24)。

(3) 礁坪、礁顶

其见于少量礁旋回的顶部，厚 0.2～20.3m，占礁旋回厚度的 0%～49%，通常所占比例很小。为灰、深灰色溶孔灰岩(图版 2-56)、介壳灰岩或介壳生物屑灰岩(图版 2-25)，常含海绵、藻、苔藓虫等造礁生物的倒骨、骨屑。具有暴露/变浅的特征。

(4) 发育与组合特征

图区礁、丘的发育有两种模式。

一种在开阔台地相滩间、台地缓坡(低能海)、点滩或缓坡型陆棚边缘的微晶灰岩、泥质灰岩、泥页岩基础上发育建造，被富介屑的生物屑灰岩（少数为海绵生物屑灰岩）或微晶灰岩、泥质灰岩围限（图版 2 - 49、图版 2 - 50）。此模式的礁、丘体出现在白龙冰河组、索瓦组下段。

甜水河北岸石峰山南白龙冰河组四段发育的礁丘带，具有一定的规模，构成缓坡型陆棚边缘礁。

另一种在滨海陆源碎屑砂坝的基础上发育建造，被夹灰岩的陆源碎屑岩围限（图版 2 - 23）。陆源碎屑岩以黄绿、灰绿带黄褐色薄、中层状钙质细粒岩屑石英杂砂岩、钙质细粒长石石英砂岩、细粒长石石英砂岩夹少许含粉砂细粒长石石英砂岩为主。此模式的礁、丘体出现在索瓦组上段。

双泉湖东长梁山南索瓦组上段顶部发育的链状礁丘带，具有一定的规模，与陆源碎屑岩砂坝、碳酸盐岩滩坝一起构成障壁岛。

较大的礁体可识别出定殖、拓殖、泛殖、统殖 4 个造礁阶段（图 2 - 48），而且部分礁体与生物屑灰岩、微晶灰岩、泥质灰岩等礁翼沉积存在指状穿插相变关系。礁定殖在滩或灰泥丘之上，泛殖阶段造礁生物数量、种类丰富，统殖阶段常富藻或出现大量的珊瑚骨架岩。

#### （四）碳酸盐岩与陆源碎屑岩的混合沉积

上述碳酸盐沉积中不少都含有数量不等的陆源沉积物，或呈分散状混合物散布于灰岩中，或以碎屑岩夹层（或互层）出现在灰岩层间；同时不少陆源碎屑沉积中含较丰富的方解石或白云石，有的含较丰富的碳酸盐质粒屑，形成海陆交互的碳酸盐岩与陆源碎屑岩的混合沉积。

图区侏罗系的碳酸盐岩与陆源碎屑岩的混合沉积在各个组之中均有出现，尤其以雀莫组上部、索瓦组上段及白龙冰河各段的下部、部分夏里组中上部最具特征，不但岩石成分有混积的现象，而且陆源碎屑沉积体系与碳酸盐沉积体系的相类型交替出现，组合构成沉积旋回。混积现象可以出现在靠陆一侧的潮坪相、三角洲中，也可出现在滨浅海及盆地相中，构成混积陆棚沉积。在陆源碎屑砂坝的基础上发育建造的生物礁、丘，被陆源沉积包围的碳酸盐介壳滩，以陆源碎屑为核心的鲕粒滩，及各种砂质灰岩、砂质云质灰岩、钙质砂岩、钙质粒屑砂岩，为碳酸盐与陆源碎屑的混合沉积的代表。

这是陆源碎屑岩相区与碳酸盐沉积相区相互争夺的表现，反映了陆源海的性质，是海侵或海退陆源碎屑岩相区向岸方向后退或向海方向推进的表现。

## 七、岩相古地理与盆地演化分析

### （一）岩相古地理分析

侏罗纪，图区位于晚三叠世沉积盆地的基础上发展起来的，挟持于以北的金沙江造山带与以南的羌塘盆地中部的中央隆起带之间的北羌塘陆缘海盆的西部（图 2 - 49）。在此背景下，在综合图区剖面及地质路线资料的基础上，根据区内地层的沉积组合和岩相特征的纵横变化，进行以下的沉积演化及古地理分析。图区侏罗纪的沉积演化划分可为早侏罗世中期、早侏罗世晚期、中侏罗世早期、中侏罗世中期、中侏罗世晚期、晚侏罗世早期、晚侏罗世中期、晚侏罗世晚中期—早白垩世早期 8 个时期。

鉴于图区下、中侏罗统出露的范围较小，甚至上侏罗统在区内的横向变化也不太大，编制图区各时期的岩相古地理图显得依据不足或意义不大。因此，以下对图区侏罗纪各时期进行的沉积演化及古地理分析，未编制与图区比例相等的岩相古地理图件。王成善等（2001）、赵政璋等（2001）、王剑等（2004）编制的羌塘地区侏罗纪各期的岩相古地理图可作为参考。

**1. 早侏罗世中期**

由于受到图区以南的怒江洋盆的扩张作用，羌塘地区地壳逐步拉伸减薄，发生了强烈的裂陷作用。该时期图区的西、西南—东南部的布若错-石水河地区总体处于火山环境（图 2 - 50），其底形成一个广泛发育的构造角度不整合，其上形成了以火山岩为主的那底岗日组。

期间，区内发育以火山喷溢相为主的火山喷发-火山碎屑-海相沉积体系。在火山喷发间隙期及期间的海平面升降变化的相对海泛期，在火山岩建造中出现间夹的陆缘滨浅海环境，沉积为波浪、潮汐改造的河流、三角洲相和快速海侵的滨岸相陆源碎屑沉积及少量海相碳酸盐沉积，偶夹盆地相的泥质、硅质沉积。据此判断，图区南部和东、东南部在该期的古地理面貌为火山碎屑—陆源近海湖。

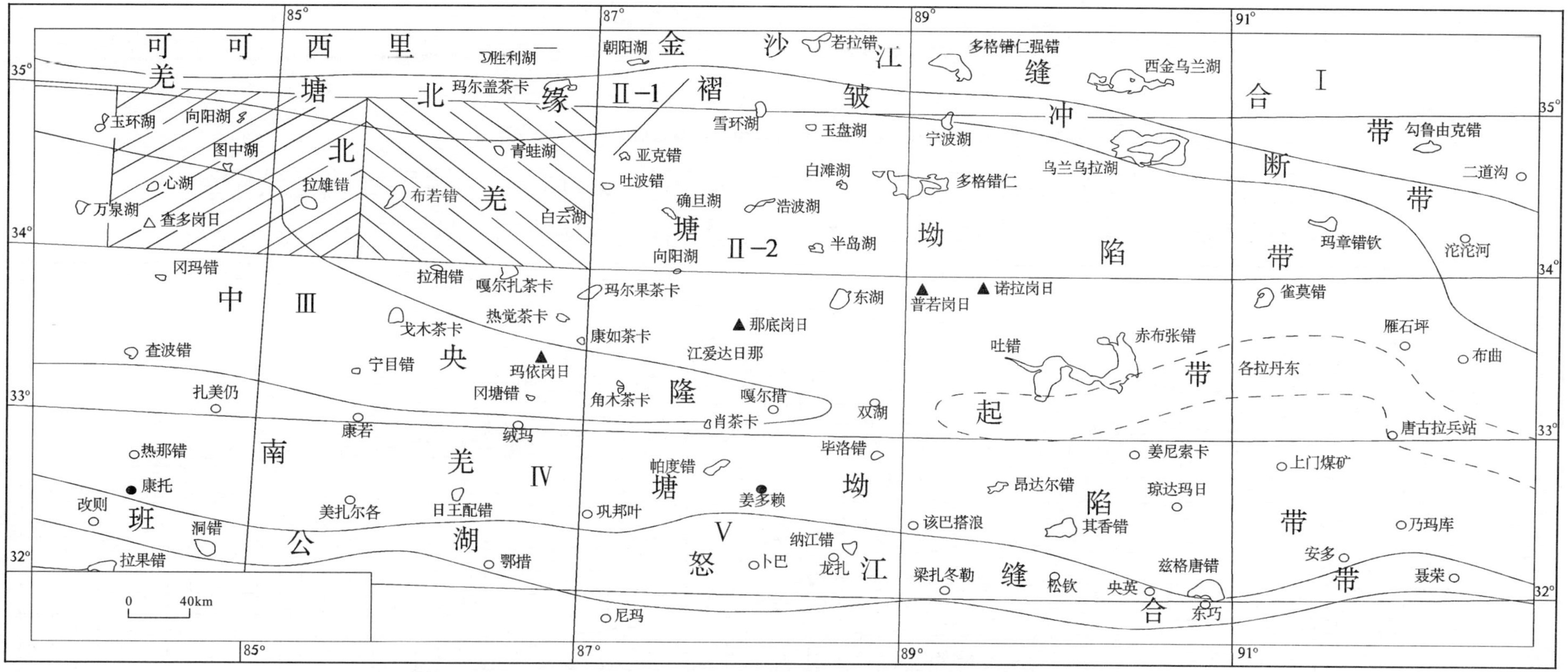


图2-49 侏罗纪羌塘盆地构造单元、地层分区及古地理图[据王剑等(2004)修改]

(左上方斜框区为测区;左为查多岗日幅;右为布若错幅)

Ⅰ.可可西里-金沙江缝合带;Ⅱ.羌北盆地[Ⅱ-1.羌塘北缘褶皱冲断带/若拉岗日地层分区/测区:湾岛湖-大横山小区];Ⅱ-2.北羌塘坳陷带/羌北-昌都-思茅地层区羌北地层分区赤布张错地层小区];Ⅲ.中央隆起带;Ⅳ.羌南盆地[南羌塘坳陷带/羌南地层分区];Ⅴ.班公湖-怒江缝合带

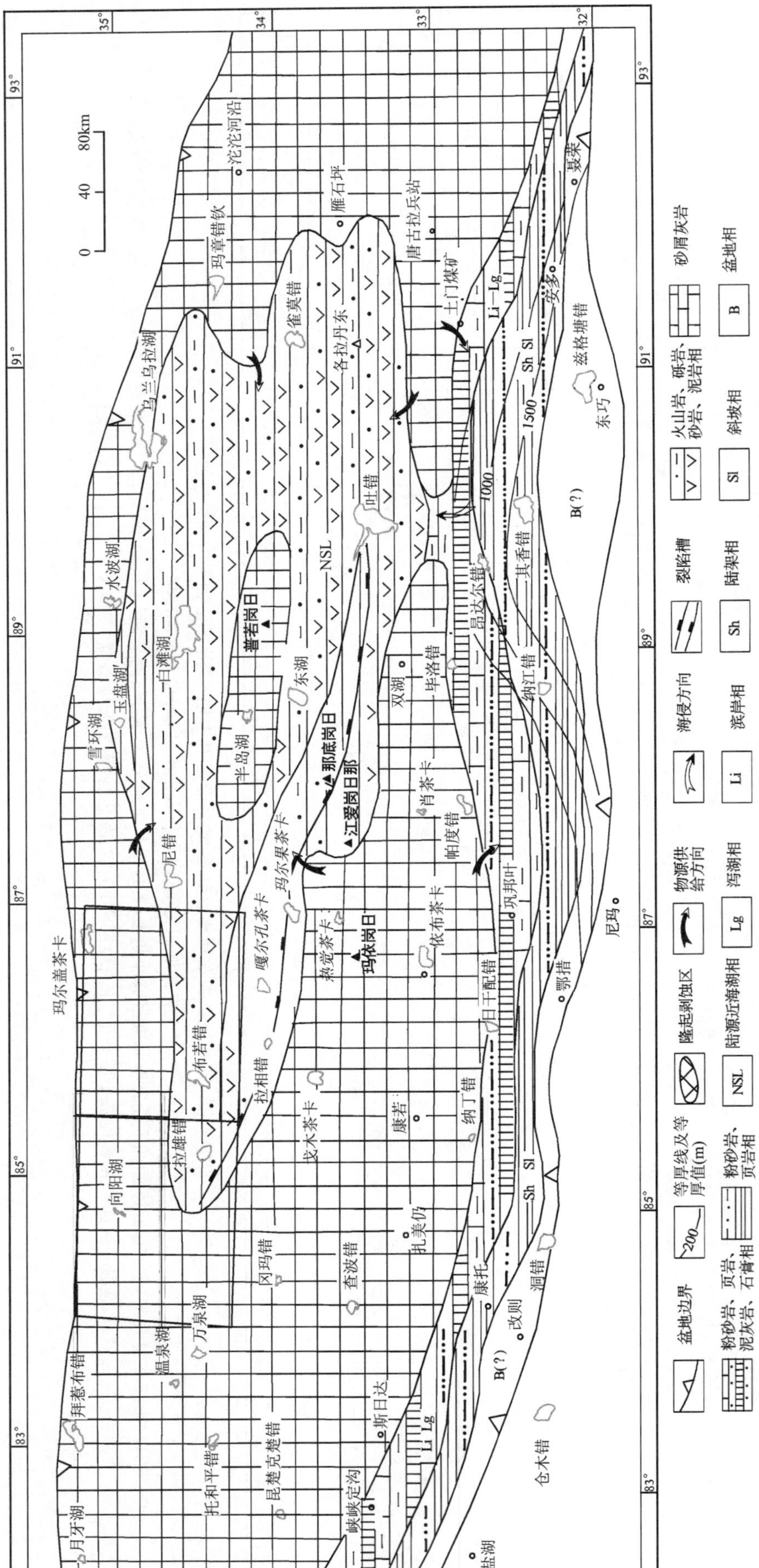


图 2-50　羌塘盆地早侏罗世中期岩相古地理图[据王剑等(2004)修改]

其中某段时间随着海侵的深入，在最大海泛期该区一度演变成相对较深的盆地相，形成夹在陆相、滨岸相沉积中，以薄层硅质岩为代表的深水沉积层段。其是大幅度、大面积的海陆快速变迁的结果，一方面反映了该区地形相对平缓的古地理面貌，另一方面反映了区域构造的升降活动。

从掌握的古流向资料分析（图 2－24），该期该区的陆源碎屑的物源主要来源于南、南东，即来自盆地以南的中央隆起带。考虑到同一时期区域上仅在羌南坳陷发育了深水沉积（陆棚相沉积的曲色组），故图区夹于火山岩建造中的浅—深水的海相沉积，应为期间的某些相对高水位期海水由南向北越过中央隆起带，或通过某些通道向北侵漫的表现。测区发育的火山-海相沉积呈北西向延伸，往南东延向那底岗日，在区域上呈走向北西—南东的带状展布，推测此带为早侏罗世发育的一个裂陷槽（图 2－50），并且这一古地理格局成为其后图区照沙山-布若错地层小区发展演化的基础。由于期间火山活动频繁，因此区内该期出现的海平面升降应与区域构造活动密切相关。

**2. 早侏罗世晚期**

早侏罗世晚期图区构造应力减弱，火山作用停止，区内沉积形成雀莫错组。早侏罗世晚期早时，图区甜水河至石水河一带演变为陆缘滨岸环境（图 2－51）。沉积区表现为平缓开阔的陆缘海岸，发育河流—扇三角洲、三角洲相，沉积形成雀莫错组下部的以含砾岩、含砾砂岩为特征的粗碎屑岩段。

早侏罗世晚期中时，随海侵的扩大，该区演变为无障蔽的滨岸潮坪沉积形成雀莫错组中部以薄层泥、粉砂、细砂岩为主的细碎屑岩段。期间海平面一度下降，图区对应演变为泻湖、潮坪、蒸发盐坪，并在咸水河一带出现了膏盐沉积。

而后进一步海侵，该区逐步演变为浅海，形成以深灰色薄层泥晶灰岩为代表的碳酸盐岩台地或缓坡，最大海泛时期局部还一度成为台盆，沉积形成雀莫错组上部低能环境沉积的碳酸盐岩段。这一阶段的区内沉积，由东往西碳酸盐岩增多、陆源碎屑岩减少，表现为向西变深的缓坡。

早侏罗世晚期晚时，区内海平面再次回落，由碳酸盐岩台地或缓坡转变为滨岸潮坪、泻湖，沉积形成雀莫错组上部细碎屑岩。早侏罗世晚期末，区内海平面再度上升，总体上表现为陆源碎屑沉积往上减少变细、海源碳酸盐沉积增加，由滨岸潮坪、泻湖向正常广海台地相演化。

总而言之，早侏罗世晚期沉积形成的雀莫错组成层性好，属广海型滨海相沉积，中部夹有少许海相灰岩，顶部和底部夹部分陆相红色碎屑岩，期间至少发生了 5 次中级周期的海平面升降变化（$S-Ⅱ_1 \rightarrow S-Ⅲ_1$），但总体构成有下粗上细、往上碳酸盐增加的沉积序列，构成一个大型的退积海侵沉积体系，海盆的范围不断扩大，由陆缘碎屑滨岸向碳酸盐浅海演化。期间中短周期的海平面升降变化，与早侏罗世晚期（土阿辛期）的全球海平面变化（据 Haq 等，1987）有一些相似性，又有区别，显示区内的海平面升降变化可能受到区域构造活动与全球海平面变化等因素的复合控制。

从古流向资料分析（图 2－26、图 2－52），该期该区的陆源碎屑的物源主要来源于南、南东，与前期一样应该来自盆地以南的中央隆起带。

**3. 中侏罗世早期**

这一时期羌北区域早侏罗世以来的海侵不断扩大，在图区表现为整体性的快速下沉，由前期的滨岸潮坪、泻湖迅速演变为浅海台地相或碳酸盐缓坡。

由于海平面上升快，该期之初滨岸陆源碎屑沉积已完全从图区退出，转变为广阔的开阔碳酸盐岩台地，在甜水河至野牛沟一带为潮下夹浅滩沉积，形成一套碳酸盐低能海或缓坡相为主的深灰色、黑色泥、页岩与深灰色中—薄层状泥灰岩、微晶灰岩、介壳灰岩（布曲组下部）。

持续的大规模海侵，使得图区总体位于浪基面以下，处于低能环境，部分时期甚至演变为台盆或陆棚，沉积形成以深色薄层泥页岩、泥灰岩为主的岩性段。

这一时期图区内的沉积稳定、变化很小，总体显示为一地形平缓、水体相对较深、环境相对稳定的沉积区域。期间，可以识别出两个相对较明显的次级海平面升降变化（$S-Ⅲ_1$ 中），而大规模的海侵在中侏罗世早期末—中侏罗世中期初（即巴柔末期—巴通早期）海侵达到高位，这与中侏罗世早期的全球海平面变化（据 Haq 等，1987）基本吻合。因此，区内该期的海平面升降变化主要受全球海平面变化因素的控制。

**4. 中侏罗世中期**

中侏罗世中期，图区继承了前期的岩相古地理格局，开阔、平缓的碳酸盐岩台地一直维持到巴通期晚

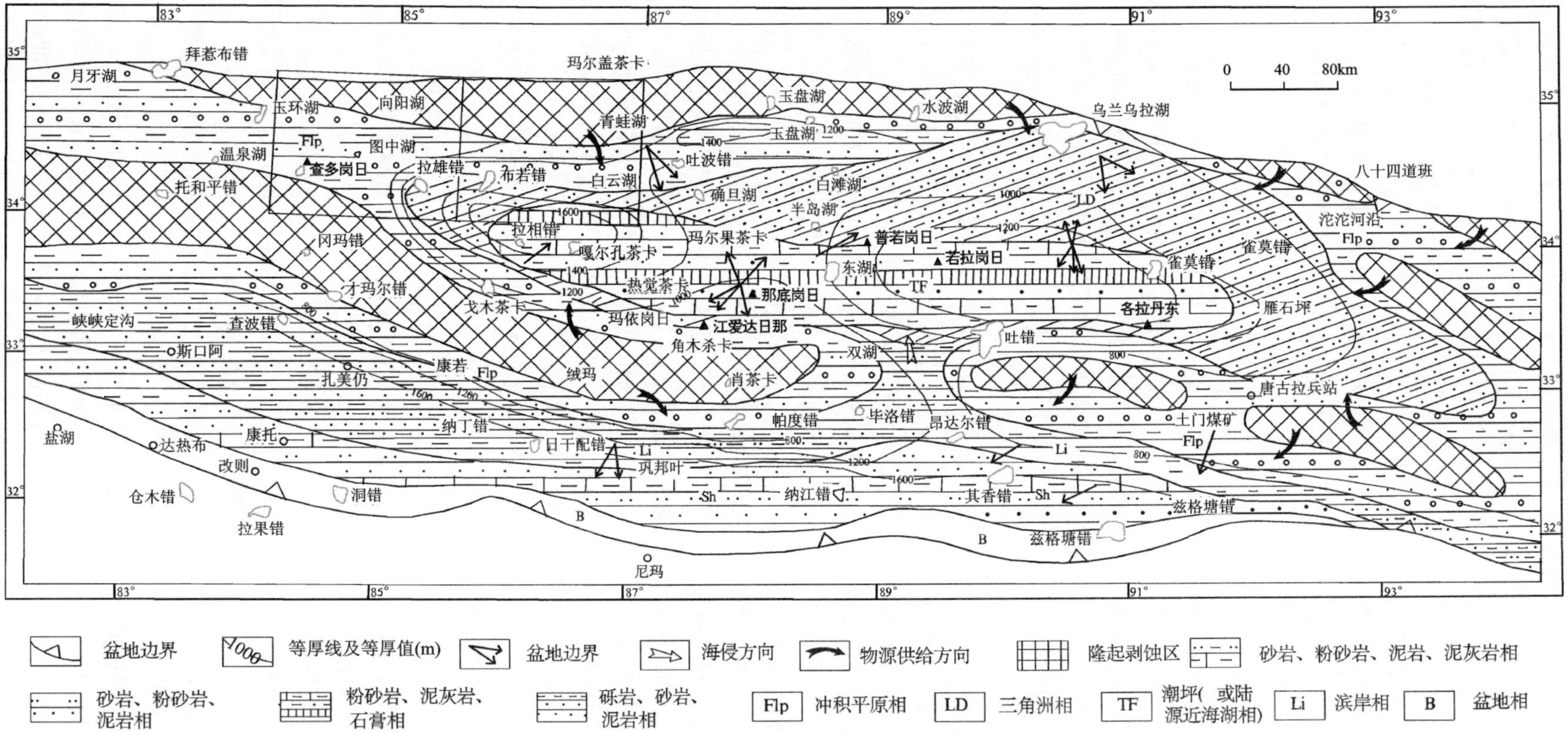


图2－51　羌塘盆地早侏罗世晚期岩相古地理图　[据王剑等（2004）修改]

（左上方斜框区为测区；左为查多岗日幅；右为布若错幅）

期。但是，在前期的大规模海侵达到高位后，区内环境由原来以低能海或缓坡相为主转变为以中高能环境的浅滩相为主，沉积以生物灰岩、砂屑灰岩、鲕粒灰岩、核形石灰岩等颗粒灰岩为主导的一套极厚的碳酸盐岩（布曲组中、上部）。

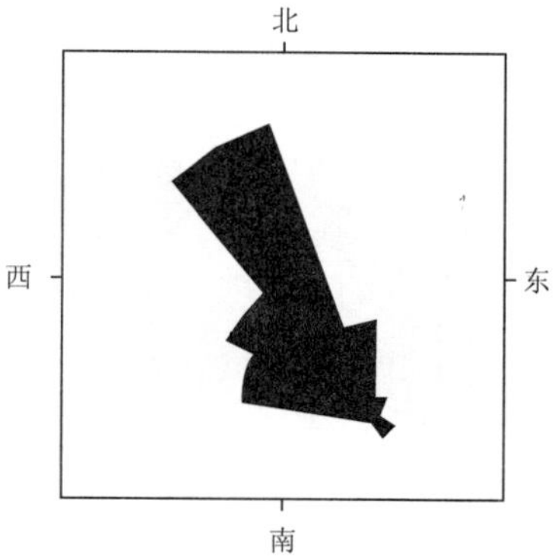


图 2-52　咸水河雀莫错组古流向图
（引自赵政璋等，2001）

期间，区内中短周期的海平面升降变化频繁发育（S-Ⅲ$_1$ 顶部及 S-Ⅲ$_2$ 中）。它们相应的海侵、最大海泛期，在区内主要发育为潮下低能海（台地缓坡），部分地区最大海泛期具有台盆甚至陆棚性质；相应的高水位期区内主要发育为开阔台地，形成以浅滩相为主的鲕粒灰岩、核形石灰岩等颗粒灰岩、颗粒微晶灰岩，以颗粒灰岩大量出现为特征。一些海平面升降旋回相应的高水位末期至低水位期，区内少量地区会因浅滩的障蔽短暂成为局限、半局限海环境，发育碳酸盐泻湖甚至碳酸盐潮坪，形成局限台地相深灰色中—薄层状泥灰岩、微晶灰岩组合，以及微—粉晶云质灰岩、粉晶砂屑介形云质灰岩等组合。

中侏罗世中期晚时发生了明显的海退，沉积反映为云质灰岩、白云岩明显增多，在东邻图幅的中部，分水岭、石水河一带沉积环境变得更为局限，还发育了深水泻湖——出现纹层状石膏、泥晶灰岩和黑色碳质页岩“三位一体”的蒸发岩系及蒸发台地相膏盐岩沉积，区内沉积环境从开阔台地为主向局限台地演化（图 2-53）。

中侏罗世中期图区内的环境总体上是稳定的，期间厚度巨大的浅滩相的持续发育、较发育的次级海平面升降变化应与该区域的稳定沉降相关。

**5. 中侏罗世晚期**

即卡洛夫期。在经历了前期晚时明显的海退之后，海平面显著回落，盆内沉积范围变小，陆源碎屑沉积物再次注入图区。该期之初，图区由原来的碳酸盐岩台地突变为陆缘碎屑滨浅海，而后主要沉积形成一套海陆交互相的砂岩夹灰岩组合，晚期演变为碳酸盐沉积与陆缘碎屑沉积混积潮坪或台坪，沉积形成夏里组。

总体而言，该期图区地形高差不大，沉积速率小，沉积地层厚度不大（105～349 m，仅局部 349～658m）。沉积物以粉、细砂岩与泥岩为主，部分夹有较多的海源沉积。显示图区可分为近陆源的三角洲、潮坪和远陆源的滨浅海 3 种古地理环境单元（图 2-54）。

三角洲出现在图区西北部的圆锥山-花粱山一带，为三角洲相沉积。该期沉积了较厚（大于 658m）的陆源碎屑岩，由含砾粗砂岩、中粒砂岩、细砂岩和泥岩组成的旋回组合构成，期间夹有较粗的含砾砂岩，近陆源供给系统区的沉积区。向东、东南、南沉积物变薄、变细。

图区中部为滨岸、潮坪区。东南部的野牛沟一带，沉积以滨岸相砂岩为主。初期沉积物为远滨相灰绿色极薄层状泥岩、粉砂质泥岩。

往北西，在圆锥山以南，在图区西部的友谊沟一带，总体为滨岸潮坪、泻湖沉积环境，但以潮下低能相为主的海源沉积明显增多，向远岸的海陆交互滨浅海环境转化，晚期由混合坪向泻湖演化。沉积物为薄层状泥岩、粉砂质泥岩、细粒石英砂岩、含砾砂岩夹少量砂质灰岩组合，砂岩中水平层理、平行层理、交错层理发育，产丰富的腕足类、双壳类化石。

往西，在友谊沟以南的长梁山-双泉湖一带，向西邻的独雪山（剖面）方向向近陆的潮坪、泻湖演化。其早期沉积以页岩、泥岩、粉砂质泥岩、细砂岩为主夹灰岩，为潮下泥-砂坪-混合坪-泥坪沉积组合；晚期局限海环境沉积的碳酸盐沉积增多，而陆源砂沉积减少，沉积物呈紫红—杂色中薄层状粉砂岩与泥岩为主，而且普遍发育有较多的角砾状白云岩、白云岩、云质灰岩，而且往上白云岩增加、变厚，局部还出现石膏夹层，常有暴露标志。沉积环境由滨岸向混合坪、向泻湖乃至局限台地相或蒸发台地相方向演化，古气候向干热气候转变。

总体而言，中侏罗世晚期图区为沉积环境频繁升降的滨浅海，总体构成有下粗上细、往上碳酸盐岩增加的沉积序列，由下往上由近陆缘的三角洲/潮坪碎屑岩沉积→混合坪/泻湖→局限台地/蒸发台地相，或滨岸→局限台地相逐步累进到下一时期的开阔碳酸盐岩台地（索瓦组），构成一个大型的退积海侵沉积体

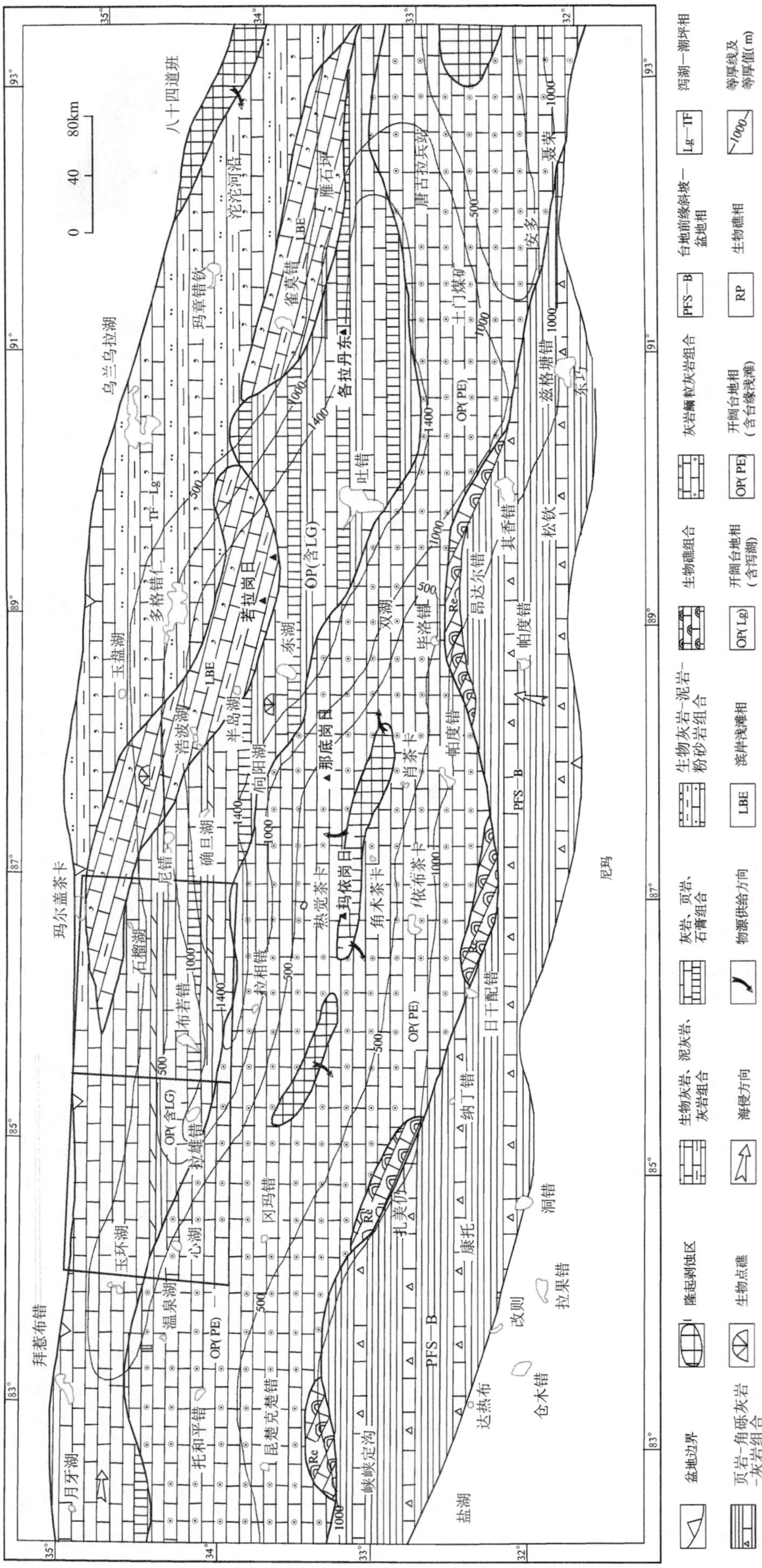


图 2－53　羌塘盆地中侏罗世中期岩相古地理图　[据王剑等(2004)修改]

(左上方斜框区为测区;左为1:25万查多岗日幅;右为布若错幅)

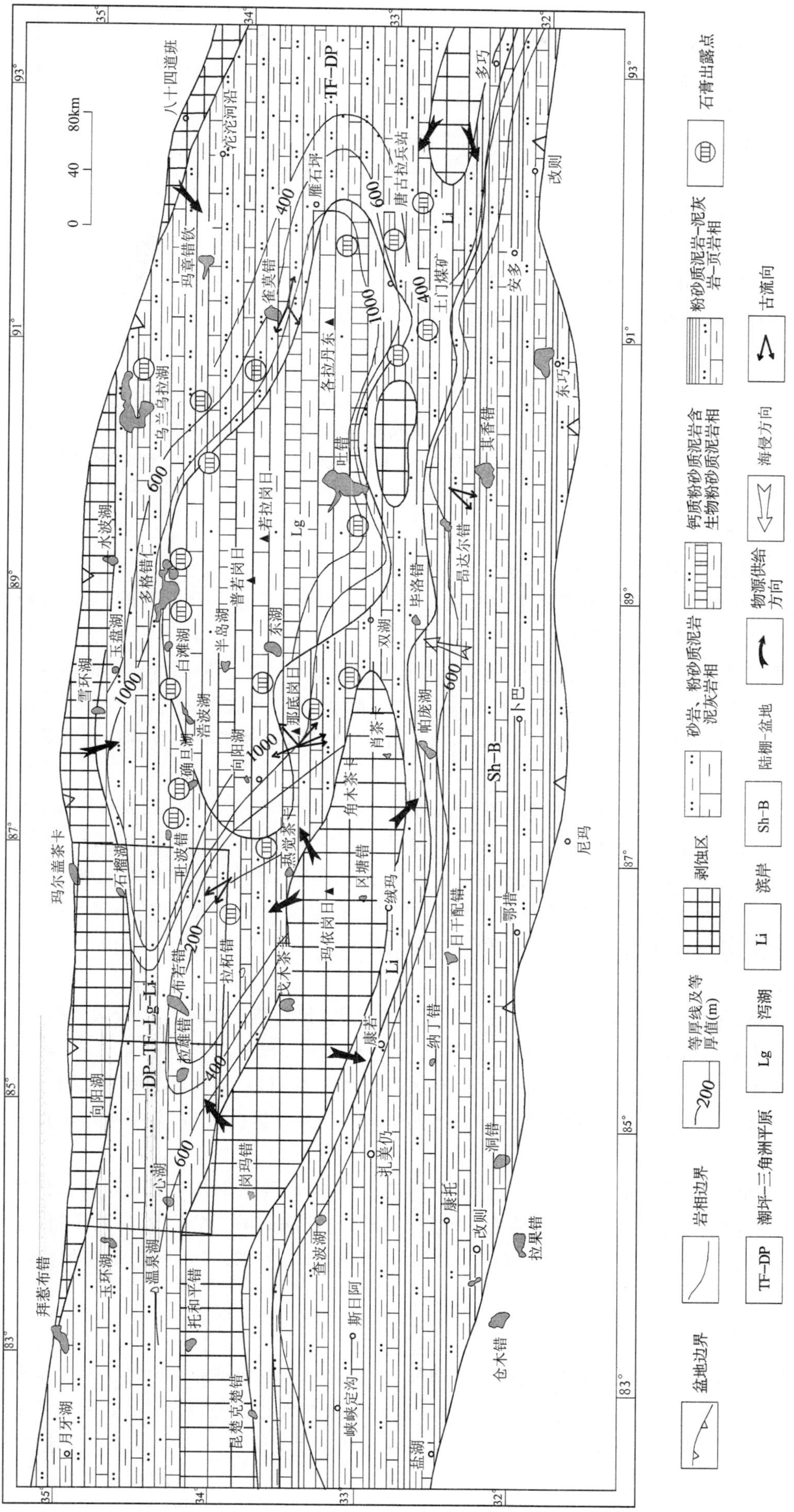


图 2-54　羌塘盆地中侏罗世晚期(卡洛夫期)岩相古地理图　［据王剑等(2004)修改］

(左上方斜框区为测区;左为1:25万查多冈日幅;右为1:25万布若错幅)

系。这一海侵沉积序列及发育时限，与前述早侏罗世晚期的大型的退积海侵沉积体系基本相似，只是这一时期的沉积厚度小、次一级旋回不如前者明显。期间可识别出两次中级周期的海平面升降变化（S-Ⅳ$_1$、S-Ⅳ$_2$），此与卡洛夫期的全球海平面变化（据 Haq 等，1987）一致，显示区内该期的海平面升降变化可能主要受全球海平面变化因素的控制。

从岩相的展布情况分析，从北西的友谊沟至南东的野牛沟，是中侏罗世晚期图区中相对远陆来说较深一些的区域，大致沿甜水河断裂展布。其往北、往南西都有变浅、近陆缘的趋势，结合岩屑分析、重矿物分析及古流向分析（图 2-55）（前人资料）等地的古流向资料，说明该期图区的陆源碎屑的物源应为双源的，南部来自图区以南、南东的中央隆起带，而北部应来自图区以北、西北部的造山带。

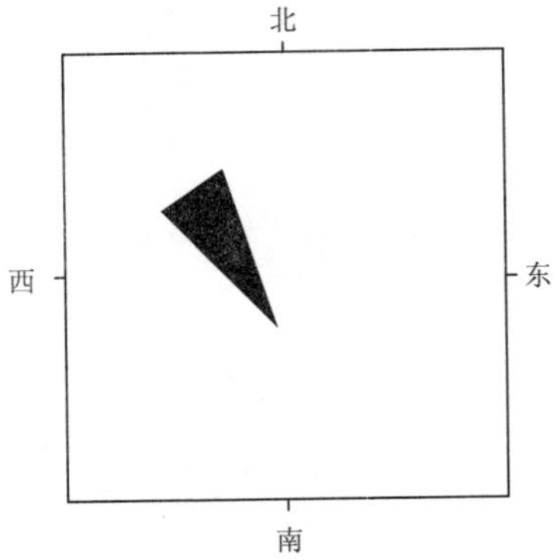


图 2-55　野牛沟夏里组古流向图

（引自赵政璋等，2001）

**6. 晚侏罗世早期**

该期是索瓦组下段、白龙冰河组一段下部的沉积形成时期，图区古地理明显分异出西南高、东北低的浅水碳酸盐岩台地和深水陆棚两个单元（图 2-56）。

（1）碳酸盐岩台地

其位于图区的西南部（布若错小区），即索瓦组下段沉积区。

晚侏罗世早期（牛津期）是羌北海平面上超时期，羌塘盆地由于发生了一次明显的整体沉降作用，导致该区域侏罗纪以来的第二次大规模海侵。

晚侏罗世早期之初，由于海平面的上升，图区从前期的滨岸混积潮坪或局限台地迅速演变为开阔碳酸盐岩台地或缓坡，陆源碎屑沉积已基本或完全从该区退出，成为广阔、开放的碳酸盐岩台地。晚侏罗世之初快速的海侵之后，该区总体表现为海退沉积，但碳酸盐岩台地的古地理格局一直维持到晚侏罗世早期晚时。

与中侏罗世中期一样，晚侏罗世早期期间中长周期海平面变化相应的海侵、最大海泛期，区内主要发育为潮下低能海（台地缓坡）；部分最大海泛期甚至退积发育成台盆、陆棚甚至深水盆地，出现富深色泥岩、泥灰岩的相对深水沉积区，在野牛沟还出现较厚的硅质沉积；相应的高水位期也主要发育为开阔台地，以形成颗粒灰岩的浅滩相沉积为主；相应的海退期末期，少量地区也会出现局限、半局限海环境，如在野牛沟发育了潮坪、泻湖，沉积物发生白云岩化，或沉积形成鸟眼微晶灰岩、纹层灰岩。

（2）深水陆棚

其位于图区的东北部（白龙冰河小区）。晚侏罗世早期之初，该区构造沉降作用极为强烈，出现淹没事件，从前期的陆缘碎屑滨海突变为深水陆棚，发育形成白龙冰河组一段底部的深色泥页岩，成为盆地中沉积速率较低、距离物源区较远的地区。而后的海退在区内表现不甚明显，白龙冰河组一段下部的灰岩、泥灰岩，反映了向台盆、碳酸盐缓坡发展的趋势，但总体还是相对较深水区的沉积，其中见较丰富的菊石类浮游生物化石。

图区晚侏罗世早期早时的海侵，为前期总体海侵的延续，但区内西南部与东北部达到高位的时间与形式并不一样；晚侏罗世早期中晚时，区内总体为一加积至海退的浅海碳酸盐岩台地沉积序列，这与全球海平面变化至晚侏罗世中期末达到高位（据 Haq 等，1987）也有显著的差别，显示区内该期的海平面升降变化明显是受区域构造活动因素的控制。

**7. 晚侏罗世中期**

该期图区保持了前期的古地形面貌，依然为西南高、东北低的古地理格局。但晚侏罗世早期后期的海退持续到晚侏罗世中期时，图区的沉积环境发生了重大改变：西南部由前期的碳酸盐岩台地演变为海陆交互混积浅水陆棚，东北部则由前期的深水陆棚或台盆演变为陆缘碎屑岩滨岸—碳酸盐岩台地（图 2-57）。

（1）海陆交互混积浅水陆棚

图区的西南部（布若错小区），该期该区沉积的地层为索瓦组上段，以陆源碎屑沉积为主的沉积段与碳

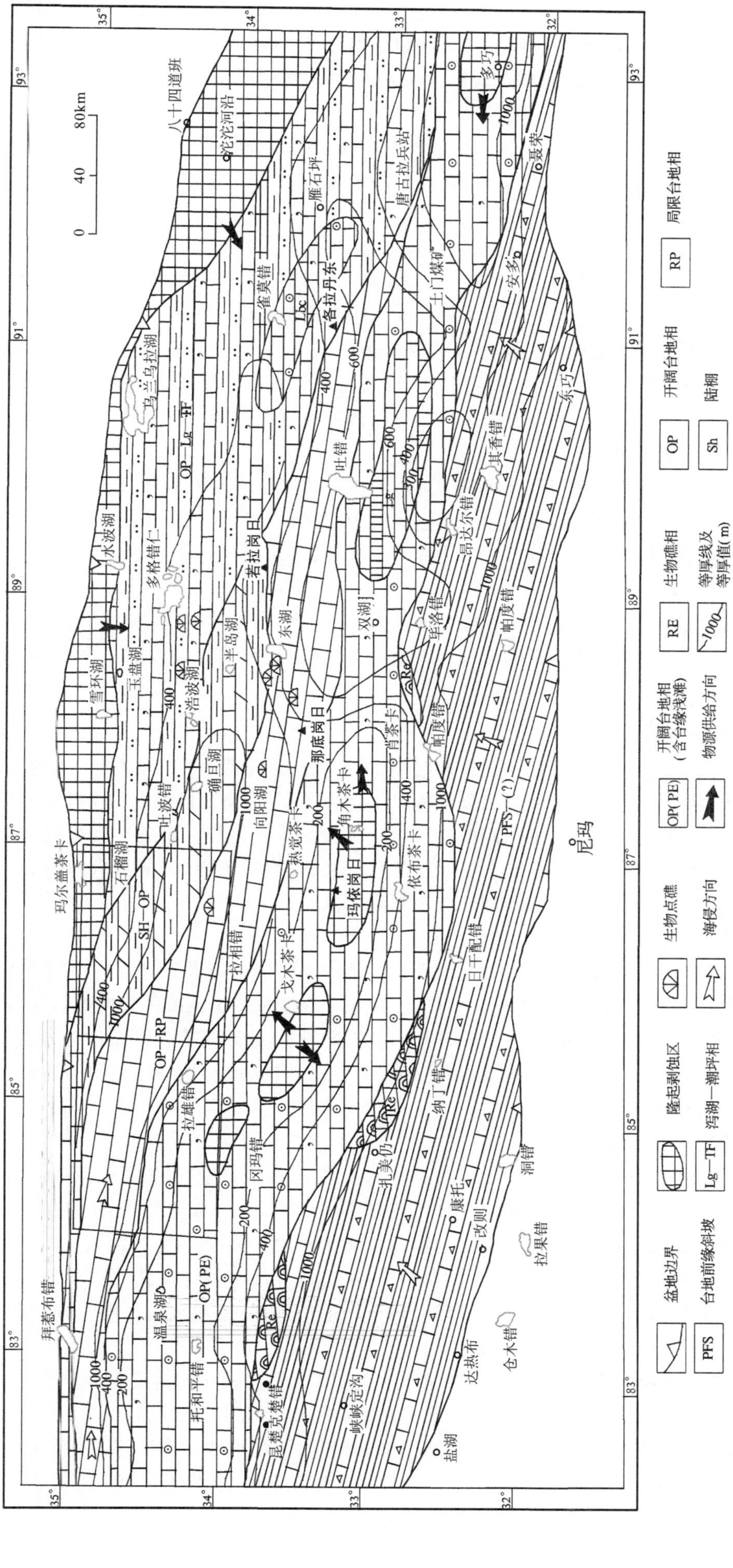


图 2-56　羌塘盆地晚侏罗世早期岩相古地理图　[据王剑等(2004)修改]

(左上方斜框区为测区;左为查多岗日幅;右为布若错幅)

酸盐沉积为主的沉积段交替出现为特征，它们组合构成的沉积旋回是晚侏罗世中期中短周期海平面震荡变化的产物。陆源碎屑沉积以滨岸的浪控，潮控三角洲相沉积为主，潮坪、泻湖相沉积为次，也有一些与海源碳酸盐混积的滨前或潮下浅海沉积。碳酸盐沉积有潮下低能海、滩相沉积，晚期还出现珊瑚、藻、海绵等建造的小型生物点礁、丘发育。

陆源碎屑沉积体系与碳酸盐沉积体系在区内大面积的频繁交错，反映区内该期依然保持了平缓的古地形面貌，中短周期的海平面的升降在区内都能引起海水的大幅度进退，造成沉积环境的明显变化、陆源碎屑沉积区与碳酸盐沉积区的反复争夺。

该期早期出现一次明显的海平面下降，该区形成范围广泛近陆的潮坪，受干热气候的影响，海退期末期海源、陆源沉积物中均出现了较丰富的白云岩石，有较厚的石膏层段发育形成。而后的海侵规模有限，未造成环境的重大改变。晚期，在双泉湖以东有多旋回的生物礁建造形成，构成进积的地层序列。

区内其间大量发育的碎屑岩型沙坝、碳酸盐岩型礁滩透镜体，以北西—南东向展布的甜水河断裂为界，构成与东北部海盆的边缘带，成为南西方向浅潮坪、泻湖的障蔽体系。根据双泉湖一带（图 2－34）的古流向资料，说明该期该区的陆源碎屑的物源应来自图区以南的中央隆起带。

（2）陆缘碎屑岩滨岸—碳酸盐岩台地

图区的东北部（白龙冰河小区），该期该区沉积的地层为白龙冰河组一段上部至二段。

早期发生了明显的海退，该区由原来的陆棚或台盆突变为陆缘碎屑滨岸，发育河控三角洲相、滨岸相，形成白龙冰河组一段上部进积结构为主的碎屑段，构成北厚南薄、向北西—南东向展布的甜水河断裂变薄的碎屑楔体。

而后发生了具有规模的海侵，该区演变为开阔碳酸盐岩台地或缓坡，所夹的陆源碎屑沉积也由河控三角洲相向滨浅海相转变，陆源碎屑沉积逐渐退出该区。晚期，该区也表现为海退的沉积序列，由开阔的浅海向局限、半局限海转变，沉积物发生白云岩化。

**8. 晚侏罗世晚期—早白垩世早期**

该期是雪山组、白龙冰河组三至四段的沉积形成时期，图区仍然保持西南高、东北低的古地理格局，但晚侏罗世晚期以后大规模的海平面变化，使得沉积环境发生重大改变：西南部由前期的海陆交互混积浅水陆棚演变为陆缘碎屑滨岸；东北部则由前期的碳酸盐岩台地演变为深水陆棚—台盆—碳酸盐岩台地交替发育区（图 2－58），结合西邻图幅雪山中曾出现灰—灰黑色页岩、含炭质页岩、硅质页岩为主的深水沉积构成的陆棚边缘盆地的情况分析，该区域古地理还存在东高西低的特征。

（1）陆缘碎屑滨岸

图区的西南部，该期沉积地层为雪山组，以浪控、潮控三角洲相的陆源碎屑沉积为主，常有海源成分混入，偶夹砂质碳酸盐岩、碳酸盐岩，显示为近海区发育的三角洲。该区总体上延续了前期的海退，随着海退的扩大，浅海碳酸盐沉积已退出该区，近海的砂滩、砂坝向盆方向推进，出现具有由开阔的近海滨岸向滩坝之后的潮坪、泻湖演化趋势的地层序列。根据双泉湖一带（图 2－34）的古流向资料，说明该期该区的陆源碎屑的物源依然来自图区以南的中央隆起带。

（2）深水陆棚—碳酸盐岩台地

图区的东北部（白龙冰河小区），该期沉积地层为白龙冰河组三、四段。期间，发生了两次淹没事件。

晚侏罗世晚期初，该区从前期的局限台地突变为深水陆棚，沉积形成产提塘期菊石 *Virgatosphinctes* 的白龙冰河组三段底部的深色泥页岩岩段（沉积物的特征与晚侏罗世早期初、白龙冰河组一段下部的深色泥页岩岩段相同），以沉积速率较低、距离物源区远的相对深水沉积淹没不整合在其下一段顶部浅水沉积的白云岩化灰岩或云质灰岩、灰岩之上为特征。而后为逐渐海退期，由陆棚向台盆再向开阔台地演化，沉积形成白龙冰河组三段中、上部以灰岩为主的岩性段。

晚侏罗世中晚期，该区再次出现淹没事件，以白龙冰河组四段底部产较丰富的菊石类浮游生物化石的深色泥页岩岩段的相对深水沉积，淹没不整合在其下三段顶部开阔台地相浅水沉积的灰岩之上为特征。而后再次发生海退，由陆棚逐渐向陆棚边缘、开阔台地礁滩相演化，沉积形成白龙冰河组四段中上部以灰岩为主的岩性段，在图区中部的甜水河北东地区（以及东邻的长梁龙地区）发育了具有一定规模、多旋回的陆棚边缘或台地边缘生物礁建造。生物礁、丘由珊瑚、藻、海绵等建造形成。

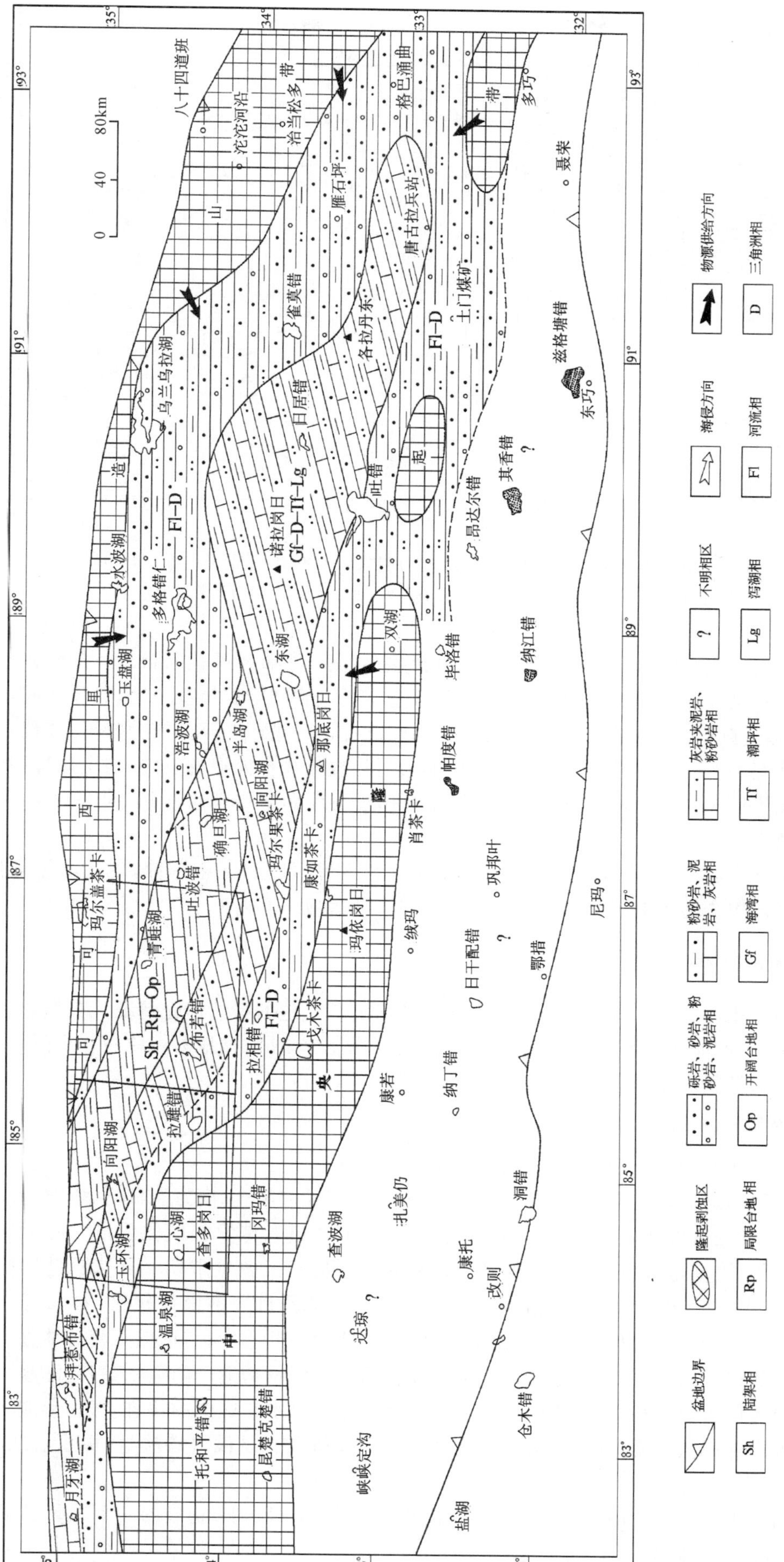


图2－57　羌塘盆地晚侏罗世中期岩相古地理图　［据王剑等（2004）修改］
（左上方斜框区为测区；左为1∶25万查多岗日幅；右为1∶25万布若错幅）

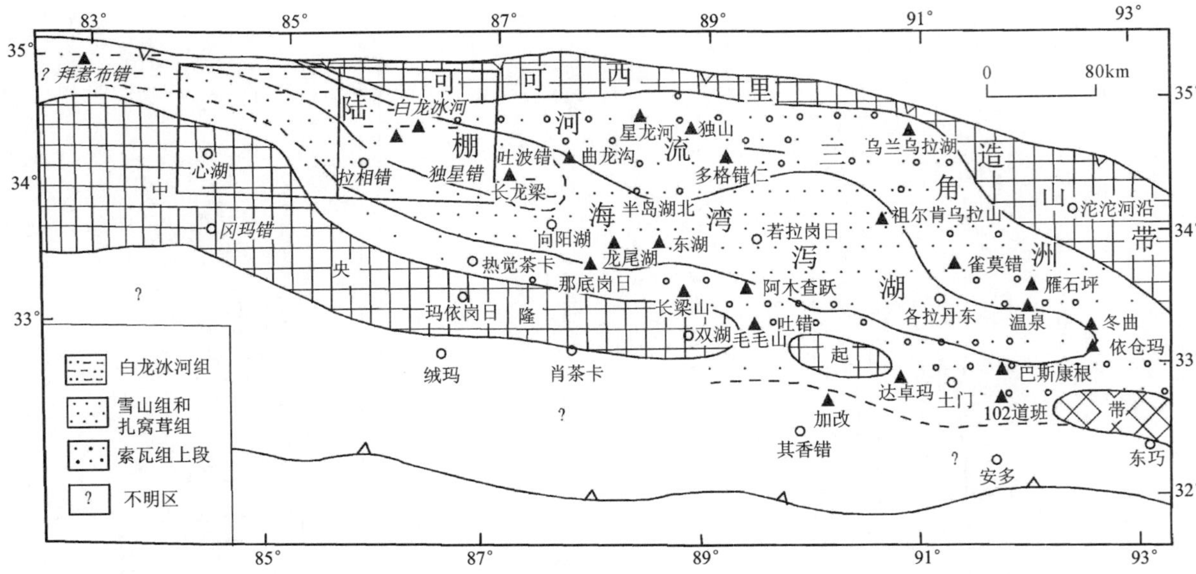


图 2-58　羌塘盆地晚侏罗世晚期(提塘期)早时岩相古地理图　[据王剑等(2004)修改]

(左上方斜框区为测区:左为 1∶25 万查多岗日幅;右为 1∶25 万布若错幅)

图区从晚侏罗世早期中晚时至该期,由下往上由台盆/陆棚→开阔碳酸盐岩台地→局限台地→海陆交互混积浅水陆棚→陆缘碎屑滨岸,由开阔碳酸盐沉积区逐步累进到陆缘碎屑沉积区,总体构成一大型的进积海退沉积体系,以近陆源区的扩展、进积结构地层序列、礁旋回的进积乃至暴露为特征,体现了盆地的萎缩。这是羌塘地区发生在晚侏罗世—早白垩世早期的最后一次大规模海退的反映,与全球海平面变化(据 Haq 等,1987)明显不同。资料显示,测区这次海退可能一直延续到早白垩世早期(贝里阿斯期),区内的沉积海盆才最终消亡。

值得指出的是,图区几度发育成相对深水陆棚的东北部区域,往东、往西延伸,现在虽然呈长条状,但考虑到已经历了多期构造的压缩、剪切作用,如恢复其原来面貌应该相对开阔。

### (二) 盆地演化分析

上述各时期的岩相特征、相带展布,反映了图区侏罗纪沉积盆地的持续演化特征。其演化历史可归纳为大陆边缘裂陷阶段、盆地快速坳陷扩展阶段、盆地持续沉降充填阶段、盆地萎缩阶段 4 个阶段,它们代表了侏罗纪羌北盆地的发展演化过程(图 2-59)。

**1. 大陆边缘裂陷阶段**

该阶段发生在早侏罗世早中期,为沉积盆地的孕育、产生期。

晚三叠世晚期的印支运动之后,随着北方金沙江-哀牢山洋盆的闭合、南方怒江洋盆的打开,图区遭受碰撞挤压作用,拼合于北方大陆一侧,成为羌北剥蚀区的一部分,进入侏罗纪演化阶段。由于受到南边的怒江洋盆的扩张作用,羌塘地区地壳逐步拉伸减薄。测区在经历晚三叠世末期—早侏罗世早期短暂的热隆成陆、风化剥蚀作用的基础上,发生了强烈的裂陷作用。早侏罗世中期沿拉雄错-石水河一线生成北西—南东向的裂陷槽,大陆边缘拉张裂解,火山活动强烈,羌北坳陷开始发育,形成一套总体处于拉张环境下的双峰式火山岩建造。该阶段,伴随多旋回的火山喷发活动的区域构造升降运动,引起海水由羌南盆地沿一些低洼地带向北侵入,在裂陷形成火山碎屑—陆源近海湖。海水在区内的快进快退,形成多套与喷溢相火山岩伴生的火山碎屑重力流、滨岸河流—三角洲相陆源碎屑及少量浅海碳酸盐、深水盆地相泥质-硅质沉积。

该阶段在区内沉积形成的地层为那底岗日组,生成以层序组一(S-Ⅰ)构成的一个二级层序。

**2. 盆地快速坳陷扩展阶段**

该阶段发生在早侏罗世晚期至中侏罗世早期,为沉积盆地的成盆期。

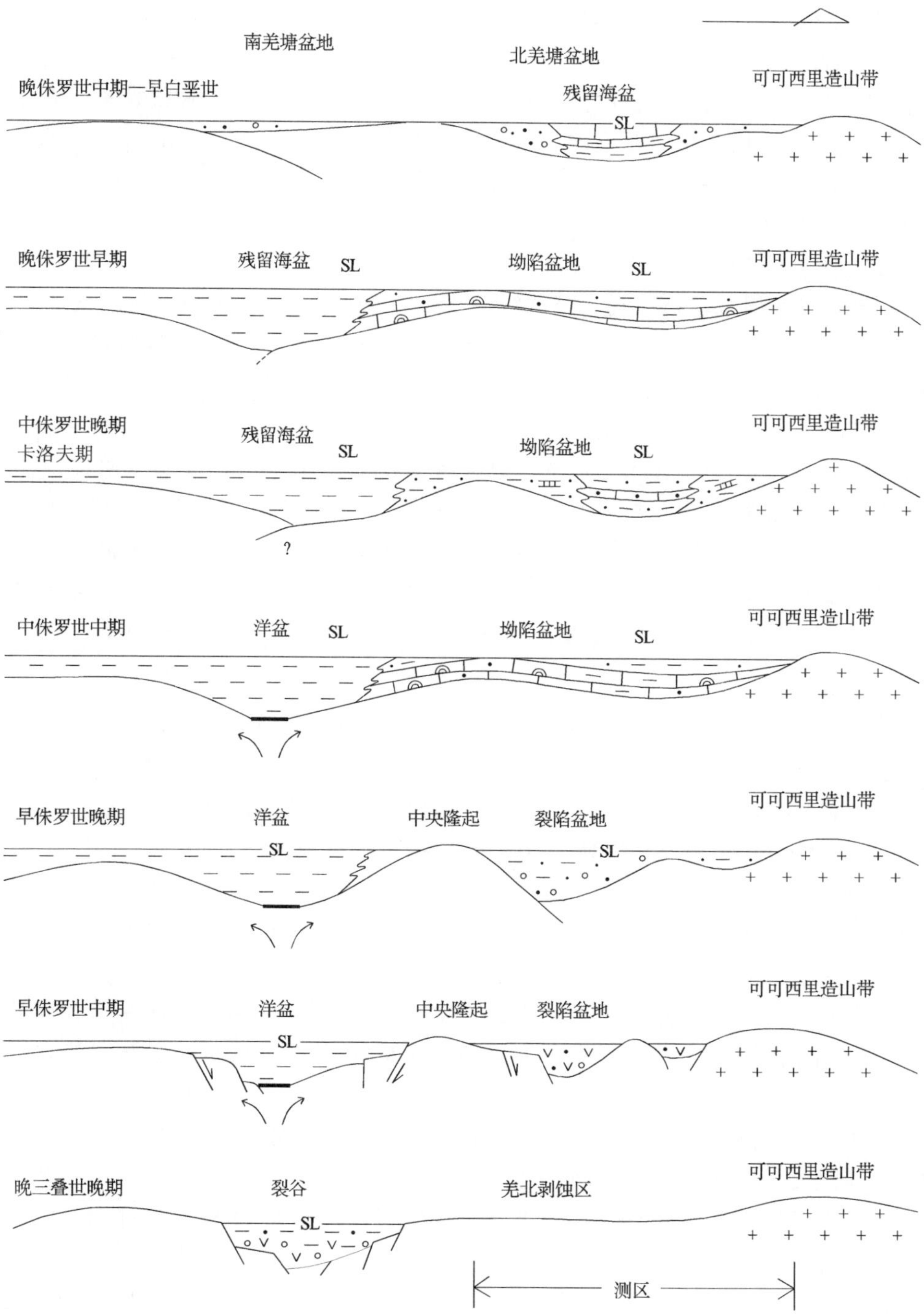


图 2-59　测区侏罗纪沉积盆地演化模式图　[据王剑等(2004)修改]

随着拉张裂陷作用的发展，早侏罗世晚期图区进入快速坳陷沉降扩展期。该阶段构造应力减弱，火山作用停止，发生快速、持续的海侵作用，前期的大陆边缘裂陷区快速坳陷沉降，图区演化为欧亚大陆南缘的陆架边缘海内的一个坳陷盆地——羌北坳陷盆地的一部分。

该阶段在区内形成以海侵陆源碎屑岩沉积体系为特征，由陆缘碎屑滨岸向碳酸盐浅海演化的广海型滨、浅海相沉积。由于快速的沉降、大规模的海侵作用，在该阶段早期造成区内陆源碎屑的快速充填；但随着海平面的上升、盆地的扩大，沉积物的生产速率逐渐跟不上海平面的上升，坳陷盆地南、北的古陆逐渐被淹没和远离，陆源碎屑的供给急剧减少，晚期最终演变为相对稳定的碳酸盐岩台地或缓坡。

该阶段在沉积形成的地层为雀莫错组→布曲组下部，生成层序组二→层序组三层序 1(S-Ⅲ$_1$)构成的一套厚度巨大的大型退积/海侵地层序列，构成全区侏罗纪最大规模的海侵。

**3. 盆地持续沉降充填阶段**

该阶段发生在中侏罗世中期至晚侏罗世早期早时。期间区内表现为相对稳定的持续沉降、充填阶段，为沉积盆地的发展期。

随着构造作用的减弱，区内出现相对稳定的沉积环境，大规模的海侵也随之结束。期间沉积物的生产不断追赶海平面的上升，形成有相当厚度的一套浅海台地相碳酸盐沉积夹海陆交互相陆源碎屑岩沉积。该阶段区内沉积环境变化幅度相对较小，小的中短周期发生海平面升降频繁，总体表现为一次明显的海退—海侵过程，如前文所述它们主要受全球海平面变化因素的控制。

这一阶段又可细分为早、中、晚 3 个亚阶段。

早期区内差异升降作用减弱，碳酸盐沉积物的生产跟上盆地的沉降，大量的碳酸盐产生、充填海盆，使稳定沉降海盆中的浅水碳酸盐沉积环境得以保持，沉积形成布曲组中、上部大套的碳酸盐岩组成的加积、进积型地层序列（$S-Ⅲ_2$）。其与前期盆地快速坳陷扩展阶段沉积形成的退积地层序列，组合成由层序组二→层序组三构成的一个大型海侵-海退沉积旋回。

中期区内发生了明显的海退，图区南侧的中央隆起带、北侧的古陆再次露出水面、向盆推近，成为剥蚀区并向盆内再冲入次陆源碎屑沉积物。而后，在区内形成由中期（中侏罗世晚期）的陆缘碎屑滨浅海演化至混积潮坪或台坪，再演化至晚期（晚侏罗世早期早时）的开阔碳酸盐岩台地—深水陆棚/盆地，沉积形成夏里组→索瓦组下段下部或白龙冰河组一段下部，生成层序组四（层序 $1S-Ⅳ_1$）→层序组五层序 1（$S-Ⅴ_1$）构成的一个大型退积/海侵地层序列，构成全区侏罗纪以来的第二次大规模海侵。

**4. 盆地萎缩阶段**

该阶段发生在晚侏罗世晚期早时至早白垩世早期。为沉积盆地的充填萎缩期。

在牛津早期盆地发生的明显沉降之后，随着南方班公湖-怒江洋盆开始汇聚闭合，区域构造活动再次增强，区内的北东部与南西部出现明显的沉积分异，并且两区盆地的演化出现不同步的现象。

南西部，这一阶段由台盆/陆棚逐步演变为陆源滨岸，沉积形成的索瓦组下段中下部→索瓦组上段→雪山组，生成层序组五层序 1（$S-Ⅴ_1$）上部→层序组七（层序 $2S-Ⅷ_2$），总体构成一大型的进积沉积序列。其与前期始于中侏罗世晚期的大型退积地层序列，组合成由层序组四→层序组七构成的一个大型海侵-海退沉积旋回。

北东部区域构造升降活动频繁，在牛津初期之后、这一阶段至少还出现了两次大幅度的突然沉降，出现淹没事件，发育 3 个由深水陆棚→碳酸盐岩台地的退积型旋回，沉积形成白龙冰河组，生成层序组四→层序组八。

这一阶段晚期（牛津期），随着班公湖-怒江洋盆的关闭，羌南盆地抬升，区内发生了最后一次大规模的海退，大量陆源碎屑搬运到海区。图区西南区由碳酸盐岩台地演变成三角洲—泻湖—潮坪，近陆源区扩展，海水向北退缩，沉积盆地中心向北迁移；东北区则以进积地层序列、礁旋回的进积乃至暴露为特征，为海平面下降过程中的沉积，反映了盆地逐步萎缩的特征。随着班公湖-怒江洋盆的消亡，盆地北、南、东部地区的迅速隆起，大约在早白垩世早期，海水最终也向西退出东北部，结束图区中生代海相盆地的演化历史。

综上所述，图区位于羌北侏罗纪沉积盆地的西部，其是发育时间较短的陆缘海盆。盆地的演化过程中，区内形成了一套底部为火山岩建造、以稳定型浅海相为主、夹有海陆交互和陆相沉积的地层，具有沉积作用与盆地沉降同步、以浅水沉积为主的特点。其发育、发展与消亡，与班公湖-怒江洋盆的开-合密切相关。

## 第五节　古近纪—新近纪地层

古近纪—新近纪地层在图区主要分布于北部的白龙冰河-红阳山，中部花梁山-曲龙河及南部大熊湖-双泉湖-野牛沟一带，出露面积约 2 025$km^2$，占图区面积的 13.2%。它们均为陆相山间盆地河、湖相沉积。

## 一、剖面介绍

图区涉及古近纪、新近纪地层的有 3 条，即甜水河南小平梁剖面、双泉湖剖面和红阳山剖面，前人在图区还测制有元宝湖及蚂蟥山两条剖面（王成善等，2001）。此外，本次工作在西邻联测区还测有黑龙山古新统—始新统牛堡组—中新统康托组剖面。以下对主要剖面分别介绍如下。

### 1. 双泉河渐新统鱼鳞山组（$E_3y$）—上新统双泉河组（$N_2sq$）实测剖面

剖面位于尼玛县双泉湖南双泉河的东侧，起点坐标 E86°13′53.9″、N34°08′18.6″，终点坐标 E86°12′56.1″、N34°09′05.7″，斜长 1 623m，控制厚度大于 780m，下与上侏罗统索瓦组呈断层接触，上被第四系砂砾石层所覆盖，中间鱼鳞山组与双泉河组为角度不整合接触（图 2-60、图 2-61）。

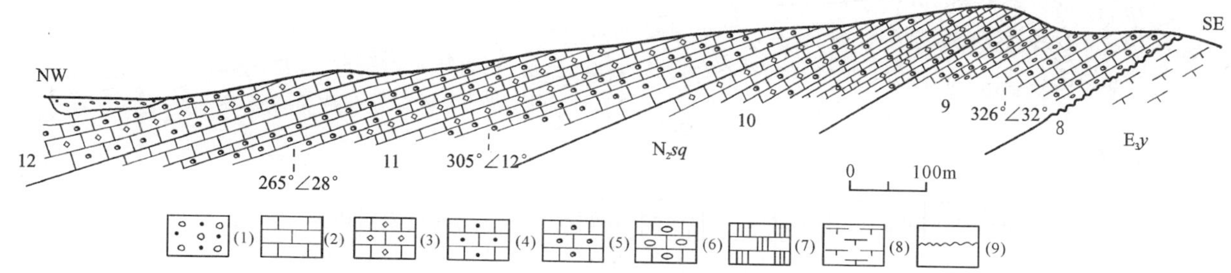


图 2-60　尼玛县双泉河上新统双泉河组实测剖面图

(1)浮土；(2)微晶灰岩；(3)结晶灰岩；(4)砂屑灰岩；(5)包粒灰岩；(6)钙质砾岩；(7)柞壳灰岩；(8)粗安岩；(9)不整合

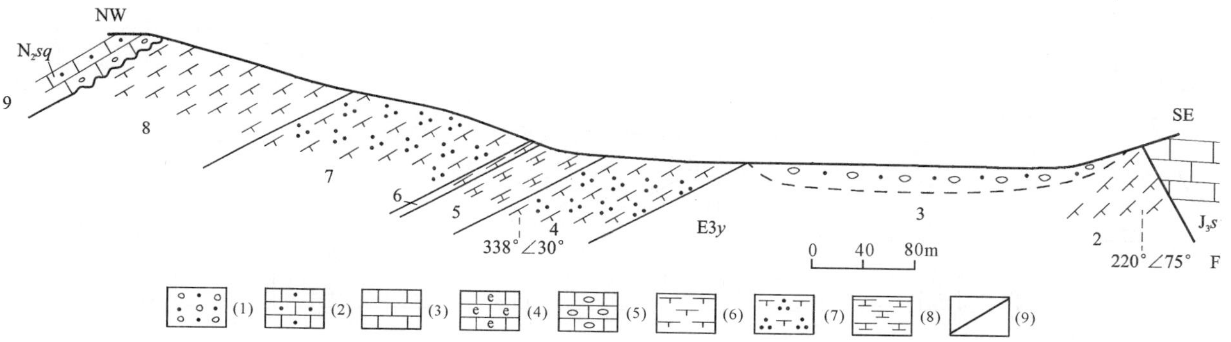


图 2-61　西藏尼玛县双泉湖南部双泉河渐新统鱼鳞山组实测剖面图

(1)浮土；(2)砂屑灰岩；(3)微晶灰岩；(4)生物屑灰岩；(5)砾屑灰岩；(6)粗安岩；(7)石英粗安岩；(8)粗面岩；(9)断层

上覆地层：第四系（Qh）冲洪积砂砾石层

～～～～～～～～　角度不整合　～～～～～～～～

**新近系上新统 双泉河组（$N_2sq$）** **＞340m**

12. 黄灰—灰黄色带浅肉红、浅灰白等色中—厚层状包粒灰岩夹少量结晶灰岩、砂屑灰岩、砾屑灰岩、柞壳灰岩、纹层灰岩、钙叠层石灰岩。块状层理、水平层理、平行层理、纹层理、透镜状层理、粒序层理、波状层理及底蚀构造、压溶缝合线构造、窗孔鸟眼构造、柞壳构造　＞42.8m

11. 黄灰—灰黄夹浅灰色中—厚层夹薄层包粒灰岩夹结晶灰岩、砂屑灰岩、柞壳灰岩。具块状层理、水平层理，柞壳构造。发育由厚（粗）→薄（细）的基本层序　137m

10. 黄灰—灰黄夹浅灰色薄—纹层状包粒灰岩、结晶灰岩夹柞壳灰岩及少量纹层灰岩。具水平层理、纹层理、波状层理，层状结壳构造。发育包粒灰岩→结晶灰岩→纹层灰岩的基本层序，单个基本层序厚数十厘米。包粒灰岩由极丰富的核形石及部分鲕粒、豆粒，少量砂屑组成　102m

9. 黄灰—灰黄夹灰白色薄—中层状钙结底砾岩及砂屑灰岩、包粒灰岩、纹层灰岩组合。往上钙结砾岩减少。具块状层理、水平层理、纹层理，块状构造、纹层构造。钙结砾岩由钙质基质及砾石组成，砾石次棱角—次圆状，以灰色、浅灰色微晶灰岩质砾石为主，偶含黄白色石英（岩）

质砾石、黄绿色粗安岩砾石，砾石直径25～30mm，含量5%～25%，大小不一，分布较均匀。亮晶微细粒方解石胶结　58m

～～～～～～～～ 角度不整合 ～～～～～～～～

渐新统　鱼鳞山组($E_3y$)　>440m

8. 浅灰白色、浅灰色带蓝灰色块状粗安岩。斑晶有中长石(10%)、石英、黑云母；石基：有钾长石、斜长石(80%)及绢云母、石英、方解石。石基具霏细—间隐结构的斑状结构　>106.4m

7. 灰白色、浅灰色、蓝灰色块状石英粗安岩。斑晶有斜长石(15%)、石英、黑云母；石基有斜长石(37%～42%)、钾长石(30%～35%)、石英、绢云母。石基具霏细—间隐结构的斑状结构　113.5m

6. 蓝灰—灰绿色“薄层状”粗安岩。斑晶有斜长石(17%)、石英、黑云母；石基有斜长石(40%～50%)、钾长石(22%～32%)、方解石、石英。石基具变余球粒—间隐结构的斑状结构　0.7m

5. 灰白色、浅灰色块状安山岩(或粗面岩)。斑晶有斜长石(12%)、石英、黑云母；石基有斜长石(45%～55%)、钾长石(20%～30%)、石英、绢云母、方解石。石基具间隐结构的斑状结构　32.9m

4. 灰白色、浅灰色石英粗安岩。斑晶有斜长石(12%)、石英、黑云母、暗色矿物假晶；石基有斜长石(40%～45%)、钾长石(27%～32%)、石英(5%～7%)、绢云母、方解石。石基具间隐结构的斑状结构　55.7m

3. 浮土　129m

2. 浅灰白色、浅灰色块状粗安岩。斑晶有斜长石(15%)、石英、黑云母、暗色矿物假晶；石基有钾长石(40%～45%)、斜长石及假晶(26%)、沸石(5%～10%)、黑云母、石英。石基具变余球粒—间隐结构的斑状结构　>2.8m

═══════ 断　层 ═══════

上侏罗统　索瓦组($J_3s$)：深灰色泥质灰岩及砂质生物屑砂岩。

**2. 红阳山渐新统鱼鳞山组($E_3y$)详细路线剖面**

剖面位于图区东北角的尼玛县红阳山一带，起点坐标E86°57′35″、N34°55′47.5″，终点坐标E87°00′53.3″、N34°52′26.5″，斜长11 500m，厚度大于3 288m。露头较连续，未见顶、底(图2-62)。

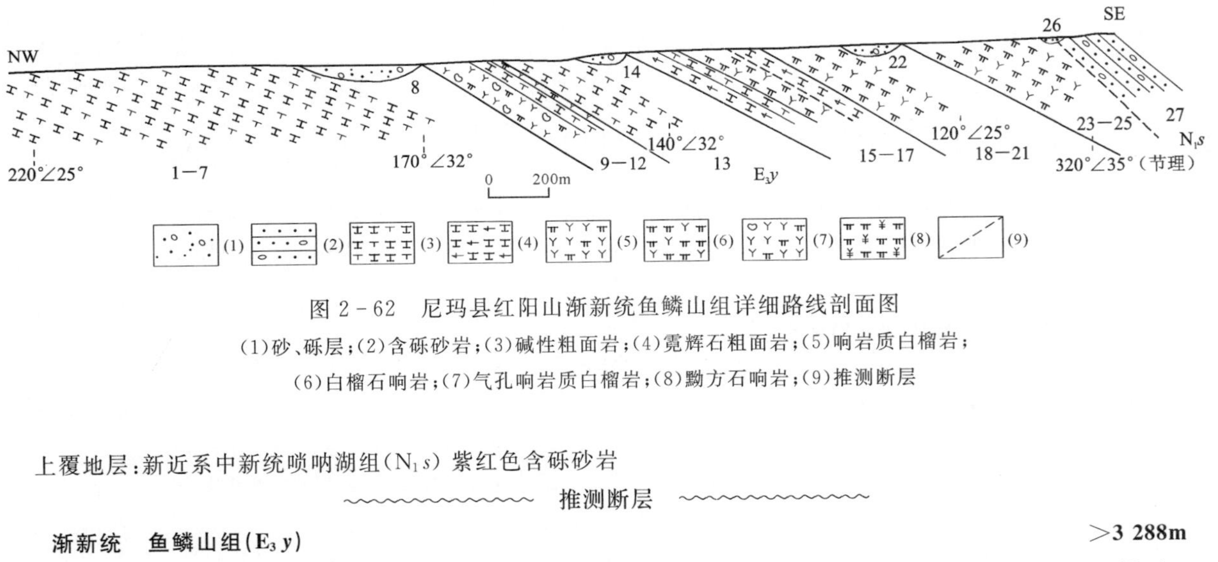


图2-62　尼玛县红阳山渐新统鱼鳞山组详细路线剖面图

(1)砂、砾层；(2)含砾砂岩；(3)碱性粗面岩；(4)霓辉石粗面岩；(5)响岩质白榴岩；(6)白榴石响岩；(7)气孔响岩质白榴岩；(8)黝方石响岩；(9)推测断层

上覆地层：新近系中新统唢呐湖组($N_1s$) 紫红色含砾砂岩

～～～～～～～～ 推测断层 ～～～～～～～～

**渐新统　鱼鳞山组($E_3y$)　>3 288m**

26. 浮土　70.4m

25. 为灰黑色、灰绿色块状白榴石响岩。风化后为淡棕红色、灰白色。石基具粗面—眼斑结构的斑状结构，块状构造、气孔状构造。略具流动构造　172.8m

24. 为灰黑色、灰绿色块状白榴石响岩。斑状结构，块状构造。宏观上呈“层状”叠置于(23)层之上　41.3m

23. 为灰—深灰色块状白榴石响岩。风化后为淡棕红色、灰白色，斑状结构　201.8m

22. 浮土　259.0m

21. 为灰—深灰色块状白榴石响岩。风化后呈淡红棕色、灰白色。石基具粗面-眼斑结构的斑状结构，块状构造、气孔状构造。略具流动构造　74.9m

20. 为灰黑色、深灰绿色块状白榴石响岩。宏观上具"层状"构造。石基具粗面-眼斑结构的斑状结构，块状构造、气孔状构造。略具流动构造 87.7m
19. 为灰黑色、灰绿色块状白榴石响岩。斑状结构。局部原生节理非常发育、密集 136.2m
18. 为灰黑色、灰绿色块状白榴石响岩。石基具粗面—眼斑结构的斑状结构，块状构造、气孔状构造。略具流动构造 24.3m
17. 下部为灰黑色、灰绿色块状白榴石响岩；上部为浅灰—灰白色色块状霓辉石粗面岩。显示黑白相间的良好"层状"构造 300.1m
16. 浅灰—灰白色块状碱性粗面岩。石基具粗面结构的斑状结构，块状构造 63.1m
15. 灰—深灰色块状霓辉石粗面岩。石基具粗面结构的斑状结构，块状构造、流动构造 108.8m
14. 浮土 124.5m
13. 灰—深灰色块状碱性粗面岩。石基具粗面结构的斑状结构，块状构造。不显层理，岩石球状风化非常明显 435.5m
12. 灰黑色、灰绿色响岩质白榴岩。气孔状构造，含量5%～10%、孔径2～20mm不等。气孔呈圆状或不规则状，孔内未有充填物 27.1m
11. 灰—深灰色块状碱性粗面岩。石基具粗面结构的斑状结构，块状构造。总体特征同(7)层，不同在于其斑晶粒度较粗 81.2m
10. 浮土 47.4m
9. 灰黑色、灰绿色响岩质白榴岩。石基具眼斑结构的斑状结构，块状构造、气孔状构造。略具流动构造 135.5m
8. 浮土 285.7m
7. 浅灰色块状碱性粗面岩。风化后呈灰白色、褐黄色。石基具粗面结构的斑状结构，块状构造 236.7m
6. 浮土 32.2m
5. 浅灰色块状碱性粗面岩。石基具粗面结构的斑状结构，块状构造 29.7m
4. 浮土 46.4m
3. 灰、浅灰色块状碱性粗面岩。风化后呈灰白色、黄褐色。石基具粗面结构的斑状结构，块状构造 159.2m
2. 浮土 88.8m
1. 浅灰色块状碱性粗面岩。石基具粗面结构的斑状结构，块状构造 ＞108m

（未见底）

### 3. 西藏小平梁新近系中新统康托组($N_1k$)实测剖面

剖面位于尼玛县甜水河小平梁西南侧，起点坐标E86°37′18″、N34°16′05″，终点坐标E86°37′06″、N34°17′12.5″，斜长2 200m，厚度大于394m。未见顶，下与上侏罗统索瓦组呈断层接触(图2-63)。

上覆地层：第四系（Qh）

黄色、灰褐色砂土、含砾砂土

～～～～～～～～ 角度不整合 ～～～～～～～～

**新近系中新统 康托组($N_1k$)** **＞394m**

（未见底）

12. 紫红色中—薄层状含砾长石石英粗中粒砂岩、细砂岩、粉砂质泥岩、泥岩(1∶4∶10)夹石膏层。往上细砂岩、泥岩增多，具正粒序层理、平行层理、交错层理 ＞37m
11. 灰褐色中—厚层状细中砾砾岩与中—薄层含砾粗砂岩、细砂岩呈旋回产出，总体往上砾岩变少、砂岩增多。具粒序层理、平行层理、交错层理、底冲刷构造 125m
10. 紫红色薄层状粉砂质泥岩、泥岩(1∶3～1∶4)夹石膏细脉 21m
9. 紫红色中—薄层状含砾粗砂岩、粗、中粒砂岩、细砂岩呈旋回产出，底部5m为紫红色、褐色厚块状细—中砾岩。往上细砂岩增多，具正粒序层理、平行层理 61m
8. 下部为紫红色块状粗—中砾岩，上部为中—薄层含砾粗砂岩、砂岩组成一个沉积旋回，砾岩∶砂岩约2∶5。具正粒序层理、交错层理 33m

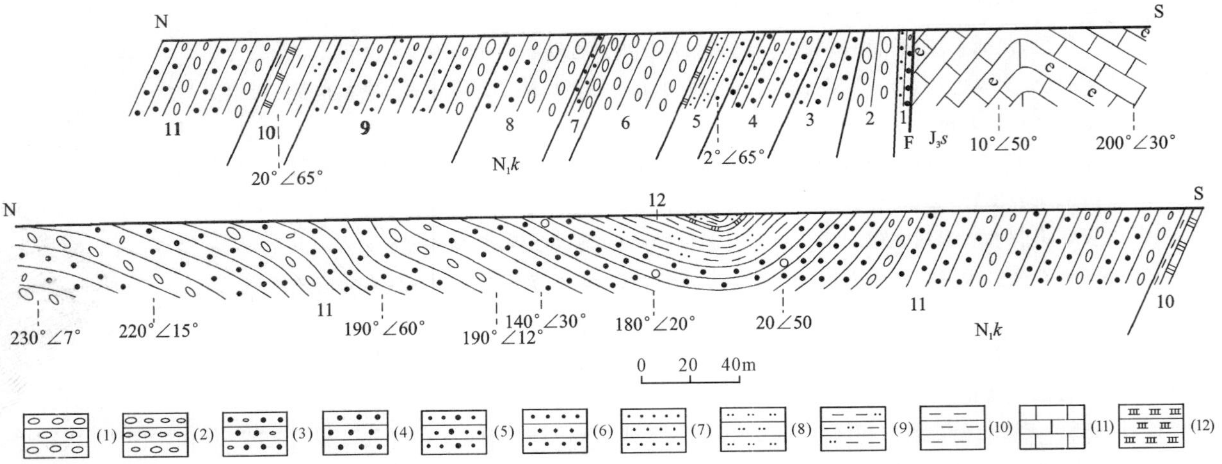


图 2-63　尼玛县甜水河南小平梁新近系中新统康托组实测剖面图

(1)粗砾岩;(2)粗-中砾岩;(3)含砾粗砂岩;(4)粗砂岩;(5)粗-中粒砂岩;(6)中粒砂岩;(7)细砂岩
(8)粉砂岩;(9)粉砂质泥岩;(10)泥岩;(11)微晶灰岩;(12)石膏层

7. 褐黄色、紫红色厚块状粗中砾砾岩与中厚层含砾粗砂岩、粗砂岩、细砂岩组成两个小旋回,砾岩:砂岩为3:1　10m

6. 灰褐、褐黄色厚块状粗—中砾砾岩。具粒序层理、底冲刷构造　32m

5. 紫红色薄层状中、细砂岩、粉砂岩、粉砂质泥岩夹石膏层。具水平层理　15m

4. 紫红色中—薄层状含砾粗砂岩、中细砂岩(1:1~1:1.5)。具粒序层理、平行层理。总体往上含砾砂岩减少,细砂岩增多　25m

3. 灰黄、褐黄色中—薄层状含砾粗砂岩、粗中粒砂岩、细砂岩呈韵律产出(3:2:1)。具平行层理、交错层理、正粒序层理　16m

2. 灰黄色、褐黄色块状粗中砾岩。具正粒序层理、剪切构造　14m

1. 灰黄色、浅褐黄色中—薄层含砾粗砂岩、中细粒长石石英砂岩。具平行层理、粒序层理(未见底)　>6m

══════　断　层　══════

上侏罗统 索瓦组($J_3s$):深灰色微晶灰岩夹生物屑砂岩

附:黑龙山古近系古新统—始新统牛堡组($E_{1-2}n$)——新近系中新统康托组($N_1k$)实测剖面

剖面位于西邻联测1:25万查多岗日幅的尼玛县黑龙山北侧,起点坐标E85°18′18.4″、N34°10′12.2″,终点坐标E85°16′02.2″、N34°09′18.3″,斜长4 995m,控制厚度>2 336m,下未见底,上与上三叠统灰岩呈断层接触(图2-64)。

**上三叠统　菊花山组($T_3j$)浅灰色中厚层状灰岩**

══════　断　层　══════

**新近系中新统　康托组($N_1k$)　>507m**

42. 紫红色砾岩、不等粒砂岩、(含砾)砂岩组合　>14.7m

41. 浮土　78.0m

40. 紫红色厚块状砂质砾岩　33.4m

39. 紫红色中—厚层砾岩、中细粒砂岩。块状层理、水平层理　11.8m

38. 紫红色中—厚块状砾岩、砂质砾岩、不等粒砂岩及细砂岩组合。水平层理、块状层理、粒序层理　41.4m

37. 紫红色砾质不等粒砂岩、细—中粒砂岩、砂质砾岩　13.7m

36. 紫红色中—厚层状砾岩夹不等粒砂岩、含砾砂岩。平行层理、粒序层理　31.8m

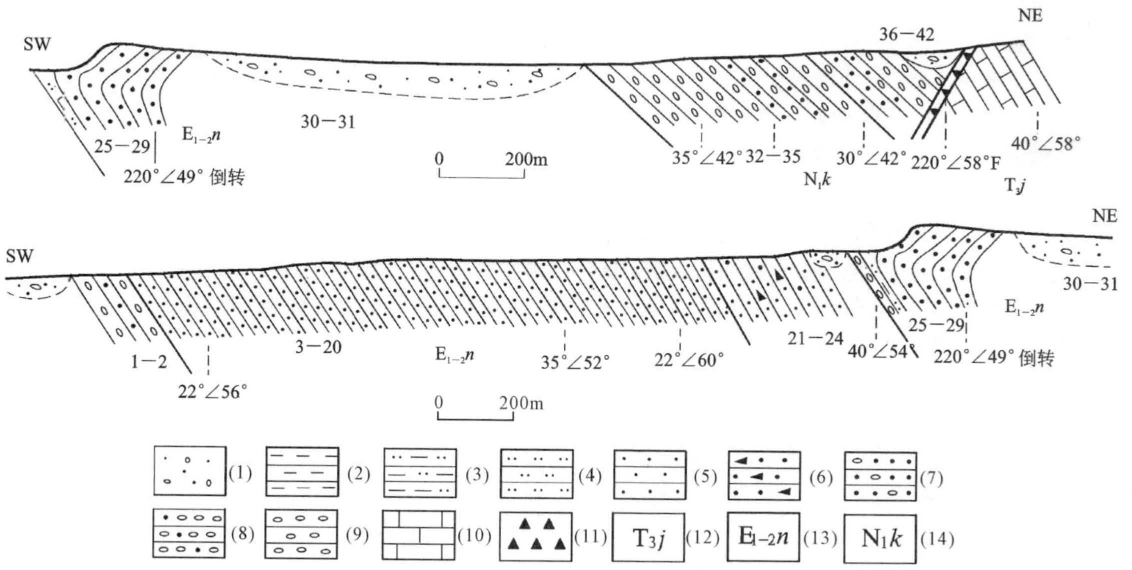


图 2-64　尼玛县黑龙山古近系牛堡组—新近系康托组实测剖面图

(1)浮土；(2)泥岩；(3)粉砂质泥岩；(4)粉砂岩；(5)砂岩；(6)岩屑砂岩；(7)含砾砂岩；(8)砂质砾岩；(9)砾岩；(10)灰岩；(11)断层角砾岩；(12)菊花山组；(13)牛堡组；(14)康托组

35. 紫红色中—厚层状砾岩、砂质砾岩、砾质砂岩、细砂岩组合。水平层理、平行层理、板状交错层理、粒序层理　66.4m

34. 紫红色厚层夹薄层状—中层砾岩夹中细粒砂岩、不等粒砂岩。水平层理、平行层理、交错层理、粒序层理　61.3m

33. 紫红色中—厚层状砾岩、砂质砾岩、含砾不等粒砂岩。粒序层理　25.8m

32. 紫红色中—厚层状砾岩夹砾质砾岩。正粒序层理　128.6m

~~~~~~~~~~~~~~~ 推测不整合接触 ~~~~~~~~~~~~~~~

**古近系　古新统—始新统　牛堡组($E_{1-2}n$)　1 828.7m**

**上段($E_{1-2}n^2$)　728.7m**

31. 浮土　464.8m

30. 灰黄、浅紫红色薄层状细砂岩、泥质粉—细砂岩　30.8m

29. 灰绿色、灰色薄层状细砂岩。交错层理　92.2m

28. 灰带浅紫红色薄层状细砂岩、交错层层细砂岩组合。水平层理、平行层理、交错层理，丘状交错层理　64.5m

27. 紫红色中夹厚层状细砂岩、(含砾)不等粒砂岩。水平层理、交错层理　33.5m

26. 紫红色中、中厚层夹薄层状细砂岩、(含砾)不等粒砂岩夹灰绿色灰质砾岩、粉砂岩、泥岩、灰岩。往上紫红色细砂岩减少变薄，浅灰色粉砂岩、泥岩增多。水平层理、水平纹理。产腹足类化石　33.0m

25. 紫红色薄层状细砂岩夹浅灰色钙质泥岩、粉砂岩、微晶灰岩及紫红色厚层砾岩。平行层理、交错层理、水平层理、块状层理　12.9m

**下段($E_{1-2}n^1$)　>1 101m**

24. 浮土　57.5m

23. 紫红色中—厚层状细砂岩、不等粒砂岩、含砾不等粒砂岩　57.5m

22. 紫红色厚夹中层状细砂岩、交错层细砂岩夹少量不等粒砂岩、含砾不等粒砂岩。水平层理、平行层理、交错层理、块状层理，产腹足类化石　35.3m

21. 紫红色薄层细砂岩、交错层细砂岩夹中—中厚层细砂岩、不等粒砂岩、含砾不等粒砂岩。水平层理、平行层理、交错层理、底蚀冲刷构造　87.5m

20. 紫红色薄板状(大型交错层或平行层系组)细砂岩夹中、厚层(块状层理或层组)细砂岩，至
~~~~~~~~~~~~~~~

薄层—透镜状小型交错层系细砂岩组→薄板状细砂岩组→(夹)少量薄—中厚层块状细砂岩层组组成的两个小旋回。水平层理、平行层理、交错层理、底蚀冲刷构造发育　76.8m
19. 紫红色厚层状细砂岩、中—薄层状细砂岩夹交错层细砂岩构成一个小的沉积旋回　33.0m
18. 紫红色薄层—透镜状小型交错层系细砂岩层组→薄板状(大型交错层或平行层系)细砂岩夹中—中厚层块状层理细砂岩层或岩组组成的多个小旋回　47.5m
17. 紫红色中厚层状包卷层理细砂岩组→薄板状(大型交错层或平行层系)细砂岩组组成的一个小旋回　83.0m
16. 紫红色薄层—透镜状小型交错层系细砂岩层组→薄板状(大型交错层或平行层系)细砂岩层组→中厚层块状层理细砂岩层或层组组成的多个小旋回　79.6m
15. 紫红色薄层—透镜状小型交错层细砂岩组→薄板状(大型交错层或平行层系)细砂岩组→中厚层块状层理细砂岩或丘状大型交错层或层组组成的多个小旋回　119.2m
14. 紫红色薄层—透镜状小型交错层细砂岩组→薄板状(大型交错层或平行层系)细砂岩组→中厚层状块状层理细砂岩或丘状大型交错层或层组组成的多个小旋回　37.4m
13. 紫红色中厚层块状层理细砂岩夹中层小—大型交错层系细砂岩　13.1m
12. 紫红色薄层—透镜状小型交错层细砂岩组与薄板状(大型交错层或平行层系)细砂岩组组合　13.9m
11. 紫红色薄层—透镜状小型交错层系细砂岩层组→薄板状(大型交错层或平行层系)细砂岩层组→中层块状层理细砂岩层或层组组成的多个小旋回　66.0m
10. 紫红色薄层—透镜状小型交错层系细砂岩层组→薄板状(大型交错层或平行层系)细砂岩层组→中层块状层理细砂岩层或层组组成的一个小旋回　18.1m
9. 紫红色中厚层大型交错层系细砂岩层组与中层块状层理细砂岩层或岩组,夹薄层—透镜状小型交错层系细砂岩层组及薄板状(大型交错层或平行层系)细砂岩　52.0m
8. 紫红色薄层—透镜状小型交错层系细砂岩层组→薄板状(大型交错层或平行层系)细砂岩层组→薄—中层块状层理细砂岩层或层组组成的 3 个小旋回　51.6m
7. 紫红色薄层—透镜状小型交错层系细砂岩层组→薄板状(大型交错层或平行层系)细砂岩层组→中层块状层理细砂岩层或层组组成的 7 个小旋回　39.3m
6. 紫红色薄层—透镜状小型交错层系细砂岩层组→薄板状(大型交错层或平行层系)细砂岩层组→中层块状层理细砂岩层或层组组成的多个小旋回　67.0m
5. 紫红色薄层—透镜状小型交错层系细砂岩层组→薄板状(大型交错层或平行层系)细砂岩层组→中—中层块状层理细砂岩层或层组组成的小旋回组合　41. 3m
4. 紫红色薄层—透镜状小型交错层系细砂岩层组——薄板状(大型交错层或平行层系)细砂岩层组夹中厚层块状层理细砂岩,底部夹砾岩、含砾不等粒砂岩　145.5m
3. 紫红色中厚大型交错层系细砂岩与薄板状细砂岩层组及中—中块状层理细砂岩层或岩组,夹薄—中厚层块状层理细砂岩　72.6m
2. 紫红色中—厚层砾岩、砂质砾岩　10.7m
1. 紫红色中—厚块状砾岩、砂质砾岩夹细砂岩、不等粒砂岩　>77.5m

(未见底)

## 二、岩石地层单位特征

图区古近纪、新近纪地层依据岩石组合及岩相、古生物特征,通过与区域地层进行对比,自下而上划分为古近系牛堡组、鱼鳞山组和新近系康托组、唢呐湖组、双泉河组 5 个岩石地层单位(图 2-65)。

**1. 牛堡组**

该组仅见于图区西南角的大熊湖一带,与西邻联测图幅(1∶25 万查多岗日幅)黑龙山地区的牛堡组相连。黑龙山地区其为一套紫红色粗碎屑岩夹少量细碎屑岩、微晶灰岩、膏岩及凝灰岩组合。以黑龙山剖面(图 2-64)为代表,不整合于侏罗系及更老的地层之上,伏于中新统康托组之下。

图区内该组由紫红色中—厚块状夹薄层状砾岩、砂质砾岩、含砾岩夹粗砂岩、细砂岩、粉砂岩、砂质泥岩组合构成,以粗粒碎屑岩为主,具有下粗上细的地层结构,与西邻黑龙山地区的牛堡组相当。测区该组发育平行层理、大型交错层理、包卷层理,具薄层状、透镜状小型交错层系细砂岩→薄层状大型交错层(平

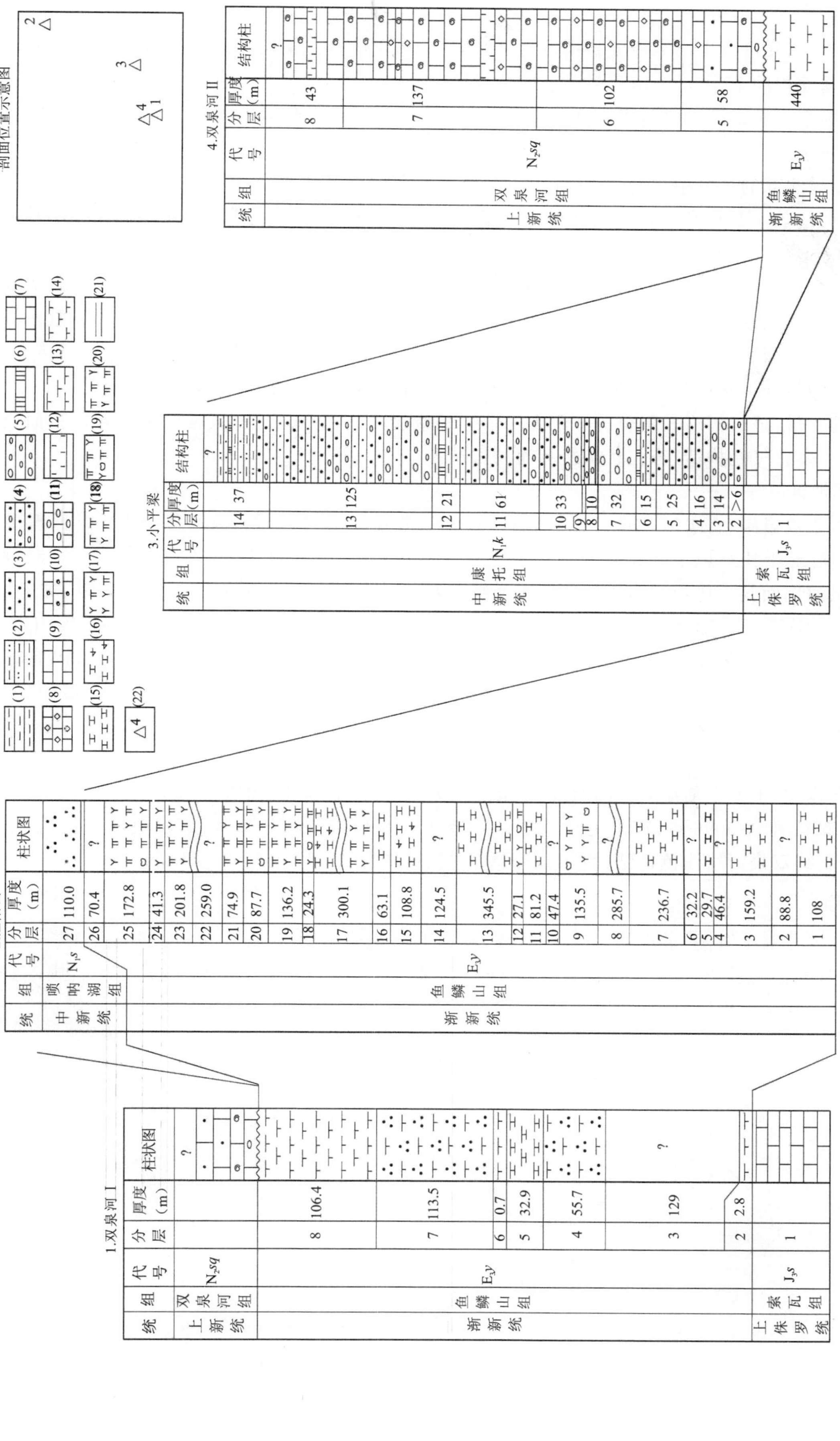


图 2-65 图区古近系—新近系柱状对比图

(1)泥岩；(2)粉砂质泥岩；(3)砂岩；(4)含砾砂岩；(5)砾岩；(6)石膏；(7)微晶灰岩；(8)结晶灰岩；(9)砂屑灰岩；(10)包粒灰岩；(11)钙质砾岩；(12)栉壳岩；(13)粗安岩；(14)石英粗安岩；(15)粗面岩；(16)霓辉石粗面岩；(17)响岩质白榴岩；(18)白榴石响岩；(19)气孔状白榴石响岩；(20)黝方石响岩；(21)断层；(22)剖面位置

行层系）系细砂岩→薄、中层状块状层理细砂岩组成小型沉积旋回，为一套以冲积扇—河流相为主的沉积，厚度大于 1 100 m。形成时代为古近纪古新世—始新世。

**2. 鱼鳞山组**

该组为一套以碱性火山岩为主要特征的地层，零星分布于图区北部红阳山、台阶湖及南部双泉湖、石水河一带，出露面积约 $150km^2$。由于受断层破坏与第四系的覆盖，其与下伏地层的关系不明；与上覆地层康托组、唢呐湖组或双泉河组呈角度不整合接触。图北部和南部地区鱼鳞山组岩性组合略有差异。

（1）北部地区

分布于图区北部的台阶湖和云雀湖-红阳山一带，为一套碱质（钾质型）中性火山岩系列，以红阳山剖面为典型（图 2－62）。该区鱼鳞山组出露厚度大于 3 288m，下未见底，上与上新统唢呐湖组呈不整合接触（图版 2－58）。

岩性主要为灰、浅灰色碱性粗面岩、霓辉石粗面岩、响岩质白榴岩、白榴石响岩和碱性粗面质凝灰熔岩，具粗面结构、斑状结构、流纹状构造、块状构造。由下往上，从老到新可划分出 4 个由浅灰色块状碱性粗面岩或霓辉石粗面岩→响岩质白榴岩或白榴石响岩的喷发韵律。每一个喷发韵律从开始至结束，具有碱性逐渐增强的特征。获得的白榴岩全岩 K－Ar 法年龄值为 31.5Ma（红阳山剖面第 9 层）。

在台阶湖一带，该组的岩石组合与红阳山一带略有差别，为一套灰黄色、灰绿色块状碱性粗面质凝灰熔岩、粗面岩。发育气孔构造、杏仁状构造和流动构造。

（2）南部地区

零星分布于双泉湖、石水河一带，为一套碱性基性—酸性火山岩系列。该区鱼鳞山组出露厚度大于 440m，上与中新统康托组或上新统双泉河组呈不整合接触（图版 2－59、图版 2－60、图版 2－61；图 2－66）；除在双泉河剖面其下伏地层为上侏罗统索瓦组灰岩——推测为断层接触（图版 2－62）外，均未见底。

岩性主要为浅灰、灰、蓝灰、灰绿、深灰、紫红、浅紫、灰黑色的响岩质碱玄岩、玄武岩、粗面安山岩、粗安岩、石英粗安岩及流纹岩、浮岩等。具有双峰式火山岩组合特征。岩石中具气孔构造、杏仁状构造（图版 2－63、图版 2－64）、流纹构造，石基具霏细-间隐结构的斑状结构基或变余球粒-间隐结构的斑状结构。获得粗安岩全岩 K－Ar 法年龄值为 39.3Ma（双泉河）。

在双泉湖以南（双泉湖剖面），该组由旋回性产出的浅灰、灰夹蓝灰色厚块状粗面安山岩、粗安岩与石英粗安岩组合构成，上被上新统双泉河组浅色钙结（底）砾岩不整合覆盖（图版 2－59）。

往南，在双泉河中（9096 点）产出的鱼鳞山组主要为一套紫红、浅紫、紫灰、紫黑色的玄武岩，下未见底，上亦被上新统双泉河组浅色钙结（底）砾岩不整合覆盖（图版 2－60、图版 2－61）。

**3. 康托组**

断续出露于北部项链湖-泉水湖-石榴湖一线，及中部的花梁山-元宝湖一线、南部的大熊湖-双泉湖-石水河一线，分布面积较大。与下伏鱼鳞山组、侏罗系呈角度不整合接触（图 2－67），与上覆唢呐湖组呈渐变过渡的整合或微角度不整合（超覆不整合）接触。

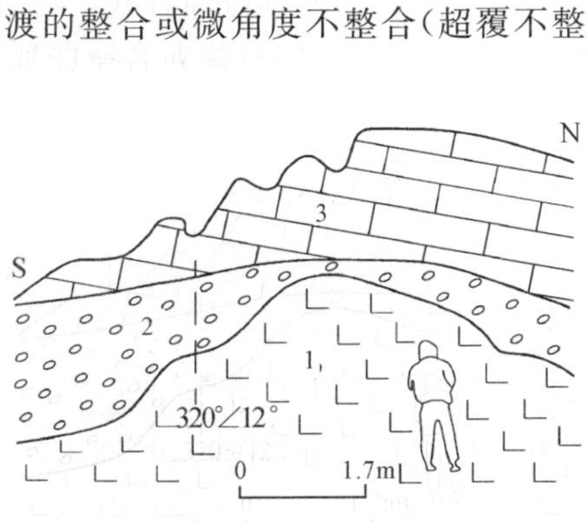


图 2－66　鱼鳞山组与双泉河组不整合(9096)

1. $E_3y$ 玄武岩；2. $N_2sq$ 钙质砾岩；3. $N_2sq$ 灰岩

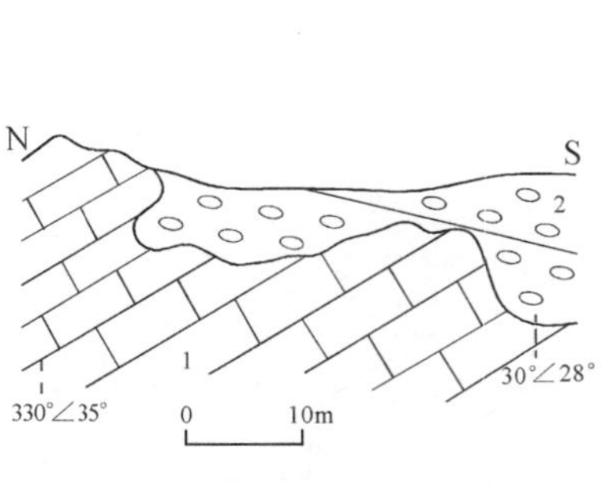


图 2－67　康托组与索瓦组角度不整合接触关系素描图

1. 上侏罗统索瓦组灰岩；2. 中新统康托组底砾岩

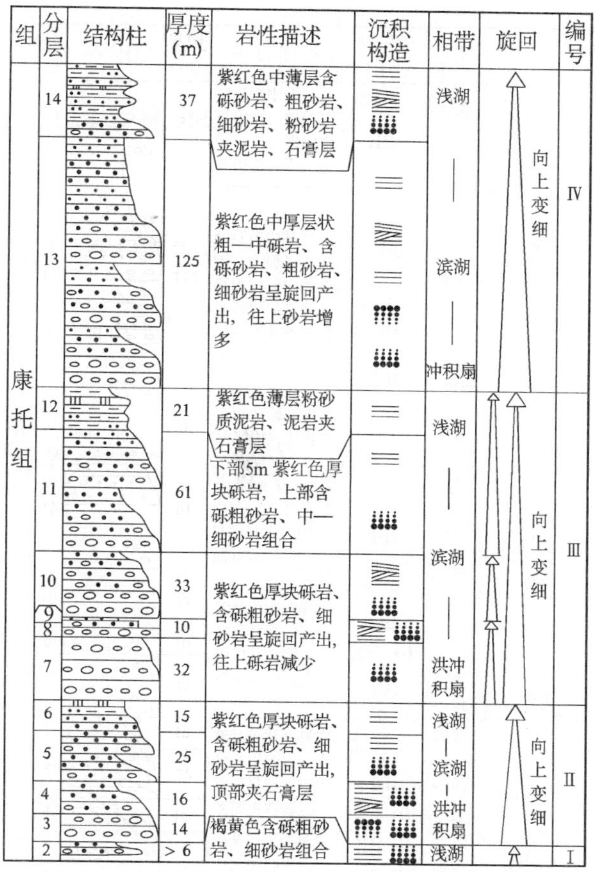


图 2-68　小平梁剖面康托组洪、冲积扇、河流相向干旱湖泊相转化的沉积序列

该组总体为夹少量细碎屑岩的一套紫红色粗碎屑沉积组合(图 2-68)，属小型山间盆地及山麓冲积扇、河、湖相沉积。厚度 190～3 180m。

由紫红色夹少许灰褐、褐黄色薄层至厚层块状的砾岩、砂质砾岩、砾质砂岩、含砾粗砂岩夹少量细砂岩、粉砂岩、粉砂质泥岩、泥岩构成，局部夹少量石膏层。下部以厚层、块状的砾岩、砾质砂岩、含砾粗砂岩为主(图版 2-65)，往上砂岩、粉砂岩、粉砂质泥岩、泥岩、膏岩有增加之势。岩石中的砾石成分各地不一，但总体以灰岩砾石为主，砾径 0.05～0.4m 不等，磨圆度较差，颗粒或杂基支撑。块状层理、水平层理、平行层理、交错层理(图版 2-66)、粒序层理、透镜状层理、楔状层理(图版 2-65)、底冲刷构造、蚀底构造、叠瓦状构造、定向排列构造发育。

该组在图区中部的小平梁一带，自下往上明显可划分出 4 个分别由厚块状粗—中砾砾岩→中—薄层状(含砾)砂岩→局部夹石膏层(图版 2-67)的薄层状泥质岩构成的较大的沉积旋回。每个大旋回又由多个由砾岩到砂岩的次级小旋回叠覆构成，下部一般由厚块状粗—中砾砾岩为主，中部为中—薄层状细砾岩、含砾砂岩、细砂岩及少量泥质岩为主，上部以紫红色中—薄层状细砂岩、粉砂岩、粉砂质泥岩、泥岩夹石膏层为主，构成由冲积体系域(冲积扇、河流相)→湖泊扩展体系域(滨湖相)→湖泊萎缩体系域(浅湖相)组成由粗(厚)→细(薄)/向上变浅的沉积序列(图 2-68)。

其米级旋回主要有以下 5 种类型：砾岩→紫红色(含砾)粗砂岩→细砂岩；紫红色(含砾)粗砂岩→中细砂岩→粉砂岩→粉砂质泥岩；紫红色中细粒砂岩→粉砂质泥岩→泥岩；粗中粒砂岩→细砂岩→粉砂质泥岩(泥岩)→石膏层；紫红色细砂岩→粉砂质泥岩(泥岩)→石膏层。

本组古生物化石很少。据王成善等(1997)资料在图区及相邻区发现花粉 26 粒，其中木本植物花粉 24 粒，占 92%；草本植物花粉 2 粒，占 8%。木本植物花有：Pinus 4 粒、Picea 1 粒、Alnus 1 粒、Quercus 4 粒、Euphorbiaceae 3 粒、Ephedra 11 粒；草本植物花粉有：Artemisia 1 粒、Liliaceae 1 粒。该花粉组合以 Ephedra，Pinus 占优势，组合中出现耐寒的 Picea，也出现喜温的 Quercus、Alnus，植被类型以针叶植物为主的针阔叶混交林和草原植被组成的混合型植被面貌。本区孢粉组合中有较多类型的针、阔叶植物，反映出康托组的形成时期较温暖微干的气候。此外，在砾岩中发现所含双壳类化石均为中侏罗世产物。

王成善等(1997)在图区及相邻区的康托组采集了 18 件 ESR 测年样，在康托组下部获得的年龄值为 23.5～21Ma，在中上部获得的年龄值为 17.0～8.7Ma。

图区内康托组的岩性岩相特征横向变化不大，但各地的地层厚度相差较大。区内该组由甜水河南的小平梁剖面、元宝湖剖面及蚂蟥山剖面 3 条剖面控制，其中王成善等(1997)在图区东部测制的蚂蟥山剖面(起点坐标 E87°00′02″、N34°17′41″，终点坐标 N34°17′22″、E87°00′07″，剖面长 528m，厚度大于 348m)研究程度相对较高，其按岩性组合和沉积特征可划分出扇根、扇中和扇端 3 个亚相。其形成时代为新近纪中新世早中期。

**3. 唢呐湖组**

该组仅分布于东北部的石榴湖-阔顶山及中部的乱石山-花梁山一带，分布范围有限。与下伏的侏罗系、渐新统鱼鳞山组(图版 2-58)、中新统康托组(图 2-69)为角度或超覆不整合接触，与上覆的上新统双泉河组亦为角度不整合接触(图 2-69)。

该组总体为一套夹少量粗碎屑岩、常夹膏岩、以紫红色为主的杂色细碎屑沉积组合。其岩性由紫红色、紫灰色、灰绿色等杂色细砂岩、粉砂岩、泥岩、含石膏泥岩、泥灰岩、石膏层组成，多呈互层状产出(图版 2-68)。以湖相沉积为主。据区域资料，厚 260～4 400m。

唢呐湖组以大套细碎屑岩组合的岩组特征，与下伏康托组粗碎屑岩组相区别。区内唢呐湖组的底部多为砾岩、含砾砂岩、砂岩互层，常以砾岩层为底与下伏康托组相区分，在岩性上二者有向上逐渐变细的过渡特征。但是，区内上、下的地层产状却不尽相同，表现为微角度或超覆不整合(图 2-69)。

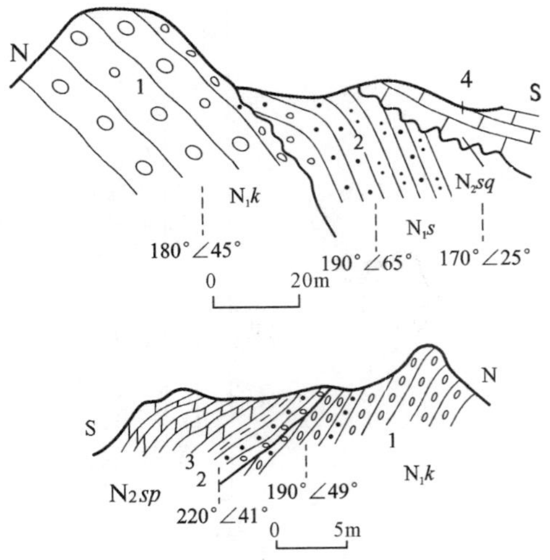


图 2-69　康托组、唢呐湖组、双泉河组三者不整合接触关系素描图

[图据王成善等(2001)修改]

1. 砾岩；2. 砂质砾岩、砂岩；3. 泥灰岩；4. 灰岩

横向上，该组的厚度、岩性变化较大。在东北部的石榴湖-阔顶山一带，其不整合于渐新统鱼鳞山组火山岩之上，岩性为紫红色、褐黄色、灰绿色等杂色砾岩、含砾砂岩、细砂岩、粉砂岩、泥质岩夹大量石膏层，发育粒序层理、水平层理、交错层理等。

在中部的甜水河-花梁山一带，不整合康托组之上、双泉河组之下(图 2-69)，以湖相沉积为主，厚度较大。岩性为灰绿色薄层状砂质砾岩、不等粒砂岩、细砂岩、粉砂岩、泥质岩夹较多的石膏层，水平层理、交错层理发育。其中出现的米级旋回主要有(砾岩)含砾粗砂岩→细砂岩→粉砂质泥岩→石膏层、含砾粗砂岩→细砂岩→粉砂质泥岩、细砂岩→紫红色泥岩等。

唢呐湖组化石很少。据前人资料，在测区及相邻区该组中发现产有小型淡水腹足类、淡水双壳类、孢粉类 3 类化石。小型淡水腹足类和双壳类分 4 属 5 种，包括 *Planorbis youngi*，*P.* sp.，*Lymnaea* sp.，*Gyaulus* sp.，*Sphaerium* sp.。孢粉化石较多，以草本植物花粉为主，次为木本植物花粉及少量蕨类植物孢粉化石。该孢粉组合中见多种阔叶乔本植物花粉，植被类型为阔叶林，林缘外生长较多灌丛，属具针阔叶疏林、灌丛、草原等混合植物类型，已具有草原型特点，气候较温暖。ESR 同位素年龄范围为 9～2.1 Ma。形成时代为中新世晚期。

**4. 双泉河组**

双泉河组为本次工作新建的一个组级岩石地层单位，是从原唢呐湖组上部分解出来的一个岩石地层单位：指以不整合于中新统唢呐湖组或其下时代更老的地层之上的一套以浅色调、薄—中厚层状钙结岩、包粒灰岩为主的淡水碳酸盐岩组合。新建组为较纯的浅色碳酸盐岩沉积，与其下以杂色细碎屑岩组合为典型特征的唢呐湖组截然不同。

分布于图区南部大熊湖-双泉河-石水河及中部花梁山—元宝湖一带。与下伏渐新统鱼鳞山组(图版2-59、图版2-60、图版2-61;图2-66)、中新统康托组(图2-70)、唢呐湖组(图2-69)等呈角度不整合接触,其上被第四系砂砾石层不整合覆盖。

本次工作,在原唢呐湖组中发现了明显的沉积不整合面,而且界面上、下的地层岩石组合特征也存在很大差异。因此,将不整合面上、下的地层仍然划为一个组级岩石地层单位显然是不当的。鉴于此,本报告新建"双泉河组"一名,以代表不整合面之上的这套碳酸盐岩,将新建组的地质时代归为上新世,地层代号 $N_2sq$。建组命名地点位于西藏尼玛县双泉湖以南的双泉河边,建组的双泉河剖面坐标 E86°13′37.8″～86°12′56.1″、N34°08′38.1″～34°09′05.7″,厚度大于340m。

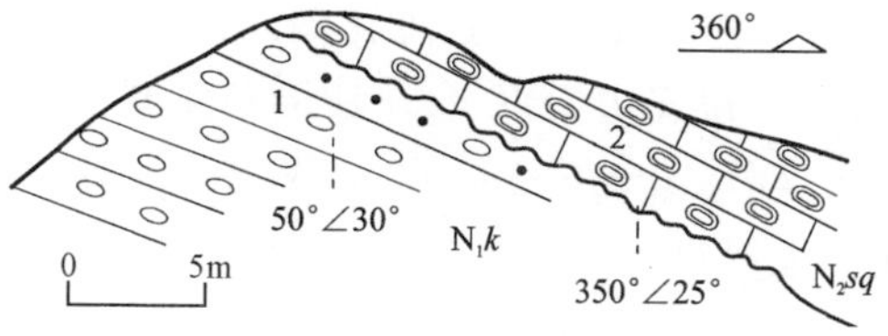

图2-70　花梁山康托组与上覆双泉河组之间角度不整合接触关系

1.砾岩、含砾粗砂岩;2.藻屑灰岩

该组主体由黄灰、灰黄夹浅灰、灰白色薄—厚层状钙结(底)砾岩(图版2-69至图版2-71)、包粒灰岩(图版2-72)、"钙叠层石"灰岩(图版2-73)、纹层灰岩、栉壳灰岩(图版2-74、图版75)、钙结壳岩、砂屑灰岩、砾屑灰岩、结晶灰岩及它们的过渡岩性组成,部分岩石带浅肉红、浅灰白色,偶夹灰、深灰色。包粒灰岩是其主要构成,由极丰富的核形石、豆粒、鲕粒及少量砂屑组成,有颗粒粒度接近的、也有大小混杂的,岩性可细分为多种。"钙叠层石"灰岩、纹层灰岩、栉壳灰岩是由纹层至薄层的栉壳状方解石构成的特殊岩性,有的岩中含有包砾。具块状层理、水平层理、平行层理、纹层理、波状层理、透镜状层理、粒序层理、及蚀底构造、压溶缝合线构造、窗孔鸟眼构造、栉壳构造、"瑙纹状"构造、层状结壳构造、包粒构造,部分层段发育有由厚→薄、由粗→薄细的基本层序(图版2-76)。

该组底部为厚度不等的薄至厚层块状钙结底砾岩,这是一种具有底砾岩性质、由钙质胶结的砾岩(或称钙结砾岩)。其砾石成分复杂(图版2-69)、各地不一,有异地成分的石英岩、硅质岩、砂岩、灰岩及少许粉砂岩,也有下伏地层岩形的火山岩(图版2-70),砾径从砂级到近10cm,大小不等,无分选性,形态从棱角状(图版2-70)到卵石(图版2-71)均有,混杂分布。砾石含量5%～45%,砾石间为钙结包砾,由粒状亮晶方解石、瑙纹状或栉壳方解石胶结。块状构造。在该组中也有少许钙结砾岩出现(主要在下部),但不如底部特征明显。

在双泉河南发现的鱼鳞山组与双泉河组不整合点上,在钙结底砾岩之下的鱼鳞山组火山岩顶部发育有很多裂隙和一些溶孔,其中也充填着栉壳状方解石,大的裂隙中也出现以栉壳状方解石胶结火山岩为主的砾石构成的钙结砾岩,而且由不整合面往下这一现象有减弱的特征。

这些岩石、颗粒与藻成因叠层石、纹层、核形石、豆粒、鲕粒灰岩明显不同,均由瑙纹状、栉壳状的亮晶方解石构成,缺乏基质,还有穿切的现象,"钙叠层石"有上、下对生的现象(图版2-73右),中间还夹有典型的渗滤豆石灰岩(图版2-73左上),其是钙结作用的产物,是已固结的碳酸盐风化壳。因此,该组主要为风化壳-滨湖相沉积。

区内该组岩性变化不大,在中部花梁山-东部元宝湖及东南角石水河一带,钙华、孔洞发育。局部岩中见干沥青沿裂隙分布。

### 三、地层时代

长期以来,地质工作者在羌北地区新生代红层沉积做过不少研究,虽然也发现了一些淡水双壳类及孢粉化石,也做过ESR测年,但始终未获得可供确切判断时代的古生物资料,确认地层时代的证据始终不足,至目前仍争议不断,出现了多种划分方案。结合本图幅与相邻图幅的有关资料,对图区新生代红层的时代讨论如下。

#### 1. 牛堡组的地质时代

本次工作首次在图区西邻1∶25万查多岗日幅西部的心湖北东16km红土沟的牛堡组紫红色砂岩、泥页岩中发现丰富的介形类(图版2-73)*Paraleptestheria* cf. *menglaensis* 及 *Cyprinotus* sp. 和植物化石碎片。其中,*Paraleptestheria* cf. *menglaensis* 多见于始新世,华南地区湖南、广东、广西一带的上白垩统东井组、南雄群及古近系邕宁群均有出现。*Cyprinotus* sp.时限从晚白垩世—渐新世均有出现。据此，牛堡组的时代应为始新世，本报告沿用《西藏岩石地层》(1997)将之划分为古新统—始新统是适宜的。

此外，据图区南邻1∶25万丁固幅资料(《1∶25万丁固幅区调野外工作总结》，贵州地质调查院，2005)，贵州地质调查院在图区南缘长梁山地区的发现牛堡组(原康托组)角度不整合于侏罗系之上，在其底部获得安山岩K-Ar法同位素年龄65.1～66.5Ma。在达鄂等地的牛堡组(原康托组)中发现轮藻*Obtusochara lanpingensis* Z. Wang *et al.*, *Gyrogona pinajiangica* Z. Wang，时代属古新世和始新世。亦说明，牛堡组的形成地质时代为古近纪古新世—始新世。

**2. 鱼鳞山组的地质时代**

根据前述图区发现的鱼鳞山组与上下地层之叠覆关系，以及在该组下部获得全岩K-Ar法年龄31.5Ma(碱性粗面岩，红阳山)、39.3Ma(粗安岩，双泉河)，结合区域资料[东部邻区Ar-Ar法、K-Ar法同位素测年法平均值为26～46.6Ma，李才等(2000)获得鱼鳞山组白榴石响岩Ar-Ar法年龄为27.8Ma、K-Ar法年龄为30～18Ma]将图区鱼鳞山组的形成时代定为渐新世。

**3. 康托组的地质时代**

康托组的形成时代的依据如下。

1)在西邻1∶25万查多岗日幅东南黑龙山一带发现康托组角度不整合于牛堡组之上，说明其时代晚于始新世。

2)康托组不整合于鱼鳞山组之上，同时获得鱼鳞山组碱性火山岩K-Ar法年龄为31.5Ma、39.3Ma。说明康托组的时代晚于渐新世。

3)据王成善等(1997)对康托组进行ESR测年，获得其下部年龄值为23.5～21Ma，中上部年龄值为17.0～8.7Ma。而康托组之上的唢呐湖组ESR年龄为9～2.1Ma。另外，川碳中心(1996)在甜水河的康托组中获得ESR年龄21Ma和17Ma。上述说明，康托组的时代为中新世。

4)前人在唢呐湖组中发现腹足类*Planorbis youngi*，双壳类*Sphaerium* sp.见于新疆乌苏塔西河组($N_1t$)，*Planorbis youngi*见于准噶尔盆地绿色岩组及内蒙古通古尔组($N_1t$)。时代为中新世。本次工作查明，唢呐湖组与康托组为不整合接触关系，因此推断康托组的时代中新世。

**4.唢呐湖组的地质时代**

1)唢呐湖组呈微角度或超覆不整合于中新统康托组之上，角度不整合于上新统双泉河组之下。

2)王成善等(1997)获得唢呐湖组ESR年龄为9～2.1Ma，属中新世晚期至上新世早期。

3)前人在该组中发现的淡水双壳类*Sphaerium* sp.见于新疆乌苏塔西河组($N_1t$)，腹足类*Planorbis youngi*见于准噶尔盆地绿色岩组及内蒙古通古尔组($N_1t$)。

综合分析上述资料，推断唢呐湖组的地质时代为新近纪中新世晚期，但不能排除上延到上新世早期的可能性。

**5. 双泉河组的地质时代**

根据双泉河组不整合于唢呐湖组之上，其上被第四系覆盖，推断其形成地质时代为新近纪上新世，但不能排除上延到更新世早期的可能性。

## 四、层序地层

图区的古近系—新近系为陆相沉积，层序地层的研究相对薄弱。以下仅对其层序地层进行粗略划分与简述。综合测区古近系、新近系资料，可识别出3个三级层序组(或二级层序)、5个三级层序，每个层序又可分为冲积体系域、湖泊扩展体系域和湖泊萎缩体系域。

### (一)层序地层单位特征

**1. 层序组Ⅰ**

由古近系牛堡组构成，在图区西邻的黑龙山剖面上可进一步识别出2个次级旋回，对应细分出2个层序。

(1) 层序Ⅰ-1

由牛堡组下部构成。下部冲积体系域为冲积扇相沉积的紫红色中—厚块状砾岩、砂质砾岩夹细砂岩、不等粒砂岩组合。中部湖泊扩展体系域为冲积扇、河流-滨浅湖相沉积的紫红色薄—中厚层状中—细砂岩、细砂岩夹少量砾岩、含砾不等粒砂岩组合,往上总体粗碎屑岩减少、细碎岩增多,退积型结构。上部湖泊萎缩体系域以滨浅湖为主的紫红色薄—厚层状含砾不等粒砂岩、不等粒砂岩、细砂岩组合,往上薄层状细砂岩减少、中厚层状含砾不等粒砂岩增多,向上变厚变粗,进积型结构。

(2) 层序Ⅰ-2

由牛堡组上部构成。层序底界为一地层结构转换面。

下部冲积体系域由紫红色中厚层状砾岩夹砂岩构成,厚度薄。中部湖泊扩展体系域由浅湖-半深湖相沉积的紫红色中—厚层状含砾不等粒砂岩、不等粒砂岩、细砂岩夹灰质砾岩、粉砂岩、泥质岩、微晶灰岩构成,往上浅湖-半深湖相沉积的粉砂岩、泥质岩、微晶灰岩增加,退积型结构。上部湖泊萎缩体系域由紫红色薄—中厚层状含砾砂岩、不等粒砂岩、细砂岩为主的地层构成,为湖相—河流相沉积。

**2. 层序组Ⅱ**

由新近系康托组、唢呐湖组构成,又进一步划分为2个层序。

(1) 层序Ⅱ-1

由康托组构成。层序界线为康托组与牛堡组或鱼鳞山组之间的不整合面,界线上、下的岩性岩相、地层结构发生了明显的转变,出现了以鱼鳞山组为代表的火山喷发事件。

是与层序Ⅰ-1基本相似的一个层序。在小平梁剖面该层序可识别出4个次级层序,每个次级层序一般均由下部冲积体系域的厚块状粗—中砾砾岩→中部湖泊扩展体系域滨湖相中—薄层状细砾岩、含砾砂岩、细砂岩及少量泥质岩→上部湖泊萎缩体系域浅湖相紫红色中—薄层状细砂岩、粉砂岩、粉砂质泥岩、泥岩夹石膏层组成,形成由粗→细、由厚→薄、向上变浅的旋回,是一套由冲积扇、河流相向干旱湖泊相转化的沉积序列(图2-68)。

(2) 层序Ⅱ-2

由唢呐湖组构成。层序界线为唢呐湖组与康托组或鱼鳞山组之间的超覆或不整合面。

是与层序Ⅰ-2基本相似的一个层序。

冲积体系域由唢呐湖组底部河流相的砾岩、含砾砂岩、砂岩构成,厚度很薄。往上的湖泊扩展体系域由河流-滨湖相→浅湖相→半深湖相夹粗碎屑岩的细碎屑沉积组合→夹泥岩、泥灰岩的细碎屑沉积组合构成,向上具逐渐变细变薄、灰与灰绿色等深色岩性增多的特征,为一向上变深、退积型结构的湖侵地层序列。上部湖泊萎缩体系域仍由杂色细碎屑沉积组合构成,但出现较多的石膏夹层,反映了向上变浅、湖泊萎缩体旱化的沉积特征。

**3. 层序组Ⅲ**

由上新统双泉河组构成。层序界线为双泉河组与下伏的康托组-鱼鳞山组之间角度不整合面,界线上、下的岩性岩相发生了转变。

下部的冲积体系域,由以钙结(底)砾岩、砾屑灰岩为特征的双泉河组底部构成。往上钙结砾岩逐渐减少、消失,由黄灰—灰黄夹浅灰色薄—纹层状包粒灰岩、结晶灰岩夹栉壳灰岩及少量纹层灰岩等构成,上部出现了平行层理、粒序层理、蚀底构造等水流作用形成的沉积构造,构成退积型的湖泊扩展体系域。根据前人资料,双泉河组中夹含膏灰岩,出现这种岩性的部分很可能在该组的上部,反映出湖泊萎缩体旱化的沉积特征,构成湖泊萎缩体系域。

## (二) 小结

综上所述,图区的古近纪沉积总体显示为3个大型的沉积旋回。前2个是显示为向上沉积物总体由粗变细又变粗、由厚变薄又变厚,分别由山麓冲积扇-河流相沉积→湖相→河流相沉积构成的大型沉积旋回;自下而上,粗碎屑岩减少,泥质岩、灰岩、石膏增多。上部的大型的沉积旋回是以钙结(底)砾岩为底的一个钙结风化壳-浅湖相发育沉积旋回。它们各自明显地反映了一个断陷盆地形成→消亡的构造旋回之沉积过程，构成一个二级层序/旋回。期间的三级层序/旋回则代表了期间5次规模较大的湖面升降。各级层序/旋回均反映出由河流相向干旱湖泊相转化的沉积序列特征，是断陷盆地沉陷旋回的反映。

## 五、地层划分与对比

### （一）地层的划分

经本次工作调查发现，测区以红脊山北西—南东向断裂为界，两侧的新生代红层沉积存在差异：西南侧红层中以上部夹较多的灰绿色薄层沉凝灰岩、凝灰岩、凝灰质泥岩及膏岩为特征（西邻联测图幅资料），与北东侧的红层相有别。

同时，发现测区新生代红层沉积存在上、下两大套粗粒碎屑岩段，二者间为一套夹灰岩、石膏的细碎屑岩岩段；图区新生代红层由从下往上由粗粒碎屑岩岩段→细碎屑岩岩段，即山麓冲积扇—河流相沉积→湖相沉积构成的两个大型沉积旋回组成。

而联测东部的本图幅部分地区，在上部大旋回之下有一套火山岩，上部大旋回碎屑岩之上存在一套具碳酸盐风化壳特征的淡水灰岩，它们均为不整合接触，从而构成测区有粗碎屑岩段→细碎屑岩段→火山岩段→粗碎屑岩段→细碎屑岩段→淡水碳酸盐岩段的→第四系的新生代沉积序列。

在此基础上，根据测区采获的古生物（见前述）、同位素测年、地层的叠覆关系，并结合相邻地区的有关资料，通过与区域资料的对比、分析，不同本项目报告将测区的古近纪-新近纪沉积对比划分为牛堡组（下段、上段）、鱼鳞山组、康托组、唢呐湖组、双泉河组，与上述的沉积序列相对应。

### （二）地层对比

#### 1. 牛堡组

牛堡组由王文彬等1957年创名，西藏第四地质队1978年介绍。原义指代表下第三系以紫红色粉砂岩、泥页岩为主，夹砂砾岩、凝灰岩的一套地层体。未指定层型。

李璞（1955）将班戈湖、伦坡拉地区的第三纪地层统称第三系，1957年青海石油队划分为下部宗曲口层和的欧层、上部牛堡层和丁青层。1979年西藏第四地质队将曲口层和的欧层改称牛堡组，上部牛堡层和丁青层统称为丁青组，1981年该队将丁青组改为丁青湖组。1983年《西藏地质志》及1997年《西藏自治区岩石地层》引用牛堡组和丁青湖组。

《西藏自治区岩石地层》现在将该组定义为：指不整合覆于竟柱山组红色碎屑岩之上，平行不整合于丁青湖组泥岩、砂砾岩及凝灰岩之下的一套深水湖相泥岩、页岩、细—粗碎屑岩、碳酸盐岩的地层体。产介形虫、孢粉等。沉积时代定为古新世—始新世。

《西南区区域地层》（1999）将该组综述为：底由红色砾岩、砂岩夹泥岩、粉砂岩，中部为灰绿色泥页岩夹红色砂砾岩及晶屑凝灰岩，上部由红色和灰绿色泥页岩夹薄层泥灰岩、油页岩、粉砂岩及局部夹凝灰岩，总体为一向上变细的正向韵律层。年代为始新世。

对照前面的岩石地层单位的描述，图区划分的牛堡组虽无油页岩，但岩石组合与地层结构总体的特征与现今标准定义的牛堡组相近。根据西邻联测区在牛堡组中上部采获的介形类化石，表明其时代要早于定义的丁青湖组，与牛堡组定义的时代相当。因此，图区的牛堡组大致可与标准定义的牛堡组—丁青湖组相对比。

该套地层，往南可与青藏油气勘探项目经理部（1996）在安多岗尼乡达卓玛测制的牛堡组——一套产丰富的轮藻、介形虫及陆生昆虫等化石，形成时代为晚古新世—始新世，含膏盐岩的碎屑岩地层相对比；往东可与沱沱河组相对比。

#### 2. 鱼鳞山组

“鱼鳞山火山岩”由西藏区调队于1983年命名于改则县扎布区鱼鳞山，时代为新近纪晚期至早更新世。1993年《西藏自治区区域地质志》正式将其命名为鱼鳞山组，时代为早更新世。《西藏岩石地层》

(1997)将改则北西地区的一套不整合于康托组之上的火山岩地层，单独划分为鱼鳞山组，时代为上新世晚期至更新世，空间分布上由羌塘南部延伸到措勤-申扎地层小区。

李才等(2000)在鱼鳞山一带获得白榴石响岩 Ar－Ar 法年龄为 27.8Ma、K－Ar 法年龄为 30～18Ma，确定其时代为渐新世—中新世，其分布仅限于班公湖-怒江缝合带以北地区。主要岩石类型有白榴石响岩、白榴石碱玄岩、白榴石响岩质岩屑晶屑凝灰岩、霓石粗面岩、霓霞粗面岩等。与下伏龙门卡群呈不整合接触。

图区划分的鱼鳞山组主要为一套碱性粗面岩、霓辉石粗面岩、响岩质白榴岩、白榴石响岩和碱性粗面质凝灰熔岩组成的碱质火山岩地层，岩石组合特征与现今定义的鱼鳞山组相似。获得的同位素 K－Ar 法年龄值为 31.5Ma、39.3Ma，与李才等(2000)对鱼鳞山组研究成果基本在同一个地质年龄段内。

**3. 康托组**

康托组由西藏区调队(1986)创名于改则县北康托区西山，沿用至今。原定义指为紫红色砾岩夹含砾砂岩、粉砂岩及少量泥岩夹基性火山喷出岩和凝灰质砂岩的一套地层。为小型山间河湖沉积。

《西藏自治区岩石地层》现在将该组定义为：一套紫红色砂砾岩为主，次为杂色泥岩、粉砂岩沉积，底部夹基性火山岩的地层体。产淡水双壳类、腹足类、介形虫、孢粉化石，不整合于下伏老地层及上覆唢呐湖组之下。纵向上，岩性组合反映出由河流相向干旱湖泊相转化的沉积序列。

《西南区区域地层》(1999)定义为：指广泛分布于班公湖-改则以北、双湖以南的小型山间盆地型沉积，为一套下粗上细的紫红色砾、含砾砂岩夹少量粗砂岩、细砂岩，上部多见粉砂岩、泥岩及石膏岩，底夹玄武岩。厚度 300～2 700m。整合于日贡拉组火山岩或丁青湖凝灰质泥岩之上，不整合于石坪顶组火山岩之下。

在改则的康托、纳丁错该组不整合于下伏渐新世纳丁错组火山岩(31.1Ma，K－Ar 法)之上；而改则北的黑牛山地区，康托组又被石坪顶组火山岩(10.6Ma)不整合。因此，前人大多认为康托组的形成时代为中新世(如罗建宁等，1996)。

对照前面的岩石地层单位的描述，可知图区划分的康托组的岩石组合特征，与原定义、现今标准定义的康托组一致。根据测区地层叠覆关系，及测图区确定的牛堡组时代，区内划分的康托组之形成时代，也与该组通常所认定的形成时代相当。

**4. 唢呐湖组**

唢呐湖组由西藏区调队(1986)创名于双湖县所在地的 292°方向的 210km 唢呐湖东。原定义指岩性为泥灰岩、泥岩、粉砂岩夹生物碎屑泥晶灰岩，含砾砂岩及多层石膏。

吴瑞忠(1985)在双湖县西北的玛尔果茶卡地区，将其创名为“玛尔果茶卡群”及“双湖群”。1993 年《西藏地质志》将分布于羌塘地区的这套中晚第三纪湖相沉积物统称为唢呐湖组。

《西南区区域地层》(1999)将该组定义为：散布于羌北，由湖相的粉砂岩、泥岩、泥灰岩、石膏和盐岩层互层组成。西部岩性稍粗，底部出现砂岩、含砾砂岩、砾岩，中上部泥灰岩增多，夹油页岩。厚 398～530m。西部多被中—上新统石坪顶组不整合覆盖。

1997 年《西藏岩石地层》中，引用“唢呐湖组”至今。现在将其定义为：指岩性主要为红色、土红色、砖红色或鲜红色泥岩、泥质粉砂岩、砂岩、粗砂岩、含砾砂岩、砾岩，夹多层石膏层含盐岩石地质体。产淡水双壳类、腹足类等化石。与下伏康托组呈整合接触，与上覆石坪顶组熔岩呈不整合接触。

对照前面的岩石地层单位的描述，可知图区划分的唢呐湖组的岩石组合特征与地层叠覆关系，与原定义、现今标准定义的康托组一致。本报告引用其组名，时代定为中新世晚期。

**5.双泉河组**

该套地层在羌塘地区原划为唢呐湖组的上部，虽然前人对其研究不多，但因其风化呈现的白色色调在这一地区显得很特殊，在局部其岩中还见有沥青产出，因而在众多工作中都曾提及，常描述为含膏藻灰岩夹细砾岩，也有描述其直接覆于上侏罗统索瓦组的现象[如争胜湖剖面(赵政璋等，2001)]。可见其在羌塘地区分布广泛、岩性组合特殊。

本次工作新发现其与下伏地层为角度不整合接触，鉴于组级岩石地层单位内部不能存在较大的间断界面的要求，而其分布又广、岩性组合自成体系，故而本次工作将其单独划分出来，并新建"双泉河组"一名以代表之。图区该组与前人对应的描述比较，区别在于在图区内尚未发现含膏灰岩，而原来认为岩石的主要成分——"藻"，经本次工作研究确认并非藻类，而是湖相沉积钙结形成的特殊产物，原砾岩也可称之为钙结砾岩或钙结底砾岩，它们是碳酸盐岩风化壳的重要构成。

图区古近纪—新近纪地层的划分方案，与赵政璋(2001)的第三系划分方案一致，只不过是将牛堡组→康托组→唢呐湖组的地层序列分布的范围扩展，延用到羌北盆地；并根据该套地层序列顶部的上新统与下伏的唢呐湖组、鱼鳞山组间角度不整合接触关系，在序列顶部新建了双泉河组而已。

### 六、岩相古地理

图区古近纪—新近纪地层的岩石、岩相特征明显，反映了内陆断陷盆地沉积的特点。

#### （一）岩石类型

图区古近系、新近系地层中出现的岩石有碎屑岩、碳酸盐岩、膏盐岩和火山岩等几大类型。以下就主要的沉积岩特征介绍如下。

**1. 碎屑岩类型**

有砾岩、砂岩、泥质岩及其混合类型、过渡类型。岩石类型采用刘宝珺等(1980)分类方案，在此基础上再根据混入物的种类、结构、构造细分，特殊的也可参加命名。主要有砾岩、砂岩、粉砂岩和粘土岩这几种类型，它们是牛堡组、康托组、唢呐湖组的主要岩石类型。

(1) 砾岩类

主要为一套洪、冲积扇-河流相沉积，主要岩石类型有：粗砾岩、细砾岩、砂质砾岩等岩石；砾石大小不一，磨圆度差—中等，呈棱—次圆状均有，常混杂堆积，砾石成分复杂，正粒序层理、底冲刷构造、楔状层理发育。

粗—中砾岩：岩石呈厚块状，砾状结构。砾石粒径大小以2～4cm为主，少量5～15cm。圆—次圆状、椭圆为主，次为次棱角状，略具分选性。砾石成分多为灰岩，少呈砂岩及石英。紫红色砂泥充填胶结。粒序层理、底蚀构造常见。局部地段砾石显定向性。

细砾岩：细砾结构。碎屑82%～84%(砾石30%～65%、石英32%～53%、岩屑4%～10%、白云母2%)，填隙物16%～17%(粘土物13%～14%、方解石2%～5%)。砾石呈次圆状，成分有石英岩、硅质岩、砂岩、泥岩等，砂级碎屑多为次圆状、中粗粒为主。

砂质砾岩：中—细粒砂质结构、砾质结构。砾屑65%(灰岩56%、粉砂岩6%、生物屑2%～3%)，砂质碎屑35%(石英15%、岩屑5%～7%、长石3%、生物屑1%～2%、方解石8%)。岩石中砾屑呈次棱角或次圆状，粒径大小不一，在0.2～10cm不等，杂乱分布。砾屑间由中—细粒砂质碎屑组分呈基底-孔隙式充填胶结。

(2) 砂岩主要类型

含砾中粗粒石英砂岩：变余含砾中粗粒砂质结构。碎屑含量87%(砾石5%、石英砂80%、岩屑2%)，填隙物13%(粘土及铁质10%、方解石3%)。砂级碎屑呈次棱角—次圆形，大小不均匀，以粒径为0.3～2mm的中粗砂为主。

砾质粗粒石英砂岩：砾质粗粒砂质结构。碎屑含量85%(砾石20%、石英62%、岩屑3%)，填隙物含量15%(方解石5%、粘土＋铁质10%)。砂级碎屑呈次棱角—次圆形，大小不均匀，以粒径为0.5～2mm的中粗砂为主。

(砾质)含钙不等粒岩屑石英砂岩：不等粒砂质结构、砾屑结构。灰岩砾屑0～13%、长石类2%～5%、石英55%～68%、岩屑10%～20%、方解石＋绢云铁质15%～17%。碎屑粒级从细砂至粗砂均有，且含量均在20%～30%之间，相互混杂分布。

粗粒岩屑石英砂岩：粗砂结构。碎屑含量约83%(石英69%、岩屑10%、白云母＋绿泥石2%、褐铁矿＋锆石2%)，填隙物17%(粘土物15%、方解石2%)。碎屑呈次棱角—次圆形，粒度不均匀，以粒径为0.5～1.5mm的粗砂为主，成分中有较多轻变质岩(如绢云千枚岩、石英千枚岩等)，表明岩石结构、成熟度中等。

中-粗粒岩屑石英砂岩：中-粗粒砂质结构，碎屑82%[石英(云英岩、硅质岩)69%、岩屑(变质岩、硅质岩、灰岩)10%、白云母3%]，填隙物18%(褐铁矿染粘土矿物15%、方解石3%)。其中中砂粒占30%。

含膏细—中粒岩屑石英砂岩：细中粒砂质结构，基底—孔隙式胶结。碎屑物82%(石英67%、长石类3%、岩屑12%)，填隙物18%(石膏15%、方解石3%～5%)。

(钙质)中—细粒岩屑石英砂岩：中—细粒砂质结构，基底—孔隙充填。碎屑含量74%～78%(石英50%～65%、岩屑8%～18%、长石类5%～7%、白云母＋绿泥石4%、褐铁矿1%)，填隙物22%～26%(褐铁矿染粘土矿物14%、方解石8%～22%)。碎屑多呈次棱角状，少量棱角状，大小不均匀，以细砂为主，中砂次之。

细粒岩屑石英杂砂岩：细粒砂质结构。碎屑含量80%(石英72%、岩屑2%、白云母4%、电气石2%)，填隙物20%(褐铁矿染粘土矿物15%、方解石5%)。斜层理、交错层理发育。碎屑以石英为主，形态呈棱角状—次棱角状，粒度不均匀，由粉砂—中砂，相互混杂分布。成分成熟度、结构成熟度中等偏低，具褐铁矿染现象。

细粒长石岩屑杂砂岩：细砂质结构，碎屑物78%(石英38%、岩屑35%、长石5%)，填隙物19%(绢云母15%、方解石4%)。碎屑粒度以0.063～0.15mm为主，多呈次棱角状。岩屑成分以泥岩为主，次灰岩岩屑。

不等粒含钙石英砂岩：不等粒砂质结。碎屑物72%(石英65%、岩屑4%、砾石2%、长石1%)，填隙物28%(方解石英钟8%、褐铁矿染粘土矿物10%)。碎屑呈棱角、次棱角状。由粉砂至中粒，少量粗砂。

粗—中粒含钙石英砂岩：粗—中粒砂质结构，碎屑80%(石英75%、长石2%、岩屑3%)，填隙物20%(方解石10%、褐铁矿染粘土矿物10%)。粒度以中粒为主，粗粒次之。

含粉砂含钙细砂岩：含粉砂细砂质结构，碎屑78%(石英73%、长石1%、岩屑2%、白云母2%)，填隙物22%(绢云母＋粘土物11%、方解石10%、白云石1%)。斜层理、波状层理、纹层构造发育。成分成熟度中等、分选好、杂基不高、钙质胶结。

含钙含粉砂细砂岩：含粉砂细砂质结构、交错纹层构造。碎屑物75%～78%(石英68%～69%、岩屑4%～5%、长石2%、白云母1%、褐铁矿2%)，填隙物22%～25%(方解石10%～13%、粘土矿物12%)。部分发育交错纹层理。

凝灰质泥质中—细粒砂岩：中—细粒砂质结构、凝灰碎屑结构。碎屑(部分凝灰碎屑)65%～70%(石英32%、岩屑25%～30%、长石5%、白钛石1%、绿泥石1%)，填隙物(绢云母)30%～35%。岩石约含20%的凝灰碎屑，主要是被粘土取代的岩屑或玻屑。

(3) 粉砂岩类

粉砂碎屑呈棱—次棱角状，成分以石英为主，少量岩屑及生物屑，岩石中细砂、泥质常见，与粉砂混杂分布。水平层理、平行层理、交错纹层理；主要有以下岩石类型。

泥质粉砂岩：微鳞片泥质及粉砂结构、微层构造。碎屑物含量65% ～75%(石英35%～40%、岩屑20%～25%、绿泥石1%～2%、长石3%～4%、白云母2%～3%)，基质(绢云母)25%～35%。粉砂碎屑在岩石中不均匀分布，形成粉砂岩、泥质粉砂岩和粉砂质泥岩和泥岩不同的纹层，层厚0.5～3mm不等，以粉砂岩、泥质粉砂岩为主。

含泥细～粉砂岩：细—粉砂质结构、变余泥质结构。平行纹层、交错纹层。碎屑呈棱角状，以粉砂为主，细砂次之，混杂分布，最大粒径0.15mm。石英含量84%、岩屑3%、长石及假晶1%～2%、白云母1%、绢云母10%、褐铁矿1%。

钙质含粒屑粉砂岩：含粒屑粉砂结构、微晶结构。碎屑及粒屑含量75%(石英56%、藻球粒4%、藻斑点15%)；填隙物25%(微晶方解石25%)。碎屑以石英为主，呈棱角—次棱角状，粒度大小0.03～0.1mm。

含细砂岩屑石英粉砂岩：粉砂结构、显微鳞片泥质结构。碎屑含量85%(石英73%、长石2%、白云母1%～2%、绿泥石1%～2%、碳酸盐岩5%)，胶结物15%(方解石10%、绿泥石5%)。碎屑以石英为主，呈棱角—次棱角状，粒度大小0.03～0.1mm，一般多为0.06mm以下级。

(4) 粘土岩类

泥岩：显鳞片泥质微结构。绢云母含量89%、方解石6%、白云母2%、石英4%，电气石、白钛石、褐铁矿含量分别小于1%。微粒方解石往往在局部相对聚集分布，形成不规则团块。

粉砂质泥、页岩及含粉砂质泥、页岩：粉砂质含量20%～25%，主要成分为石英、岩屑，常在泥、页岩中富集为砂质条带、砂岩透镜体。

**2. 碳酸盐岩类**

图区中碳酸盐岩主要出现于双泉河组，另在唢呐湖局部出现，多呈夹层及透镜状产出，为钙结壳及滨、浅湖—半深湖相沉积环境。主要有以下岩石类型。

(1) 微晶灰岩类

含泥微晶灰岩：含泥微晶结构，岩石主要由微晶方解石组成，少量砂屑、生物屑、粉砂。微晶方解石70%、粘土矿物20%、砂屑8%、粉砂2%。砂屑多呈次圆形，不均匀分布，石英粉砂零星分布，粘土矿物与方解石相互混杂分布，表明岩石产于静水环境。

泥质微晶灰岩：微磷片泥质结构、微晶结构。微晶方解石67%、粉砂5%、粘土矿物27%、黄铁矿1%。粉砂物零星分布，少量达细砂级。黄铁矿多呈霉点状，多已变为褐铁矿。

微晶灰岩：微晶结构，方解石96%、石英1%、岩屑2%，长石、褐铁矿等小于1%。石英、岩屑粒度从粉砂至中砂均有，常沿层理面零星分布。

(2) 泥灰岩及泥质灰岩类

泥灰岩：微鳞片泥质结构、微晶结构，局部生物扰动构造。砂及粉砂6%、微晶方解石＋粘土矿物94%。片内见较多溶蚀孔隙和网状裂隙，由方解石充填。

含砂含砂屑泥质灰岩：含砂含砂屑微磷片泥质结构、微晶结构。微晶方解石42%、亮晶方解石3%、砂屑20%、褐铁矿染粘土矿物25%。粉砂和砂呈次棱角—次圆形，最大颗粒约0.3mm，不均匀相对聚集分布，砂屑呈次圆—圆形为主，大小不均匀，多数为0.15～0.25mm，相对聚集分布。

(3) 其他灰岩类型

钙结砾岩：砾屑结构、栉壳状构造、“瑙纹状”构造、包粒构造。粒屑成分有砾屑和砂屑。砾石成分复杂，石英岩、硅质岩、砂岩、灰岩、火山岩及少许粉砂岩、栉壳状方解石，砾径从砂级到近10cm，大小不等，无分选性，形态从棱角状到卵石均有，混杂分布。砂屑成分除上述外，还有生物屑、晶屑及陆源石英碎屑。胶结物主要是方解石，还有少许白云石(4%～5%)、石英(2%～3%)。

包粒灰岩：包粒构造、栉壳构造。方解石含量99%～100%、褐铁矿0～1%。岩石由极丰富的核形石、豆粒、鲕粒及少量砂屑等包粒组成，有颗粒粒度接近的、也有大小混杂的，岩性可细分为多种。包粒呈不规则浑圆状，具不规则同心纹层，部分包粒内核为内碎屑、栉壳方解石环碎屑生长。直径0.5～30mm不等。包粒间往往充填有亮晶方解石(栉壳方解石)。有的包粒间栉壳方解石是由包粒向外连续生长。

“钙叠层石”灰岩：叠层状构造、包粒构造。由较密集、密集的钙质纹层叠层石状集合体和一些包粒、砂屑组成。

纹层灰岩：微晶结构，纹层构造。方解石含量90%、白云石3%、石英1%、生物屑6%。偶见核形石。

栉壳灰岩：栉壳构造。由垂直层面的纤柱状方解石构成的层构成。

钙结壳岩：“瑙纹状”构造、栉壳构造。方解石含量99%、褐铁矿1%。栉壳方解石由于大小不同及色泽的差异，显示“瑙纹状”特征，形成“层状”结壳。

**3. 膏岩类**

主要见于唢呐湖组及康托组上部，厚、薄不一。

石膏岩：纤维—它形板状结构。石膏含量90%～92%、白云石5%～10%、石英1%～2%。呈微—薄层状产出。其中石膏多呈镶嵌接触分布，其间不均匀地有微粒白云石集合体。

铁质碳酸盐化石膏岩：柱板状结构。石膏含量78%、方解石15%、石英3%～5%、褐铁矿2%、白云母小于1%。石膏多呈不规则板状，少量为柱状。石膏晶体内多不同程度地有碳酸盐矿物、石英等取代。

## （二）沉积相类型与特征

图区古近系—新近系沉积，主要为一套内陆断陷盆地碎屑岩及少量泥质岩、灰岩、石膏层沉积。根据其沉积物、沉积构造、生物组合等特征，划分为以下 3 个相带和 9 个亚相及多个微相（表 2－10）。

**表 2－10　图区古近系—新近系沉积相划分表**

| 相带 | 亚相 | | 主要岩性与沉积构造 | 层位 |
|---|---|---|---|---|
| 冲积扇 | 扇根 | | 砾岩、砂岩，底冲刷、交错层理 | 牛堡组<br>康托组<br>唢呐湖组<br>双泉湖组 |
| | 扇中 | | 砾岩夹砂岩。正韵律、交错层理 | |
| | 扇端 | | 砂岩、粉砂岩。正韵律、交错层理、水平层理 | |
| 河流相 | 辫状河亚相 | 河道 | 砂、砾石层 | |
| | | 心滩 | 砂层 | |
| | 曲流河亚相 | 河道 | 砾岩及少量砂岩，底冲刷构造、楔状层理、槽状交错层理、斜层理发育 | |
| | | 边滩 | 砂岩、粉砂岩 | |
| 湖泊相 | 滨湖亚相 | | 红—浅褐色厚—块状砾岩、砾质砂岩、含砾砂岩、粗粒砂岩、细砂岩夹砾岩、泥质粉砂岩。水平层理、交错层理。双泉河组为灰岩 | |
| | 浅湖亚相 | | 钙含粉砂细砂岩、细—粉砂岩、泥质粉砂岩、粉砂质泥岩、泥岩为主，夹少量石膏层。双泉河组为灰岩 | |
| | 浅湖—半深湖亚相 | | 泥质粉砂岩、粉砂质泥岩、泥岩及页岩夹泥灰岩、微晶灰岩及石膏层 | |
| | 钙结壳亚相 | | 钙结（底）砾岩、包粒灰岩、“钙叠层石”灰岩、纹层灰岩、栉壳灰岩、钙结壳岩 | 双泉湖组 |

**1. 冲积扇**

主要见于牛堡组和康托组。大面积展布于各沉积盆地边缘。以东部蚂蟥山剖面（资料）为典型。按其岩性组合和沉积特征划分为扇根、扇中和扇端 3 个微相（图 2－71）。

扇根为一套泥石流成因的副砾岩，由厚层块状石灰质砾岩夹薄层灰绿色、紫红色泥质砂岩、含砾砂岩和含砾泥岩条带，砾岩分选极差，砾径大小不等，小如粉砂，大者可达 70cm 以上，呈块状构造。

扇中以辫状分支河道和片流沉积为主，由具有侵蚀底面的单个透镜状砂体构成的巨大板状体。岩性为灰褐色中层状含砾砂岩、砂质细砾岩夹中砾岩透镜体和泥质砂岩条带。砂岩分选、磨圆中等，在剖面上由正韵律组成，可见块状构造和不规则交错层理，砾岩可见砾石定向排列。

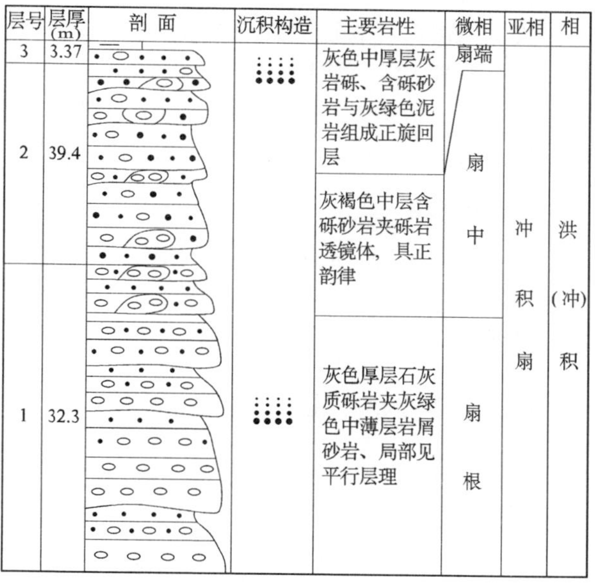

图 2－71　蚂蟥山剖面新近系中新统康托组底部冲积扇亚相沉积特征

扇端为片流沉积，一般由灰色砂岩与泥质砂岩和薄层灰绿色砂质泥岩组成的正韵律层，砂岩分选较差，泥质含量高，偶见交错层理。

**2. 河流相**

主要见于牛堡组和康托组，次为唢呐湖组，沉积物以砂岩、砾岩为主，底冲刷构造、斜层理发育，常呈二元结构，上部砂、泥质岩沉积；下部为砂岩、砾岩沉积。具下粗上细的特点，砾石多具叠瓦状排列。分辫状河和曲流河亚相，以后者常见，可进一步划分出河道、边滩微相沉积。

(1) 辫状河亚相

辫状河沉积类型不发育,多见其下部河道滞留砾岩,上部心滩沉积不发育。

(2) 曲流河亚相

河道冲填沉积:充填于河道中,沉积物以砾岩为主,少量砂岩。砾石磨圆度较好,多具分选,普遍具叠瓦状排列,其砾石扁平面倾向上游,反应牵引流搬运特征。从沉积相序看,底部往往为河床砾石或少量粘土砾石,往上逐渐变为边滩砾质、砂质沉积;从其沉积环境看,是洪水泛滥时的产物。

边滩沉积:常与河床沉积相伴出现,构成相韵律,往往下部为河床砾岩沉积,上部为边滩沉积的砂岩、粉砂岩。常见河床—边滩—河床—边滩呈几个沉积旋回。边滩沉积粒度较细。

**3. 湖泊相**

(1) 滨湖亚相

滨湖相带位于洪水岸线与枯水岸线之间,见于牛堡组、康托组、唢呐湖组和双泉河组。前三者岩性为砾质含钙不等粒岩屑石英砂岩、含砾不等粒砂岩、粗砂岩、钙质中—细粒岩屑石英砂岩、细粒岩屑石英杂砂岩、细粒长石岩屑杂砂岩、含钙不等粒岩屑石英砂岩、细砂岩夹少量砾岩、泥质粉砂岩等组合。斜层理、平行层理、粒序层理发育,而后者,双泉河组表现为一套湖相淡水灰岩。在沉积盆地边缘,常形成一套山麓堆积亚相的紫红—浅褐色厚—块状砾岩,砾石含量占50%～80%,棱—次圆状,个别圆状;大小不一,杂乱堆积,砾径以1～6cm为主,少量0.2～1cm,最大达20cm×40cm。成分各地不一,一般以灰岩为主,部分为细碎屑岩,偶夹砾质粗砂岩透镜体,沙、泥质充填固结。粒序层理。局部地段砾石呈叠瓦状排列,砾石扁平面总体倾向湖泊中心,厚度变化大。

(2) 浅湖亚相

浅湖相带指枯水期最低水位线至浪基面深度之间的地带,主要见于康托湖组、唢呐湖组及双泉河组。前二者为一套较细的沉积岩层,岩性以含粉砂含钙细砂岩、含钙含粉砂细砂岩、细—粉砂岩、泥质粉砂岩、粉砂质泥岩、泥岩为主,夹少量石膏层、岩屑长石砂岩、长石石英砂岩等。平行层理、水平纹层理、小型交错层理发育。而后者表现为湖相碳酸盐岩。

(3) 浅湖—半深湖相

主要见于唢呐湖组。岩性组合为一套灰—灰绿色薄层状泥质粉砂岩、粉砂质泥岩、泥岩、页岩和石膏层夹泥灰岩、微晶灰岩。水平层理、细水平纹层理发育。

**4.钙结壳相**

见于双泉湖组,为碳酸盐岩风化壳。岩性为灰黄、黄灰、灰白色钙结砾岩、钙结壳岩、“钙叠层石”灰岩、栉壳灰岩、纹层灰岩、包粒灰岩、微晶灰岩,“瑙纹状”构造、栉壳构造、结壳构造、包粒构造发育,显示暴露、淡水淋滤、钙结风化壳特征。

## (三) 岩相古地理演化分析

根据沉积特征、岩相序列特征,可将古近纪—新近纪陆相红层盆地的演化历史划分为多个时期,各时期的沉积相分布特征如下。

白垩纪以来,图区多已隆升成陆,遭受风化剥蚀,在布若错一带有火山岩侵入。燕山期末构造事件之后,测区红脊山北西—南东向断裂系又开始抬升活动。此时图区大部分地区还处于隆升阶段,遭受风化剥蚀;仅在南西的大熊湖一带形成断陷盆地接受沉积,形成古新世—始新世牛堡组的一套冲积扇—河湖相的红色地层。

古新世—始新世早期,图区地势起伏较大,沉积物补给丰富,在盆地四周形成了牛堡组底部一套厚薄不等的洪、冲积扇体或扇群的粗碎屑岩沉积,底冲刷明显。中期,随着湖泊的扩张,向上形成了一套从河流→滨湖→浅湖过渡的沉积岩层。晚期,由于构造抬升运动或湖水蒸发作用的影响,湖泊缩小,湖水变浅,形成牛堡组顶部以湖-河相为主的湖泊萎缩体系域砂岩、不等粒砂岩、含砾不等粒砂岩组合。而后受新构造运动的影响,盆地隆升遭受风化剥蚀,结束其沉积历史。

始新世晚期至渐新世早期,图区火山活动相对频繁,先后在南部双泉湖及石水河附近和东北部红阳山形成鱼鳞山组碱性火山岩。

渐新世晚期，受喜玛拉雅构造运动的影响，图区发育一系裂北西—南东向断裂带，形成多个陆内小型山间断陷沉积盆地。

中新世早期为一套典型的以砾岩为主的粗碎屑沉积，并不整合覆盖于其下不同层位(以侏罗系为主)的老地层之上。其表明侏罗纪以后，图区大部分地区因受南北挤压力作用，强烈隆升成陆，遭受剥蚀，从而缺乏大面积的白垩系和古近系沉积。

中新世早期，图区地势起伏较大，沉积物补给丰富，各沉积盆地四周常形成了康托组底部一套厚薄不等的洪、冲积扇体或扇群的粗碎屑岩沉积，底冲刷明显。

中新世中期，各盆地进一步发生坳陷，盆地面积明显扩大。随着湖泊的扩张，向上形成了康托组湖泊扩展期一套从河流到湖相过渡的砂、泥岩沉积，局部地段夹膏岩。水平层理、交错层理和底冲刷构造发育。

中新世晚期，各沉积盆地沉降强烈，湖泊水面快速上升，形成唢呐湖组一套以湖泊相为主的细碎屑岩。主要为紫红色、紫灰色、灰绿色细砂岩、粉砂岩、泥岩、含石膏泥岩、泥灰岩和石膏组成，水平纹理、水平层理发育，少量交错层理。而后，伴随着喜玛拉雅构造运动的影响，各沉积盆地隆升成陆，遭受风化剥蚀，结束其沉积历史。

上新世遭受强烈的抬升作用，各沉积盆地快速隆升，形成双泉河组的一套由陆内淡水碳酸盐钙结风化壳。末期隆升为陆遭受风化剥蚀，结束其沉积历史。

# 第六节　第四纪地层

图区第四系发育，为更新世—全新世沉积物，分布广，面积约 6 060km²，占图区面积的 39.7%。依据成因类型，划分为洪积、冲洪积、冲积、残坡积、湖沼堆积、风积、泉华物和冰水堆积 8 种沉积类型(表 2-11)。

**表 2-11　第四系沉积类型简表**

| 成因类型<br>年代地层 | 冲洪积 | 洪积 | 冲积 | 残坡积 | 湖沼堆积 | 风积 | 泉华 | 冰水堆积 |
|---|---|---|---|---|---|---|---|---|
| 全新统 | $Qh^{pal}$<br>砾、砾及泥质 | $Qh^{pl}$<br>砾、砾及泥质 | $Qh^{al}$<br>砂、砾石、泥质 | $Qh^{eld}$<br>砾、砂、泥 | $Qh^{fl}$<br>细砂、粉砂、粘土、淤泥及膏盐 | $Qh^{eol}$<br>细砂、粉砂、粉土 | $Qh^{ch}$<br>钙华 | $Q^{glf}$ |
| 上更新统 | $Qp^{apl}$<br>砾、砂及泥 | $Qp^{pl}$<br>砾、砂及泥 | | | | | | |

## 一、沉积物类型

### (一) 更新统

主要分布于测区北部及大熊湖附近。以洪积物和冲洪积物两种类型为主，在较大湖泊中发育湖积阶地。

**1. 更新统晚期冲洪积物($Qp^{apl}$)**

主要分布于图区北部小石坪-白龙冰河-阔顶山以北地区，另在东部甜水河两侧断续分布，对应地貌单元为河流一、二级阶地及山边较老洪积扇。分布于河床、河漫滩两侧，呈不对称状断续分布，其洪积扇一般出露位置较高，常被新的洪积扇切割，堆积物在成分、结构、磨圆度等方面均与河床、河漫滩的类似，具二元结构，且砾石定向性较为明显。

以图区东北角红阳山北侧的河流一级阶地为代表，其自上而下可分 4 层：

4. 灰黄色、土黄色沙土层 1m

3. 灰黄、灰褐色砾质砂土层。砾石大小不一，一般 0.2～2cm，含量 40%～50% 2m

2. 褐黄色、灰褐色含砾砂土层。砾石大小 0.2～3cm，砾石含量 20%～30% 3m

1. 褐黄色、灰褐色砾石层。砾石大小一般 0.5～3cm，少量 5～8cm，呈次圆—次棱角状，分选性较好。成分主要为变质砂岩、火山岩及脉石英等，砾石含量 80%～90%，局部砾石呈叠瓦状排列 >4m

在图区友谊沟的一级阶地，获得 $^{+14}C$ 年龄 15 600±540 年。另外，在西邻联测 1：25 万查多岗日幅的北部西岔沟一级阶地获得 $^{+14}C$ 年龄为 13 190±670 年。表明其沉积时代为晚更新世。

**2. 更新晚期洪积物($Qp^{pl}$)**

零星分布于大熊湖一带。主要为古老的洪积扇(群)。主要为砂、砾石组成，砾石大小混杂，成分各地不一，尖棱—次棱角状；分选性差，地貌上出露位置较高，常形成低矮山丘。

**3. 湖积阶地堆积物**

仅见于大熊湖湖泊周边，古湖积物沿阶地消失至湖边分布，分布宽度各地不一，向湖泊中心倾斜，倾角一般小于 5°，其上分布较多季节性冲沟，沉积物为灰—黑色细砂、粉砂土、粘土、淤泥及膏盐沉积物。由于其面积少，图上未表示。

## （二）全新统

全新统沉积类型较多，其中洪积、洪冲积和冲积主要分布于图区各河流、河谷及山前冲积扇、冲积平原，为松散状砾、砂、泥质堆积物。沉积物特征随地而异，部分地区呈双层结构，既有洪积物特征，又有冲积物特点。

**1. 全新统冲洪积物($Qh^{apl}$)**

大面积分布于河流、湖泊两侧，为近期洪、冲积物，对应地貌单元为河床、河漫滩及山边现代洪积扇，以洪积扇为主，堆积物主要为砾石、砂和粘土，以砂、砾为主。砾石成分各地不一，棱—次棱角状；磨圆度差，分选性差，略具定向性，砾石中时见再沉积砾石，磨圆度较好，为圆—次圆状。多为原含砾岩石中的砾石经崩解风化后再沉积的产物。其堆积物既有冲积物特征又有洪积物特点，常见二元结构。

**2. 全新统洪积($Qh^{pl}$)**

主要分布于图区布若错—甜水河以南，各山前坡麓及支流入口处，是盆地边缘常见的一种堆积物，为现代洪积物，常形成洪积扇及洪积扇群，扇体大小不一，成分主要为砂、角砾石组成，局部夹粘土及亚粘土透镜体，在平面上具有分带现象。砾石多呈尖棱—次棱角状；磨圆度差，分选性差，大小混杂堆积，其砾石成分各地不一，地表上多为季节性水系。

**3. 全新统冲积($Qh^{al}$)**

出露较少，仅分布于图区中部百汇河、友谊沟、甜水河、双泉河等较大河流两侧，面积较小，为近期水流冲积而成，对应地貌单元为河床、河漫滩。堆积物主要为砾石、砂和粘土，以砂、砾为主，砾石成分各地不一，次圆—次棱角状、部分尖棱角状；分选性稍好，具二元结构。在较开阔河床中，局部发育河漫滩，其下部为砂砾石层，上部为砂、土层。砾石定向性明显，砾石扁平面多倾向河流的上游。常与湖积形成伴生混合类型。

**4. 湖沼堆积($Qh^{fl}$)**

分布于测区各湖泊的湖沼地带，常见多级湖泊阶地，古湖积物沿阶地消失至湖边分布，分布宽度各地不一，向湖泊中心倾斜，倾角一般小于 5°，其上分布较多季节性冲沟，沉积物为灰—黑色细砂、粉砂土、粘土、淤泥及膏盐沉积物。

**5. 风积($Qh^{eol}$)**

分布于图区高寒低山、高寒丘陵分水岭的背风坡及开阔的河谷、山前、湖缘地带，堆积物为灰黄色、灰白色分选及滚圆度较好的风成细砂、粉砂粒及粉砂土和黄土组成，成分复杂，厚0.1～3m。常形成小形沙丘及星月型沙丘。由于其分布范围很小，地质图上未表示。

**6. 泉华物**

主要分布于现代泉水溢流处及其附近，分布面积较小。泉华一般为白色、淡黄色、肉红色及褐红色等，多为钙华，少数盐华。在大熊湖北七泉山及东部花梁山、双泉湖一带常见。图上未表示。

**7. 冰水堆积($Q^{gfl}$)**

仅分布于图区藏色岗日的现代冰川和终年积雪区下缘。由大小混杂、磨圆度很差的冰碛石组成。地貌上组成冰碛丘及冰碛垅等地形。冰碛及冰水堆积常形成混合型。

**8. 残坡积**

主要分布于高寒低山、高寒丘陵等分水岭两侧山腰近坡脚及夷平面和宽缓山丘，多为原地岩石的风化残留物，一般下部为岩屑，上部为腐质层，角砾各地成分不一，分选及磨圆度较差，棱—尖棱角状，大小不一，杂乱分布。地质图上未表示。

## 二、沉积相与沉积演化

### (一) 沉积相基本特征

图区第四系沉积，根据沉积物特征，划分5个相带及多个亚相(表2-12)。

**表2-12　图区第四系沉积相划分表**

| 相带 | 亚相 | | 主要岩性 | 层位 |
|---|---|---|---|---|
| 风积 | | | 风成砂粒、粉砂 | $Qh^{eol}$ |
| 化学堆积 | | | 盐碱地 | |
| 现代湖泊沉积 | | | 沙、泥质 | |
| 河流相 | 曲流河 | 河床 | 以砾石为主 | $Qh^{al}$ |
| | | 河道 | 砾石及砂岩，底冲刷构造、槽状交错层理、斜层理发育 | |
| | | 边滩 | 沉积物以砂质为主，混有少量粘土 | |
| | | 边漫滩 | 沉积物以砂质为主，混有少量粘土 | |
| | 辫状河 | 河道 | 砂、砾石层 | |
| | | 心滩 | 砂层 | |
| 冲、洪积扇 | | | 砂、砾石夹泥质物 | $Qp^{ap}$、$Qh^{apl}$、$Qh^{pl}$ |

**1. 冲、洪积扇**

这是更新世—全新世中发育的一种重要的沉积相。广泛分布于高山的边缘地带，构成宏伟的洪冲积扇及扇群，地貌上反映亦明显。从沟口往外逐渐降低，堆积物主要为砂、砾石层，少量粉砂层、泥层。具多层结构。从扇顶至扇缘沉积物粒度逐渐变细，砾石圆度则由棱角→次棱角→次圆状。砾间胶结物为砂、泥质。近沟口地带，部分地段砾石大小混杂堆积，多有漂砾且无粒序。随着远离河口，砾石逐渐变少，砾石部分具下粗上细之正粒序特征。是洪水期及平水期交替而成的混合型堆积。

**2. 河流相**

河流相主要分布于大小河流之河谷两岸。更新世—全新世均有发育，沉积物以砂、砾为主，底冲刷构造、斜层理发育，常呈二元结构。上部为砂泥质沉积；下部为砂、砾石沉积。具下粗上细的特点，砾石多具叠瓦状排列，其砾石扁平面倾向上游，反应牵引流搬运特征。可分出辫状河亚相和曲流河亚相，并可进一步划分出河床、边滩、河道冲积沉积及现代河漫滩等微相。河流顶端与冲积扇沉积呈过渡。

(1) 辫状河亚相

辫状河多育在山前剥蚀地带，坡度较大，常见河道石，而不发育边滩和河漫滩。此类型不发育。

(2) 曲流河亚相

河床沉积:分布较广,更新世—全新世均有出现,以全新世更为发育,分布更广。沉积物以砾石为主,砾石磨圆度较好,多具分选,普遍具叠瓦状排列,其砾石扁平面倾向上游,反应牵引流搬运特征。

边滩沉积:出现于更新世—全新世,沉积物以砂质为主,混有少量粘土。常与河床沉积相伴出现,构成相韵律,往往下部为河床砾石沉积,上部为边滩沉积或者是河床—边滩—河床—边滩呈几个沉积旋回。边滩沉积粒度较细。

河道冲填沉积:充填于现代河道和古河道,其沉积物以砾石为主,少量砂质物。从沉积相序看,底部往往为河床砾石或少量粘土砾石,往上逐渐变为边滩砾质沉积;从其沉积环境看,是洪水泛滥时的产物。

现代漫滩沉积:主要分布于现代河流的边滩上,出露较少,沉积物以砂质为主,混有少量粘土物。常与河床沉积相伴出现,构成相韵律,往往下部为河床砾石沉积,上部为边滩沉积或者是河床—边滩的几个沉积旋回。边滩沉积粒度较细。

①湖泊相

主要分布于现代湖泊之中,为砂、泥质沉积物。

②化学堆积

主要分布于现代湖泊附近,化学沉积为主,次为砂土、亚砂土、粘土,部分盐碱化明显。

③风积

分布于图区高寒低山、高寒丘陵分水岭的背风坡及开阔的河谷、山前、湖缘地带,堆积物为灰黄色、灰白色分选及滚圆度较好的风成细砂、粉砂粒及粉砂土和黄土组成,成分复杂,厚0.1～3m。常形成小形沙丘及星月型沙丘。由于其分布范围很小,地质图上未表示。

### (二) 沉积演化

更新世晚期,结束了新近世以来,测区长期隆升剥蚀无沉积的历史。各沉积盆地又开始接受沉积。由于多次受喜玛拉雅山构造抬升运动及河流下蚀作用的影响,在沉积盆地中发育了多级河流阶地、湖泊阶地及多级洪冲积扇体(或扇群)。

更新世晚期,在测区北部友谊沟—白龙冰河及中部甜水河的山边地带,形成一套冲洪积物,沉积物为松散状、半固结砂砾石层及砂层等,常形成洪冲积扇体及洪积扇群,其一般出露位置较高,常被新的洪积扇切割。而在各河流两侧相应形成一、二级阶地。阶地分布于河床、河漫滩两侧,沉积物主要呈半固结水平产状的砂、砾石层,具二元结构,厚度一般2m至十几米。常呈基座阶地、堆积阶地,呈不对称状断续分布于河谷两侧。其中在友谊沟一级阶地砂砾石层上部采得$^{14}C$年龄为15 600±540年。在湖泊中发育有多级湖泊阶地。

全新世以来,构造运动趋于平静,形成洪积扇、洪冲积、冲积、坡残积、风积、湖积、冰积等多种类型沉积物。

总之,经过漫长而复杂的地质构造发展演化历史,造就了图区现今的这种宏伟壮观、秀丽多彩的高原地质、地理地貌景观。

## 第七节　构造混杂岩

图区位于华南板块与藏滇中间板块结合部位(程裕祺等,1994),地质构造非常复杂。图区北部长蛇岭—石榴湖一带原划分为上三叠统若拉岗日群,实质是一个总体无序的地层体,其中包含有不同岩性组合、不同构造背景、不同时代等岩块,具有典型的构造蛇绿混杂岩特征,可能是拜惹布错-金沙江缝合带的西延,本报告称之为大横山构造蛇绿混杂岩。图区西南部沿龙木错-双湖缝合带构造混杂作用亦非常强烈,本次工作在测区联测1∶25万查多岗日幅中部沿红脊山低温高压变质带——硬柱蓝闪片岩带,发现不同变质特征、不同岩性组合和不同构造背景、不同时代的构造岩块分布,具有明显的构造混杂作用现象,我们称之为红脊山构造混杂岩带。但是,本图区内,沿缝合带表现为后期构造作用(推覆及褶皱、脆性变形作用)形成的以发育构造断块和褶皱为主要特征和褶断带,断块之间呈断层接触,断块内地层保存有序叠覆盖特征，本报告称之为照沙山-大熊湖褶断带，不具有构造混杂岩的特征。由于褶断带及新生代地层掩盖，红脊山硬柱蓝闪片岩带及构造混杂岩带往南东方向延伸至本图区未见出露。现仅将大横山构造混杂岩带填图单位划分及其物质组成、变形变质特征简单论述如下。

## 一、剖面描述

本次工作在图区内测制了尼玛县从岭坡构造蛇绿混杂岩带实测剖面，对大横山构造蛇绿混杂岩进行研究，现将剖面分别描述如下。

### 西藏尼玛县从岭坡构造蛇绿混杂岩实测剖面

剖面位于石榴湖西约 10km 从岭坡—蜈蚣岭，地理坐标：起点东经 86°31′7.1″、北纬 34°47′05.3″，终点东经 86°31′20.5″、北纬 34°54′16.6″。自南往北按野外分层号描述如下。由于受强烈的变形作用改造，导致岩层（块）出现减薄、拉断或褶皱重复、变厚等现象，各分层厚度仅供参考（图 2-72）。

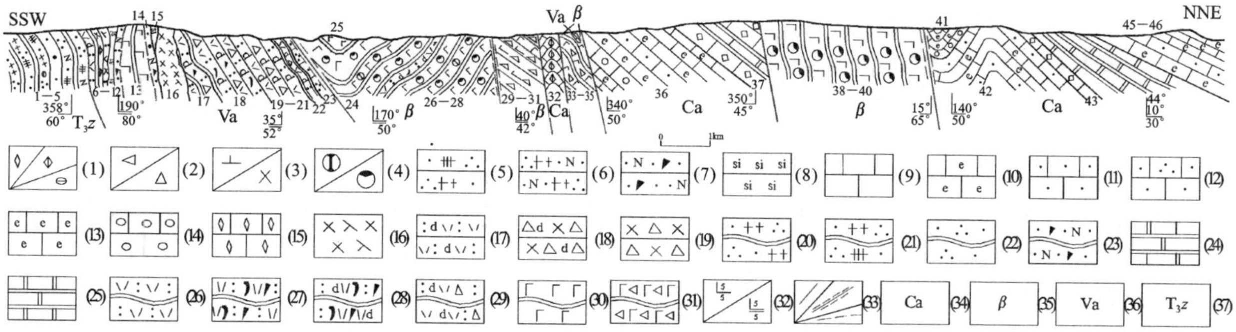


图 2-72 西藏尼玛县从岭坡构造蛇绿混杂岩实测剖面

(1)结晶/白云石/泥砾；(2)碎裂状/角砾状；(3)中性/基性；(4)球状/气孔；(5)不等粒石英杂砂岩；(6)不等粒含长石石英砂岩；(7)长石岩屑砂岩；(8)硅质岩；(9)微晶灰岩；(10)含生物屑-生物屑微晶灰岩；(11)砂屑灰岩；(12)钙化石英砂屑灰岩；(13)生物屑灰岩；(14)砾屑灰岩；(15)结晶灰岩；(16)辉绿玢岩；(17)沉凝灰岩；(18)基性沉火山角砾岩；(19)基性火山角砾岩；(20)变质不等粒石英砂岩；(21)变质不等粒石英杂砂岩；(22)变质石英砂岩；(23)变质长石岩屑砂岩；(24)大理岩化灰岩；(25)大理岩；(26)变质凝灰岩；(27)变质玻、岩屑凝灰岩；(28)变质沉玻、岩屑凝灰岩；(29)变质沉含火山角砾凝灰岩；(30)变玄武岩；(31)变质碎裂状玄武岩；(32)倾斜层理/劈理或片理等产状；(33)实测/脆-韧性/推测断层；(34)碳酸盐岩岩片；(35)玄武岩岩片；(36)火山弧岩片；(37)藏夏河组

**碳酸盐岩岩片**

| | |
|---|---|
| 46. 第四纪堆积物掩盖 | 49.81m |
| 45. 浅灰、灰白色中层夹厚层、薄层含生物屑灰岩夹砂屑灰岩、生物屑灰岩 | 642.46m |
| 44. 浅灰白、浅肉红色结晶灰岩 | 300.04m |
| 43. 浅灰、灰白夹浅肉红色厚层块状结晶灰岩，大理岩化灰岩夹中层状生物屑灰岩、含生物屑灰岩 | 67.51m |
| 42. 灰、浅灰色夹浅灰白色中层状含生物屑灰岩夹中—薄层状微晶灰岩、砂屑灰岩 | 27.26m |
| 41. 灰、浅灰色夹深灰色中—薄层状含生物屑微晶灰岩夹砾屑灰岩、生物屑灰岩 | 45.34m |

═══════ 断 层 ═══════

**玄武岩岩片**

| | |
|---|---|
| 40. 灰绿色变质杏仁状玄武岩 | 281.76m |
| 39. 第四纪堆积物掩盖 | 140.88m |
| 38. 灰绿色变质气孔、杏仁状玄武岩 | 972.73m |

═══════ 断 层 ═══════

**碳酸盐岩岩片**

| | |
|---|---|
| 37. 灰白、浅灰白色结晶灰岩夹深灰色中—薄层结晶微晶灰岩，局部夹大理岩化灰岩 | 632.08m |
| 36. 灰—深灰色中—薄层夹厚层状含生物屑微晶灰岩、砂屑灰岩夹生物屑灰岩、砾屑灰岩，局部夹少量中层状大理岩化灰岩 | 821.19m |

断　层

**玄武岩岩片**

35. 灰绿色块状玄武岩　19.75m

断　层

**碳酸盐岩岩片**

34. 灰、深灰色中—薄层状微晶灰岩　9.88m

断　层

**玄武岩岩片**

33. 灰绿色碎裂变质玄武岩　115.29m

断　层

**碳酸盐岩岩片**

32. 深灰色薄层状微晶含云灰岩　2.27m

断　层

**玄武岩岩片**

31. 深灰色钙质角砾岩夹灰绿色玄武岩、凝灰岩　137.63m
30. 灰绿色劈理化玄武岩夹凝灰岩、角砾状灰岩　79.08m
29. 深灰色钙质角砾岩夹灰绿色玄武岩、凝灰岩　189.59m

断　层

**玄武岩岩片**

28. 灰绿色劈理化灰绿色变质气孔、杏仁状玄武岩夹少量灰色薄层变质凝灰质粉砂岩　454.83m
27. 第四纪堆积物掩盖　358.7m
26. 灰绿色劈理化变质气孔、杏仁状玄武岩夹少量灰色薄层变质凝灰质粉砂岩　217.36m
25. 灰绿色劈理化变质玄武岩夹劈理化变质沉岩屑凝灰岩、变质气孔状玄武岩透镜体　131.34m
24. 灰绿色变质含气孔玄武岩，局部夹薄层凝灰质粉砂岩　236.05m

韧性变形带

**火山弧岩片**

23. 灰、深灰色中—薄层夹厚层状变质钙质不等粒长石岩屑砂岩夹钙质砾岩、细粒石英砂屑灰岩、硅质岩　66.72m
22. 灰绿色片理化变质沉含火山角砾凝灰岩，局部夹硅质岩、含凝灰质砾块沉凝灰岩　240.58m
21. 灰、深灰色劈理化变质含放射虫沉凝灰岩夹劈理化变质含火山角砾凝灰岩　79.62m
20. 灰色劈理化沉凝灰岩、粉砂质板岩　48.2m
19. 灰色薄—中层状变质含放射虫沉凝灰岩，局部夹中层状变质基性沉火山角砾岩　204.5m
18. 灰绿色劈理化变质含火山角砾沉凝灰岩，局部夹板岩、变质沉凝灰岩　386.76m
17. 灰绿色片理化变质含火山角砾沉凝灰岩夹纤闪千枚岩、硅质岩　94.81m

侵入接触

16. 变质辉长辉绿玢岩　185.4m

侵入接触

15. 灰、深灰色薄层变质硅质岩　7.48m
14. 灰色片理化中—细粒长石岩屑砂岩，局部夹绢云千枚岩　37.41m
13. 灰绿色变质气孔、杏仁状玄武岩夹基性火山角砾岩　260.46m
12. 灰、深灰色劈理化中厚层状变质含凝灰质细—中粒岩屑长石杂砂岩、片理化中—薄层状变质粉砂质泥岩夹薄层放射虫硅质岩　15.55m
11. 灰、深灰色中—薄层状硅质岩　59.65m
10. 灰绿色绿片岩夹灰、深灰色中—薄层状硅质岩　87.29m
9. 灰、深灰色变质中—薄层状含放射虫沉凝灰岩　7.91m
8. 浅灰、灰绿色变质中—薄层状凝灰质粉砂岩、含放射虫沉凝灰岩、中层状灰绿色玄武岩互层　74.93m
7. 灰、灰绿色变质中层状含火山角砾岩玻屑沉凝灰岩夹薄层变质中基性凝灰岩　77.24m
6. 灰绿色片理化变质沉凝灰岩夹片理化变质基性凝灰岩　76.56m

韧性变形带

**藏夏河组**

1～5. 浅灰、灰色劈理化长石石英砂岩、不等粒石英杂砂岩夹含泥砾砂岩　685.83m

## 二、构造混杂岩填图单位划分及其基本特征

大横山构造蛇绿混杂岩早就被地质工作者认识。早在1976年，中国科学院青藏高原综合考察队文世宣、蒋忠惕等在马尔盖卡等发现“若拉岗日群”中含早二叠世蜓科化石的岩块。1979—1985年1：100万改则幅区调中发现大横山-黑熊山缝合带的“若拉岗日群”内有蛇绿岩、晚古生代灰岩、结晶灰岩等呈构造侵位的外来岩块，具有构造蛇绿混杂岩特征，1：100万改则幅区域地质调查报告认为该构造混杂岩是印支期末羌塘陆块与昆仑陆块会聚的构造标志。王成善等(2001)在大横山、玉龙河、石渣波、若拉岗日等路线地质调查时，在“若拉岗日群”中发现了泥盆纪—石炭纪牙形刺化石，并多处发现放射虫硅质岩和基性火山岩，认为该地层中混有多时代地层，并将其解体，自下往上划分为上泥盆统大横山组、上石炭统石渣波组、下二叠统宁共曲久隆组、上二叠统乌丽群和上三叠统若拉岗日群。本次工作对分布于北部长蛇岭-石榴湖一带的“若拉岗日群”调查研究，证实“若拉岗日群”实质上是构造蛇绿混杂岩，根据构造混杂岩填图方法对其进行解体，在收集混杂岩基质岩性、岩相及变形变质特征等资料的基础上，对由断层或韧性变形带所围限的不同岩性组合、不同变形变质特征的构造岩片进行填图，并根据古生物化石、同位素测年分别确定其原岩时代。

构造蛇绿混杂岩由变质基质和构造岩片两个部分组成。按《青藏高原区域地质调查野外工作手册》(中国地质调查局，2001)，岩片是指以构造拼合边界所分割的具有一定物质构成的地质体，在地质填图中具可填性，是非史密斯地质填图的基本单位之一。本报告将由断层或韧性剪切带所围限的不同岩性组合及不同时代、不同变形特征的地质体划分为蛇绿岩岩片、玄武岩岩片、火山弧岩片、硅泥质岩片、碳酸盐岩岩片等5种类型岩片(表2-13)。混杂岩的基质仍按总体岩性组合特征与“若拉岗日群”对比，划分为若拉岗日岩组。

**表2-13 构造混杂岩填图单元划分一览表**

<table>
<tr><td colspan="3" rowspan="3">构造混杂岩带 / 构造混杂岩基质及构造岩片相应的年代地层 / 混杂时代</td><td colspan="5">金沙江结合带</td></tr>
<tr><td colspan="5">大横山构造蛇绿混杂岩带</td></tr>
<tr><td></td><td>变质基质</td><td colspan="3">构造岩片(块)</td></tr>
<tr><td rowspan="8">晚三叠世</td><td rowspan="7">三叠系</td><td rowspan="2">上统</td><td rowspan="2">大横山构造蛇绿混杂岩</td><td rowspan="2">若拉冈日岩组($T_3r.$)</td><td colspan="3">火山弧岩片(Va)</td></tr>
<tr><td colspan="3">玄武岩岩片(β)</td></tr>
<tr><td rowspan="5">中统</td><td colspan="2" rowspan="5"></td><td rowspan="5">硅泥质岩片(sa)<br>[二岔沟组($T_2e$)]</td><td rowspan="5">蛇绿岩岩片</td><td>变玄武岩(β)</td></tr>
<tr><td>变辉绿岩(βμ)</td></tr>
<tr><td>变辉长岩(ν)</td></tr>
<tr><td>变辉橄岩(σ)</td></tr>
<tr><td>变橄榄岩</td></tr>
<tr><td>二叠系</td><td>中统</td><td colspan="2"></td><td colspan="3">碳酸盐岩岩片<br>(灰岩组)($P_2Ca$)</td></tr>
</table>

### 1. 变质基质

构造混杂岩的基质是构造混杂岩的重要组成部分，是构造岩片的载体。大横山构造混杂岩的“基质”主要由浅灰、浅灰白、灰黄色、灰绿色变质细—中粒石英砂岩夹含砾砂岩及少量绢云板岩、千枚岩、变质凝灰岩、变质玄武岩，局部夹变质硅质岩、含碳质板岩、大理岩化灰岩组成。在弱变形域内可见变质砂岩与变质泥质岩呈不等厚互层叠置，显示出类复理石韵律特征。

地层体主要是遭受了脆韧性变形作用改造，先后形成北东脆-韧性变形带和北西向脆-韧性变形带，变形带往往呈强变形带与弱变形带相间分布，其中，以发育北西向变形带为主，北东向变形带仅在大横山一带有出露。强变形带内面理发育(图版2-77)，构造面理强烈置换了层理，形成糜棱岩、初糜棱岩。弱变

形带中，面理稀疏，强能干层中发育劈理，弱能干层中发育片理、千枚理，形成糜棱岩化岩石、劈理化砂岩、板岩、千枚岩等。岩层褶皱以发育开阔宽缓褶皱为特征。变形作用改造导致地(岩)层体沿走向出现重复叠置再现或消失缺失现象。虽然在弱变形域内的一些露头上保存有序地层的特点，但是总体上无法确定，也无法恢复地层的层序。因此是一个总体无序，局部有序的地层体。从宏观岩性组合特征而言，与原"若拉岗日群"的主体岩性基本相同，本报告将这套变形变质岩组合称为若拉岗日岩组。

**2. 构造岩片(块)**

该岩片是指分布于变质基质中以构造界面为边界所围限的具有不同岩性组合和变形变质特征组成的地质体。具有四周均被断层或韧性剪切带围限，岩性、岩相、变形变质、时代与相邻的岩片有明显区别的特征。图区内，大横山构造蛇绿混杂岩的构造岩片划分为蛇绿岩岩片、玄武岩岩片、火山弧岩片、硅泥质岩岩片和碳酸盐岩岩片。将岩片的岩性组合、变形、变质等特征简述如下。

(1) 蛇绿岩岩片

该岩片是指已被"肢解"的蛇绿岩，呈大小不一的岩块零散分布，西邻 1∶25 万查多岗日幅湾岛湖之北、巴尔合努、二岔沟等地蛇绿岩出露较好，岩性主要有蛇纹岩、蛇纹石化橄榄岩、变质闪辉橄榄岩、蛇纹石化辉石角闪橄榄岩、变质(堆晶)辉长岩、变质玄武岩、辉绿岩墙群等。与蛇绿岩相伴的沉积岩组合有放射虫硅质岩夹硅质泥岩和少量大理岩。由于变形作用改造，蛇绿岩多数呈构造透镜体分布，层序已遭受破坏，往往以单一岩体或两种岩性组合出露，与"围岩"主要呈韧性变形带接触，有的呈断层接触。本图区大横山构造蛇绿混杂岩带内未见有层序较好的蛇绿岩，仅于四熊沟一带出露有 2 个超镁铁质—镁铁质岩岩块，丛岭坡一带出露有玄武岩夹放射虫硅质岩岩块，可能是蛇绿岩的一个组成部分，由于呈岩块分布，本报告划分为玄武岩岩片；另外，蜈蚣岭南西出露放射虫硅质岩夹少量玄武岩则可能是蛇绿岩的上覆岩系，本报告划分为硅泥质岩片，于后论述。构造混杂岩带内有许多侵入基质中的辉绿岩脉(墙)，它们不是蛇绿岩的组成部分，但侵入玄武岩岩片中的辉绿岩则可能是蛇绿岩的组成部分。

四熊沟超镁铁质—镁铁质岩岩块出露宽 10～20m，岩性为灰绿色蛇纹石化闪辉橄榄岩，其中有蛇纹石化辉绿岩侵入，岩块的围岩为灰绿色砂质初糜棱岩、糜棱岩，糜棱面理发育，面理上发育矿物生长线理。岩块与围岩之间呈韧性剪切界面接触(图 2-73)，产状与糜棱面理基本一致。

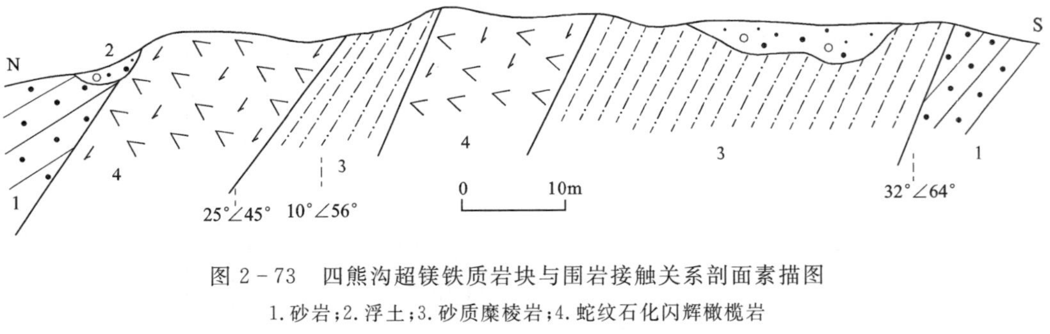


图 2-73　四熊沟超镁铁质岩块与围岩接触关系剖面素描图

1.砂岩；2.浮土；3.砂质糜棱岩；4.蛇纹石化闪辉橄榄岩

(2) 玄武岩岩片

该岩片分布于从岭坡一带，总面积约 51km²。湾岛湖一带岩片呈透镜状产出，岩性为灰绿色、深灰色变质玄武岩夹少量变质凝灰质粉砂岩，变质玄武岩具气孔状、杏仁状构造(图版 2-78)。岩石遭受了韧性剪切作用改造形成宽 2～10m 强弱相间分布的初糜棱岩、糜棱岩化带，带内岩石面理发育，具条带状、眼球状构造，面理上发育矿物生长线理。镜下观察，糜棱结构清楚。岩片边部变形较强，中部弱。变质新生矿物有绿泥石、绢云母、阳起石、斜黝帘石、蓝闪石等，表明岩石遭受了低温高压(区域)动力变质作用改造，相当于绿片—蓝闪片岩相。二岔沟西侧出露为变质杏仁状玄武岩夹少量杏仁状玄武岩安山岩。岩片的火山弧岩片岩呈韧性变形带接触，与碳酸盐岩岩片呈断层接触。丛岭坡北部，该岩片与放射虫硅质岩相伴出现，推测可能属于蛇绿岩残片。

(3) 火山弧岩片

该岩片分布于丛岭坡和长蛇岭一带，总面积约 75km²。丛岭坡一带主要由灰、深灰色劈理化变质沉凝灰岩、劈理化变质含放射虫沉凝灰岩夹劈理化变质含火山角砾凝灰岩、变质基性火山角砾岩、变质（气孔）杏仁状玄武岩、变质基性凝灰岩、中—薄层硅质岩、变质凝灰质粉砂岩、变质长石岩屑砂岩和绢云千枚岩等组成。岩石遭受脆—韧性变形作用改造强烈，片理、劈理及脆韧性剪切带发育，沿构造面理可见有同构造分泌方解石脉、石英脉贯入，并与面理发生了褶皱，显示岩石遭受了多期变形变质作用改造。褶皱形态以不对称紧闭小褶皱为特征。弱变形带内，局部保留原始层理的特征（图版 2-79）。岩石中已出现变质新生矿物绿泥石、绢云母、阳起石、斜黝帘石、蓝闪石等，表明岩石遭受了低温高压（区域）动力变质作用改造，相当于绿片—蓝闪片岩相。岩片与围岩主要呈韧性剪切带接触，岩片北部与碳酸盐岩岩片之间为断层接触。长蛇岭一带，主要由变质玄武安山岩、变质玄武岩、变质球状玄武安山岩夹放射虫硅质岩、变质中细粒石英杂砂岩。岩片内部变形不强，层理尚可辨别，边部受变形作用改造强烈，发育韧性剪切带，岩石中糜棱面理发育，面理上可见矿物生长线理，镜下观察，糜棱组构清楚。岩片的围岩是劈理化变质砂岩夹少量板岩、千枚岩。二者之间呈韧性剪切带接触。根据玄武岩、凝灰岩、沉凝灰岩的岩石化学、地球化学研究，进行构造环境判别，玄武岩主要是洋岛玄武岩、岛弧玄武岩和碱性玄武岩。岩性组合方面，岩片中玄武岩多呈透镜体状分布，其四周为基性凝灰岩、基性火山岩角砾岩夹含放射虫凝灰岩、放射虫硅质岩，没有陆源碎屑岩沉积，含角砾凝灰岩、火山角砾岩中的砾岩成分为基性火山角砾和基性凝灰碎屑（图版 2-80）。岩性及其组合特征亦反映这些火山岩、火山碎屑岩形成于洋岛、岛弧环境。

（4）硅泥质岩片

该岩片分布于蜈蚣岭南西部，呈近北西向带状分布，总面积约 8km²。岩性主要是灰—深灰色硅质岩、含放射虫硅质岩夹硅质泥岩、玄武岩。硅质岩中可见鲍玛序列 cd 或 cde 组合，c 段发育交错层理、斜层理（图版 2-81），d 段具平行层理，e 为硅质泥岩，水平层理。可能是深海—半深海沉积的产物。地层遭受变形作用改造不强，以发育宽缓褶皱为特征，层序比较清楚。岩石变质不深，原岩结构构造保存较好。岩片北东侧与中二叠世结晶灰岩（碳酸盐岩岩片）之间为断层接触，二者间为断层角砾岩（图版 2-82、图版 2-83）；南东侧与玄武岩岩片呈韧性剪切带接触（图版 2-84）。本次工作在西邻联测 1∶25 万查多岗日幅北部二岔沟一带硅质岩中采获大量的放射虫 *Muellertortis* sp.，*Muellertortis* cf. *longispinosa* Kogur，*Pseudostylosphaera nagarovi*（Kogur et Mostler），*Pseudostylosphaera* cf. *imperspicua*（Bragin），*Pseudostylosphaera coccostyla*（Rust），*Pseudostylosphaera* sp.，*Capnuchosphaera* cf. *triassica* De Wever，*Cenosphaera* sp.，*Sepsagon* cf. *robustum* Lahm，*Triassocampe* sp.，*Hindeosphaera* cf. *spinulosa*（Nakaseko et Nishimura），*Eptingium mangredi* Dumitrica，*Annulotriassocampe* cf. *campanilis* Kogur et Mostler。上述放射虫动物群中，*Muellertortis* cf. *longispinosa* 的时代为拉丁晚期，*Muellertortis* 这个属的时限为拉丁晚期至卡宁早期；*Pseudostylosphaera nagarovi*，和 Pseudostylosphaera cf. *imperspicua* 的时代为拉丁期至卡宁期；*Pseudostylosphaera coccostyla* 的时代为拉丁期；*Capnuchosphaera* cf. *triassica* 一般限于卡宁期；*Sepsagon robustum* 的时限为安尼晚期至拉丁期；*Hindeosphaera spinulosa* 时限较长，从安尼晚期开始，可延续到诺利期；*Eptingium mangredi* 的时代为安尼晚期至拉丁期，*Annulotriassocampe campanilis* 的时限从安尼期至拉丁期，有时可延续到卡宁期。以此说明，硅泥质岩片的时代可能是中三叠世拉丁晚期至晚三叠世卡宁早期。岩石地层划分归属为二岔沟组。该岩片与蛇绿岩相伴出现，可能是蛇绿岩上覆沉积岩组合。

（5）碳酸盐岩岩片——中二叠统灰岩组

该岩片是大横山构造蛇绿混杂岩带中出露面积最大的岩片，主要分布于石榴湖之北蜈蚣岭-小尖梁一带，总面积约 119km²。由于第四纪堆积物覆盖严重，岩片露头不好，连续性差。总体而言，岩性变化不大，主要由浅灰、灰白色厚层块状结晶灰岩、灰—深灰色中—薄层状含生物屑灰岩、砂屑灰岩夹生物碎屑灰岩等组成。含较丰富的腕足类、珊瑚、双壳类等化石，但化石保存很差，多呈碎片存在，并且已发生变质重结晶，难以鉴定，仅于小尖梁南获珊瑚鉴定结果为 *Waagenophyllum* lui Wu，时代属中晚二叠世。岩片与藏夏河组、玄武岩岩片、硅泥质岩岩片之间呈断层接触，二者之间往往发育断层角砾岩，多表现为压扭性断层性质。

横向上，丛岭坡一带出露 2 个岩块，顽山岩块下部为灰—深灰色中—薄层夹厚层状含生物屑微晶灰岩、砂屑灰岩夹生物屑灰岩、砾屑灰岩，局部夹少量中层状大理岩化灰岩，上部为灰白、浅灰白色结晶灰岩夹深灰色中—薄层结晶微晶灰岩，局部夹大理岩化灰岩。岩块南、北两侧与玄武岩岩片均呈断层接触，二者之间发育构造角砾岩，参考厚度超过 1 453m。蜈蚣岭岩块下部为灰、浅灰色夹深灰色中—薄层状含生物屑微晶灰岩夹中—薄层状微晶灰岩、砂屑灰岩、砾屑灰岩、生物屑灰岩，中部为浅灰、灰白夹浅肉红色厚层块状结晶灰岩，大理岩化灰岩夹中层状生物屑灰岩、含生物屑灰岩，上部浅灰、灰白色中层夹厚层、薄层含生物屑灰岩夹砂屑灰岩、生物屑灰岩。岩块南侧与玄武岩岩片呈断层接触，二者之间发育断层角砾岩，北侧被第四系覆盖，参考厚度大于 942m。往东至群岩山带，下部为浅灰—灰色中—厚层状结晶灰岩夹生物屑灰岩，上产灰白色、浅灰色结晶灰岩夹少量生物屑灰岩。含较丰富的珊瑚、海百合茎、腕足类、双壳类等化石碎片，可见 3 条宽 10～30m 的辉绿岩岩脉侵入。再往东至小尖梁一带主要为灰—深灰色结晶灰岩、微晶灰岩夹生物屑灰岩，产双壳类、珊瑚化石。与南侧藏夏河组接触关系未见及，推测为断层接触。

岩片内岩石变质不深，变形不强，原岩结构构造、地层层序较清楚，可见一些宽缓褶皱。根据岩性组合及古生物特征，该地原岩属台地碳酸盐岩沉积的产物。据小尖梁南采获中晚二叠世珊瑚*Waagenophyllum* lui Wu，说明岩片的原岩时代为中二叠世。

### 三、大横山构造蛇绿混杂岩带的时代讨论

构造混杂岩的时限主要从 4 个方面进行讨论、确定：①确定构造混杂岩基质沉积时代，或确定构造岩片的原岩时代；②查明构造混杂岩带中各构造岩片的原岩时代，以最新的构造岩片的时代来确定构造混杂作用时代的上限，从而大致确定构造混杂作用的时代；③查明构造混杂岩带所改造最新地质体的时代，结合构造混杂岩的上覆岩系沉积时代，讨论构造混杂作用时间的上限；④通过确定构造混杂岩的变形、变质时代来确定构造混杂作用的时代。

西藏区调队于若拉岗日玉龙河附近在若拉岗日岩组的灰岩中发现晚三叠世珊瑚 *Thecosmilis* cf. *clathria*，*Myriophyllum*? sp.，*Retiophllum*? sp.(《1∶100 万改则幅区调报告》，1986；《西藏区域地质志》，1993)，说明大横山构造蛇绿混杂岩基质的时代为晚三叠世。前已述及，碳酸盐岩岩片的时代属中晚二叠世，硅泥质岩岩片的时代应属中三叠世。本次工作在 1∶25 万查多岗日湾岛湖北部蛇绿岩镁铁质杂岩(斜黝帘透闪岩)获取 Sm－Nd 全岩等时线年龄值 232±11Ma，可以代表镁铁质杂岩的形成时代，结合与蛇绿岩相伴生的硅泥质岩中产中三叠纪晚期放射虫化石，说明大横山构造蛇绿混杂岩中的蛇绿岩形成于中三叠世。大横山构造蛇绿混杂岩与侏罗系呈断层接触，其上被新近系康托组不整合覆盖，混杂岩带内未见有晚于三叠世的岩片。综上所述，大横山构造蛇绿混杂岩带形成于晚三叠世晚期。

### 四、蛇绿岩层序恢复及形成时代讨论

蛇绿岩是产于洋盆扩张脊的洋壳＋地幔的一个岩石组合，而不是一个岩石的述语。据 1972 年的彭罗斯会议，一个发育完整的蛇绿岩从下向上出现以下岩石序列：超镁铁质杂岩，由不同比例的方辉橄榄岩、二辉橄榄岩和纯橄榄岩组成，具变质构造组构；辉长质杂岩，通常具堆晶结构，常见橄榄岩和辉石岩，与超镁铁质杂岩比较，堆晶岩变形较弱；镁铁质席状岩墙杂岩；镁铁质火山杂岩，常具枕状构造。

伴生的岩石有：上覆的沉积岩系，包括条带状硅质岩、薄层页岩夹层和少量灰岩；与纯橄榄岩相伴的豆荚状铬铁矿；富纳的长英质侵入岩和喷出岩等。

蛇绿岩是造山带研究的核心问题之一。由于造山带内构造变形强烈，蛇绿岩往往发育不齐全，层序保存不好，多数呈构造岩块出露，不易识别。图区北部大横山构造混杂岩带中发现变质超镁铁质岩、镁铁质杂岩、辉绿岩墙、变质玄武岩等岩块出露，并伴生有放射虫硅泥质岩块，但是野外调查未发现有保存较好的蛇绿岩，可能是已被“肢解”的蛇绿岩。本次调查证明，大横山构造蛇绿混杂岩带往西延至 1∶25 万查多岗日幅二岔沟、湾岛湖一带，并发现层序保存较好的蛇绿岩。结合 1∶25 万查多岗日幅资料，对大横山构造蛇绿混杂岩带中蛇绿岩的层序进行恢复，自下往上为以下岩层。

①超镁铁质、镁铁质堆晶杂岩，为由蛇纹石化橄榄岩、蛇纹石化辉石橄榄岩与变质辉长岩呈不等厚互层构成的反复出现的韵律层序。

②层状镁铁质岩，主要由堆晶辉长岩组成，其上尚有辉长闪长岩、石英闪长岩、英云闪长岩侵入，与下

伏的辉长岩构成宏观上的堆晶岩体。

③席状岩墙群，岩性为辉绿岩、辉长辉绿岩，呈岩墙产出，侵入下伏超镁铁质、镁铁质堆晶杂岩，并侵入上覆熔岩层。

④镁铁质熔岩，岩性为变质玄武岩，具杏仁状构造，枕状构造未见残存。

蛇绿岩上覆岩系有两种类型：其一是放射虫硅质岩、硅质泥岩夹少量玄武岩、泥岩、灰岩，其二是玄武岩夹基性凝灰熔岩、凝灰岩、含放射虫硅质岩及少量泥岩、灰岩。

根据蛇绿岩上覆硅泥质岩系中产中三叠纪晚期放射虫化石，并且在湾岛湖北镁铁质杂岩(斜黝帘透闪岩)中获取 Sm－Nd 全岩等时线年龄值(232±11)Ma，可以代表镁铁质杂岩的形成时代。说明湾岛湖蛇绿岩形成于中三叠世。

### 五、构造蛇绿混杂岩构造属性及意义

大横山构造蛇绿混杂岩带中的蛇绿岩及相关基性火山岩、基性岩墙的岩石化学及地球化学特征及构造环境判别详见第三章岩浆岩中论述。总体而言，本区蛇绿岩具消减板块边缘岛弧的阿尔卑斯型超镁铁质岩组合的特征，其中巴尔合努辉长岩(1∶25 万查多岗日幅)岩块，具亏损型的稀土配分曲线特征，其主微量元素具有或兼具有洋脊型(N－MORB 或 E－MORB)玄武岩的岩石地球化学特征。玄武岩岩片和火山弧岩片中的玄武岩及基性火山碎屑岩主要为洋岛型拉斑玄武岩和碱性玄武岩及其二者的过渡类型，以过渡型玄武岩为主。火山弧岩片的岩性组合具洋岛或岛弧岩性组合特征。说明湾岛湖蛇绿岩形成于岛弧或弧后盆地环境。

结合构造混杂岩带内蛇绿岩及其上覆沉积岩系的时代进行分析研究表明：三叠纪初，大横山-湾岛湖地区发生裂陷，中三叠世发展成为多岛(小)洋盆；晚三叠世末期，羌北甜水河陆块与巴颜喀拉山陆块发生俯冲碰撞—构造折返过程中，导致不同时代、不同构造背景和不同岩性组合的岩块混杂堆积和变质作用，形成构造混杂岩带。总而言之，大横山构造蛇绿混杂岩是晚三叠世末期羌北甜水河陆块与巴颜喀拉山陆块俯冲碰撞的地质记录。

# 第三章　岩浆岩

图区岩浆活动频繁，岩浆岩分布较广泛(图 3-1)，总面积约 1 350km$^2$，占图区面积的 8%。

岩浆活动与大地构造环境、地壳演化密切相关。图区自晚二叠世以来，历经多次的洋、陆转换和陆内演化的地质发展历程，每个地质演化阶段均伴有强弱不等的岩浆活动，形成一系列岩石类型复杂、构造环境多样的岩浆岩组合。不同的地质时期，不同的地质构造环境，常常形成不同成因类型的岩浆岩组合。

图区岩浆活动，在时间上具多期、多旋回活动的特点。按岩浆岩形成时代，由老至新，可划分为华力西晚期、燕山早晚期、喜山期 3 个大的构造岩浆活动旋回(表 3-1)。

**表 3-1　岩浆岩与大地构造时空序列**

| 构造旋回 | 时代 | 甜水河构造岩浆岩带 | | | | 大横山构造岩浆岩带 | |
|---|---|---|---|---|---|---|---|
| | | 岩浆岩组合 | 代号 | 构造类型 | 同位素年龄 | 岩浆岩组合 | 构造类型 |
| 喜山期 | 渐新世 | 钾质-超钾碱性火山岩 | $E_3y$ | 大陆裂谷型 | K-Ar 法 39.3～31.5Ma | 钾质-超钾碱性火山岩(同左) | |
| 燕山晚期 | 晚白垩世 | 高钾钙碱性花岗斑岩(碎斑熔岩) | $K_2\gamma\pi$ | 同碰撞—碰撞后 | K-Ar 法 94.8Ma | | |
| | 早白垩世 | 钙碱性花岗闪长岩 | $K_1\gamma\delta$ | 火山孤型 | | | |
| 燕山早期 | 早侏罗世 | 高钾钙碱性英安岩—流纹岩 | $J_1n$ | 活动陆缘弧碰撞型火山岩 | K-Ar 法 167～187Ma* | | |
| 华力西晚期 | 中、晚三叠纪 | | | | | 蛇绿岩 | 低 Ti 型(岛弧-弧后)、洋脊型(E-MORB)蛇绿岩，共(伴)生的洋岛型火山岩、辉绿岩以及火山弧型变位花岗岩。全岩 Sm-Nd 等时年龄(232±11)Ma(1σ)K-Ar 法 196Ma |

注：其中同位素年龄加 * 号为引用前人资料。

**1. 华力西晚期岩浆岩**

分布于图区北部四熊沟-石榴湖一带，呈北西向分布，主要与蛇绿岩有关的岩石组合，包含低 Ti(岛弧-弧后)型、富集型洋中脊(E-MORB)等古洋壳蛇绿岩残片(块)，以及共(伴)生的洋岛型(或裂谷型)火山岩及辉绿岩、变位火山弧型花岗岩等。由于构造作用改造，多呈构造岩片(块)分布于晚三叠世末羌北甜水河陆块与巴颜喀拉陆块碰撞造山缝合带内，本报告称为湾岛湖-大横山蛇绿构造混杂岩带，自东大横山往西延伸到 1∶25 万查多岗日幅北部湾岛湖一带，区域上属于拜惹布错-金沙江缝合带(程裕祺等，1994)的西延部分。

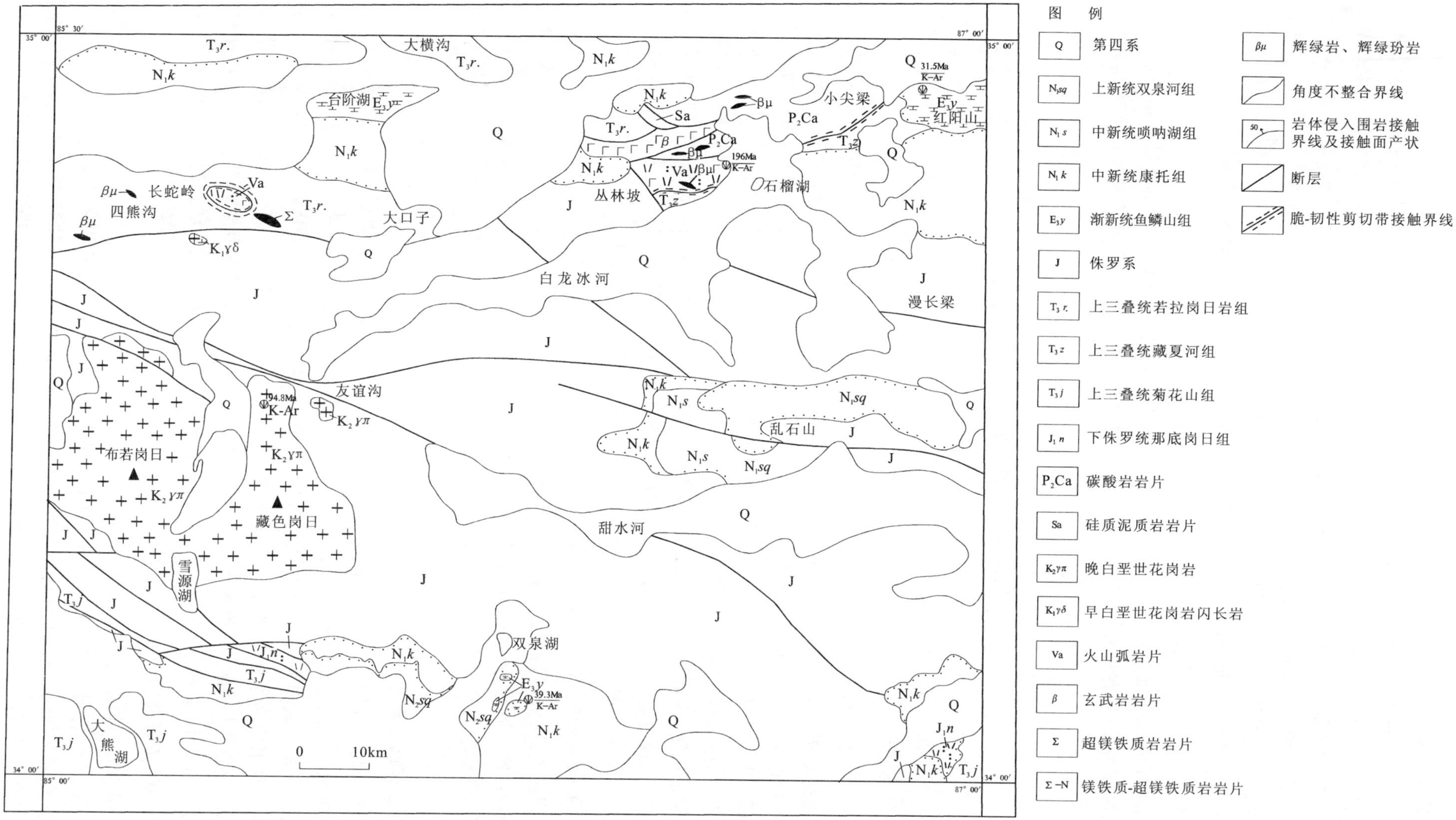


图 3-1 图区岩浆岩分布图

**2. 燕山期岩浆岩**

分布于图区南部布若错-石水河一带。可划分为早、晚两期，其中，燕山早期：早侏罗世的高钾钙碱性英安质—流纹质的火山熔岩、火山碎屑岩组合，K－Ar 法年龄 167～187Ma，具有活动陆缘碰撞型火山岩性质，产出于下侏罗统那底岗日组（$J_1n$）的火山—沉积建造岩系中，主要分布雪源湖南东、石水河一带；燕山晚期：岩浆活动规模最大，主要有晚白垩世的同碰撞—碰撞后的高钾钙碱性花岗斑岩，K－Ar 法年龄 94.8Ma，其岩石镜下多具"碎斑熔岩"的结构特征，为浅成—超浅成相侵入岩，呈规模巨大的岩基产出，分布于图区西部的藏色岗日、布若岗日一带，往西一直延伸至西邻 1∶25 万查多岗日幅的独雪山一带。

**3. 喜山期岩浆岩**

图区喜山期岩浆岩分布最广泛，主要分布于图区北部台阶湖、红阳山以及南部双泉湖一带，一般规模较小，主要为陆相钾质-超钾碱性火山岩组合，K－Ar 法年龄 39.3～31.5Ma，为典型的新生代断陷盆地裂谷型火山岩。

## 第一节　基性—超基性岩

### 一、地质特征

图区内基性—超基性岩主要是与蛇绿岩有关的岩石组合，分布于图区北部的四熊沟-丛岭坡一带的湾岛湖—大横山蛇绿构造混杂岩带内。由于构造作用改造，基性—超基性岩已被肢解成大小不一的岩片或岩块，呈构造透镜体状产出，主要有四熊沟超镁铁质岩岩片（Σ）、丛岭坡玄武岩岩片（$\beta$）、长蛇岭东和丛岭坡火山（岛）弧岩片（Va）以及与蛇绿岩共生的辉绿岩脉（$\beta\mu$）等填图单元，图区出露总面积 126km$^2$。混杂岩带内还相伴生有蜈蚣岭硅泥质岩岩片（Sa）和小尖梁碳酸盐岩岩片（$P_2Ca$）。这些岩片与"围岩"呈断层或脆韧性剪切带接触，构造片理、劈理化现象显著，是湾岛湖-大横山蛇绿构造混杂岩带内重要组成部分。需要说明的是，该构造蛇绿混杂岩带往北西延伸至邻区 1∶25 万查多岗日幅的二岔沟-湾岛湖一带，再往北东延伸出图区。关于混杂岩带内的蛇绿岩及其层序请参见构造混杂岩章节中论述。

**1. 四熊沟超镁铁质—镁铁质岩岩片（Σ－N）**

分布于图区西北部四熊沟西岔沟一带，出露面积约 0.5km$^2$，岩性主要为灰绿色粗中粒闪辉橄榄岩和细粒（含橄榄石）辉长辉绿岩、辉绿岩，后者主要分布边部，出露岩块从边部往中心岩石粒度变粗明显。岩块的"围岩"为灰绿色强烈糜棱岩化的砂岩，岩块与"围岩"呈韧性剪切接触，岩块界面与围岩糜棱面理一致。

**2. 丛岭坡玄武岩岩片（$\beta$）**

分布于图区北部丛岭坡一带，出露面积约 76km$^2$。岩片与火山弧岩片岩呈韧性变形带接触，与碳酸盐岩片呈断层接触。岩性主要为灰绿色、深灰色变质玄武岩夹少量变质沉岩屑凝灰岩、凝灰质粉砂岩、钙质砾岩等。以溢流相玄武岩为主，具气孔状、杏仁状构造，夹少量的喷发—沉积相的基性凝灰岩、沉凝灰岩、凝灰质粉砂岩等组成多个火山喷溢—沉积旋回（图 2－72）。岩石遭受了韧性剪切作用改造形成宽 2～10m 强弱相间分布的初糜棱岩、糜棱岩化带，带内岩石面理发育，具条带状、眼球状构造。岩片边部变形较强，中部弱。丛岭坡北部，该岩片中玄武岩与放射虫硅质岩呈透镜体状、互层状相伴产出（图版 3－1）。

**3. 火山（岛）弧岩片（Va）**

分布于图区北部长蛇岭东和丛岭坡一带。

长蛇岭东火山（岛）弧岩片：出露宽约 3 000m，岩性主要为墨绿色、灰黑色、灰绿色的杏仁状、块状玄武岩、球颗状玄武岩、玄武安山岩夹含放射虫泥质硅质岩，以溢流相杏仁状、块状玄武岩为主，少量球颗状玄武岩、玄武安山岩呈"夹层状"或"互层状"韵律性产出。岩片中部变形不强，层理尚可辨别，边部受变形作用改造强烈，岩石中糜棱面理发育。岩片的"围岩"为劈理化变质砂岩夹少量板岩、千枚岩，二者之间呈韧性剪切带接触。

丛岭坡火山(岛)弧岩片：主要由灰、深灰色劈理化变质沉凝灰岩、劈理化变质含放射虫沉凝灰岩夹劈理化变质含火山角砾凝灰岩、变质(气孔)杏仁状玄武岩、变质基性凝灰岩、中薄层硅质岩、变质凝灰质粉砂岩、变质长石岩屑砂岩和绢云千枚岩等组成，具多个火山喷溢—沉积旋回。岩石遭受脆-韧性变形作用改造强烈，顺层片理、劈理及层间(顺层)脆韧性剪带发育。岩片与围岩主要呈韧性剪切带接触，局部为断层接触。

**4. 辉绿岩脉($\beta\mu$)**

呈岩脉状或岩墙状产出，其与围岩为侵入接触关系。其多产于与蛇绿岩密切共(伴)生的、与洋壳演化有关的玄武岩岩片($\beta$)、火山(岛)弧岩片(Va)、硅泥质岩岩片(Sa)、碳酸盐岩岩片(Ca)等构造岩片中，或产于"混杂基质"若拉岗日岩组中，为洋壳不同演化阶段的不同期次火山岩的同源异相产物。

## 二、岩石学特征

主要岩石类型：超镁铁质主要有闪辉橄榄岩、蛇纹石化辉绿岩等。岩喷出岩主要以溢流相玄武岩为主，少量爆发相—沉积相的角砾熔岩、凝灰岩及沉凝灰岩，同时共生的浅成相—次火山岩相辉绿岩、辉绿玢岩脉(墙)等。主要岩石学特征如下：

**1. 闪辉橄榄岩**

岩石蛇纹石化、绿泥石化，呈灰绿色，具变余包含结构，块状构造。主要成分：橄榄石假晶55%、蛇纹石25%、普通辉石10%、普通角闪石5%、绿泥石1%，以及副矿物磁铁矿2%～3%、磷灰石、次闪石等。橄榄石呈自形—半自形晶，大小自0.1～2mm不等，以1mm以下者居多，它们多被蛇纹石、次闪石取代，但外形仍保留。角闪石、辉石晶粒往往达2～5mm，包嵌橄榄石假晶，部分角闪石、辉石已被蛇纹石、绿泥石等取代。

**2. 蛇纹石化辉绿岩**

灰绿色，具嵌晶含长结构，块状构造。主要成分：斜长石假晶52%～53%、普通辉石30%、蛇纹石10%、普通角闪石2%，以及副矿物钛铁矿(部分白钛石)3%、磷灰石、次闪石等。他形不规则状的普通辉石粒度可达5mm以上，其内包嵌柱板状的斜长石，斜长石多被斜黝帘石、粘土矿物取代。蛇纹石往往取代辉石呈不规则状出现。此类岩石往往与闪辉橄榄岩紧密伴生，分布于闪辉橄榄岩体(块)的边部(或上部)，二者成分、结构上具渐变过渡性。

**3. 气孔—杏仁状玄武岩**

灰绿色、风化色褐灰色，具斑状结构，基质具玻晶交织结构，交代结构，气孔—杏仁状构造。斑晶(8%～35%)：斜长石假晶(5%～25%)，多被细小板柱状钠长石、绿泥石团块取代，大小0.5～3.5mm不等；辉石假晶10%：呈细小多边形状，被绿泥石取代。基质(45%～55%)：含钛普通辉石微晶、钠长石微晶、绿泥石—纤闪石针状微晶—雏晶及玻璃质等，局部针状雏晶呈放射状聚集。气孔—杏仁体(10%～40%)：不规则管状、浑圆状，多被钠长石、绿泥石、纤闪石微晶—雏晶、方解石等充填。

**4. 块状玄武岩**

具斑状结构，基质具间隐-间粒结构(玄武结构)、微晶结构，交代结构，致密块状构造。斑晶(15%)：普通辉石假晶8%～10%，斜长石假晶(钠长石、绿泥石团块)5%～7%；基质(85%)：主要为普通辉石微晶、钠长石微晶、粘土矿物、绿泥石、斜黝帘石微粒等。

**5. 气孔状球颗玄武岩**

灰绿色，少斑状结构，基质具球颗结构(图版3-2)，交代结构，气孔—杏仁状构造。斑晶(2%～8%)：主要为含钛普通辉石和斜长石假晶；基质(92%～98%)：主要为钠长石微粒、绿泥石、含钛普通辉石微晶、斜黝帘石微粒、黑云母、钛铁矿等。岩石具细球颗状构造，球体大小1～6mm，含量约60%，密集堆积。球形体"壁"由钠长石微粒和微细粒柱状辉石组成，呈浅色环带(厚0.1～0.3mm不等)；内部主要是针状钛铁矿、隐粒状帘石、辉石等组成，有些球体内部含小气孔(0.3mm左右)，已被微粒钠长石充填。球形体间主要由绿泥石胶结微晶—细晶辉石、微粒帘石充填，其间的气孔被胶质绿泥石和石英微粒充填。其成因，一般认为是基性熔岩流表层直接与海水接触后，由于温度差异大，导致熔岩急剧冷却结晶而形成，常作为海相基性熔岩的结构特征。

**6.基性(沉)火山角砾岩**

灰绿色、风化色褐灰色，火山角砾结构、交代结构，块状构造。火山角砾(85%～90%)：主要为杏仁状玄武岩角砾，少量杏仁体较少的暗色角砾，角砾大小0.5～5cm不等，暗色角砾呈次棱角状—次圆状，杏仁体较多的玄武岩角砾已压实变形，多为不规则状。岩石中部分含少量钙质砾石；填隙物(10%～15%)：主要为基性凝灰碎屑，少量的化学沉积胶结物。蚀变：绿泥石化、方解石化、沸石化。

**7.含火山角砾(沉)凝灰岩**

灰绿色，含砾(沉)凝灰结构、块状—层状构造、片状构造。火山碎屑物(60%～90%)：主要为玄武质玻屑、玄武质岩屑和少量辉石、斜长石晶屑，部分成砾级；胶结物(10%～40%)：主要为绿泥石、粘土矿物，少量的化学沉积胶结物。火山碎屑磨圆度一般较差，多呈棱角状—次棱角状，部分经搬运磨蚀呈次磨圆状，有的塑性变形拉长定向分布。原玻屑、岩屑多具气孔状构造，爆裂后呈不规则状，有的成弧形尖角状。

**8.层状(含放射虫)沉凝灰岩**

浅灰色、灰绿色，变余细沉凝灰结构、生物屑结构，平行层状构造。细凝灰碎屑物(85%～90%)：主要为玄武质玻屑、玄武质岩屑和少量辉石、斜长石晶屑等，经搬运磨蚀、筛选，呈次棱角状—次磨圆状，粒度不大于0.5mm；胶结物(10%～15%)：主要为绿泥石、粘土矿物等化学沉积胶结物。岩石中常含放射虫深海远洋生物化石。

**9.辉长辉绿玢岩**

灰绿色，风化呈浅绿色，变余辉长辉绿结构、多斑结构，交代结构，部分具碎裂结构，块状构造。斑晶(60%)：含钛普通辉石20%～25%、褐色普通角闪石20%～25%、斜长石(钠长石化)15%；基质(40%)：主要斜长石假晶(绿泥石、粘土矿物取代)和少量斜长石微晶。副矿物：磁铁矿、榍石等。

**10.辉长辉绿岩**

暗绿色，风化呈浅绿色，变余辉长辉绿结构、柱粒状交代结构，块状构造。主要矿物：斜长石40%～65%、(含钛)普通辉石28%～35%、绿泥石6%～8%、石英0～3%。副矿物：磷灰石、钛铁矿、板钛矿、白钛石等。次生蚀变显著，斜长石具绿泥石化、绢云母化及方解石化，辉石多纤闪石化及绿泥石化。

**11.辉绿岩**

灰绿色、灰黑色，风化呈浅绿色，具变余辉绿结构、嵌晶含长结构，块状构造。主要矿物：基性斜长石(45%～50%)，呈自形—半自形板条状，多钠黝帘石化；暗色矿物主要为含钛普通辉石(38%～40%)，呈半自形短柱状，多纤闪石化，部分颗粒具普通角闪石反应边，少量普通角闪石和黑云母(多绿泥石化)。副矿物：磷灰石、榍石、褐铁矿、钛铁矿、白钛石、板钛矿等。次生蚀变：斜黝帘石—绿帘石化、阳起石—透闪石化、绿泥石化、碳酸盐化。

**12.碱性辉绿岩**

灰黑色、灰绿色，辉绿结构，块状构造。主要矿物：斜长石假晶45%、棕闪石15%～20%、富铁钠闪石3%、单斜辉石(透辉石)20%～25%。岩石中斜长石多已粘土矿化，仅保留柱状晶形杂乱分布，暗色矿物透辉石、棕闪石及少量富铁钠闪石多分布于长石三角区内，形成辉绿结构。有些三角区被后期交代的方解石、石英、绿泥石等充填。富铁钠闪石，具蓝绿—浅黄多色性，$Ng \wedge C$为18°，正延性；棕闪石，具深褐色—浅黄多色性，$Ng \wedge C$约为20°，正延性。

## 三、岩石化学及地球化学特征

岩石化学代表性样品共有19个，包括了堆晶的橄榄岩、橄榄辉长岩、辉长岩，喷出的玄武岩和辉绿岩脉等，以及伴生的辉长闪长岩、闪长岩、花岗闪长岩等岛弧系列花岗岩。

**1. 岩石化学特征**

岩石氧化物百分含量及特征值如表 3－2 所示。由于蚀变作用，岩石普遍碳酸岩化、硅化，岩石氧化物百分含量中，$H_2O^+$、$CO_2$ 等挥发组份含量偏高。

超镁铁质—镁铁质岩块（Σ－N）共有样品 3 个。其中闪辉橄榄岩（8023-2 号样）样品 1 个，由于样品蚀变，$H_2O^+$ 含量高达 8.90%，去 $H_2O$、$CO_2$ 重新换算百分后，$SiO_2$44.68%、$Al_2O_3$7.88%、MgO25.63%、TFeO12.23%，其岩石化学成分角闪橄榄岩的平均化学成分（据黎彤、饶纪龙，1962）基本相当。还是值78.84%，镁铁质岩浆分异程度较低，镁铁比值（m/f）3.66，属铁质超基性岩。其 CIPW 标准矿物组合均为苦橄岩 Or－Ab－An－Di－Hy－Ol（38.55%）组合。共生的蛇纹石化辉绿岩样品 2 个，$SiO_2$ 含量 46.92%～48.61%之间，高 $Al_2O_3$19.97%～20.19%，MgO6.65%～7.45%、CaO13.25%～14.17%，低 $TiO_2$ 0.88%～1.13%、低全铁 TFeO7.90%～8.08%。$Mg^{\#}$ 值 59.97%～62.15%，玄武岩浆分异程度较高，镁铁比值（m/f）1.47～1.61，属铁质基性岩。CIPW 标准矿物组合为橄榄拉斑玄武岩 Or－Ab－An－Di－Hy－Ol 组合。从闪辉橄榄岩→辉绿岩，随着岩浆的分异演化（$Mg^{\#}$ 值变小），$Al_2O_3$ 含量显著增加，MgO、TFeO 含量逐渐降低，而 CaO、全碱（$K_2O+Na_2O$）含量逐渐增高，具共源原始地幔岩浆演化的特征。

长蛇岭东火山（岛）弧岩片（Va）的中基性火山岩及辉绿岩脉共有样品 6 个，由于蚀变作用，$H_2O^+$、$CO_2$ 偏高，去 $H_2O$ 后 $SiO_2$ 含量在 42.46%～61.91%间，火山岩岩石化学分类 TAS 图解（据 Le Bas、Le Maitre 等，1989）上（图 3－2），其岩石化学分类分别属于苦橄玄武岩、玄武岩、玄武安山岩、安山岩和粗面安山岩。其氧化物 $Al_2O_3$14.10%～20.30%变化较大（其中玄武质岩石 $Al_2O_3$14.10%～16.71%，中等含量），极富 $TiO_2$1.70%～3.32%（平均值 2.67），富 TFeO12.26%～15.98%（玄武质岩石）、富 $P_2O_5$0.17%～0.34%、富全碱（$Na_2O+K_2O$）2.14%～7.32%，$Na_2O$ 含量高于 $K_2O$ 含量。CIPW 标准矿物组合为石英拉斑玄武岩 Q－Or－Ab－An－Di－Hy 组合、橄榄拉斑玄武岩 Or－Ab－An－Di－Hy－Ol 组合和碱性玄武岩 Ne－Or－Ab－An－Di－Ol 组合。里特曼指数（$\sigma$）1.02～2.83 或负值，属里特曼钙碱性岩—碱性岩。总体反映了洋岛型拉斑玄武岩、碱性玄武岩或其过渡类型的岩石化学特征。

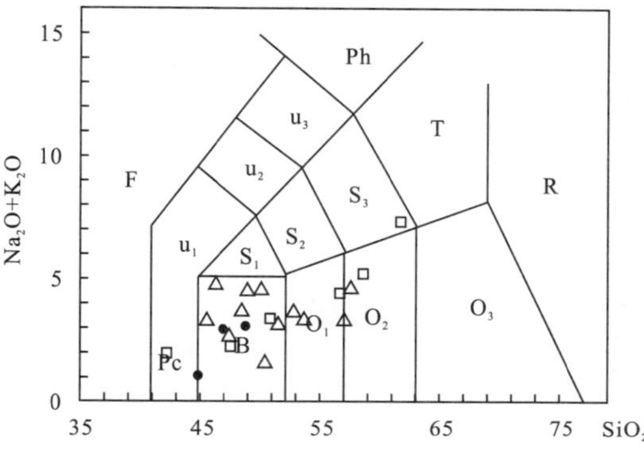


图 3－2　火山岩岩石化学分类 TAS 图解

（据 Le Bas，Le Maitre 等，1989）

Pc. 苦橄玄武岩；B. 玄武岩；$O_1$. 玄武安山岩；$O_2$. 安山岩；$S_3$. 粗面安山岩；△. 丛岭坡；□. 长蛇岭

丛岭坡玄武岩片（$\beta$）、火山（岛）弧岩片（Va）、硅泥质岩片（Sa）中的中基性火山岩及辉绿岩脉共有样品 12 个，其岩石化学特征与长蛇岭中基性火山岩及辉绿岩脉基本相同。去 $H_2O$ 后 $SiO_2$ 含量在 45.54%～57.54%间，在火山岩岩石化学分类 TAS 图解上（图 3－2），其岩石化学分类分别属于玄武岩、玄武安山岩或安山岩。低 $Al_2O_3$8.65%～15.29%（其中碱性玄武岩略高），极富 $TiO_2$1.28%～3.39%（平均值 2.42%），富 TFeO10.10%～15.30%（玄武质岩石）、富 $P_2O_5$0.19%～2.54%（其中碱性玄武岩更显著，如 8071～1 号样的 $P_2O_5$ 高达 2.54%），富碱（$Na_2O+K_2O$）1.71%～4.82%，$Na_2O$ 含量高于 $K_2O$ 含量。CIPW 标准矿物组合为石英拉斑玄武岩 Q－Or－Ab－An－Di－Hy 组合、橄榄拉斑玄武岩 Or－Ab－An－Di－Hy－Ol 组合和碱性玄武岩 Ne－Or－Ab－An－Di－Ol 组合。里特曼指数（$\sigma$）0.40～6.92，属里特曼钙碱性岩—碱性岩。总体反映为洋岛型或裂谷型拉斑玄武岩、碱性玄武岩或其过渡类型的岩石化学特征。

**2. 稀土元素特征**

岩石稀土元素含量及特征值如表 3－3 所示。其中四熊沟闪辉橄榄岩（8023－2 号样）稀土总量（∑REE）$63.2\times10^{-6}$，稀土元素分馏程度较低，$\delta$Eu 值 1.04，基本无 Eu 异常。$(La/Yb)_N$ 值 7.50，∑LREE/∑HREE值 6.35，轻稀土分馏程度相对较高，其稀土配分曲线为轻稀土富集型配分曲线[图 3－3(a)]。共生的蛇纹石化辉绿岩，稀土总量（∑REE）$72.95\times10^{-6}$～$88.96\times10^{-6}$，稀土元素分馏程度略高，$\delta$Eu 值 1.14～1.19，具弱的 Eu 正异常，反映了岩浆分离结晶过程中斜长石的快速聚集。$(La/Yb)_N$ 值

**表 3-2 弯岛湖蛇绿混杂岩氧化物百分含量及特征值**

（单位：%）

| 岩石名称 | 采样地点 | 样品编号 | $SiO_2$ | $TiO_2$ | $Al_2O_3$ | $Fe_2O_3$ | FeO | MnO | MgO | CaO | $Na_2O$ | $K_2O$ | $P_2O_5$ | $H_2O^+$ | $CO_2$ | total | $\sigma$ | $Mg^\#$ |
|---|---|---|---|---|---|---|---|---|---|---|---|---|---|---|---|---|---|---|
| 闪辉橄榄岩 | 四熊沟 W | 8023-2 | 40.87 | 0.58 | 7.88 | 3.56 | 8.02 | 0.18 | 23.44 | 5.97 | 0.54 | 0.28 | 0.15 | 8.9 | 0.04 | 100.41 | 0.48 | 78.84 |
| 辉绿岩 | 四熊沟 W | 8023-1 | 44.34 | 0.83 | 19.08 | 1.14 | 6.62 | 0.13 | 7.04 | 12.52 | 2.25 | 0.38 | 0.17 | 5.16 | 0.10 | 99.76 | 1.98 | 62.15 |
| 辉绿岩 | 四熊沟 W | 8023-3 | 46.37 | 1.08 | 17.14 | 1.33 | 6.35 | 0.15 | 6.34 | 13.52 | 2.46 | 0.45 | 0.20 | 4.11 | 0.25 | 99.75 | 1.66 | 59.97 |
| 碱性辉绿岩 | 长蛇岭 E | 4518-2 | 44.66 | 1.60 | 15.70 | 2.48 | 8.67 | 0.17 | 6.37 | 12.02 | 1.93 | 0.09 | 0.25 | 4.80 | 0.92 | 99.66 | 1.02 | 51.03 |
| 辉长辉绿岩 | 长蛇岭 W | 2096-1 | 40.76 | 2.95 | 13.53 | 6.00 | 10.00 | 0.20 | 6.24 | 14.08 | 1.66 | 0.39 | 0.18 | 3.40 | 0.06 | 99.45 | −8.49 | 41.96 |
| 蚀变玄武安山岩 | 长蛇岭 E | 4518-1 | 59.64 | 3.20 | 19.56 | 0.81 | 2.78 | 0.02 | 0.69 | 2.26 | 4.84 | 2.21 | 0.33 | 2.31 | 1.02 | 99.67 | 2.83 | 25.96 |
| 蚀变玄武岩 | 长蛇岭 E | 4516-1 * | 47.91 | 2.75 | 15.37 | 12.96 |  | 0.10 | 9.32 | 2.47 | 2.98 | 0.07 | 0.16 | 6.46 |  | 100.55 | 1.33 | 58.82 |
| 蚀变球状玄武岩 | 长蛇岭 E | 4516-2 * | 54.20 | 2.39 | 14.10 | 11.38 |  | 0.13 | 4.48 | 4.50 | 3.94 | 0.23 | 0.26 | 4.69 |  | 100.30 | 1.39 | 43.89 |
| 蚀变玄武安山岩 | 长蛇岭 E | 4517-1 * | 57.07 | 2.44 | 15.27 | 9.58 |  | 0.10 | 4.99 | 2.86 | 4.09 | 0.90 | 0.18 | 2.52 |  | 100.00 | 1.69 | 50.84 |
| 火山碎屑熔岩 | 丛林坡 | 4543-1 * | 54.48 | 1.70 | 8.71 | 8.23 |  | 0.11 | 12.30 | 6.86 | 3.03 | 0.15 | 0.08 | 4.56 |  | 100.20 | 0.79 | 74.79 |
| 气孔状玄武岩 | 丛林坡 | 4544-1 * | 45.88 | 3.16 | 9.85 | 10.76 |  | 0.13 | 9.56 | 11.56 | 3.17 | 0.38 | 0.34 | 5.21 |  | 100.00 | 2.60 | 63.82 |
| 辉绿玢岩 | 丛林坡 | 4546-1 * | 45.92 | 2.80 | 14.28 | 14.18 |  | 0.25 | 6.50 | 10.11 | 2.50 | 0.15 | 0.19 | 3.23 |  | 100.11 | 1.70 | 47.64 |
| 沉凝灰岩 | 丛林坡 | 8067-3 | 50.45 | 1.28 | 12.06 | 2.55 | 7.63 | 0.18 | 9.52 | 8.12 | 3.38 | 0.17 | 0.16 | 4.04 | 0.30 | 99.84 | 1.41 | 63.11 |
| 沉凝灰岩 | 丛林坡 | 8068-3 | 47.58 | 2.19 | 8.65 | 2.37 | 9.35 | 0.17 | 13.63 | 8.69 | 1.53 | 0.09 | 0.26 | 4.83 | 0.30 | 99.64 | 0.40 | 67.92 |
| 蚀变玄武岩 | 蜈蚣岭 W | 7026-1 | 45.26 | 2.34 | 15.29 | 1.61 | 10.1 | 0.18 | 6.18 | 6.30 | 3.80 | 0.45 | 0.93 | 4.88 | 2.24 | 99.56 | 3.55 | 48.83 |
| 块状玄武岩 | 丛林坡 | 8067-12 | 48.38 | 3.29 | 9.62 | 6.25 | 6.22 | 0.18 | 7.08 | 10.72 | 3.32 | 1.14 | 0.38 | 2.67 | 0.20 | 99.45 | 3.01 | 51.61 |
| 杏仁状玄武岩 | 丛林坡 | 8069-7 | 55.47 | 2.33 | 9.96 | 2.99 | 5.33 | 0.13 | 8.28 | 7.13 | 3.40 | 1.04 | 0.35 | 2.89 | 0.30 | 99.60 | 1.46 | 64.81 |
| 块状玄武岩 | 丛林坡 | 8072-1 | 49.43 | 2.86 | 12.63 | 3.69 | 6.77 | 0.17 | 7.60 | 9.42 | 2.81 | 0.23 | 0.40 | 3.55 | 0.10 | 99.66 | 1.18 | 57.33 |
| 辉绿岩脉 | 小黑梁 | 8047-1 | 51.36 | 1.92 | 10.52 | 2.36 | 7.60 | 0.16 | 9.28 | 9.21 | 2.66 | 0.64 | 0.23 | 3.59 | 0.20 | 99.73 | 1.12 | 62.99 |
| 蚀变中基性岩 | 丛林坡 | 8071-1 | 44.32 | 2.76 | 14.13 | 7.22 | 8.20 | 0.24 | 3.73 | 7.85 | 3.14 | 1.47 | 2.54 | 3.61 | 0.15 | 99.36 | 6.92 | 31.17 |
| 辉长辉绿玢岩 | 丛林坡 | 8068-1 | 43.43 | 2.43 | 14.79 | 3.22 | 8.57 | 0.19 | 5.86 | 12.95 | 1.90 | 1.30 | 0.73 | 3.77 | 0.50 | 99.64 | 4.44 | 47.68 |

测试单位：武汉综合岩矿测试中心，其中样品编号加“*”号为广州地球化学研究所提供。里特曼指数 $\sigma=(Na_2O+K_2O)^2/(SiO_2-43)$。玄武岩浆结晶分异指数 $Mg^\#=100*MgO/(MgO+TFeO)$ 分子数比值。

**表 3-3 弯岛湖蛇绿混杂岩稀土元素含量及特征值**

| 样品编号 | La | Ce | Pr | Nd | Sm | Eu | Gd | Tb | Dy | Ho | Er | Tm | Yb | Lu | Y | ∑REE | δEu | $(La/Yb)_N$ | L/HREE |
|---|---|---|---|---|---|---|---|---|---|---|---|---|---|---|---|---|---|---|---|
| 8023-2 | 10.68 | 20.05 | 2.52 | 10.32 | 2.27 | 0.78 | 2.26 | 0.38 | 2.04 | 0.4 | 1.01 | 0.15 | 0.96 | 0.14 | 9.24 | 63.20 | 1.04 | 7.50 | 6.35 |
| 8023-1 | 11.72 | 22.60 | 3.12 | 11.99 | 2.72 | 1.07 | 2.74 | 0.45 | 2.48 | 0.48 | 1.24 | 0.2 | 1.11 | 0.16 | 10.87 | 72.95 | 1.19 | 7.12 | 6.01 |
| 8023-3 | 13.56 | 26.31 | 3.69 | 14.92 | 3.25 | 1.28 | 3.58 | 0.58 | 3.29 | 0.63 | 1.61 | 0.24 | 1.42 | 0.21 | 14.39 | 88.96 | 1.14 | 6.44 | 5.45 |
| 4518-2 | 27.88 | 51.08 | 6.05 | 22.6 | 4.6 | 1.71 | 4.93 | 0.79 | 4.37 | 0.87 | 2.23 | 0.32 | 2 | 0.3 | 21.88 | 151.61 | 1.09 | 9.40 | 7.21 |
| 2096-1 | 19.27 | 37.98 | 5.23 | 22.37 | 5.01 | 1.78 | 5.25 | 0.8 | 4.58 | 0.83 | 2.05 | 0.31 | 1.75 | 0.26 | 20.29 | 127.76 | 1.05 | 7.42 | 5.79 |
| 4518-1 | 49.10 | 111.80 | 15.38 | 60.74 | 11.29 | 3.76 | 8.67 | 1.29 | 6.14 | 1.08 | 2.59 | 0.4 | 2.23 | 0.33 | 17.85 | 292.65 | 1.12 | 14.84 | 11.09 |
| 4516-1* | 20.63 | 42.87 | 5.385 | 22.73 | 5.689 | 2.04 | 6.145 | 0.963 | 5.543 | 1.005 | 2.423 | 0.34 | 2.124 | 0.321 | 25.40 | 143.61 | 1.05 | 6.55 | 5.27 |
| 4516-2* | 20.53 | 41.13 | 5.37 | 22.56 | 5.471 | 1.984 | 5.897 | 0.901 | 5.186 | 0.95 | 2.299 | 0.334 | 1.961 | 0.296 | 25.25 | 140.12 | 1.06 | 7.06 | 5.44 |
| 4517-1* | 21.10 | 40.45 | 4.887 | 19.46 | 4.451 | 1.777 | 4.997 | 0.818 | 4.797 | 0.919 | 2.271 | 0.343 | 2.206 | 0.331 | 22.18 | 130.99 | 1.15 | 6.45 | 5.52 |
| 4543-1* | 16.71 | 34.41 | 4.295 | 16.99 | 3.549 | 1.09 | 3.229 | 0.508 | 2.845 | 0.516 | 1.242 | 0.175 | 1.131 | 0.166 | 12.62 | 99.48 | 0.97 | 9.96 | 7.85 |
| 4544-1* | 43.91 | 87.96 | 11.1 | 42.99 | 8.431 | 2.539 | 6.97 | 1.043 | 5.477 | 0.992 | 2.366 | 0.321 | 1.934 | 0.285 | 23.11 | 239.43 | 0.98 | 15.31 | 10.16 |
| 4546-1* | 17.17 | 38.44 | 5.316 | 23.22 | 5.434 | 2.028 | 5.414 | 0.844 | 4.722 | 0.896 | 2.11 | 0.296 | 1.83 | 0.272 | 22.15 | 130.14 | 1.13 | 6.33 | 5.59 |
| 8067-3 | 11.73 | 24.43 | 3.53 | 15.06 | 3.68 | 1.35 | 4.1 | 0.7 | 4.02 | 0.78 | 2.06 | 0.33 | 1.93 | 0.28 | 17.07 | 91.05 | 1.06 | 4.10 | 4.21 |
| 8068-2 | 20.70 | 43.78 | 6.03 | 24.92 | 5.64 | 1.8 | 5.35 | 0.82 | 4.43 | 0.81 | 1.95 | 0.28 | 1.61 | 0.22 | 17.53 | 135.87 | 0.99 | 8.67 | 6.65 |
| 7026-1 | 52.43 | 107.80 | 12.96 | 50.17 | 8.72 | 2.95 | 7.4 | 1.09 | 5.37 | 0.94 | 2.24 | 0.32 | 1.74 | 0.23 | 23.32 | 277.68 | 1.10 | 20.31 | 12.16 |
| 8067-12 | 42.85 | 86.79 | 11.22 | 47.76 | 9.44 | 2.91 | 8.14 | 1.23 | 6.17 | 1.11 | 2.6 | 0.37 | 2.08 | 0.29 | 23.63 | 246.59 | 0.99 | 13.89 | 9.14 |
| 8069-7 | 20.59 | 43.32 | 6.15 | 27.52 | 6.38 | 2.3 | 6.64 | 1.03 | 5.62 | 1.04 | 2.55 | 0.38 | 2.07 | 0.28 | 22.7 | 148.57 | 1.07 | 6.71 | 5.42 |
| 8072-1 | 35.55 | 74.96 | 10.13 | 43.84 | 9.08 | 2.97 | 8.84 | 1.38 | 7.35 | 1.36 | 3.31 | 0.49 | 2.75 | 0.38 | 29.35 | 231.74 | 1.00 | 8.72 | 6.83 |
| 8047-1 | 18.14 | 38.50 | 5.25 | 22.77 | 5.28 | 1.73 | 5.15 | 0.82 | 4.5 | 0.83 | 2.11 | 0.32 | 1.78 | 0.25 | 18.28 | 125.71 | 1.00 | 6.87 | 5.82 |
| 8071-1 | 123.90 | 270.60 | 36.14 | 152.8 | 26.16 | 8.22 | 21.18 | 2.97 | 14.24 | 2.59 | 6.02 | 0.87 | 4.61 | 0.65 | 53.73 | 724.68 | 1.04 | 18.12 | 11.63 |
| 8068-1 | 58.58 | 106.00 | 13.13 | 51.33 | 9.47 | 3.16 | 8.56 | 1.29 | 6.54 | 1.16 | 2.81 | 0.42 | 2.21 | 0.31 | 25.16 | 290.13 | 1.05 | 17.87 | 10.37 |

测试单位:武汉综合岩矿测试中心,其中样品编号加“*”号为广州地球化学研究所提供。计量单位:μg/g。

6.44～7.12，∑LREE/∑HREE 值 5.45～6.01，重稀土分馏程度逐渐增高。其稀土配分曲线[图 3-3(a)]为轻稀土富集型配分曲线。从闪辉橄榄岩→辉绿岩，随着岩浆分离结晶程度的增高（$Mg^{\#}$ 值 78.84％→59.97％），稀土总量显著增加，Eu 正异常加强，反映了共源岩浆的连续分离结晶演化的特征。

长蛇岭东的中基性火山岩及辉绿岩脉，除其中玄武安山岩（粗面安山岩，4518-1 号样）稀土总量（∑REE）$292.65\times10^{-6}$ 含量较高外，其余的 ∑REE$127.76\times10^{-6}$～$143.61\times10^{-6}$，δEu 值 1.05～1.15，基本无 Eu 异常，其中玄武安山岩具弱 Eu 正异常，反映了岩浆分离结晶过程中斜长石的快速聚集。$(La/Yb)_N$ 值 6.45～14.84，∑LREE/∑HREE 值 5.27～11.09，轻稀土分馏程度较高。其稀土配分曲线为轻稀土富集配分曲线[图 3-3(b)]，反映了洋岛型拉斑质—碱性玄武岩、粗面安山岩的稀土元素配分曲线特征。

丛岭坡中基性火山岩及辉绿岩脉，其中钙碱性的稀土总量（∑REE）$91.05\times10^{-6}$～$246.59\times10^{-6}$，而碱性的 ∑REE$277.68\times10^{-6}$～$724.68\times10^{-6}$，含量明显较高。δEu 值 0.97～1.13，基本无 Eu 异常，个别具弱 Eu 正异常。钙碱性的 $(La/Yb)_N$ 值 4.10～15.31，∑LREE/∑HREE 值 1.71～3.16；碱性的 $(La/Yb)_N$ 值 17.87～20.31，∑LREE/∑HREE 值 3.13～3.71，轻稀土分馏程度较高。其稀土配分曲线为轻稀土富集配分曲线[图 3-3(c)、图 3-3(d)]，从拉斑玄武岩→碱性玄武岩，稀土总量（∑REE）显著增高，∑LREE/∑HREE 比值增大，总体反映了洋岛型拉斑玄武岩、碱性玄武岩及其过渡型玄武岩的稀土元素特征。

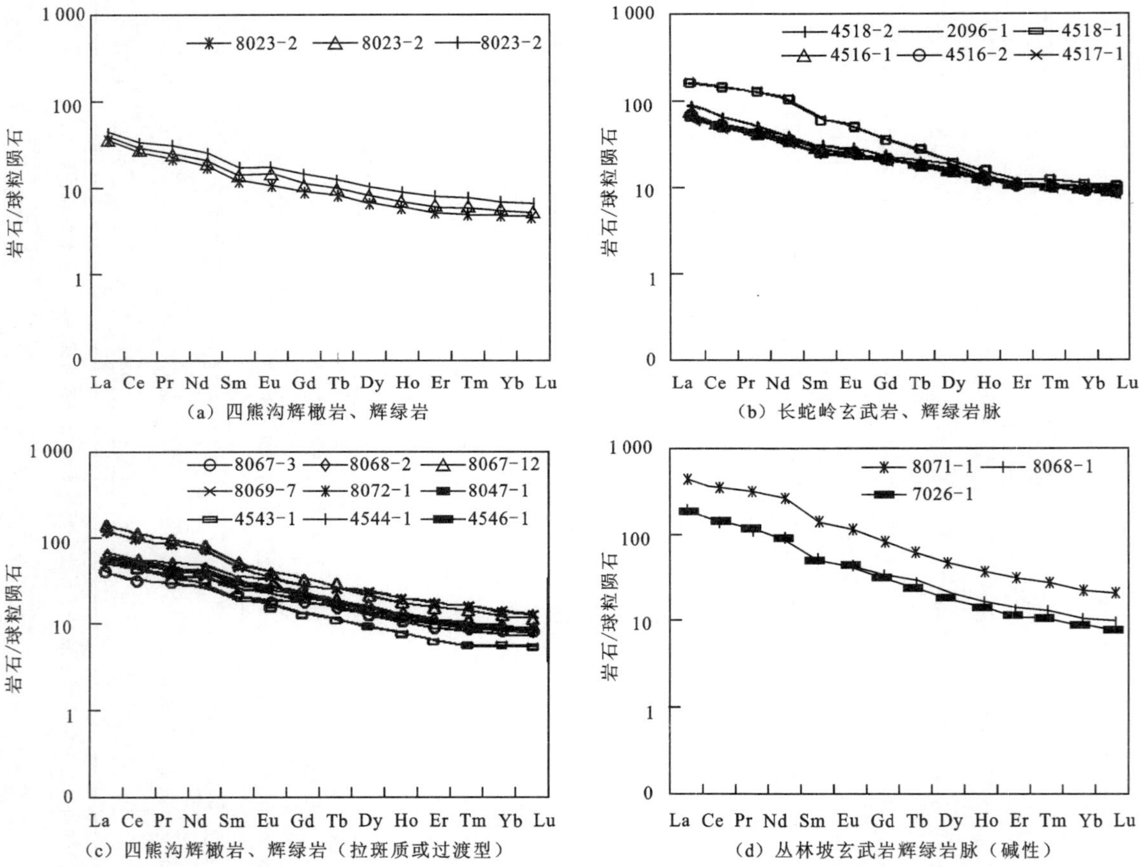

(a) 四熊沟辉橄岩、辉绿岩　(b) 长蛇岭玄武岩、辉绿岩脉

(c) 四熊沟辉橄岩、辉绿岩（拉斑质或过渡型）　(d) 丛林坡玄武岩辉绿岩脉（碱性）

图 3-3　湾岛湖蛇绿混杂岩稀土元素配分曲线图

### 3. 微量元素特征

岩石微量元素含量如表 3-4 所示。其中四熊沟闪辉橄榄岩及共生的辉绿岩 Cr、Ni 含量均较高，反映了原始岩浆演化的特点。在多元素 MORB 标准化图解上[图 3-4(a)]，其地球化学型式表现为过渡元素 Cr 含量较高以及 K、Rb、Ba、Th、Ta、Nb、Ce、P 等元素选择性富集隆起，从 Zr 到 Sc 所有元素丰度较低或亏损，伴有 Hf、Sm、Ti 正异常隆起，反映了原始地幔岩浆可能来自于富集型地幔。从闪辉橄榄岩→辉绿岩，其地球化型式基本相似，具有共源岩浆岩的特征。其中的玄武质岩石地球化型式介于火山弧玄武岩与板内玄武岩之间，反映了其构造环境的过渡性。

**表 3-4　湾岛湖蛇绿混杂岩微量元素含量**

| 样品编号 | Li | Be | Nb | Sc | Ga | Zr | Th | Sr | Ba | V | Co | Cr | Ni | Cu | Pb |
|---|---|---|---|---|---|---|---|---|---|---|---|---|---|---|---|
| 8023-2 | 11 | 0.49 | 7.2 | 19 | 6.5 | 38 | 1.8 | 47 | 54 | 110 | 83 | 1 943 | 753 | 64 | 2 |
| 8023-1 | 16 | 0.69 | 11 | 24 | 12 | 49 | 1.7 | 290 | 203 | 145 | 39 | 372 | 138 | 104 | 1.7 |
| 8023-3 | 17 | 0.83 | 11 | 44 | 13 | 56 | 1.6 | 318 | 283 | 199 | 32 | 573 | 92 | 145 | 1.8 |
| 4518-2 | 53 | 1.4 | 24 | 36 | 18 | 119 | 6.1 | 487 | 94 | 297 | 49 | 195 | 111 | 125 | 3.3 |
| 2096-1 | 15 | 1.3 | 18 | 23 | 20 | 105 | 2.2 | 507 | 254 | 722 | 66 | 17 | 15 | 47 | 1 |
| 4518-1 | 9.2 | 2.2 | 56 | 9.4 | 21 | 478 | 3.7 | 423 | 567 | 150 | 19 | 1.2 | 7.7 | 18 | 3.3 |
| 4516-1 * | | | 31 | 23.9 | 21 | 264 | 2.6 | 71 | 42 | 177 | 45 | 377 | 212 | 29 | 1.0 |
| 4516-2 * | | | 27 | 22.4 | 19 | 226 | 2.3 | 180 | 126 | 166 | 41 | 435 | 277 | 41 | 2.0 |
| 4517-1 * | | | 38 | 25.2 | 21 | 309 | 3.8 | 128 | 263 | 176 | 23 | 98 | 44 | 13 | 2.3 |
| 4543-1 * | | | 14 | 21.8 | 9 | 138 | 1.6 | 30 | 37 | 180 | 44 | 703 | 443 | 68 | 1.3 |
| 4544-1 * | | | 47 | 29.8 | 17 | 273 | 5.9 | 254 | 43 | 291 | 49 | 521 | 267 | 126 | 3.3 |
| 4546-1 * | | | 23 | 34.2 | 23 | 199 | 2.6 | 846 | 67 | 388 | 53 | 66 | 65 | 59 | 2.8 |
| 8067-3 | 26 | 1.1 | 13 | 35 | 9.5 | 96 | 1.4 | 70 | 184 | 197 | 44 | 776 | 248 | 112 | 1.7 |
| 8068-3 | 29 | 1.6 | 18 | 29 | 11 | 159 | 2.7 | 41 | 32 | 227 | 60 | 923 | 523 | 106 | 2.1 |
| 7026-1 | 37 | 2.2 | 83 | 8.3 | 22 | 254 | 6.3 | 591 | 175 | 175 | 38 | 6.2 | 31 | 42 | 3.4 |
| 8067-12 | 6.4 | 2.5 | 28 | 32 | 14 | 292 | 3.9 | 84 | 615 | 296 | 48 | 438 | 181 | 131 | 4 |
| 8069-7 | 10 | 1.7 | 14 | 27 | 9.4 | 174 | 1.7 | 65 | 721 | 215 | 38 | 651 | 298 | 98 | 2.8 |
| 8072-1 | 14 | 2.3 | 29 | 26 | 19 | 288 | 3.7 | 975 | 106 | 304 | 43 | 423 | 235 | 110 | 5.7 |
| 8047-1 | 6.3 | 1.7 | 16 | 25 | 13 | 148 | 1.9 | 56 | 199 | 217 | 39 | 559 | 240 | 80 | 4.2 |
| 8071-1 | 11 | 3.7 | 49 | 11 | 17 | 471 | 5.7 | 2 585 | 354 | 97 | 30 | 8.3 | 13 | 31 | 6.3 |
| 8068-1 | 55 | 2.7 | 59 | 36 | 18 | 243 | 7.1 | 364 | 251 | 270 | 38 | 51 | 62 | 87 | 5.6 |

| 样品编号 | Zn | W | Mo | As | Ag | Sn | Sb | F | Te | Rb | Ta | U | Hf | Au | Cl |
|---|---|---|---|---|---|---|---|---|---|---|---|---|---|---|---|
| 8023-2 | 84 | 0.83 | 0.5 | 0.65 | 0.03 | <1 | 0.07 | 155 | <0.05 | 12 | 0.64 | 0.33 | 1.4 | 1.2 | 0.012 |
| 8023-1 | 60 | 0.9 | 0.74 | 0.64 | 0.068 | <1 | 0.08 | 163 | <0.05 | 9.7 | 0.61 | 0.34 | 1.8 | 2.3 | 0.012 |
| 8023-3 | 70 | 0.94 | 0.41 | 0.74 | 0.091 | <1 | 0.09 | 159 | <0.05 | 8.6 | 0.68 | 0.36 | 2.2 | 0.5 | 0.009 |
| 4518-2 | 116 | 1.1 | 0.93 | 9.9 | 0.061 | 2.2 | 0.74 | 661 | <0.05 | 1.9 | 1.4 | 1.2 | 4.2 | 2.4 | 0.014 |
| 2096-1 | 104 | 1.4 | 0.35 | 0.58 | 0.027 | <1 | 0.06 | 265 | <0.05 | 10.3 | 1 | 0.48 | 2.6 | <0.3 | 0.019 |
| 4518-1 | 49 | 0.75 | 1.3 | 0.48 | 0.027 | 2.2 | 0.09 | 715 | <0.05 | 32.2 | 2.5 | 0.56 | 19 | 0.35 | 0.007 |
| 4516-1 * | 122 | | | | | | | | | 1 | 1.98 | 0.9 | 5.79 | | |
| 4516-2 * | 92 | | | | | | | | | 5 | 1.70 | 0.7 | 4.85 | | |
| 4517-1 * | 83 | | | | | | | | | 21 | 2.51 | 1.0 | 6.71 | | |
| 4543-1 * | 77 | | | | | | | | | 3 | 0.99 | 0.4 | 3.27 | | |
| 4544-1 * | 97 | | | | | | | | | 10 | 3.21 | 1.4 | 6.53 | | |
| 4546-1 * | 105 | | | | | | | | | 3 | 1.52 | 0.6 | 4.59 | | |
| 8067-3 | 82 | 0.9 | 0.26 | 2.2 | 0.058 | 1 | 0.09 | 252 | <0.05 | 4.8 | 0.71 | 0.39 | 2.7 | 0.79 | 0.011 |
| 8068-3 | 98 | 0.94 | 0.32 | 1.4 | 0.129 | 1.2 | 0.07 | 414 | <0.05 | 2.9 | 1.2 | 0.6 | 3.4 | 0.97 | 0.008 |
| 7026-1 | 131 | 0.83 | 0.25 | 1 | 0.056 | 2.6 | 0.1 | 1029 | <0.05 | 6.4 | 5 | 1.2 | 8 | 0.34 | 0.016 |
| 8067-12 | 112 | 1.2 | 0.72 | 2.6 | 0.176 | 2.1 | 0.14 | 602 | <0.05 | 59 | 2 | 1 | 7.7 | 1.7 | 0.008 |
| 8069-7 | 105 | 1.1 | 0.52 | 48 | 0.023 | 1 | 0.08 | 505 | <0.05 | 16 | 0.93 | 0.57 | 5.5 | 0.58 | 0.011 |
| 8072-1 | 122 | 1.1 | 0.79 | 0.59 | 0.1 | 2.6 | 0.1 | 553 | <0.05 | 4.9 | 1.8 | 0.76 | 7.7 | 0.84 | 0.012 |
| 8047-1 | 110 | 1 | 0.57 | 3.1 | 0.052 | 1.5 | 0.07 | 373 | <0.05 | 15 | 1 | 0.45 | 4.2 | 9.02 | 0.011 |
| 8071-1 | 172 | 0.75 | 1.5 | 0.57 | 0.113 | 3.1 | 0.1 | 969 | <0.05 | 23 | 2.9 | 1.3 | 9.1 | 0.35 | 0.041 |
| 8068-1 | 107 | 1.3 | 1.2 | 0.88 | 0.029 | 1.4 | 0.12 | 893 | <0.05 | 49 | 4.1 | 1.5 | 7.9 | 0.5 | 0.011 |

测试单位：武汉综合岩矿测试中心，其中样号加“ * ”号为广州地球化学研究所提供。计量单位：除 Au 单位为 ng/g，Cl 单位为%，其他元素单位均为 μg/g。

长蛇岭东的中基性火山岩及辉绿岩脉，与维诺格拉多夫(1962)基性岩各元素平均值相比，高场强元素(HFSE)Ta、Nb、Zr、Hf、Th、U 等及挥发性元素 F、B、Cl 等均较高，大离子亲石元素(LILE)Sr、Ba 仅部分较高(特别是碱性玄武岩较高)。其中部分样品铁族元素中 Ni、Cr 含量较高，其与岩浆分异程度较低($Mg^{\#}$ 值较高)有关，反映了较原始岩浆的特点。在多元素 MORB 标准化图解上[图 3-4(b)]，其地球化学型式呈典型的板内玄武岩的"大隆起"型式，除 Y、Yb、Sc、Cr 之外，所有元素都富集。富集程度从 Sr→Ba 逐渐加强，然后从 Th→Ti 逐渐减弱，其中碱性玄武岩 Hf、Sm、Ti 明显富集隆起，具"双隆起"型式。从拉斑玄武岩→碱性玄武岩，Hf、Sm、Ti 富集隆起具有由弱到强的过渡演化趋势，其中的玄武安山岩、粗面安山岩其"双隆起"特征更明显。

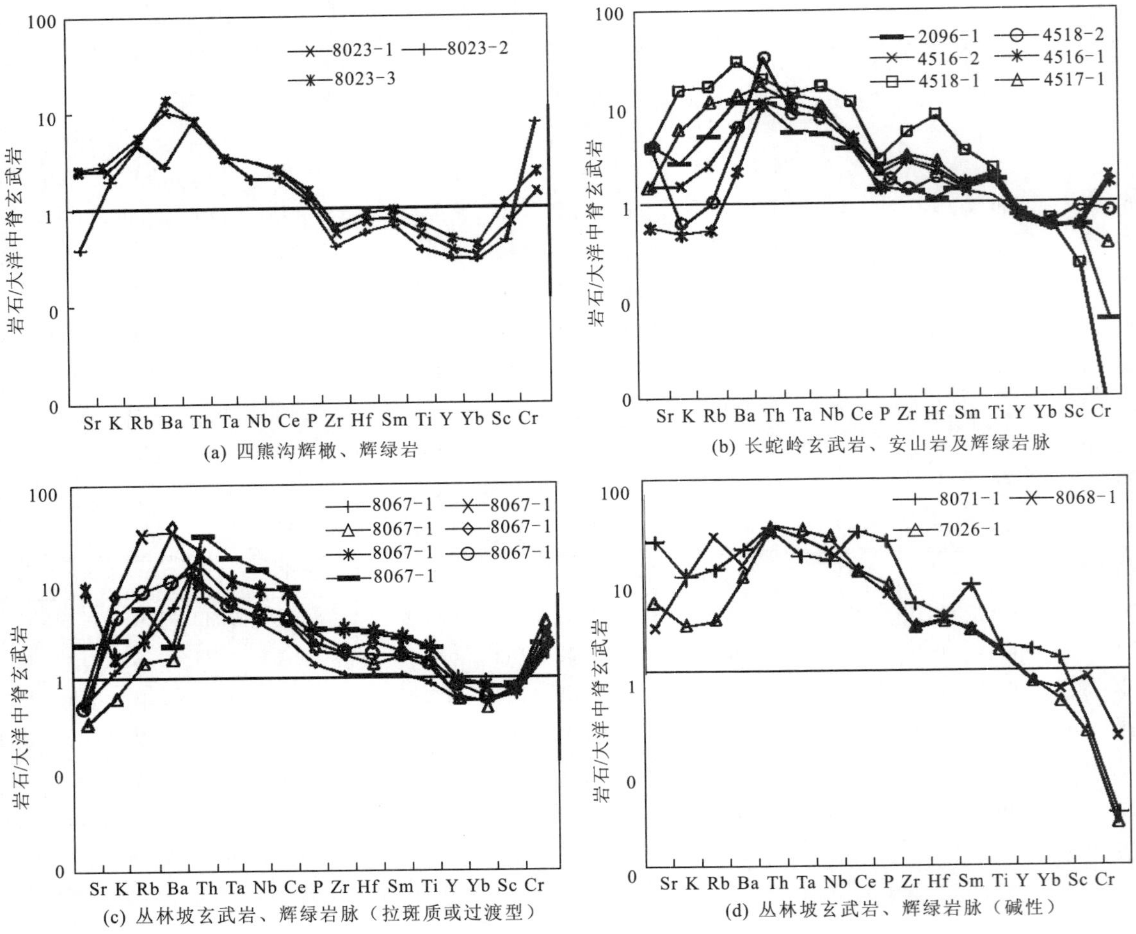


图 3-4　湾岛湖蛇绿混杂岩多元素 MORB 标准化图

丛岭坡中基性火山岩及辉绿岩脉，与维诺格拉多夫(1962)基性岩各元素平均值相比，高场强元素(HFSE)Ta、Nb、Zr、Hf、Th、U 等及挥发性元素 F、B、Cl 等均较高，大离子亲石元素(LILE)Sr、Ba 仅部分较高(特别是碱性玄武岩较高)。其中除碱性玄武岩外，多数样品铁族元素中 Ni、Cr、V 含量较高，其与岩浆分异程度较低($Mg^{\#}$ 值较高)有关，反映了较原始岩浆的特点。在多元素 MORB 标准化图解上[图 3-4(c)、图 3-4(d)]，其地球化学型式呈典型的板内玄武岩的"大隆起"型式，除 Y、Yb、Sc 之外，所有元素都富集。富集程度从 Sr→Ba 逐渐加强，然后从 Th→Ti 逐渐减弱，随着碱性的加强，高场强元素(HFSE)Ta、Nb、Ce、P、Zr、Hf、Sm、Ti 等富集程度增高。其中碱性玄武岩的地球化学型式略有差别[图 3-4(d)]，具强烈的 Cr 亏损，个别样品的"大隆起"扩展到 Y、Yb，仅 Sc、Cr 亏损。

### 四、形成的构造环境探讨

湾岛湖-大横山蛇绿构造混杂岩带内，不同的区段残存出露的火山岩及基性—超基性岩残片(块)，其岩石组合、岩石化学及地球化学特征既有相似之处又有明显区别，反映了不同的构造环境属性。综合基性—超基性岩岩石组合、岩石化学及地球化学特征，同时利用惰性元素构造环境判别图解探讨其形成的构造环境。

四熊沟镁铁质—超镁铁质岩块，其中的辉橄岩及共生的辉绿岩（共源分异的）与邻区 1∶25 万查多岗日幅北部二岔沟超镁铁质岩块具相同或相似的岩石化学及地球化学特征，但二者与邻区 1∶25 万查多岗日幅北部湾岛湖镁铁质—超镁铁质岩块（低 Ti 型）同类岩石相比，其岩石化学及地球化学特征明显不同。前者 TiO2 含量相对略高，相对富 TFeO、$P_2O_5$、全碱（$Na_2O+K_2O$）等，富集 REE 及 K、Rb、Ba、Th、Ta、Nb、Ce、P 等，反映了原始地幔岩浆可能来自于富集型地幔（EM）。其共源分异的辉绿岩的多元素 MORB 标准化图式介于火山弧玄武岩与板内玄武岩之间，表明其具有火山弧和板内玄武岩的双重特性。其玄武质岩石在 2Nb-Zr/4-Y 图解（图 3-5）和 Ti/100-Zr-3Y 图解（图 3-6）上，其投点落于板内玄武岩区。因此，四熊沟镁铁质—超镁铁质岩可能形成于较靠近陆壳的异常弧后盆地（或大陆边缘海盆）的构造环境，其岩浆可能来源于富集型地幔（EM）。

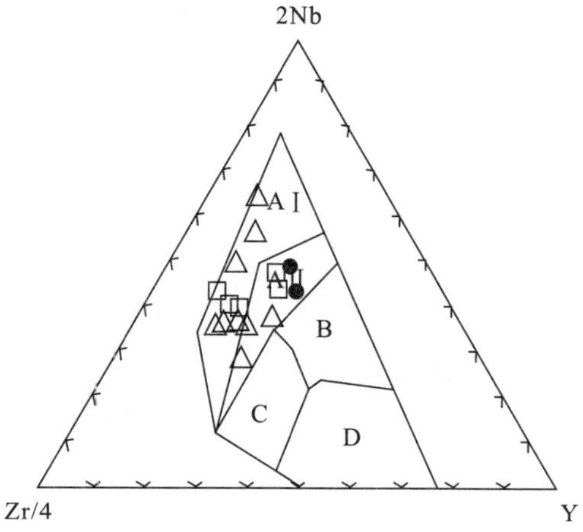


图 3-5 玄武岩的 2Nb-Zr/4-Y 图解

（据 Meschede，1986）

AⅠ区. WAB；AⅡ区. WAB+WTB；B 区. E-MORB；

C 区. VAB+WTB；D 区. N-MORB+VAB

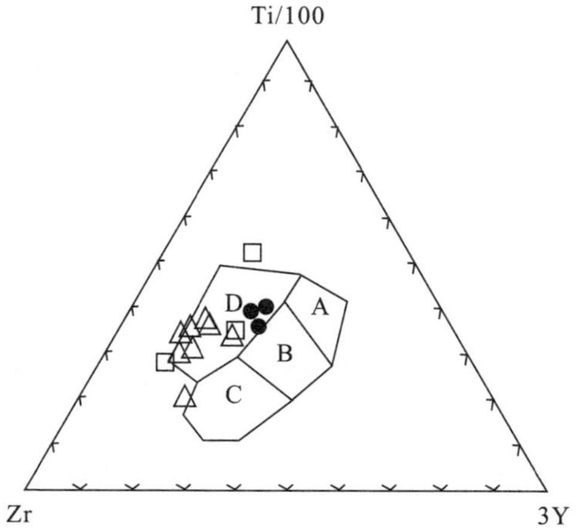


图 3-6 玄武岩的 Ti/100-Zr-3Y 图解

（据 Meschede，1986）

A 区. IAT；B 区. MORB+VAB；C 区. CAB；

D 区. WPB

注：△. 丛岭坡玄武岩及辉绿岩脉；□. 长蛇岭玄武岩及辉绿岩；●. 四熊沟橄辉岩、辉绿岩

长蛇岭、丛岭坡一带产出于玄武岩片（$\beta$）、火山（岛）弧岩片（Va）、硅泥质岩片（Sa）等构造岩片中的火山岩及共生的辉绿岩脉，其岩石化学及地球化学特征与邻区 1∶25 万查多岗日幅北部湾岛湖、巴尔合努、二岔沟一带的变质玄武岩及伴生辉绿岩脉非常相似。岩石极富 $TiO_2$（2%以上），富 TFeO、$P_2O_5$、全碱（$Na_2O+K_2O$）等，富 REE、大离子亲石元素（LILE）以及高场强元素（HFSE），其地球化学型式具典型的板内玄武岩"大隆起"或"双隆起"型式，具典型的洋岛型或裂谷型拉斑玄武岩、碱性玄武岩及其过渡类型的特征。在 2Nb-Zr/4-Y 图解（图 3-5）上，其投点落于 AⅠ区（WAB）或 AⅡ区（WAB+WTB）；而在 Ti/100-Zr-3Y 图解（图 3-6）上，其投点无一例外地落于 D 区（板内玄武岩）。因此，其构造环境应为产于局限洋盆的板内热点或局限初始洋盆（弧后盆地）裂谷作用的产物。

综上所述，湾岛湖-大横山蛇绿构造混杂岩带在图区内出露的基性—超基性岩主要有产于较靠近陆壳的异常弧后盆地（或大陆边缘海盆）超镁铁质岩块，以及共（伴）生的洋岛型火山岩、辉绿岩等构造岩浆岩片（块）。其与邻区 1∶25 万查多岗日幅北部湾岛湖、巴尔合努、二岔沟一带的低 Ti 的岛弧型镁铁质—超镁铁质岩、富集型洋中脊（E-MORB）堆晶辉长岩等古洋壳蛇绿岩残片（块）组合，具有多成因一体，历经构造无序拼贴的蛇绿构造混杂岩的典型特征。代表了该地区曾存在的多岛古洋盆从初始裂谷（弧后扩张?）→洋盆扩张→俯冲消减、消亡等不同演化阶段的产物。

### 五、形成时代讨论及地质意义

从区域构造格架上分析，湾岛湖-大横山蛇绿构造混杂岩带可能是拜惹布错-金沙江缝合带（程裕祺

等,1994)的西延。其中发育的基性—超基性岩岩石组合特征、地球化学特征,以及相伴发育的放射虫硅质岩系,表现出具有蛇绿岩岩石组合和层序特征。因此,关于基性—超基性岩或蛇绿岩的时代及成因机制值得探讨。

据已有的前人资料,在北部邻区的长湖地区的变质辉长岩 K-Ar 法同位素年龄为 199Ma(1∶25 万羊湖幅区调报告,2003)。石渣坡、马尔盖茶卡地区(1∶100 万改则幅区调查报告,1986)的变质辉绿岩体,其 K-Ar 法同位素年龄为 173.8Ma,由于基性岩蚀变强烈,该年龄值可能偏低;而蛇纹石化方辉橄榄岩的 K-Ar 法同位素年龄为 471.4Ma,考虑到样品系超基性岩,该年龄值可能偏高。本次工作,在图区石榴湖一带取得的(枕状)玄武岩 K-Ar 法同位素年龄 196Ma,为早侏罗世,可能是羌北陆块与巴颜喀拉陆块碰撞变质热事件反映。

本次工作,我们在测区西邻 1∶25 万查多岗日幅蛇绿岩的上覆岩系硅质岩中发现中三叠统晚期限拉丁晚期至晚三叠世卡宁早期的放射虫化石;获得湾岛湖北镁铁质杂岩(变质辉长岩)全岩 Sm-Nd 等时线年龄(232±11)Ma。由于样品的 Sm、Nd 同位素比值展布和变化很小,样品之间的差异基本上在实验误差范围之内,虽然根据样品间的微小差异计算的等时年龄的采信度较低,但基本可以代表了镁铁质—超镁铁质杂岩的形成年龄。上述放射虫时代及镁铁质杂岩全岩 Sm-Nd 等时线年龄值可代表该蛇绿岩的形成年龄。因此,湾岛湖-大横山构造蛇绿混杂岩带内的蛇绿岩形成时代应为中三叠世—晚三叠世间。

## 第二节 中酸性侵入岩

图区中酸性侵入岩较发育,主要分布于图区西部藏色岗日、布若岗日一带,西北部四熊沟一带有少量分布,出露面积约 1 050$km^2$,占图区岩浆岩总面积的 80%以上。主要为花岗斑岩,少量花岗闪长岩。图区中酸性侵入岩采用“时代+岩性”方法进行填图单元划分(表 3-1)。

### 一、早白垩世侵入岩

#### (一) 产出地质背景及岩石学特征

早白垩世侵入岩仅有一个岩体,分布于图区西北部的四熊沟西岔,出露面积约 6$km^2$。其构造位置处于湾岛湖-大横山蛇绿构造混杂岩带的南缘,呈小岩株状产出(或构造侵位?)。宏观上呈“似岩钟状”(图版 3-3),岩体的围岩为上侏罗统雪山组岩屑砾岩夹砂岩,未见明显的热接触变质现象。虽然未见岩体与围岩之间的直接接触,但从野外产状特征可推断为侵入接触关系,说明岩体形成于晚侏罗世之后。岩体北侧尚有蚀变的闪长玢岩脉侵入。

岩体的岩性主要为浅肉红色黑云母花岗闪长岩,镜下具碎裂结构、交代结构、变余花岗结构。主要成分为石英 43%、钠—更长石 45%、微斜长石 5%、黑云母 4%,及副矿物或次生矿物白云石 2%、磷灰石、白钛石、锆石等。岩石碎裂,呈粉状,重结晶。斜长石经钠化、硅化交代,多呈他形碎裂团块略定向,个别为半自形晶。石英碎裂后重结晶,呈细小他形齿状镶嵌状团块,与长石团块相间略定向分布。反映了岩块历经变质变形作用的改造,具有构造侵位的特点。

#### (二) 岩石化学及地球化学特征

采有 1 个岩石化学样品,其氧化物百分含量如表 3-5。由于岩石碎裂、蚀变,氧化物中挥发组分 $H_2O^+$、$CO_2$ 含量较高,重新换算百分百后,具高 $SiO_2$75.89%,低 $Al_2O_3$12.12%,中等碱($K_2O+Na_2O$)6.52%,高 $K_2O$3.05%,$Na_2O$ 含量高于 $K_2O$ 含量,其中 CaO、MgO、全铁 TFeO 含量极低。这种 MgO、全铁 TFeO 含量的异常性偏低及 $SiO_2$ 的异常性偏高,与岩石样品的交代蚀变有关,也可能反映了岩浆的强分异特点。

岩石的稀土元素含量如表 3-6 所示,稀土总量 ∑REE 仅 $69.41\times10^{-6}$,δEu 值 0.92,基本无 Eu 异常,$(La/Yb)_N$ 值 8.88,∑LREE/∑HREE 比值 7.99,轻稀土分馏程度相对较高。其稀土配分曲线[图 3-

**表 3-5　中酸性侵入岩氧化物百分含量及特征值**

（单位：%）

| 时代 | 岩石名称 | 采样地点 | 样品编号 | $SiO_2$ | $TiO_2$ | $Al_2O_3$ | $Fe_2O_3$ | FeO | MnO | MgO | CaO | $Na_2O$ | $K_2O$ | $P_2O_5$ | $H_2O^+$ | $CO_2$ | total | A/NKC |
|---|---|---|---|---|---|---|---|---|---|---|---|---|---|---|---|---|---|---|
| $K_1$ | 碎裂花岗闪长岩 | 四熊沟 W | 4520-3 | 73.76 | 0.26 | 11.78 | 0.55 | 1.07 | 0.04 | 0.3 | 3.02 | 3.38 | 2.96 | 0.07 | 0.96 | 1.43 | 99.58 | |
| | 碎斑熔岩 | 布若岗日 N | 2087-3 | 73.63 | 0.29 | 12.2 | 1.03 | 1.2 | 0.03 | 0.85 | 0.99 | 0.72 | 6.53 | 0.04 | 1.67 | 0.56 | 99.74 | 1.21 |
| | 含角砾碎斑熔岩 | 布若岗日 N | 4578-1 | 74.4 | 0.27 | 12.39 | 2.52 | 0.25 | 0.02 | 0.4 | 0.27 | 1.88 | 6.15 | 0.05 | 1.12 | 0.08 | 99.80 | 1.21 |
| | 多斑状花岗斑岩 | 布若错 | 2123-1 | 71.18 | 0.49 | 12.77 | 1.19 | 2.35 | 0.04 | 1.06 | 1.25 | 2.56 | 4.75 | 0.11 | 1.53 | 0.36 | 99.64 | 1.10 |
| | 碎斑熔岩 | 友谊沟 | 2002-2 | 74.65 | 0.24 | 12.84 | 1.13 | 0.95 | 0.02 | 0.47 | 0.84 | 2.81 | 4.6 | 0.05 | 1.08 | 0.13 | 99.81 | 1.15 |
| $K_2$ | 碎斑熔岩 | 布若错 | 2122-1 | 75.74 | 0.23 | 12 | 1.03 | 1.02 | 0.03 | 0.49 | 0.88 | 2.71 | 4.51 | 0.05 | 1 | 0.12 | 99.81 | 1.10 |
| | 碎斑熔岩 | 藏色岗日 SE | 1018-1 | 75.04 | 0.22 | 12.19 | 1.67 | 0.42 | 0.02 | 0.27 | 0.23 | 0.54 | 8.15 | 0.04 | 1.11 | 0.04 | 99.94 | 1.20 |
| | 碎斑熔岩 | 藏色岗日 SE | 6040-1 | 75.21 | 0.23 | 11.9 | 2.55 | 0.15 | 0.03 | 0.38 | 0.68 | 0.52 | 6.47 | 0.05 | 1.4 | 0.32 | 99.89 | 1.31 |
| | 碎斑熔岩 | 藏色岗日 SE | 6041-1 | 75.23 | 0.26 | 12.23 | 2.17 | 0.42 | 0.03 | 0.38 | 0.34 | 0.47 | 6.57 | 0.05 | 1.46 | 0.12 | 99.73 | 1.44 |
| | 碎斑熔岩 | 向阳河 | 8143-1 | 77.95 | 0.18 | 12.36 | 0.16 | 0.23 | 0.01 | 0.5 | 0.16 | 0.16 | 6.68 | 0.04 | 1.62 | 0.02 | 100.07 | 1.59 |
| | 碎斑熔岩 | 拉雄错 E | 2039-3 | 77.27 | 0.17 | 11.96 | 0.28 | 0.2 | 0.01 | 0.36 | 0.27 | 0.45 | 7.82 | 0.03 | 0.92 | 0.1 | 99.84 | 1.23 |

**表 3-6　中酸性侵入岩稀土元素含量及特征值**

| 样品编号 | La | Ce | Pr | Nd | Sm | Eu | Gd | Tb | Dy | Ho | Er | Tm | Yb | Lu | Y | ΣREE | δEu | (La/Yb)N | L/HREE |
|---|---|---|---|---|---|---|---|---|---|---|---|---|---|---|---|---|---|---|---|
| 4520-3 | 13.43 | 24.38 | 2.99 | 10.76 | 2.12 | 0.63 | 2 | 0.31 | 1.76 | 0.37 | 1 | 0.17 | 1.02 | 0.17 | 8.3 | 69.41 | 0.92 | 8.88 | 7.99 |
| 2087-3 | 59.06 | 102.2 | 11.85 | 38.9 | 5.87 | 1.19 | 4.76 | 0.71 | 3.84 | 0.78 | 2.06 | 0.34 | 1.99 | 0.31 | 17.35 | 251.21 | 0.67 | 20.01 | 14.81 |
| 4578-1 | 51.86 | 101.4 | 11.4 | 36.13 | 5.78 | 1.04 | 4.5 | 0.69 | 3.71 | 0.8 | 2.04 | 0.33 | 2.19 | 0.34 | 17.41 | 239.62 | 0.60 | 15.97 | 14.22 |
| 2123-1 | 47.85 | 84.02 | 10.31 | 37.49 | 6.63 | 1.14 | 6.31 | 1.01 | 5.88 | 1.18 | 3.21 | 0.5 | 2.86 | 0.42 | 27.36 | 236.17 | 0.53 | 11.28 | 8.77 |
| 2002-2 | 46.32 | 88.06 | 10.47 | 36.39 | 7.25 | 0.84 | 6.6 | 1.12 | 6.73 | 1.32 | 3.77 | 0.61 | 3.97 | 0.58 | 32.15 | 246.18 | 0.36 | 7.87 | 7.67 |
| 2122-1 | 49.38 | 98.08 | 10.5 | 37.54 | 7.28 | 0.78 | 6.28 | 1.04 | 6.05 | 1.18 | 3.15 | 0.49 | 2.92 | 0.42 | 31.11 | 256.20 | 0.34 | 11.40 | 9.45 |
| 1018-1 | 44.43 | 86.95 | 9.97 | 34.9 | 7.26 | 0.74 | 6.88 | 1.16 | 6.96 | 1.39 | 3.88 | 0.65 | 3.92 | 0.59 | 35.93 | 245.61 | 0.32 | 7.64 | 7.25 |
| 6040-1 | 48.65 | 83.72 | 10.39 | 36.11 | 7.21 | 0.81 | 6.76 | 1.21 | 7.61 | 1.51 | 4.33 | 0.67 | 4.08 | 0.59 | 37.97 | 251.62 | 0.35 | 8.04 | 6.98 |
| 6041-1 | 49.82 | 84.86 | 11.03 | 37.92 | 7.25 | 0.78 | 6.47 | 1.1 | 6.87 | 1.37 | 3.88 | 0.6 | 3.59 | 0.52 | 33.6 | 249.66 | 0.34 | 9.36 | 7.85 |
| 8143-1 | 43.84 | 87.63 | 10.35 | 35.65 | 7.48 | 0.87 | 7.55 | 1.33 | 8.07 | 1.64 | 4.68 | 0.72 | 4.37 | 0.62 | 40.74 | 255.54 | 0.35 | 6.76 | 6.41 |
| 2039-3 | 35.74 | 70.06 | 8.44 | 28.64 | 6.32 | 0.72 | 8.2 | 1.62 | 10.7 | 2.2 | 5.94 | 0.87 | 4.98 | 0.73 | 60.42 | 245.58 | 0.31 | 4.84 | 4.25 |

测试单位：武汉综合岩矿测试中心。计量单位：μg/g。

7(a)]，为轻稀土富集型配分曲线，基本无 Eu 异常，反映了原始地幔岩浆分异的特点，较少或基本无地壳物质加入。

岩石微量元素如表 3-7 所示，与维诺格拉多夫(1962)酸性岩平均值相比，几乎所有元素丰度均偏低。特别是 LILE(Rb、Sr、Ba)、HFSE(Th、Ta、Nb、Zr、Hf 等，以及铁族元素 V、Co、Ni、Cr 等丰度值均较低。在多元素 ORG 标准化图解上，其地球化学型式表现为除 K、Rb、Ba、Th 等大离子亲石元素(LILE)选择性强烈富集隆起，其他 Ta、Nb、Zr、Hf、Sm、Y、Yb 等高场强元素(HSFE)丰度均低于 ORG 标准值，伴有显著的 Ta、Nb 亏损，具典型的火山弧(大洋弧)花岗岩标准化曲线特征。

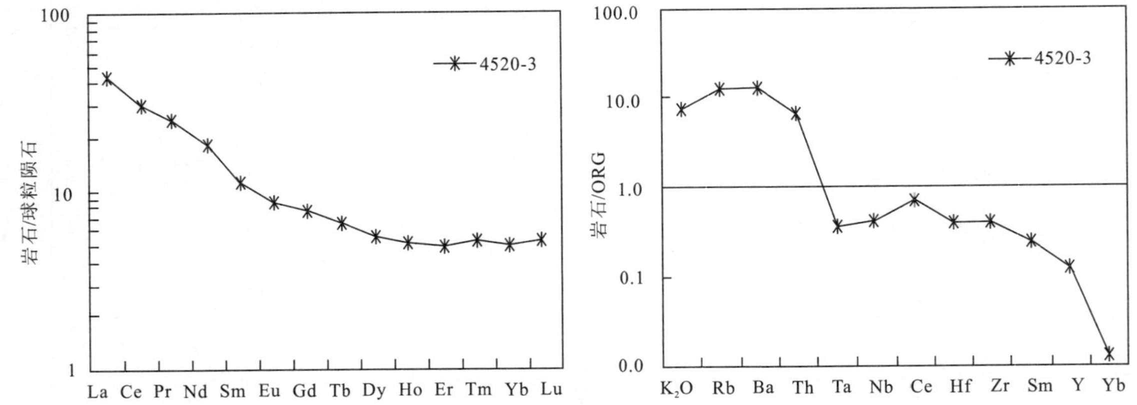


(a)　　　　(b)

图 3-7　早白垩世侵入岩稀土配分曲线及多元素 ORG 标准化图

**表 3-7　中酸性侵入岩微量元素含量**

| 样品编号 | Li | Be | Nb | Sc | Ga | Zr | Th | Sr | Ba | V | Co | Cr | Ni | Cu | Pb |
|---|---|---|---|---|---|---|---|---|---|---|---|---|---|---|---|
| 4520-3 | 13 | 0.61 | 4.1 | 2.9 | 10 | 131 | 5.2 | 115 | 618 | 21 | 6.2 | 13 | 7.2 | 6.6 | 5.3 |
| 2087-3 | 27 | 1.6 | 21 | 4.5 | 17 | 187 | 15 | 42 | 1 778 | 29 | 5 | 8.3 | 5.5 | 5.7 | 3.5 |
| 4578-1 | 9.8 | 1.7 | 13 | 5.7 | 19 | 193 | 19 | 54 | 1 369 | 26 | 4.4 | 13 | 4.9 | 4.3 | 3.8 |
| 2123-1 | 47 | 1.9 | 17 | 8.2 | 18 | 252 | 18 | 129 | 1 046 | 45 | 7.7 | 20 | 7.5 | 13 | 11 |
| 2002-2 | 28 | 2.6 | 14 | 3.8 | 18 | 111 | 13 | 109 | 804 | 24 | 4.4 | 6.9 | 4.7 | 4.2 | 21 |
| 2122-1 | 26 | 2 | 16 | 5.9 | 17 | 151 | 24 | 168 | 917 | 22 | 3.8 | 11 | 3.3 | 4.7 | 50 |
| 1018-1 | 6.5 | 1.7 | 19 | 6.2 | 15 | 152 | 24 | 40 | 967 | 17 | 3.2 | 10 | 2.8 | 2.6 | 2.7 |
| 6040-1 | 12 | 2 | 20 | 4.9 | 14 | 161 | 20 | 43 | 938 | 26 | 5.1 | 7.6 | 6.8 | 6.3 | 3.8 |
| 6041-1 | 12 | 2.1 | 18 | 5.1 | 13 | 170 | 24 | 35 | 913 | 24 | 5.1 | 5.2 | 6.7 | 5.4 | 2.4 |
| 8143-1 | 10 | 1.5 | 17 | 3.2 | 19 | 150 | 23 | 15 | 407 | 16 | 2.4 | 12 | 4 | 4.9 | 5.1 |
| 2039-3 | 11 | 1.9 | 15 | 4.1 | 15 | 125 | 25 | 21 | 598 | 16 | 2.8 | 4.9 | 3.4 | 3.9 | 3.8 |
| 样品编号 | Zn | W | Mo | As | Sn | Sb | F | B | Cl | Ag | Rb | Ta | U | Hf | Au |
| 4520-3 | 18 | 0.7 | 0.41 | 6.1 | <1 | 0.63 | 164 | 13 | 0.011 | 0.027 | 47 | 0.24 | 0.47 | 3.3 | 0.33 |
| 2087-3 | 26 | 0.94 | 0.41 | 0.63 | 1.2 | 0.35 | 322 | 35 | 0.01 | 0.02 | 115.6 | 1.7 | 1.8 | 6.1 | <0.3 |
| 4578-1 | 23 | 1.8 | 0.78 | 2.4 | <1 | 0.93 | 458 | 34 | 0.017 | 0.025 | 154.5 | 0.91 | 1.7 | 5.6 | <0.3 |
| 2123-1 | 51 | 1.1 | 1.3 | 5.5 | 2.1 | 0.3 | 435 | 14 | 0.032 | 0.022 | 141.1 | 1.2 | 3 | 7.7 | 0.58 |
| 2002-2 | 45 | 1.1 | 0.64 | 2.4 | 3.7 | 0.63 | 390 | 15 | 0.019 | 0.055 | 216 | 0.76 | 5.7 | 3.5 | 1.2 |
| 2122-1 | 66 | 1.2 | 1 | 4.5 | 2.2 | 0.67 | 322 | 17 | 0.018 | 0.053 | 152.3 | 1.3 | 2.4 | 5.8 | <0.3 |
| 1018-1 | 25 | 2.8 | 0.52 | 8.3 | 1 | 1.7 | 381 | 27 | 0.015 | 0.295 | 219 | 1.7 | 1.9 | 5.6 | 0.39 |
| 6040-1 | 70 | 2.7 | 0.41 | 2.8 | <1 | 0.6 | 764 | 61 | 0.019 | 0.024 | 228 | 1.8 | 2.2 | 5.6 | 0.38 |
| 6041-1 | 51 | 2.6 | 0.46 | 2.5 | <1 | 0.64 | 780 | 64 | 0.023 | 0.02 | 235 | 1.5 | 2.2 | 6.1 | 0.38 |
| 8143-1 | 15 | 1.7 | 0.35 | 2.7 | 1.2 | 0.66 | 530 | 49 | 0.016 | 0.036 | 233 | 1.3 | 2.8 | 5.8 | 0.35 |
| 2039-3 | 9.4 | 1.8 | 0.3 | 1.2 | 1.2 | 0.28 | 486 | 44 | 0.018 | 0.021 | 222 | 1.2 | 3.6 | 5.2 | 0.4 |

测试单位：武汉综合岩矿测试中心。计量单位：除 Au 单位为 ng/g，Cl 单位为%，其他元素单位均为 μg/g。

### （三）岩体形成的时代及构造环境探讨

由于岩石化学样品仅有1个，代表性不广泛，且碎裂、蚀变，其中的氧化物含量及活泼元素丰度、采信度较低。但从稀土元素含量，以及相对惰性的高场强元素（HSFE）Th、Ta、Nb、Zr、Hf等的丰度特征看，岩石具有低REE及相对较缓的REE曲线，基本无Eu异常。HSFE（Ta、Nb、Zr、Hf）亏损，特别是Ta、Nb的强烈亏损，具典型的火山弧（大洋弧）型花岗岩标准化曲线特征。同时利用惰性元素进行构造环境判别，在花岗岩Nb－Y图解和Rb－（Y＋Nb）图解（图3－8）上，样品投点均明显落于火山弧花岗岩（VAG）区；在Rb/10－Hf－3Ta图解和Rb/30－Hf－3Ta图解上，投点亦均落于火山弧花岗岩区，且投点远离同碰撞和板内花岗岩区。这些均表明其具有火山弧花岗岩的特征，而且显著低的HSFE（Ta、Nb、Zr、Hf）和LREE，表明岩浆源可能主要来自于亏损地幔的消减组分，上地壳的部分熔融成分可能很少，具大洋弧花岗岩（而非大陆弧花岗岩）的特征，其应为洋壳俯冲消减的产物。因此，如果惰性元素的地球化学特征不容置疑的话，其应该属于湾岛湖-大横山蛇绿构造混杂岩带的一个构造岩块，而且岩石具碎裂结构及重结晶特征，也支持其构造侵位的成因。

但从野外宏观露头上看，其侵入上侏罗统的巍嵬山砂岩（$J_3wws$）。因此，其形成时代应在晚侏罗世之后，暂定其时代为早白垩世。

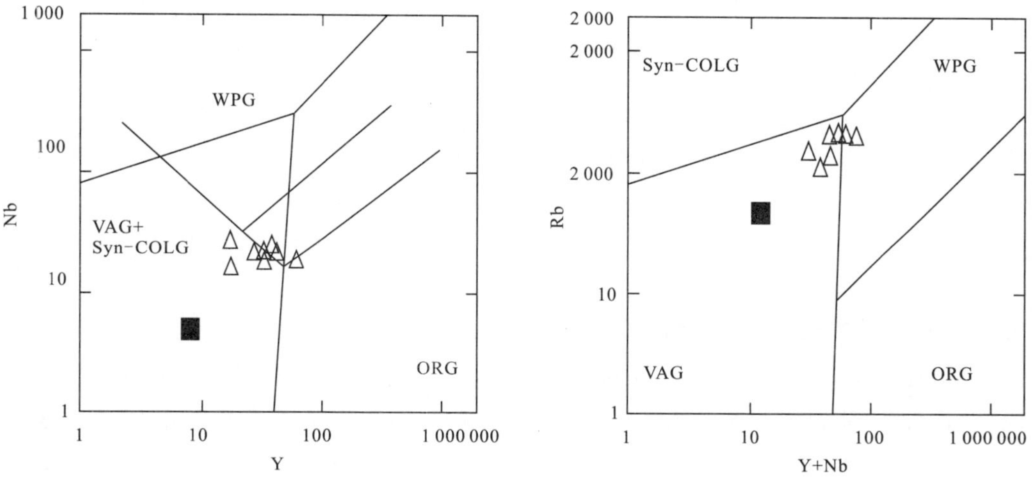


(a) Nb-Y图解　　(b) Rb-(Y+Nb)图解

图3－8　花岗岩Nb－Y图解和Rb－（Y＋Nb）图解（据Peace等，1984）

■.早白垩世；△.晚白垩世

## 二、晚白垩世侵入岩

### （一）地质特征

晚白垩世岩浆活动强烈，全为酸性岩，分布于图区南西部布若错、友谊沟一带，计有侵入体2个，出露面积约1 042km²，占岩体总面积的80％以上。以岩基产出的布若错岩体分布于图区地形最高的藏色岗日、布若岗日一带，往西延伸至西邻1∶25万查多岗日幅独雪山一带，友谊沟岩体呈小岩株产于布若错岩体的北侧，面积仅约0.6km²。

两侵入体的岩性相似，以花岗斑岩、流纹质碎斑熔岩为主，少量偏中性的花岗闪长斑岩、英安质碎斑熔岩。英安质碎斑熔岩分布于岩基边缘。岩石具多斑结构，部分镜下具碎斑状，斑晶多具熔蚀、碎裂等特征，局部显示具流动构造等，有的岩石兼具有斑岩和熔岩的结构特征。花岗斑岩与流纹质碎斑熔岩的种类和含量基本相同，但镜下结构特征有较大差异。前者斑晶多较完整，基质具微晶—细晶花岗结构，而后者斑晶多呈碎屑状、熔蚀状，长英基质多具霏细结构、球粒结构。二者宏观上无截然界线，呈渐变过渡关系，分布规律并不明显，具体划分较困难。总体上岩体边缘岩石的斑晶碎裂、熔蚀现象较明显，含少量中基性岩屑，长英基质多以霏细结构、球粒结构为主，具“碎斑熔岩”的结构特征；岩体中心，斑晶多趋于完整，基质以微晶—细粒花岗结构为主，具花岗斑岩的结构特征。

岩体产于羌北弧前盆地西南缘。岩体侵入于侏罗系碎屑岩中，侵入最晚地层为上侏罗统雪山组($J_3x$)，围岩热接触变质较弱。拉雄错北部岩基侵入于早侏罗统那底岗日组($J_1n$)的火山碎屑岩和雀莫错组($Jq$)砂岩中，在围岩接触带附近，往往有花岗斑岩呈小岩株或岩枝侵入于围岩中(图 3-9)，围岩热接触变质作用不明显。

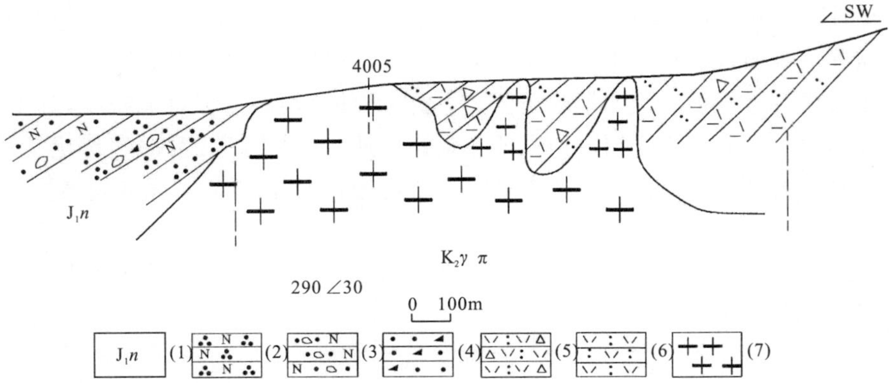


图 3-9　拉雄错北花岗斑岩呈小岩株或岩枝状侵入接触关系图

(据 1∶25 万查多岗日幅)

(1)下侏罗统那底岗日组；(2)长石石英砂岩；(3)含砾长石砂岩；(4)含砾砂岩；(5)角砾状凝灰岩；(6)凝灰岩；(7)花岗斑岩

## (二) 岩石学特征

### 1. 主要岩石类型及主要造岩矿物特征

主要岩石类型以流纹质碎斑熔岩、花岗斑岩为主，少量花岗闪长斑岩、英安质碎斑熔岩。岩石具多斑结构，且斑晶多具熔蚀、碎裂等特征。花岗斑岩与流纹质碎斑熔岩在矿物成分上并无差别，但二者镜下结构有较大差异(图版 3-4、图版 3-5、图版 3-6、图版 3-7)。前者斑晶多较完整，基质具微晶—细粒花岗结构，而后者斑晶多呈碎屑状、熔蚀状，长英基质多具霏细结构、球粒结构。

流纹质碎斑熔岩：浅灰白色、浅肉红色，碎斑结构(图版 3-4、图版 3-5)，基质具霏细结构、球粒结构，块状构造，局部具流纹构造。斑晶多具熔蚀、碎裂等现象，碎斑呈熔蚀状、碎屑状；基质主要由霏细状长英矿物组成，局部具球粒结构、微晶结构。其主要造岩矿物特征如表 3-8 所示。副矿物主要有：磷灰石、锆石、磁铁矿等。次生蚀变主要为粘土矿物化、方解石化、绿泥石化、褐铁矿化等。

多斑状花岗斑岩：浅灰白色、浅肉红色，多斑结构，基质具微晶结构、细粒花岗结构(图版 3-6、图版 3-7)，块状构造。斑晶多较完整，少数呈熔蚀状，碎斑呈碎屑状。其主要造岩矿物特征如表 3-9 所示。副矿物主要有：磷灰石、锆石、磁铁矿、磷钇矿等。次生蚀变主要为绿泥石化、粘土矿物化、方解石化、褐铁矿化等。

花岗闪长斑岩：灰白色，岩石具多斑状结构，基质具指纹结构，块状构造。斑晶(50%～60%)：以中长石(90%)为主，次为普通角闪石 10%，石英小于 5%；基质(40%～60%)：由钾长石、石英及小颗粒斜长石组成。副矿物有磷灰石、磁铁矿、锆石、磷钇矿。次生矿物绢云母、黑云母和绿泥石。石英具熔蚀现象。

### 2. 副矿物特征

据 2 个人工重砂分析结果，有副矿物共 12 种，主要以磁铁矿、钛铁矿、磷灰石、锆石、电气石、独居石组合，含少量的方铅矿、闪锌矿、锡石、泡铋矿及自然铅等有色金属矿物。锆石晶体以无色、浅玫瑰色为主，部分无色者被铁质染成浅褐黄色，半透明—透明，成柱状，大部分晶体不完整，有的颗粒有气孔存在，个别颗粒裂纹里有黑色包裹物。部分较完整的晶形以单形{110}、{110}聚晶为主，颗粒较细小，长 0.05mm～

0.2mm，宽不大于0.1mm，长宽比以2：1为主，少数为3：1或1：1。

**表3-8　流纹质碎斑熔岩主要造岩矿物特征**

| 斑晶(43%～50%) | | | 基质(50%～57%) |
|---|---|---|---|
| 成分 | 含量(%) | 形态特征 | |
| 石英 | 18～22 | 多呈棱角状、弧形爆裂状、尖角状(个小者)，多具熔蚀现象，少数呈较自形晶粒状。大小不一，多数2～4mm，大者达5mm | 多具霏细结构，局部具球粒结构、微晶结构。以霏细状长英物质为主，少部分为球粒状，个别可见长石、石英微晶。极少量的镁铁矿物假晶，偶见次闪石。局部由不同结构的长英物质与少量碎斑呈定向分布，略显流动构造。 |
| 斜长石及假晶 | 13～27 | 柱状，大小多数1～3mm，常被绢云母及尘状粘土取代 | |
| 钾长石及假晶 | 2～8 | 板状，大小多数1～3mm，被尘状粘土取代 | |
| 镁铁矿物假晶 | 2 | 柱状，大者达3mm，被阳起石、黑云母等取代 | |
| 中基性岩屑 | 0～1 | 棱角状，0.4～1mm，具包含霏细结构，铁质渲染较强 | |

注：统计薄片8块。

**表3-9　花岗斑岩主要造岩矿物特征**

| 斑晶(31%～78%) | | | 基质(22%～69%) |
|---|---|---|---|
| 成分 | 含量(%) | 形态特征 | |
| 石英 | 15～23 | 多完整，呈浑圆粒状、自形晶等轴粒状，少数呈棱角状。大小不一，多数2～4mm，大者达6mm，有时呈聚斑出现 | 具微晶结构、细粒花岗结构。石英8%～25%、钾长石12%～22%、斜长石(An31-32)5%～8%、黑云母及假晶2% |
| 斜长石及假晶 | 13～43 | 半自形柱状，柱长多数1～6mm，常被绢云母及尘状粘土取代 | |
| 钾长石及假晶 | 3～18 | 半自形—他形，短柱状，大小多数1.5～6mm，被尘状粘土取代 | |
| 黑云母及假晶 | <1 | 厚板状，厚1～2.5mm，多被绿泥石、方解石交代 | |

注：统计薄片4块。

## (三) 岩石化学及地球化学特征

### 1. 岩石化学特征

代表性样品共10个，其中图区内8个，西邻1：25万查多岗日幅2个。它们均具相同的岩石化学及地球化学特征，为了能较全面地论述，本报告将其一并列出论述。岩石氧化物百分含量及特征值如表3-5所示，去挥发组分($H_2O^+$、$CO_2$)重新换算百分百后，岩石$SiO_2$含量72.82%～79.19%，平均值76.28%，低$Al_2O_3$12.10%～13.06%，富碱($K_2O+Na_2O$)6.25%～8.37%，高$K_2O$4.57%～8.25%，$K_2O$含量远远高于$Na_2O$含量，具高硅低铝，富碱、富钾的特点。CIPW标准矿物组合为C-Q-Or-Ab-An-Hy铝过饱和类型，A/NKC值1.10～1.59，为强过铝质岩石。在亚碱性岩$K_2O-SiO_2$分类图解中(图3-10)，岩石样品投点均落于高钾钙碱性岩

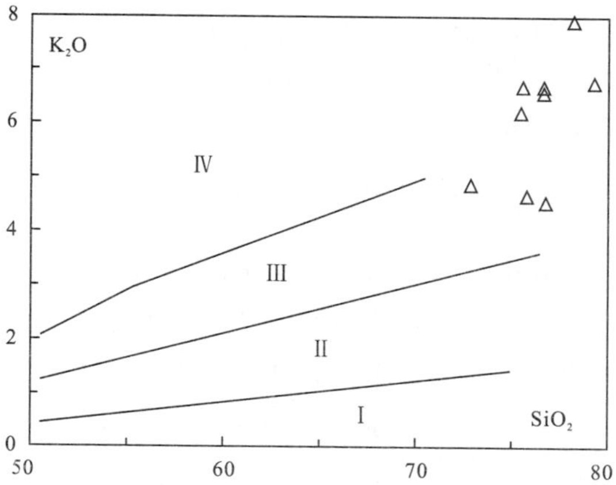


图3-10　亚碱性岩$K_2O-SiO_2$分类图解

(据Le Maitre等，1989)

Ⅰ.低钾拉斑玄武岩系列；Ⅱ.钙碱性系列

Ⅲ.高钾钙碱性系列；Ⅳ.钾玄岩系列

系列。岩浆分异程度(DI 值 84.59～94.80)极高,随 $SiO_2$ 含量的增加,$K_2O$ 含量显著增加,$Na_2O$ 含量显著减少,而全碱($K_2O+Na_2O$)含量相对稳定。

**2. 稀土元素特征**

岩石稀土元素含量及特征值如表 3－6。稀土总量(∑REE)$236.17\times10^{-6}$～$256.2\times10^{-6}$,平均值 $236.17\times10^{-6}$。δEu 值 0.31～0.73,中等铕亏损,$(La/Yb)_N$ 值 4.84～20.01,∑LREE/∑HREE 比值 4.25～14.81,轻稀土分馏程度较高。其稀土配分曲线[图 3－11(a)]为中等铕亏损轻稀土富集型配分曲线,各岩石样品稀土曲线配分特征基本一致,同源演化特征明显。随 $SiO_2$ 含量的增加,铕亏损加强,稀土分馏程度增高,∑LREE/∑HREE 比值减小。

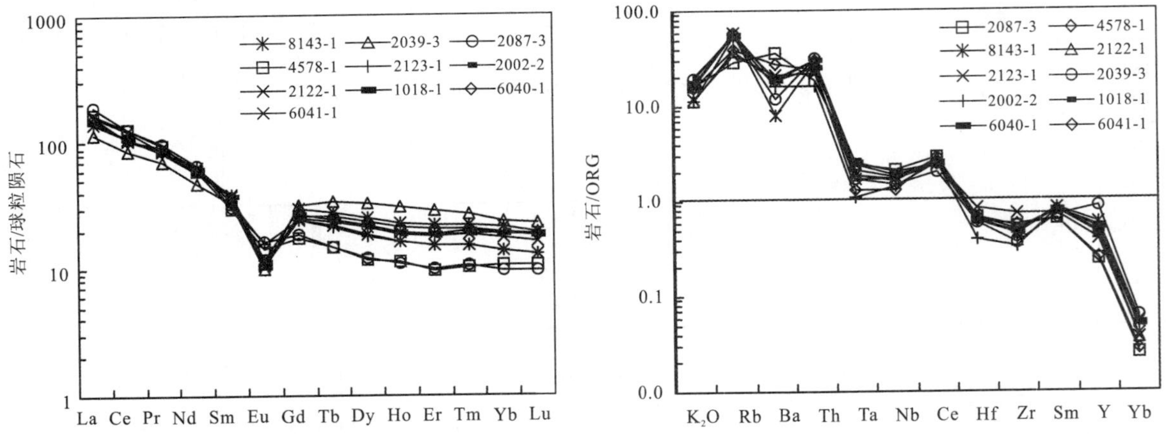


(a) 稀土元素配分曲线　　(b) 多元素ORG标准化图

图 3－11　晚白垩世侵入岩稀土元素配分曲线图及多元素 ORG 标准化图

**3.微量元素特征**

岩石微量元素含量如表 3－7 所示,与维诺格拉多夫(1962)酸性岩平均值相比,富集 Rb、Th、Ba、F 等大离子亲石元素,明显富 Ba 贫 Sr;铁族元素 V、Co、Ni、Cr 等丰度值均较低,其他元素丰度基本相当。在多元素 ORG 标准化图解上[图 3－11(b)],其地球化学型式表现为 K、Rb、Ba、Th 等大离子亲石元素(LILE)选择性强烈富集隆起,Ta、Nb、Zr、Hf 等高场强元素(HSFE)丰度相对较低或亏损,并伴有 Ce、Sm 等相对富集隆起,具 Ta、Nb 的相对亏损,随岩浆分异程度的增高,Ba 亏损愈明显,其地球化学型式兼具有火山弧和同碰撞花岗岩特征。各岩石样品的地球化学标准化曲线基本相似,除 Ba 变化较大外,其他各元素丰度相当,各曲线拟合性较好,表明其具有相同的岩浆来源。

## (四) 岩体形成的时代及构造环境探讨

从野外产出地质特征看,花岗斑岩体侵入最新地层为上侏罗统灰岩、砂岩,表明其形成时代应在晚侏罗世之后。本次工作在布若错岩体北部获得碎斑熔岩全岩 K－Ar 法同位素年龄 94.8Ma,说明该岩体的形成时代为晚白垩世。

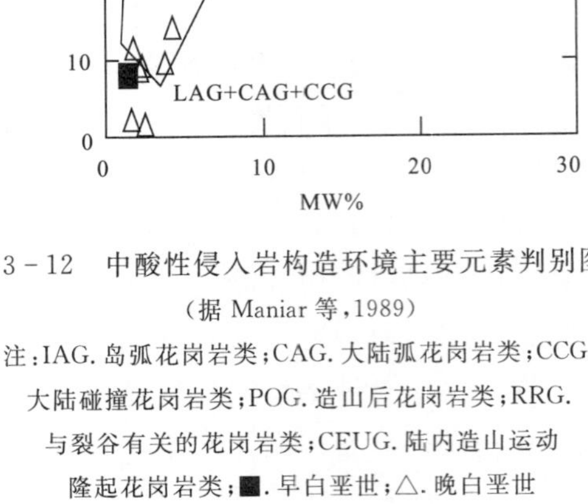


图 3－12　中酸性侵入岩构造环境主要元素判别图解

(据 Maniar 等,1989)

注:IAG. 岛弧花岗岩类;CAG. 大陆弧花岗岩类;CCG. 大陆碰撞花岗岩类;POG. 造山后花岗岩类;RRG. 与裂谷有关的花岗岩类;CEUG. 陆内造山运动隆起花岗岩类;■. 早白垩世;△. 晚白垩世

利用主微量元素图解判别其构造环境。在主要元素判别图解(据 Maniar 等,1989)上(图 3－12),样品投点多落于造山花岗岩区(IAG＋CAG＋CCG 与 POG 重叠区),大部投点在多数图解上均集中落于造山后花岗岩(POG)区，较好地反映了其为同碰撞—造山后花岗岩的特征。在花岗岩 Nb—Y 图解上[图 3-8(a)]，投点落于板内花岗岩(WPG)区与火山弧花岗岩及同碰撞花岗岩(VAG＋Syn—COLG)区的分界线附近；而在 Rb-(Y＋Nb)图解[图 3-8(b)]上，投点多落于火山弧花岗岩(VAG)区，较靠近同碰撞花岗岩(Syn-COLG)区和板内花岗岩(WPG)区；在 Rb/10-Hf-3Ta 图解上(图 3-13)，投点多落于碰撞构造背景下的花岗岩及火山弧花岗岩区附近；在 Rb/30-Hf-3Ta 图解上(图 3-13)，投点多落于火山弧花岗岩和碰撞晚期—碰撞后花岗岩区附近，个别落于同碰撞花岗岩区。表明其兼具有大陆弧花岗岩的性质。

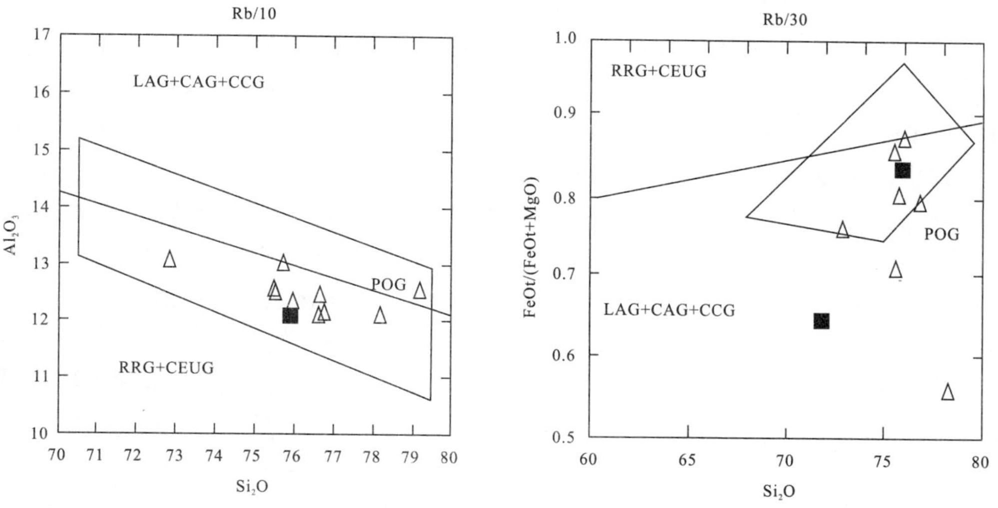


图 3-13　花岗岩 Rb/10-Hf-3Ta 和 Rb/30-Hf-3Ta 图解

关于其岩浆来源，在 C/MA 和 A/FM 摩尔比值图解(据 Alther *et al*.)上(图 3-14)，样品投点均落于变质泥岩部分熔融区，表明其岩浆起源于大陆地壳中沉积岩的源岩。从岩石化学及地球化学特征看，岩石富含 K、Rb、Th 及 REE，具中等—强的 Eu 亏损，强过铝质(A/KNC 值均大于 1.10)，均反映了岩浆源主要来自于上地壳的部分熔融，具有 S 型花岗岩(地壳熔融花岗岩)的特征。

综上所述，晚白垩世布若错花岗斑岩序列为典型的碰撞型(同碰撞—碰撞后)花岗岩，同时兼具有大陆弧花岗岩特征，为燕山晚期陆—陆或弧—陆碰撞造山阶段的产物。

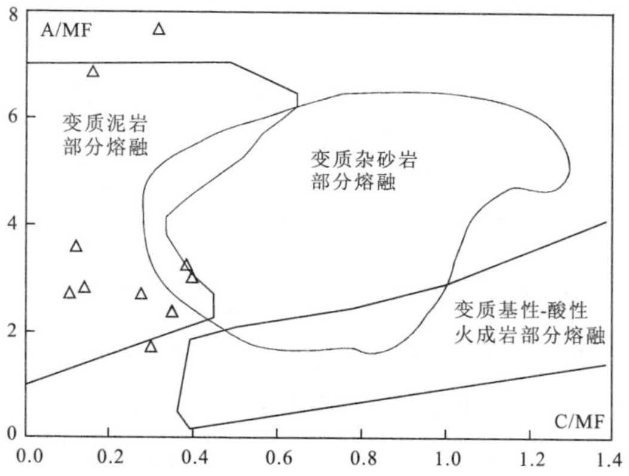


图 3-14　花岗岩 C/MA 和 A/FM 摩尔比值图解
(据 Alther *et al*.)

# 第三节　火山岩

图区火山岩分布广泛(图 3-1)，从中三叠世至渐新世均有火山活动。其形成环境多样，岩石成因类型复杂，具有多期次、多旋回喷溢—喷发—沉积的特点(表 3-1)。

中—晚三叠世，主要为海相基性火山岩。早侏罗世—渐新世主要为海陆交互相或陆相火山岩，以中酸性火山岩、碱性火山岩为主，少量基性火山岩。

图区火山岩采用岩石地层—火山岩相双重填图方法，参照沉积岩岩石地层工作方法，划分正式岩石地层单位。其中四熊沟-丛岭坡一带的中—晚三叠世火山岩，已遭受过不同程度的变质、变形改造以及构造拼贴，多呈构造岩片与蛇绿岩(残片)紧密伴生，分布于蛇绿构造混杂岩带内。其特征已在本章第一节蛇绿混杂岩中叙述。

## 一、早侏罗世火山岩

### （一）产出地质背景地

分布于图区西南部的雪源湖南东约10km和东南角石水河以南两地，主要为一套海相或海陆交互相的中酸性火山熔岩、火山碎屑岩，组成下侏罗统那底岗日组($J_1n$)的火山-沉积建造。

雪源湖、黑沙河一带，主要岩性为浅灰绿色中层状沉凝灰岩、弱熔结凝灰岩、凝灰熔岩、凝灰角砾熔岩，与不等粒砂岩等呈互层状或夹层状产出。岩石绿泥石化，层理清楚，局部具流纹构造。自下而上从凝灰角砾岩、凝灰熔岩、弱熔结凝灰岩呈韵律性旋回产出，单层厚15～40cm。与雀莫错组($J_1q$)、布曲组($J_2b$)、索瓦组($J_3s$)均呈断层接触，断续出露宽约1 200m。

石水河一带，主要为一套浅灰绿色、灰白色、褐黄色的英安岩、流纹岩、英安质—流纹质凝灰（角砾）熔岩、凝灰岩以及少量的浅灰白色杏仁状（钠质）石英粗面岩等，岩石中具气孔、杏仁状构造、流纹构造，层状构造发育。其往往与薄层状—中层状的含生物屑（骨针、放射虫）/含凝灰质硅质岩、不等粒长石砂岩、长石岩屑砂岩等，呈夹层或互层状旋回性产出（图2-8），厚度大于734m。下部以灰绿色硅化凝灰岩与薄层状硅质岩互层，少量灰白色杏仁状流纹岩；中上部为灰白色英安岩与英安质—流纹质凝灰熔岩、凝灰角砾熔岩不等厚互层，夹薄层状—中层状凝灰岩、凝灰质硅质岩、不等粒长石屑砂岩；上部主要为薄层状—中层状凝灰角砾熔岩、凝灰岩不等厚互层，少量的浅灰白色杏仁状钠质石英粗面岩。从喷发—溢流—喷发—沉积，具多旋回间歇性喷溢—沉积的特点，属滨浅海—三角洲相火山—沉积建造组合。

火山岩的时代，据西邻1∶25万查多岗日幅那底岗日组($J_1n$)伏于产早侏罗世的双壳类化石祁阳蚌—假铰蚌组合的雀莫错组($Jq$)之下，以及前人在该组火山岩获得K-Ar法、Rb-Sr法同位素年龄167～187Ma（1∶100万改则幅，1986；赵政璋等，2001；王成善等，2001；王剑等，2004），在咸水河获得该组火山岩Rb-Sr法年龄值174Ma，以及菊花山磁性地层正向极性超带年龄值197～209Ma（青藏油气勘探项目经理部，1996），说明其形成时代为早侏罗世。

### （二）岩石学特征

#### 1. 主要岩石类型及其主要造岩矿物特征

主要岩石类型有溢流相的英安岩、流纹岩及钠质石英粗面岩等，喷发相的凝灰角砾熔岩、凝灰熔岩、弱熔结凝灰岩、凝灰岩等。其主要岩石学特征如下：

英安岩：浅白灰色，风化呈浅灰绿色、褐黄色，石基具霏细结构、球粒结构的斑状结构，块状构造。斑晶（28%～50%）：主要为斜长石及其假晶16%～35%、暗色矿物及其假晶5%～14%、石英3%～10%；基质（50%～72%）：主要为长英质（微）球粒，少量霏细状似矿物。副矿物：钛铁矿、白钛石、锆石、磷灰石、榍石、褐铁矿等。次生蚀变特征：方解石化、绿泥石化、粘土矿化、褐铁矿化等。岩石中斜长石（An12-13）斑晶呈自形—半自形宽板状，大小多在0.5～2mm间，部分呈聚斑出现。暗色矿物斑晶几乎全被绿泥石取代，从外形看主要为角闪石类，部分含少量普通辉石。

流纹岩：浅白灰色，风化呈浅灰褐色、褐黄色，石基具球颗结构—霏细结构的斑状结构，块状构造、杏仁状构造。斑晶（10%～14%）：主要为长石假晶5%～8%、石英5%～6%及极少量暗色矿物假晶1%；基质（86%～90%）：主要为霏细状或球颗状长英质矿物。岩石部分具杏仁状构造，杏仁体含量约占岩石总体的10%，石英、方解石充填，由于次生石英沿杏仁体边部扩大交代，部分杏仁体扩大成球粒。次生蚀变：主要为硅化、方解石化、粘土矿化、褐铁矿化等。

钠质石英粗面岩：浅灰白色，石基具霏细结构的斑状结构，杏仁状构造。斑晶：石英10%、钠长石（An3）5%；基质：钠长石71%、石英10%，少量粘土矿物及副矿物白钛石、锆石、褐铁矿等。

凝灰角砾熔岩：浅灰白色，风化呈浅灰绿色、褐黄色，凝灰角砾结构，块状构造。凝灰碎屑（70%～82%）：主要为岩屑（25%～75%）、晶屑（7%～15%）和少量玻屑（3%～5%），以2mm以上的凝灰角砾为主，少量小于2mm的凝灰碎屑。岩屑成分主要为具球粒结构的英安岩，以及流纹岩、石英钠长斑岩等。

晶屑成分则主要为斜长石、石英和少量的暗色矿物假晶；熔岩物质(18%～30%)：主要为霏细状长英矿物，少量交代蚀变的方解石、绿泥石等。

凝灰熔岩：浅灰白色，风化呈浅灰绿色，凝灰碎屑结构、霏细结构，块状构造。凝灰碎屑(45%～55%)：粒度多在0.5～2mm间，主要为岩屑(25%～35%)、晶屑(15%)和少量玻屑(5%)。岩屑成分主要由霏细状长英矿物组成，结构、成分均与胶结物熔岩相似。晶屑以石英为主，少量斜长石。玻屑均已脱玻，被长英矿物或绿泥石取代；熔岩物质(45%～55%)：主要为霏细状长英矿物。

弱熔结凝灰岩：浅灰白色，风化呈浅灰绿色，弱熔结凝灰结构。晶屑(25%～30%)：以石英为主，含量达20%～25%，次为长石(已全被粘土矿物取代)；岩屑(20%)：主要为熔岩岩屑；浆屑和玻屑(50%～55%)：均被粘土矿物、石英和褐铁矿取代，呈火焰状，其间分布着石英晶屑(图版3—8)。

凝灰岩：浅灰白色，风化呈浅黄绿色、浅灰绿色，凝灰碎屑结构，块状构造。凝灰碎屑粒度多在0.5mm以下，以玻屑为主，少量岩屑、晶屑。它们均已被微粒石英、绢云母、长石等取代，但鸡骨状外形仍保留。次生蚀变：硅化、方解石化。

**2. 副矿物特征**

据3个人工重砂样品的分析结果，副矿物共有14种，主要为磁铁矿、钛铁矿、磷灰石、锆石、石榴石、重晶石组合，少量的方铅矿、闪锌矿等有色金属矿物。锆石含量较少，晶体以浅玫瑰色为主，少数为无色，半透明—透明，部分颗粒中有少量黑色包裹物。晶形主要以单形{110}、{111}聚晶为主，颗粒较细小，长不大于0.2mm，宽不大于0.8mm，长宽比3∶1～5∶1，部分颗粒有熔蚀再生现象，有几颗成浑圆柱状、粒状。

## (三) 岩石化学及地球化学特征

**1. 岩石化学特征**

代表性样品共5个，岩石氧化物百分含量及特征值如表3-10所示。

雪源湖南东火山岩共有样品3个(均为凝灰熔岩)，去水后$SiO_2$含量在75.91%～79.67%间，低$Al_2O_3$ 9.81%～12.15%，富碱($K_2O+Na_2O$)5.87%～8.45%，富$K_2O$ 2.40%～8.16%。CIPW标准矿物组合为C-Q-Or-Ab-An-Hy铝过饱和类型，A/NKC值1.24～1.27，为强过铝质岩石。在岩石化学分类TAS图上(图3-15)，样品投点分别落于英安岩—流纹岩区。在$K_2O$-$SiO_2$亚碱性岩分类图解中(图3-16)，样品投点落于钙碱性—高钾钙碱性系列。

石水河火山岩共有样品2个，去水后$SiO_2$含量在70.35%～86.61%间，$Al_2O_3$ 8.26%～13.16%，全碱($K_2O+Na_2O$)3.50%～5.53%，$K_2O$含量低于$Na_2O$含量。CIPW标准矿物组合为C-Q-Or-Ab-An-Hy铝过饱和类型，A/NKC值1.16～1.47，为强过铝质岩石。其中的3051-9样品(硅化凝灰岩)$SiO_2$含量异常偏高，与岩石样品硅化有关。在岩石化学分类TAS图上(图3-15)，样品投点分别落于英安岩—流纹岩区。在$K_2O$-$SiO_2$亚碱性岩分类图解中(图3-16)，样品投点落于钙碱性系列。石水河和雪源湖南东的火山岩的岩石化学特征基本相同，总体具高硅、富碱，低铝的特点，随$SiO_2$含量的增加，$K_2O$含量增加，而$Na_2O$含量相对减少，具陆缘火山弧的高钾钙碱性火山岩组合特征。

**2. 稀土元素特征**

岩石稀土总量($\sum$REE)$142.27\times10^{-6}$～$273.41\times10^{-6}$，平均值$218.54\times10^{-6}$，$\delta$Eu值0.53～0.79，多具中等Eu亏损，$(La/Yb)_N$值5.87～12.95，$\sum$LREE/$\sum$HREE比值7.55～20.05，轻稀土分馏程度较高，相对富轻稀土。其稀土配分曲线如图3-17(a)所示，除5132-5号样$\sum$REE异常性偏低外，其余多为中等铕亏损轻稀土富集型配分曲线，各样品REE曲线基本相似，反映了同源岩浆演化的特征。

**表 3-10　中新生代火山岩氧化物百分含量及特征值**

| 时代 | 岩石名称 | 采样地点 | 样品编号 | $SiO_2$ | $TiO_2$ | $Al_2O_3$ | $Fe_2O_3$ | FeO | MnO | MgO | CaO | $Na_2O$ | $K_2O$ | $P_2O_5$ | $H_2O^+$ | $CO_2$ | total | A/NKC | $\sigma$ |
|---|---|---|---|---|---|---|---|---|---|---|---|---|---|---|---|---|---|---|---|
| | 石英粗安岩 | 双泉湖 | 9099 | 71.98 | 0.34 | 14.79 | 1.34 | 0.32 | 0.01 | 0.43 | 2.44 | 2.84 | 3.82 | 0.10 | 1.23 | 0.11 | 99.75 | 1.12 | 1.52 |
| | 块状玄武岩 | 双泉湖 | 9096 东 | 50.65 | 2.53 | 13.86 | 3.86 | 5.75 | 0.16 | 5.36 | 7.53 | 2.87 | 4.11 | 1.63 | 0.89 | 0.17 | 99.37 | 0.61 | 5.92 |
| $E_3y$ | 杏仁状玄武岩 | 双泉湖 | 9096 | 48.14 | 3.17 | 17.67 | 12.28 | 0.40 | 0.11 | 0.85 | 3.86 | 2.18 | 5.29 | 2.04 | 3.43 | 0.11 | 99.53 | 1.08 | 8.47 |
| | 石英粗安岩 | 双泉湖 | 9099 * | 71.21 | 0.30 | 14.47 | 2.10 | | 0.00 | 0.33 | 2.01 | 2.88 | 3.78 | 0.05 | 3.20 | | | | 1.55 |
| | 块状玄武岩 | 双泉湖 | 9096 -东 * | 50.82 | 2.50 | 14.13 | 9.76 | | 0.14 | 5.97 | 6.89 | 3.33 | 3.96 | 1.55 | 0.49 | | | | 6.51 |
| | 黝方石响岩 | 红阳山 | 4552-10 | 56.39 | 0.37 | 19.89 | 3.04 | 0.68 | 0.22 | 0.23 | 2.38 | 6.66 | 7.68 | 0.04 | 1.14 | 0.46 | 99.18 | 0.84 | 14.60 |
| | 霓辉粗面岩 | 红阳山 | 4551-1 | 58.74 | 0.86 | 15.74 | 3.33 | 1.92 | 0.1 | 2.12 | 4.73 | 3.57 | 6.84 | 0.62 | 0.62 | 0.06 | 99.25 | 0.72 | 6.72 |
| | 霓辉粗面岩 | 红阳山 | 4552-2 | 59.13 | 0.81 | 15.46 | 3.78 | 1.02 | 0.1 | 1.53 | 4.93 | 3.76 | 7.23 | 0.53 | 0.47 | 0.41 | 99.16 | 0.67 | 7.28 |
| | 霓辉白榴粗面岩 | 红阳山 | 4554-1 | 57.86 | 0.42 | 19.21 | 2.16 | 0.97 | 0.13 | 0.89 | 2.86 | 4.44 | 7.27 | 0.08 | 3.02 | 0.15 | 99.46 | 0.94 | 8.65 |
| $E_3y$ | 霓辉粗面岩 | 红阳山 | 4551-2 * | 55.60 | 0.65 | 16.45 | 5.50 | | 0.13 | 1.28 | 4.62 | 4.04 | 7.70 | 0.28 | 3.01 | | 99.26 | | 10.08 |
| | 响岩质白榴石岩 | 红阳山 | 4551-3 * | 48.53 | 1.20 | 12.21 | 9.53 | | 0.20 | 4.17 | 9.46 | 3.30 | 7.97 | 1.05 | 2.21 | | 99.83 | | 19.84 |
| | 霓辉粗面岩 | 红阳山 | 4552-1 * | 54.28 | 0.90 | 16.07 | 6.25 | | 0.12 | 4.17 | 6.81 | 1.32 | 7.09 | 0.68 | 2.41 | | 100.09 | | 5.89 |
| | 白榴石响岩 | 红阳山 | 4552-5 * | 52.64 | 0.75 | 16.07 | 6.15 | | 0.15 | 3.08 | 6.82 | 4.27 | 7.69 | 0.58 | 1.93 | | 100.12 | | 13.99 |
| | 白榴石响岩 | 红阳山 | 4552-7 * | 54.43 | 0.61 | 16.85 | 5.34 | | 0.15 | 1.60 | 5.29 | 3.69 | 8.22 | 0.29 | 2.71 | | 99.18 | | 11.35 |
| | 凝灰熔岩 | 雪源湖 E | 5132-5 | 76.79 | 0.24 | 11.92 | 0.5 | 1.12 | 0.03 | 1.03 | 0.67 | 3.41 | 2.35 | 0.05 | 1.5 | 0.26 | 99.87 | 1.27 | 0.98 |
| | 熔结凝灰岩 | 雪源湖 E | 5132-3 | 74.77 | 0.24 | 11.85 | 2.6 | 0.18 | 0.01 | 0.28 | 0.23 | 0.28 | 8.04 | 0.02 | 1.18 | 0.04 | 99.72 | 1.24 | 2.17 |
| $J_1n$ | 凝灰熔岩 | 雪源湖 E | 6113-1 | 78.51 | 0.22 | 9.67 | 2.55 | 0.17 | 0.02 | 0.55 | 0.25 | 0.23 | 6.34 | 0.03 | 1.21 | 0.02 | 99.77 | 1.26 | 1.21 |
| | 硅化岩屑凝灰岩 | 石水河 | 3051-9 | 85.21 | 0.13 | 8.13 | 0.47 | 0.37 | 0.01 | 0.21 | 0.39 | 1.95 | 1.49 | 0.02 | 1.29 | 0.2 | 99.87 | 1.47 | 0.28 |
| | 英安岩 | 石水河 | 3051-14 | 67.6 | 0.66 | 12.65 | 1.82 | 3.12 | 0.06 | 3.02 | 1.76 | 3.5 | 1.81 | 0.09 | 2.71 | 1.01 | 99.81 | 1.16 | 1.12 |

测试单位:武汉综合岩矿测试中心,其中样品编号加“*”号为广州地球化学研究所提供。铝过饱和指数 A/NKC= $Al_2O_3/(Na_2O+K_2O+CaO)$分子数比值,里特曼指数 $\sigma=(Na_2O+K_2O)^2/(SiO_2-43)$。

表 3-11 中新生代火山岩稀土元素含量及特征值

| 样品编号 | La | Ce | Pr | Nd | Sm | Eu | Gd | Tb | Dy | Ho | Er | Tm | Yb | Lu | Y | ΣREE | δEu | (La/Yb)$_N$ | L/HREE |
|---|---|---|---|---|---|---|---|---|---|---|---|---|---|---|---|---|---|---|---|
| 9099 | 41.97 | 69.35 | 7.66 | 23.31 | 3.6 | 0.88 | 2.43 | 0.32 | 1.5 | 0.25 | 0.56 | 0.07 | 0.36 | 0.05 | 5.5 | 157.81 | 0.86 | 78.60 | 26.49 |
| 9096 东 | 182.4 | 354.1 | 42.29 | 147.9 | 23.49 | 6.17 | 16.54 | 2.01 | 9.46 | 1.63 | 3.73 | 0.5 | 2.62 | 0.37 | 35.8 | 829.01 | 0.91 | 46.94 | 20.52 |
| 9096 | 246.5 | 399.8 | 56.87 | 198.2 | 30.52 | 7.26 | 19.86 | 2.4 | 11.11 | 1.84 | 3.92 | 0.48 | 2.55 | 0.34 | 35.57 | 1 017.22 | 0.85 | 65.17 | 22.10 |
| 9099 * | 40.89 | 66.48 | 6.745 | 21.4 | 3.232 | 0.678 | 1.818 | 0.261 | 1.276 | 0.214 | 0.565 | 0.081 | 0.532 | 0.09 | 6.317 | 150.574 | 0.78 | 51.82 | 28.85 |
| 9096 * | 149.8 | 303.6 | 32.45 | 114.9 | 17.14 | 4.667 | 9.515 | 1.328 | 6.226 | 0.973 | 2.426 | 0.312 | 1.974 | 0.29 | 22.3 | 667.896 | 1.02 | 51.16 | 27.02 |
| 9096-东 * | 182.3 | 368.9 | 40.8 | 150.1 | 23.87 | 5.86 | 14.17 | 1.923 | 9.113 | 1.492 | 3.579 | 0.451 | 2.713 | 0.41 | 37.31 | 842.992 | 0.90 | 45.30 | 22.80 |
| 4552-10 | 419.5 | 612.7 | 55.88 | 158.4 | 21.45 | 4.81 | 13.9 | 1.77 | 8.53 | 1.71 | 4.21 | 0.64 | 3.94 | 0.60 | 43.94 | 1 351.98 | 0.80 | 71.78 | 36.05 |
| 4551-1 | 245.4 | 451.3 | 49.24 | 162.4 | 23.97 | 5.74 | 15.2 | 1.93 | 8.52 | 1.34 | 2.59 | 0.34 | 1.9 | 0.28 | 27.71 | 997.86 | 0.86 | 87.08 | 29.22 |
| 4552-2 | 288.1 | 478.9 | 52.1 | 167.4 | 24.56 | 5.84 | 16.14 | 2.08 | 9.33 | 1.52 | 3.08 | 0.43 | 2.42 | 0.36 | 30.22 | 1 082.48 | 0.84 | 80.26 | 28.76 |
| 4554-1 | 323 | 522 | 48.9 | 138.8 | 19.1 | 4 | 11.56 | 1.44 | 6.5 | 1.24 | 2.88 | 0.44 | 2.68 | 0.40 | 31.12 | 1 114.06 | 0.76 | 81.26 | 38.90 |
| 4551-2 * | 283.5 | 508.2 | 50.72 | 169.8 | 25.15 | 5.713 | 13.1 | 1.764 | 7.768 | 1.246 | 3.066 | 0.389 | 2.537 | 0.38 | 35.03 | 1 108.37 | 0.87 | 75.34 | 34.48 |
| 4551-3 * | 373.5 | 732.8 | 76.18 | 281.4 | 45.43 | 10.23 | 27.27 | 3.355 | 14.57 | 2.204 | 5.092 | 0.592 | 3.658 | 0.53 | 59.98 | 1 636.79 | 0.82 | 68.84 | 26.53 |
| 4552-1 * | 330.8 | 605.7 | 66.89 | 235.2 | 33.53 | 7.551 | 17.47 | 2.097 | 9.09 | 1.402 | 3.48 | 0.429 | 2.655 | 0.40 | 36.65 | 1 353.34 | 0.86 | 84.00 | 34.57 |
| 4552-5 * | 366.1 | 606 | 59.95 | 196.4 | 27.69 | 6.396 | 13.46 | 1.86 | 8.223 | 1.278 | 3.173 | 0.405 | 2.564 | 0.38 | 37.19 | 1 331.07 | 0.90 | 96.26 | 40.29 |
| 4552-7 * | 350.5 | 580.1 | 56.27 | 180.5 | 25.65 | 5.973 | 12.56 | 1.818 | 8.48 | 1.365 | 3.471 | 0.465 | 2.909 | 0.44 | 39.02 | 1 269.52 | 0.90 | 81.23 | 38.06 |
| 5132-3 | 56.62 | 103.9 | 12.22 | 43.59 | 7.23 | 1.14 | 5.5 | 0.9 | 5.23 | 1.16 | 3.3 | 0.53 | 3.22 | 0.47 | 28.4 | 273.41 | 0.53 | 11.85 | 11.06 |
| 5132-5 | 51.28 | 86.17 | 8.61 | 26.15 | 3.6 | 0.84 | 2.73 | 0.39 | 2.17 | 0.47 | 1.28 | 0.21 | 1.35 | 0.21 | 12.49 | 197.95 | 0.79 | 25.61 | 20.05 |
| 6113-1 | 54.03 | 96.76 | 11 | 40.35 | 7.37 | 1.4 | 5.82 | 0.89 | 4.99 | 1.01 | 2.85 | 0.47 | 2.88 | 0.43 | 24.12 | 254.37 | 0.63 | 12.65 | 10.91 |
| 3051-9 | 46.66 | 86.44 | 10.13 | 35.53 | 6.04 | 1.04 | 5.43 | 0.83 | 4.49 | 0.93 | 2.5 | 0.39 | 2.43 | 0.37 | 21.51 | 224.72 | 0.54 | 12.95 | 10.70 |
| 3051-14 | 28.04 | 46.07 | 6.31 | 22.66 | 4.28 | 0.94 | 4.08 | 0.65 | 3.74 | 0.79 | 2.17 | 0.34 | 2.23 | 0.35 | 19.62 | 142.27 | 0.68 | 8.48 | 7.55 |

测试单位:武汉综合岩矿测试中心,其中样品编号加"*"号为广州地球化学研究所提供。计量单位:μg/g。

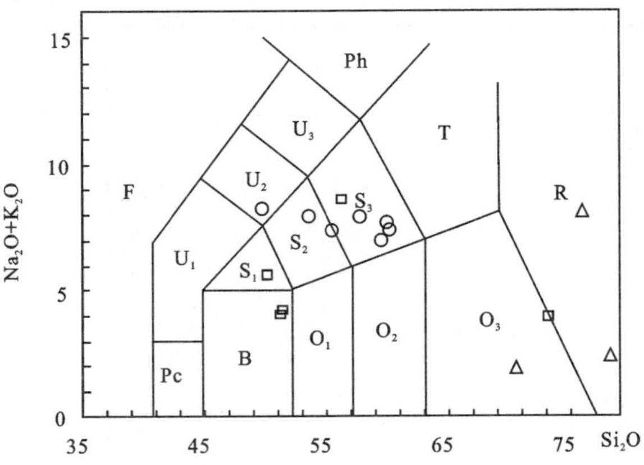


图 3-15　中、新生代火山岩 TAS 图解

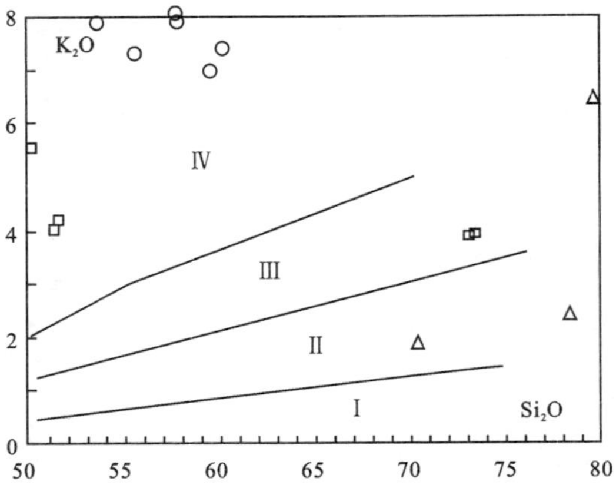


图 3-16　中、新生代火山岩 $K_2O-SiO_2$ 分类图解

(据 Le Bas、Le Maitre 等,1989)(据 Le Maitre 等,1989)

长石岩;Pc. 苦橄玄武岩;$U_1$. 碱玄岩+碧玄岩;$U_2$. 响岩质碱玄岩;

. 碱玄质响岩;Ph. 响岩;$S_1$. 粗面玄武岩;$S_2$. 玄武质粗面安山岩;

粗面安山岩;T. 粗面岩+粗面英安岩;B. 玄武岩;$O_1$. 玄武安山岩;

$O_2$. 安山岩;$O_3$. 英安岩;R. 流纹岩

玄武岩系列;Ⅱ. 钙碱性系列;Ⅲ. 高钾钙碱性系列;Ⅳ. 橄榄粗玄岩系列;

△. 早侏罗世;○. 红阳山;□. 双泉湖

### 3. 微量元素特征

岩石微量元素如表 3-12 所示。与维诺格拉多夫(1962)酸性岩各元素平均值相比,Sr、Rb、Th、Ta、Nb 等均偏低;而 Sc、Ba、Hf 等略高,明显富 Ba 贫 Sr,部分样品 Ba 含量异常性偏高,其他元素丰度基本相当。在多元素 MORB 标准化图解上[图 3-17(b)],其地球化学型式具大陆性火山弧型高钾钙碱性火山岩特征,表现为不相容元素 K、Rb、Ba、Th 等选择性强烈富集隆起,并伴有 Ce、Sm 等相对富集隆起,其"三隆起"特征明显。高场强元素(HSFE)Ta、Nb 相对亏损,但含量仍高于 MORB3~5 倍,特别是 Zr、Hf 呈正异常隆起。总体表现为陆缘火山弧的高钾钙碱性火山岩的岩石地球化学特征,各样品标准化曲线基本相似,除活动元素 Sr、K、Rb、Ba 及 P、Ti 丰度略有变化外,其他元素投点拟合性较好,表明其均来自于同一岩浆源,具同源岩浆演化的特征。

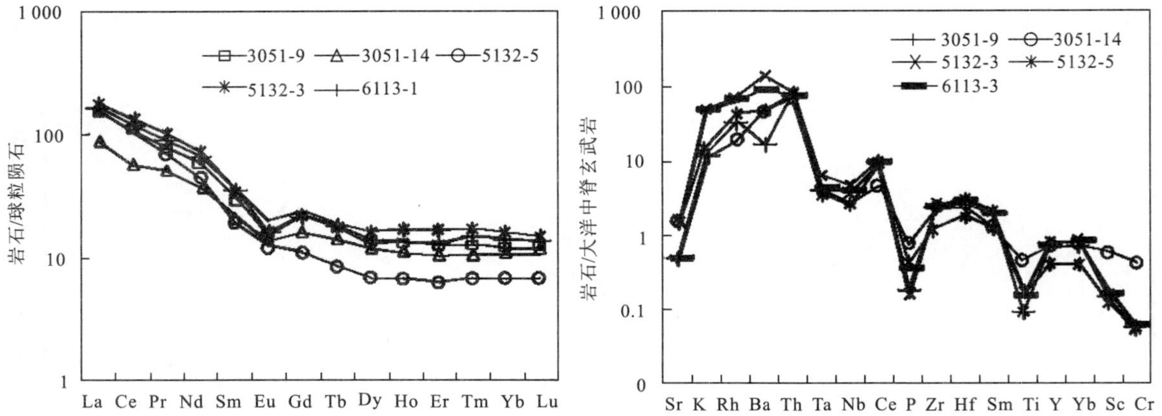


(a)稀土元素配分曲线　　(b)含元素MORB标准化图

图 3-17　早侏罗世火山岩稀土元素配分曲线图及多元素 MORB 标准化图

## (四)火山岩形成的构造环境探讨

图区早侏罗世火山岩主要为钙碱性—高钾钙碱性英安岩—流纹岩系列。在中酸性火山岩 $\lg\tau-\lg\sigma_{25}$ 构造判别图解(图 3-18)上,其投点均落于 B 区(消减带火山岩区),反映了其活动陆缘火山弧的性质。从其岩石化学及地球化学特征看,其兼具有火山弧(活动陆缘)和同碰撞火山岩特征,反映了挤压背景下的活动大陆边缘碰撞型

火山岩的特点,其可能是一种滞后型的弧火山活动,代表了印支造山运动后陆内俯冲阶段的产物。

**表 3-12　中新生代火山岩微量元素含量**

| 样品编号 | Li | Be | Nb | Sc | Ga | Zr | Th | Sr | Ba | V | Co | Cr | Ni | Cu | Pb |
|---|---|---|---|---|---|---|---|---|---|---|---|---|---|---|---|
| 9099 | 31.9 | 2.4 | 11.9 | 2.8 | 24.6 | 174 | 26.2 | 311 | 768 | 30.3 | 10.1 | 10.1 | 14.5 | 15.2 | 24.9 |
| 9096 东 | 7.1 | 4.8 | 49 | 15.5 | 20.3 | 485 | 37.7 | 2 221 | 2 166 | 132 | 51.5 | 86.7 | 136 | 33.6 | 46.4 |
| 9096 | 23.3 | 5.2 | 70.8 | 21.3 | 29.8 | 613 | 51.2 | 912 | 1 641 | 154 | 45.1 | 109 | 98.4 | 43.7 | 43.9 |
| 9099 * | | | 9.2 | 2.9 | 18.4 | 133.8 | 21 | 250 | 835 | 21 | 2.2 | 12 | 3 | 8 | 26 |
| 9096 * | | | 63.5 | 17.1 | 26.4 | 637.5 | 38 | 817 | 2 523 | 164 | 47.7 | 153 | 71 | 33 | 47 |
| 9096-东 * | | | 49.3 | 16.1 | 21.5 | 500.4 | 42 | 2 260 | 1 884 | 143 | 27.9 | 116 | 96 | 25 | 61 |
| 4551-2 * | | | 37.4 | 5.3 | 24.7 | 783.7 | 97 | 3 298 | 3 231 | 84 | 8.4 | 10 | 7 | 14 | 303 |
| 4551-3 * | | | 44.4 | 19.9 | 21.1 | 1 306.5 | 109 | 4 593 | 10 253 | 186 | 22.9 | 25 | 17 | 61 | 85 |
| 4552-1 * | | | 30.3 | 11.1 | 20.9 | 602.3 | 88 | 4 635 | 4 686 | 100 | 16.3 | 109 | 67 | 24 | 174 |
| 4552-5 * | | | 40.6 | 10.5 | 22.8 | 789.6 | 108 | 4 745 | 3 531 | 97 | 15.3 | 66 | 35 | 28 | 205 |
| 4552-7 * | | | 57.5 | 5.5 | 23.4 | 1 238.9 | 139 | 3 622 | 2 238 | 77 | 8.4 | 27 | 11 | 14 | 151 |
| 4552-10 | 44 | 20 | 70 | 0.72 | 38 | 1 675 | 170 | 1 288 | 461 | 115 | 5.7 | <5 | 6.3 | 7 | 152 |
| 4551-1 | 37 | 7.8 | 29 | 8.3 | 22 | 588 | 81 | 2 303 | 2 973 | 130 | 18 | 29 | 31 | 32 | 124 |
| 4552-2 | 42 | 10 | 41 | 6.3 | 21 | 591 | 110 | 2 602 | 3 158 | 115 | 17 | 23 | 28 | 23 | 161 |
| 4554-1 | 56 | 15 | 69 | 1.1 | 31 | 1 292 | 127 | 1 127 | 388 | 102 | 7.5 | <5 | 11 | 8.5 | 191 |
| 5132-5 | 26 | 1.1 | 8 | 4.5 | 9.5 | 109 | 13 | 133 | 885 | 27 | 5.1 | 13 | 9.1 | 23 | 3.3 |
| 5132-3 | 8.8 | 1.5 | 16 | 8 | 13 | 231 | 17 | 58 | 2 635 | 18 | 4.2 | 9.1 | 6.8 | 7.3 | 9.6 |
| 6113-1 | 6.6 | 1.2 | 13 | 7.1 | 11 | 206 | 14 | 46 | 1 824 | 11 | 2.6 | 15 | 7.4 | 4.3 | 8 |
| 3051-9 | 12 | 1.4 | 12 | 5.9 | 7.8 | 187 | 16 | 53 | 347 | 9 | 2 | 12 | 4.7 | 24.0 | 7.6 |
| 3051-14 | 31 | 1.2 | 9 | 23 | 11 | 208 | 11 | 171 | 890 | 129 | 15 | 102 | 18 | 13.0 | 14 |

| 样品编号 | Zn | W | Mo | As | B | Sn | Sb | Au | Ag | Rb | Ta | U | Hf | F | Cl |
|---|---|---|---|---|---|---|---|---|---|---|---|---|---|---|---|
| 9099 | 63.4 | 1.53 | 0.6 | 2.4 | 24.4 | 1 | 0.07 | 0.51 | 0.046 | 172 | 1.2 | 4.38 | 4.9 | 295 | 0.022 2 |
| 9096 东 | 126 | 0.75 | 2.47 | 1.2 | 3.6 | 2.2 | 0.09 | 2.38 | 0.083 | 75.9 | 2.78 | 5.44 | 11.5 | 1 982 | 0.016 1 |
| 9096 | 139 | 1.93 | 1.88 | 37.5 | 35.2 | 2.2 | 0.58 | 0.65 | 0.051 | 140 | 4.07 | 6.4 | 17.3 | 1 966 | 0.226 4 |
| 9099 * | 58 | | | | | | | | | 164 | 0.62 | 3.8 | 3.4 | | |
| 9096-东 * | 141 | | | | | | | | | 147 | 2.93 | 5.8 | 10.6 | | |
| 9096 * | 124 | | | | | | | | | 69 | 3.76 | 5.7 | 14.0 | | |
| 4552-10 | 164 | 4.4 | 3.3 | 9.1 | 41 | 2.4 | 0.49 | 0.75 | 0.091 | 349.1 | 2.3 | 19 | 44 | 4 137 | 0.32 |
| 4551-1 | 102 | 5.5 | 1.3 | 7.3 | 8 | 1.7 | 0.28 | 0.45 | 0.024 | 210.8 | 1.5 | 6.2 | 13 | 2 168 | 0.017 |
| 4552-2 | 111 | 4.1 | 0.8 | 3.1 | 17 | 2.4 | 0.23 | 1.5 | 0.039 | 234 | 1.9 | 14.4 | 14 | 2 122 | 0.005 |
| 4554-1 | 118 | 1.8 | 0.47 | 9.2 | 28 | 1.7 | 0.31 | 0.56 | 0.077 | 277.3 | 2.8 | 4 | 34 | 2 350 | 0.026 |
| 4551-2 * | 101 | | | | | | | | | 242 | 1.63 | 4.2 | 15.4 | | |
| 4551-3 * | 138 | | | | | | | | | 272 | 1.88 | 12.8 | 22.5 | | |
| 4552-1 * | 99 | | | | | | | | | 140 | 1.66 | 11.7 | 12.0 | | |
| 4552-5 * | 99 | | | | | | | | | 238 | 1.68 | 19.8 | 14.5 | | |
| 4552-7 * | 111 | | | | | | | | | 295 | 2.26 | 31.2 | 19.6 | | |
| 5132-5 | 66 | 0.64 | 0.24 | 1.6 | 17 | 1.2 | 0.12 | 0.48 | 0.028 | 83 | 0.57 | 1.8 | 4.3 | 180 | 0.014 |
| 5132-3 | 23 | 1.3 | 0.61 | 8.3 | 36 | 1.4 | 0.38 | 0.63 | 0.027 | 136 | 1.1 | 1.8 | 7.4 | 196 | 0.016 |
| 6113-1 | 36 | 1.5 | 0.57 | 11 | 23 | <1 | 0.27 | 0.39 | 0.028 | 116 | 0.76 | 2.5 | 6.8 | 216 | 0.017 |
| 3051-9 | 85 | 1.2 | 0.32 | 56 | 36 | 1.4 | 1.8 | 1.3 | 0.144 | 66 | 0.75 | 2.2 | 6.8 | 263 | 0.01 |
| 3051-14 | 70 | 0.8 | 0.25 | 17 | 11 | 1.4 | 0.19 | 0.48 | 0.027 | 37 | 0.65 | 1.9 | 5.7 | 319 | 0.009 |

测试单位：武汉综合岩矿测试中心，其中样品编号加“＊”号为广州地球化学研究所提供。计量单位：除 Au 单位为 ng/g，Cl 单位为%，其他元素单位均为 μg/g。

同时，注意到在石水河一带出现有少量的碱性火山岩（钠质石英粗面岩），以及在邻区拉雄错北西一带出现的苦橄玄武岩与酸性火山岩共生的双峰式火山岩组合，反映了印支造山运动后大陆伸展作用背景下，由于裂谷作用（弧间裂谷扩展）地壳进一步拉薄的产物，其可能代表了中生代上叠盆地形成的初始裂谷作用阶段的火山—沉积建造组合。

因此，早侏罗世那底岗日组火山岩可能包含了印支造山运动后陆内俯冲阶段的滞后型弧火山岩（高钾钙碱性英安岩—流纹岩系列），同时也存在裂谷型的双峰式火山岩或碱性火山岩。反映了图区印支造山运动后，经历了挤压造弧和张裂断陷交替更叠的复杂过程。

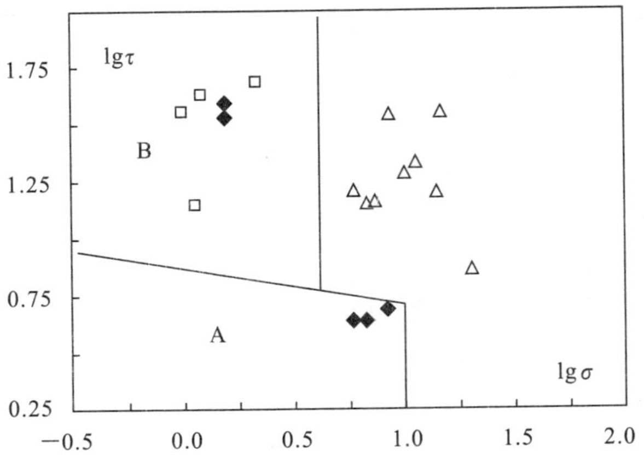


图 3－18　中酸性火山岩 lgτ－lgσ25 图

（据 A. Rittmann，1970）

A 区. 板内稳定区火山岩；B 区. 消减带火山岩；C 区. 由 A、B 区演化的火山岩，其中钾质多者与消减带有关，钠质多者与板内区有关；□. 早侏罗世；△. 红阳山；◆. 双泉湖

## 二、渐新世火山岩

### （一）地质特征

图区渐新世火山岩分布较广泛，分布于图区东北部红阳山、西北部台阶湖以及南部双泉湖等地，总面积约 88km²。主要为钾质—超钾质碱性火山熔岩，少量火山碎屑岩，地层划归为渐新统鱼鳞山组（$E_3y$）。

红阳山一带，主要为一套浅灰色、深灰色、灰黑色的粗安岩—霓辉粗面岩、碱玄质响岩—响岩组合的陆相碱性火山岩，出露面积约 38km²，厚度大于 3 288m，未见顶底，其上与唢呐湖组（$N_1s$）呈不整合接触（图 2－12）。野外露头呈剥蚀残丘状，呈暗浅色成分韵律层状产出（图版 3－9），单个韵律层厚 2m 以上不等，从安粗岩、响岩质白榴岩→霓辉粗面岩、白榴石响岩、斜方石响岩，向碱性逐渐增强方向演化，具多旋回韵律性喷溢的特点。岩石具气孔状构造、流动构造等，岩石原生节理发育，球状风化。

台阶湖一带，主要出露一套灰黄色、灰绿色的粗面岩、粗面质凝灰熔岩的陆相碱性火山熔岩、火山碎屑岩组合，出露面积约 42km²。

在双泉湖一带，渐新世火山岩沿双泉河零星出露，出露共有 3 处，面积约 1.8km²。

在双泉湖南约 4km，双泉河东侧出露一套浅灰白色、浅灰色中酸性的碱性火山熔岩，出露面积约 0.9km²。其下与上侏罗统索瓦组（$J_3s$）呈断层接触，其上与上新统双泉湖组（$N_2sq$）浅灰色底砾质砾屑、砂屑灰岩呈沉积不整合接触（图 2－13）。岩性主要为粗安岩、石英粗安岩或粗面英安岩，岩石具斑状结构，气孔—杏仁状构造发育。斑晶主要为斜长石，极少量石英和黑云母。岩石中石英含量普遍较低，斑晶中几乎不含钾长石，但石基中钾长石、斜长石含量均较高，且二者彼此消长变化较大。岩石出露较零星，且风化破碎，由岩石成分变化形成的深浅韵律条带隐约可见。岩石镜下鉴定的石英含量普遍较低，但其岩石化学氧化物含量中 $SiO_2$ 含量在 73.14%～73.32%间（去水后），其岩石化学分类（在 TAS 图解上）应属于英安岩—流纹岩类。

在双泉湖南约 8km，双泉河东西两侧分别出露一套深灰色（风化呈浅紫红色、紫灰色）的基性的碱性火山熔岩，出露面积约 0.9km²。未见底，其上与上新统双泉湖组（$N_2sq$）灰岩呈沉积不整合接触（图版 3－10），双泉湖组（$N_2sq$）底部的钙结底砾岩中含大量下伏火山熔岩砾石。岩性主要为深灰色气孔—杏仁状玄武岩、块状玄武岩，岩石风化呈浅紫红色、紫灰色等杂色，岩石具斑状结构，气孔-杏仁状构造发育。气孔、杏仁体含量 10%～40%不等，往上含量增多，外形极不规则，且个体细小，主要为方解石和少量黑云片充填，部分已流失成空孔。斑晶主要为单斜辉石（透辉石或普通辉石），少量角闪石、黑云母假晶及少量石英捕虏晶（1%～2%）。斑晶中出现较多的“捕虏晶”，常见的有辉石和石英捕虏晶（图版 3－11、图版 3－12），呈不规则熔蚀状，辉石捕虏晶外围生长的辉石虽具相同的光性方位，但具明显界面，而石英捕虏晶的外围则有细小辉石聚集成的“镶边”。说明该玄武岩浆可能混合熔融了早期形成的含有石英的较酸性的岩浆，反映了多期的岩浆混合作用的特点。

## （二）岩石学特征

### 1. 主要岩石类型及主要造岩矿物特征

红阳山一带出现的主要岩石类型有霓辉粗面岩、响岩质白榴岩、白榴石响岩、斜方石响岩等，其主要岩石学特征如下：

霓辉粗面岩：浅灰色，风化呈灰白色，石基具粗面结构的斑状结构，块状构造，多具流动构造。斑晶(22%～35%)：主要为霓辉石 8%～10%、角闪石及黑云母假晶 10%～18%、透长石 2%～25%，常见少量磷灰石呈斑晶产出，含量 1%～4%不等；石基(65%～78%)：主要为透长石 50%～55%、暗色矿物 8%～15%。副矿物：磷灰石、磁铁矿、榍石等。霓辉石斑晶多呈自形柱状，大小 0.5～1.6mm 以上不等，常具环带构造(图版 3-13)，个别晶体内部为透辉石；透长石斑晶呈宽板状，部分呈熔蚀状，多在 2mm 以上，常呈聚斑产出，具卡氏双晶；暗色矿物(角闪石及黑云母)假晶呈柱状、片状，多被褐铁矿取代。石基中长板状透长石晶体往往呈平行或半平行排列(图版 3-13、图版 3-14)，其间充填着细小的方钠石，排列方向与斑晶长轴定向一致，显示流动构造。蚀变特征：主要为方解石化、粘土矿化、沸石化、褐铁矿化等。

响岩质白榴岩：深灰色、灰黑色，风化呈深灰绿色，石基具眼斑结构的斑状结构(图版 3-16)，块状构造，略具流动构造。斑晶(32%)：主要为霓辉石 25%、黑云母 1%、透长石 2%、磷灰石 4%；石基(68%)：主要为白榴石 57%、透长石 3%、霓辉石 5%以及霓石、磷灰石、磁铁矿等副矿物。霓辉石斑晶多呈自形—半自形柱状，大小 1～5mm 以上不等；长柱状磷灰石斑晶长达 1～4mm 不等，常呈聚斑产出。石基中白榴石细晶粒呈浑圆状、眼球状，使岩石具眼斑结构，斑晶长轴略具定向排列。

白榴石响岩：灰色—深灰色，风化呈浅棕红色、浅灰绿色，石基具粗面—眼斑结构的斑状结构，块状构造，略具流动构造。斑晶(25%～35%)：主要为霓辉石 8%～15%、角闪石及黑云母假晶 5%～12%、透长石 5%～15%，少量磷灰石、变白榴石、黝方石、透辉石等；石基(65%～75%)：主要为透长石 30%～35%、白榴石 15%～25%、霓辉石 5%～7%，少量斜长石 2%、黝方石、玻璃质等副矿物：磁铁矿、磷灰石、榍石等。霓辉石斑晶多呈自形柱状，大小 0.5～2mm 间，具环带构造、暗化边等；透长石斑晶呈宽板状，部分呈熔蚀状，多在 2mm 以上，具环带构造，具卡氏双晶、巴温诺双晶等。石基中板条状透长石晶体半平行状排列。蚀变特征：主要为方解石化、粘土矿化等。

斜方石响岩：灰色—深灰色，风化呈深灰绿色，石基具粗面结构的斑状结构，块状构造，略具流动构造。斑晶(15%)：主要为斜方石 10%、霓辉石 2%、透长石 3%；石基(85%)：主要为透长石 58%、斜方石 10%、霓石 15%。副矿物：磁铁矿、磷灰石、榍石等。斜方石斑晶大小 0.1～1mm 不等，呈熔蚀状，边部具褐色边，常被透长石或霓辉石斑晶包裹。石基中板条状透长石晶体呈半平行状排列。蚀变特征：主要为方解石化、斜黝帘石化、沸石化等。

台阶湖一带出现的主要岩石类型有粗面岩、粗面质凝灰熔岩等，其主要岩石学特征如下：

粗面岩：石基具显微隐晶质结构的斑状结构，流动构造。斑晶主要为透长石 10%、斜长石(An35)5%、岩屑 5%～10%和暗色矿物假晶 3%～4%；石基(61%)为显微隐晶质，可见由沸石(10%～15%)聚集成的团块或条带。透长石和斜长石斑晶大小多在 0.3～4mm 间，斑晶和基质分布略具定向，显示流动构造。

粗面质凝灰熔岩：石基具显微隐晶质结构的斑状结构、凝灰碎屑结构。斑晶(47%)：主要为透长石 40%、、暗色矿物(辉石、角闪石)假晶 5%、霓辉石 1%，少量的榍石、磷灰石等；凝灰碎屑(16%)：变玻屑(绿泥石取代)、岩屑、晶屑等；基质(37%)：隐晶质 31%、透长石 6%等。岩石中透长石斑晶呈自形板状，大小 0.2～10mm 不等。细小的霓辉石或单独出现，或分布于暗色矿物假晶边部。

双泉湖一带出现的主要岩石类型有块状玄武岩、杏仁状玄武岩、粗安岩、石英粗安岩或粗面英安岩(镜下鉴定)等。其中的粗安岩、石英粗安岩或粗面英安岩，镜下鉴定石英含量较低，钾长石、斜长石含量变化较大，斑晶主要为斜长石，少量石英和黑云母。但其岩石化学氧化物含量中 $SiO_2$ 含量在 73.14%～73.32%间(去水后)，其岩石化学分类(在 TAS 图解上)应属于英安岩—流纹岩。其主要岩石学特征如下：

块状玄武岩：深灰色，石基具交织结构的斑状结构，块状构造。斑晶主要为单斜辉石（透辉石或普通辉石）13%～18%、角闪石及黑云母假晶3%～12%和少量石英捕虏晶1%～2%；石基主要成分为斜长石30%～42%、单斜辉石20%～30%、角闪石和黑云母假晶3%～13%，以及副矿物磁铁矿（3%～5%）、磷灰石等。斑晶个体较小，多在1mm以下。斑晶中出现较多的"捕虏晶"，常见的有辉石和石英捕虏晶，均呈不规则熔蚀状，石英捕虏晶的外围则有细小辉石聚集成的"镶边"（图版3-11）；而辉石捕虏晶具明显两次聚合生长的特征（图版3-12），早期形成的辉石斑晶呈熔蚀状，表面干净，不含包裹体。第二次生长的辉石沿其边面继续生长，两者虽具相同的光性方位，但有明显的界面，后生的辉石含大量磁铁矿包体。透辉石斑晶还往往具"席列"构造。斜长石斑晶极少，呈不规则熔蚀状，薄片中两个斑晶N值明显不同。这些特征，说明该玄武岩浆可能混合熔融了早期形成的含有石英的较酸性的岩浆。为两种不同来源的岩浆混合作用的产物。

杏仁状玄武岩：深灰色，风化呈浅紫红色、紫灰色，石基具交织结构的斑状结构，气孔-杏仁状构造。杏仁体含量约占岩石总体10%～40%不等，外形极不规则，且个体细小，主要为方解石和少量黑云片充填，部分已流失成空孔。斑晶（10%～13%）：主要为辉石类和橄榄石假晶（伊丁石取代橄榄石）、少量斜长石假晶和石英捕虏晶；石基主要成分为斜长石及其假晶68%～75%、单斜辉石20%～25%、伊丁石0～10%，以及副矿物磁铁矿（3%～5%）、磷灰石等。

粗安岩：浅灰白色、浅灰色，石基具间隐结构—球粒结构的斑状结构，块状构造、气孔-杏仁状构造。斑晶：主要为斜长石（An30～44）12%～17%，少量石英1%～2%和暗色矿物（主要为黑云母）及其假晶2%～4%；石基：主要为钾长石22%～45%、斜长石及其假晶26%～45%，少量暗色矿物（黑云母）2%和石英1%。副矿物主要有磷灰石、锆石、磁铁矿、白钛石、金红石等。斜长石斑晶呈板状晶，大小在0.2～2mm间，个别达4mm，具环带构造。浑圆状石英斑晶大小在0.2～0.5mm间。次生蚀变主要为绢云母化、方解石化、粘土矿化、沸石化（?）等。

石英粗安岩（或粗面英安岩）：浅灰白色、浅灰色，石基具霏细结构—间隐结构的斑状结构，块状构造、气孔—杏仁状构造。斑晶：主要为斜长石（An32）12%～15%，少量石英1%～2%和暗色矿物（黑云母）及其假晶1%～2%；石基：主要为钾长石27%～32%、斜长石及其假晶40%～45%、石英4%～7%，绢云母1%～3%。副矿物主要有磷灰石、锆石、磁铁矿、白钛石等。

**2. 副矿物特征**

据1个人工重砂样品（红阳山的霓辉粗面岩）的分析结果，副矿物共有9种，主要为磁铁矿、磷灰石、锆石、钛铁矿、独居石、榍石组合，少量的方铅矿、闪锌矿等有色金属矿物。锆石含量较少，晶体呈浅玫瑰色、无色，半透明，颗粒较细小，长不大于0.2mm，宽不大于0.1mm，长宽比2∶1和3∶1，呈柱状、碎屑状、浑圆状。

## （三）岩石化学及地球化学特征

**1. 岩石化学特征**

代表性样品共14个，岩石氧化物百分含量及特征值如表3-10所示。

红阳山火山岩共有样品9个，去水后$SiO_2$含量在49.71%～60.16%之间，具普遍高的$Al_2O_3$ 12.51%～20.38%，平均值16.88%；富碱（$K_2O+Na_2O$）值8.61%～14.70%，高$K_2O$ 6.94%～8.52%，$K_2O>Na_2O$，相对富钾贫钠（$K_2O/Na_2O$比值1.15～5.37）；低CaO、MgO、TFeO等，$TiO_2$、$P_2O_5$含量变化较大。里特曼指数（σ）5.89～14.60，属里特曼碱性岩。随$SiO_2$含量的增加，$K_2O$含量相对稳定，而$Na_2O$含量显著增加。CIPW标准矿物组合为Ne-Or-An-Ab-Di-Ol碱性玄武岩系列组合和石英拉斑玄武岩Q-Or-An-Ab-Di-Hy组合。在火山岩TAS图解上（图3-15），其岩石化学分类分别属于碱玄岩、粗面玄武岩、玄武质粗面安山岩和粗面安山岩；在$K_2O-SiO_2$分类图解上（图3-16），投点落于Ⅳ区，属于橄榄粗玄岩系列，反映了中基性的钾质—超钾质碱性火山岩组合的特征。

双泉湖火山岩共样品5个。其中基性端员的3个样品，去水后$SiO_2$含量在50.15%～51.52%间，在火山岩岩石化学分类TAS图解上（图3-15），其投点落于玄武岩区；在$K_2O-SiO_2$分类图解上（图3-

16)，投点落于Ⅳ区（橄榄粗玄岩系列）。具中等 $Al_2O_3$14.07%～14.27%（个别略高 18.41%），富碱（$K_2O+Na_2O$）值 7.10%～7.78%，高 $K_2O$3.99%～5.51%，$K_2O$ 含量高于 $Na_2O$ 含量（$K_2O/Na_2O$ 比值 1.43～2.43），明显富 $Ti_2O$2.52%～3.30%、$P_2O$51.56%～2.13%、全铁 FeOt9.78%～12.79%，里特曼指数（$\sigma$）5.92～8.47，属里特曼碱性岩。CIPW 标准矿物组合，基性端员主要为碱性玄武岩系列的 Ne－Or－An－Ab－Di－Ol 碱性玄武岩组合和拉斑玄武岩系列的 Or－An－Ab－Di－Hy－Ol 橄榄拉斑玄武岩组合。酸性端员的 2 个样品，去水后 $SiO_2$ 含量在 73.14%～73.32%间，在火山岩岩石化学分类 TAS 图解上（图 3－15），酸性端员投点落于英安岩区和流纹岩区界线附近。在 $K_2O-SiO_2$ 分类图解上（图 3－16），酸性端员投点落于Ⅲ区（高钾钙碱性系列）。具中等 $Al_2O_3$14.89～15.03，富碱（$K_2O+Na_2O$）值 6.77%～6.85%，高 $K_2O$3.88%～3.89%，$K_2O$ 含量高于 $Na_2O$ 含量，相对富钾贫钠。里特曼指数（$\sigma$）1.51～1.55，属里特曼钙碱性岩。CIPW 标准矿物组合为铝过饱和型 C－Q－Or－An－Ab－Hy 组合。从基性→酸性，总碱量（$K_2O+Na_2O$）基本稳定，$K_2O$ 含量略减，而 $Na_2O$ 含量略增。

红阳山、双泉湖火山岩的岩石化学特征既有相似之处，又存在差异。前者极富碱、高 $Al_2O_3$；后者明显富 $Ti_2O$、$P_2O_5$，碱性的基性火山岩和高钾钙碱性的酸性火山岩成对产出，具双峰式火山岩组合的特征。

**2. 稀土元素特征**

岩石稀土元素含量及特征值如表 3－11 所示。其中红阳山碱性火山岩的稀土总量（∑REE）$997.86\times10^{-6}$～$1\,636.8\times10^{-6}$，平均值 $1\,249.50\times10^{-6}$，含量极高。$\delta$Eu 值 0.76～0.90，具弱 Eu 亏损，$(La/Yb)_N$ 值 68.84～86.26，∑REE/∑REE 比值 26.53～40.29，强烈富集轻稀土。其稀土配分曲线［图 3－19(a)］为轻稀土强富集型配分曲线，随岩浆分异程度（DI）增高，稀土分馏程度增高，稀土总量（∑REE）显著增加，各样品 REE 曲线基本相似，具共源岩浆演化的特征。

双泉湖基性火山岩的稀土总量（∑REE）$667.9\times10^{-6}$～$1\,017.22\times10^{-6}$，平均值 $839.28\times10^{-6}$，含量极高。$\delta$Eu 值 0.85～1.02，基本无 Eu 异常，$(La/Yb)_N$ 值 45.30～65.17，∑REE/∑REE 比值 20.52～27.02，强烈富集轻稀土；而酸性火山岩的稀土总量（∑REE）仅 $150.57\times10^{-6}$～$157.81\times10^{-6}$，$\delta$Eu 值 0.78～0.86，微弱铕亏损，$(La/Yb)_N$ 值 51.82～78.60，∑REE/∑REE 比值 26.49～28.85，强烈富集轻稀土。其稀土配分曲线（图 3－19b）为轻稀土强富集型配分曲线，基性端员和酸性端员的稀土配分曲线非常相似，反映了同源岩浆演化的特点。从基性→酸性，稀土总量（∑REE）呈显著降低。

**3. 微量元素特征**

岩石微量元素如表 3－12 所示。红阳山、双泉湖的碱性火山岩与维诺格拉多夫（1962）地壳各元素平均值相比，大离子亲石元素（LILE）Sr、Ba、Rb 以及高场强元素（HFSE）Th、U、Pb、Ta、Nb、Zr、Hf 等元素丰度均较高；挥发性元素 F、Cl、B 等含量普遍较高，反映了碱性火山岩的特点。在多元素 MORB 标准化图解上，红阳山火山岩的地球化学型式如图 3－20a，表现为除 Ti、Y、Yb、Sc、Cr 含量较低或亏损外，从 K→Sm 等元素强烈富集，并伴有 Ce 以及 Zr、Hf、Sm 等正异常隆起，具明显的“Th、Ce、Sm”峰，反映了板内碱性火山岩的特征。随着岩浆分异，Zr、Hf、Sm 等异常隆起更明显，而 Ba、P、Ti 等负异常愈强烈；双泉湖火山岩的其地球化学型式如图 3－20(b)所示，基中基性端员岩石表现为除 Y、Yb、SC、Cr 含量较低或亏损外，其他所有元素均强烈富集，并伴有 Ce、Sm 等正异常隆起，具板内碱性玄武岩特征。而酸性端员岩石除 K、Rb、Ba、Th 等选择性强烈富集外，其他元素丰度显著降低或亏损，并伴有 Ce 以及 Zr、Hf、Sm 等正异常隆起，具有火山弧（大陆性）钙碱性火山岩的“三隆起”特征。

### （四）火山岩的形成时代及构造环境探讨

藏北钾质—超钾质火山岩，近年来有不少的研究，但关于其形成机制存在较多的争议，所获得的同位素年龄跨度也较大。如中科院地质所的丁林等（1999）对西南部邻区鱼鳞山一带的火山岩进行了系统研究，认为该火山岩可分为 3 期，所获得的 K－Ar 法、等时线年龄为 30～18Ma，但其喷发时期确定为 24～18Ma 间（即中新世），并认为其岩浆地幔源区是受到大洋沉积物或大陆地壳物质交代形成的 EMⅡ型地幔。并通过区域新生代火山作用和构造分析，认为青藏高原北部 EMⅡ型富集地幔的形成与印度地壳的俯冲有关。认为中新世以来，藏北受到东西向的拉张作用，岩石圈发生拆离作用，软流圈上升，富集地幔大规模熔融，出现大量的钾质—超钾质火山岩；李才等(2002)也对鱼鳞山一带的火山岩进行了研究，测得白榴石响岩 Ar－Ar 法积分年龄为 27.8Ma、K－Ar 法年龄为 30～18Ma，确定其时代为渐新世—中新世，其分布仅限于班公湖-怒江缝合带以北地区。

图区红阳山、台阶湖、双泉湖等地的火山岩与鱼鳞山钾质—超钾质火山岩的岩石学、岩石化学及地球化学特征均非常相似。本次工作，分别在红阳山的白榴石响岩和双泉湖的石英粗安岩中测得 K－Ar 法年龄分别为 31.5Ma 和 39.3Ma。结合其在图区的产出地质特征及区域对比，将其时代确定为渐新世，地层划归为渐新统鱼鳞山组($E_3y$)。

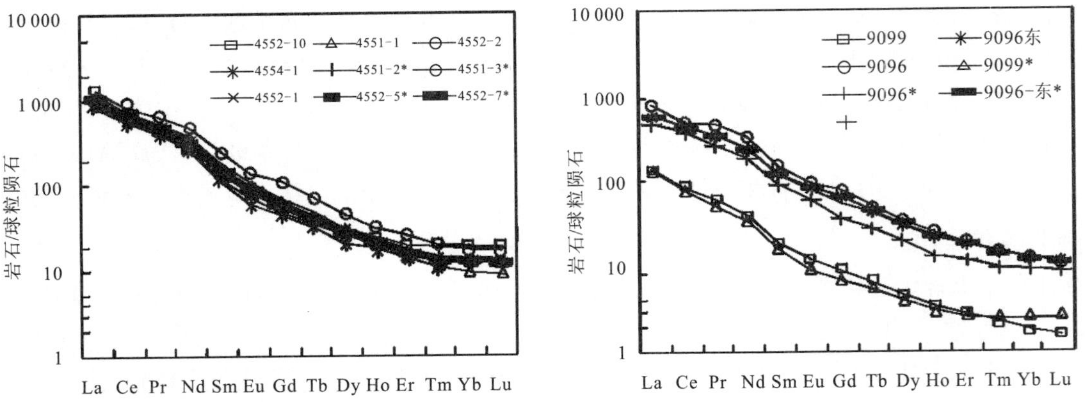


(a) 红阳山　　　　(b) 双泉湖

图 3－19　渐新世火山岩稀土元素配分曲线图

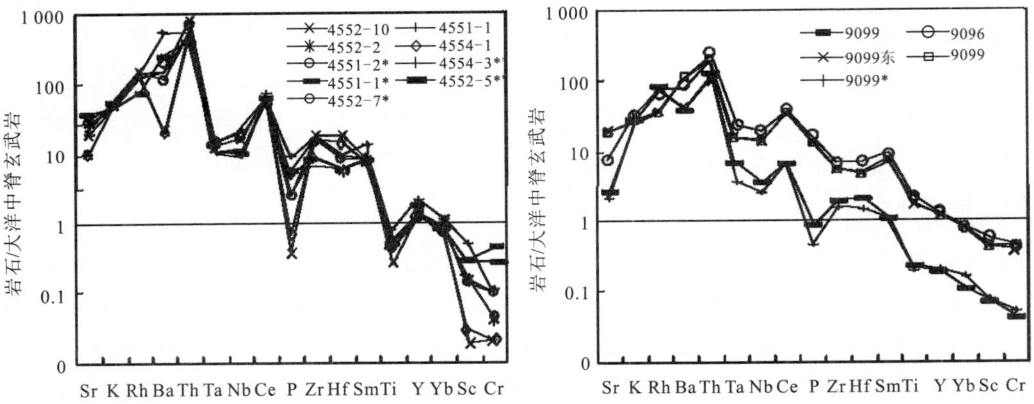


(a) 红阳山火山岩　　　　(b) 双泉湖火山岩

图 3－20　渐新世火山岩多元素 MORB 标准化图

始新世以来，由于差异性的抬升，张性深断裂活动频繁，红阳山、双泉湖以及台阶湖等断陷盆地内发生火山喷发活动，形成一套以钾质—超钾质碱性火山岩组合为主，岩石富含 REE、LILE(K、Sr、Rb、Ba、Ti、P)、HFSE(Th、U、Pb、Ta、Nb、Zr、Hf)以及挥发性元素 F、Cl 等，具典型板内碱性火山岩的岩石化学及地球化学特征的火山岩。双泉湖一带还出现双峰式火山岩组合，碱性的基性火山岩与高钾钙碱性酸性火山岩成对产出，反映了大陆板内裂谷型火山岩的特点。据火山岩形成的构造环境分析，图区始新世钾质—超钾质火山岩的形成环境与大陆稳定区内的裂谷作用(断陷盆地张性深断裂活动)有关，其岩浆可能源于 EMⅡ型地幔源区。

# 第四章　变质岩

图区地质构造复杂，变质作用比较强烈。图区变质岩按成因可分为区域变质岩、动力变质岩、接触变质岩3种类型，其中以区域变质岩为主，动力变质岩和接触变质岩大多叠加在区域变质岩之上(图4-1)。图区区域变质岩主要分布于北部大横山及藏色岗日等一带的三叠系、早侏罗世及构造岩片中，变质程度较浅，为低绿片岩相区域动力热流变质作用改造的产物。接触变质岩主要分布于布若错岩体及部分岩脉的外接触带中；动力变质岩受长期活动的造山带及大断裂的控制，主要分布于大横山构造变质带中及各期断层(裂)中。现按地质构造单元及变质岩类型分别叙述。

## 第一节　大横山构造蛇绿岩带的区域变质岩特征

### 一、地质概述

大横山构造蛇绿岩带区域变质岩分布于图区大横山一带，呈近东西向展布，南与侏罗系呈断裂接触，北延伸图外。区域变质岩系主要由上三叠统若拉岗日岩组及构造岩片组成。主要由变质砂岩、轻变质硅质岩、板岩、千枚岩、片岩、石英岩、结晶灰岩、变质基性岩脉及变质基性火山(碎屑)岩等组成。岩石主要经历了印支期变形变质作用改造。

### 二、岩石学特征

#### (一) 变质岩的基本类型

大横山构造蛇绿岩带的区域变质岩岩石类型相对较复杂，根据矿物组合、岩石化学及其形成条件，可将其划分为变质砂泥岩、板岩、大理岩(结晶灰岩)、变质基性火山(碎屑)岩、变质中基性岩及少量变质花岗岩等岩石类型(表4-1)。

**1. 变质砂岩**

该类主要由变质石英砂岩、不等粒砂岩、粉砂质泥岩等，是若拉岗日岩组及构造岩片的重要岩石组成部分，岩石中具变余砂质结构、泥质结构，局部具定向构造，岩石主要由石英、长石、绢云母及岩屑组成，原岩中的石英和胶结物中的硅质发生了重结晶，生成了新的石英，泥质胶结物重结晶形成了绢云母及少量绿泥石和方解石，局部粒状矿物和片状矿物相间定向排列，形成片理化构造或定向构造。

(1) 变质长石石英砂岩

灰绿色，变余中—粗粒砂质结构，定向构造。岩石由变余石英、长石细砂、绢云母和少量白云母等组成，副矿物由电气石、锆石等组成。其中：石英粒度0.15～1mm，含量约85%；斜长石粒度0.05～0.25mm，含量约5%；绢云母片晶大小0.01mm×0.05mm～0.05mm×0.25 mm，含量约8%；白云母含量约2%。石英、长石砂屑部分拉长，呈不规则外形，胶结物已变为绢云母。原岩可能为长石石英砂岩。

(2) 变质不等粒石英砂岩

深灰色，变余不等粒砂质结构，块状构造、劈理构造。岩石由变余石英及胶结物组成，胶结物已为微晶石英、绢云母、绿泥石、方解石等，副矿物为电气石、锆石、褐铁矿、白钛石等组成。石英为他形粒状，分布于碎屑中，粒度0.01～0.35mm，含量78%～80%；绢云母片晶大小(0.005～0.01)mm×0.05 mm，含量8%～10%；方解石含量约3%；钠长石含量1%～2%。原岩为不等粒石英砂岩。

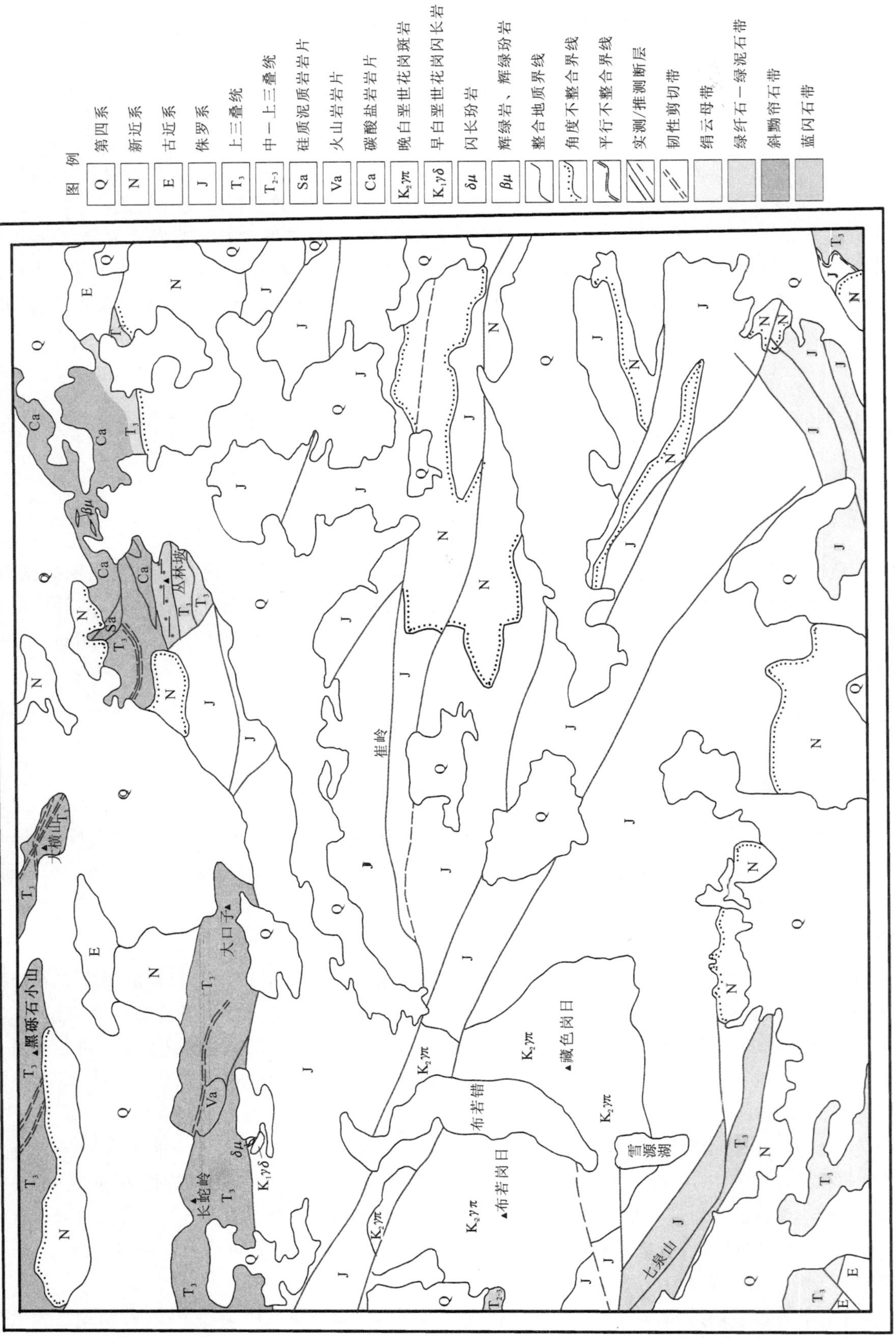


1:800 000

图 4-1　图区变质岩分布示意图

**表 4-1　大横山构造蛇绿岩带区域变质岩岩石特征**

| 岩石类型 | 样品数 | 岩石名称 | 矿物成分及含量(%) 石英 | 绢云母 | 白云母 | 黑云母 | 斜长石 | 钾长石 | 特征变质矿物 | 结构 | 构造 | 次要(副)矿物 |
|---|---|---|---|---|---|---|---|---|---|---|---|---|
| 变质碎屑岩、硅质岩 | 1 | 轻变质长石石英砂岩 | 85 | 8 | 2 |  | 5 |  |  | 变余中—粗粒砂质结构 | 定向构造 | 锆石、电气石 |
|  | 1 | 轻变质不等粒砂岩 | 78～80 | 8～10 | 1 |  | 3 |  | Do 3 | 变余不等粒砂质结构 | 劈理构造 | 电气石、锆石、褐铁矿、白钛石 |
|  | 1 | 轻变质中—细粒岩屑砂岩 | 54 | 5～10 | 硅质岩:5,泥质岩屑:20～25 |  | 5 |  |  | 变余中—细粒砂质结构 | 片理构造 | 锆石、褐铁矿、电气石、方解石 |
|  | 1 | 轻变质粉砂质泥岩 | 43～48 | 39～44 | 1～2 | 岩屑 3 | 5 |  | Chl 1～2 | 显微鳞片泥质变晶结构 | 块状构造 | 电气石、锆石、褐铁矿 |
|  | 2 | 轻变质硅质岩 | 98 |  | 粘土矿物 1～2 |  |  |  |  | 变余微晶结构 | 块状构造 | 黄铁矿 |
| 板岩 | 1 | 泥质板岩 | 2～5 | 90 |  |  |  |  | Do 5 | 显微鳞片泥质变晶结构 | 板状构造 | 褐铁矿 |
|  | 1 | 粉砂质板岩 | 20～40 | 46～60 |  |  |  |  | Cal8 | 显微鳞片泥质变晶结构 | 板状构造 | 电气石、褐铁矿 |
| 变质火山(碎屑)岩 | 2 | 片理化凝灰岩 | 辉石晶屑 10;斜长石 15～20;玻屑＋基性岩屑 55;钠质团块 5 |  |  |  |  |  | Chl 10～15、Cz 10、Cal 5 | 变余凝灰碎屑结构 | 块状构造 |  |
|  | 2 | 变质基性凝灰岩 | 玄武质岩屑 47;玄武质玻屑 30～35;辉石 3～5 |  |  |  | 3～5 |  | Chl 10～15、Pum 0～40 | 变余凝灰碎屑结构 | 片理构造 |  |
|  | 1 | 变质角砾凝灰岩 | 玄武质岩屑 30;玄武质玻屑 35～45;辉石晶屑 6～7 |  |  |  | 2～3 |  | Chl 15～25、Ab1 | 火山角砾凝灰碎屑结构 | 片理构造 |  |
|  | 1 | 变质含放射虫沉凝灰岩 | 岩屑＋玻屑 42～47;辉石晶屑 5 |  |  |  |  |  | Chl 10～15、Cz20～25、Ab10～15 | 变余沉凝灰结构、变余层状结构 | 块状构造 |  |
|  | 1 | 变质火山碎屑熔岩 | 变质基性熔岩 50～60;变质中酸性火山碎屑 30～40;玄武岩 5～8;辉石晶屑 1 |  |  |  |  |  |  | 变余火山碎屑结构 | 块状构造 |  |
|  | 1 | 变质玄武质杏仁状(含蓝闪石)凝灰熔岩 | 斜长石假晶＋钠长石—绿泥石团块 5;辉石假晶 10;针状雏晶＋玻璃质 45～55;凝灰碎屑、岩屑 30～40 |  |  |  |  |  | Gl 1～2、Ep2 | 束状雏晶结构、交代结构 | 杏仁构造 |  |

**续表 4-1**

| 岩石类型 | 样品数 | 岩石名称 | 矿物成分及含量(%) | | | | | | | 结构 | 构造 | 次要(副)矿物 |
|---|---|---|---|---|---|---|---|---|---|---|---|---|
| | | | 石英 | 绢云母 | 白云母 | 黑云母 | 斜长石 | 钾长石 | 特征变质矿物 | | | |
| 变质火山岩 | 3 | 变质玄武岩 | 辉石 25～30；暗色矿物假晶 8～10 | | | | 35～42 | | Chl 10～13、Cz 10～13 | 骸晶结构 | 块状构造 | 黄铁矿、碳酸盐矿物 |
| | 1 | 粘土化玄武岩 | 辉石 35～40 | | | 2 | 5 | | Chl 51～56 | 不等粒斑状结构、交代结构 | 块状构造 | |
| | 2 | 变质杏仁状玄武岩 | 辉石 40～45；钠长石-方解石杏仁体 10 | | | | 20～25 | | Chl 10～15、Stl 1～2 Cz+Sph 8～13、Stl | 斑状结构 | 杏仁构造 | |
| | 2 | 变质中-基性火山岩 | | | | | 30～58 | | Chl 25～30、Cz10～15、Cal 1～2 | 骸晶结构、交代结构 | 块状构造 | 磁铁矿 |
| 变质基性岩脉 | 2 | 辉绿岩 | 2～3 | 辉石 36 | | | 50 | | Hb 2～3、Chl 3 | 变辉绿结构 | 块状构造 | 磷灰石、板钛矿+钛铁矿 2～3 |
| 变质花岗岩 | 1 | 变质黑云花岗闪长岩 | 43 | | | 4 | 45 | 5 | Do 1～2 | 变余花岗结构 | 块状构造 | 磷灰石、锆石、白钛石 |
| 石英岩 | 1 | 石英岩 | 95 | | | | | | Tl 2～3、Chl 1～2 | 细粒变晶结构 | 块状构造 | 榍石、黄铁矿、褐铁矿、白钛石 |
| 大理岩 | 2 | 大理岩 | | | | | | | Cal 99 | 不等粒变晶结构 | 块状构造 | 磷灰石、褐铁矿 |

（3）变质粉砂质泥岩

灰黑色、灰黄色，显微鳞片泥质变晶结构，板状构造，变余层状构造。主要由变余粉砂、绢云母、白云石及斜黝帘石等组成，含少量金属矿物。粉砂主要为石英，颗粒大小0.01～0.10mm，含量43%～48%；绢云母呈鳞片状，定向排列，大小0.01～0.20mm，含量39%～44%；白云母含量20%～25%；绿泥石呈微粒状，含量1%～2%。原岩为粉砂质泥岩。

（4）片理化中—细粒长石岩屑砂岩

深灰色、浅灰绿色，变余中—细粒砂质结构，块状构造、劈理构造，岩屑成分以石英碎屑和泥质岩屑为主，其次为硅质岩和石英岩，含量66%～71%；少量斜长石(5%)。胶结物成分以绢云母(5%～10%)及石英微粒(15%)及少许白云母、绿泥石等组成。副矿物主要有锆石、电气石、褐铁矿等组成。原岩为中—细粒砂岩。

**2. 变质硅质岩**

深灰色、浅灰绿色，变余微晶质结构，块状构造，主要以石英(98%)、粘土矿物(2%)及黄铁矿等组成。原岩为硅质岩。

**3. 板岩类**

仅主要分布于云雀湖一带，岩石主要由粉砂质板岩、泥质板岩等组成，多与变质砂岩互层或呈夹层出现。

（1）粉砂质板岩

浅灰绿色、灰黄绿色，岩石具显微鳞片泥质变晶结构，板状构造，主要矿物由石英粉砂(20%～40%)、绢云母(46%～60%)及方解石(80%)等矿物组成，石英具重结晶现象；绢云母呈鳞片状分布，略具定向分布，方解石呈粒状分布于石英之间。

（2）泥质板岩

浅灰绿色、深灰色，岩石具显微鳞片泥质变晶结构，板状构造，主要矿物由石英(2%～5%)、绢云母及粘土矿物(90%)、白云石(3%～5%)等矿物组成，石英为它状粒状，具重结晶现象；绢云母及粘土矿物呈略定向分布，形戒板状构造；方解石呈细粒状杂分布于石英之间。

**4. 大理岩(结晶灰岩)**

零星分布于石榴湖以北，岩石具不等粒状变晶结构，块状构造，岩石几乎由重结晶方解石(99%)组成，并具定向排列，形成片状构造。

**5. 石英岩**

石英岩：具细粒状鳞片变晶结构，块状构造，岩石主要由石英(95%)及少量透闪石(2%～3%)、绿泥石(1%～2%)细小鳞片组成；石英呈粒状分布。

**6. 变质火山岩、火山碎屑岩、变质花岗岩、变质基性侵入岩**

主要分布于白龙冰河两岸，主要岩石由变质玄武岩、变质凝灰岩、火山碎屑熔岩、变质辉绿岩、变质花岗闪长岩等组成。

（1）变质玄武岩

岩石由变质(杏仁状)玄武岩、蚀变玄武岩、粘土化玄武岩等组成，岩石具斑状结构、骸晶结构、基质具变余间隐结构，变余玄武结构，变余气孔杏仁构造、局部具片理化构造，岩石主要由普通辉石(25%～40%)、绿泥石(10%～65%)、斜黝帘石(10%～13%)、斜长石(5%～42%)、黑云母(2%)及暗色矿物(8%～10%)等组成，副矿物主要有黄铁矿、褐铁矿及碳酸盐矿物等组成。杏仁体由变质方解石及钠长石等组成，局部气孔杏仁体被压扁拉长，周围被绿泥石变晶鳞片定向围绕，形成片理构造。

变质中—基性火山岩：岩石为深绿色、暗绿色，具交织结构、中空骸晶结构，块状构造，主要由斜长石假晶(58%)、绿泥石(25%～30%)、斜黝帘石微粒(10%～15%)、少量方解石(1%～2%)及磁铁矿组成。斜长石具中空骸晶结构，已被绢云母不完全取代，部分已斜黝帘石化，原板条状晶形的具聚片双晶；斜长石间被绿泥石取代。

(2) 变质火山碎屑岩

主要分布于白龙冰河两岸,主要为(片理化)变质凝灰岩、少量变质火山碎屑熔岩等组成。

凝灰岩主要由片理化凝灰岩、变质(中)—基性凝灰岩、变质含放射虫沉凝灰岩及变质角砾凝灰岩等组成。

片理化凝灰岩:岩石具变余凝灰碎屑结构,块状构造,主要由辉石晶屑(10%)、斜长石晶屑(15%～20%)、玻屑+基性岩屑(55%)、绿泥石(10%～20%)、斜黝帘石(10%)、方解石(5%)及少量钠质团块(5%)等组成。岩石中凝灰碎屑多呈次棱角—次磨圆状,粒度不大于0.5mm;斜长石晶屑已完全被深色微晶帘石取代,玻屑呈尖棱角状,基性岩屑很细小,部分泥化,碎屑间被绿泥石胶结。

变质基性凝灰岩:变余凝灰结构,片理构造,主要由玄武质岩屑(47%)、玄武质玻屑(30%～35%)、辉石(3%～5%)、斜长石(3%～5%)、绿纤石(0～40%)、绿泥石(10%～15%)等组成;玄武质岩屑压扁拉长,少量被粘土矿物不完全取代,而玻屑被完全取代,呈长条状定向分布,形成片理化构造;晶屑中斜长石蚀变为微粒帘石类集合体仍保留原板状晶形;碎屑间被绿泥石矿物所胶结;绿纤石呈毛发状、纤维状,常定向排列。

变质角砾凝灰岩:火山角砾凝灰碎屑结构、交代结构,片理构造,主要由玄武质岩屑(30%)、玄武质玻屑(35%～45%)、辉石晶屑(6%～7%)、斜长石晶屑(2%～3%)、绿泥石+粘土矿物(15%～25%)及少许钠长石(1%)等组成;玄武质岩屑呈次棱角—棱角状,均匀分布;玻屑大多拉长塑性变形,定向分布或被粘土矿物—绿泥石取代。

变质火山碎屑熔岩:岩石具变余火山碎屑结构、交代蚀变结构,块状构造,主要由变质基性熔岩(50%～60%)、变质中酸性火山碎屑(30%～40%)、玄武岩(5%～8%)及辉石晶屑(1%)等组成。

变质玄武质杏仁状(含蓝闪石)凝灰熔岩:岩石具束状雏晶结构、交代结构,杏仁构造,斜长石假晶+钠长石+绿泥石团块(5%)、辉石假晶(10%)、针状雏晶+玻璃质(45%～55%)、凝灰碎屑、岩屑(30%～40%)、蓝闪石(1%～2%)及绿帘石(2%)。斜长石假晶完全被钠长石、绿泥石取代,辉石假晶呈细小多边形绿泥石团块;气孔较多,呈不规则管状、浑圆状,均匀分布,被钠长石、绿泥石、纤闪石微晶—雏晶团块充填;蓝闪石呈纤柱状,不大于0.2mm,部分分布于杏仁体或岩屑中。

(3) 变质基性侵入岩

主要分布于大横山、白龙冰河等地,主要为变质辉绿岩。岩石具变辉绿结构、柱粒状交代结构,块状构造,岩石主要由斜长石(50%)、普通辉石(36%)、石英(2%～3%)、角闪石(2%～3%)、绿泥石(3%)及板铁矿+钛铁矿(2%～3%)磷灰石等组成;普遍辉石呈短柱状,大小0.5～4mm;斜长石呈半自形长条状,晶体内被斜黝帘石和粘土矿物取代呈假晶。

(4) 变质黑云花岗闪长岩

岩石具变余花岗结构、交代结构、碎屑结构,块状构造,主要由石英(43%)、钠—更长石(45%)、微斜长石(5%)、黑云母(4%)、白云石(1%～2%)及副矿物磷灰石、白钛石锆石等组成。斜长石多呈他形碎裂团块、略定向,个别为半自形晶;石英碎裂后重结晶呈细小他形齿状镶嵌状团块与长石团块相间分布;黑云母多为团块聚集团块。

## (二) 变质作用演化关系

### 1. 变质带、变质相划分

通过对大横山构造蛇绿岩带区域变质岩系中变质基性岩和泥质变质岩的变质矿物种类和组合在空间上变化情况,由南往北将其划分为绿纤石-绿泥石带、蓝闪石带、斜黝帘石(透闪石)带等3个变质带,3个变质相为葡萄石-绿纤石相、蓝闪片岩相及低绿片岩相。

(1) 绿纤石-绿泥石带

出露于构造蛇绿岩带的南侧,主要变质岩石有变质基性火山岩、变质凝灰岩等组成。主要变质矿物有绿纤石、绿泥石、方解石及少量的钠长石等矿物组成,指示矿物为绿泥石、绿纤石。

该带变质基性岩中的主要变质矿物组合特征为:a. Pum+Chl+Cal;b. Pum+Chl+Cal+Tl+Ab;c. Pum+Chl+Tl+Ab。

以上3个矿物共生组合代表了本区葡萄石-绿纤石相绿纤石-绿泥石带的主要标志,其ACF图解如图

4－2 所示。

（2）蓝闪石带

出露于绿纤石-绿泥石带的北侧，主要岩石含蓝闪石凝灰熔岩及变质玄武岩组成，主要变质矿物由绿泥石、蓝闪石及绿帘石等组成，指示矿物为蓝闪石。

该带中变质基性岩中的主要变质矿物组合特征为：Gl＋Ep＋Chl＋±Ab。

以上矿物共生组合代表了本区蓝闪片岩相蓝闪石的主要标志，其 ACF 图解如图 4－3 所示。

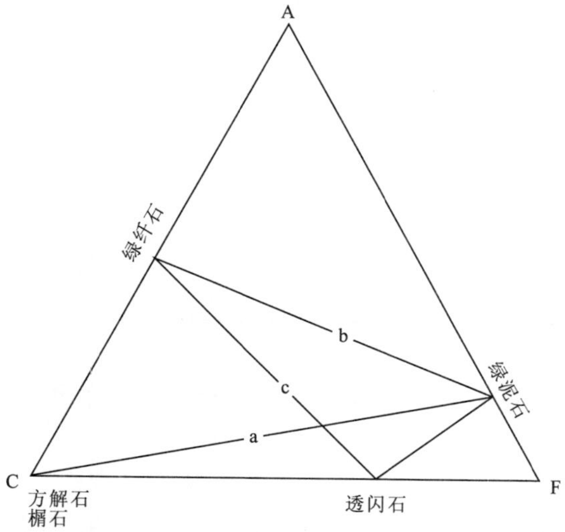


图 4－2 图区绿纤石-绿泥石带 ACF 图

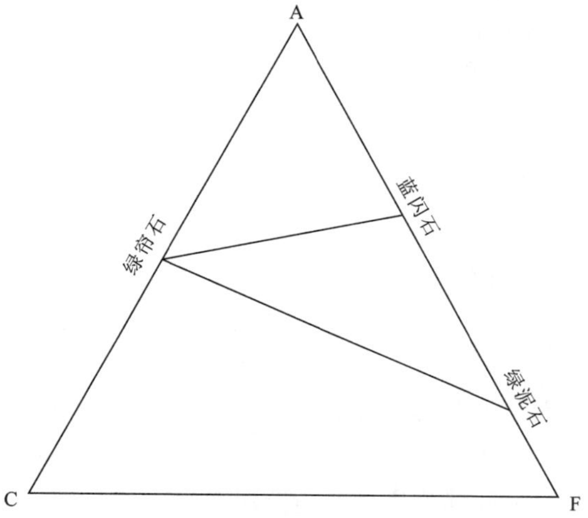


图 4－3 图区蓝闪片岩相蓝闪石带 ACF 图

（3）斜黝帘石带

出露于蓝闪石带的北侧，主要岩石由变质玄武岩、凝灰岩等组成，主要变质矿物有透闪石、绿泥石、榍石、斜黝帘石、钠长石等组成，指示矿物为斜黝帘石、透闪石。

该带中变质基性岩中的主要变质矿物组合特征为：a. Tl＋Chl＋Cz＋Sph；b. Tl＋Chl＋Ab。

以上 2 个矿物共生组合代表了本区低绿片岩相斜黝帘石带的主要标志，其 ACF 图解如图 4－4 所示。

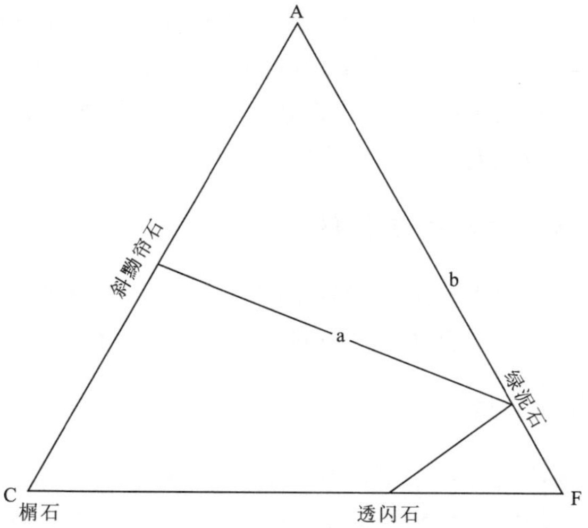


图 4－4 低绿片岩相斜黝帘石带 ACF 图

**2. 矿物相转变及变质反应性质**

根据角闪岩相岩石在变质过程中矿物组合的变化特征，可将大横山构造蛇绿岩带的变质作用划分为 3 个变质阶段，它们将是：早期葡萄石-绿纤石相变质阶段（$M_1$）→蓝闪片岩相变质阶段（$M_2$）→低绿片岩相变质阶段（$M_3$）。其各阶段变质作用的矿物组合见表 4－2。

（1）早期葡萄石-绿纤石相变质阶段（$M_1$）

该阶段最明显的标志为：在基性变质岩中出现绿纤石＋绿泥石等低级变质矿物为特征，据上述的矿物关系推测，该变质阶段（$M_1$）在变质基性岩中的矿物组合为：Pum＋Chl＋Cal、Pum＋Chl＋Cal＋Tl＋Ab。由以上矿物推测绿纤石可能由以下变质反应生成的：Cz＋Act＋$H_2O$＝ Pum＋Chl＋Qz。该阶段的温压条件为：325～370℃，0.2～0.7GPa。

（2）蓝闪片岩相变质阶段（$M_2$）

该变质阶段主要为蓝闪石带，最明显的标志为：在基性变质岩中出现蓝闪石、绿帘石、绿泥石等变质矿物为特征。该阶段在变质基性岩中的变质矿物组合为：Gl＋Ep＋Chl＋±Ab。在该变质阶段中出现零星细小的蓝闪石矿物，说明阶段的压力开始升高到临界点，变质作用就结束了，即变质反应：Tl＋Chl＋Ab→Gl。

**表 4－2　大横山构造蛇绿岩带变质作用各阶段的矿物组合及演化**

| 变质阶段 | 早期葡萄石—绿纤石相变质阶段（$M_1$） | 蓝闪片岩相变质阶段（$M_2$） | 低绿片岩相变质阶段（$M_3$） |
| --- | --- | --- | --- |
| 变质相 / 变质矿物 | 葡萄石—绿纤石相 | 蓝闪片岩相 | 低绿片岩相 |
| 绿纤石 | —— | | |
| 方解石 | —— | | |
| 石　英 | —— | | —— |
| 斜黝帘石 | | | —— |
| 绿泥石 | —— | —— | —— |
| 透闪石 | —— | | —— |
| 钠长石 | —— | —— | —— |
| 蓝闪石 | | —— | —— |
| 绿帘石 | | —— | —— |
| 榍　石 | | | —— |

蓝闪石的形成条件为 250～450℃，0.5～1.2GPa；当温度升至 400℃以上，绿纤石分解成绿帘石，故该阶段的的温压条件为：400～450℃，0.5～1.2GPa。

（3）低绿片岩相变质阶段（$M_3$）

该变质阶段主要包括斜黝帘石带，最明显的标志为：在基性变质岩中出现透闪石、斜黝帘石、绿泥石等低级变质矿物为特征，没有出现绿纤石为变质矿物。从上述矿物关系，推测该阶段在变质基性岩中的变质矿物组合为：Tl＋Chl＋Cz＋Sph、Tl＋Chl＋Ab。低绿片岩的临界条件为：350～500℃，0.2～1.0GPa，当温度升至 400℃以上，绿纤石分解成斜黝帘石，故该阶段的温压条件为：400～500℃，0.2～1.0GPa。

综合上述可见，大横山变质地带内的区域变质作用属于绿片岩相。变质带中出现低温变质环境的矿物——斜黝帘石，并且出现蓝闪石，结合该变质带发育于羌塘陆块与昆仑陆块缝合带中，可推测大横山变质地带为低温高压变质相的变质环境。

## 三、矿物化学特征

对大横山构造蛇绿岩带的变质玄武岩、变质凝灰岩、变辉绿岩等变质岩系中绿纤石、透闪石、辉石、钠长石等部分矿物化学成分进行测试，其特征如下所述：

### （一）绿纤石

绿纤石存在于早期葡萄石-绿纤石相变质阶段中的变质玄武岩、变质凝灰岩中，该矿物呈无色，纤维状、毛发状，多呈团块充填，正高突起，平行消光，常定向排列，多与绿泥石共生。

### （二）透闪石

透闪石存在于各个变质阶段中，于变质玄武岩、变质凝灰岩中，为纤维状、粒状集合体，常取代辉石，正中突起，高干涉色为二级，具斜消光，具角闪石型解理。

### （三）辉石

辉石是存在于变质辉绿岩、变质玄武岩中，矿物呈短柱状、集合体为半自形至他形状，聚片双晶，多已蚀变，被透闪石、绿泥石取代，但仍保留其外形，在变质杏仁状玄武岩中用电子探针对其化学成分进行测试的结果为：$SiO_2$（46.03%）、$Al_2O_3$（5.75%）、$TiO_2$（4.00%）、FeO（7.36%）等含量相对较低，而 MgO（12.65%）、CaO（20.08%）等含量相对较高；$X_{Mg}$值为 0.85 和 $X_{Fe}$为 0.28；其中 Wo 为 53、En 为 40、Fs 为 7。

### （四）钠长石

钠长石是存在各个变质阶段中，在变质杏仁状玄武岩中用电子探针对其化学成分进行测试的结果为：CaO(0.56%)、FeO(0.17%)等含量相对较低，而 $SiO_2$(68.84%)、$Al_2O_3$(17.80%)、$Na_2O$(12.39%)等含量相对较高；其端元元素 An=2、Ab=96、Or=2，XCa=0.024。

### （五）绿泥石

绿泥石存在于各个变质阶段中，浅绿色，鳞片状，具多色性，Ng=浅黄色，Np=Nm=浅绿色，斜消光，多为蚀变矿物，该矿物常取代辉石、角闪石等矿物。

### （六）斜黝帘石

斜黝帘石是仅存在低绿片岩相中，由葡萄石-绿纤石相向低绿片岩相转变时，温度升高使绿纤石分解成斜黝帘石。该矿物多呈微粒状，局部与长石构成典型的玄武构造，正高突起，异常干涉色为靛蓝色，斜消光。

## 四、岩石地球化学特征

### （一）常量元素特征

大横山构造蛇绿岩带的区域变质岩（变质火山岩）常量元素分析结果及尼格里数值列于表 4-3 中。现按岩石类型分述如下：

变质火山岩类共采集 7 个样品，从表 4-3 中可以看出，岩石的化学成分变化不大，$SiO_2$ 含量为 46.36%～57.54%，$Al_2O_3$ 含量为 9.15%～16.54%，$TiO_2$ 含量为 1.34%～3.41%，($Na_2O+K_2O$)的含量为 1.72%～4.82%，CaO 含量为 6.82%～11.10%，FeO 含量为 5.53%～10.93%，说明其原岩成分差异不大。

**表 4-3　大横山构造蛇绿岩带区域变质岩岩石化学成分及尼格里数值**

| 序号 | 1 | 2 | 3 | 4 | 5 | 6 | 7 | 8 |
|---|---|---|---|---|---|---|---|---|
| 样品编号 | 4520-3 | 8068-2 | 8067-3 | 8067-12 | 7026-1 | 8069-7 | 8071-1 | 8072-1 |
| 岩石名称 | 变黑云花岗闪长岩 | 片理化基性凝灰岩 | 变质基性火山岩 | 粘土化玄武岩 | 变质玄武岩 | 蚀变玄武岩 | 蚀变玄武岩 | 蚀变玄武岩 |
| $SiO_2$ | 75.89 | 50.34 | 52.83 | 50.09 | 48.96 | 57.54 | 46.36 | 51.48 |
| $TiO_2$ | 0.27 | 2.32 | 1.34 | 3.41 | 2.53 | 2.42 | 2.89 | 2.98 |
| $Al_2O_3$ | 12.12 | 9.15 | 12.63 | 9.96 | 16.54 | 10.33 | 14.78 | 13.15 |
| $Fe_2O_3$ | 0.57 | 2.51 | 2.67 | 6.47 | 1.74 | 3.10 | 7.55 | 3.84 |
| FeO | 1.1 | 9.89 | 7.99 | 6.44 | 10.93 | 5.53 | 8.58 | 7.05 |
| CaO | 3.11 | 9.19 | 8.5 | 11.1 | 6.82 | 7.40 | 8.21 | 9.81 |
| MgO | 0.31 | 14.42 | 9.97 | 7.33 | 6.69 | 8.59 | 3.90 | 7.92 |
| MnO | 0.04 | 0.18 | 0.19 | 0.19 | 0.19 | 0.13 | 0.25 | 0.18 |
| $K_2O$ | 3.05 | 0.10 | 0.18 | 3.44 | 0.49 | 1.08 | 1.54 | 0.24 |
| $Na_2O$ | 3.48 | 1.62 | 3.54 | 1.18 | 4.11 | 3.53 | 3.28 | 2.93 |
| $P_2O_5$ | 0.07 | 0.28 | 0.17 | 0.39 | 1.01 | 0.36 | 2.66 | 0.42 |
| 总和 | 100.01 | 100.00 | 100.01 | 100.00 | 100.01 | 100.01 | 100.00 | 100.00 |

续表 4-3

| 序号 | 1 | 2 | 3 | 4 | 5 | 6 | 7 | 8 |
|---|---|---|---|---|---|---|---|---|
| 样品编号 | 4520-3 | 8068-2 | 8067-3 | 8067-12 | 7026-1 | 8069-7 | 8071-1 | 8072-1 |
| 岩石名称 | 变黑云花岗闪长岩 | 片理化基性凝灰岩 | 变质基性火山岩 | 粘土化玄武岩 | 变质玄武岩 | 蚀变玄武岩 | 蚀变玄武岩 | 蚀变玄武岩 |
| *al* | 40.49 | 11.08 | 16.99 | 13.83 | 23.24 | 16.02 | 21.48 | 18.45 |
| *fm* | 10.46 | 65.34 | 54.13 | 50.29 | 49.09 | 52.30 | 46.57 | 49.40 |
| *c* | 18.89 | 20.22 | 20.79 | 28.02 | 17.42 | 20.86 | 21.69 | 25.03 |
| *alk* | 30.15 | 3.36 | 8.09 | 7.86 | 10.25 | 10.82 | 10.26 | 7.13 |
| Si | 430.31 | 103.41 | 120.59 | 118.03 | 116.76 | 151.43 | 114.33 | 122.58 |
| Ti | 1.53 | 4.77 | 3.06 | 8.03 | 6.03 | 6.37 | 7.13 | 7.10 |
| K | 0.37 | 0.04 | 0.03 | 0.66 | 0.07 | 0.17 | 0.24 | 0.05 |
| O | 0.23 | 0.06 | 0.08 | 0.23 | 0.06 | 0.12 | 0.30 | 0.14 |
| $c/fm$ | 1.81 | 0.31 | 0.38 | 0.56 | 0.35 | 0.40 | 0.47 | 0.51 |
| $(al+fm)-(c+alk)$ | 1.91 | 52.84 | 42.24 | 28.23 | 44.66 | 36.64 | 36.09 | 35.69 |
| $al-alk$ | 10.34 | 7.72 | 8.89 | 5.97 | 13.00 | 5.20 | 11.22 | 11.32 |
| $Mg^{\#}$ | 0.25 | 0.68 | 0.63 | 0.51 | 0.48 | 0.64 | 0.31 | 0.57 |

注:表中数据由武汉综合岩矿测试中心测试。

在尼格里四面体图解上投影,全部样品落入火成岩区(图 4-5)。据西蒙南(1954)简化的$(al+fm)$-$(c+alk)$-Si 图解(图 4-6)中,其中 2 号样品落入泥质沉积岩区,4 号样品落入钙质沉积岩与火成岩重叠区,其他样品则落入火山岩区;在利克(1969)的$(al-alk)-c$ 图解(图 4-7)中,全部样品落入火成岩区;在克列麦涅茨基(1979)的(Al+∑Fe+Ti)-(Ca+Mg)图解(图 4-8)中,5、7、8 号样品落在基性火成岩及其变种区(Ⅱ),3、4 号样品则落入中性火成岩、基性火山杂砂岩和含有粘土质的沉凝灰岩和凝灰岩(Ⅲ),2 号样品落在含有碳酸盐物质的沉凝灰岩和凝灰岩区(Ⅳ),6 号样品则落入粘土、泥岩、粉砂岩、长石砂岩和泥灰质砂岩区(Ⅴ)与粘土质、白云质和钙质泥灰岩区(Ⅵ)界线上。

根据以上投影结果,并结合地层产状、共生组合、岩相学等对其原岩进行恢复(表 4-4),2 号样的原岩可能为凝灰岩,3、4、5、6、7、8 号样品的原岩可能为玄武岩类。

火山岩类的岩石均以富 MgO、CaO、FeO、$TiO_2$,贫 $K_2O$ 为特征,一般 FeO 含量高于 $Fe_2O_3$ 含量,MgO 含量高于 CaO 含量,$Na_2O$ 含量高于 $K_2O$ 含量;所有样品的尼格里特征值均为$(alk+c)>al>alk$,属正常系列。在$(Na_2O+K_2O)-SiO_2$ 图解(Irvine 和 Baragar,1971)上,5 号样品均落入碱性岩区与亚碱性区界线上,其他的样品落入亚碱性岩区(图 4-9)。根据岩石化学成分在火山岩化学分类 TAS 图(Le Bas 等,1986)(图 4-10)中的位置,2、4、5、7 号样品落入玄武岩区,3、8 号样品落入玄武质安山岩区,6 号样落在安山岩区。这些岩石的 $Mg^{\#}$ 值在 0.31～0.68 之间。

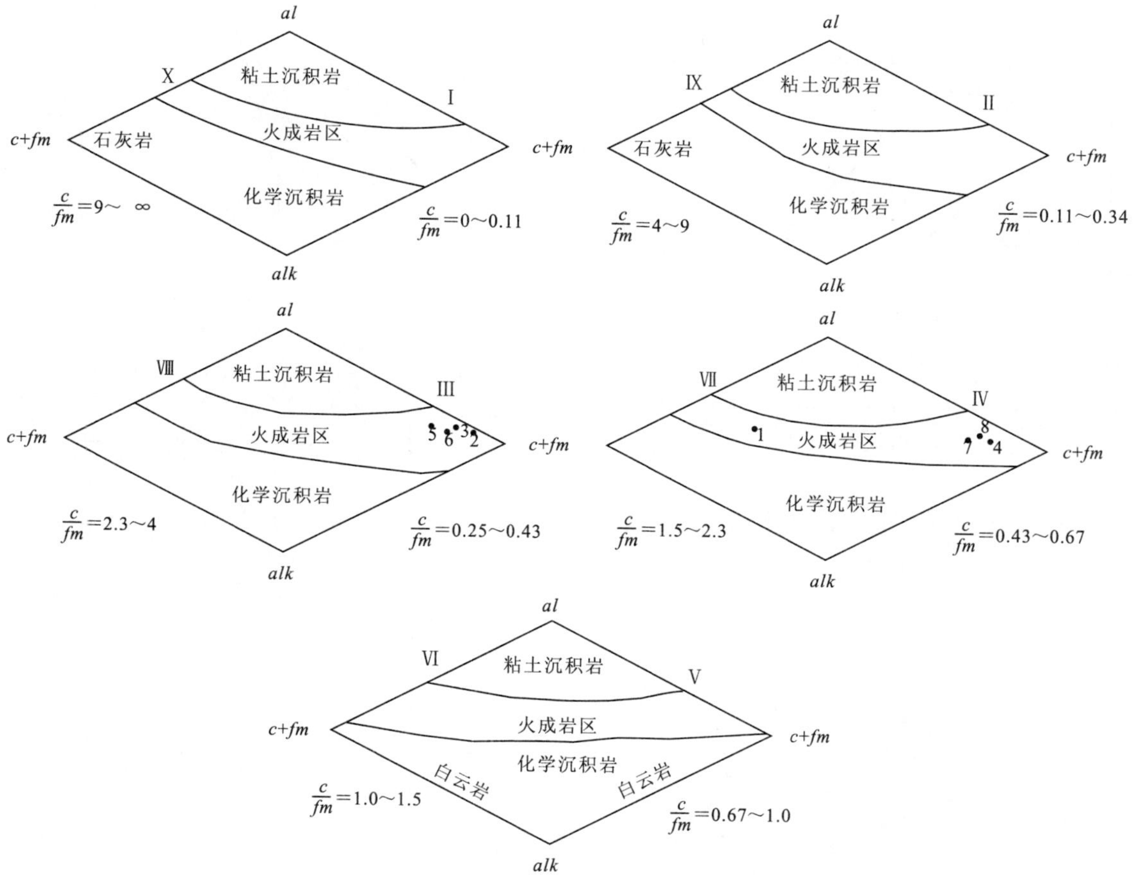


图 4－5　大横山构造蛇绿岩带区域变质岩的尼格里四面体图解(据 P. Niggli,1954)

**表 4－4　大横山构造蛇绿岩带区域变质岩原岩恢复结果一览表**

| 序号 | 样品号 | 尼格里四面体图解 | $(al+fm)$-$(c+alk)$-Si 图解 | $(al-alk)$-$c$ 图解 | (Al+ΣFe+Ti)-(Ca+Mg)图解 | 综合判断 |
|---|---|---|---|---|---|---|
| 2 | 8068－2 | 火成岩区 | 泥质沉积岩区 | 火成岩区 | 含有碳酸盐物质的沉凝灰岩和凝灰岩区 | 凝灰岩 |
| 3 | 8067－3 | 火成岩区 | 钙质沉积岩与火成岩重叠区 | 火成岩区 | 中性火成岩、基性火山杂砂岩和含有粘土质的沉凝灰岩和凝灰岩区 | 玄武岩 |
| 4 | 8067－12 | 火成岩区 | 火成岩区 | 火成岩区 | 中性火成岩、基性火山杂砂岩和含有粘土质的沉凝灰岩和凝灰岩区 | 玄武岩 |
| 5 | 7026－1 | 火成岩区 | 火成岩区 | 火成岩区 | 基性火成岩及其变种区 | 玄武岩 |
| 6 | 8069－7 | 火成岩区 | 火成岩区 | 火成岩区 | 粘土、泥岩、粉砂岩、长石砂岩和泥灰质砂岩区与粘土质、白云质和钙质泥灰岩区的界线上 | 玄武岩 |
| 7 | 8071－1 | 火成岩区 | 火成岩区 | 火成岩区 | 基性火成岩及其变种区 | 玄武岩 |
| 8 | 8072－1 | 火成岩区 | 火成岩区 | 火成岩区 | 基性火成岩及其变种区 | 玄武岩 |

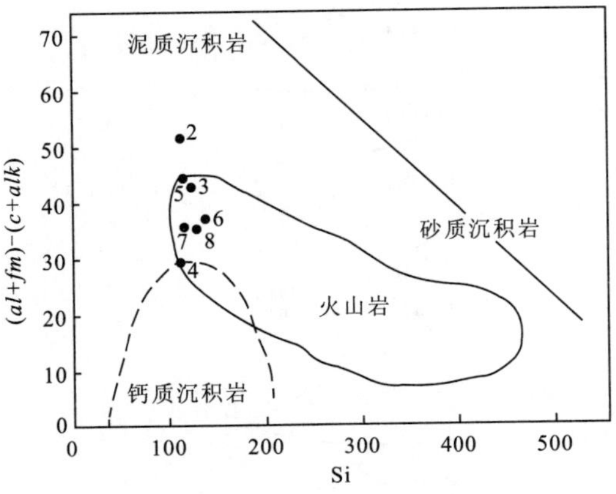


图 4-6　区域变质岩$(al+fm)-(c+alk)$-Si 图解

(据西蒙南,1954 简化)

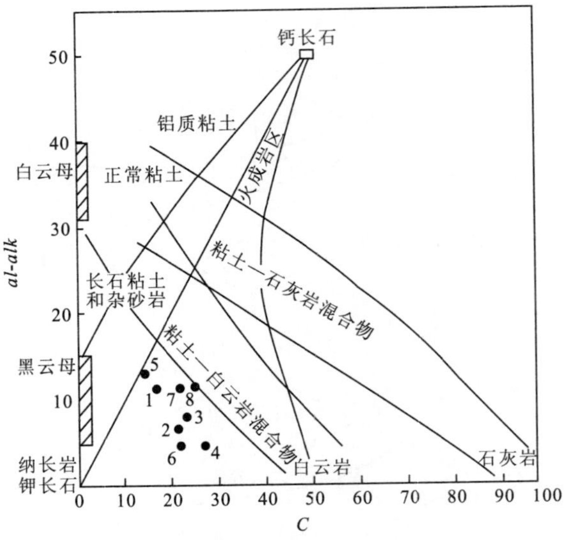


图 4-7　区域变质岩$(al-alk)$-C 图解

(据利克,1969)

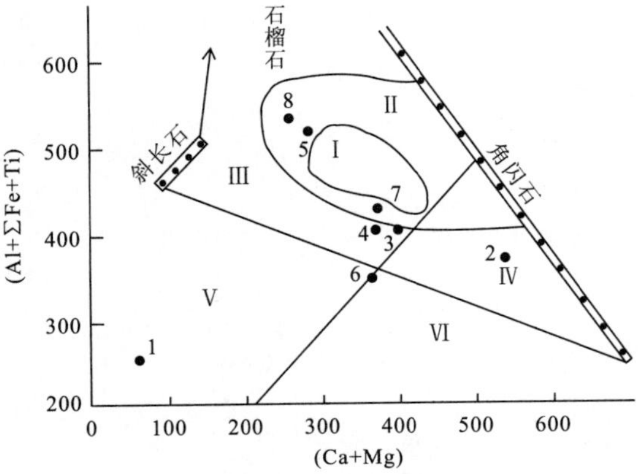


图 4-8　区域变质岩(Al+ΣFe+Ti)-(Ca+Mg)图解

(据克列麦涅茨基,1979)

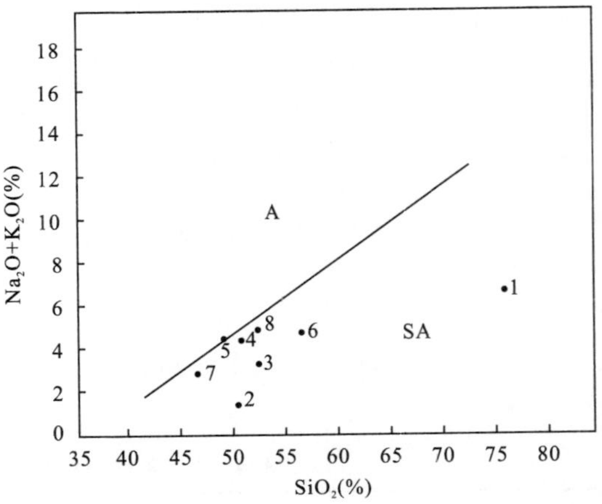


图 4-9　区域变质$(Na_2O+K_2O)-SiO_2$ 图解

(据 Irvine 和 Baragar,1971)

A. 碱性;SA. 亚碱性

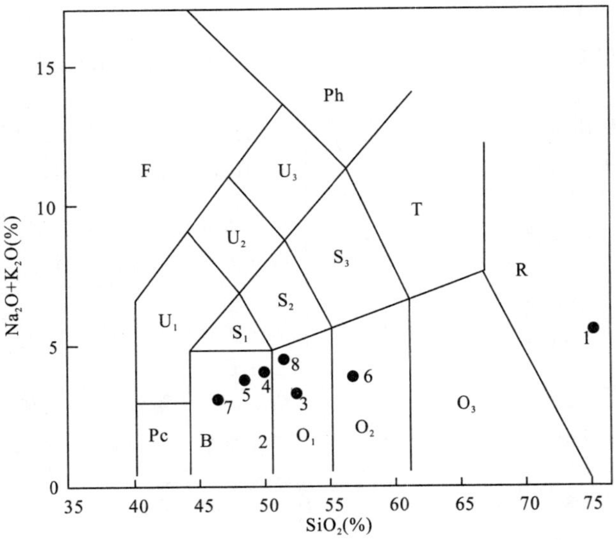


图 4-10　TAS 图解(据 Le Bas 等,1986)

F. 似长岩;Pc. 苦橄玄武岩;B. 玄武岩;$O_1$. 玄武安山岩;$O_2$. 安山岩;$O_3$. 英安岩;R. 流纹岩;

$S_1$. 粗面玄武岩;$S_2$. 玄武质粗面安山岩;$S_3$. 粗面安山岩;T. 粗面岩;$U_1$. 碱玄岩;

$U_2$. 响岩质碱玄岩;$U_3$. 碱玄质响岩;Ph. 响岩

## （二）微量元素特征

变质火山岩类微量元素的分析结果列于表 4-5 中。现按岩石类型分述如下：从表 4-5 中可以看出，原岩是火山岩类的样品中，微量元素成分变化范围相对较宽，其中 Zr 的含量在 $96\times10^{-6}\sim471\times10^{-6}$，Cr 的含量在 $6.2\times10^{-6}\sim923\times10^{-6}$。微量元素 Ba 与 Rb、$K_2O$ 与 Rb 均具正相关的线性关系（图 4-11、图 4-12），而从 Ba/Nb、Ba/La、Ba/Th 和 Rb/Nb 比值看，Ba/Nb 与 Ba/La、Rb/Nb 与 Ba/Th 亦具较明显的正相关性（图 4-13、图 4-14）；在以 MORB 为标准的微量元素地球化学模式图（图 4-15）上，可以看出，K、Rb、Ba、Th 等亲石元素丰度显示出中等富集，相对丰度多数为 MORB 的 1～100 倍，其他大亲石元素丰度亦显示出弱富集性，而 Cr、Hf、Sm、Y、Sc、Yb 等相容元素只有 MORB 的 3～50 倍。变质火山岩的模式曲线具有一定的相似性，可能代表了岛弧玄武岩的分布型式。

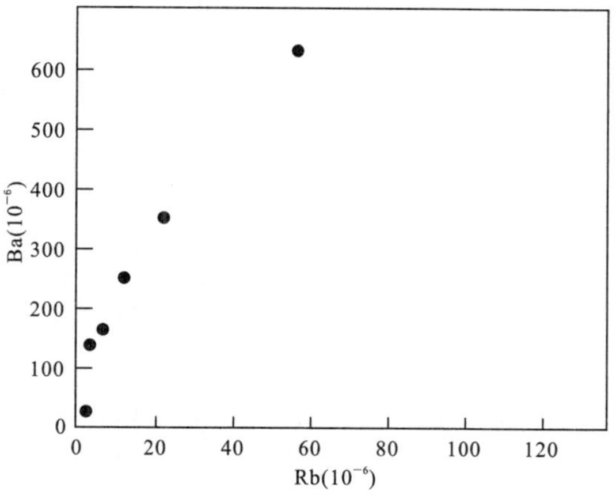


图 4-11　变质火山岩 Ba—Rb 图解

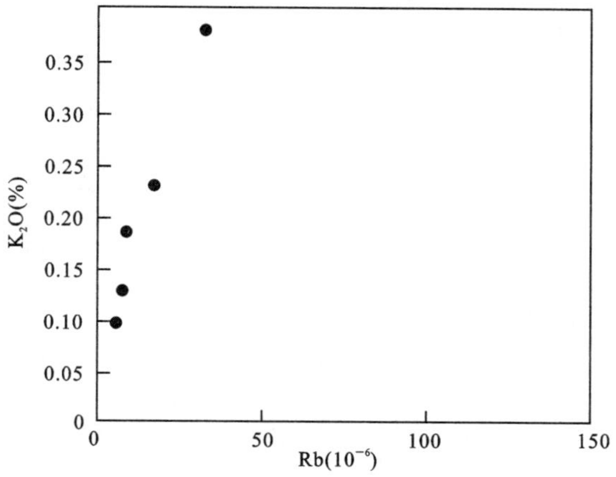


图 4-12　变质火山岩 Rb 与 $K_2O$ 图解

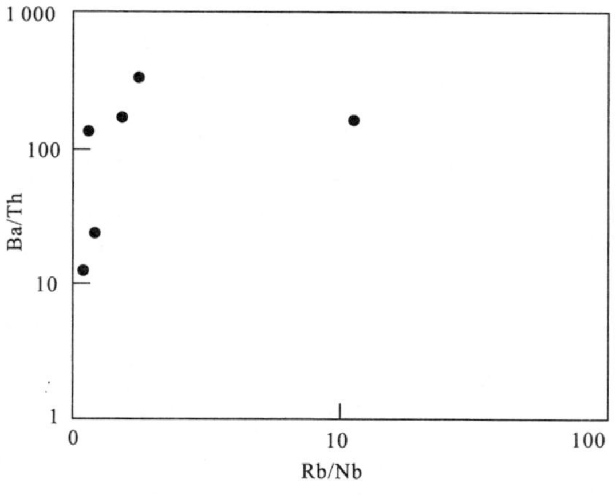


图 4-13　变质火山岩 Ba/Th-Rb/Nb 图解

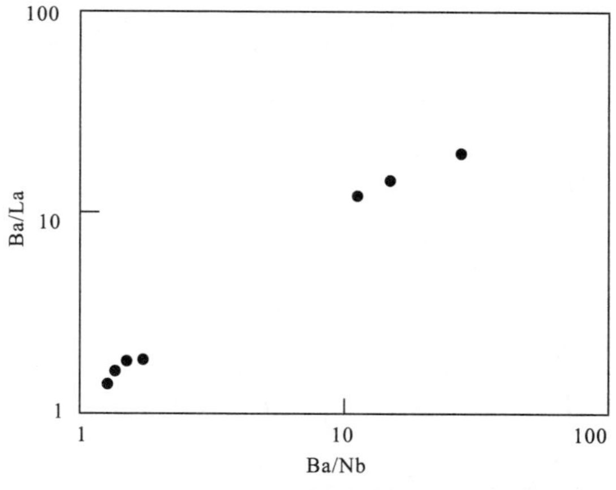


图 4-14　变质火山岩 Ba/Nb-Ba/La 图解

## （三）稀土元素特征

稀土元素分析结果及其特征值列于表 4-6 中。现按岩石类型分述如下：

从表 4-6 中可以看出，原岩是火山岩的样品中，其稀土元素变化范围相对较宽，稀土元素总量 $\sum REE=91.05\times10^{-6}\sim724.68\times10^{-6}$，Eu/Sm=0.31～0.37，所有的样品皆为轻重稀土分馏明显、轻稀土元素富集（$\sum LREE/\sum HREE=1.91\sim5.78$，$(La/Sm)_N=2.01\sim3.78$，$(La/Yb)_N=4.10\sim20.31$，La-Sm 曲线较陡，轻稀土分异明显），而 Eu 明显正异常 $\delta Eu=1.00\sim1.07$）和 Ce 略显负异常或不明显（$\delta Ce=0.91\sim0.97$）；所有样品的稀土配分曲线十分相似（图 4-16），说明其物源区性质相似，可能来自于同一物源区。

**表 4-5　大横山构造蛇绿岩带区域变质岩岩石微量元素含量**

| 序号 | 1 | 2 | 3 | 4 | 5 | 6 | 7 | 8 |
|---|---|---|---|---|---|---|---|---|
| 样品编号 | 4520-3 | 8068-2 | 8067-3 | 8067-12 | 7026-1 | 8069-7 | 8071-1 | 8072-1 |
| 岩石名称 / 元素 | 变黑云花岗闪长岩 | 片理化基性凝灰岩 | 变质基性火山岩 | 粘土化玄武岩 | 变质玄武岩 | 蚀变玄武岩 | 蚀变玄武岩 | 蚀变玄武岩 |
| Li | 13 | 29 | 26 | 6.4 | 37 | 10 | 11 | 14 |
| Be | 0.61 | 1.6 | 1.1 | 2.5 | 2.2 | 1.7 | 3.7 | 2.3 |
| Nb | 4.1 | 18 | 13 | 28 | 83 | 14 | 49 | 29 |
| Sc | 2.9 | 29 | 35 | 32 | 8.3 | 27 | 11 | 26 |
| Zr | 131 | 159 | 96 | 292 | 254 | 174 | 471 | 288 |
| Th | 5.2 | 2.7 | 1.4 | 3.9 | 6.3 | 1.7 | 5.7 | 3.7 |
| Sr | 115 | 41 | 70 | 84 | 591 | 65 | 2 585 | 975 |
| Ba | 618 | 32 | 184 | 615 | 175 | 721 | 354 | 106 |
| V | 21 | 227 | 197 | 296 | 175 | 215 | 97 | 304 |
| Co | 6.2 | 60 | 44 | 48 | 38 | 38 | 30 | 43 |
| Cr | 13 | 923 | 776 | 438 | 6.2 | 651 | 8.3 | 423 |
| Ni | 7.2 | 523 | 248 | 181 | 31 | 298 | 13 | 235 |
| Cu | 6.6 | 106 | 112 | 131 | 42 | 98 | 31 | 110 |
| Pb | 5.3 | 2.1 | 1.7 | 4 | 3.4 | 2.8 | 6.3 | 5.7 |
| Zn | 18 | 98 | 82 | 112 | 131 | 105 | 172 | 122 |
| W | 0.7 | 0.94 | 0.9 | 1.2 | 0.83 | 1.1 | 0.75 | 1.1 |
| Mo | 0.41 | 0.32 | 0.26 | 0.72 | 0.25 | 0.52 | 1.5 | 0.79 |
| As | 6.1 | 1.4 | 2.2 | 2.6 | 1 | 48 | 0.57 | 0.59 |
| Sb | 0.63 | 0.07 | 0.09 | 0.14 | 0.1 | 0.08 | 0.1 | 0.1 |
| Hg | 0.039 | 0.006 | 0.005 | 0.012 | 0.005 | 0.037 | 0.009 | 0.007 |
| Bi | 0.13 | 0.05 | 0.05 | 0.07 | 0.05 | 0.05 | 0.05 | 0.05 |
| F | 164 | 414 | 252 | 602 | 1 029 | 505 | 969 | 553 |
| Rb | 47 | 2.9 | 4.8 | 59 | 6.4 | 16 | 23 | 4.9 |
| Hf | 3.3 | 3.4 | 2.7 | 7.7 | 8 | 5.5 | 9.1 | 7.7 |
| Te | 0.05 | 0.05 | 0.05 | 0.05 | 0.05 | 0.05 | 0.05 | 0.05 |
| Cl | 0.011 | 0.008 | 0.011 | 0.008 | 0.016 | 0.011 | 0.041 | 0.012 |
| Au | 0.33 | 0.97 | 0.79 | 1.7 | 0.34 | 0.58 | 0.35 | 0.84 |
| Ga | 10 | 11 | 9.5 | 14 | 22 | 9.4 | 17 | 19 |
| Sn | 1 | 1.2 | 1 | 2.1 | 2.6 | 1 | 3.1 | 2.6 |
| Ag | 0.027 | 0.129 | 0.058 | 0.176 | 0.056 | 0.023 | 0.113 | 0.1 |
| B | 13 | 7.5 | 10 | 9.9 | 15 | 15 | 9.1 | 7.7 |
| U | 0.47 | 0.6 | 0.39 | 1 | 1.2 | 0.57 | 1.3 | 0.76 |
| Ta | 0.24 | 1.2 | 0.71 | 2 | 5 | 0.93 | 2.9 | 1.8 |

注：表中数据由武汉综合岩矿测试中心测试。含量单位：除 Au 为 $10^{-9}$，其他元素均为 $10^{-6}$。

**表 4-6 大横山构造蛇绿岩带区域变质岩岩石稀土元素丰度及特征**

| 序号 | 1 | 2 | 3 | 4 | 5 | 6 | 7 | 8 |
|---|---|---|---|---|---|---|---|---|
| 样品编号 | 4520-3 | 8068-2 | 8067-3 | 8067-12 | 7026-1 | 8069-7 | 8071-1 | 8072-1 |
| 岩石名称 | 变黑云花岗闪长岩 | 片理化基性凝灰岩 | 变质基性火山岩 | 粘土化玄武岩 | 变质玄武岩 | 蚀变玄武岩 | 蚀变玄武岩 | 蚀变玄武岩 |
| La | 13.43 | 20.70 | 11.73 | 42.85 | 52.43 | 20.59 | 123.90 | 35.55 |
| Ce | 24.38 | 43.78 | 24.43 | 86.79 | 107.80 | 43.32 | 270.60 | 74.96 |
| Pr | 2.99 | 6.03 | 3.53 | 11.22 | 12.96 | 6.15 | 36.14 | 10.13 |
| Nd | 10.76 | 24.92 | 15.06 | 47.76 | 50.17 | 27.52 | 152.80 | 43.84 |
| Sm | 2.12 | 5.64 | 3.68 | 9.44 | 8.72 | 6.38 | 26.16 | 9.08 |
| Eu | 0.63 | 1.80 | 1.35 | 2.91 | 2.95 | 2.30 | 8.22 | 2.97 |
| Gd | 2.00 | 5.35 | 4.10 | 8.14 | 7.40 | 6.64 | 21.18 | 8.84 |
| Tb | 0.31 | 0.82 | 0.70 | 1.23 | 1.09 | 1.03 | 2.97 | 1.38 |
| Dy | 1.76 | 4.43 | 4.02 | 6.17 | 5.37 | 5.62 | 14.24 | 7.35 |
| Ho | 0.37 | 0.81 | 0.78 | 1.11 | 0.94 | 1.04 | 2.59 | 1.36 |
| Er | 1.00 | 1.95 | 2.06 | 2.60 | 2.24 | 2.55 | 6.02 | 3.31 |
| Tm | 0.17 | 0.28 | 0.33 | 0.37 | 0.32 | 0.38 | 0.87 | 0.49 |
| Yb | 1.02 | 1.61 | 1.93 | 2.08 | 1.74 | 2.07 | 4.61 | 2.75 |
| Lu | 0.17 | 0.22 | 0.28 | 0.29 | 0.23 | 0.28 | 0.65 | 0.38 |
| Y | 8.30 | 17.53 | 17.07 | 23.63 | 23.32 | 22.70 | 53.73 | 29.35 |
| 总量 | 69.41 | 135.87 | 91.05 | 246.59 | 277.68 | 148.57 | 724.68 | 231.74 |
| ΣLREE | 54.31 | 102.87 | 59.78 | 200.97 | 235.03 | 106.26 | 617.82 | 176.53 |
| ΣHREE | 15.10 | 33.00 | 31.27 | 45.62 | 42.65 | 42.31 | 106.86 | 55.21 |
| LREE/HREE | 3.60 | 3.12 | 1.91 | 4.41 | 5.51 | 2.51 | 5.78 | 3.20 |
| Eu/Sm | 0.30 | 0.32 | 0.37 | 0.31 | 0.34 | 0.36 | 0.31 | 0.33 |
| δEu | 0.92 | 0.99 | 1.06 | 0.99 | 1.10 | 1.07 | 1.04 | 1.00 |
| δCe | 0.89 | 0.93 | 0.91 | 0.93 | 0.97 | 0.92 | 0.96 | 0.94 |
| $(La/Yb)_N$ | 8.88 | 8.67 | 4.10 | 13.89 | 20.31 | 6.71 | 18.12 | 8.72 |
| $(Ce/Yb)_N$ | 6.18 | 7.03 | 3.27 | 10.79 | 16.03 | 5.41 | 15.18 | 7.05 |
| $(La/Sm)_N$ | 3.98 | 2.31 | 2.01 | 2.86 | 3.78 | 2.03 | 2.98 | 2.46 |
| $(Gd/Yb)_N$ | 1.58 | 2.68 | 1.71 | 3.16 | 3.43 | 2.59 | 3.71 | 2.59 |

注:表中数据由武汉综合岩矿测试中心测试。

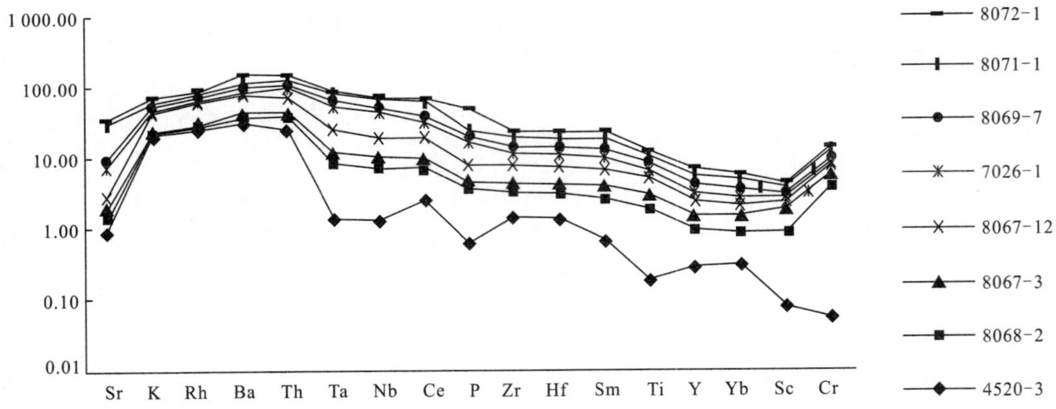


图 4-15　变质火山岩类微量元素地球化学模式图

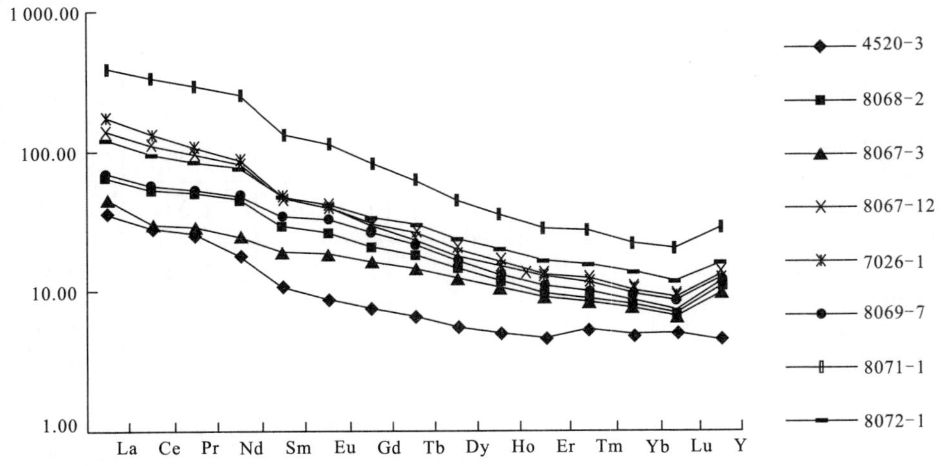


图 4-16　变质火山岩类稀土配分曲线图

## (四) 构造环境恢复

* 变质火山岩的构造环境恢复

1)由于变质基性火山岩及基性岩中,其中 11 号样品均落入碱性岩区,10 号样品落在界线上,9 号样品落入亚碱性岩区(图 4-9),故我们利用下列图解来判断其原岩的构造环境。研究结果表明,在图解(图 4-17)上,其中 2、3 号样品落在洋中脊玄武岩区,4 号样落在洋岛拉斑玄武岩区,5、6、7、8 号样品落在洋岛碱性玄武岩区;而在 $TiO_2-K_2O-P_2O_5$ 图解(Pearce 等,1975)中,其中 2、3、8 号样品落入大洋玄武岩区,而 4、5、6、7 号样品落在非大洋玄武岩区(图 4-18)。

2)利用惰性组分 Ti、Y 和 Nb 来判别大洋拉斑玄武岩和大陆拉斑玄武岩。从 Floyd 和 Winchester(1975)的 $TiO_2$-Y/Nb 图解(图 4-19)中可以看出,2 号样品落入大陆拉斑玄武岩、大陆碱性玄武岩及大洋碱性玄武岩重叠区,3 号样落在大陆拉斑玄武岩区,4 号样落在大洋碱性玄武岩区,5、7、8 号样落在大陆碱性玄武岩及大洋碱性玄武岩重叠区,6 号样品则落在大陆拉斑玄武岩与大陆碱性玄武岩重叠区。

3)在 Meschede(1986)的惰性微量元素 2Nb-Zr/4-Y 三角图解(图 4-20)上投影,2、4、5、7 号样品均落在板内碱性玄武岩区(AⅠ),而 3、6、8 号样落在板内碱性+板内拉斑玄武岩区(AⅡ)。

4)据 Cabanis 和 Lecolle(1989)的 Y/15-La/10-Nb/8 图解(图 4-21),2、4、6、7、8 号样品均落入大陆玄武岩区内,3、5 号样品落在陆内裂谷碱性玄武岩区;在 Pearce JA 和 Cann(1973)的 Ti/100-Zr-3Y 图解(图 4-22)上,7 号样落在钙碱性玄武岩区,2、3、4、5、6、8 号样品落入板内玄武岩区(D)。

5)在皮尔斯和诺里(1979)等 V-Ti/1000 图解(图 4-23)上,4、5、6、7 号样品落在碱性玄武岩区,而 2、3、8 号样品落在洋底玄武岩区。

综合以上各种图解的投影结果可以看出,大横山构造蛇绿岩带中的 4、5、6、7、8 号样变质火山岩的成

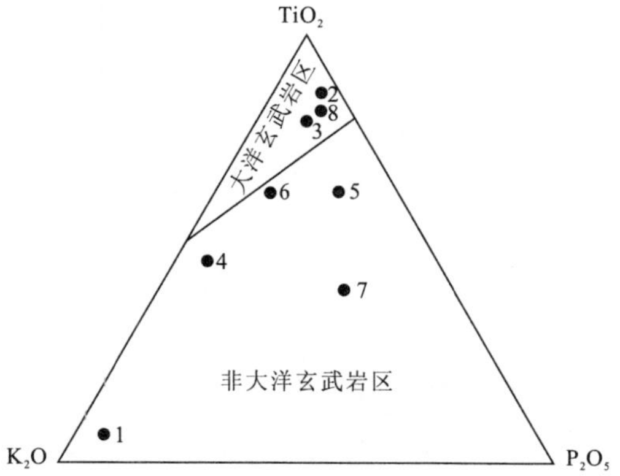


图 4－17 $TiO_2-K_2O-P_2O_5$ 图解

（据 Pearce 等，1975）

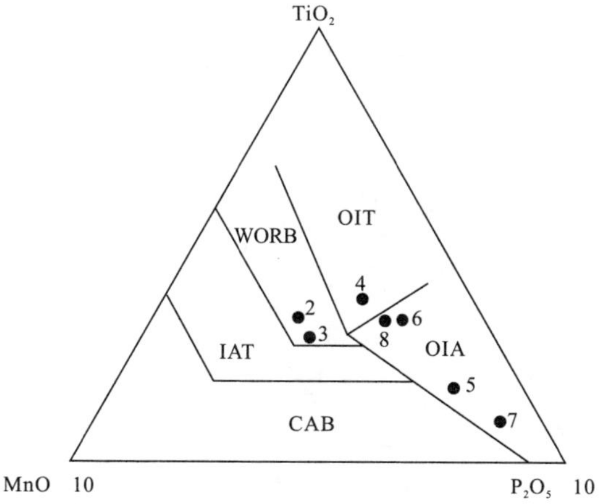


图 4－18 $TiO_2-MnO-P_2O_5$ 图解

（据 E. D. Muillen，1983）

OIT. 洋岛拉斑玄武岩；OIA. 洋岛碱性玄武岩；MORB. 洋脊玄武岩；IAT. 岛弧拉斑玄武岩；CAB. 岛弧钙碱性玄武岩

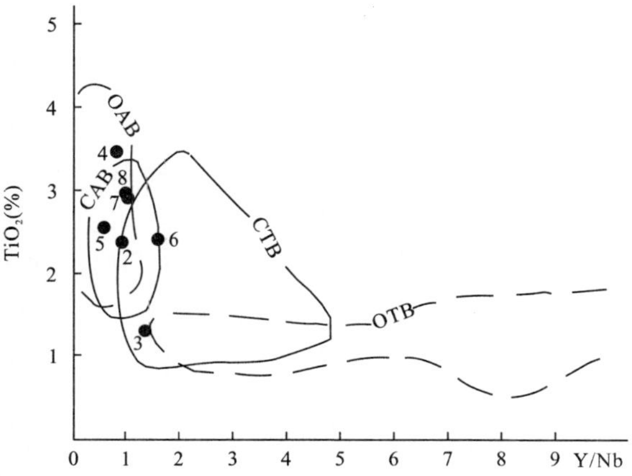


图 4－19 $TiO_2-Y/Nb$ 图解

（据 Floyd，Winchester，1975）

CAB：大陆碱性玄武岩；OAB. 大洋碱性玄武岩；CTB：大陆拉斑玄武岩；OTB：大洋拉斑玄武岩型 MORB

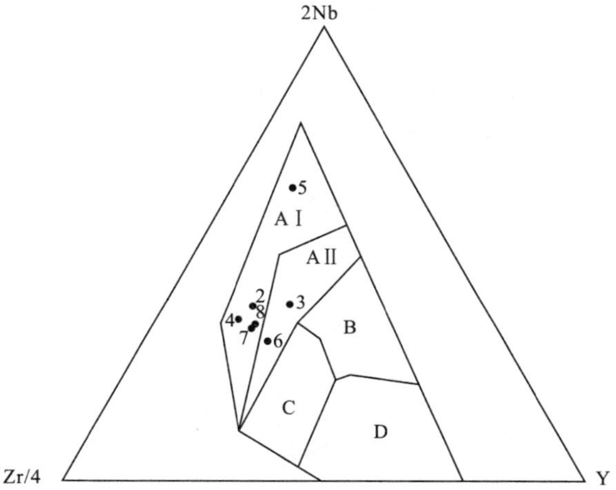


图 4－20 2Nb－Zr/4－Y 图解

（据 Meschede 1986）

AⅠ. 板内碱性玄武岩；AⅡ. 板内碱性＋板内拉斑玄武岩；B. E—型 MORB；C. 板内拉斑玄武岩＋火山弧玄武岩；D. N—型 MORB＋火山弧玄武岩

分以大陆碱性玄武岩或板内玄武岩为主，少数为洋岛玄武岩、洋脊玄武岩，故其原岩形成的环境可能是大陆岛弧环境，可能代表了大横山构造蛇绿岩带中有来源于古大洋岛屿或海山、洋脊的火山岩构造块体。

## 五、变质作用的 P、T 条件

### （一）早期葡萄石-绿纤石相变质阶段（$M_1$）的温压条件

该阶段最明显的标志为在基性变质岩中出现绿纤石＋绿泥石等低级变质矿物为特征，据上述的矿物关系推测，该变质阶段（$M_1$）在变质基性岩中的矿物组合为：Pum＋Chl＋Cal、Pum＋Chl＋Cal＋Tl＋Ab。由以上矿物推测绿纤石可能由以下变质反应生成的：Cz＋Act＋$H_2O$＝ Pum＋Chl＋Qz。实验条件：325～370℃，0.2～0.7GPa。

### （二）蓝闪片岩相变质阶段（$M_2$）温压条件

该变质阶段主要为蓝闪石带，最明显的标志为：在基性变质岩中出现蓝闪石、绿帘石、绿泥石等变质矿物为特征。该阶段在变质基性岩中的变质矿物组合：Gl＋Ep＋Chl＋±Ab。在该变质阶段中出现细小的

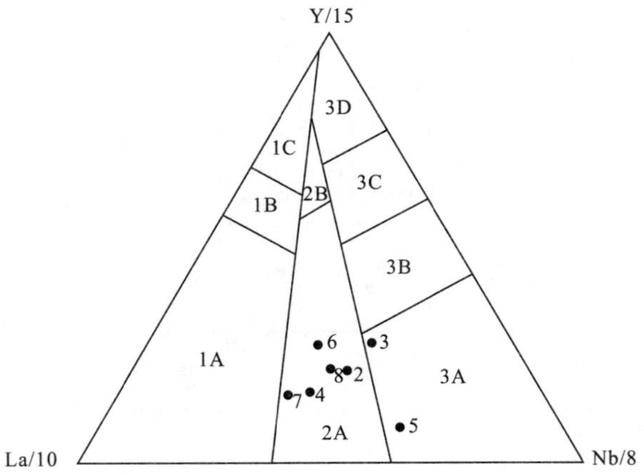


图 4-21 Y/15-La/10-Nb/8 图解
(据 Cabanis , Lecolle,1989)
1. 火山弧;1A. 钙碱性玄武岩;1B. 过渡区;
1C. 火山弧玄武岩;2. 大陆玄武岩;2A. 大陆玄武岩;
2B. 弧后盆地玄武岩;3. 大洋玄武岩;
3A. 陆内裂谷碱性玄武岩;3B、3C. E—型 MORB
(B 富集,C 略富集);3D. N—型 MORB

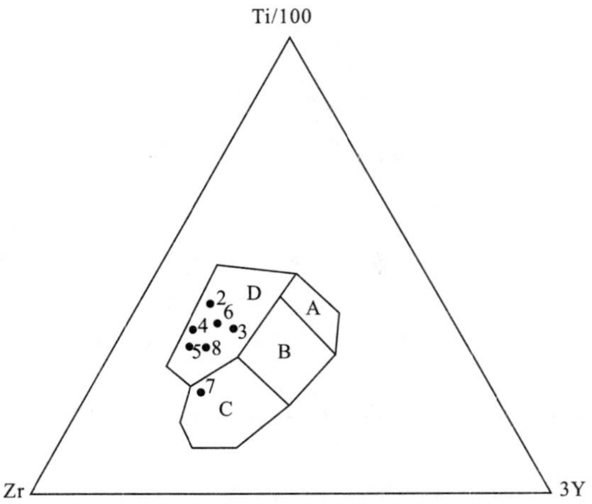


图 4-22 Ti/100-Zr-3Y 图
(据 Pearce JA 和 Cann,1973)
A. IAT;B. MORB+IAT+CA;C. CA;D. WPB

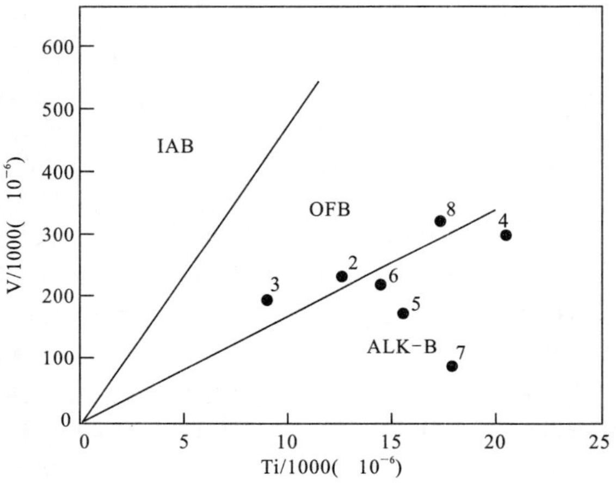


图 4-23 V-Ti/1000 图解
IAB. 岛弧玄武岩;OFB. 洋底玄武岩;ALK-B. 碱性玄武岩

蓝闪石矿物,说明阶段的压力开始升高到临界点,变质作用就结束了,即变质反应:Tl+Chl+Ab→Gl。

蓝闪石的形成条件为 250~450℃,0.5~1.2GPa;当温度升至 400℃以上,绿纤石分解成绿帘石,故该阶段的温压条件为:400~450℃,0.5~1.2GPa。

### (三) 低绿片岩相变质阶段($M_3$)温压条件

该变质阶段主要包括斜黝帘石带,最明显的标志为在基性变质岩中出现透闪石、斜黝帘石、绿泥石等低级变质矿物为特征,没有出现绿纤石为变质矿物。从上述矿物关系,推测该阶段在变质基性岩中的变质矿物组合:Tl+Chl+Cz+Sph、Tl+Chl+Ab。低绿片岩的临界条件 350~500℃,0.2~1.0GPa,当温度升至 400℃以上,绿纤石分解成斜黝帘石,故该阶段的温压条件为:400~500℃,0.2~1.0GPa。

### （四）变质作用的PT轨迹

综上所述，大横山构造蛇绿岩带变质岩系的PT轨迹模式从($M_1$)→($M_2$)以增温增压，而($M_2$)→($M_3$)以等温减压方式的顺时针为特征（图4-24），表明其经历的地质动力学过程，属于典型板块俯冲碰撞的标志。

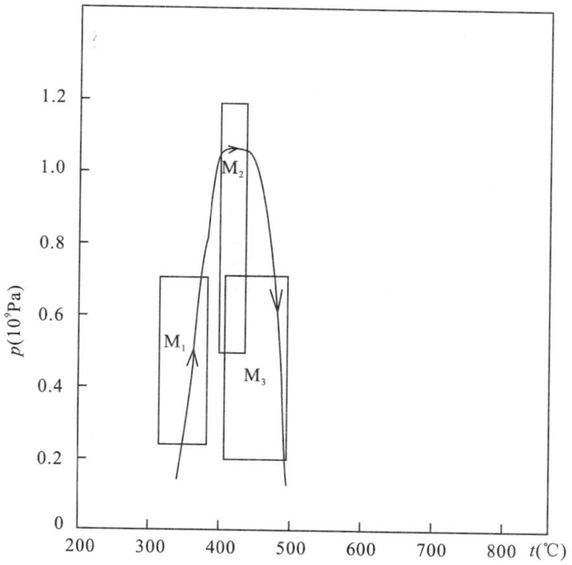


图4-24　图区变质岩的PT轨迹图

## 第二节　羌北甜水河陆块的区域变质岩特征

### 一、地质概述

羌北甜水河陆块位于图区小尖梁-湾岛湖断裂以南，甜水河等一带，出露面积约850km²，约占图区总面积5.5%。北与大横山蛇绿岩构造带呈断层接触，南延伸图外。区域变质岩主要分布于图中湖组、藏夏河组、菊花山组及早侏罗世那底岗日组及雀莫错组中。变质岩石主要由（轻）变质砂泥岩、板岩、变质火山碎屑岩、大理岩组成。主要经历了印支期及燕山早期低绿片岩相区域动力热流变质作用的改造。

### 二、岩石学特征

### （一）变质岩的基本类型

羌北甜水河陆块的区域变质岩岩石类型，根据矿物组合、构造环境及其形成条件，可将其划分为变质砂泥岩、板岩、大理岩及变质火山（碎屑）岩等岩石类型（表4-7）。

**1. 轻变质岩石类**

该类岩是图中湖组、藏夏河组及雀莫错组等中主要组成部分，代表性岩石有变质砂岩、变质泥岩、变质硅质岩和变质碳酸盐岩等。

* 变质碎屑岩类

变质砂砾主要包括变质细粒（岩屑）石英杂砂岩、细粒（长石）石英砂岩、变质泥质粉砂岩、变质不等粒岩屑砂岩等，岩石中常见有变余砂质结构、变余（不等粒）砂质结构、变余泥质显微鳞片变晶结构和变余层

表 4-7　羌北甜水河陆块区域变质岩岩石特征

| 岩石类型 | 样品数 | 岩石名称 | 矿物成分及含量(%) | | | | | | | 结构 | 构造 | 次要(副)矿物 |
|---|---|---|---|---|---|---|---|---|---|---|---|---|
| | | | 石英 | 绢云母 | 白云母 | 黑云母 | 斜长石 | 钾长石 | 特征变质矿物 | | | |
| 轻变质岩石 | 4 | 变质细砂岩 | 80 | 10 | | | | | Chl 5、Ser 4 | 变余细砂质结构 | 劈理构造 | 黄铁矿、褐铁矿、电气石、白钛石、锆石 |
| | 2 | 变质中～粗粒石英砂岩 | 75～90 | 8～10 | 0～2 | | 1～2 | | Chl 1～2、Ser 3 | 变余中砂质结构 | 劈理构造 | 磷灰石、铁矿 |
| | 3 | 轻变质长石岩屑砂岩 | 40～45 | 8 | | 0～3 | 长石＋岩屑 35 | | Chl 3、Cal 4、Ser 2 | 变余砂质结构、变余中～粗粒砂质结构 | 定向构造 | 锆石、白钛石、褐铁矿、磁铁矿、黄铁矿 |
| 板岩 | 2 | 粉砂质板岩 | 5～10 | 25～30 | 1 | | 岩屑 55～60 | | Chl 2 | 变余泥质显微鳞片变晶结构、变余粉砂质结构 | 板劈理构造、变余微层构造 | 白钛石 |
| | 2 | 石英绢云板岩 | 3～5 | 85～90 | | | 2～5 | | Chl 1～2 | 显微鳞片泥质结构 | 板劈理构造、板状构造 | 白钛石 |
| 大理岩 | 3 | 细—中、中粒大理岩 | 1 | | | | | | Cal 99 | 细一中粒、中粒镶嵌变晶结构 | 片理构造 | 磁铁矿、褐铁矿 |
| 变质火山(碎屑)岩 | 2 | 硅化凝灰岩 | 80～84 | 3～20 | | | 15 | | Cal 1 | 变余凝灰碎屑结构 | 块状构造 | 锆石、白钛石、褐铁矿 |
| | 2 | 绢云母化凝灰岩 | 54～60 | 30 | | | 10～15 | | | 变余凝灰碎屑结构 | 块状构造 | 锆石、白钛石、褐铁矿 |
| | 1 | 粘土化凝灰岩 | 10 | 高岭土＋绢云母 54 | | | | | Cal 35 | 变余凝灰碎屑结构 | 块状构造 | 锆石、白钛石、褐铁矿 |
| | 4 | 变质中—基性火山岩 | 2～3 | | 3 | 1 | 1～2 | | Chl 76～81、Cal 10～15 | 变余火山结构、变余斑状结构 | 劈理构造 | 白钛石、黄铁矿、褐铁矿 |

理构造、千枚状构造。矿物主要由变质石英、岩屑及少许长石、绢云母等组成,胶结物普遍发生重结晶作用,出现较多的绢云母及少量微晶石英、绿泥石,个别见有少量白云母和黑云母等矿物。

变质泥质岩主要包括轻变质粉砂质泥岩、变质泥岩、变质硅质岩等,该类岩石一般呈薄层状,具变余显微鳞片泥质结构、变余砂质结构,主要矿物由绢云母和石英组成,个别含少量长石、绿泥石、白云母、黑云母矿物。

变质碳酸盐类主要分布于菊花山组及图中湖组中,岩石主要为重结晶灰岩、含生物屑灰岩等,岩石具重结晶结构,变余生物屑结构。主要矿物由方解石或白云石组成,有时含一定量的绢云母和石英。

**2. 板岩类**

板岩类岩石主要分布于图中湖组、藏夏河组中,代表性岩石有粉砂质板岩、石英绢云板岩、绢云板岩等,其往往与变质碎屑岩呈韵律性产出,形成变余的微层状构造。岩石具变余泥质显微鳞片变质晶结构或显微鳞片变晶结构、变余粉砂结构,板劈理构造,变余层理构造,主要由绢云母、岩屑、石英及少量绿泥石等矿物组成,有时含有少量白云母等。

(1) 粉砂质板岩

灰褐色、灰绿色,显微鳞片泥质结构,变余粉砂质结构,板状构造。矿物成分主要由石英(5%~10%)、绢云母(25%~30%)、岩屑(55%~60%)、绿泥石(1%~2%)及白钛石等组成。

(2) 石英绢云板岩

褐色,灰绿色,显微鳞片泥质结构,板状构造。矿物成分主要由石英(3%~5%)、绢云母(85%~90%)、长石(2%~5%)、绿泥石(1%~2%)及副矿物(白钛石)组成;粘土矿物大部分重结晶成绢云母,绢云母呈鳞片状,定向排列,大小 0.001mm×0.005mm~0.005mm×0.03mm。

**3. 大理岩类**

该类岩石主要分布于菊花山组、图中湖组中。代表性岩石主要为细-中粒、中粒大理岩等。岩石成分一般较单一,岩石具片理构造、块状构造,细-中晶(镶嵌)变晶结构,主要由方解石矿物组成。副矿物有磷灰石、钛铁矿、磁铁矿、褐铁矿等。

**4. 变质火山碎屑岩**

该类岩石主要分布于那底山岗日组及图中湖组中,代表性岩石有绢云母化凝灰岩、蚀变凝灰岩、粘土化凝灰岩,岩石具劈理构造、片理构造,显微粒状鳞片变晶结构,残留有变余的凝灰碎屑结构,凝灰碎屑成分以岩屑和晶屑为主,还有少量玻屑,其中岩屑以熔岩岩屑为主,还有少量沉积岩岩屑,熔岩岩屑的交织结构保留完好,凝灰质碎屑多被绢云母、高岭土、方解石等矿物取代,局部被微粒石英所交代。岩石主要由石英(10%~84%)、绢云母+高岭土(3%~54%)、长石(10%~15%)、方解石(1%~35%)及副矿物(锆石、白钛石、褐铁矿)组成。

**5. 变质中-基性火山岩**

往往呈夹层状夹于复理石建造的图中湖组中,或者单独呈较大的岩片出露,由于受到一定程度变质作用的改造,岩石往往具劈理构造、片理构造,显微粒状鳞片变晶结构,岩石原有的暗色矿物多已变为绿泥石等。绿泥石质玻屑粒度在 0.1~3.0mm 不等,往往沿一定方向定向分布。

### (二) 变质带、变质相的划分

通过对羌北甜水河陆块变质岩系中泥质变质岩和变质中—基性岩的变质矿物种类和组合在空间上变化情况,可划分为绢云母带一个变质带,属于低绿片岩相。

该带主要分布于藏夏河组、图中湖组、菊花山组等浅变质岩系组成,总体呈北西—南东向分布。典型岩石类型有轻变质砂、泥岩、轻变质碳酸盐岩、变质硅质岩、板岩、变质基性火山碎屑岩等。岩石变质程度低,以泥质变质岩中普遍出现绢云母、白云母为特征。变质基性岩中普遍出现绿泥石为特征。

绢云母带中泥质变质岩的主要矿物共生组合有:a. Ser+Qz±Ab;b. Ser+Chl+Qz±Ab±Cal。

变质基性岩中主要矿物共生组合有：Chl＋Qz＋Ab±Cal

以上3个矿物共生组合代表了本区低绿片岩相绢云母带的主要标志。

## 第三节 接触变质岩类型及分布

接触变质作用主要发育于燕山期侵入岩体的外接触带，接触变质带宽度小，一般在几十米至数百米之间。该类变质岩图区分布较少，主要分布于布若错岩体及部分岩脉等的外接触变质带中，受岩浆热接触作用形成的，主要代表岩石为黑云母角岩、角岩化砂岩等。下面仅就其岩石类型及接触变质作用特征予以论述。

### 一、接触变质岩岩石类型

图区接触变质岩主要是角岩化岩石及角岩类，代表性岩石类型角岩化砂岩、云母角岩、钠长斜黝帘石角岩等。其原岩为砂岩或含杂质的泥质岩。

**1. 角岩化砂岩**

主要分布于布若错岩体接触变质带的最外围，与正常的沉积岩呈渐变过渡关系。岩石中矿物重结晶和变质结晶程度较低，具变余层状构造，鳞片变晶结构、变余砂质结构，主要由微粒石英（46%～51%）、显微鳞片状的绢云母＋黑云母＋白云母（33%）、长石（10%～15%）等矿物组成。次要矿物有锆石、白钛石、电气石、磁铁矿、磷灰石、石墨等。石英呈微粒状，具定向拉长；云母呈鳞片状，略定向分布，形成鳞片变晶结构；原碎屑均已压扁拉长，形成扁豆状或透镜状，部分具压力影结构。

**2. 云母角岩**

该类岩石出露较少，主要分布于部分辉绿岩脉接触变质带的外带，岩石往往具斑点状构造或块状构造，显微鳞片变晶结构，角岩结构，局部具变余砂质结构和斑状变晶结构，主要由石英（10%）、绢—白云母（69%）、黑云母—绿泥石（20%）及榍石等组成；矿物重结晶和变质结晶现象明显，绢—白云母聚集呈斑点分布，其间分布黑云母—绿泥石，绢—白云母聚集呈斑点和石英等矿物构成典型的粒状变晶结构（角岩结构）。

**3. 钠长斜黝帘石角岩**

主要分布辉绿岩脉的外接触变质带中，岩石具变余纹层构造，微粒结构，岩石成分主要由石英＋钠长石（50%～60%）、斜黝帘石（30%～40%）、透闪石（5%～10%）及磁铁矿等组成，石英和钠长石呈显微粒状，粒度为0.05～0.2mm；斜黝帘石呈显微粒状集合体，呈条带排列，显示纹层构造。

### 二、接触变质作用特征

图区接触变质带不太发育，空间上难以划分变质相带。但依据变质矿物组合的出现、消失、转变等反应关系，以布若错岩体为例，可划分为黑云母带（属于绿帘石角岩相）。

黑云母带分布于岩体或岩脉接触变质带的外围，典型岩石类型有角岩化砂岩、云母角岩、钠长斜黝帘石角岩等，以岩石中普遍出现黑云母、白云母、绢云母等变质矿物为特征。主要变质矿物共生组合有：a. Bit＋Mu＋Chl＋Qz；b. Bit＋Mu＋Qz±Pl。

上述2个矿物共生组合代表了绿帘石角岩相的主要标志，其ACF、A'KF图解如图4-25所示。

## 第四节 动力变质岩类型及分布

### 一、地质概述

图区动力变质岩根据形成环境条件的不同，将动力变质岩分为脆性动力变质岩和脆韧性、韧性动力变质岩两大类。其中前者主要发育于北西向、近东西向、近南北各种脆性断裂带内，岩石类型主要有构造角

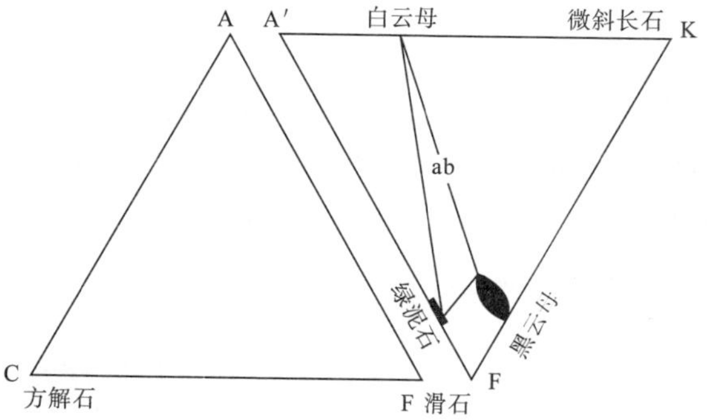


图 4－25 绿帘石角岩相黑云母带 ACF、A′KF 图解

砾岩、硅化压碎岩、碎裂岩和断层泥等；而后者主要集中分布在图区北部大横山构造变质带中，岩石类型主要有糜棱岩化岩石、初糜棱岩、糜棱岩、千糜岩、糜棱片岩等。

## 二、岩石类型

图区内两类岩石都很发育，现将各类岩石特征作简要论述。

### (一)脆性动力变质岩

该类岩石广泛分布于图区的北西向、近东西向、近南北各种脆性断裂带内，岩石类型主要有构造角砾岩、压碎岩、碎裂岩和断层泥等，将此类岩石特征作简要论述。

**1. 断层泥**

是由碎裂、研磨和压溶作用条件下形成的未固结的断层岩，可认为是未固结的超碎裂岩特征。

**2. 构造角砾岩**

该类岩石是图区断裂中最常见的断层岩，在七泉山、咸水河等一带较明显，岩石具碎裂结构，角砾状构造。角砾由断层两壁地原岩碎块组成，胶结物为磨碎的岩屑、岩粉以及岩石压溶物质和外来物质。角砾形态主要有两种类型：一种是角砾未被磨蚀，呈尖棱角状，大小不一；另一种是角砾已被磨蚀，常呈次圆状—次棱角状。角砾成分与断层切割地岩石有关，切割的岩石是灰岩所形成的断层角砾，其成分主要是灰岩，胶结物主要为重结晶的方解石、铁泥质；切割的岩石是碎屑岩所形成的断层角砾，其成分主要是砂、泥岩，胶结物主要为硅质、泥质和岩粉。

**3. 硅化压碎岩**

该类岩石具碎裂结构，压碎结构，硅化现象。岩石由于受到压碎作用，矿物颗粒普遍具破碎现象。岩石由大的碎斑组成，不同的碎斑中的排列方向各不相同，局部沿拉长方向定向排列。

**4. 碎裂岩**

该类岩石在压应力作用下，岩石受力沿扭裂面破碎，方向不一的碎裂纹切割岩石，岩石具碎裂形变和结构，碎块间相对没有发生位移，碎块外形相互适应，裂隙中常为磨碎的物质，有时为次生的铁质、硅质和碳酸盐充填，部分矿物发生形变和压碎现象。主要岩石有灰岩质、玄武岩质、花岗质等碎裂质岩石组成。

### (二) 脆韧性、韧性动力变质岩

该类岩石主要分布于图区南部红脊山构造混杂带和北部大横山——大横山构造蛇绿岩带中，岩石类型主要有糜棱岩化岩石、初糜棱岩、糜棱岩、千糜岩、变晶糜棱岩和糜棱片岩等组成，现将此类岩石特征作简要论述。

**1. 糜棱岩化岩石**

一般出现于韧性剪切带的边部，是糜棱岩化程度较低的一种岩石类型。该类岩石中往往含有较多的残碎斑晶，残碎斑晶往往已发生一定程度的边部圆化，并见有许多同质的碎裂化颗粒或细粒化重结晶颗粒环绕其分布，构成边缘粒化结构。根据其原岩类型的不同，可分为糜棱岩化基性岩及岩脉、糜棱岩化变质砂岩等几种岩石类型。

（1）糜棱岩化基性岩及岩脉

多见于基性岩及岩脉内发育的韧性剪切带边部。岩石主要有糜棱岩化辉长岩、（辉长）辉绿岩等，往往具有较明显的变余辉长、辉绿结构，糜棱结构，具定向构造。原有的辉石斑晶含量较多，多呈半自形粒状，因受力破碎被绿泥石沿裂隙充填，其边部多已被角闪石、阳起石交代；斜长石多呈半自形柱状，多被粘土、帘石类矿物充填，其集合体多呈弱定向分布，

（2）糜棱岩化变质砂岩

岩石具变余砂质结构，变余糜棱结构，主要由石英和绢云母组成；石英发生碎粒化被压扁拉长成小透镜状，并褶曲。

**2. 初糜棱岩**

主要分布于韧性剪切带边部的内侧，是介于糜棱岩化岩石和糜棱岩之间的一种过渡类型。岩石变形程度相对较强，具明显的定向构造，拉伸线理等线状构造较发育。岩石特征与糜棱岩化岩石相似，但其细粒化重结晶程度相对较强，残碎斑晶含量明显减小，粒度也显著变小，且其边部多已发生一定程度的塑性变形，外形上多呈椭圆状、透镜状或眼球状，并趋于定向排列孤立地分布于细粒化重结晶颗粒中。其空间上往往与糜棱岩化岩石相伴分布。

**3. 糜棱岩**

主要分布于韧性剪切带中心部位的外侧。岩石变形程度更加强烈，岩石中原有的矿物颗粒均已发生较强烈的细粒化重结晶作用，残碎斑颗粒含量较少，且岩石中由暗浅色矿物分别集中连续面状定向分布形成的条带状构造非常发育。岩石类型主要有砂质糜棱岩、钙质糜棱岩、玄武质糜棱岩及基性糜棱岩等。

**4. 千糜岩**

多见于韧性剪切带的中心部位，该类韧性剪切带均经历了两次糜棱岩化作用的改造：第一次糜棱岩化作用主要形成糜棱岩、变晶糜棱岩和糜棱片（麻）岩等岩石，而第二次糜棱岩化作用往往使前期变形形成的岩石又经受糜棱岩化作用的改造，致使岩石细粒化重结晶程度进一步增高，岩石中无或含有极少量残碎斑晶，岩性已变为千糜岩。千糜岩多见古生代变质岩系一侧，其外貌上与区域变质作用形成的千枚岩很相似，但该类岩石往往具显微鳞片粒状变晶结构、千糜状结构和“S－C”型组构而与千枚岩相区别。

**5. 糜棱片岩**

该类岩石中矿物的塑性变形十分强烈，一些石英颗粒压扁拉长形成的透镜状、拔丝状构造十分发育，石英晶体内波状消光、带状消光等显微应变组构也常常可见；而由长石碎斑颗粒形成的透镜状、眼球状或扁豆状构造也较发育定向分布于岩石中；一些云母片常发生剪切变形形成“云母鱼”、“布丁”构造。此外，局部岩石中还见发育有不典型的“S－C”型组构。

# 第五节　变质事件序列简述

## 一、图区变质岩的地质年代学

我们主要采用K－Ar等定年技术对图区主要变质岩进行定年，样品由中国地质调查局同位素地球化学开放研究室（宜昌）测定。以获得本区主要构造热事件的年代学证据。

1）样品采自石榴湖西向（坐标：E86°33′54″，N34°48′38″），样品岩性为弱蓝闪石化玄武岩，采用K－Ar全岩年龄法，其时代为196Ma，这可能代表图区在早侏罗世的热事件。

2）样品采自布若错北西向（坐标：E85°40′08″，N34°39′58″），样品岩性为花岗斑岩，采用K－Ar全岩年龄法，其时代为98.4Ma，这可能代表图区在晚白垩世的热事件。

## 二、变质事件序列划分及其演化探讨

根据相应的变形事件和岩浆活动期次等，可确定图区经历了 2 个旋回、4 个变质事件的改造（表 4－8）。

**表 4－8　图区变质事件序列表**

| 构造旋回 | 变质事件序列 | 羌北甜水河陆块 | 大横山构造蛇绿岩带 |
|---|---|---|---|
| 燕山期 | $M_4$ | 低绿片岩相动力变质作用（脆-韧性） | 低绿片岩相动力变质作用（脆-韧性） |
| 印支期 | $M_3$ | 低绿片岩相区域热变质作用 | 低绿片岩相区域变质作用 |
| | $M_2$ | | 蓝片岩相区域动力变质作用 |
| | $M_1$ | | 早期葡萄石-绿纤石相变质作用 |

印支期，图区以低绿片岩相区域动力变质作用为主要特征。晚三叠世，大横山洋开始向北消减，并因沉积加厚，出现埋深变质作用，形成一套葡萄石-绿纤石相变质岩石。晚三叠世末期，羌北甜水河陆块与巴颜喀拉山陆块碰撞，图区发生了低绿片岩相区域动力变质作用改造，在大横山一带发生低温高压变质作用，形成蓝片岩相的变质矿物组合；造山运动晚期又产生低绿片岩相区域热变质作用的改造。形成了变质基性岩、变质砂岩、板岩、大理岩等低绿片岩相变质岩为主，少量蓝片岩相的变质岩。

燕山期，主要以动力变质作用和接触变质作用为主。印支运动结束，早侏罗世图区又开始新一轮广泛海侵。侏罗纪沉积了以火山岩、火山碎屑和一套巨厚的海陆交互相的碳酸盐岩、陆源碎屑岩夹少量膏盐岩建造。晚侏罗世晚期，受班公错-怒江洋盆关闭的影响，图区侏罗纪地层普遍褶皱，并发生较大规模的岩浆活动。由于动力变质作用，使侏罗系及前侏罗系发生重结晶变质作用，形成低绿片岩相变质矿物组合。在四熊沟、藏色岗日一带，由于花岗岩侵入，使其部分围岩发生接触热变质作用。

# 第五章　地质构造及构造发展史

## 第一节　区域构造背景及图区构造单元划分

图区夹持于拜若布错-金沙江缝合带与龙木错-双湖缝合带之间(图 5-1),构造活动频繁,经历了多期变质变形作用的强烈改造,构造现象十分复杂。因地理位置特殊(藏北羌塘高原腹地)和恶劣的气候条件所限,测区地质研究程度很低。近 10 年来,虽有不同科研工作者提出过不同的构造单元划分方案(表 5-1),但对测区地质构造和大地构造属性(尤其冈瓦纳大陆与欧亚大陆界线)认识不一,争议较大。本次工作在测区联测 1∶25 万查多岗日幅中红脊山一带首次发现呈北西—南东向展布含硬柱石、蓝闪石低温高压变质矿物的构造混杂岩带,对解决上述问题提供了强有力的证据。本报告认为,龙木错-双湖缝合带从图区西南角通过。

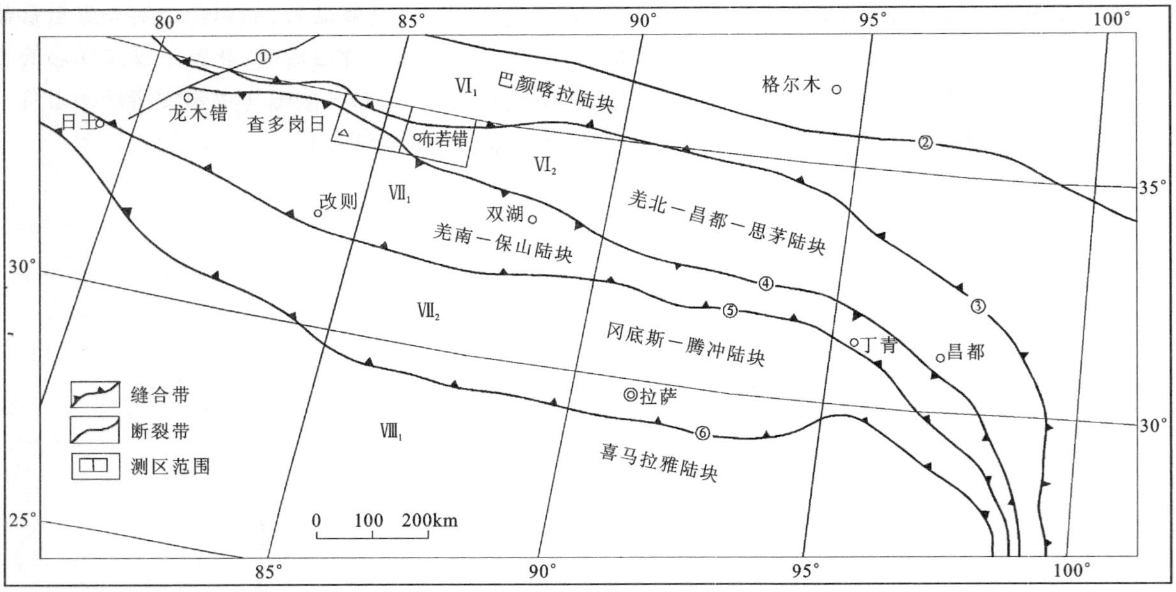


图 5-1　图区大地构造位置示意图(据程浴淇等,1994 修改)

一、板块 Ⅵ 华南板块:Ⅵ$_1$ 巴颜喀拉陆块,Ⅵ$_2$ 羌北-昌都-思茅陆块;Ⅶ 藏滇(中间)板块:Ⅶ$_1$ 羌南-保山陆块,Ⅶ$_3$ 冈底斯-陆块;Ⅷ印度板块:Ⅷ$_1$ 喜马拉雅陆块。

二、缝合带①阿尔金断裂;②阿尼玛卿-玛沁-略阳断裂带;③拜若布错-若拉岗日-金沙江缝合带;④龙木错-双湖缝合带;⑤班公错-怒江缝合带;⑥印度河-雅鲁藏布江缝合带

依据沉积建造、变形变质作用特征、岩石化学地球化学及区域地球物理场特征等研究,图区隶属华南板块,主体属于羌北陆块。从北往南依次划分为大横山-湾岛湖构造混杂岩带(Ⅰ)、羌北甜水河陆块(Ⅱ)、大熊湖-照沙山褶断带(Ⅲ)(表 5-1,图 5-2,图 5-3)。

据《青藏高原中西部航磁调查》及《青藏高原羌塘盆地石油地质》表明,含图区在内的羌塘盆地磁场总体变化弱,岩石磁化率数据反映了三叠系底部存在一个较明显的磁性界面,磁场资料反映了存在前泥盆系基底。图区表现为一平缓磁异常带上叠加不同方向的团块状局部磁异常,磁场显示为降低的背景(-25~

0nT)，走向北西—北西西。基底埋深5～9km。区内主要充填为侏罗系。航磁异常图上反映出其由东西向、北西向正异常窄条带复合叠加构成菱形格架为边框，内由负向构造叠加成为深凹陷。藏色岗日一带出现一北西向正磁场异常带，主要由燕山期花岗岩类岩石显示其磁性。在布格重力场异常图上，重力值达$(-500\sim500)\times10^{-5}/s^2$，表现为一较低重力值异常区。

**表5-1　构造单元划分对比表**

<table>
<tr><th colspan="2">青藏高原及邻区地质图（1997年）</th><th colspan="2">李才等（1994年）</th><th colspan="2">中国区域地质概论（程裕淇主编，1994年）</th><th colspan="3">本报告划分方案</th></tr>
<tr><td rowspan="5">泛华夏大陆晚古生代-中生代羌塘-三江构造区</td><td>玉龙塔-巴颜喀拉双向边缘前陆盆地褶皱带</td><td rowspan="3">欧亚板块</td><td>可可西里-松藩-甘孜板片</td><td rowspan="3">华南板块</td><td>松潘-甘孜（陆缘）活动带</td><td rowspan="3">华南板块</td><td colspan="2"></td></tr>
<tr><td>羊湖-金沙江-哀牢山结合带</td><td>西金乌兰-金沙江缝合带</td><td>拜惹布错-若拉岗日-金沙江结合带</td><td colspan="2">湾岛湖-大横山构造蛇绿混杂岩带</td></tr>
<tr><td>塔什库尔干-甜水海-北羌塘陆块</td><td>羌北-昌都板片</td><td>羌北-昌都-思茅（微）陆块</td><td colspan="2">羌北甜水河陆块</td></tr>
<tr><td>龙木错-双湖-查吾拉结合带</td><td rowspan="2">藏缅中间板块</td><td>龙木错-双湖-澜沧江缝合带</td><td rowspan="2">藏滇中间板块</td><td>空喀拉-温泉-澜沧江结合带</td><td rowspan="2">藏滇中间板块</td><td>龙木错-双湖缝合带</td><td>大熊湖-照沙山褶断带</td></tr>
<tr><td>喀喇昆仑-南羌塘-左贡陆块</td><td>羌中南—保山板片</td><td>羌中南-唐古拉-保山陆块</td><td colspan="2">羌南查多岗日陆块</td></tr>
</table>

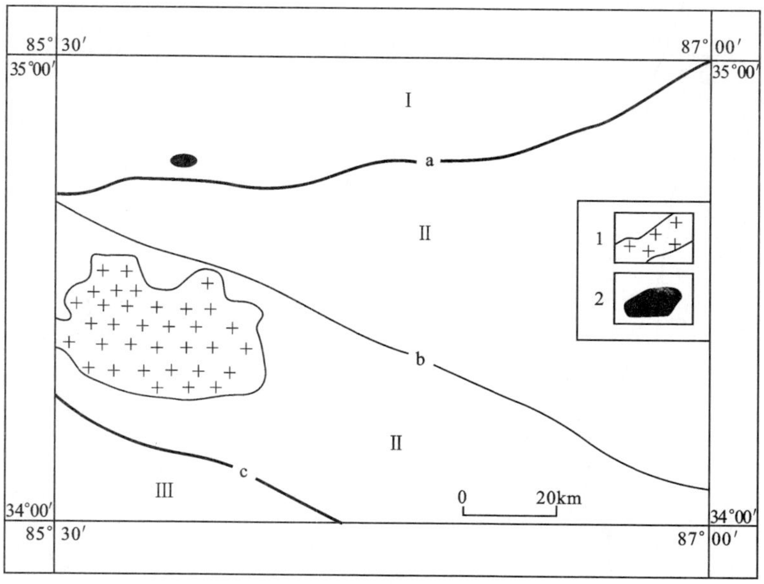


图5-2　图区构造分区图

1.燕山期酸性侵入岩；2.蛇绿岩或镁铁质-超镁铁质杂岩；

Ⅰ.大横山-湾岛湖构造蛇绿混杂岩带；Ⅱ.羌北甜水河陆块；Ⅲ.大熊湖-照沙山褶断带；

a.小尖梁-湾岛湖边界断裂；b.甜水河大断裂；c.七泉山-图北湖边界断裂

拜惹布错-金沙江断裂带经过图区北部，构成北羌塘甜水河陆块北界，带状分布明显。航磁异常图上，呈串珠状—条带状磁异常带展布，幅值较低；其两侧区域场差异较大：北侧（区外松潘-甘孜陆缘活动带）为平静宽缓弱磁场区，南侧为变化磁异常区（平静弱磁场上叠加条带状、团块状强磁异常）。带内发育三叠系蛇绿岩套及华力西—印支期基性侵入岩、火山岩及燕山期花岗岩类岩石，带状分布明显，推测其可能裂开成洋或发展为陆内裂谷或陆间裂谷。据航磁计算分析，断裂倾向北，倾角70°～80°。

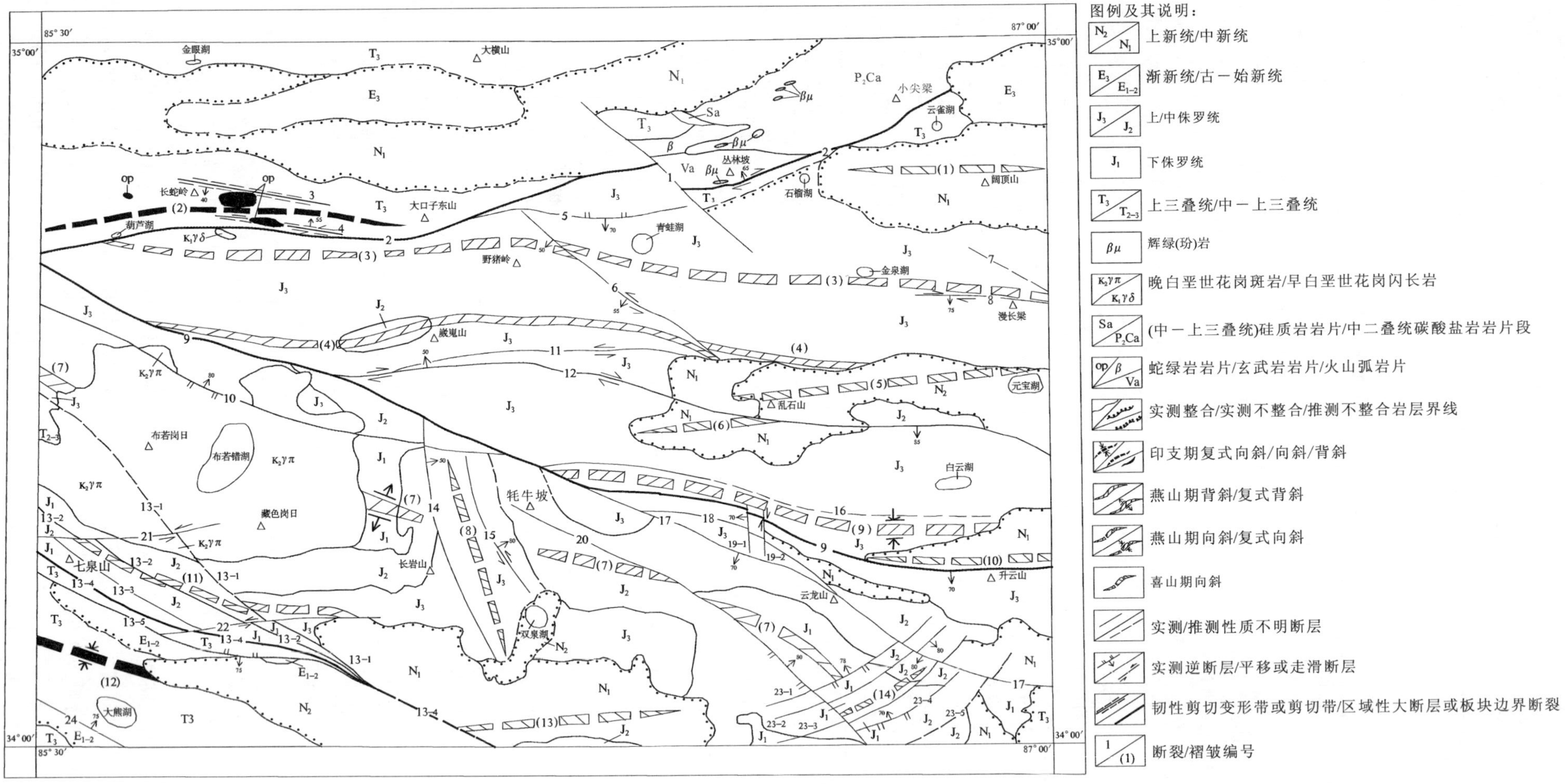
图例及其说明:
上新统/中新统
渐新统/古－始新统
上/中侏罗统
下侏罗统
上三叠统/中－上三叠统
辉绿(玢)岩
晚白垩世花岗斑岩/早白垩世花岗闪长岩
(中－上三叠统)硅质岩岩片/中二叠统碳酸盐岩岩片段
蛇绿岩岩片/玄武岩岩片/火山弧岩片
实测整合/实测不整合/推测不整合岩层界线
印支期复式向斜/向斜/背斜
燕山期背斜/复式背斜
燕山期向斜/复式向斜
喜山期向斜
实测/推测性质不明断层
实测逆断层/平移或走滑断层
韧性剪切变形带或剪切带/区域性大断层或板块边界断裂
断裂/褶皱编号
85°30′
87°00′
35°00′
34°00′
金眼湖
大横山
小尖梁
云雀湖
长蛇岭
葫芦湖
大口子东山
丛林坡
石榴湖
阔顶山
青蛙湖
野猪岭
金泉湖
漫长梁
藏鬼山
元宝湖
乱石山
白云湖
布若岗日
布若错湖
藏色岗日
牦牛坡
七泉山
长岩山
双泉湖
云龙山
升云山
大熊湖

图 5－3　图区构造纲要图

# 第二节　大横山—湾岛湖构造蛇绿混杂岩带构造变形特征

## 一、地质概述

属拜惹布错-金沙江缝合带的西延部分。位于图区北部，南以小尖梁-湾岛湖边界断裂与羌北甜水河陆块为界。呈近东西向宽条带状展布，南北宽13～30km；横向上，多为第四系及新近系掩盖。断续出露。带内混杂作用发育，混杂岩主要由镁铁质—超镁铁质岩（蛇绿岩）岩片、玄武岩岩片、火山弧岩片、碳酸盐岩片组成；岩片呈透镜状、长条—块状、大小数平方米至数平方千米（局部数十平方千米），定向混杂于上三叠统基质中（岩片长轴方向大致与基质中面理展布方向一致），其中碳酸盐岩片呈孤峰—陡壁状耸立。带内岩片与岩片、岩片与基质之间为脆—韧性断层分割；垂向上杂乱无序，缺乏时代对比意义（图5-4）。镁铁质—超镁铁质杂岩（蛇绿岩）岩片：主要发育于构造带西段，一般以一或两种岩石类型单独或与基性岩产出，普遍具变质组构。主要组分有堆积岩、辉绿岩、玄武岩等。堆积岩主要有闪辉橄岩、辉闪橄辉岩，岩石蛇纹石化、透闪石化蚀变强烈。

玄武岩岩片：主要分布于丛岭坡一带，岩性主要为变质玄武岩，夹少量变质凝灰质粉砂岩，变质玄武岩具气孔状、杏仁状构造。

火山弧岩片：带内广泛发育。主要由以玄武岩为主的中基性火山熔岩组成，与中基性火山碎屑岩、放射虫硅泥质岩及细碎屑岩构成溢流-喷发-沉积旋回。

碳酸盐岩片：断续分布，主要由结晶灰岩、结晶岩化灰岩及大理岩组成，时代为中二叠世，以东段丛岭坡岩片出露规模最大，岩片长大于30km，宽大于15km；其原岩主要为浅海台地—缓坡相沉积建造。

此外，带内尚见印支期辉长岩、辉绿（玢）岩岩脉（岩墙），局部见燕山晚期花岗闪长斑岩侵入，其中前二者因构造变形改造，均呈透镜体化。据对蛇绿岩、基性火山岩和基性岩墙原岩类型和构造环境的恢复结果表明，原岩成分以大洋拉斑玄武岩为主（且具向钙碱性玄武岩系列演化的特点），其主要形成于洋中脊—洋岛构造环境，时代主要为中三叠世；西侧查多岗日图区出现与之同沉积的为（中—上三叠统）的含放射虫硅质岩、硅质泥岩、泥岩夹少量页岩、砂岩等组合，具深海洋盆沉积建造特征。由此说明大横山地区于中三叠世已拉张裂陷为一较成熟的多岛洋盆大地构造环境。

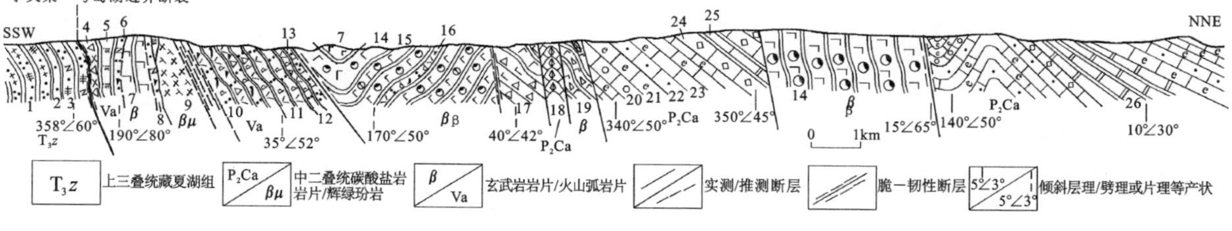


图5-4　大横山丛岭坡构造蛇绿混杂岩带剖面

1.不等粒石英杂砂岩；2.变质中-细粒砂岩；3.变质含长石石英杂砂岩；4.变质基性火山角砾岩；5.变质硅质岩；6.变质含岩屑含长石凝灰质砂岩；7.变玄武岩；8.变质含长石含岩屑中-细粒砂岩；9.变辉绿玢岩；10.变质沉岩-玻屑含火山角砾凝灰岩；11.变质沉凝灰岩；12.变质含火山角砾沉凝灰岩；13.石英砂屑灰岩；14.变质气孔状玄武岩；15.变质球形-气孔状玄武岩；16；变质含岩-玻屑沉凝灰岩；17.钙质角砾岩；18.含白云石微晶灰岩；19.变质碎裂状玄武岩；20.砾屑灰岩；21.生物屑灰岩；22.砂屑灰岩；23.含生物屑微晶灰岩；24.结晶灰岩；25.大理岩化灰岩；26.大理岩

混杂基质：主要为上三叠统若拉岗日岩组，岩石类型有变质砂岩、杂砂岩、千枚岩、板岩、少量放射虫硅泥质岩及碳酸盐岩等，属夹硅泥质岩、碳酸盐岩的深海洋盆复理石沉积建造。

带内岩石构造变形强烈，劈理、片理、剪切劈理等面理、韧性或脆-韧性剪切带等发育，构造置换作用强烈，表现为总体无序的岩层体。带内除蛇绿岩片外，岩石变质程度较低，出现绢云母、绿泥石、斜黝帘石、局部蓝闪岩等变质矿物，说明了带内岩石经历了低温高压绿片岩相区域动力变质作用的改造。

综上所述，大横山-湾岛湖构造带是一个多岛洋盆沉积建造、洋壳残片、大洋岛屿等构造环境下形成的岩石组合、经洋壳消减—弧陆碰撞—构造混杂及长时期构造折返而成的复杂拼合体。

同时带内盖层沉积较发育，自下而上沉积为渐新统鱼鳞山组，中新统康托组、唢呐湖组。前者主要分布于图区北部大横山以南、小尖梁以东地区，为一套陆相基性—酸性火山熔岩夹少量碎屑岩建造，岩石化学地球化学特征显示其为板内裂谷(或陆内拗陷)火山活动的产物，表明图区于古近纪晚期区地壳不稳定，陆内拗陷拉张活动强烈，陆相断陷盆地发育。中新统主要分布于图区北部小尖梁以西广大地区，角度不整合覆盖于渐新统鱼鳞山组、上三叠统若拉岗日岩组之上；岩性主要为红色碎屑岩夹泥岩、石膏层、膏盐岩。具磨拉石建造特征，反映了图区于中新世表现为相对稳定的河-湖相沉积构造环境。

## 二、构造变形特征

构造带构造变形强烈，依各类构造形迹的组合样式、切割关系等特点，可划分出 3 期中浅构造层次韧—脆韧性的构造变形。

### 1. 第一期构造变形特征

该期具低绿片岩相变质变形特点，因原岩特性不同，其变质变形程度差异较大。

在各类变质砂岩中，总体表现弱变质变形，片状构造不发育。石英矿物颗粒基本上未变形，其间填隙物如云母类、绿泥石矿物等仅发生轻微重结晶并产生弱定向排列。

在富含云母类变质砂岩、砂质泥岩、基性变质火山熔岩及其碎屑岩中，由云母类、绿泥石等定向排列构成的片状构造发育，岩石被劈成薄片状，但岩石矿物定向组构不发育，多数表现为中、弱置换变形域，变质变形岩石大致保持了层层有序的叠覆关系。中基性变质火山熔岩多发生粘土化、绿泥石化等，但蚀变不彻底，其组成矿物成分、性质、结构大都能辨认；其内片状、微粒状矿物虽定向强烈，但其粗颗粒、板柱状矿物多数杂乱不均匀分布。局部强变形带内，岩石细粒化重结晶明显，分异作用强烈，出现深浅不一、粗细不等且相间成层的构造分异条纹条带；石英残斑塑变拉长为透镜体、条带状平行于片理展布。

在基性—超基性变质岩(以基性玄武岩片为主)中，岩石变形不强，但变质作用明显。岩石均强烈地发生钠化、绿泥石化、蛇纹石化等蚀变，其成分组构、性质、结构等特征大都模糊不清，仅局部如蛇纹石或其间细粒磁铁矿断续分布显示原矿物晶粒外形，但矿物定向组构不明显。

从其变形变质特征可推知，该期为伸展变形性质，构造形迹主要为顺层千枚理、板理、片理等面理及沿层理发育一系列小型脆-韧性剪切带。面理产状：140°～210°∠35°～80°，次为 330°～60°∠20°～85°，因后期变形改造面理产状普遍发生变陡(倾角 40°～70°)。剪切带一般十几厘米至十几米，多沿强弱岩性界面或靠弱能干岩层如富含云母类岩石、中基性火山岩中发育。

### 2. 第二期构造变形特征

该期变形叠加于前期构造变形形成的构造形迹之上，具强弱带之分，单个强弱带宽数米至数十米，个别达百余米。

在弱变形域内，组成岩石主要为若拉岗日岩组的中—厚层状变质砂岩、(火山弧—蛇绿岩岩片)块状中基性—超基性变质岩类。带内顺层(轴面)劈理呈透入性不均匀分布，岩石变形不强。在变质砂岩中，部分石英矿物发生细粒化，基质(填隙物)微粒石英、云母类等矿物发生重结晶并产生弱定向分布；在基性变质火山熔岩中，绿泥石、粘土矿物与少量蚀变的玄武质玻屑、岩屑及纤闪石等部分碎屑(图版 5－1)产生弱定向分布。

在中等变形域内，组成岩石主要为玄武岩岩片(以中薄层状基性变质火山碎屑岩为主)及若拉岗日岩组中富含云母类的板岩、千枚岩及砂质泥岩。岩石变形较强烈，透入性顺层轴面片理发育，均匀分布于变质岩中。在富含云母类变质岩如砂质泥岩：泥质填隙物(或基质)重结晶为绢云母、岩屑大多亦重结晶绢云母，它们与微粒石英(眼球状)定向排列构成片理构造(图版 5－2)；部分中粗粒砂质团块塑变拉长呈条带状。在基性变质火山碎屑岩：玄武质岩屑、玻屑完全或不完全被绿泥石、粘土矿物取代，发生明显地塑变拉长(图版 5－3)，均匀且定向分布于变质岩石中。

在强变形域内，岩石变形改造强烈，暗、浅色矿物分别集中定向分布构成的条带状构造发育（图版 5-4）。镜下观察：石英残斑多数被压碎细粒化、且重结晶再聚集；长石矿物亦发生强烈细粒化并定向聚集成条带，其残斑多数被塑变拉长呈眼球状、透镜状分布于岩石中，部分与其两端定向生长的微粒石英、云母类等矿物构成压力影构造（图版 5-5）。在基性变质岩中，镜下观察：显微纤柱状（毛毡状）纤闪石强烈塑变拉长，定向排列构成细条纹条带；原岩中的暗色矿物斑晶亦为毛毡状纤闪石取代，浅色矿物斜长石完全蚀变为细晶钠长石团块，它们均发生强烈塑变拉长（如细颈化），其四周为微粒钠长石、绿泥石、斜黝帘石等环绕，常构成压力影构造（图版 5-6）。

带内印支期基性—超基性、中酸性侵入岩亦发生强烈地变质变形作用。个别基性变质岩中产生细粒柱状蓝闪石新生矿物（不均匀分布，其晶形不完整），显示该期变质变形具低绿片岩相低温高压变质序列特点。结合上述变质变形特征可知，该期发生过强烈挤压剪切变形变质作用。

**3. 第三期构造变形特征**

该期变形亦较强烈，主要构造形迹为叠加于前期剪切带之上的一系列脆-韧性剪切带，其大小数十厘米至数十米不等，个别愈百米，常多条并列出现，其间混杂岩片或岩块或发生剪切错移或被剪切错断，并高度去棱角化，其“长轴”定向多与剪切带平行（部分雁列状示其右行剪切特征，图 5-5）。带内岩石主要为继承发展前期构造岩而来的糜棱岩、千糜岩等；岩石矿物变形较复杂，大致经历了以塑性、细粒化重结晶为主到以脆性为主的两期糜棱岩化作用，岩石矿物普遍变细，其里片理密集发育。

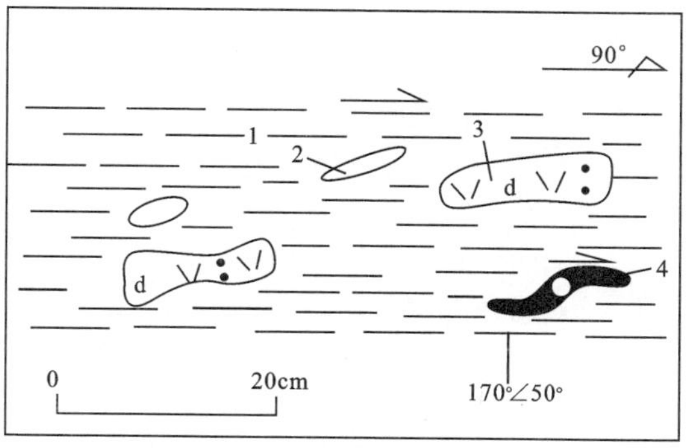


图 5-5　丛岭坡剪切带中透镜体素描图

1. 劈理化变质基性火山岩；2. 变玄武岩透镜体；3. 变质沉凝灰岩残块；4. 变玄武岩类压力影

上述表明，该期具右行走滑剪切变形变质作用特点。

此外，岩组内局部发育小型的北西向—北西向脆-韧性劈理化带，带宽一般数米至十米，劈理产状：210°～240°∠35°～60°；局部切割早期北东—北西西向构造明显，表明其为晚期构造。但因其露头零星，本次区调收集资料较少，故对其发育展布、变形期次等特征知之较少。

**4. 褶皱**

构造带因多期次变形改造，加之大面积的新生界地层掩盖，印支期褶皱发育不明显，其形迹断续，规模较小，且多数具柔流褶皱的特点。该期褶皱轴向近东西—北东（表 5-2），受以小尖梁-湾岛湖边界断裂为主的脆-韧性断层强烈破坏，其形态多数不完整。带内发育较明显的有长蛇岭向斜。

* 长蛇岭向斜[构造纲要图（图 5-3）上编号（2），下同）]

分布于构造带南西部边界四熊沟、长蛇岭一带，往南为以小尖梁-湾岛湖断裂为边界，向北主要为第四系洪冲积物掩盖，往西延伸出图。轴向近东西，区内长 50km，宽约 10km，为长轴状褶皱。在航卫片上，呈一西宽东窄，南翼窄、北翼宽的不对称状楔形，翼间角约 25°。

向斜主要由上三叠统若拉岗日岩组变质砂泥岩组成，翼部倾角：北翼 48°～80°，一般 60°～70°，南翼 30°～65°，一般 50°～55°；轴部倾向大致往东，倾角 40°左右，轴面近北倾，倾角近直立，近南倒向（图 5-6）。翼部与主褶皱轴同向的次级褶皱较发育，其中北翼近四熊沟剪切带附近的发育的褶皱呈“Z”型不对称状，具左旋剪切特征。

向斜北翼为四熊沟剪切带、南翼为长蛇岭剪切带、小尖梁-湾岛湖断裂切割破坏，形态不完整。

此外，构造带内喜山期盖层总体表现为一轴向近东西向的继承性复合向斜（古近系、新近系），因第四系覆盖，其出露不明显，形迹不连续，故不再详述。

**5. 断裂构造**

构造带内以小尖梁-湾岛湖边界断裂[（构造纲要图（图 5-3）上编号（2），下同）]为主的近东西向—北东东向断裂较发育，多数具脆-韧性变形，多期活动性特征明显（表 5-3）。该方向组断裂发育特征详见后面第五节所述。

**表 5-2　褶皱特征简表**

| 序号 | 名称 | 轴向(°) | 长(km) | 宽(km) | 组成地层 | | 翼部岩层倾角(°) | 形态特征 | 形成时期 |
|---|---|---|---|---|---|---|---|---|---|
| | | | | | 核部 | 翼部 | | | |
| 1 | 阔顶山向斜 | 近 E-W | >27 | 16.2 | $N_1s$ | | 10～30 | 宽缓短轴 | 喜山期 |
| 2 | 长蛇岭向斜 | 近 E-W | >50 | >10 | $T_3r.$ | | N:60～70<br>S:50～55 | 长轴 | 印支期 |
| 3 | 白龙冰河向斜 | 270～280 | >135 | >10 | $J_3$ | | N:38～50<br>S:20～35 | 长轴状 | 燕山期 |
| 4 | 崴嵬山背斜 | 270～280 | >90 | >10 | $J_2x$ | $J_3$ | N:20～35<br>S:35～50 | 长轴状 | 燕山期 |
| 5 | 乱石山向斜 | 86 | >42 | >10 | $N_2sq$ | | 8～35 | 宽缓短轴 | 喜山期 |
| 6 | 花梁山向斜 | 86 | >17 | 15 | $N_1s$ | $N_1k$ | 8～32 | 宽缓短轴 | 喜山期 |
| 7 | 布若错背斜 | 285～315 | >130 | >40 | $J_2$～$Jq$ | $J_2x$～$J_3s$ | NE:20～35<br>SW:25～50 | 长轴状、复式 | 燕山期 |
| 8 | 长岩山向斜 | 346 | 27.5 | 7 | $J_3s$ | $J_2x$～$J_1q$ | E:15～25<br>W:20～40 | 宽缓短轴状 | 喜山期 |
| 9 | 甜水河向斜 | 270～280 | >65 | >40 | $J_3b$ | $J_2x$～$J_2b$ | N:35～50<br>S:20～40 | 宽缓长轴状、复式 | 燕山期 |
| 10 | 升云山向斜 | 近 E-W | >25 | | $N_1k$ | | N:15～20<br>S:25～38 | 宽缓短轴状 | 喜山期 |
| 11 | 七泉山向斜 | 270～295 | >50 | >30 | $J_3s$ | $J_2$～$J_1n$ | NE:15～30<br>SW:20～40 | 长轴状 | 燕山期 |
| 12 | 大熊湖向斜 | 295 | >15 | | $T_3j$ | | 30～60 | 长轴状 | 印支期 |
| 13 | 双泉河向斜 | 85 | >30 | 12.5 | $N_1k$ | | 15～30 | 短轴状、复式 | 喜山期 |
| 14 | 咸水河向斜 | 52 | >16 | 5 | $J_1q$ | | NW:45～68<br>SE:28～42 | 长轴状 | 喜山期 |

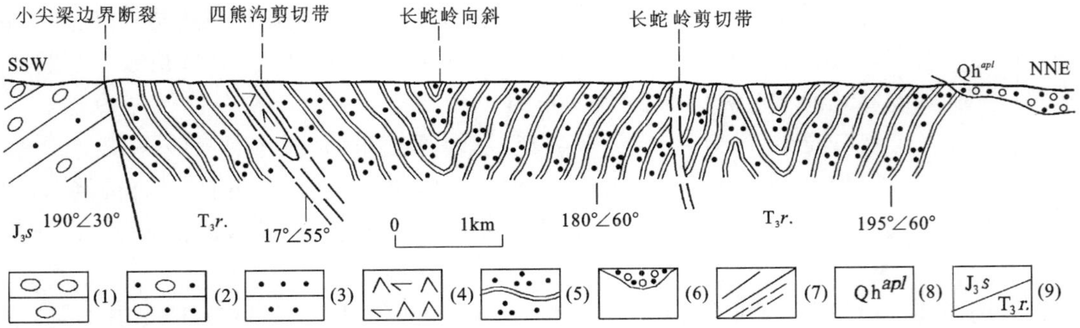


图 5-6　长蛇岭向斜剖面

(1)砾岩;(2)含砾砂岩;(3)砂岩;(4)辉橄岩;(5)变质石英砂岩;(6)冲-洪积砂砾石层;(7)断层/剪切带;(8)全新统冲洪积;(9)上侏罗统索瓦组/上三叠统若拉岗日岩组

**表 5－3　断裂特征简表**

| 编号 | 名称 | 走向（°） | 倾向（°） | 倾角（°） | 长（km） | 宽（m） | 断距（m） | 断层特征 | 性质 |
|---|---|---|---|---|---|---|---|---|---|
| 1 | 丛岭坡断层 | 320 | NE | | ＞10 | 20～30 | ＞1 000 | 岩石破碎、片-劈理、中基性岩脉、灰岩重结晶 | |
| 2 | 小尖梁-湾岛湖边界断裂 | 40～90 | 西段：近 N 东段：NW 为主 | 65～85 | ＞140 | 数米至数十米 | ＞1 000 | 构造角砾岩、硅化、片理、次级剪切带或断层、酸性-基性侵入岩、灰岩重结晶及糜棱岩化 | 逆、平移、多期 |
| 3 | 四熊沟剪切带 | 285 | S、SSW | 35～50 | ＞13 | 1～900 | | 糜棱岩、片-劈理、透镜体、矿物生长线理、旁侧基性岩脉 | 右旋逆-平移、多期 |
| 4 | 长蛇岭剪切带 | 285 | NNE、NE | 55 | ＞12 | 80 | | 糜棱岩、片-劈理、透镜体、超基性-基性岩脉 | 逆－平移、多期 |
| 5 | 屋脊山断层 | 75 | SSE | 70 | 10 | 18.5 | | 构造角砾岩、片-劈理、基性岩脉、硅化、灰岩重结晶 | 逆、多期 |
| 6 | 龙尾山断层 | 310 | SW | 50～75 | ＞40 | ＞5 | | 构造角砾岩、劈理、两侧产状对顶、灰岩重结晶 | 左旋逆-平移 |
| 7 | 双峦山推测断层 | 305 | | | ＞13 | | | 岩石破碎、断层崖 | |
| 8 | 漫长梁断层 | 近 E－W | SSE | 75 | ＞14 | ＜1 | | 断层角砾岩、片理、透镜体、方解石脉、灰岩重结晶 | 右行平移 |
| 9 | 甜水河大断裂 | 270～305 | NNE、NE，次为 SSW、SW | 40～80 | ＞170 | 数米至数十米 | ＞1 000 | 断层角砾岩、局部糜棱岩、透镜体、次级或派生断裂、牵引褶皱、灰岩重结晶 | 逆、平移、多期 |
| 10 | 布若错断层 | 280～303 | NNE、NE，次为 SSW | 75～80 | ＞80 | 15 | | 节理带、透镜体、擦痕阶步、方解石脉、两侧产状对顶局部倒转 | 逆、平移、多期 |
| 11 | 崴嵬山断层 | 近 E－W | | | ＞35 | 50～80 | | 断层角砾岩、方解石脉、两侧产状对顶、断层崖 | |
| 12 | 花梁山断层 | 近 E－W | NNW 为主 | 55～86 | ＞100 | 20～200 | 数百米 | 构造角砾岩、劈理、灰岩重结晶 | 多期 |

**续表 5-3**

| 编号 | 名称 | | 走向（°） | 倾向（°） | 倾角（°） | 长（km） | 宽（m） | 断距（m） | 断层特征 | 性质 |
|---|---|---|---|---|---|---|---|---|---|---|
| 13 | 七泉山-图北湖断裂 | -1 | 310 | | | >60 | 15～20 | >2 000 | 透镜状地体、断层崖、花岗斑岩脉、地层缺失 | 逆、多期 |
| | | -2 | 300～320 | SW | 60 | >50 | 100～150 | | 构造角砾岩、次级断裂、牵引褶皱、断层崖、两侧产状对顶、地层缺失 | 多期 |
| | | -3 | 305 | | | 25 | 7～60 | | 卫片：线形影像、透镜状地体。地层缺失 | |
| | | -4 | 290～305 | SW | 58～80 | >50 | 数米～数百米 | >1 000 | 断层角砾岩、劈理带、透镜体、次级断裂、灰岩重结晶 | 逆-平移、多期（主断层） |
| | | -5 | 270～310 | SW、SSW | 75 | >45 | >30 | >1 000 | 断层角砾岩、透镜体、方解石脉、两侧产状对顶 | 逆-平移、多期 |
| 14 | 长岩山断层 | | 340～360 | NE、NEE | 50～65 | >38 | 10 | | 断层角砾岩、节理、方解石脉、灰岩重结晶 | |
| 15 | 双泉湖断层 | | 330～360 | NEE | 80 | >14 | | | 岩石破碎、两侧产状对顶 | 左行平移 |
| 16 | 白云湖断层 | | 270～290 | N，次为 SW | | >60 | | >1 000 | 碎裂岩化、硅化、灰岩重结晶、方解石脉、两侧产状对顶 | （推测）逆、多期 |
| 17 | 小甜水河断层 | | 270～290 | N，次为 SW | >70 | >60 | 10～60 | | 碎裂岩化、硅化、灰岩重结晶、方解石脉 | （推测）逆、多期 |
| 18 | 独龙沟断层 | | 270～290 | | 27 | | | | 断层角砾岩、两侧产状对顶、地层缺失 | |
| 19-1 | 分水岭断层 | | 近 S-N | 265 | 70 | >5 | 10 | | 断层角砾岩、右行错动地层及北西向断层 | 右行平移 |
| 19-2 | 分水岭断层 | | 近 S-N | | | >5 | | | | |
| 20 | 牦牛坡断层 | | 300～315 | NE、NNE | 78～80 | >70 | 80～100 | | 断层角砾岩、断层三角面、地层缺失 | |
| 21 | 雪源湖断层 | | 近 E-W | NNW、NNE | 60～90 | >20 | | >1 000 | 岩石破碎、次级断层、片-劈理、方解石脉 | 右行平移 |
| 22 | 黑沙河断层 | | 85 | SSW、SSE | 70 | >22 | | >1 000 | 岩石破碎、地层缺失、节理、两侧产状对顶 | 右行平移 |
| 23 | 石水河断裂 | -1 | 50～65 | NW | 78 | >15 | 10 | | 压碎角砾岩、地层缺失、硅化 | 逆 |
| | | -2 | 50～65 | NW 局部反倾 | 65～80 | >25 | 10～20 | | 压碎角砾岩、地层缺失、硅化、牵引褶皱 | 逆 |
| | | -3 | 50～65 | NW 局部反倾 | 80 | >22 | 30 | | 断层角砾岩、断裂节理、地层缺失 | 逆 |
| | | -4 | 50～65 | | | >15 | | | 线形影像、地层缺失 | 逆（推测） |

# 第三节　羌北甜水河陆块构造变形特征

## 一、地质概述

位于图区中部，以近东西向自东而西楔入湾岛湖—大横山构造蛇绿混杂岩带、大熊湖—照沙山带之间，北以湾岛湖-小尖梁边界断裂(2)为界，南以七泉山-图北湖边界断裂(13)为界。由燕山期构造层、次为印支期构造层、喜山期构造层。

印支期构造层：仅于图区东北部石榴湖以北、中部西端布若岗日以西、东南角石水河一带小面积出露，由中—上三叠统图中湖组、上三叠统藏夏河组、菊花山组组成；前两者主要由变质砂岩、劈理化砂岩、少量千枚岩、板岩组成，具次深海—深海复理石夹少量硅质岩及碳酸盐岩沉积建造，岩石普遍发生了低绿片岩相浅变质强变形作用的改造，劈理、片理、脆-韧性剪切带等构造发育；后者主要由浅海台地-缓坡相碳酸盐岩组成；岩石具轻微浅变质。据西侧查多岗日图区图中湖组中基性—中酸性变质岩岩石化学地球化学特征显示，岩组内发育火山(岛)弧钙碱性玄武岩，同时伴生有洋岛型拉斑玄武岩及其与碱玄武岩之间的过渡型玄武岩，时代主要为中晚三叠世，其上覆沉积主要为晚三叠世次深海—深海复理石夹少量硅质岩及碳酸盐岩组合建造。由此表明该岩组可能形成于具洋岛性质的弧后盆地大地构造环境。

燕山期构造层：由侏罗系构成，自下而上有下侏罗统那底岗日岩群、雀莫错组，中侏罗统布曲组、夏里组，上侏罗统索瓦组、白龙冰河组或雪山组。那底岗日岩群：仅于图区藏色岗日以南、石水河两地零星出露，在藏色岗日以南以断夹块形式出现，在石水河一带则以平行不整合覆盖于下伏上三叠统菊花山组之上；为一套酸性—基性熔岩、火山碎屑岩、少量泥页岩、碳酸盐岩、局部硅质岩组合，具磨拉石建造特点。岩石化学地球化学特征显示为陆缘钙碱性火山岩—火山岩夹碎屑岩建造，指示图区地壳由大洋型地壳向大陆地壳转化的特点。

下侏罗统雀莫错组为一套海陆交互相碎屑岩夹碳酸盐岩及泥页岩建造；中上侏罗统主要为浅海相碳酸盐岩、少量碎屑岩、泥页岩建造。燕山晚期有中酸性岩浆侵入，其中发育于图区中部西端布若岗日一带的岩基，出露面积千余平方公里，岩基主要由花岗斑岩、碎斑熔岩组成。稍晚或更晚有辉长闪长玢岩、辉长辉绿玢岩等中基性岩脉侵入。岩石地球化学特征显示为上地幔部分熔融和下地壳重熔产物，与板块碰撞有关。

上述沉积建造、岩浆岩发育特征表明：该区于早侏罗世拉张断陷形成初始海盆，至晚侏罗世构造活动趋缓海盆已发育成熟；晚侏罗世晚期因碰撞造山致海盆消亡。

喜山期构造层：零星分布，发育于新生代断陷盆地内，主要由古近系、新近系组成。前者由鱼鳞山组组成，主要见于图区东北部红阳山、南部双泉湖及石水河等地，零星小面积出露，与下伏侏罗系、上三叠统呈角度不整合接触关系；为一套碱性系列的粗面岩-响岩组合。岩石化学地球化学特征显示其为板内裂谷(或陆内拗陷)火山活动的产物。

新近系：由中新统、上新统组成。前者主要见于图区南西部阔顶山、乱石山、双泉湖一带，与下伏渐新统、侏罗系、上三叠统呈角度不整合接触关系；自下而上发育有康托组、唢呐湖组，主要为含砾—砾质碎屑岩、少量泥页岩、泥灰岩、灰岩组合，上部夹油页岩、石膏层，反映了由具磨拉石建造特征的山麓河流相向干旱湖泊相转化的沉积序列。

上新统零星小面积出露于双泉河、乱石山一带，以角度不整合于下伏中新统、侏罗系之上，由双泉湖组组成，主要岩石岩性为砾屑灰岩、藻砂屑灰岩及纹层灰岩、含髓石团块条带状微晶灰岩，属相对平缓的盆地边缘滨、浅湖相沉积建造。

陆块内沿河湖沟谷、山间洼地分布有冲、洪积等成因的第四系松散堆积物。

## 二、构造变形特征

陆块内褶皱、断裂较发育，主要表现为脆性变形特征。

中—上三叠统具脆韧性变形作用的特点，形成的构造形迹主要为顺层劈理、顺层片理等面理及一系列小规模的脆-韧性剪切带，面理产状：168°～230°∠20°～80°，次为 330°～55°∠17°～72°，因后期变形改造面理产状普遍变陡(倾角一般大于 50°)。因侏罗纪及时代更新的地层掩盖，上三叠统露头零星，变形期次及其构造形迹发育特征不甚清楚，据西边 1∶25 万查多岗日区调反映，组内岩石普遍至少遭受过伸、缩、剪三期变形作用的改造。此外，岩组内局部见北西—北西西向晚期构造发育，主要表现为一系列的小型脆-韧性剪切带，带内劈理、片理及沿面理充填的同构造石英脉—方解石脉、局部面理化及分泌脉变形褶皱发育；如从岭坡南向藏夏河组内见一北西向脆-韧性劈理化带内发育滑覆型剪切褶皱(图 5-7)，表明该方向组构造于早期遭受过较强烈的伸展变形作用的改造。

兹以褶皱、断层为例，陆块变形特征见以下概述。

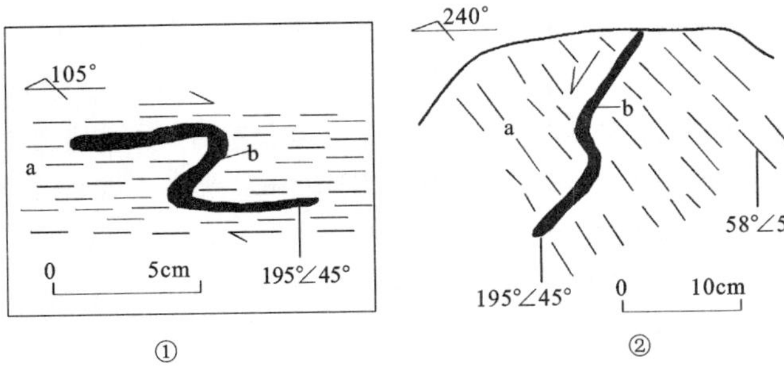


图 5-7　从岭坡南向滑覆褶皱素描图

a. 劈理化变质不等粒石英砂岩；b. 同构造分泌石英脉

## (一) 褶皱

陆块内褶皱发育，形态多样。依构造运动、构造层及褶皱样式的显著差异，陆块内可划分燕山期和喜山期两期褶皱。

### 1. 燕山期褶皱

由燕山期构造层组成，陆块内广泛发育。该期褶皱幅度不大，与断裂关系密切，受其控制明显。以甜水河大断裂为界，该期褶皱发育特点为：断裂北东侧受以小尖梁-湾岛湖边界断裂为主的近东西向断裂控制明显，主要发育长轴状褶皱，向斜形态一般宽缓开阔，背斜则相对窄而紧闭，两者相间平行排列，构成隔档式褶皱(图 5-8)；褶皱方向以近东西方向为主，延伸远，少数轴线发生弯曲、并出现分枝。断裂南西侧褶皱形成发育受其严格控制，褶皱方向以北西向为主(西邻联测 1∶25 万布若错幅该方向组褶皱呈斜列式排列)，延伸远，规模大，且背向斜大致等同发育(图 5-9)。

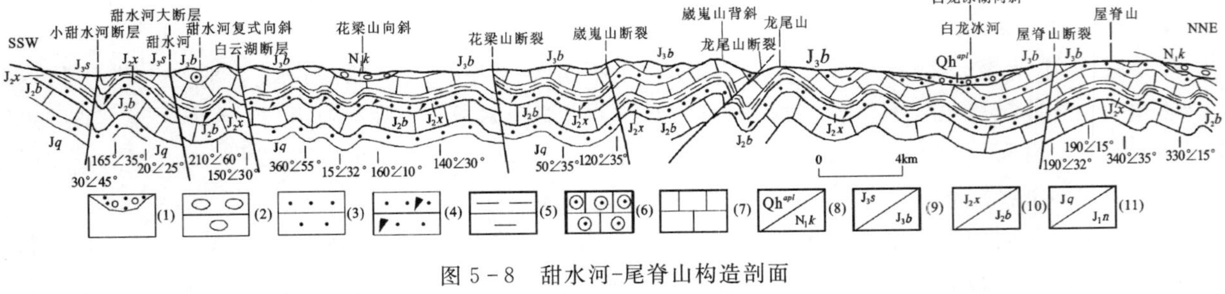


图 5-8　甜水河-尾脊山构造剖面

(1)冲洪积物；(2)砾岩；(3)砂岩；(4)岩屑砂岩；(5)泥岩；(6)鲕粒灰岩；(7)微晶灰岩；(8)更新统冲洪积物/新近世康托组；(9)上侏罗统索瓦组/白龙冰河组；(10)中侏罗统夏里组/布曲组；(11)下侏罗统雀莫错组/那底岗日组

#### (1) 白龙冰河向斜

分布于金泉湖、白龙冰河、黑塔山一带，轴向 270°～280°，区内长 135km，宽大于 10km，属宽长轴状向斜。轴线微弧状，于黑塔山西出现一北西向分枝，并总体往东扬起。向斜中段白龙冰河一带为北西向龙尾

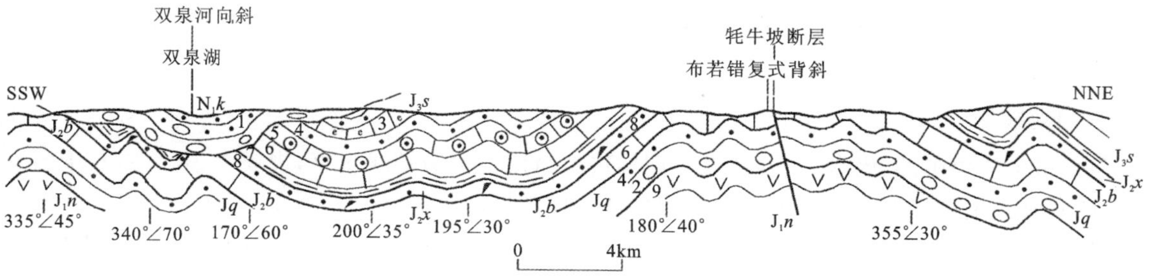


图 5-9　双泉湖-牦牛坡构造剖面

1.含砾砂岩;2.砾岩;3.生物屑灰岩;4.砂岩;5.鲕粒灰岩;6.灰岩;7.泥岩;8.岩屑砂岩;9.安山岩

山断层左旋错动,致其轴线北西向弯曲,北翼为以小尖梁-湾岛湖断裂为主的近东西向断裂切割破坏,致向斜形态不对称(图 5-8)。

向斜主要由上三叠统白龙冰河组组成,西段沿轴部在黑塔山东、西两侧各出露一眼球状低地(图版 5-7),低地主要由深灰色泥灰岩、页岩组成。岩层产状变化较大,倾角 12°～70°,北翼一般 38°～50°,南翼一般 20°～35°,呈不对称状,轴面北倾。向斜内同向次小褶皱较发育。

(2) 崴嵬山背斜

分布于龙尾山、崴巍山等地,往西为甜水河-狼窝泉断裂断失,往东为新近系掩盖,轴向 270°～280°,长大于 90km,宽大于 10km,为宽缓-紧闭状长轴状背斜。背斜主要由上侏罗统白龙冰河组组成,沿轴部于崴巍山一带出现最老地层为中侏罗统夏里组,由含砾砂岩夹少泥页岩组成,呈椭圆形高点状地貌。翼部岩层倾角:北翼一般 20°～35°,南翼一般 35°～50°,呈不对称状,轴面北倾。背斜内同向次级褶皱较发育(图 5-8)。

背斜南翼为以崴嵬山断层为主的近东西向断层切割,中段为龙尾山断层左旋错动,西段为甜水河大断裂错断,致背斜形态不完整、不对称。

(3) 甜水河复式向斜

分布于白云湖南、甜水河一带,往西以甜水河-狼窝泉断裂为界,往东为新近系掩盖,轴向 270°～280°,区内长 65 km,宽大于 40 km。由一系列平行或近平行的宽缓-紧闭长轴状褶皱组成,属复式向斜,具往西收敛变窄、往东撒开变宽的特点(图 5-8)。

向斜主要由上侏罗统白龙冰河组组成,翼部局部(北翼于花梁山、南翼在云龙山一带)出露中侏罗统布夏里组、曲地组。翼部岩层产状:北翼倾角 35°～50°,南翼倾角 20°～40°,呈不对称状,其中近断裂处岩层倾角往往大于 50°。翼部次级同向褶皱发育,呈不对称状,轴面一般近北倾;此外,断裂附近可见紧闭不对称状牵引褶皱发育。

向斜内与之产状协调的以白云湖断层为代表的近东西向断裂发育,往西渐渐向甜水河-狼窝泉断裂汇敛,构成一巨型帚状构造。因断裂多次强烈活动,向斜形态遭受严重破坏。

(4) 布若错复式背斜

分布于陆块南西部甜水河、布若错等地,往北西延入 1∶25 万查多岗日,往南东石水河一带为北东向石水河断裂错断。轴向 280°～315°,长大于 130km,宽大于 40km。由一系列平行或近平行的宽缓长轴状褶皱组成,为复式背斜(图 5-9)。

背斜北东翼主要为甜水河-狼窝泉断裂、南西翼为以七泉山-图北湖断裂为主的北西向断裂强烈破坏,其形态极不对称;沿轴部其北西段主要为燕山期岩体侵入、中段为近南北向褶皱横跨叠加、南东段为牦牛坡断层及石水河断裂切割和北东向褶皱横跨,致背斜轴迹波状起伏且不连续。

沿轴部于西段布若错、甜水河两地各出现一高点,前者同燕山期岩体侵入而成,轴部最老地层为下侏罗统雀莫错组,往两翼依次沉积为布曲组、夏里组及索瓦组。岩层产状中段较缓,倾角一般 15°～25°;往两端变陡,倾角 20°～50°,北东翼一般 20°～35°,南西翼 25°～50°,呈不对称状。背斜内次级褶皱发育,多数与主褶皱轴同向,为同期形成,其形态宽缓开阔;少数发育于断裂旁,形态紧闭、规模较小、延伸不远,断裂强烈活动时所派生的构造产物。

在背斜南西侧与之伴生的有七泉山长轴状向斜，因七泉山-图北湖边界断裂为主的北西向断层强烈破坏，向斜形态不完整。

**2. 喜山期褶皱**

主要分布于陆块东部、南端，主要由喜山期构造层组成。褶皱轴线平直，规模大小不一，长十数米至数十千米，轴向以北东东—近东西向为主，次为北东向，局部近南北向。

该期褶皱发育于燕山期山间洼地及断陷盆地中，多形成向斜构造，受燕山期褶皱控制，两者轴向相近，轴迹部分或大部分重叠，形态宽缓开阔。同时，该期褶皱与断裂关系明显，因断裂切割破坏，部分褶皱一翼或大部分被断失。兹择其代表性褶皱叙述如下。

（1）乱石山向斜

分布于陆块中部东端元宝湖、乱石山一带，往东延伸出图，轴向 25°，区内长 42km，宽 10km，为宽缓短轴向斜。向斜由上新统双泉湖组砾屑灰岩、藻砂屑灰岩等组成，岩层产状较平缓，倾角 8°～35°，一般 8°～18°。

该向斜叠加于由中新统康托组、唢呐湖组构成的宽缓短轴向斜之上，两者轴向大致相似，轴迹呈并列近平行状展布，表明喜山期内各期次褶皱（新近纪）具继承性递进发展（继承发展，但不完全雷同复合，这缘由不同期次的构造应力作用的强弱不同、不同地层岩石的特性差异造成的）的特点。

（2）升云山向斜

分布于陆块南东部升云山一带，往东延伸出图，南翼大部分为升云断层断失，致向斜呈不对称状。向斜轴向近东西，长大于 25km，属宽缓短轴向斜。向斜由中新统康托组含砾—砾质砂岩、砂岩夹少量粉砂岩组成，岩层倾角：北翼 15°～20°，南翼 25°～38°，呈不对称状。

（3）双泉河向斜

分布于陆块中部南端，往南西西为七泉山-图北湖断裂断失，轴向 85°，长大于 30km，宽 12.5km，属宽缓短轴向斜。向斜主要由中新统康托组含砾—砾质砂岩、砂岩夹少量粉砂岩组成，岩层倾角 15°～30°（图 5－9）。

向斜内次级褶皱较发育，轴向有北东东向，次为近南北向，前者为主向斜的从属次级褶皱，后者为晚期叠加褶皱，主要分布于向斜的南翼，造成一系列往北凸起的次级褶皱。

（4）近南北向褶皱

陆块内发育较明显的有长岩山向斜。该向斜分布于陆块中部双泉湖、长岩山东向一带，轴向 346°，长 27.5km，宽约 7km，属宽缓短轴向斜。

沿轴线于长岩山呈现一明显的低地，出露最新地层为上侏罗统索瓦组，往两翼依次出露中—下侏罗统夏里组、布曲组、雀莫错组。岩层倾角：东翼 15°～25°，西翼 20°～40°，呈不对称状（图 5－10）。向斜内局部见同向次级褶皱发育。

向斜两翼为与之伴生的近南北向断层切割破坏，其形态不完整。

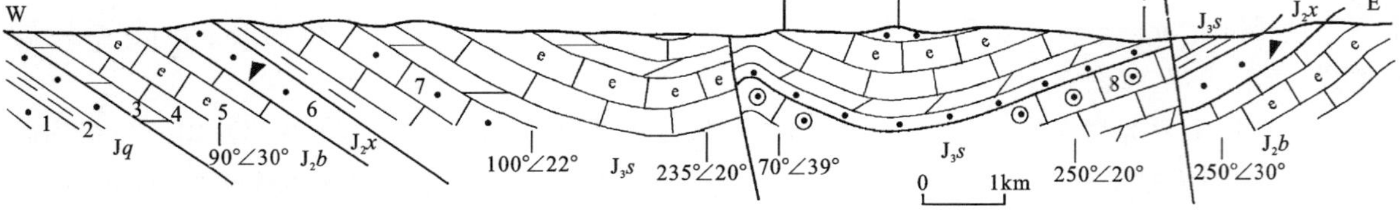


图 5－10　长岩山-双泉湖构造剖面

1. 细砂岩；2. 泥岩；3. 泥灰岩；4. 微晶灰岩；5. 生物屑灰岩；6. 岩屑砂岩；7. 砂屑灰岩；8. 鲕粒灰岩

## （二）断裂构造

图区断裂发育，主要有近东西向、北西向和北东向、近南北向 3 组。其中前两者最为发育，以边界断裂、深大断裂区域性大断裂为特色；其特点是：规模大，延伸远，活动时间长，具脆-韧性变形，断面倾角一般大于 50°，其中近东西方向组断面多数北倾。后两者主要形成于喜山期，局部发育，规模一般较小，延伸不远；其中北东方向组：断面多数北西倾，倾角大于 60°，表现为逆冲断层；近南北方向组断裂主要表现为平移性质，具左、右旋特征。兹从各方向组断裂择其代表性断层叙述如下。

### 1. 近东西方向组断裂

（1）花梁山断层

发育于陆块的中部，途经花梁山、乱石山、多边河，往西过友谊沟于甜水河大断裂东侧消亡，往东经曲龙河延伸出图，区内长 100km。走向近东西，断面舒缓波状，倾向北北西、次为南南东、南南西，倾角 55°～86°，具压扭、扭性，因后期断裂多期次的继承叠加改造，断裂产状普遍变陡。

断裂左旋错动地层有中侏罗统布曲组、夏里组和中新统康托组、唢呐湖组及上新统双泉湖组。在航卫片上，沿断裂呈现一明显的色调异常带，断层崖、线状山脊、直长沟谷等地貌发育。

沿断裂岩石破碎强烈，断层破碎带宽 20～800m，由断层角砾岩、少量透镜体组成，成分以灰岩为主，次为方解石脉—石英脉角砾、砂泥岩等，角砾多呈次棱角状，大小一般 2～5cm，略定向排列，具压扭性；带内劈理发育，灰岩重结晶、局部硅化强烈。

断裂两侧次级断层、伴生或派生褶皱发育，其西段与发育规模较大的崴嵬山压扭性断层构成一“入”字型构造，示其右旋；同时，沿断层见老地层逆冲于新地层之上，地层缺失明显，断层表现为逆断层，据此可知，断裂为右旋逆断层性质。依断裂两侧与之产状相协调伴生的燕山期不对称长轴状褶皱，轴面近北倾，近南倒向，可推知挤压应力方向由北往南；由其西段与崴嵬山断层之间燕山期褶皱，多数遭破坏，形态不完整，且发生左行雁列，反映了断裂具左旋特征（图 5－11）。

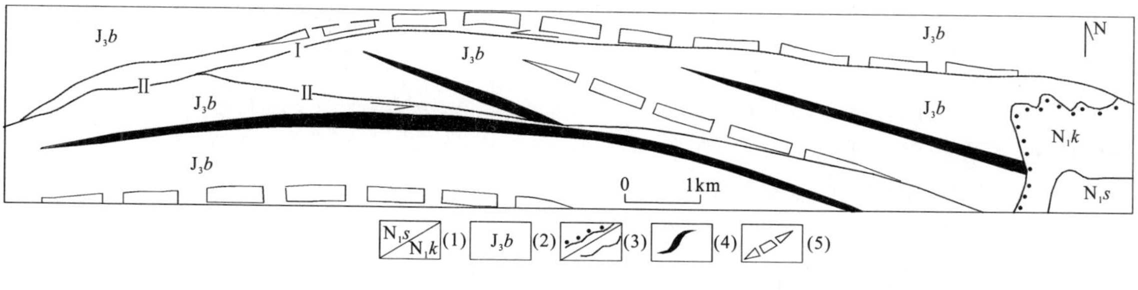


图 5－11 崴嵬山南侧入字构造及雁列状褶皱平面解译图

（1）新近系唢呐湖组/康托组；（2）上侏罗统白龙冰湖组；（3）角度不整合界线/整合岩层界线；（4）背斜；（5）向斜；

Ⅰ. 崴嵬山断层；Ⅱ. 花梁山断层

断裂东段还控制并切割新近纪盆地，沿断层见双泉湖组分别置于唢呐湖组、白龙冰河组之上，其岩石硅化破碎强烈。据王成善等人考查发现，花梁山至小甜水河一带，于喜山期因陆内汇聚作用，发育一滑—推覆构造，沿断层见新近纪地层相继逆冲于中上侏罗统之上，地层缺失明显。由此可知，断裂于喜山期发生过强烈活动，曾先后表现为左旋平移—正断层或左旋正—平移断层、右旋逆冲断层。

综上所述，断裂具多次活动特征，主要表现压扭性右旋逆冲、左旋走滑—拉张或拉张—走滑性质。

（2）黑沙河断层

发育于陆块南西角黑沙河一带，走向 85°，长近 22km。

断裂斜切七泉山-图北湖断裂带，错动上三叠统菊花山组、侏罗系那底岗日组—索瓦组，沿断层见老地层普遍覆于新地层之上，地层缺失明显，垂向、水平断距均愈千米。

断面舒缓波状，倾向南南东，次为南、南南西倾，倾角 70°，上盘相对上升且往北东东错移，下盘则发生往南西西向运移，示其具左旋逆—平移或平移—逆冲性质。

沿断层岩石破碎强烈、灰岩重结晶、岩层产状对顶、方解石脉—石英脉、断裂劈理断续发育。

另及陆块北部边界小尖梁—湾岛湖断裂详见后面第五节所述。

**2. 北西方向组断裂**

(1) 龙尾山断层

发育于陆块中偏北部龙尾山一带，往北西为小尖梁-湾岛湖边界断裂限制，往南东为新近系康托组掩盖，走向310°，长40km。断裂斜切燕山期构造走向线，错动侏罗系布曲组、夏里组及白龙冰河组，左旋错动明显，水平断距达1 200m。

断面较平直，倾向南西，倾角50°～75°，上盘上升，下盘相对下降，属逆断层。断层破碎带宽几米至几十米，主要由断层角砾岩、少量方解石脉—石英脉角砾等组成，角砾成分以灰岩为主，形态主要呈次棱角状为主，大小一般2～5cm，杂乱无序，其间为岩屑、硅泥质等填隙；带内劈理发育，硅化、(灰岩)重结晶较强烈，镜下观察，角砾多数具压碎结构，沿压碎裂隙可见细小的方解石脉充填，表明断裂具压扭性。断裂两侧岩石不同程度的新生角砾岩化、岩层产状对顶、断裂节—劈理发育，局部见断裂牵引褶皱，斜歪不对称状，示其左旋。

根据断裂两侧地层左旋错动强烈、走滑效应明显，故可知断裂应为左旋逆—平移断层。

(2) 布若错断层

发育于陆块中西部布若错北面，往西延入查多岗日图幅，往东于甜水河一带斜汇于甜水河大断裂，走向280°～303°，区内长80km。断裂左旋错动侏罗系及燕山期早白垩世花岗岩体(岩基)。

断线呈微弧状，断面北东、北北东倾向为主，次为南南西倾，倾角75°～80°，具压扭性。沿断裂岩石破碎强烈，节理带、透镜体、擦痕阶步、方解石脉等发育，两侧岩层对顶，局部倒转，局部见次级牵引褶皱发育。

断裂中段布若错北西向，出露宽约15m的断层破碎带，带内主要由上侏罗统索瓦组灰岩透镜体组成，大小一般2～10cm，其长轴多数与断层带或断面平行展布，少数斜列状，指示断裂具逆冲特征(图5-12)。带内劈理发育，沿劈理常见灰白色方解石脉充填，多数发生透镜体化、石香肠化。断面较平直，其上见铁染片状方解石晶体附集，具擦痕正阶步，指示断裂具逆冲性质。断裂下盘斜歪倒转褶皱发育，亦指示断裂具逆冲运动学特征，故断裂表现为逆冲断层。

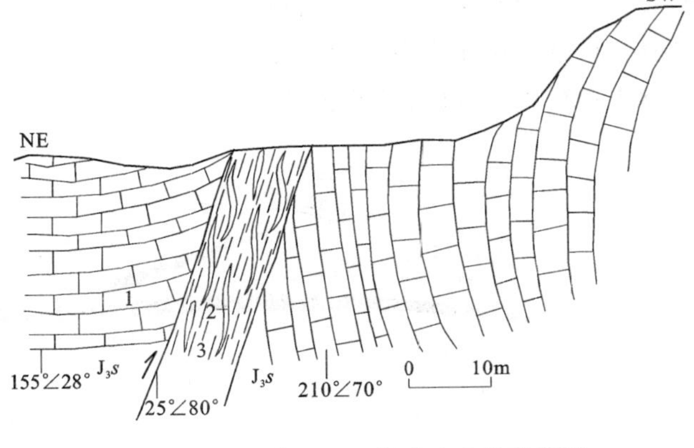


图5-12　布若错北西断裂破碎带素描图

1.灰岩；2.灰岩透镜体；3.片理；$J_3s$.上侏罗统索瓦组

西侧查多岗日图幅区调显示，断裂两侧左行雁列状褶皱发育，反映了断裂于燕山期主变形期(褶皱造山期)主要表现为左旋走滑特征。同时断裂右旋错动中新统康托组明显，说明了断裂于喜山运动期表现为强烈的右旋走滑性质。

综上所述，断裂为多期次活动断裂，以具压扭性为主，燕山期主要表现左旋走滑，喜山期主要表现为右旋走滑，且一度发生过强烈的逆冲活动。

(3) 牦牛坡断层

发育陆块东南部，途经牦牛坡、过石水河往南东延伸出图，走向300°～315°，区内长70km。

断裂左旋斜切燕山期构造走向线，错动地层有侏罗系雀莫错组、布曲组及新近系康托组，沿断层见老地层置于新地层之上，地层缺失明显。在航卫片上，呈现为明显的色调异常，断层三角面、线状山脊、直长沟谷等发育。

断面舒缓波状，倾向北东，倾角78°～80°，上盘上升、且往北西滑移，下盘相对往东南方向下降，表现为左旋逆断层性质。断层破碎带宽80～100m，主要由压碎角砾岩组成，角砾形态以次棱角状为主，大小一般1～5cm，杂乱无序，其间为岩屑、钙泥质、少量硅质等填隙。带内具硅化、石英脉、方解石脉、局部断裂劈理发育。断裂两侧岩石角砾岩化、灰岩重结晶等强烈。

此外，断裂还控制新近纪盆地的发育展布，并强烈切割破坏之，沿断层见康托组岩石发生强烈硅化破碎，并逆冲于中侏罗统布曲组之上。表明断裂于喜山期活动强烈。

**3.近南北方向组断裂**

于陆块南部甜水河-双泉湖带稀疏发育，规模较小，延伸不远，形成时代较晚，多数切割其他方向组断裂。该方向组断裂具张扭性、以平移—走滑性质为主，具左、右旋特征。其发育特征详见下述的代表性断层。

(1) 长岩山断层

发育于陆块南部双泉湖西侧的长岩一带，与其东侧的双泉湖向斜近平行展布，走向 340°～360°，往北为甜水河大断裂限制，经双泉湖往南为第四系洪冲物掩盖，形迹模糊。长大于 38km。

断裂左旋错动地层有中—上侏罗统布曲组、夏里组及索瓦组，航卫片上，表现为明显的色调异常带，线状山脊、沟谷断层崖等发育。

断线、断面较平直，倾向北东东，倾角 50°～65°。断层破碎带宽 10m，由断层角砾岩组成，成分有灰岩、次为砂岩、方解石脉、石英脉等，形态呈次棱角状、次圆状，大小一般 1～5cm，多数杂乱无序，其间为岩屑、钙泥质、少量硅质等填隙；带内细小方解石脉多呈不规则网脉状充填发育。沿断层灰岩重结晶、破碎较强烈，方解石脉、局部断裂节理、劈理发育，其中少数断裂节理面上见产状近水平的剪切阶步，示其左行走滑特征。由上述可推知，该断层属左行平移断层。

该断裂西侧尚发育一伴生断层——双泉湖左行平移断层，产状：75°∠65°，长近 14km，断裂带宽近 60m；带内断裂角砾岩、断裂节理、局部断面上见左行剪切阶步等发育。

(2) 分水岭断层

发育于陆块西南部甜水河南向的分水岭一带，走向近南北，右旋切割甜水河大断裂、独龙沟断层，过分水岭往北为第四系掩盖，形迹较模糊，长大于 5km。错动地层主要有上侏罗统白龙冰河组及中新统康托组。

断面较平直，倾向南西西，倾角 70°。沿断层岩石破碎强烈，破碎带宽 10m，主要由灰岩角砾、少量砂岩角砾、方解石脉角砾等组成，角砾形态以次棱角状为主，大小一般 2～8cm，多数杂乱无序；其间为岩屑、钙泥质等填隙，固结程度不高。带内局部见断裂节理（局部密集成劈理）发育，节理面较平直，且为细小片状方解石脉充填附集，示其扭性特征。

从断面、伴生的节、劈理特征及其右旋错动地层来看，该断层可能为右行平移断层性质。

该断层东侧尚发育一产状相同、规模大小相近、性质相似的近南北向断层，两者平行展布构成宽近 2km 的近南北向断裂带。

**4.北东方向组断裂**

主要发育于陆块东南角石水河一带，表现为一多层次的逆冲断裂带——石水河断裂带，宽近 8km，倾向北西、次为南东倾，倾角 65°～80°。断裂带两端右旋切割甜水河大断裂。

断裂右旋错动地层主要有侏罗系布曲组、白龙冰河组及新近系康托组，地层缺失明显。在航卫片上，表现为一色调差异明显的异常带，山脊遭强烈错断（右旋），河流发生急剧拐弯（图版 5 - 8）等。

断裂带主要由 5 条产状、性质、规模大小（长 15～25km）压扭逆断层组成，由北西往南东编号依次为 23 - 1、23 - 2、23 - 3、23 - 4、23 - 5（图 5 - 13）。兹以 23 - 1、23 - 4 号断层为例来说明该断裂带的发育特征。

23 - 1 号石水河断层：发育于石水河上游，走向 50°～65°，往南西为第四系掩盖，长大于 15km。断层强烈右旋错动侏罗系雀莫错组、布曲组及新近系康托组，且见康托组逆冲于雀莫错组之上，地层缺失明显。

断面舒缓波状，倾向北西，倾角 78°，上盘相对上升，下盘相对下降，表现为逆断层。断层破碎带宽约 10m，主要由灰岩、砂岩压碎角砾岩组成，角砾呈次棱角状为主，大小一般 1～5cm，多数杂乱无序，其间为岩屑、钙泥质、少量硅质等填隙；带内方解石脉、少量石英脉沿压碎裂隙充填发育。断层两岩石压碎角砾岩化、硅化、灰岩重结晶较强烈，局部可见牵引褶皱发育（图 5 - 14），斜歪不对称状，指示断层具逆冲特征。

23 - 4 号石水河断层：发育于石水河下游一带，夹持于甜水河-狼窝泉断裂与牦牛坡断层之间，长约 15km，走向 50°～65°。

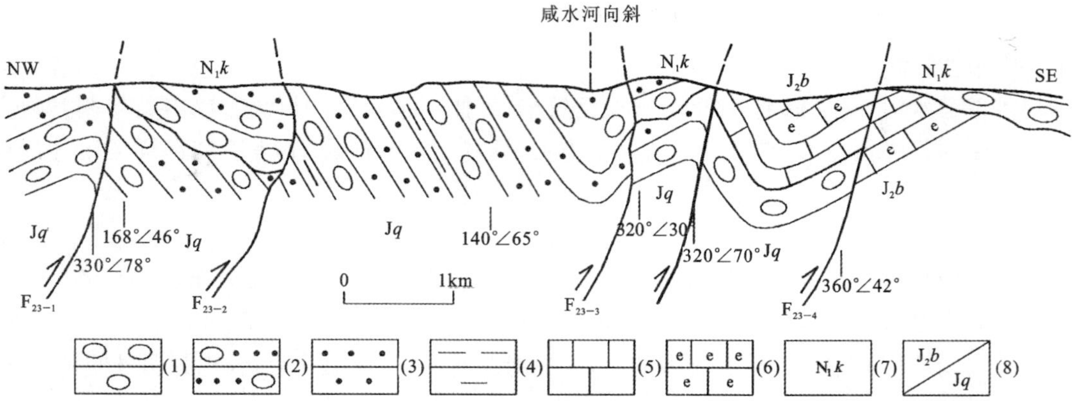


图 5-13　石水河构造剖面

(1)砾岩;(2)含砾砂岩;(3)砂岩;(4)泥岩;(5)微晶灰岩;

(6)生物屑灰岩;(7)新近系康托组;(8)中侏罗统布曲组/下侏罗统雀莫错组

断层错动侏罗系雀莫错组、布曲组,沿断层见雀莫错组逆冲于布曲组之上,地层缺失明显。断面舒缓波状,倾向北西,倾角60°～70°,上盘相对上升,下盘相对下降,表现为正断层。断层破碎带宽20km,带内岩石角砾岩化、硅化强烈,方解石脉、石英脉、局部断裂劈理等发育。

同时,见断裂带内与断层产状相协调的斜歪褶皱(因遭断层强烈破坏,多数形态不完整)发育,形态紧闭,轴面北西倾向,倒向南东,指示断裂由北西往南东方向逆冲。

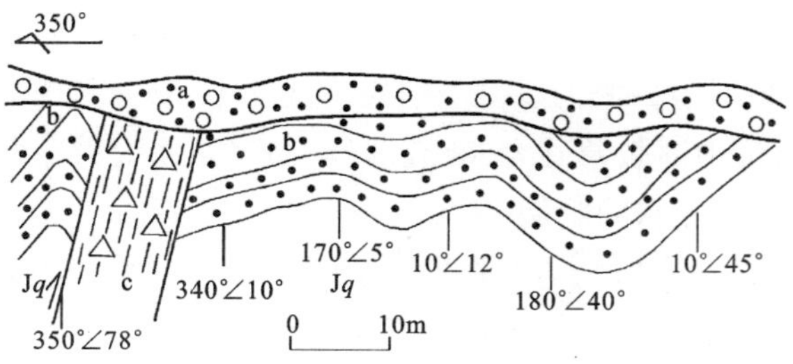


图 5-14　石水河上游断裂素描图

a.第四系残坡积砂砾石;b.砂岩;c.(片理化)断层破碎带

《西藏羌塘盆地地质演化与油气远景评价》(王成善等,2001年)表明,在喜山期因强烈的陆内汇聚作用,于石水河一带发育一北西往南东向逆冲的推覆构造,其特征与本次区调情况相似,故可知,石水河断裂形成于喜山期,表现为右旋逆冲推覆构造。

## 第四节　大熊湖—照沙山褶断带构造变形特征

### 一、地质概述

位于图区中南部,大熊湖带,呈宽条块体,长大于40km,宽大于27km。北东部以七泉山-图湖边界断裂(主断裂13-4)与羌北甜水河陆块为界,南西延伸出图。

带内出露地层主要为上三叠统菊花山组、古近系牛堡组、新近系双泉湖组。前者构成褶断带内褶皱基底,后两者则为盖层的主体地层。

上三叠统菊花山组,属浅海台地—缓坡相碳酸盐岩夹少量碎屑岩组合建造,岩性组合及古生物特征属于羌北地层区。与西侧1:25万查多岗日幅红脊山构造混杂岩带北东侧的同期异相的上三叠统图中湖组同属(被动)大陆边缘盆地环境。

古近系由牛堡组组成,以角度不整合于侏罗系、上三叠统之上;具磨拉石建造,下部以紫红色砂砾岩为主,往上为紫红色含砾砂岩、细砂岩、杂色粉砂岩及泥岩夹少量膏盐岩(往上逐渐增多),反映了当时较为炎热干燥的气候沉积环境,为一套山麓冲积扇、河流相向干旱湖泊相转化的沉积序列。

新近系由上新统双泉湖组构成,呈角度不整合于古近系、上三叠统之上,主要为一套盆地边缘滨、浅湖相砾屑灰岩、藻砂屑灰岩及纹层灰岩、含髓石团块条带状微晶灰岩沉积建造。

此外，在构造带北东侧即七泉山东南侧见小面积的中侏罗统呈断块状出露(与上三叠统呈断层接触)，由布曲组、夏里组组成，布曲组主要为浅海碳酸盐岩组合，夏里组则以浅海相碎屑岩夹少量泥页岩组合。

### 二、构造变形特征

构造带以脆性变形为主，断裂、褶皱发育。断裂以七泉山-图北湖边界断裂(主断裂 13 - 4)为主的北西—北西西向断裂发育，其特征详见后面第五节所述。

褶皱主要发育北西—北西西向印支期褶皱，形态一般长轴较紧闭不对称状，轴面南西—南南西倾，由上三叠统菊花山组组成，因为大面积第四系冲洪物掩盖，其形迹零星、断续。据西邻联测 1∶25 万查多岗日幅区调显示：带内主要发育由印支期、燕山期褶皱叠加复合而成的复合型褶皱，具较强的继承性，两者轴迹大致重叠，且在各自的构层内背向斜等同发育，相互平行排列，延伸方向较稳定，轴向北西。

该方向褶皱与断裂关系明显，因其切割破坏，部分褶皱一翼或大部分被动断失。

## 第五节　主要边界断裂和深大断裂特征

图区位于藏滇(中间)板块与华南板块的接合部位，断裂活动频繁，以边界断裂为主的区域性大断裂发育，一般经历了多期变质变形作用的强烈改造，属多期活动的复合型断裂。图区区域性大断裂从北往南依次发育有小尖梁-湾岛湖断裂、甜水河大断裂、七泉山-图北湖断裂。

**1. 小尖梁-湾岛湖边界断裂**

属拉竹龙-金沙江断裂带的西延部分。横贯图区北部，构成湾岛湖-大横山构造蛇绿混杂岩带与羌北甜水河陆块的边界。以走向近东西向自区外延入图区，经葫芦湖、大口子东山，过丛岭坡折往北东向，经小尖梁以 40°～50°方向延伸出图；中段为北西向丛岭坡断层右行错动。区内长 120km。在航卫片上，断裂表现为明显的色调异常；在航磁异常图上，呈串珠状-条带状磁异常带展布，幅值较低；地貌上，线状山脊、沟谷、陡崖发育，沿断裂串珠状湖泊及上涌泉亦常见。

断线舒缓波状，断面倾向：西段近北倾，东段北西倾；倾角不详(据其两侧伴生或派生的次级断裂和片理或劈理可推知，断裂倾角 65°～85°。航磁计算分析，断裂倾向北、倾角 70°～80°。断裂具压扭性、扭性特点。断裂错动三叠系、侏罗系、古近系、新近系，沿断裂普遍见老地层覆于新地层之上，地层缺失明显，断裂主要表现为逆断层，垂向断距愈千米。

断裂南侧为羌北甜水河陆块中发育有燕山晚期中酸性岩脉或岩基，主要由正长闪长玢岩、花岗闪长斑岩、花岗斑岩组成，其内断续见时代稍晚或更晚的辉长闪长玢岩、辉长辉绿玢岩等中基性—基性岩脉(墙)侵入，示其脉动多期活动特征。岩石化学地球化学特征显示其为上地幔部分熔融和下地壳重熔产物，与板块仰冲碰撞有关。断裂北侧三叠系构造混杂岩中断续夹持有蛇纹石化橄辉岩或辉橄岩等岩石组成的块体(图 5 - 14)。由此表明了该断裂带是巴颜喀拉地块俯冲到南侧的羌北甜水陆块下地壳—上地幔顶部后又经历了漫长复杂的构造折返形成的，属壳—幔型深大断裂。

断裂具多期次脆-韧性变形特征。断层破碎带宽数米至数十米，带内构造角砾岩、片理发育，硅化、碳酸盐化强烈，片理、劈理及多期次石英脉、方解石脉发育。断层两侧硅化、灰岩重结晶及角砾岩化强烈，次级断裂、剪切带伴生或派生褶皱等发育，局部见(主要为断裂北侧)印支期中基性—超基性岩脉、燕山晚期酸性岩脉侵入。

断裂东段丛岭坡南面，出露宽约 90m 的片理化(或初糜棱岩)带。带内片理密集发育，(原岩为基性凝灰岩类)置换改造作用强烈，岩石被劈成薄片状，其原有的成分组构特征模糊不清。片理产状：340°∠65°。镜下观察：原岩中火山碎屑如晶屑、玻屑等已完全被粘土矿物、绿泥石等取代，并发生强烈塑性压扁呈椭圆状和细小柱状定向均匀分布，少数发生旋转位移构成压力影构造。带南侧为上三叠统藏夏河组中厚层状弱硅化不等粒长石石英砂岩，岩石中劈理稀疏发育。北侧为火山弧岩片轻变质含火山角砾岩、玻屑沉凝灰岩，岩层产状 330°∠58°，岩石中见劈理稀疏发育且局部成带 ；劈理带宽十几厘米至几十厘米，劈理产状

340°∠85°；其内火山角砾如玄武岩角砾多数发生去棱化、并强烈定向与劈理平行展布，部分斜列状，示其右旋剪切(图5-15)。

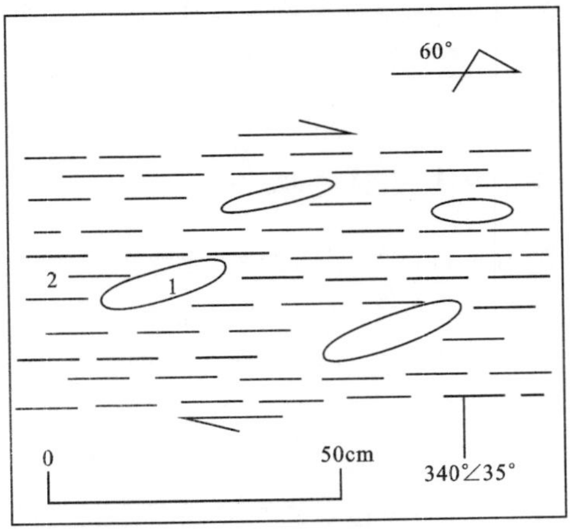


图5-15　丛岭坡南片理化带素描

1.变质基性火山角砾；2.片理化基性凝灰岩

断裂两侧劈理或片理、次级断层发育。前者倾向北、北北西，次为南南东倾，倾角65°～85°，常密集发育成带与断裂平行或近平行展布；带宽几米至数百米，如断裂中段大口子东山南向见上侏罗统泥灰岩夹微晶灰岩中发育宽近300m的劈理化带。

断裂两侧次级断层发育，多数具多期次活动特征，主要表现为压扭性、扭性；且因断裂两侧地体沉积建造、变质变形时代不同、原岩特性的差异，所派生或伴生的次级断层发育特征、变形方式存在着明显的差异。断裂北侧发育的次级断层以塑性变形为主，表现为脆-韧性剪切带(图5-15)；南侧发育的次级断层以脆性变形为主，压扭性、扭性特征明显，多数与主断裂平行或近平行展布。

断裂北侧剪切带发育明显、规模较大的有四熊沟剪切带、长蛇岭剪切带。两者均分布于(主)断裂西段的四熊沟、长蛇岭一带；航卫片上，线形带状影像清晰，两剪切带间所夹持的晚三叠世的构造混杂基质-主要为变质砂泥岩亦强烈塑变，形成"Z"型褶皱，指示右行剪切特征。兹以长蛇岭剪切带为例，对主断裂北侧断裂或剪切带的发育特征作如下概述。

长蛇岭剪切带：发育于图区北西部长蛇岭一带，走向285°，倾向北北东，倾角55°；长约12km。其空间延展方向往东小角度汇敛于主断裂(示其右行剪切)。剪切带宽80m，由砂质糜棱岩—初糜棱岩组成。镜下观察：岩石具糜棱结构、S-C组构，石英矿物颗粒波状—带状消光(图版5-9)、细粒化重结晶作用明显，少数残斑发生强烈塑变拉长呈石香肠状、透镜体—眼球状，定向较均匀地分布于微粒石英、绢云母、绿泥石等糜棱基质重结晶定向聚集的条带之间；以石英压力影为代表的旋转碎斑(图版5-10、图版5-11、图版5-12)、雁列状构造(图版5-13)等发育，多数具指向意义，指示剪切带具左、右旋运动学特征[以左旋为主，据与图区联测的1∶25万查多岗日幅区调资料可知：断裂及其伴生的次级剪切带亦以左旋剪切为主，(镜下观察)其韧性系列的断层岩中见右旋旋转碎斑内发育左旋性质的显微破裂，多数被支解并再度旋转定向成更细小的旋转碎斑(左旋)，表明左旋运动为晚期构造变形所致]。同时，沿剪切面理常见灰白色细小的石英脉充填发育。

此外，见剪切带内夹持两条呈透镜状、宽10～20m的(闪)辉橄榄岩脉(图5-16)，其边界面舒缓波状，产状与剪切带面理产状一致。岩脉两则及其附近砂质糜棱岩均不同程度地发生硅化碎裂，这又表明了剪切带于晚期曾遭受过脆性变形作用改造。

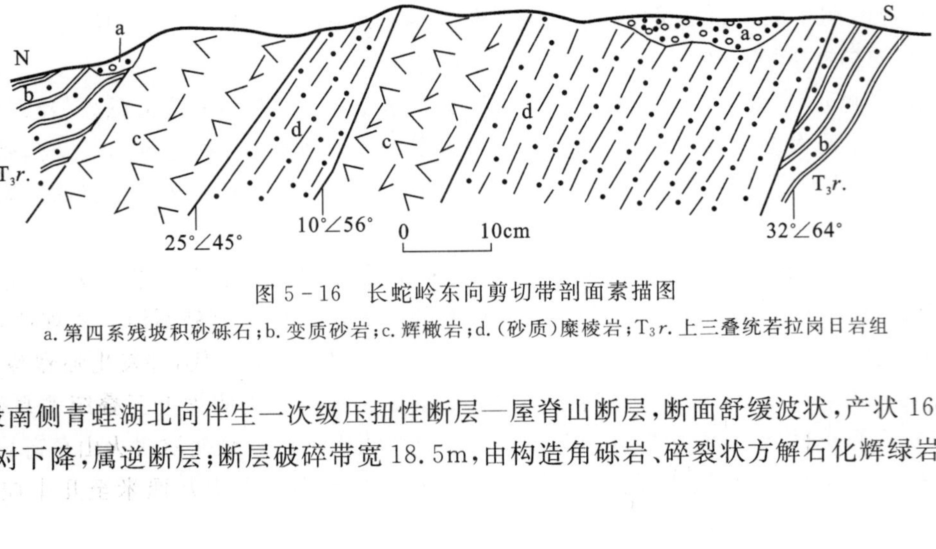


图5-16　长蛇岭东向剪切带剖面素描图

a.第四系残坡积砂砾石；b.变质砂岩；c.辉橄岩；d.(砂质)糜棱岩；$T_3r$.上三叠统若拉岗日岩组

断裂东段南侧青蛙湖北向伴生一次级压扭性断层—屋脊山断层，断面舒缓波状，产状160°∠70°，上盘上升，下盘相对下降，属逆断层；断层破碎带宽18.5m，由构造角砾岩、碎裂状方解石化辉绿岩脉组成，劈理发育，硅化强烈，两侧岩层产状对顶（图 5－17）。上述表明断裂至少发生了两期构造活动：早期张扭性活动，辉绿岩脉沿断裂侵入；晚期表现为压扭性逆冲活动，劈理发育、先存岩脉发生强烈碎裂岩化。该断层空间延展方向与主断裂斜交，指示主断裂早期具张扭性右旋拉张活动，晚期表现为压扭性左旋逆冲性质。同时见与主断裂产状协调的伴生的长轴状褶皱发育，构成宽愈 20km 的断褶带（王成善等，2001 年，北羌塘拗陷区北缘褶断带）。

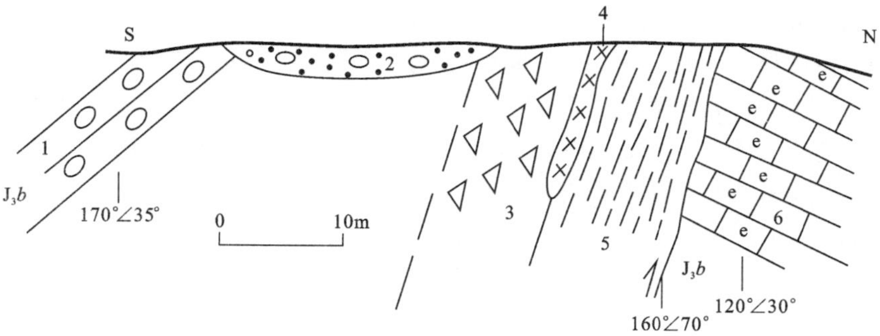


图 5－17　青蛙湖北向次级逆断层剖面素描图

1. 砾岩；2. 第四系砂砾石冲洪积物；3. 构造角砾岩；4. 辉绿岩岩脉；5. 劈理化灰岩；
6. 含生物屑微晶灰岩；$J_3b$. 白龙冰河组

断裂两侧地块构造样式、变质变形等特征差异显著：其北则为近东西向—北东向展布的构造蛇绿混杂岩带，曾先后（至少三期）经历过伸展、挤压（由北往南逆冲）、走滑剪切变形（右行走滑）作用的强烈改造，带内岩石普遍遭受过低绿片岩相变质改造，且发生强烈构造解体与混杂；带内片理、劈理、脆-韧剪切带等发育；表明断裂早期（印支期）以多期次脆塑性变形为主，变形时期为印支期。断裂南侧为羌北甜水河陆块（甜水河大断裂以北区域，即前人所述的北羌塘拗陷区北缘褶断），走向北西西向—近东西向，以脆性变形为主，断裂、褶皱强烈发育，具褶断带或断褶带构造特点；其内褶皱、纵向压扭性—扭性断裂；陆块内断裂或与其平行展布或受其限制。上述表明，断裂形成较早，对后期构造控制作用显著。

此外，断裂还严格控制着中新代盆地的发展展布，并切割破坏之；沿断层见鱼鳞山组、唢呐湖组硅化、劈理化、角砾岩化强烈。这表明断裂于喜山期重新复活产生强烈活动。

综上所述，断裂为长期多期次活动的深大断裂。早期（至少在印支期）以脆-塑性变形为主，经历过多次伸展拉张、挤压、走滑剪切变形改造；晚期以脆性变形为主，主要表现压扭、扭性。

**2. 甜水河大断裂**

斜贯图区中部。近东西向自东侧图外进入图区，经升云山缓缓折往北西向（290°～305°），途经甜水河、友谊沟、过黑头山延入邻区 1∶25 万查多岗日幅，区内长 170km。途中常为第四系覆盖，至其形迹断续；断裂南东段为近南北断层、北东向断层切割明显。在航卫片上，断裂呈条带状影像，色调异常明显，发育线状山脊、陡崖、直长谷地等地貌；同时在其南东段可见山脊错断、河流（如甜水河）急剧拐弯等现象。

断裂主要错动侏罗系、中新统，在断裂北西段藏色岗日一带见燕山晚期花岗斑—二长花岗岩复合岩基侵入，局部见断裂切割岩基明显。

断线、断面舒缓波状，倾向北北东、北东，倾角 40°～80°。断层破碎带宽数米至数十米（一般 30～60m），主要由断层角砾岩、少量透镜体、局部糜棱岩等组成，角砾呈次棱角～次圆状，具张扭、压扭、扭性特征，以后两者为主；带内劈理、片理、石英脉及方解石脉等发育，硅化、局部黄铁矿化明显；两侧岩石角砾岩化、灰岩不同程度地发生重结晶。

在布若错北向沿断裂发育宽至少 20m 的糜棱岩带。带内剪切面理发育，面理产状 50°∠60°；沿面理见由长石、阳起石等柱状矿物发生较强烈的塑变拉长，定向排列构成拉伸线理，线理倾向、倾伏角大致与面理产状一致，示其为上下增强线理构造。镜下观察：原岩为角闪岩类，普通角闪石多已被纤状—柱状阳起石交代，且与微粒状帘石、钠长石、显微鳞片状绿泥石等分别定向排列构成条纹条带构造，其中少数角闪石呈碎裂状残斑残留并为交代矿物阳起石包绕构成核幔构造。带两侧因第四系掩盖，其规模大小不详；剪切带南西盘为上侏罗统灰岩，岩石中劈理发育，至岩石层理不清楚，沿劈理常见灰白色细小方解石脉充填贯入；劈理产状 110°∠45°。其北东盘为上侏罗统含砾粗砂岩、细砂岩，岩层产状 180°∠30°；同时于葫芦湖南西向见一宽约 50m 弱蚀变辉绿岩脉侵入，走向近东西向，其里透入性劈理发育，劈理产状 60°∠50°，镜下观察：岩石中辉石、斜长石具较强的碎裂现象。上述表明，断裂早期具塑性变形，晚期遭受过较强烈的脆性变形改造；断裂表现为压扭性。

断裂两侧次级伴生、派生断层发育，与之平行或近平行展布多数具压扭性、扭性。其南东段北侧次级压扭性断层及其相伴生的褶皱往西聚敛、往东呈微弧状撒开，构成帚状构造，示其右旋特征。据王成善等(2001 年)调查发现，该区段甜水河一带，以甜水河断裂为主干断层发育一由北往南多层次的推覆构造，古近系亦受强烈变形，并逆冲于上侏罗统之上，地层缺失明显，且于东南角(主干断裂南西侧)石水河一带派生出一由北西往南东推覆的构造(图 5－13)。从卷入变形的最新地层来看，推覆构造的发育时间为喜山期，属陆内汇聚作用的体现。据图区西边查多岗日图幅区调可知，与该断裂伴生的燕山期褶皱呈雁列状组合排列的特征，显示断裂于燕山期的主变形期(造山期)表现为压扭性左旋逆—平移性质。

断裂为长期多期次活动断裂，其两侧构造样式迥异。断裂北东侧近东西向—北西西向长轴状褶皱、断层发育；南西侧与断裂大致协调的断层、褶皱相对稀疏发育，说明断裂形成较早，对后期构造控制作用显著。同时，断裂于中晚侏罗世(尤其在晚侏罗世)控岩控相作用亦较明显：北东盘为深水陆棚相泥页岩夹碳酸盐岩建造，自下而上沉积了中侏罗统布曲组、夏里组、上侏罗统白龙冰河组；南西盘为海陆交互相碳酸盐岩、碎屑岩建造，自下而上沉积了布曲组、夏里组、索瓦组。

此外，断裂还严格控制新近纪盆地的发育展布，并切割破坏之，致其一侧或大部分断失；沿断层见康托组逆冲于侏罗系之上，岩石硅化破碎强烈。

综上所述，断裂为长期多期次复合断裂，早期曾有过塑性变形活动，于燕山期、喜山期强烈活动，主要表现为逆冲性质。

**3. 七泉山—图北湖边界断裂(13－4)**

位于图区西南角，途经黑沙河、七泉山，往北西延入 1∶25 万查多岗日幅，往东南为浮土掩盖，形迹模糊。走向 290°～305°，区内长 50km。构成大熊湖—照沙山褶断带与羌北甜水陆块的边界。

在航卫片上，断裂与其伴生断层表现为明显的色调异常，其间的地层(体)呈长条块状、少数透镜状影像清晰(图版 5－14)，其中中新统康托组表现为侧灭再现的条块—透镜状影像特征，指示断裂具压扭性特点。地貌上，弧—线状沟谷、山脊相间排列，断层崖、上涌泉等发育；其中沿断裂约 7km 的范围内发育有 6 个上涌泉。

断裂错动地层主要有上三叠统、侏罗系，沿断层普遍见老地层逆冲于新地层之上，地层缺失明显，垂向断层愈千米。同时，沿断层见有燕山晚期主要由正长闪长玢岩、花岗闪长斑岩、花岗斑岩构成的复合岩基侵入，并为其派生或伴生断层切割。

断线、断面舒缓波状，倾向南西、次为南南西，倾角 58°～80°。破碎带数米至数百米，带内断层角砾岩、劈理、石英脉、方解石脉发育(与图区联测查多岗日图幅显示：断裂带内糜棱岩发育)，硅化强烈；两侧岩层产状对顶、角砾岩化、灰岩重结晶等明显。

七泉山一带，沿断裂两侧派生压扭性断层发育，且往北西撒开，往南东向主干断裂汇敛，构成宽约 23km 的帚状断裂带，次级断层与主干断裂相交锐角指示其左旋特征，且自南西往北东沿各组成断层分别见上三叠统菊花山组逆冲于下侏罗统雀莫错组，下侏罗统雀莫错组逆冲于中侏罗统布曲组之上。同时带内伴生、派生褶皱发育，前者呈紧闭长轴状，多数被严重破坏，形态不完整(如七泉山向斜轴部及南西翼大部分被动断失)；后者紧挨断层发育，呈“Z”型尖棱陡倾伏状，其倒向亦示其左旋。上述表明，断裂于燕山期主形期呈左旋逆冲性质。

断裂带两侧地层变质变形程度、构造样式特点迥异：北东侧为侏罗系，褶皱、断裂发育稀疏；南西侧为上三叠统菊花山组，普遍遭受过低绿片岩相浅变质作用改造，岩石—碳酸盐岩多数发生了重结晶作用；同时，见与主断裂产状相协调的褶皱、断裂较密集发育。这些表明断裂形成较早，对后期构造控制作用显著。

此外，断裂还严格控制着新生界盆地的发育展布，并强烈切割破坏之，导致盆地部分或一侧断失。沿断层见古—始新统牛堡组、上新统双泉湖组逆冲于上三叠统菊花山组之上，岩石硅化破碎强烈，断层表现为逆断层性质。这说明了断裂于喜山期复活并强烈活动(反映了喜山期陆内强烈汇聚变形作用的特点)。

综上所述,断裂为长期多期次深大断裂(结合邻区——查多岗日图幅及区域地质资料)。曾先后经历过华力西期、印支期、燕山期、喜山期变形改造,属复合型断裂;燕山期以前的断裂主要以塑性变形为主,燕山期以来主要以脆性变形为主,其中在燕山—喜山主变形期主要表现为逆冲性质。

## 第六节　新构造运动特征

图区位于青藏高原西北部,藏滇(中间)板块与华南板块的接合部位。由于印度板块向欧亚板块的长期持续挤压和受塔里木刚性板块的阻挡,使含图区在内的整个青藏高原表现出强烈而独特的新构造运动,高原整体持续快速地隆升,其中喜马拉雅山以大致 11～15mm/a 的速度上升。

### 一、建造与改造方面的特征

#### 1. 建造方面的特征

新生代以来,图区盆岭格局正逐步形成,新构造活动强烈,以北东—近东西向、北西—北西西向为主的走滑断裂及受其控制的走滑—拉分盆地发育。盆地呈串珠状、条块状沿断层一侧断续分布,在同一方向组相邻断裂带上同期盆地形成位置有错列、斜列平行排列现象,并且于同一空间位置往往见后期形成的盆地继承改造先存盆地并叠覆其上,表明新生代盆地继承性特点显著。新生代盆地沉积建造特点见下所述。

古—始新世盆地主要发育于图区西南角七泉山-图北湖断裂南西侧,北西—北西西向展布,由牛堡组组成,为一套山麓冲积扇、河流相向干旱湖泊相转化的沉积序列,厚愈 2 500m;具磨拉石建造特征,岩石岩性组合:下部以紫红色砂砾岩为主,往上为紫红色含砾砂岩、细砂岩、杂色粉砂岩及泥岩夹少量膏盐岩(往上逐渐增多),反映了当时较为炎热干燥的气候沉积环境。

渐新世盆地主要发育于图区北部小尖梁-湾岛湖边界断裂的旁侧红阳山、大横山等地,近东西向展布,由鱼鳞山组组成,主要为一套安粗岩—粗面岩、碱玄武质响岩—响岩的陆相碱性岩组合,厚愈 300m,具多旋回韵律喷溢的特点,属板内裂谷作用下产生的火山盆地。

中新世盆地分布较广泛,走向近东西向、北东东向,前者主要发育于图区北部阔顶山、大横山一带、中东部乱石山,后者分布于南部双泉湖、石水河等地。自下而上连续沉积了康托组唢呐湖组,前者为紫红色砾岩、含砾砂岩夹杂色泥岩、粉砂岩局部夹膏盐岩组合,厚愈 350m,邻区图幅厚 190～3 100m,厚度变化大,反映了当时构造活动较强烈,山间盆地崎岖不平;唢呐湖组为紫红色泥岩、泥质粉砂岩、细砂岩夹紫红色砾岩、含砾砂岩及膏盐岩、石膏层组合,厚度不详。表现为由具磨拉石建造特征的山麓河流相向干旱湖泊相转化的沉积序列。

上新世盆地主要见于图区南部大熊湖、双泉湖及中东部乱石山等地,走向北东东、近东西向为主,沉积了双泉湖组砾屑灰岩、藻砂屑灰岩及纹层灰岩、含髓石团块条带状微晶灰岩,厚大于 340 m,反映了当时地壳活动相对平缓的盆地边缘滨、浅湖相沉积。

#### 2. 在改造方面的特征

图区新构造活动活跃,具挤压、伸展、走滑 3 种变形形式共存、活动时间长及强度大等特点。

(1) 挤压变形

挤压变形所形成的构造形迹主要为褶皱、断裂,在古近系、新近系断陷盆地较普遍发育,表现为挤压褶皱及冲断—褶皱构造组合样式,次为推覆构造,冲断层主要为各构造单元的边界断裂。因晚期多次的伸展、走滑作用的改造叠加,盆地褶皱形态多数遭受强烈破坏。

在断裂附近,褶皱发育强烈,形态往往紧闭不对称状、轴面倾向盆地中心;远离断裂褶皱强度逐渐减弱,出现宽缓状背向斜,这表明冲断层和褶皱为同一应力作用下的构造产物。

(2) 伸展构造

图区表现较明显,系可与北东东—北东方向和北西—北西西方向断裂配套的近南北方向断裂,一般发育于盆地的两侧或其一侧；早期主要表现为张性正断层，剖面上呈阶梯状断陷（出现垒堑相间的格局）。沿断裂带可见断陷湖盆带及湖泊带状、串珠状发育分布，局部（西侧查多岗日图区五指山东面）切割第四系冲洪积物明显，说明该方向组断裂于第四纪仍在强烈活动。

（3）走滑构造

主要是图区规模巨大、延伸远、方向稳定的北西—北西西、北东—近东西方向多期次长期活动性断裂（带），野外调查及结合前人资料分析发现，前述断裂（在新生代）至少有三期活动。

早期走滑—拉张活动：北西—北西西向断裂具左旋特征，常沿其一侧伴生一系列小规模、零星分布的串珠状断陷盆地，表明该方向组断裂拉分段不发育；北东—近东西方向组断裂发生右旋走滑，沿断裂拉分段发育，表现为规模较大的条块状地堑式不对称状断陷盆地。

中期走滑—逆冲活动，北西—北西西向断裂表现为右旋走滑—逆冲或右旋逆冲—走滑性质，北东—近东西方向组断裂则呈左旋走滑—逆冲活动；断裂活动的结果是使盆地一侧部分或大部分断失。

晚期走滑活动，北西—北西西向断裂表现为右旋走滑（局部导致旁侧断裂活动，形成一系列叠瓦状构造，如石水河北岸的推覆构造（王成善等，2001），北东—近东西方向组断裂则呈左、右旋走滑。区域地质资料显示（如王成善等，2001），该期断裂活动性质的转变发生于第四纪早期（同时伴生有近南北拉张断陷即近南北向伸展构造）。

上述断裂与期伴生的走滑拉分盆地或谷地常构成宽数千米至数十千米的活动构造带，带内串珠状、条带状条块状现代湖泊较发育，其长轴方向与活动构造带的走向一致；同时，见第四系松散冲洪积、洪冲积等松散堆积物亦呈带状或条块状与活动构造带平行或近平行展布。

### 二、高原隆升

新构造活动的另一显著特点是青藏高原的隆升。据《青藏高原中西部航磁调查》（熊盛庆、周伏洪等，2001），航磁异常图上清晰地反映出高原各地块均为条带状呈北西西—南东东向走向，显然是受近南北向长期挤压的结果，同时，地质资料亦表明：高原内部各地块岩石的强烈褶皱和大量的逆冲推覆构造等构造现象均与此类水平挤压力有关。结合本次区调工作所反映的情况，可初步推断，青藏高原在近南北向长期的挤压应力作用下，以不均衡隆升为主要特点，其隆升形成大致经历了古新世—上新世晚期、更新世—现今两者大发展阶段。

#### 1. 古新世—上新世晚期

由于印度板块往北向欧亚板块长期持续的推挤，引起高原内部各组成地块间的差异运动，从而产生强烈的挤压作用，形成一系列走滑—逆冲断裂、褶皱及推覆构造等，使地壳大规模缩短、增厚，导致高原持续缓慢抬升。图区古近系牛堡组、中新世康托组—唢呐湖组及上新世具磨拉石建造特征的多期、多层巨厚砾石层的形成，亦是该阶段抬升的表现；与此相对应的有三期较强烈的褶皱、走滑—逆冲作用，即始新世晚期、中新世晚期及上新世晚期，使新生代盆地普遍发生掀斜，盆地内充填的地层强烈褶皱冲叠，断块间俯冲与仰冲同时并进，并经走滑抬升隆起。期间，图区于渐新世出现一次较强烈的裂陷过程，可能为早期褶皱冲叠地壳增厚并隆升到一定程度后发生伸展作用所致。

#### 2. 更新世—现今

区内多级湖积阶地、多级夷平面、第四纪活动断裂、多期不同级别的地震活动、与多级河流阶地相对应的多期冲洪积物的堆叠等，反映了该期以断裂活动为主，高原整体呈现快速不均衡地隆升。

## 第七节　构造发展史

### 一、构造变形序列划分

综合上述各构造单元的构造形迹特征，结合测区联测 1∶25 万查多岗日幅资料，依据构造样式和构造体制转换特征，和相应的变质事件、岩浆事件，建立了3个旋回和10个世代的构造变形序列（表5-4）。

**表5-4 构造变形序次表**

| 时代 | 构造旋回 | 构造世代 | 主要构造类型 | 变形机制 | 运动方向 | 变质事件 | 岩浆事件 | 影响的地质体 |
|---|---|---|---|---|---|---|---|---|
| 新生代 | 喜马拉雅旋回 | $D_{10}$ | 高原隆升、活动断裂 | 挤压走滑 | 近南北向挤压、走滑、垂直升降 | 无变质 | | 新生代及以前的地质体 |
| | | $D_9$ | 新生代（中新世）断陷盆地褶皱、冲断层、 | | 近南北向挤压、走滑、隆升 | | | |
| | | $D_8$ | 北东—北东东向（右旋）、北西—北西西向（左旋）走滑断裂系、新生代（中新世）走滑拉分盆地 | 走滑拉张 | 北东—近东西向（右旋）、北西—北西西向（左旋）走滑 | | 碱性火山岩喷发 | |
| | | $D_7$ | 新生代（古新世—始新世）断陷盆地褶皱、冲断层、隆升 | 挤压走滑 | 近南北向挤压、走滑、隆升 | | | |
| | | $D_6$ | 北东—北东东向（右旋）、北西—北西西向（左旋）走滑断裂系、新生代走滑拉分盆地 | 走滑拉张 | 北东—北东东向（右旋）、北西—北西西向（左旋） | | | |
| 中生代 | 燕山旋回 | $D_5$ | 北西—北西西向燕山期（侏罗系）褶皱、走滑—逆冲断裂 | 挤压走滑 | 近南北向挤压、北西—北西西向左旋走滑 | | 花岗闪长岩及高钾钙碱性花岗岩侵入 | 侏罗系、三叠系、石炭系，各时期形成的侵入体 |
| | | $D_4$ | 中生代（侏罗系）菱形走滑—拉分盆地 | 伸展 | 近南北向拉张、北西—北西西向右旋走滑 | | 钙碱性火山岩喷发 | |
| | 印支旋回 | $D_3$ | 脆-韧性走滑剪切带、断裂、枢扭产状近直立的倾竖（陡倾伏）褶皱，大横山-湾岛湖和红脊山构造混杂岩带形成 | 走滑 | 近东西向及北西—北西西向以左行为主的走滑 | 低绿片岩相退变质 | 晚三叠世基性—超基性侵入岩及中基性火山喷发岩 | 菊花山组、图中湖组、若拉岗日岩组及晚三叠世以前的地质体 |
| | | $D_2$ | 逆冲型脆-韧性剪切带、劈理化带及斜歪紧闭状、同斜状褶皱 | 挤压 | 近南北向对冲 | 蓝闪片岩相低温高压动力变质 | | |
| | | $D_1$ | 顺层千枚理、板理、片理等面理顺掩卧褶皱、小型脆-韧性剪切带等 | 伸展 | 近南北向拉伸 | 葡萄石-绿纤石相区域变质 | | |

## 二、构造发展史

根据区内沉积建造、变质变形及其配套特征，结合区域地质对比分析，图区地质构造演化可划分以下几个发展阶段（图5-18）。

### （一）中、晚二叠世稳定大陆边缘发展阶段

图区属华南板块的组成部分。中二叠世地壳较稳定，为台地碳酸盐岩沉积。中二叠统灰岩组呈构造岩片出露在大横山构造蛇绿混杂岩带中，岩性为一套含生物屑微晶灰岩、微晶灰岩、砂屑灰岩、砾屑灰岩、

生物屑灰岩、结晶灰岩。产珊瑚 *Waagenophyllum lui Wu* 及腕足类、双壳类等化石。图区南部，即在玛依岗日北部出露为一套灰岩，普遍产蜓化石(1∶25 万玛依岗日幅区调报告，李才等，2006)。属台地碳酸盐岩沉积。

晚二叠世，因中新生代地层覆盖，图区未见有晚二叠世地层出露。据区域地层资料，晚二叠世，羌北甜水河地区，海平面明显下降。出现浅海-滨岸相热觉茶卡组砂岩夹碳质页岩、煤线沉积。暗示晚二叠世甜水河陆块受藏滇(中间)板块向华南板块消减碰撞的影响，发生整体抬升。

### (二) 早、中三叠世被动大陆边缘发展阶段

因侏罗系及新生系覆盖，图区未见早三叠世地层出露。据区域地层资料，早三叠世，羌北甜水河地区又发生新的海侵，海平面明显上升，出现康鲁组、硬水泉组浅海相碎屑岩夹碳酸盐岩沉积。大横山地区此时可能在近南北方向的伸展下，地壳发生了拉张裂陷。地壳伸展裂陷作用的同时形成了北西向断裂，并迁就改造先存的北东—北东东向断裂形成新型的北西、北西西—近东西向断裂构造，出现北西、北西西—近东西向分布的裂陷槽。但图区未见确切的沉积记录。

中三叠世，海平面继续上升，羌北甜水河地区为浅海相康南组碳酸盐岩、细碎屑岩(页岩、粉砂岩)沉积。大横山(-湾岛湖)地区，随着拉张裂陷的加剧，于中三叠世发育成为一具多岛屿的小洋盆，盆地中发育以蛇绿岩为代表的洋中脊-洋岛型拉斑玄武岩的大洋岩石圈，结合 1∶25 万查多岗日幅资料可以确定，沉积了二岔沟组的(放射虫)硅质岩、泥质硅质岩、硅质泥岩夹页岩、泥岩，局部夹石英杂砂岩、玄武岩具深海洋盆沉积建造特征的岩石组合。繁衍中三叠世放射虫动物群。本区内并发育层序保存较好的蛇绿岩，自下而上由以下几部分组成：①超镁铁质、镁铁质堆晶杂岩(蛇纹石化橄榄岩、蛇纹石化辉石橄榄岩与变质辉长岩呈不等厚互层构成的反复出现的韵律层序)；②层状镁铁质岩(堆晶辉长岩)；③席状岩墙群；④镁铁质熔岩。蛇绿岩上覆岩系为放射虫硅质岩、硅质泥岩夹少量玄武岩、泥岩、灰岩和玄武岩夹基性凝灰熔岩、凝灰岩、含放射虫硅质岩及少量泥岩、灰岩。构造蛇绿混杂岩带内镁铁—超镁铁质岩石主要为碱性玄武岩和洋岛型玄武岩，少量为岛弧和洋中脊型玄武岩，反映为从裂谷发展起来的有限多岛洋盆环境。获得蛇绿岩之镁铁质杂岩(斜黝帘透闪岩)Sm－Nd 全岩等时线年龄(232±11)Ma，可能代表其原岩的形成时代。中三叠世放射虫动物群和蛇绿岩的发现说明，图区北部(华南板块内)湾岛湖(-若拉岗日)一带可能在(晚二叠世—)早三叠世发生裂解，至中三叠世形成了多岛弧洋盆。

### (三)晚三叠世—早侏罗世板块碰撞阶段

进入晚三叠世，大横山洋盆扩张减弱，图区转入全面的快速填平补齐的沉积。图区出现明显的沉积分异，南部大熊湖-石水河一带为菊花山组浅海台地-缓坡相碳酸盐岩沉积。中部布若错-石榴湖一带，结合 1∶25 万查多岗日幅资料分析显示，为深水盆地相图中湖组、藏夏河组碎屑岩、火山岩夹放射虫硅质岩和少量灰岩沉积，发育岛弧型中、基性火山岩、火山碎屑岩及类复理石。大横山(—湾岛湖)一带为若拉岗日岩组类复理石碎屑岩夹中基性火山岩、火山碎屑岩、硅质岩和少量碳酸盐岩沉积。从南到北部形成台-弧盆古地理格局。菊花山组中产晚三叠世诺利期珊瑚、腕足类等化石。在图中湖组中产中晚三叠世放射虫化石。

印支运动导致藏滇(中间)板块与华南板块发生强烈俯冲碰撞，推动着羌北甜水河陆块向北俯冲与巴颜喀拉山陆块碰撞，导致了大横山(-湾岛湖)多岛洋盆闭合，在长蛇岭-石榴湖一带不同构造环境下，不同时代、不同成因的地质体发生强烈的构造混杂作用，蛇绿岩岩片(块)、硅泥质岩岩片(相当于中三叠统二岔沟组——1∶25 万查多岗日幅)和火山弧岩片混杂分布于上三叠统若拉岗日岩组中，形成典型的构造蛇绿混杂岩带，岩石遭受韧性变形作用改造，形成了韧性变形带，并发生了低绿片岩相区域动力变质作用。在缝合带的南侧丛岭坡玄武岩岩片中发现蓝闪石＋绿泥石＋石英变质矿物组合，说明陆块俯冲碰撞过程中产生了低温高压变质作用改造。同时丛岭坡一带发现云母片岩中白云母的 $b_0$ 值达 9.067nm，亦显示出高压变质作用的特征。但是，变质玄武岩中的新生变质矿物——蓝闪石呈微细粒晶形，显示出变质温压条件刚刚达到蓝闪片岩相，空间上从构造混杂岩带南界向北迅速减弱的特征。在石榴湖一带火山弧岩片中取得(变质)玄武岩全岩 K－Ar 法年龄 196Ma，推测是这次碰撞事件的年代记录。

### （四）侏罗纪大陆边缘盆地发展阶段

印支造山运动导致图区隆升为陆，藏滇（中间）板块与华南板块形成了统一基底。经历短时期的遭受剥蚀作用后，于早侏罗世，图区进入大陆边缘盆地发展阶段。地壳在近南北向伸展、拉张作用下，图区又开始新一轮广泛海浸。该期图区基本上承继晚三叠世的凹、凸相间的构造格局，航磁资料显示，图区侏罗纪盆地基底的凹陷与凸起呈斜列排列。

区域地质显示，进入早侏罗世辛涅缪尔期，图区地壳不稳定，七泉山-图北湖（北西—北西西向）断裂发生裂解断陷作用，伴随火山活动，尔后以火山碎屑沉积体系为主、夹少量河湖相沉积。在藏色岗日南侧七泉山-黑沙河一带，沉积一套中酸性凝灰岩、安山岩、流纹岩、火山碎屑岩夹少量玄武岩等，往东于石水河一带，出现少量石英砂岩、凝灰质砂岩等河湖相沉积建造。随着裂陷沉降的加剧，初始裂陷盆地内充填作用得以增强，继那底山岗日组之上沉积了一套厚度巨大具海陆交互相的碳酸盐岩、陆源碎屑岩组合，其中图区东部石水河一带出现少量膏盐岩建造，表明当时沉积环境较为炎热干燥。

随着班公错-怒江洋盆进一步扩张，图区整体下沉拗陷，于中侏罗世早中期（布曲组的巴通期），发生大规模的由南至北方向的海侵，图区演变为宽阔的浅海海域，沉积了布曲组大套碳酸盐岩。其时，区内地壳稳定，碳酸盐岩台地发育，台地内出现连续展布的碳酸盐岩浅滩沉积，局部如图区东部野牛沟一带浅滩上还发育一些珊瑚、海绵类点礁。尔后，图区缓慢抬升，出现海退。

中侏罗世晚期（夏里组的卡洛期），图区发生明显的海退，除北部湾岛湖-大横山构造蛇绿混杂岩带抬升暴露，其南部海盆继续沉积，沉积了具滨浅海相特征的陆源碎屑岩建造；由于当时气候较为炎热干燥，致使沉积物普遍呈紫红色和杂色。

晚侏罗世早期（牛津期），图区再度发生大规模的海侵。海侵方向自西向东为主，次为南西往北东方向（王剑、谭富文等，2004）。图区夏里组顶部普遍为一套深色薄层钙质泥页岩、泥灰岩、局部硅质岩及粉砂岩整合覆盖；地壳不稳定，断陷活动较强烈，差异沉降明显，以甜水河大断裂为界：其北东侧沉积了白龙冰河组富含钙质泥页岩的碳酸盐岩较深水浅海陆棚相建造，南西侧发育索瓦组浅海相—海陆交互相建造的碳酸盐岩、碎屑岩夹少许钙质泥页岩沉积组合。

晚侏罗世晚期（提塘期），随着班公错-怒江洋盆向北消减，图区明显抬升，海平面下降，南部双泉湖地区，出现了海陆交互混积浅水陆棚的基础上演变为陆缘碎屑滨岸相雪山组砂岩、砾岩夹少量灰岩、含生物屑微晶灰岩及页岩、含碳质页岩、硅质页岩沉积；北部白龙冰河地区为盆地相—台地相泥岩、灰岩沉积。

### （五）晚侏罗世末期—晚白垩世早期碰撞造山阶段

晚侏罗世—早白垩世，燕山运动使冈底斯—腾冲陆块与羌南陆块俯冲碰撞，导致班公错-怒江洋盆关闭。造山运动波及图区，表现为陆—陆碰撞造山运动。在近南北方向的挤压应力作用下，褶皱造山隆升为陆，海水完全退出遭受剥蚀，导致早白垩世地层的缺失。同时，沿龙木错-双湖缝合带（红脊山构造混杂岩带）和湾岛湖-大横山构造蛇绿混杂岩带构造薄弱带发生强烈的脆性变形作用，形成北西—南东走向展的断裂带，在图区南西大熊湖一带，中生代地层（菊花山组、侏罗系）发生褶皱，并被北西向断层切割呈构造断块、透镜体分布，形成断褶带。在大横山-长蛇岭一带亦形成呈北西—南东向展布的断裂带，上三叠统若拉岗日岩组推覆于侏罗系之上。

造山后期（后碰撞），由于地壳增厚，并在壳幔相互作用下，产生熔融形成岩浆，先后出现了早白垩世花岗闪长岩侵入。早白垩世晚期—晚白垩世早期，在布若错一带发生大规模的具有火山弧性质和后碰撞性质的碱性杂岩二长闪长岩-二长岩-石英二长岩（118Ma）和高钾钙碱性系列花岗斑岩侵入（94.8Ma），西邻1∶25万查多岗日幅独雪山一带发生碱性杂岩二长闪长岩-二长岩-石英二长岩（118Ma）和高钾钙碱性系列花岗斑岩侵入，查多岗日南出现高钾钙碱性英安岩—流纹岩（87.7 Ma）喷发活动。高钾钙碱性、碱性岩浆活动标志着燕山造山运动结束。全岩K－Ar法同位素年龄为87.7～118Ma基本代表了这一构造—岩浆事件的地质年代记录。

### （六）晚白垩世—第四纪陆内演化和高原隆升阶段

晚白垩世以来，陆内演化和高原隆升大致可以分为以下几个阶段：

**1. 晚白垩世—始新世碰撞隆升阶段**

燕山造山运动使图区隆升为陆，遭受长时期剥蚀，图区缺失晚白垩世沉积记录。变形运动主要表现为近南北挤压缩短。

古新世—始新世早期，因晚白垩世的褶皱造山隆起引起的伸展垮塌作用强烈，图区地壳不稳定。先存北东—北东东向、北西—北西西向断裂再度复活，产生走滑—拉张活动，沿其一侧发育零星的走滑—拉分盆地。沉积形成牛堡组一套巨厚的具磨拉石建造特征的山间河流相砾岩、含砾砂岩组合，局部如西南部大熊湖一带砂砾岩中，夹一套厚6～8m透镜状、具大陆溢流性特点的玄武岩，表明当时地壳拉张裂陷活动较强烈；之后（古新世晚期），地壳活动趋于稳定，转为炎热干燥的河湖相沉积环境，沉积形成了牛堡组紫红色含砾砂岩、细砂岩及泥质粉砂岩夹膏盐岩、石膏层（由下往上渐逐增多）。

始新世晚期，随着印度板块与欧亚板块再次发生强烈碰撞，青藏高原南部的雅鲁藏布江残留洋盆最终关闭，自此青藏高原联合陆块形成，并整体褶皱隆起，彻底结束了海相沉积历史。在近南北向挤压应力作用下，图区古新世—始新世盆地发生掀斜，牛堡组卷入褶皱变形，形成与先期（海西期—燕山期）褶皱大致同向的北西—北西西向褶皱，先存褶皱得到进一步巩固加强。同时，继承性北西—北西西向走滑—逆冲断裂系发育，发生逆冲、走滑活动，纵横上，断夹块表现为强烈地拼贴堆叠，致高原陆壳于垂向上进一步增厚。

通过对比古近纪地层（牛堡组，厚大于2 470m）及西侧查多岗日联测图幅内的晚白垩世火山岩（美日切错组，厚大于1 600m）厚度可知，图区当时海拔高度愈3 400m，表明这次碰撞造山活动强烈而显著。之后，图区主要表现为不均衡隆升，缺失渐新世陆源碎屑岩沉积，准高原地势形成。

**2. 渐新世—上新世陆内汇聚调整阶段**

渐新世，在地壳伸展作用下，深大断裂发生强烈张性活动，地幔物质强烈上涌，在图区北部台阶湖、红阳山及南部双泉湖等地发生钾质—超钾质碱性火山喷发作用。红阳山、台阳湖一带形成由安粗岩—粗面岩、碱玄武质响岩—响岩等碱性火山岩构成多旋回韵律性喷溢火山岩组合，双泉湖一带还出现双峰式火山岩组合。碱性火山岩的岩石化学及地球化学特征研究显示，其形成的环境与大陆稳定区内的裂谷作用（断陷盆地张性深断裂活动）有关，其岩浆可能源于EMⅡ型地幔源区。火山岩全岩K－Ar法同位素年龄为31.9～39.3Ma，为渐新世早—中期喷发的产物。

中新世—上新世为相对稳定的发展时期，以高原夷平和山前磨拉石建造的形成为主要特点。区内Ⅲ级夷平面（海拔高程大于5 600m）及康托组、唢呐湖组的形成，就是该时期的代表性产物。

中新世中期，由于印度板块的持续往北挤压（张振利等，2003），图区产生近南北向的挤压应力作用，于康托组、唢呐湖组中形成中小型新生的近北西—北西西向向斜构造为代表，前期褶皱发生不同程度的同向叠加作用；同时断裂作用较活跃，断块间发生俯冲或仰冲。

上新世早期为相对稳定的发展时期，以高原夷平和在山间低地、继承性断陷盆地内接受双泉湖组滨、浅湖相沉积为主要特征。区内Ⅱ级夷平面（海拔高程5 200～5 400m）发育，夷平面由一系列被动破坏的近水平的平顶山和山脊面组成，局部图区北部的长条山、东部的漫长梁近水平的山顶面上，见残留的冲洪积沙砾石呈断续分布。

上新世中期在近南北向的挤压应力作用下，双泉湖组内普遍发育中小型的近东西向新生向斜为代表的构造，并对前期褶皱产生一定程度的同向叠加作用。同时，断裂作用较强烈，主要表现为冲断性质，致双泉湖组逆冲于前期老地层之上。

上新世晚期，因印度板块持续往北推挤，图区受其影响，产生近东西向挤压应力作用，于中南部双泉湖一带见中上侏罗统、上新世双泉湖组发生褶皱变形，形成一系列的近南北向宽缓向斜为代表的构造，同时先期（主要为燕山期）褶皱遭受较强的斜跨叠加作用，其轴迹发生波状变化；同时，见继承性北西向或北西西向、北东东向近东西向断裂再度复活，发生走滑剪切活动。该期运动的发生标志着喜马拉雅山最后一次造山运动的结束，区内地质构造框架最终得以定型，高原地势进一步形成。

**3.更新世—全新世快速隆升阶段**

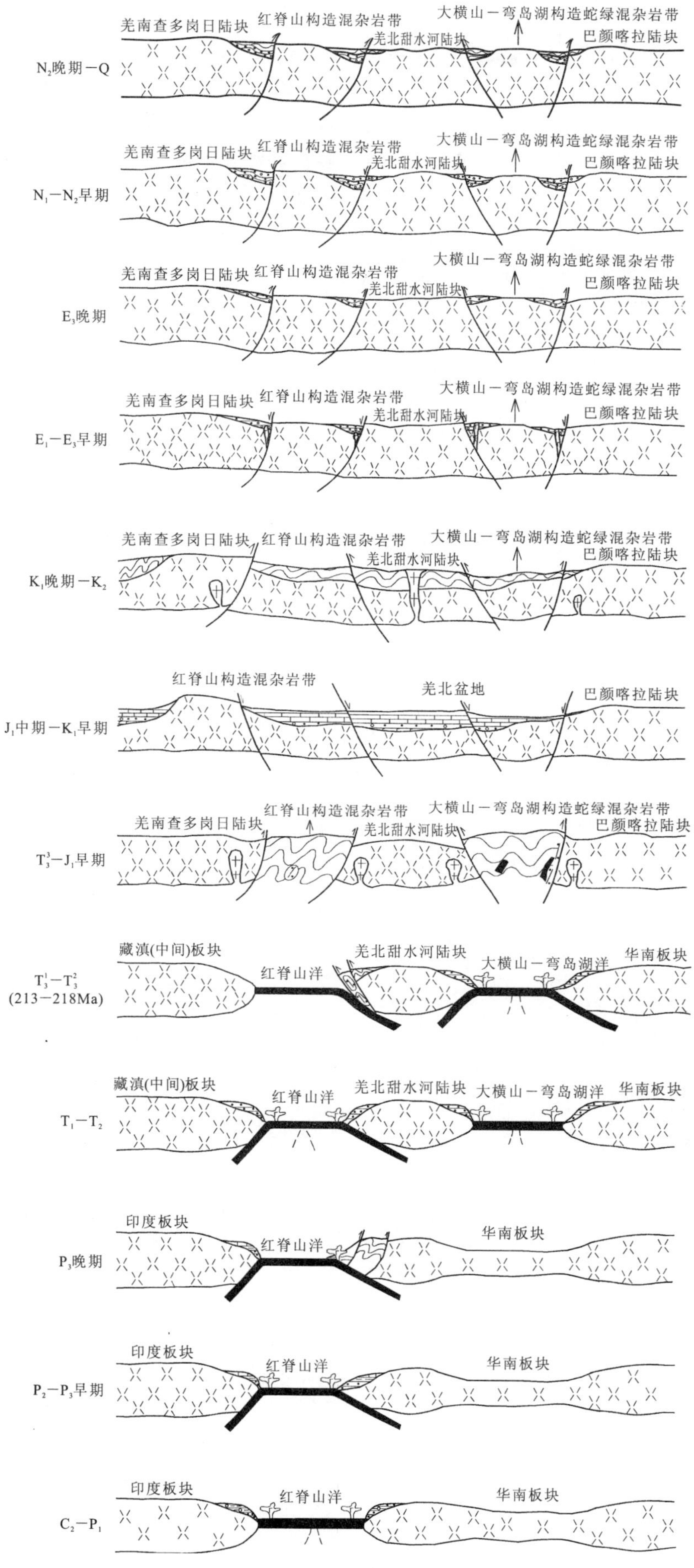


图 5-18　图区及邻区地质构造演化示意图

图区主要表现为持续快速不均衡的隆升。区内发育多级湖积阶地、Ⅰ级夷平面(海拔高程 4 800～5 100m)、第四纪活动断裂、终年积雪的雪峰及多期冰碛垅(冰川终碛堤)、多期次冲洪积—洪积物的堆积等。其中更晚期的冲洪积物沿区内主要河流两侧及其山边入河口处分布,对应地貌单元为一、二级河流阶地及山边较老的洪积扇。图区以北西向或北西西向、北东东或近东西向活动断裂为主及与之伴生的谷地常构成数十千米的宽的活动构造带,带内地震活动频繁;据王成善等(2001)研究,北羌塘地区东经 86°～87°为地震密集区,计有 4.7～5.9 级地震 48 次,6～6.9 级地震 9 次,大于 7 级地震 1 次。本次工作在白龙冰河Ⅰ级河流阶地获得砂土层$^{14}C$同位素年龄 15600±540a,同时在西邻 1∶25 万查多岗日幅二岔河Ⅰ级河流阶地砂土层获得$^{14}C$同位素年龄 13390±670a。说明更新世又出现新的强烈隆升,形成现今举世瞩目的高原。

# 第六章　经济地质与资源

## 第一节　矿产资源概况

图区矿产主要有盐类和花岗岩、石灰岩等非金属矿产资源，局部发现油气及沥青显示。图区内目前尚未发现内生金属矿产资源。

盐湖矿产：主要分布于较大的湖如雪源湖、布若错、沙咀湖、青蛙湖、元宝湖、大熊湖、石榴湖、云雀湖等咸水湖湖中（图6-1），这些盐湖水质类型为氯化物钠质型（Cl-Na），湖水的盐度高，湖边都有盐类结晶现象，有的形成了较厚的盐层，蕴藏着丰富的石盐、碱、钾、硼和锂等矿产资源。

石膏：共发现4处矿化点（图6-1），分别位于红阳山南、双泉湖东、乱石山西侧、阔顶山北侧，产出层位为索瓦组上段、唢呐湖组，矿石围岩为紫红色薄层粉砂岩、泥质砂岩、钙质泥岩、膏盐岩。石膏呈叶片状、似层状、透镜状产出，矿石为质地较纯的硬石膏层或为含泥沙质杂质的膏泥岩，单层厚几厘米至几米不等，双泉湖东总厚度3～4m，乱石山西侧总厚度3～10m，阔顶山北侧总厚度2～3m，红阳山南厚20～30m。矿化层多呈断续状产出，横向延伸不稳定，资源量有待查明。

花岗岩及石灰岩分布广泛，可作为建筑材料。目前尚无开采价值。

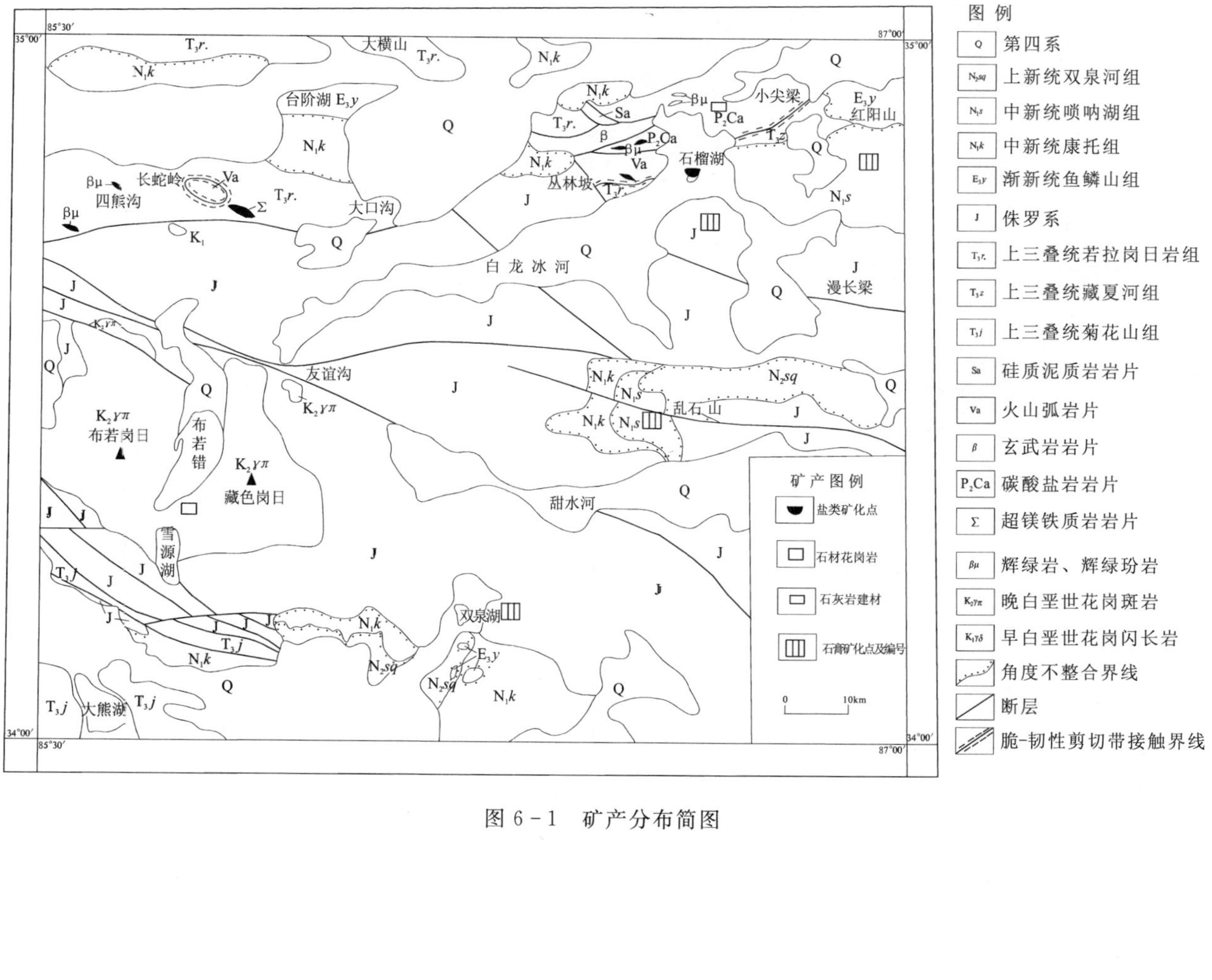


图6-1　矿产分布简图

## 第二节　环境地质概况

### 一、气象、水文

图区属于高原亚寒带半干旱气候区，具有典型大陆性气候特点，干燥、寒冷、低压、风大、日照时间长、降水量集中、蒸发量大于降水量和严重缺氧。年平均气温0℃以下，最低气温达－33.8℃。在图区南部地区收集有限的气象资料分析，最热的7月份平均气温12℃。但天气变化无常，早、中、晚气候常常在短时突变，时雨时雪、东晴西雨，昼夜温差大(达25～30℃)。

### 二、高原植被与生态环境

图区中高原植物种类较为简单，以生长于高原洼地、平地、缓坡的高寒紫花针茅、沙生针茅、苔草、垫状植被带、牧草、匍匐水柏枝、藏沙棘等为主，一般高几厘米到几十厘米，在洼地、淡水相对较丰富的地方植被生长较好。垫状植被带、紫花针茅苔草生长于平原靠水源地一侧，匍匐水柏枝、藏沙棘则在平原与山坡的接合部或山坡下半坡上生长。中高山地、雪线以上多为荒漠区，鲜见有植被生长。

依据实地调查和遥感图象解译，按照植被发育程度，对图区生态环境作如下初步分区(图6－2)。

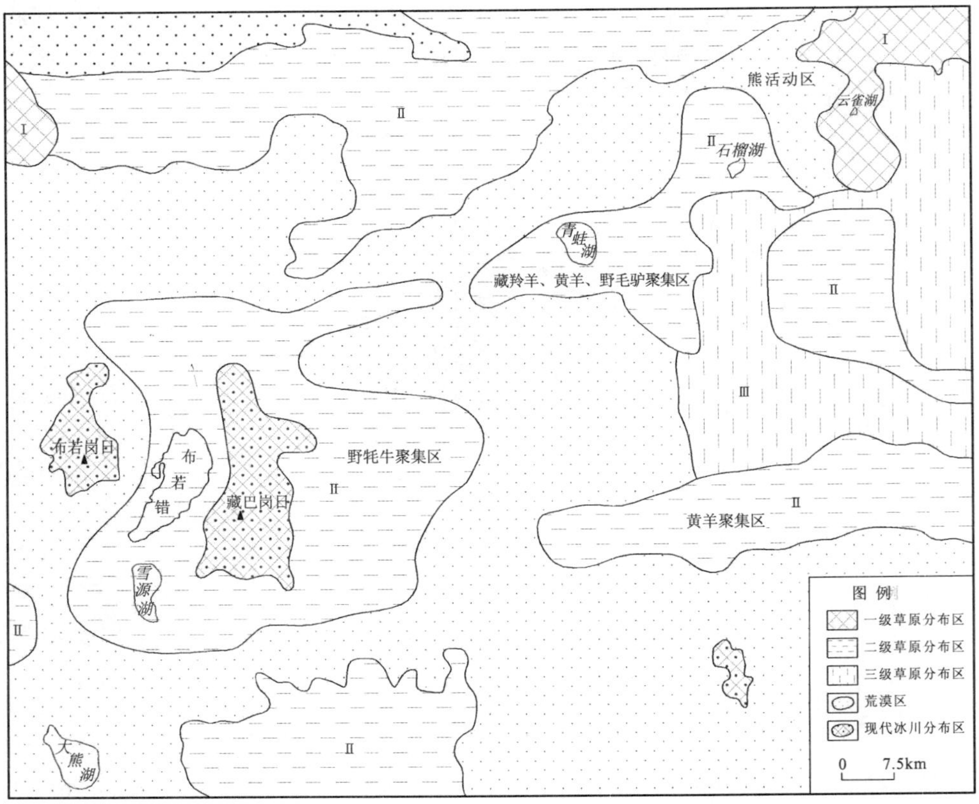


图6－2　布若错地区生态分区图

#### 1. 高原草地区

主要分布于图区北部台阶湖—石榴湖，中部布若错四周，东部漫长梁和南部双泉湖一带，沿白龙冰河、甜水河两岸也比较发育，海拔高度4 900～5 200m，地势相对平坦。为高山草甸、高山垫状草甸，草类植物生长较稀疏，由高原沙生针茅、寡穗茅、紫花针茅、苔草、苔藓和一些狼毒属等组成，草植覆盖率30％～50％。草原区是野生动物觅食及聚集活动的主要场所，尤以大型食草动物对地表植被的依赖程度最高，并由此影响食肉动物甚至鸟类的迁栖路线及其分布聚集状态。按照草类植物发育程度，将草原再细分为三个等级。

一级草原区：该区植被生长最好，以苔草、寡穗茅、苔藓为主要草类，分布于图区地势较低处如沼泽、近冲沟边台地、河心沙洲及雪融水补给较好的平原上，分布面积约 1 400$km^2$，草植覆盖率约 50%，为野牦牛、野驴、藏羚羊等大型食草动物的理想觅食区。但由于分布面积相对有限且较为零星分散(因图面比例尺所限，图区内范围较小的未标绘)，对大型群居野生动物的分布影响不大。

二级草原区：分布于图区高原海拔 4 900～5 100m 河湖边部的冲积平原上，为高原草地主要分布区，面积约 8 000$km^2$，约占图区总面积的 45%，该区植被以寡穗茅、紫花针茅、匍匐水柏枝、藏沙棘、沙生针茅为主要草类，草植覆盖率 30%左右，是野牦牛、野驴、藏羚羊等大型食草动物的主要觅食活动区；同时，大多高原食草动物也是依靠其提供食物来源。该区荒漠化、植被退化现象明显。

三级草原区：分布于图区 5 000～5 200m 的冲积扇、山脚缓坡、山腰地带上，该区植被以沙生针茅、紫花针茅为主要草类，但植被较稀少，草植覆盖率 10%～30%，该区荒漠化现象严重，植被具明显退化趋势，可以说其是二级草原区退化后形成的残留草地区。

**2. 荒漠区**

荒漠区是由于荒漠化、冻融作用及高原寒冷、干旱的气候所造成，该区基本无植被生长，海拔 5 400m 以上为中高山几乎全为荒漠裸露无植被区，基岩裸露，由原地物理风化作用破碎形成的砾石、角砾组成的地表表面，布若错湖周围高山多以流石坡、洪积扇和冰蚀地貌为特征，布若错南边的流石坡碎石如瀑布状从山顶直泻山根。

**3. 湖泊沼泽区(图中未标注)**

为图区内水流主要聚集区，分布于 10 多个大小不等的湖泊及其周边沼泽地或较大的河流边崖湿地处，较大的有雪源湖、布若错、青蛙湖、大熊湖、石榴湖、云雀湖等湖泊。图区中所有湖泊均是咸水湖，且含盐度很高，除了极少小型湖泊中生长有少量杂草外，大多湖泊及其周边沼泽由于盐碱化而几乎寸草不生，局部有充足的淡水供给河边沼泽地，可见有生长较好的高原草类植被分布。

**4. 现代冰川区**

现代冰川区为河水的主要供给来源区，由常年积雪(冰川)、降雪形成的粒雪原所组成，分布于藏色岗日、布若岗日周边山脊等极度高山地区，布若岗日冰川、藏色岗日粒雪原区呈近 SN 向展布，形如爪状，形如耳状，长度 129.5km，面积约 340$km^2$，其周围都发育有山岳冰川、“U”形谷和舌状冰川的终积、侧积。由于全球变暖与气候干旱，冰川的侧积、终积界线逐年往上移，反映了冰川加速融化退缩的迹象。

## 三、地表水资源

地表水主要存在于湖泊、河流、冰川和沼泽湿地之中。

图区内的湖泊主要是构造断陷和继承性湖泊。其中雪源湖、布若错是构造断陷湖泊，青蛙湖、大熊湖、石榴湖、元宝湖、河汉湖、沙咀湖、云雀湖等是继承性湖泊，这些盐湖均为咸水湖，人畜不能饮用。水系主要为以藏色岗日冰川、布若岗日冰川、布若错冰川为源头的内陆河流，多为季节性河流，大多可以饮用。图区内湖泊均呈闭流状态，各湖泊自成一体的闭流水系，形成以湖泊为汇聚核心的向心水系。这种封闭的内流盆地流域面积一般较小，多是几十、几百平方千米河网密度且分布较均匀，一般在 0.1$km/km^2$。明显的现象位于在查多岗日东南的羌塘盆地，河流呈近平行状分布，由于降水稀少，水系发育受到极大限制和影响，故径流贫乏，河流短小，潜流发育，多属间歇性季节河流。

地势总体上西部比东部高，南北与中间低的地貌特征，平均海拔大于 5 100m，图区最高峰为藏色岗日北峰(6 508m)，山脉东西长 42km，宽 15km，山顶常年积雪，发育山岳冰川，主峰有 240$km^2$ 左右的冰盖。其西侧布若岗日海拔 6 436m，有 95$km^2$ 左右的冰盖。最低处是流出图区北部的蛛丝河河口(4 800m)，相对高差达 1 708m，一般高差在 500～1 000m。

**1. 地表水资源分布及控制因素**

图区内主要水系主要为以布若错冰川为源头的白龙冰河、甜水河、漫道河及同白龙冰河一起注入青蛙湖的玉龙河等内陆河流，白龙冰河、漫道河长度大于50km，是图区内主要常年有水(或冰川)河的河流，整体走向为北东、近东西向，支流较多，因冰雪融水、泉水的补给，水量充沛，其余河流多为季节性河流(如蛛丝河、细水河等)。主要由雨季降水和冰雪融化地表径流供水，雪融季节时流量较大，图区内地表径流大多可以饮用，在河流经过的区域形成多个沼泽型湿地，损耗是蒸发和渗漏，旱季时有很多河流上游有水，中下游无水，流量随季节性变化很大。

由于图区平均气温0℃以下，加之多为冰融水补给，封冻时间一般在10月底至11月初，解冻时间一般在次年五月，封冻天数达180天左右。2004年5月，我们在白龙冰河驻扎时，河面仍被冰层覆盖，冰层较厚，可通行汽车。

图区年降水稀少，地面坡度较缓，河网稀疏，故造成河流含沙量虽高而年输沙量小的现象。河流水化学的组成及矿化度的高低，取决于气候、径流大小及流经岩层等因素，本区河流主要补给来源是高山冰川融水，且河流一般流程短小，故河流的矿化度同湖泊水相比则悬殊较大。据西藏区调队资料，河水pH值7.5，属中偏碱性水，矿化度1.05g/L，硬度13.4，水质类型主要为Cl－Na、$HCO_3$·$SO_4$－Ca·Na型，可以饮用。

由于干旱，湖面蒸发量大(年蒸发量2 427.9mm)，降水少(年降水166.1mm)，形成蒸发量远大于降水量的恶性循环，湖面不断萎缩，多呈分离湖群或串珠状湖群，矿化度不断增高，从而形成了各种盐类矿产，有的湖泊已经干涸。

图区内湖水水温较低，即使在夏季也只有5～8℃，均属冰冻湖类型，由于湖泊为盐湖或咸水湖，陆源腐殖质缺乏，悬浮物质较少，湖水透明度较大，一般均在700～1 000cm之间，pH值一般大于7.5，水色在6～8号之间。

**2. 地表水发展趋势分析**

由于高原亚寒带半干旱气候区，属典型大陆性气候，具有干燥、寒冷、低压、风大、日照时间长、降水量集中、蒸发量大于降水量和严重缺氧的气候条件，形成蒸发量远大于降水量的恶性循环，湖面不断萎缩，冰川的退缩现象明显，依据最新的卫星图像统计冰川发育面积与改则幅区调时圈定的冰川面积相比，明显减少，由于水源的减少，河流流量及河床面积也将缩小，对高原的生态构成巨大的不利影响。

## 四、动物生物群分布状况

图区位于1993年建立的国家级自然保护区的核心部位，野生动物众多，主要有野牦牛、野毛驴、藏羚羊、藏原羚、黄羊、盘羊、岩羊、雪豹、旱獭、石雕、棕熊、秃鹫、藏雪鸡、鼠兔等多种野生动物。由于人类活动的影响及植被分布范围的限制，野生动物主要分布在图区中北部布若错、白龙冰河、石榴湖一带，蹄类动物如野牦牛、藏羚羊、藏原羚、野毛驴多为群居，少者5～10头，多者达成百上千头。

## 五、灾害地质

在路线地质调查过程中同时对图区地质灾害的现状进行初步调查。图区内地质灾害类型主要有滑坡、泥石流、雪崩、冰碛物倾泻、冻融灾害、石漠化及盐碱化。

**1. 滑坡、泥石流**

滑坡、泥石流地质灾害在图区分布范围不大。滑坡发育于局部较陡峻的山涯边，滑坡规模不大，面积一般不超过数十平方米，多为重力崩塌成因。泥石流分布于山脉与山前盆地接合部。

**2. 雪崩、冰碛物倾泻、冻融灾害**

为图区常见的地质灾害现象，分布于5 450m以上的高山陡坡、冲沟无植被区，基岩裸露，以原地物理破碎形成的砾石、角砾组成地表表面，以流石坡、冰碛物堆积和冰蚀地貌为特征，局部形成石流扇。冻土层中的地下水和地下冰在气温周期性变化的影响下，不断发生相变和迁移，使土层反复冻融，导致土体粘合结构与岩体扰动和移动，完整性遭到破坏。冻融作用形成各种冻土地貌，如河湖边湿地地表蓬松状土壤、布若错东岸山麓上发育较大面积的石流扇、双泉河旁边的冰劈、土溜现象等。局部坡谷、河沟边见有高约数十厘米的冰核丘。

**3. 石漠化及盐碱化**

为高原最主要的地质灾害。石漠化现象在图区草原上普遍存在，这是由于强烈的物理风化作用或冰雪消融，使岩石崩解或冰碛物残留，以及高山裸露及地表的风化作用，引起逆风处草地土质砾化，而沙丘的蠕移与风所搬运的沙粒由于条件的改变(如遇到较冷的气流、沙丘沙垄的阻挡、植被阻碍、坡度改变等)而发生堆积，引起沙土上覆，土质退化，不利于草原植被的生长。干旱使得土壤盐碱化，有机质积累不高，结构性差，湖面萎缩，湖边沼泽几乎寸草不生，大大削弱了其对生态系统如水土涵养保持、气候调节等方面的作用。

地质灾害发生与高原环境条件和新构造活动密切相关。气候反常，降雨少，温差大，加剧岩石物理风化作用，引起地表岩石错移、脆裂、角砾化，冻融使地表土层裂解，破坏土壤原有结构。石漠化、盐碱化导致草地退化，加重了地质灾害的后果。新生代以来，新构造活动强烈，高原持续隆升，有的断裂的复活也不同程度地诱发地质灾害发生。

### 六、高原生态环境保护

高原生态环境相当脆弱。高原特有的气象、水文地质条件和全球变暖引起的雪线退缩，以及放牧、采矿、汽车碾压等人为破坏，是引起高原生态环境恶化的主要原因。高原生态环境保护应引起重视。

1)从地方立法角度提出藏北草原生态保护措施，建立和完善高寒草原生态环境管理和研究机构，制定长远规划，加强宣传和执法力度，提高当地牧民环境保护意识，自觉参与草原生态的保护工作。

2)限制牲畜数量，科学养畜，以草定畜。虽然克什米尔山羊在藏北高寒草原有适应优势和显著的经济优势，但对草原植被破坏也很突出，冬春季节每只山羊要吃掉相当数量的草根，应限制山羊发展。建立草地轮牧制度，恢复草地生长和再生能力。防治高原鼠兔，减少鼠兔对草原的破坏。

3)限制放牲范围。羌塘地区是藏羚羊、野牦牛、藏野驴等珍稀野生动物的栖息地。现今少数牧民已在戈木错、龙尾湖等34°N以北地区定居，20年来人类活动范围向北扩大了100余千米，无人区面积减少了数万平方千米。建议引导牧民撤出羌塘自然保护区，促进生态环境的恢复和野生动物的繁衍生息。

4)限制矿业开发，特别是露天采矿业的发展。

## 第三节　旅游地质

图区地势雄浑壮阔、广阔神奇，高原雪山巍峨耸立，湖泊星罗棋布，清澈湛蓝，蓝天与草原相连，白云与湖泊相映，野生动物的悠然自得与对人类的好奇融合，种种自然美景使人流连忘返。图区是旅游探险佳境。

**1.雪山、冰川与旗云**

布若岗日、藏色岗日雪山东西向绵延约30km，主峰海拔6 508m，雪原和冰川面积250km$^2$，巍然壮观，冰川地貌发育齐全。陡峭的山峰上披着冰川和雪原，在高层强风的吹动下展现出极高山特有的旗云现象，是藏北地区少见的奇观。

**2.高原湖、河流**

有山有水，人间美景。图区内湖泊众多，布若错、大雄湖、双泉湖、石榴湖等，四面环山，湖水清澈平静，均是考察原生态自然环境好去处。最突出的是布若错，湖面映着雪山，在风平浪静的时候，奇峰倒影，湖边草地成群牛羊，鸟儿争鸣，犹如进入仙境。白龙冰河河面冰层四季不化，犹如一条束在高原腰间的白色飘带，让人叹为观止。

**3.珍稀动物参观考察**

野牦牛生活在5000余米的中高山，在图幅里的鲤鱼山、查多岗日、独雪山都有分布。据野外调查时统计，至少有30多群野牛。牛群的数量有的几十头，多的达数百余头。野牛体形大，体重可达1 200余千克。藏野驴在羌塘草原几乎随处可见。成群结队，觅食的草场基本固定，喜欢与汽车赛跑。羌塘是藏羚羊、黄羊的主要栖息地，图区中北部是藏羚羊、黄羊的主要生活和繁育的基地。羊群的数量一般是几只到几十只不等，多者达百余只。甜水河是黄羊迁栖之地，羊群多达上千只。

**4.现代冰川考察**

布若错南北两边布若岗日、藏色岗日山脉的现代冰川，远看其气势磅礴，白雪皑皑。冰川类型发育齐全，山岳冰川、U形谷和舌状冰川及其周边的终积、侧积物等现代冰川地质景观内容丰富，具有较高的科学考察与探险价值。

# 第七章 结 论

图区位于青藏高原腹地,自然环境恶劣,工作条件、生活条件极其艰苦,人迹罕至,地质研究程度低。在中国地质调查局、中国地调局成都地质调查中心、广西地质调查研究院和广西区域地质调查研究院的领导下,项目组的同志们克服困难,艰苦奋斗,顽强拼搏,按设计要求圆满或超额完成了工作任务。

## 第一节 取得的主要地质矿产成果

在项目组同志们的共同努力下,以本次调查的实际材料为基础,并系统全面收集、整理和研究前人的有关资料,对图区地层古生物、岩浆岩、变质岩、地质构造和地质构造发展史进行了论述,基本阐明了图区地质矿产特征,大大提高了图区的研究程度。主要成果如下。

### 一、地层方面

1)对图区地层进行了详细调查研究,进行了多重地层划分对比研究。根据图区地层岩性组合、岩相、古生物、接触关系等特征及地层遭受改造的强弱程度、改造方式、变形变质特征,地层层序保存程度等特征,将图区地层划分为史密斯和非史密斯两种地层类型,在图区地层划分了 16 个岩石地层单位和 1 个构造混杂、4 个构造岩片共 23 个填图单位,将第四系按成因类型划分为 7 种成因填图单元。对各地层单位的岩性组合特征、空间展布、岩相、层序和沉积旋回以及遭受变形变质作用改造的特征、形成的大地构造环境等方面资料进行系统总结,基本建立了图区岩石地层和年代地层格架。

2)在侏罗系采获较丰富的双壳类、腕足类、珊瑚、菊石、海绵等多门类古生物化石,其中,在石水河那底岗日组硅质岩夹层中采获放射虫 *Archaeoepongoprunum* sp. ,*Archaeodictyomitra* sp. ,*Pseudocrucella* sp. ;在索瓦组中采获晚侏罗世珊瑚 *Stylosmilia tingriensis*, *Schizosmilia* cf. *rollieri*,*Stylosmilia* cf. *crassitheca*,腕足类 *Burmirhynchia luchungensis*,*B. qunguipliacata*, *B. trilobata*,*B. thlobata*,*Holcothyris pinguis var luchungesis*,*Monticlarella striocincta*,*M.* cf. *striocincta*, *Gusarella nucleola*,*G. gusarensis*;在白龙冰河组采获晚侏罗世珊瑚 *Stylosmilia michelina* ,*Lochmaeosmilia* sp. ,*Stylosmilia michelini*,*S. tanggulaensis*,*Cryptocoenia octosepta*,腕足类 *Rutorhynchia jioshanensis*,*R. biplicata*,*R. elongata*,*Thurmannella acuticosta*,*Dorsoplicathtyris prolifera*;在七泉山一带菊花山组中采获晚三叠世诺利期珊瑚 *Margarosmilia zogangensi*,*Promargarosmilia markamensis*, *Paradistichophyllm* sp. ;在图区西部小尖梁一带大横山构造蛇绿混杂岩碳酸盐岩岩片中获取中晚二叠世珊瑚 *Waagenophyllum* lui Wu;为确定岩石地层、生物及年代地层划分对比研究提供了重要资料。

3)将原划分为唢呐湖组上部的一套淡水相碳酸盐岩建立为双泉河组,代表上新世晚期一套湖相沉积。该组角度不整合于鱼鳞山组、唢呐湖组或直接不整合于侏罗系之上,区域上亦有较广泛出露,且较稳定,具有较好的可填图性。本组的建立,对图区新近纪岩石地层单位划分对比和北羌塘新近纪盆地性质与演化及高原隆升研究具有重要意义。

4)查明中晚三叠世图区岩相古地理格局,由南至北可划分碳酸盐台、碳酸盐缓斜坡相、次深—深水盆地相、深海盆地 4 个沉积相区带;侏罗纪总体处于以滨浅海陆棚为主的海陆过渡环境,沉积相类型复杂多样,包含火山碎屑岩、陆源碎屑岩、碳酸盐岩、蒸发盐岩、硅质岩等的 5 种类型沉积体系,共划分了 12 种沉积相和多个亚相。

5)对图区晚叠世、侏罗纪层序地层进行初步研究,在碳酸盐相区的菊花山组可划分出 6 个层序、2 个层序组，碳酸盐缓斜坡相区的菊花山组中划分出 3 个层序；将侏罗纪地层划分为 2 个构造层序、7 个层序组 15 个层序。

6)在白龙冰河Ⅰ级河流阶地更新统冲积层中获得砂土层$^{14}C$同位素年龄 15 600±540a，同时在西邻 1∶25万查多岗日幅二岔河Ⅰ级河流阶地砂土层获得$^{14}C$同位素年龄 13 390±670a。为第四系年代地层研究及高原隆升提供年代学依据。

## 二、岩石方面

1)按照岩性＋时代填图方法，查明了图区岩浆岩岩石类型及其分布特征。结合相关样品的分析测试，初步研究了图区岩浆活动时序、成因、形成的大地构造环境，为图区地质构造演化研究提供了岩浆岩基础资料。

2)在图区北部发现变质超镁铁质、镁铁质岩片(块)。其中，在四熊沟发现蛇纹石化闪辉橄榄岩岩块，在丛岭坡、长蛇岭一带分别发现玄武岩夹放射虫硅质岩岩片、放射虫硅质岩(夹玄武岩)岩片、火山弧岩片等，结合 1∶25 万查多岗日幅调研成果，橄榄岩岩块、玄武岩岩片可能是蛇绿岩残片，硅质岩夹玄武岩可能是蛇绿岩的上覆岩系。蛇绿岩有洋脊型(MORB)玄武岩的岩石地球化学特征。玄武岩岩片和火山弧岩片中的玄武岩及基性火山碎屑岩主要为洋岛型拉斑玄武岩和碱性玄武岩及其二者的过渡类型，以过渡型玄武岩为主。火山弧岩片的岩性组合具洋岛或岛弧岩性组合特征，说明大横山构造蛇绿混杂岩形成于弧后扩张盆地。

3)在藏色岗日、布若岗日一带发现布若错超大型超浅成花岗岩体，岩性为花岗斑岩，岩体的中心相为中粗斑状花岗斑岩，边缘相为细斑状花岗斑岩，并多具熔岩结构特征。岩石化学属高钾钙碱性岩系列，获取全岩 K－Ar 法同位素年龄 94.8Ma，是燕山晚期后造山期岩浆作用的表现。

4)查明图区红阳山、双泉湖、台阶湖等发育一套渐新世碱性火山岩，划分为渐新统鱼鳞山组。红阳山一带为一套由碱性粗面岩、响岩质白榴岩、白榴石响岩组合，全岩 K－Ar 法年龄为 31.5Ma。双泉湖一带为基性的碱性岩和酸性的高钾钙碱性岩组合，全岩 K－Ar 法年龄为 39.3Ma。碱性火山岩是渐新世大陆板内裂谷作用表现。

5)在图区北部丛岭坡一带变质基性火山岩中发现蓝闪片岩，反映湾岛湖-大横山构造蛇绿混杂岩带经历了蓝片岩相变质作用改造。在云母片岩发现白云母的 $b_0$ 值达 9.067nm，亦显示出高压变质作用的特征。

## 三、构造方面

1)基本查明图区构造形迹特征，建立了图区构造格架和构造变形序列表。根据沉积建造、岩浆活动、变形变质作用特征、岩石化学和地球化学特征，自北至南划分大横山构造蛇绿混杂岩带、羌北甜水河陆块和大熊湖断褶带 3 个三级构造单元，将构造形迹总结为 2 个旋回 7 个世代的构造变形序列，初步探讨了图区的大地构造演化历史。

2)查明图北部大横山一带具有构造蛇绿混杂岩性质。对湾岛湖-大横山构造蛇绿混杂岩带的物质组成、变形变质特征、空间分布及形成的构造环境进行调查研究。填绘出橄榄岩(蛇绿岩)岩片、玄武岩岩片、硅泥质岩岩片、碳酸盐岩岩片等构造岩片。结合岩石地球化学特征，初步确定该构造混杂岩带形成于板内裂谷发展形成的多岛洋有限洋盆环境，是晚三叠世羌北甜水河陆块与巴颜喀拉山陆块碰撞的地质记录。

3)查明甜水河断裂是一条多期活动的控相大断裂。断层前期活动具塑性变形特征。脆性活动早期具左行逆冲—平移性质，晚期主要表现逆冲推覆作用。晚侏罗世，断裂隙控相明显，断层北东盘为白龙冰河组深水陆棚相泥页岩夹碳酸盐岩沉积，南西盘为索瓦组、雪山组海陆交互相碳酸盐岩、碎屑岩沉积。

## 四、油气调查方面

在布曲组、索瓦组中新发现较多小型的生物礁。在甜水河、双泉湖、藏色岗日南等地中侏罗统布曲组、上侏罗统索瓦组中发现 6 处油气显示点和 1 处油页岩。油气显示为碳质沥青、干沥青及软沥青，赋存于岩石的微裂隙、孔隙和晶洞中。油气显示点岩性 5 处为灰岩，1 处为砂岩(雪山组)。

## 第二节 存在的主要问题

图区固有的恶劣自然环境和艰险的山川地貌，导致勘测人员野外工作时间短，工作量大，并受第四系覆盖严重及部分分析测试工作滞后的影响，存在如下问题，有待以后工作注意调查研究。

1)若拉岗日岩组缺时代依据。

2)由于第四系严重覆盖和构造改造，菊花山组呈断块出露，顶底不清。查明菊花山组与下伏地层的接触关系性质对于龙木错-双湖缝合带的研究具有重要意义，有待进一步调研。

3)本次工作在1∶25万查多岗日幅东部独雪山南雀莫错组中发现早侏罗世化石，说明本区早侏罗世就已开始接受沉积。图区"雀莫错组"的时代、岩性组合与层型剖面上的雀莫错组有较大差异，有待以后进一步研究。

4)由于图区内河流阶地不发育，且缺乏有效识别、调查高原夷平面的经验，第四系及高原隆升调查研究相对薄弱。

## 第三节 今后工作建议

图区位于滇藏中间板块与华南板块的结合部位，地质构造非常复杂。但是，一直以来，图区被认为是羌北地区地质构造相对简单的地区，属华南板块的一个组成部分，并且由于自然条件和野外工作环境恶劣，极少有人深入图区开展地质调查研究。本次工作，我们在联测的1∶25万查多岗日幅发现了红脊山典型的低温高压硬柱蓝闪片岩带，取得蓝闪石$^{40}Ar-^{39}Ar$法年龄为213.3±3Ma，沿高压变质带具有明显的构造混杂作用现象。这一发现为羌塘中北部地区地质构造及演化研究提供了极其重要的资料，为进一步认识羌塘中北部地区大地构造格架其属性奠定了基础。本报告认为，红脊山硬柱蓝闪片岩带及构造混杂岩带是南、北羌塘陆块的分界线，区域上是龙木错-双湖缝合带向西延的具体反映。据构造线展布特征分析，龙木错-双湖缝合带从图区西南角通过。因此，图区主体地层属羌北地层区，大横山一带属若拉岗日地层小区。

针对本次工作取得的成果及存在的一些不足，本报告认为，今后图区的地质调查研究可重点加强以下几个方面：

1)调查菊花山组与下伏地(层)质体的接触关系性质，对于深入认识红脊山高压变质岩形成时代或者板块碰撞时间及红脊山构造混杂岩带属性及演化有重要意义。从区域上看有两种可能性：其一，菊花山组呈角度整合于红脊山低温高压变形带及构造混杂岩带之上，说明羌南查多岗日陆块与羌北甜水河陆块碰撞后有一次海平面迅速上升并掩没了红脊山造山，造成晚三叠世晚期羌北地层区界线越过红脊山构造混杂岩带(龙木错-双湖缝合带)，即晚三叠世羌北、羌南地层区界线向南移。侏罗世末期—白垩世早期造山运动，羌南查多岗日陆块与羌北甜水河陆块沿红脊山构造混杂岩带碰撞，形成照沙山-大雄湖褶断带，菊花山组受到改造。其二，菊花山组推覆于红脊山低温高压变形带及构造混杂岩带之上，即二者之间为断层接触。从本次调查发现的菊花山组与猫耳山岩组呈断层接触的特征看，菊花山组与下伏地质体呈断层接触可能性较大。如此则说明，晚三叠世羌南查多岗日陆块与羌北甜水河陆块碰撞后，于侏罗世末期—白垩世早期造山运动，羌南、羌北陆块继续沿红脊山构造混杂岩带碰撞，羌北陆块向南仰冲，菊花山组推覆于红脊山构造混杂岩带。说明，红脊山构造混杂岩带是一条控制晚古生代—中生代羌南、羌北盆地发展演化的构造带。

2)加强若拉岗日地层小区中三叠世地层划分对比研究。本次工作在1∶25万查多岗日幅二岔沟一带在巨厚硅、泥质岩中首次发现中三叠世放射虫化石，建立了二岔沟组，代表若拉岗日地区中三叠世沉积。图区丛岭坡一带，及若拉岗日地区等亦有出露，岩性组合具有对比性，但此全部划分为上三叠统"若拉岗日群"。中三叠世地层在若拉岗日地区此前极少有报告，加强区域对比研究，对本区地质发展演化具有重要意义。

3)加强侏罗系生物及年代地层划分对比研究。羌北地区侏罗系发育齐全,研究程度较深,但生物及年代地层研究对比薄弱。本次工作在独雪山南雀莫错组中发现早侏罗世化石,说明本区早侏罗世就已开始接受沉积,给羌北侏罗纪地层划分对比提供了新的资料。图区侏罗系与区域地层对比研究对于羌北地区侏罗纪多重地层划分对比、岩相古地理、构造演化研究有重要意义。

4)对布若错岩体进行研究。该岩体是一个大型超浅成花岗岩体。分布于藏色岗日、布若岗日一带及1∶25万查多岗日幅独雪山等高山区地,平面上呈椭圆状,岩性为花岗斑岩,岩体中心相为中粗斑状花岗斑岩,边缘相为细斑状花岗斑岩,并多具熔岩结构特征。岩体分布区是图区及羌北地区海拔最高,地形陡峻的区域,可能与岩体底辟侵位引起的隆升有关。岩体调查研究不仅探讨其成因、构造环境问题,对研究高原隆升及岩体对羌北盆地油气藏储地质条件的改造、破坏有重要意义。

5)重视北西向和近南北向断层的调查研究。调查表明,这两组断层对油气藏储构造破坏最强,目前发现的油气显示多数与它们有关。北西向断裂是深大断裂,并具有多期活动特征,新生代仍有活动,改造了新近系。近南北向断层则是新构造运动的具体表现,断层规模大小不一,对前期褶皱构造较强。因此,北西向和近南北向断层发育的地区,对油气藏储地质条件不利,在油气调查中应予以高度重视。

# 参考文献


程裕淇等．中国区域地质概论[M]. 北京:地质出版社,1994. 邓万明．青藏北部新生代钾质火山岩微量元素和 Sr、Nd 同位素地球化学研究[J]. 岩石学报,1993,9(4):379～387.

邓万明．青藏高原北部新生代板内火山岩[M]. 北京:地质出版社,1998.

邓希光,丁林等．青藏高原羌塘中部冈玛日地区蓝闪片岩及其$^{40}Ar/^{39}Ar$年代学[J]. 科学通报,2000,45(21):2 322～2 326.

丁林,张进江,周勇等．青藏高原岩石圈演化的记录:藏北超钾质及钠质火山岩的岩石学与地球化学特征[J]. 岩石学报,1999,015(03):408～421.

段其发,王健等．青海雀莫错地区侏罗系双壳类及沉积环境[J]. 科学技术与工程,2004,4(7):546～550.

房立民,杨振升等．变质岩区 1∶5 万区域地质填图方法指南[M]. 武汉:中国地质大学出版社,1991.

高振家,陈克强等．中国岩石地层辞典[M]. 武汉:中国地质大学出版社,2001.

韩再生．生态环境地质调查进展与展望[J]. 地质通报,2003,22(11～12):977～983.

赫子文．西南区区域地层[M]. 武汉:中国地质大学出版社,1999.

胡克,李才,程立人等．西藏羌塘中部冈错—双湖蓝片岩带及其构造意义[J]. 长春地质学院学报,1997,25(3):268～274.

黄汲清,任纪舜,姜春发等．中国大地构造及其演化[M]. 北京:科学出版社,1980.

贾宝江,廖忠礼．藏北羌塘小盆湖—拉雄错砂金矿带地质特征[J]. 沉积与特提斯地质,2002(4):10～16.

蒋忠惕．羌塘地区侏罗纪地层的若干问题．青藏高原地质文集[M]. 北京:地质出版社,1983(3):87～112.

李才,程立人等．西藏龙木错—双湖古特提斯缝合带研究[M]. 北京:地质出版社,1995.

李才,李永铁,林源贤等．西藏双湖地区蓝闪片岩原岩 Sm－Nd 同位素定年[J]. 中国地质,2002,29(4):355～359.

李才,翟国庆,徐锋等．藏北草地资源及其演化趋势[J]. 地质通报,2003,22(11～12):991～998

李才,翟庆国,程立人等．青藏高原羌塘地区几个关键地质问题的思考[J]. 地质通报,2005,24(4):295～301

李才．龙木错—双湖—澜沧江板块缝合带与石炭二叠纪冈瓦纳北界[J]. 长春地质学院学报,1987,17(4):155～166.

李才．西藏羌塘晚古生代地质与构造演化[J]. 西藏地质,2005,22(1),1～18.

李才．西藏羌塘中部蓝片岩青铝闪石$^{40}Ar/^{39}Ar$定年及其地质意义[J]. 科学通报,1997,42(4):488

李亚林,黄继钧,王成善等．羌塘盆地构造改造强度划分与油气远景区分析[J]. 沉积与特提斯地质,2005,25(4):11～16.

梁定溢、聂泽同等．西藏阿里喀喇昆仑南部的冈瓦纳—特提斯相石炭、二叠系[J]. 地球科学,1983(1):19～28.

廖忠礼,莫宣学,潘桂棠等．过铝花岗岩的研究动向和进展[J]. 沉积与特提斯地质,2004,24(02):22～28.

刘增乾,徐宪等．青藏高原大地构造与形成演化[M]. 北京:地质出版社,1990.

陆济璞,张能,黄位鸿等．藏北羌塘中部红脊山地区蓝闪石＋硬柱石变质矿物组合的特征及意义[J]. 地质通报,2006,25(1－2):70～75.

罗建宁,谢渊等．羌塘盆地石油地质条件与初步评价[J]. 沉积与特提斯地质,2003(1):1～15.

罗建宁,朱忠发,谢渊等．羌塘盆地生物礁岩特征与沉积模式[J]. 沉积与特提斯地质,2004,24(02):51～62.

罗建宁,朱忠发等．羌塘盆地膏盐及其油气勘探的关系[J]. 沉积与特提斯地质,2003,23(2):1～8.

潘桂棠,丁俊等．1∶1 500 000 青藏高原及邻区地质图说明书[M]. 成都:成都地图出版社,2005.

潘桂棠,李兴振等．青藏高原及邻区大地构造单元初步划分[J]. 地质通报,2002(11):700～707.

青藏项目专家委员会．青藏高原形成演化、环境变迁与生态系统研究[M]．北京：科学出版社，1995.
苏建平，李麒麟，柳煜．1：25 区域地质调查中生态环境遥感调查内容和方法初探[J]．地质通报，2003，22(11～12)：1 006～1 012.
谭富文，王剑等．藏北羌塘盆地最大规模沥青脉的发现[J]．地质通报，2002(11)：801～802.
谭富文，王剑等．羌塘盆地侏罗纪末—早白垩世沉积特征与地层问题[J]．中国地质，2004，31(4)：400～405.
王成善，伊海生等．西藏羌塘盆地地质演化与油气远景评价[M]．北京：地质出版社，2001.
王建坡，赵兵．羌塘雁石坪中侏罗统雀莫错地层及沉积环境[J]．沉积与特提斯地质，2004，24(3)：43～47.
王剑，谭富文，李亚林等．青藏高原重点沉积盆地油地资源潜力分析[M]．北京：地质出版社，2004.
王良忱，张金亮．沉积环境和沉积相[M]．北京：石油工业出版社，1996.
王仁民，贺高品，陈珍珍等．变质岩原岩图解判别法[M]．北京：地质出版社，1987.
魏君奇，王建雄，牛志军等．羌塘赤布张错地区新生代火山岩研究[J]．沉积与特提斯地质，2004，24(02)：16～21.
吴瑞忠等．藏北羌塘地区地层系统．青藏高原地质文集[M]．北京：地质出版社，1986(9)：1～32.
西藏自治区地质矿产局．西藏自治区区域地质志[M]．北京：地质出版社，1993.
西藏自治区地质矿产局．西藏自治区岩石地层[M]．武汉：中国地质大学出版社，1997.
熊盛青，周伏洪，姚正煦等．青藏高原中西部航磁调查[M]．北京：地质出版社，2001.
伊海生，林金辉等．藏北羌塘地区地层新资料[J]．地质论评，2003，49(1)：59～64.
伊海生，王成善等．藏北安多地区侏罗纪菊石动物群及其古地理意义[J]．地质通报，2005，24(1)：41～47.
阴家润，孙立新等．藏北双湖—安多地区侏罗世菊石新资料及地层评述[J]．地层学杂志，2005，29(1)：7～41.
尹集祥．青藏高原及邻区冈瓦纳相地层地质学[M]．北京：地质出版社，1997.
雍永源．羌塘及可可西里地区几个重要地质、构造与资源问题[J]．沉积与特提斯地质，2004，24(01)，1～12.
游振东，韩郁菁，杨巍然等．东秦岭大别山高压超高压变质岩带[M]．武汉：中国地质大学出版社，1998.
于远山，朱同兴，张起跃等．藏北若拉岗日群变质火山岩的基本特征及构造属性[J]．沉积与特提斯地质，2005，25(4)：17～25.
余光明，王成善等．西藏特提斯沉积地质[M]．北京：地质出版社，1990.
张儒瑗，从柏林．矿物温度计和矿物压力计[M]．北京：地质出版社，1983.
赵政璋，李永铁等．青藏高原大地构造特征及盆地演化[M]．北京：科学出版社，2001.
赵政璋，李永铁等．青藏高原地层[M]．北京：科学出版社，2001.
赵政璋，李永铁等．青藏高原海相烃源层的油气生成[M]．北京：科学出版社，2001.
赵政璋，李永铁等．青藏高原羌塘盆地石油地质[M]．北京：科学出版社，2001.
赵政璋，李永铁等．青藏高原中生界沉积相及油气储盖特征[M]．北京：科学出版社，2001.
中国地质调查局，羌塘盆地区域地质调查成果与进展[J]．地质通报，2004，23(1)：63～67.
中国地质调查局．青藏高原地质调查野外工作手册[M]．武汉：中国地质大学出版社，2001.
中国科学院南京古生物研究所．中国地层研究二十年[M]．北京：中国科学技术大学出版社，2000.
朱同兴，董瀚，李才等．青藏高原北羌塘地区晚三叠世地层展布和沉积型式[J]．沉积与特提斯地质，2005，25(3)：18～23.
Brown E H. The crossite content of Ca – amphibolite as a guide to pressure of metamorphism[M]. J. Petrol.，1977，18(1)：53～72.
Hugh R Rollison 著．岩石地球化学[M]．杨学明，杨晓勇，陈双喜译．北京：中国科学技术大学出版社，2000.
Leake B E. Nomenclature of amphibolites[J]. Mineral. Mag. and J. Mineral. Soc. 1978，42(4)：533～563.
Winkler H G F. Petrogenesis of metamorphic rocks[M]. Springers Verlag，1975.

# 图版及图版说明

图版 2-1　菊花山组礁岩中的造礁生物:海绵

图版 2-2　菊花山组中的礁岩:生物骨架灰岩

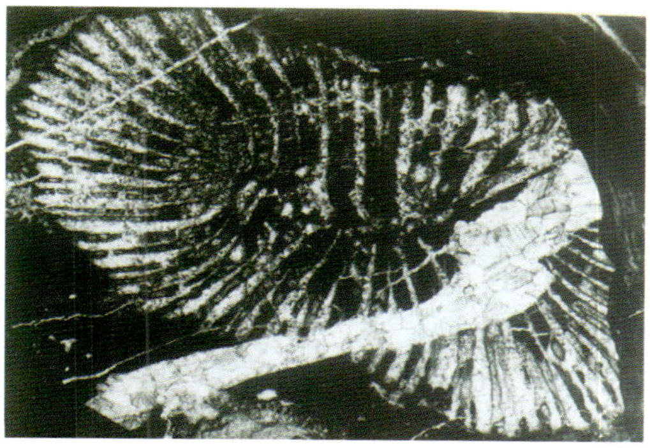

图版 2-3　菊花山组中的珊瑚化石:
*Margarosmilia zogangensi*, ×1.5, $T_3$

图版 2-4　那底岗日组下部所夹灰绿色硅质岩及其中的水平纹层(石水河剖面)

图版 2-5　雀莫错组底部含大漂砾的砾岩→砾质砂岩(雪源湖以南)

图版 2-6　雀莫错组底部的大型板状交错层理(含砾砂岩)→底冲刷面(SS)→逆粒序层理(砾岩)

图版 2-7　雀莫错组底部砾岩→含砾砂岩构成的向上变细的退积型河道充填型层序(雪源湖以南)

图版 2-8　雀莫错组下部一基本层序底部的砾质砂岩(示磨圆好的砾石风化后形成的孔洞)(咸水河剖面)

图版 2-9　雀莫错组下部向上变细变薄的退积型米级旋回及旋回的蚀底界面
（A 灰绿色厚层砂岩→B 紫红色泥质粉砂岩）（咸水河剖面）

图版 2-10　雀莫错组下部灰绿色砂岩中向上变细变薄的退积型基本层序及平行层理（咸水河剖面）

图版 2-11　雀莫错组上部的灰、灰黑、紫红、灰白色泥页岩、粉砂质泥岩、石膏组合（咸水河剖面）

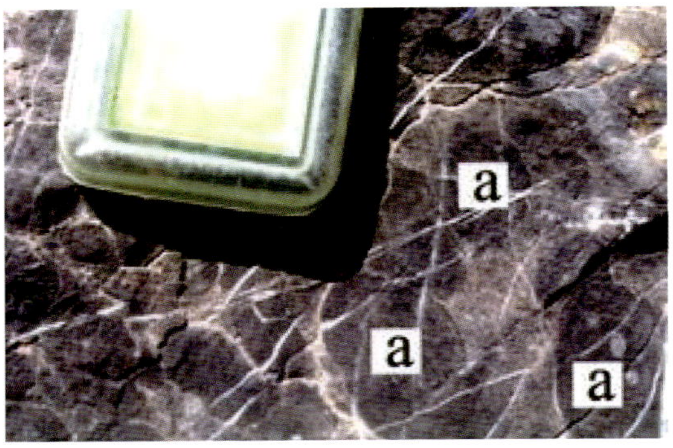


图版 2-12　布曲组中的核形石(a)灰岩（雷音沟剖面）

图版 2-13　夏里组细砂岩中交错层理、平行层理

图版 2-14　夏里组细岩层面上的水平虫迹（友谊沟剖面）

图版 2-15　索瓦组下段砂屑灰岩中的交错层理

图版 2-16　索瓦组上段杂色沉积构成的旋回组合及砂岩、灰岩(A)与泥岩(B)间突变的沉积旋回分界面(双泉湖西)

图版 2-17　索瓦组上段砂岩向上变厚变粗的基本层序(A. 平行层理；B. 浪成丘—槽状层理；C. 小型交错层理；D 波状交错层理(双泉湖长梁山剖面)

图版 2-18　索瓦组上段细砂岩中极其发育的波状、羽状小型交错层系组(双泉湖长梁山剖面)

图版 2-19　索瓦组上段薄板状砂岩层面上的剥离线理(双泉湖长梁山剖面)

图版 2-20　索瓦组上段紫红色薄层钙质细砂岩层面上的波痕与水平虫迹

图版 2-21　索瓦组上段细粒长石石英砂岩层面上的水平虫迹(双泉湖长梁山剖面)

图版 2-22　索瓦组上段鲕粒灰岩中的丘状层理(双泉湖长梁山剖面 94 层)

图版 2－23　索瓦组上段上部生物点礁形成的正地貌特征(并示砂岩→礁岩的礁旋回宏观露头)

图版 2－24　索瓦组上段顶部形成正地貌的点礁体(A)与负地貌的礁翼泥(质)灰岩(B)的边界特征

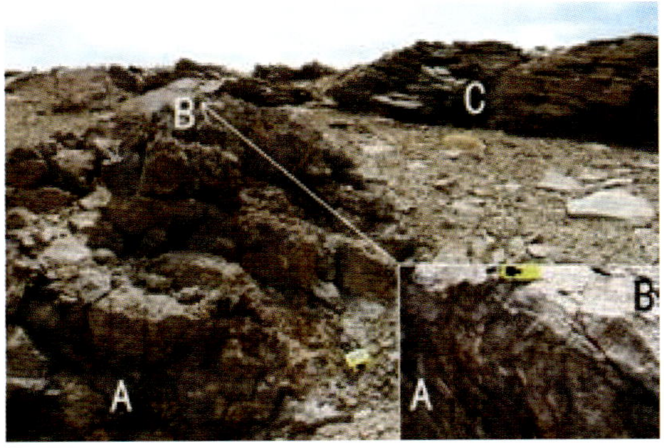


图版 2－25　$J_3s^2$ 顶部生物礁的顶界特征[由礁顶 A.(海绵生物礁岩)→渐变为 B.(礁坪含造礁生物的生物屑灰岩)，往上被礁间 C.(介壳岩覆盖)](双泉湖长梁山剖面以东)

图版 2－26　索瓦组上段顶部礁旋回中的生物屑灰岩(A. 礁体中的海绵骨屑-倒骨灰岩；B. 礁基中的腹足生屑灰岩)(双泉湖长梁山剖面 113 层)

图版 2－27　索瓦组上段顶部礁体中的珊瑚骨架岩(示扇状珊瑚丛体及直立生长生态)(双泉湖长梁山剖面以东)

图版 2－28　索瓦组上段顶部礁体中的苔藓虫骨架岩(示造礁生物及直立生长的生态)(双泉湖长梁山剖面 113 层)

图版 2－29　索瓦组上段顶部礁体中的海绵生物岩(示造礁生物)(长梁山剖面 113 层)

图版 2－30　索瓦组上段礁丘体中的灰泥—藻粘结岩、斑状构造及其中的溶孔(长梁山剖面)

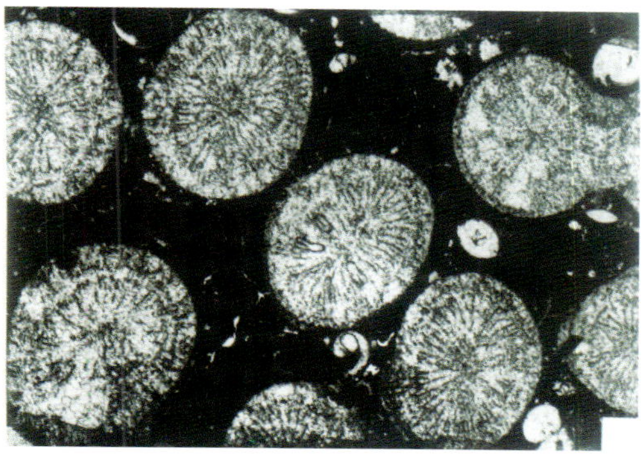

图版 2－31 索瓦组上段顶部礁体中的造礁珊瑚
*Stylosmilia* cf. *rollirri* Koby，×2，$J_3$
（双泉湖长梁山剖面以东）

图版 2－32 索瓦组上段顶部礁体中的造礁珊瑚
*Stylosmilia* cf. *rollirri* Koby，×2，$J_3$
（双泉湖长梁山剖面以东）

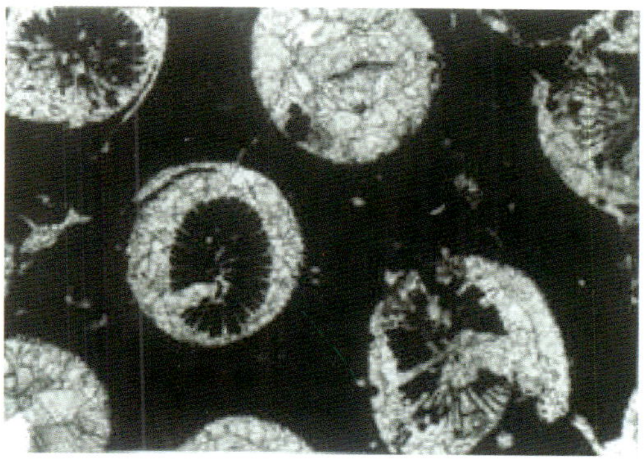

图版 2－33 索瓦组上段顶部礁体中的造礁珊瑚
*Stylosmilia* cf. *crassitheca* Lia&Li，×3，$J_3$
（双泉湖长梁山剖面）

图版 2－34 索瓦组上段顶部礁体中的造礁珊瑚
*Stylosmilia* cf. *crassitheca* Lia&Li，×3，$J_3$
（双泉湖长梁山剖面）

图版 2－35 索瓦组上段下部所产保存完好的双壳类类 *Radulopecten* cf. *baimaensis* Wen，（双泉湖长梁山剖面）

图版 2－36 索瓦组上段上部透镜状砂岩层段沙坝蜿蜒延伸之风化地貌特征（双泉湖长梁山剖面）

图版 2－37 雪山组中的砂质介壳灰岩→含介壳砂岩→细砂岩（示“介壳岩”、正粒序层、介壳顺层定向排列之平行层）

图版 2－38 雪山组风暴浪沉积层序
（A. 砂质介壳层；C. 细砂岩之浪成丘-槽状层理）

图版 2-39　雪山组砂岩中的包卷层理
（双泉湖长梁山剖面以南）

图版 2-40　雪山组砂岩层面上的波痕（左：复合波痕；右：不对称直线线状波痕）、（双泉湖长梁山剖面）

图版 2-41　雪山组砂岩层面上谷圆峰尖的波痕及水平虫迹（左上）（双泉湖长梁山剖面以南）

图版 2-42　雪山组砂岩层底面上的小型舌状槽模（水流向下）（双泉湖长梁山剖面）

[illegible]砂岩中[illegible]变薄[illegible]
基本层序——由大型斜层理[层系]（B）→波-透镜状小型交错层理[层系]构成（长梁山剖面）

图版 2-44　雪山组砂岩中向上相对变薄变细的基本层序—由块状层理细砂岩（A）→小型交错层理（B）→波状交错层理（C）构成（双泉湖长梁山剖面）

图版 2-45　雪山组底部砂岩中的大型交错层系
（层系截切处见逆转交错层特征）（双泉湖长梁山剖面）

图版 2-46　白龙冰河组中的大个体的菊石
（红石口路线剖面 $J_3b^4$ 下部）

图版 2-47　白龙冰河组中的小个体的菊石
（左：圆锥山剖面南；右：红石口路线剖面）

图版 2-48　白龙冰河组一段下部的深色泥页岩—泥灰岩亚段露头（白龙冰河组剖面以北）

图版 2-49　白龙冰河组四段上部被薄层的深色泥灰岩—微晶灰岩围限的灰泥丘（右下示丘翼的围岩岩性特征）

图版 2-50　白龙冰河组四段深色泥页岩—泥灰岩夹礁丘体（层段）的宏观露头
（突起的小包、脊线为生物礁、灰泥丘）（甜水河以北）

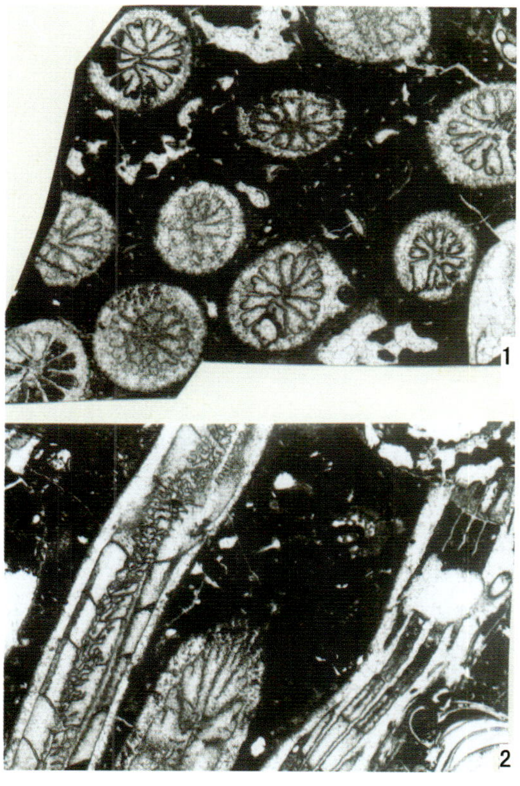

图版 2-51　（上）与 2-52（下）白龙冰河组四段上部(Etallon)，×3，（石峰山南剖面）

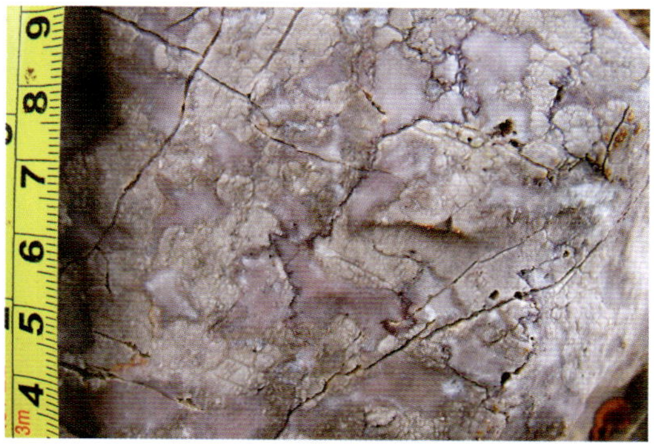

图版 2-53　白龙冰河组四段上部礁体中礁珊瑚 *Cryptocoenia octosepta* 藻粘结岩（石峰山南剖面）

图版 2-54　白龙冰河组四段上部礁体中的呈穹状生长造礁的藻（石峰山南剖面）

图版 2-55　白龙冰河组四段上部礁体中的板状海绵形成的改覆构造（石峰山南剖面）

图版 2-56　白龙冰河组四段一个礁旋回顶部的（礁顶相）溶孔灰岩（石峰山南剖面）

图版 2-57　白龙冰河组四段礁中的腕足类化石中的示底构造（石峰山南剖面）

图版 2-58　红阳山唢呐湖组砂、泥岩不整合于鱼鳞山组火山岩之上（红阳山）

图版 2-59　双泉河组灰岩不整合于鱼鳞山组火山岩之上（双泉河）

图版 2-60　双泉河组灰岩（2）、康托组砾岩（3）不整合于鱼鳞山组火山岩（1）之上
（双泉河，中部标尺 2m）

图版 2-61　双泉河组灰岩(1)不整合于鱼鳞山组火山岩(2)之上(双泉河剖面)

图版 2-62　鳞山组火山岩与下伏上侏罗统索瓦组灰岩关系(不整合？断层)(双泉河剖面)

图版 2-63　鱼鳞山组紫红紫黑色玄武岩中的气孔构造及被栉壳状方解石充填的后期风化裂隙穿插(双泉河)

图版 2-64　鱼鳞山组紫红紫黑色玄武岩中被方解石充填的杏仁状构造(双泉河)

图版 2-65　康托组砾岩夹砂岩中的楔状层理(双泉湖长梁山剖面以南)

200

图版 2-66　康托组砂岩夹砾岩中的大型交错层理(双泉湖长梁山剖面以南)

图版 2-67　康托组中的石膏层及垂直切层的石膏岩脉(小平梁剖面)

图版 2-68　唢呐湖组的特征岩性：薄层泥岩、粉砂岩夹泥灰岩、石膏(花梁山)

图版 2-69　双泉河组底部成分复杂的钙结砾岩(钙结底砾)(双泉河)

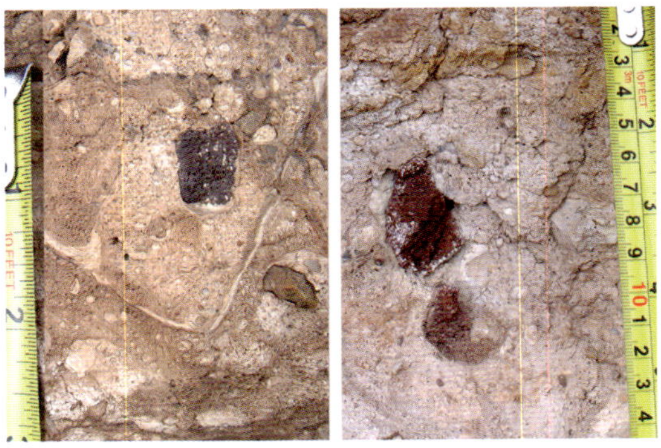

图版 2-70　双泉河组底部成分复杂的钙结砾岩(钙结底砾)中的火山岩砾石(双泉河)

图版 2-71　双泉河组底部成分复杂的钙结(底)砾岩中的磨圆好的砂岩砾石(双泉河)

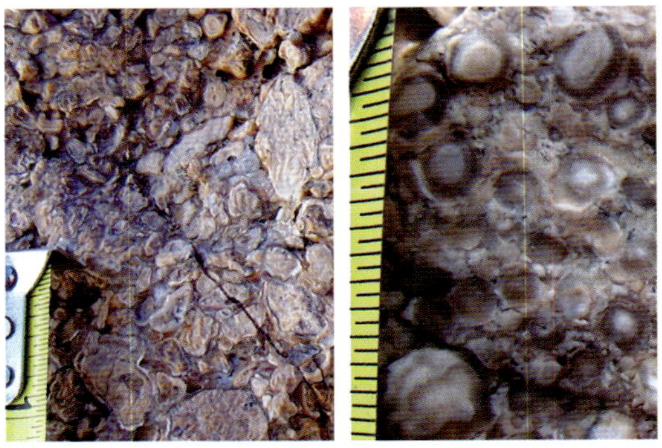

图版 2-72　双泉河组中的包粒灰岩(双泉河)

图版 2-73　双泉河组中的“钙结叠层石”
左:示分枝体,中上夹渗滤豆;右:示上下对生的“钙结叠层石”(双泉河)

图版 2-74　双泉河组中的薄层状包粒灰岩(A)夹栉壳状灰岩(B+C)(双泉河)

图版 2-75　双泉河组中的薄层状栉壳状灰岩(双泉河)

图版 2-76　双泉河组中向上变薄的层状淡水钙结灰岩(双泉河)

图版 2-77　若拉岗日岩组中的劈理化砂岩

图版 2-78　玄武岩(岩片)露头特征

图版 2-79　劈理化变质玄武岩夹凝灰岩中的残余层理

图版 2-80　变质基性沉火山角砾岩

图版 2-81　硅质岩(斜层理及水平层理)夹玄武岩

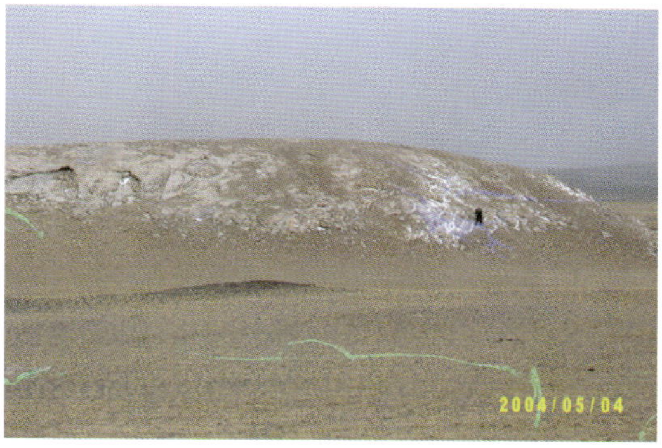


图版 2-82　碳酸盐岩岩片(灰白)与硅泥质岩片接触

图版 2-83　断层角砾岩

图版 2-84　碳酸盐岩岩片与玄武岩岩片接触露头

图版 3-1　丛岭坡玄武岩岩片(β)中，玄武岩与放射虫硅质岩呈透镜体状、互层状相伴产出

图版 3-2　球颗玄武岩的球颗(单偏光)(丛岭坡)

图版 3-3　四熊沟花岗闪长岩体远景

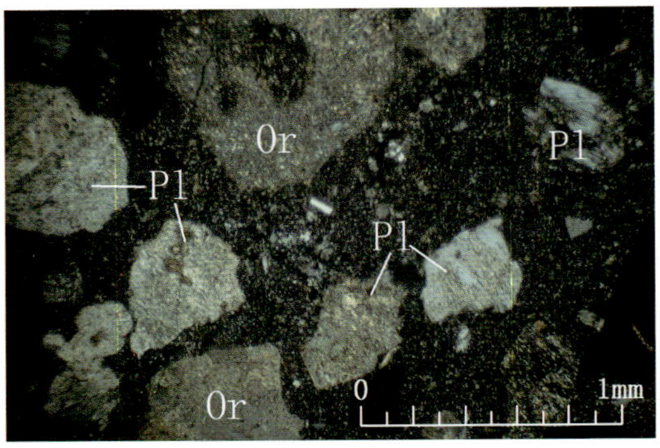


图版 3-4　碎斑结构(正交偏光)，碎斑熔岩中不规则碎屑状的斜长石(Pl)和钾长石(Or)碎斑，石基具霏细结构(藏色岗日)

图版 3-5　碎斑熔岩之碎斑结构(单偏光)，石基具微晶结构，碎斑成分为石英(Q)钾长石(Or)斜长石(Pl)(布若错)

图版 3-6　花岗斑岩(正交偏光)，石基具细粒花岗结构，熔蚀状钾长石斑晶(Or)周围细小石英形成“珠边”(布若错)

图版 3-7　花岗斑岩(正交偏光)，浑圆状石英斑晶(Q)周围分布着具细粒花岗结构的长英矿物(布若错)

图版 3-8　熔结凝灰结构(单偏光)，火焰状浆屑及玻屑中分布着石英晶屑(Q)(雪源湖)

图版 3-9 红阳山鱼鳞山组($E_3y$)火山岩呈剥蚀残丘状、暗浅色成分韵律层状产出

图版 3-10 双泉湖鱼鳞山组($E_3y$)火山岩与上新统双泉湖组($N_2sq$)灰岩呈沉积不整合接触

图版 3-11 玄武岩中的石英(Q)捕虏晶(正交偏光)石英捕虏晶周围细小的辉石聚集形成“镶边”(说明该玄武岩浆有含石英的较酸性岩浆的混合)(双泉湖)

图版 3-12 玄武岩中两次生长的辉石(Au)斑晶(正交偏光),早期形成的辉石斑晶呈熔蚀状,第二次生长的辉石沿其边面继续生长,两者光性位虽相同,但有明显的界面(双泉湖)

图版 3-13 响岩质白榴岩中具环带构造的霓辉石(Ae)斑晶(正交偏光)(红阳山)

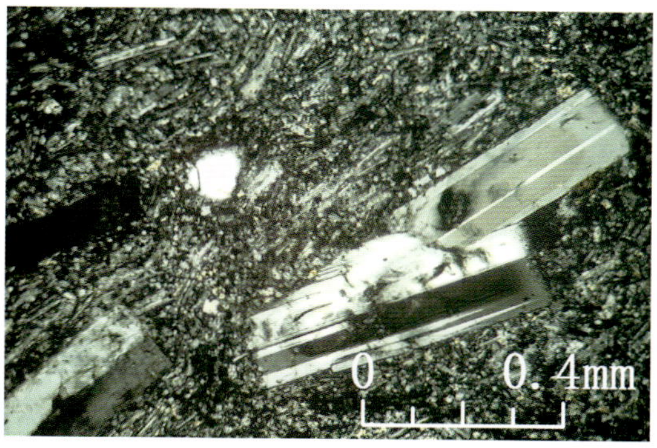


图版 3-14 粗安岩(正交偏光),石基具间隐结构长石斑晶半定向排列,斑晶斜长石长轴方向

图版 3-15 霓辉粗面岩,石基具粗面结构(正交偏光),石基中透长石微晶大小不一,半平行排列其间充填着细小的方钠石(均质)(红阳山)

图版 3-16 响岩质白榴岩石基具眼斑结构(单偏光)石基主要由等轴较自形的白榴石(Lc)组成,呈眼球状,左侧为霓辉石(Ae)斑晶 (红阳山)

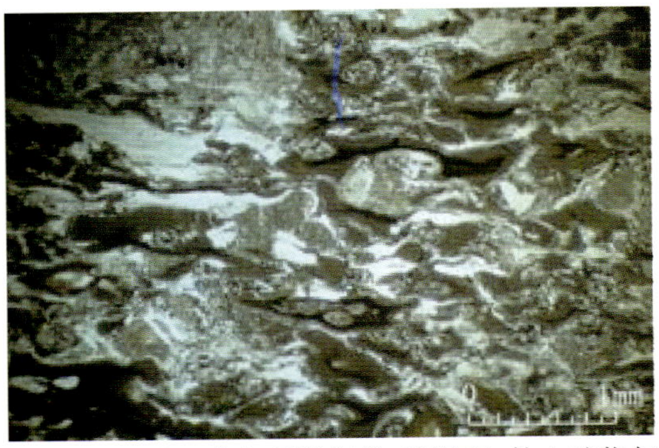


图版 5-1　劈理化角砾凝灰岩，绿泥石、粘土矿物与少量蚀变的玄武质玻、岩屑等部分火山碎屑产生弱定向分布，单偏。丛岭坡，大横山湾岛湖构造蛇绿混杂岩带，中三叠世火山弧岩片

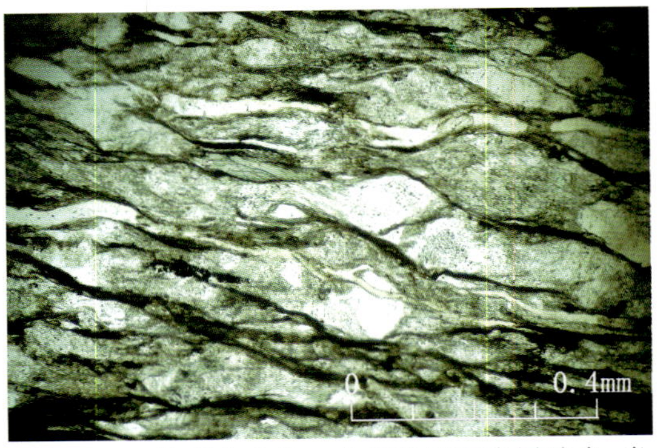


图版 5-2　片理化硅化—中细粒长石岩屑砂岩，岩屑大多重结晶绢云母，它们与微粒石英(眼球状)定向排列构成片理构造，单偏。产地层位同上

图版 5-3　片理化凝灰岩，被绿泥石、粘土矿物取代基性岩屑、玻屑发生明显的塑变拉长，均匀且定向分布于变质岩石中，正交偏光。产地层位同上

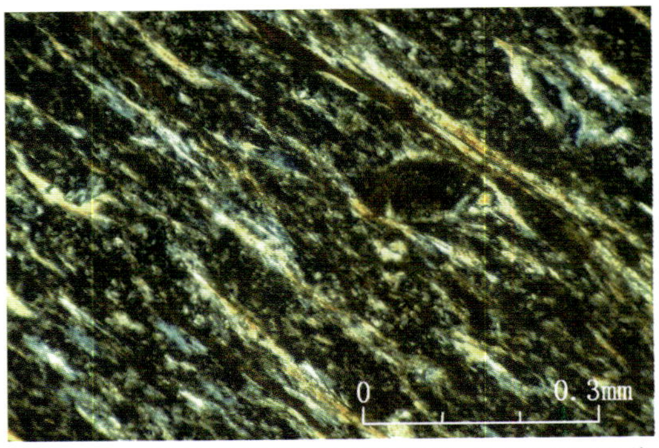


图版 5-4　纤闪千糜岩，暗(绿泥石、为纤闪石取代的暗色矿物斑晶等)、浅色矿物(为钠长石取代的斜长石、斜黝帘石等)分别集中定向分布构成的条带状构造，正交偏光。产地层位同上

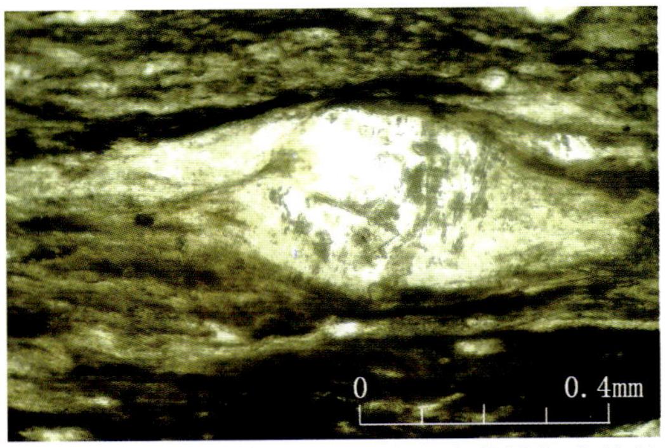


图版 5-5　纤闪千糜岩，长石残斑多数被塑变拉长呈眼球状、透镜状分布于岩石中，部分与其两端定向生长的微粒石英、云母类等矿物构成压力影构造，单偏。产地层位同上

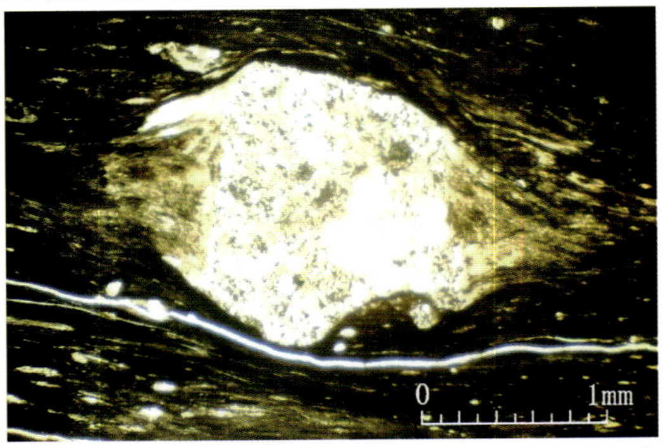


图版 5-6　纤闪千糜岩，浅色矿物斜长石完全蚀变为细晶钠长石团块，它们均发生强烈塑变拉长(如细颈化)，其四周为微粒钠长石、绿泥石、斜黝帘石等环绕，常构成压力影构造，正交偏光。产地层位同上

图版 5-7　卫片上，白龙冰河向斜西段轴部于黑塔山东表现为一眼球状低地，主要出露上侏罗统白龙冰河组泥灰岩夹页岩。尼玛，羌北甜水河陆块

图版 5-8　卫片上，石水河断裂表现为一色调差异明显的异常带，山脊遭强烈错断(右旋)，河流发生急剧拐弯等。尼玛，石水河，羌北甜水河陆块

图版 5-9　砂质初糜棱岩，石英矿物颗粒具带状消光正交偏光，ac 片。尼玛，长蛇岭，长蛇岭剪切带

图版 5-10　砂质糜棱岩，山羊须构造—由石英单向拔丝拖尾形成，具右旋剪切特征，正交偏光，ac 片。产地层位同上

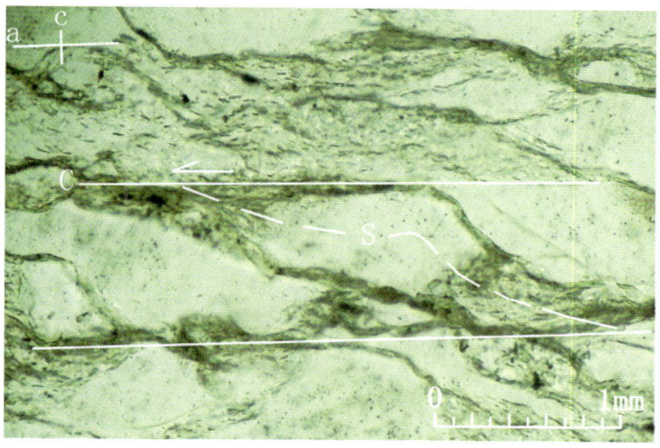


图版 5-11　砂质糜棱岩，石英压力影及其雁列状构造具左旋剪切特征，单偏光，ac 片。产地层位同上

图版 5-12　砂质糜棱岩，细粒化长石残斑两侧为细粒化（微粒）长石、绢云母等环绕构成长石压力影，正交偏光，ac 片。产地层位同上

图版 5-13　砂质糜棱岩，（单个）石英旋转残斑，（早期）具右旋剪切特征；晚期发生剪切破裂构成显微书斜构造，指示左旋剪切特征，正交偏光，ac 片。产地层位同上

图版 5-14　卫片上，七泉山-图北湖边界断裂与其伴生断层表现为明显的色调异常，其间的地层（体）呈长条块状、少数透镜状影像清晰，其中中新统康托组表现为侧灭再现的灰白色条块—透镜状影像特征，指示断裂具压扭性特点。尼玛，七泉山